高等职业学校“十四五”规划新形态一体化特色教材

（供临床医学类、护理类、药学类、中医药类、医学技术类等专业使用）

基础化学

主　编　陆艳琦　邹春阳　杨家林

副主编　彭秀丽　卢　鑫　陈银霞　陈　晨　邵慧丽

编　委　（按姓氏笔画排序）

王洪涛（郑州铁路职业技术学院）
卢　鑫（济源职业技术学院）
杨家林（鄂州职业大学）
邹春阳（辽宁医药职业学院）
张川宝（郑州铁路职业技术学院）
陆艳琦（郑州铁路职业技术学院）
陈　晨（辽宁医药职业学院）
陈银霞（鹤壁职业技术学院）
邵慧丽（鄂州职业大学）
岳李荣（乐山职业技术学院）
彭秀丽（郑州铁路职业技术学院）
程　萍（郑州铁路职业技术学院）

华中科技大学出版社

中国·武汉

内容简介

本教材是高等职业学校“十四五”规划新形态一体化特色教材。

本教材分为理论知识和实训两部分内容。理论知识除绪言外，共分为十八章，第一章至第七章为无机化学部分，内容包括溶液的浓度及稀溶液的依数性、化学反应速率和化学平衡、电解质溶液、胶体分散系与粗分散系、电极电位、物质结构基础、配位化合物。第八章至第十八章为有机化学部分，内容包括有机化合物概述，烃和卤代烃，醇、酚、醚，醛、酮、醌，羧酸、取代羧酸及羧酸衍生物，立体异构，含氮有机化合物，杂环化合物和生物碱，萜类和甾族化合物，糖类和脂类，氨基酸、蛋白质和核酸。实训部分共有十四个实训项目，包括学生实训基础知识、溶液的配制与稀释、化学反应速率和化学平衡、缓冲溶液的配制与性质、胶体溶液的制备和性质、熔点的测定、醇和酚的化学性质、醛和酮的化学性质、羧酸和取代羧酸的化学性质、乙酰水杨酸的制备、葡萄糖溶液比旋光度的测定、胺和酰胺的化学性质、糖类的化学性质、氨基酸和蛋白质的化学性质。

本教材可供临床医学类、护理类、药学类、中医药类、医学技术类等专业使用。

图书在版编目(CIP)数据

基础化学/陆艳琦，邹春阳，杨家林主编. —武汉：华中科技大学出版社，2022.7(2024.9 重印)
ISBN 978-7-5680-8345-4

Ⅰ. ①基… Ⅱ. ①陆… ②邹… ③杨… Ⅲ. ①化学-基本知识 Ⅳ. ①O6

中国版本图书馆 CIP 数据核字(2022)第 109403 号

基础化学 陆艳琦 邹春阳 杨家林 主编
Jichu Huaxue

策划编辑：史燕丽
责任编辑：李 佩
封面设计：原色设计
责任校对：王亚钦
责任监印：周治超
出版发行：华中科技大学出版社(中国·武汉) 电话：(027)81321913
武汉市东湖新技术开发区华工科技园 邮编：430223
录 排：华中科技大学惠友文印中心
印 刷：武汉科源印刷设计有限公司
开 本：889mm×1194mm 1/16
印 张：20.75
字 数：637 千字
版 次：2024 年 9 月第 1 版第 4 次印刷
定 价：69.90 元

高等职业学校"十四五"规划新形态一体化特色教材编委会

网络增值服务

使用说明

欢迎使用华中科技大学出版社医学资源网 yixue.hustp.com

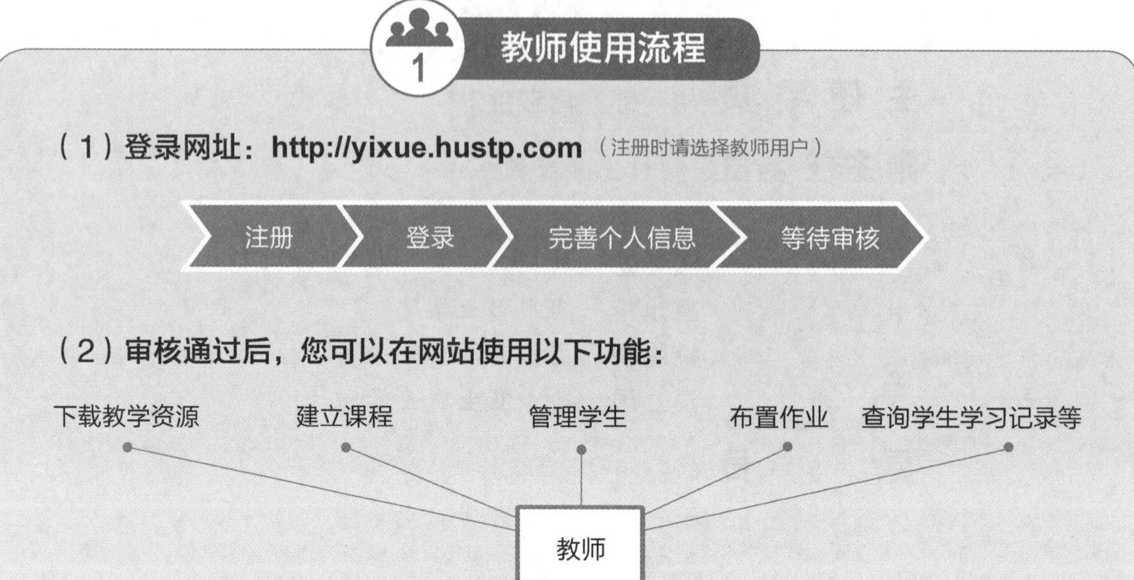

（建议学员在PC端完成注册、登录、完善个人信息的操作）

（1）PC 端操作步骤

①登录网址：http://yixue.hustp.com（注册时请选择普通用户）

②查看课程资源：（如有学习码，请在个人中心－学习码验证中先验证，再进行操作）

（2）手机端扫码操作步骤

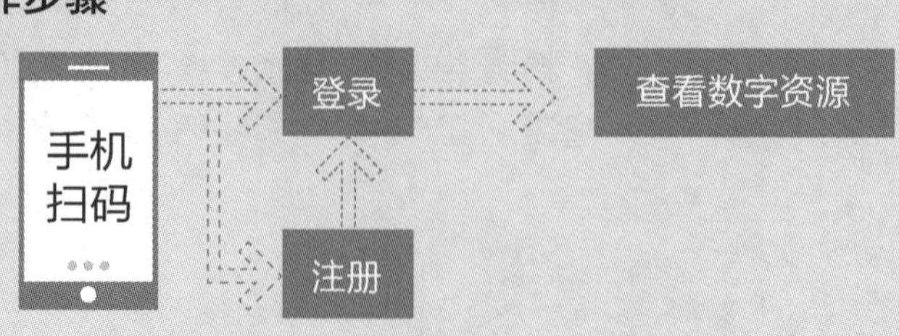

前言

本教材根据教育部有关高职教育精神及医药行业用人要求，以培养高端技能型人才为目标编写而成。在编写过程中始终遵循实用为主、够用为度的理念，突出内容的针对性、适用性和实用性，强调培养学生的职业能力和职业素质，注重教材内容的整体优化，突出基本技能的培养。

本教材分为理论知识和实训两部分内容。理论知识除绪言外，共分为十八章，第一章至第七章为无机化学部分，内容包括溶液的浓度及稀溶液的依数性、化学反应速率和化学平衡、电解质溶液、胶体分散系与粗分散系、电极电位、物质结构基础、配位化合物。第八章至第十八章为有机化学部分，内容包括有机化合物概述，烃和卤代烃，醇、酚、醚，醛、酮、醌，羧酸、取代羧酸及羧酸衍生物，立体异构，含氮有机化合物，杂环化合物和生物碱，萜类和甾族化合物，糖类和脂类，氨基酸、蛋白质和核酸。实训部分共有十四个实训项目，包括学生实训基础知识、溶液的配制与稀释、化学反应速率和化学平衡、缓冲溶液的配制与性质、胶体溶液的制备和性质、熔点的测定、醇和酚的化学性质、醛和酮的化学性质、羧酸和取代羧酸的化学性质、乙酰水杨酸的制备、葡萄糖溶液比旋光度的测定、胺和酰胺的化学性质、糖类的化学性质、氨基酸和蛋白质的化学性质。实训内容编写力求锻炼学生基本的操作能力，为后续专业课程实验打下坚实的基础。

本教材在内容编排上，由易到难，由浅入深，紧密联系医药中常见化合物及药物，突出专业特点。为了培养学生自主学习的能力，本教材每章前设置有学习目标，每章后附有本章小结，尽可能侧重应用知识总结。此外，每章后附有能力检测以巩固理论知识，培养学生主动学习、积极思考的能力，同时，为加强课程思政融合，拓展知识学习领域，根据药学、医学等专业特点，本教材有针对性地引入“思政案例”“知识链接”模块，以加强思想政治教育，拓展学生的知识应用层面，提高学生学习的兴趣。

本教材在编写过程中得到了编者所在院校的大力支持，在此表示衷心的感谢，并对本书所引用的文献资料的原作者表示谢意。

由于编写时间仓促，编者学术水平有限，书中不当和疏漏之处在所难免，敬请广大读者提出宝贵意见。

编　者

绪 言

化学是一门在原子及分子水平上研究物质的组成、结构、性质及其变化规律的学科。化学是一门历史悠久而又充满活力、发展迅速的学科，与其他学科的联系也日益紧密。化学在与物理学、生物学、自然地理学、天文学、数学等学科的相互渗透中，得到了迅速的发展，也推动了其他学科的发展。例如，核酸化学的研究成果使生物学从细胞水平提高到分子水平，从而建立了分子生物学；对地球、月球等星体的成分分析，为天体演化和现代宇宙学提供了实验数据，丰富了自然辩证法的内容。化学在计算机科学、医学、药学、生物学、环境科学等领域都做出了突出贡献，可以说化学的成就标志着人类文明的进步，人类的生产、生活及发展离不开化学，化学已成为“21 世纪的中心科学”。

一、化学与药学的密切关系

药学的学习围绕药物来进行，主要学习药物的结构、性质、分析方法及手段、药理、药效、生产、销售及有关法律法规等主要内容。药物是人类与疾病做斗争的重要武器之一，它是指用于预防、诊断、治疗人的疾病，有目的地调节人的生理功能并规定有适应证、用法和用量的物质。药物的种类很多，根据其来源可分为三大类：第一类是天然药物，即自然界中原本就存在且可获取的物质，比如植物药，来源于植物的根、茎、叶、花、果、种子及其汁液，如葛根、木通、大青叶、金银花、金缨子、竹沥等；动物药，来源于动物的身体、部分器官组织、体内的代谢产物及排泄物，甚至古代动物的化石，如全蝎、鹿角、蛇毒、牛黄、蚕沙、龙骨等；矿物药，如硫黄、磁石、朱砂等。第二类是微生物来源的药物，如抗生素和益生菌等。第三类是化学合成的药物，即所谓的西药，其中有的西药是模仿天然药物中有效成分的化学结构人工合成的，如人工牛黄、人工合成胰岛素；有的西药是用生物学的方法，利用其他生物产生的人体所需要的生物物质，如干扰素、促粒细胞生长素；有的西药是将病原体加以改造后注入人体，促使机体产生抵抗力的药物，如各种疫苗；有的西药是通过实验研究发现其对人体疾病有一定作用的药物，如磺胺、阿司匹林等。

随着科学技术的不断发展，人工合成的药物将会越来越多，尽管有些药物的有效成分还不清楚或化学结构尚未阐明，但它们均属于化学物质，有其相应的化学成分、分子结构及理化性质，所以说“药物是特殊的化学品”。

化学与药物关系密切。早在 16 世纪，欧洲化学家就提出化学要为治疗疾病而制造药物。18 世纪后期，随着有机化学的发展，科学家们可以从植物药中提纯其活性成分，得到纯度较高的药物，比如 1806 年德国化学家 F. W. Serturner(1783—1841)首先从罂粟中分离提纯吗啡；1820 年法国药学家 Pelletier 和 Caventou 由金鸡纳树皮中提取了奎宁，从而为药理学提供了物质基础。随后，科学家们开始了人工合成新药，1859 年水杨酸盐类解热镇痛药合成成功，19 世纪末精制成阿司匹林，其后各种药物的合成精制不断得到发展。

19 世纪中叶，一氧化二氮、乙醚、氯仿相继被用作全身麻醉药，使外科手术能够在无痛情况下施行，以减轻患者痛苦。1935 年，德国病理学家 G. Domagk 在染料中发现磺胺类物质——百浪多息可治溶血性链球菌感染，在此基础上，人们合成了治疗全身感染的第一类化学药物——对氨基苯磺酰胺。它曾治好了当时美国总统罗斯福儿子和当时英国首相丘吉尔的细菌感染，此后，化学家制备了许多新型的磺胺药物，为细菌感染的患者解除病痛。

现代化学尤其是有机化学的发展，为药物的研究开辟了新的天地。依靠有机化学理论和实验方法可以研究药物的组成、结构，从本质上认识药物，而且既可以在实验室合成出新药，又能在现代化工厂内生产。如今，有 95%的药品来自化学合成，可以说，新药物的开发离不开化学，医学、药学的发展离不开化学。

二、基础化学的地位和作用

基础化学是药学、中药学、药品经营与管理等药学类专业及医学检验技术专业基础课程，在整个专业课程体系中占有十分重要的基础地位。只有学好基础化学，掌握与医学、药学有关的现代化学的基本理论、基本知识和基本应用，具备一定的实验技能和操作能力，具备良好的学习态度和学习方法，才能为后续学习分析化学、生物化学与生化药品、药物化学、药物分析、药剂学、中药化学、中药药剂等专业课程打下坚实的基础。

基础化学的内容根据药学类及中医药类专业特点设定，主要包括无机化学和有机化学两部分。其中无机化学部分侧重溶液浓度的表示方法，溶液的配制方法，水溶液的有关性质、理论和医药上的应用，物质结构理论，化学反应的规律性及应用等知识；有机化学部分侧重各类有机化合物的结构、分类、性质及在医药上的应用等。

三、怎样学好基础化学

大学课程学习节奏快，课堂信息容量大，以学生自主学习为主。因此，一年级学生应尽快规划好自己的学习，适应大学课程的教学规律，掌握学习的主动权，养成良好、高效的学习习惯，培养较强的自学能力，要善于归纳、总结，善于发现问题和解决问题。

首先，运用好互联网资源，做好课前预习。课堂知识容量大、进展快，做好预习有助于更好地理解和掌握课堂内容；其次，上课认真听讲，积极思考，理解基本知识和基本原理，并善于做笔记；再次，做好复习巩固，课下要及时进行复习、总结。大学的学习以自主学习为主，课后的总结、复习完全是在自主学习基础上展开的，所以通过本课程的学习，加强自主学习能力的锻炼，可以为后续课程乃至终身自主学习奠定坚实的基础。

（陆艳琦）

第一章

溶液的浓度及稀溶液的依数性

扫码
看 PPT

学习目标

掌握：溶液浓度的常用表示方法、浓度的换算与溶液的稀释、渗透压的基本概念；溶液的配制方法和浓度计算。

熟悉：稀溶液的依数性；渗透压与浓度、温度的关系；渗透浓度的相关计算。

了解：渗透压在医学上的意义。

人体的生命活动与溶液有着密切的关系，血液、淋巴液、组织间液等都是溶液，体内一系列的新陈代谢都在溶液中进行，如食物的消化和吸收、营养物质的输送以及代谢产物的排泄，都离不开溶液。药物分析和药检工作的许多操作也在溶液中进行。学习溶液有关知识是掌握医药知识的基础。溶液是溶质以分子、原子或离子状态分散在溶剂中所形成的均一而稳定的体系。水是最常用、最重要的溶剂。一般若不指明溶剂，溶液都是指以水为溶剂的溶液。

第一节　溶液的浓度

溶液的浓度是指在一定量溶液或溶剂中所含溶质的量。溶液的性质常与溶液的相对组成有关，根据不同的需要，溶液的浓度可用多种不同的方法表示，而医学上常用的溶液浓度的表示方法主要有以下几种。

一、溶液浓度的表示方法

（一）物质的量浓度（c_B）

在法定计量单位制中，物质 B 的“物质的量浓度”也称为物质 B 的“浓度”。符号为 c_B 或 $c(B)$，定义为物质 B 的物质的量 n_B 除以溶液的体积 V。即

$$c_B = \frac{n_B}{V}$$

物质的量浓度的 SI 单位是 mol/m^3。医学上常用的单位是 mol/L、mmol/L、μmol/L 和 nmol/L。世界卫生组织提议：凡是相对分子质量已知的物质在人体内的含量，都用物质的量浓度来表示。例如，生理盐水的浓度为 $c_{NaCl}=154$ mmol/L。在使用物质的量浓度时，必须指明该物质的基本单元。例如：$c_{H_2SO_4}=0.1$ mol/L，表示每升溶液中含 0.1 mol 的 H_2SO_4 基本单元；$c_{1/2H_2SO_4}=0.2$ mol/L，表示每升溶液中含 0.2 mol 的 $\frac{1}{2}H_2SO_4$ 基本单元。

【例 1-1】 医学上常用的注射用生理盐水的规格是 0.5 L 生理盐水中含 4.5 g NaCl。计算注射用生理盐水的物质的量浓度。

解：已知 $m_{NaCl}=4.5$ g，$M_{NaCl}=58.5$ g/mol，$V=0.5$ L。

$\because\ n_{NaCl}=\frac{m_{NaCl}}{M_{NaCl}}=\frac{4.5\text{ g}}{58.5\text{ g/mol}}=0.077\text{ mol}$，

$\therefore c_{NaCl}=\frac{n_{NaCl}}{V}=\frac{0.077\ mol}{0.5\ L}=0.154\ mol/L$。

答：注射用生理盐水的物质的量浓度为 0.154 mol/L。

（二）质量浓度（ρ_B）

质量浓度定义为物质 B 的质量 m_B 除以溶液的体积 V，用符号 ρ_B 或者 $\rho(B)$ 表示。

$$\rho_B=\frac{m_B}{V}$$

质量浓度的 SI 单位是 kg/m^3。医学上常用的单位是 g/L、mg/L 和 μg/L。临床上用固体物质配制的溶液常用质量浓度表示。如：9 g/L NaCl 溶液、50 g/L 葡萄糖溶液等。

【例 1-2】 临床上乳酸钠（$C_3H_5O_3Na$）注射液的质量浓度为 112 g/L，注射 20 mL 此注射液，进入体内的乳酸钠的质量为多少克？

解：已知 $\rho_{C_3H_5O_3Na}=112\ g/L, V=20\times10^{-3}\ L$。

$\because \rho_B=\frac{m_B}{V}$，

$\therefore m_{C_3H_5O_3Na}=\rho_{C_3H_5O_3Na}\times V=112\ g/L\times20\times10^{-3}\ L=2.24\ g$。

答：注射 20 mL 此乳酸钠注射液，有 2.24 g 乳酸钠进入体内。

知识链接

物质的量浓度在医学上的应用

世界卫生组织建议：在医学上表示体液组成时，凡是已知相对分子质量（或相对原子质量）的物质，均应使用物质的量浓度；对于少数相对分子质量尚未准确测定的物质，则可以使用质量浓度。对于与体液组成相同的注射液，世界卫生组织提出，在绝大多数情况下，推荐在注射液的标签上同时写明质量浓度和物质的量浓度。例如，血液中 Na^+、Cl^-、葡萄糖的含量用物质的量浓度表示，则静脉注射用氯化钠注射液和葡萄糖注射液的标签上应同时标明物质的量浓度和质量浓度。

（三）质量分数（ω_B）

质量分数用符号 ω_B 表示。质量分数就是物质 B 的质量 m_B 除以溶液的质量 m。即

$$\omega_B=\frac{m_B}{m}$$

质量分数是一个无量纲的量，可用小数或百分数表示。

常用试剂的商品溶液，如硫酸、盐酸、硝酸、氨水等，均可用质量浓度来表示含量。如浓硫酸 $\omega_B=0.98$。

【例 1-3】 将 45.0 g 蔗糖溶于水，配制成 500 g 的蔗糖溶液，计算此溶液中蔗糖的质量分数。

解：根据公式，该溶液中蔗糖的质量分数为

$$\omega_{蔗糖}=\frac{m_{蔗糖}}{m}=\frac{45.0\ g}{500\ g}=0.09$$

答：该溶液中蔗糖的质量分数为 0.09。

（四）体积分数（φ_B）

体积分数的符号是 φ_B，定义为物质 B 的体积 V_B 除以溶液的体积 V，即

$$\varphi_B=\frac{V_B}{V}$$

显然，体积分数也是一个无量纲的量，可用小数或百分数表示。

医学上常用体积分数来表示溶质 B 为液体的溶液的组成。例如，医疗上消毒用体积分数为 0.75

(或 75%)的酒精溶液,正常人红细胞的体积分数为 0.37~0.50。

【例 1-4】 如何用无水酒精配制 600 mL 体积分数为 0.75 的消毒用酒精溶液?

解:根据公式,所需无水酒精的体积为

$$V_{酒精}=\varphi_{酒精}\times V=600\ mL\times 0.75=450\ mL$$

答:量取 450 mL 无水酒精,加水稀释至 600 mL,即可配制成 600 mL 消毒用酒精溶液。

二、溶液浓度的换算

溶液浓度的换算只是单位的变换,而溶质与溶液的量都没有发生改变。

(一) 物质的量浓度(c_B)与质量浓度(ρ_B)的换算

根据两溶液浓度的表达式,推出其换算公式为

$$c_B=\frac{\rho_B}{M_B}$$

或

$$\rho_B=c_B\times M_B$$

【例 1-5】 已知生理盐水 $\rho_{NaCl}=9\ g/L$,则生理盐水的物质的量浓度是多少?

解:$\because\ \rho_{NaCl}=9\ g/L, M_{NaCl}=58.5\ g/mol$

$\therefore\ c_{NaCl}=\frac{\rho_{NaCl}}{M_{NaCl}}=\frac{9\ g/L}{58.5\ g/mol}=0.154\ mol/L$

答:生理盐水的物质的量浓度是 0.154 mol/L。

(二) 质量分数(ω_B)与物质的量浓度(c_B)的换算

根据两溶液浓度的表达式,推出其换算公式为

$$c_B=\frac{\omega_B\rho}{M_B}$$

或

$$\omega_B=\frac{c_BM_B}{\rho}$$

【例 1-6】 市售浓氨水的质量分数 $\omega_B=0.27$,$\rho=0.900\ kg/L$,则该浓氨水的物质的量浓度是多少?

解:$\because\ \omega_B=0.27, \rho=0.900\ kg/L, M_{NH_3}=17\ g/mol$

$\therefore\ c_{NH_3}=\frac{\omega_B\rho}{M_B}=\frac{0.27\times 900\ g/L}{17\ g/mol}=14.3\ mol/L$

答:该浓氨水的物质的量浓度为 14.3 mol/L。

第二节 溶液的配制和稀释

溶液的配制和稀释是化学和医学工作中常用的基本操作,在进行这些基本操作时要根据具体要求先进行有关计算。

一、溶液的配制

(一) 一定体积溶液的配制

将一定质量(或体积)的溶质与适量的溶剂混合,完全溶解后,再加溶剂至所需体积,摇匀即可。一般用物质的量浓度(c_B)、质量浓度(ρ_B)、体积分数(φ_B)表示溶液的浓度时,应采用这种方法配制。配制溶液时,首先要了解所配制溶液的体积、浓度的表示方法、溶质的纯度(一般为分析纯或优质纯试剂)等。通过计算得出所需溶质的量,按计算量进行称取或量取后,置于适当的容器中,加溶剂溶解到一定的体积,混匀即可。下面通过实例说明溶液的配制方法。

【例 1-7】 如何配制 500 mL 50.0 g/L 的葡萄糖溶液?

解:(1) 计算所需葡萄糖的质量:

$$m_{C_6H_{12}O_6}=50.0\ g/L\times\frac{500\ mL}{1000\ mL/L}=25.0\ g$$

(2) 配制:称取 25.0 g 葡萄糖置于烧杯中,加少量纯化水溶解后,转移至 500 mL 容量瓶中,再用少量纯化水冲洗烧杯 2～3 次,冲洗液也全部转移至容量瓶中,此过程称为定量转移。最后加纯化水至刻度混匀即可。

(二)一定质量溶液的配制

称取一定质量的溶质和一定质量的溶剂混合均匀即可。一般用质量分数(ω_B)表示溶液的浓度时,应采用这种方法配制。

【例 1-8】 如何配制质量分数为 0.10 的 NaCl 溶液 200 g?

解:(1) 200 g 溶液中含有 NaCl 的质量:

$$m_{NaCl}=0.10\times200\ g=20\ g$$

配制该溶液需要水的质量:

$$m_{H_2O}=200\ g-20\ g=180\ g$$

(2) 配制:分别称取 20 g 固体 NaCl 和 180 g 纯化水,将两者混合均匀即可得到 200 g 质量分数为 0.10 的 NaCl 溶液。

二、溶液的稀释

在浓溶液中加入溶剂使溶液浓度降低的操作称为溶液的稀释。因此,稀释的特点是溶液的量改变了,但溶质的量没有改变,即

稀释前溶质的量=稀释后溶质的量

设浓溶液的浓度为 c_1、体积为 V_1,稀释后稀溶液的浓度为 c_2、体积为 V_2。则

$$c_1V_1 = c_2V_2$$

此公式为稀释公式,使用时要注意等式两边单位一致。

【例 1-9】 配制$\frac{1}{6}$ mol/L 乳酸钠($C_3H_5O_3Na$)溶液 600 mL,需要 1 mol/L 乳酸钠溶液多少毫升?

解:设需 1 mol/L 乳酸钠溶液 V_1 mL,根据稀释公式得

$$V_1=\frac{c_2\times V_2}{c_1}=\frac{\frac{1}{6}\ mol/L\times600\ mL}{1\ mol/L}=100\ mL$$

答:配制$\frac{1}{6}$ mol/L 乳酸钠溶液 600 mL,需 1 mol/L 乳酸钠溶液 100 mL。

【例 1-10】 配制 0.2 mol/L HCl 溶液 1000 mL,需 ω_B 为 0.36、密度 ρ 为 1.18 kg/L 的浓盐酸多少毫升?

解:先将浓盐酸的质量分数换算成物质的量浓度,设浓盐酸的物质的量浓度为 c_1,则有

$$c_1=\frac{\omega_B\rho}{M_B}=\frac{0.36\times1.18\times1000\ g/L}{36.5\ g/mol}=11.6\ mol/L$$

设需浓盐酸的体积为 V_1,根据稀释公式得

$$V_1=\frac{c_2V_2}{c_1}=\frac{0.2\ mol/L\times1000\ mL}{11.6\ mol/L}=17.2\ mL$$

答:配制 0.2 mol/L HCl 溶液 1000 mL,需 ω_B 为 0.36、密度 ρ 为 1.18 kg/L 的浓盐酸 17.2 mL。

第三节 稀溶液的依数性

溶液的性质通常取决于溶质的性质,如溶液的密度、颜色、气味、导电性等都与溶质的性质有关。

但是溶液的有些性质却与溶质的本性无关，只取决于溶质的粒子数目。只与溶液中溶质粒子数目有关，而与溶质本性无关的性质称为溶液的依数性。溶液的依数性只有在溶液很稀时才有规律，而且溶液浓度越小，其依数性表现得越明显。溶液的依数性表现为蒸气压下降、沸点升高、凝固点下降和渗透压。

一、溶液的蒸气压下降

（一）溶剂的蒸气压

在一定温度下，将某纯溶剂放在密闭容器中，由于分子的热运动，液面上一部分动能较高的溶剂分子将自液面逸出，扩散到空气中形成气相的溶剂分子，这一过程称为蒸发。同时，气相的溶剂分子也会接触到液面并被吸引到液相中，这一过程称为凝聚。一定温度下，溶剂的蒸发速率是恒定的。开始阶段，蒸发过程占优势，但随着蒸气密度的增加，凝聚的速率增大，最终蒸发速率与凝聚速率相等，气相和液相达到平衡，此时蒸气的密度不再改变，其具有的压力也不再改变，此时蒸气所具有的压力称为该温度下该液剂的蒸气压，单位是 Pa 或 kPa。

蒸气压与物质的本质和温度有关。不同的物质有不同的蒸气压，如在 293 K 时，水的蒸气压为 2.34 kPa，乙醚的蒸气压为 57.6 kPa；同一物质的蒸气压随温度升高而增大，如水在 273 K 时的蒸气压为 0.610 kPa，在 373 K 时为 101.3 kPa。固体也有蒸气压，一般情况下，固体的蒸气压很小，如冰的蒸气压，在 273 K 时为 0.610 kPa，在 263 K 时为 0.286 kPa。在一定温度时，物质的蒸气压是一个定值。

（二）溶液的蒸气压下降

在一定温度下，溶剂的蒸气压是一个定值。如果在溶剂中溶解了难挥发的非电解质溶质，每个溶质分子与若干个溶剂分子结合形成了溶剂化分子。溶质分子一方面束缚了一部分高能的溶剂分子，另一方面又占据了一部分溶剂的表面，使溶剂的蒸发速率变小。这时蒸气的凝聚速率大于溶剂的蒸发速率，蒸气必然不断地凝聚成液体。当达到新的平衡时，溶液的蒸气压（即溶液中溶剂的蒸气压）必然比同温度下纯溶剂的蒸气压低，这种现象称为溶液的蒸气压下降，如图 1-1 所示。溶液的浓度越大，其蒸气压下降越多。

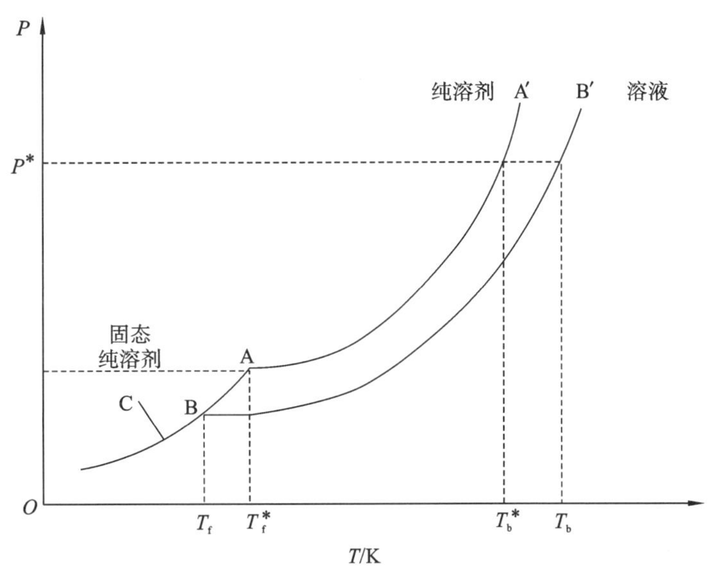

图 1-1　溶液的蒸气压下降、沸点升高、凝固点降低

注：AA′为纯溶剂的蒸气压曲线；BB′为溶液的蒸气压曲线；AC 为固态纯溶剂的蒸气压曲线。

1887 年，法国物理学家拉乌尔（F. M. Raoult）根据实验结果得出下列结论：在一定温度下，难挥发的非电解质稀溶液的蒸气压下降与溶液的物质的量浓度成正比，而与溶质本性无关。

二、溶液的沸点升高

(一) 液体的沸点

液体的蒸气压会随着温度升高而逐渐增大，当液体的蒸气压等于外界大气压时，即产生沸腾现象。这时液体的温度称为液体在该压强下的沸点(boiling point)(如图 1-1 中 T_b^* 点)。达到沸点时，继续加热，液体的温度也不再上升，至液体蒸发完为止。因此，纯液体的沸点是恒定的。通常所说的液体的沸点是指在标准大气压(101.325 kPa)时的沸点。例如，水的沸点为 373 K。

(二) 溶液的沸点升高

在 101.325 kPa 下，水的沸点为 373 K。如果在水中加入一种难挥发的非电解质溶质，由于溶液的蒸气压下降，在 373 K 时溶液的蒸气压低于 101.325 kPa，因而溶液不会沸腾。只有继续加热升高温度到 T_b 时，如图 1-1 所示，溶液的蒸气压等于 101.325 kPa，溶液才会沸腾，温度 T_b 即为溶液的沸点。因此，溶液的沸点是指溶液的蒸气压等于外界大气压时的温度。显然，溶液的沸点总是高于纯溶剂的沸点，这种现象称为溶液的沸点升高。溶液的浓度越大，蒸气压越低，其沸点越高。

三、溶液的凝固点降低

(一) 液体的凝固点

液体的凝固点(freezing point)是在一定外压下，该物质的液相与固相具有相同蒸气压而能平衡共存时的温度(如图 1-1 中 T_f^* 点)。当外界大气压为 101.325 kPa 时，水的凝固点为 273 K，在此温度下，水与冰的蒸气压相等，均为 0.610 kPa。若温度低于或高于 273 K，由于水和冰的蒸气压不再相等，则两相不能共存，蒸气压大的一个相将向蒸气压小的一个相转化。

(二) 溶液的凝固点降低

在 101.325 kPa、273 K 时，若向平衡共存的冰、水混合体系中加入少量难挥发的非电解质，形成的溶液的蒸气压随之下降，而冰的蒸气压则不受影响。所以在 273 K 时，水溶液的蒸气压必然低于冰的蒸气压，这时溶液和冰不能共存，冰会不断融化为水。换句话说，在此温度下溶液不会凝固。如果要使溶液和冰的蒸气压相等而平衡共存，则需要继续降低温度。由图 1-1 可以看出，冰的蒸气压下降率比溶液大，当降到 273 K 以下的某一温度 T_f 时，溶液的蒸气压再次相等，此时溶液和冰处于平衡状态。温度 T_f 就是该溶液的凝固点。因此，溶液的凝固点是指溶液与其固相溶剂具有相同蒸气压而能平衡共存时的温度。显然，溶液的凝固点比纯溶剂的低，这种现象称为溶液的凝固点降低。溶液的浓度越大，凝固点就越低。

溶液凝固点降低的性质被广泛应用。如利用凝固点降低法测定物质的摩尔质量、对药液进行等渗调节等；冬季向汽车水箱中加入适量的甘油或乙二醇可防止结冰，在冰雪天向路面上撒盐可使冰雪融化等。

溶液凝固点降低及沸点升高的根本原因在于溶液蒸气压的下降。因此，溶液凝固点降低及沸点升高的程度也与溶液的物质的量浓度成正比，而与溶质的本性无关。

四、溶液的渗透压

人体体液的组成对维持人体正常生理功能有重要意义，体液的渗透压起着必要的调节作用。临床上给患者大量补液时需要特别注意溶液的浓度和剂量，否则将会产生不良的后果，甚至造成死亡。

(一) 渗透现象和渗透压

若将一滴蓝墨水滴进一杯水中，很快就会使整杯水染成蓝色。在盛有浓糖水的杯子中，在液面上小心地加入一层清水，过一会儿，上面的水也有甜味了，最后得到浓度均匀的糖水。上述现象是溶质分子和溶剂分子相互扩散的结果。纯溶剂和溶液之间或两种不同浓度的溶液之间，都有扩散现象发生。

如果我们用一种半透膜将水和溶液隔开，会有什么现象发生呢?

半透膜是一种具有选择透过性的薄膜，只允许某些物质透过，而另一些物质不能透过，例如鸡蛋膜、动物的肠衣、膀胱膜、细胞膜、毛细血管壁和人工制得的羊皮纸等都属于半透膜。理想半透膜只允许溶剂分子(如水分子)透过，而溶质分子或离子不能透过。后文所讲的半透膜不予指明时，均为理想半透膜。

当把蔗糖水溶液和水用半透膜隔开时，溶剂分子可以自由地透过半透膜，而溶质分子不能透过。由实验可知，由于溶液中单位体积内的溶剂分子数小于纯溶剂中单位体积内的溶剂分子数，所以，纯溶剂的溶剂分子透过半透膜进入溶液中的速率大于溶液中的溶剂进入纯溶剂的速率。总的结果是，有一部分溶剂分子透过半透膜进入溶液，使溶液的体积增大，液面升高(图 1-2)。这种溶剂分子透过半透膜进入溶液(或由稀溶液进入浓溶液)的现象称为渗透现象，简称渗透。

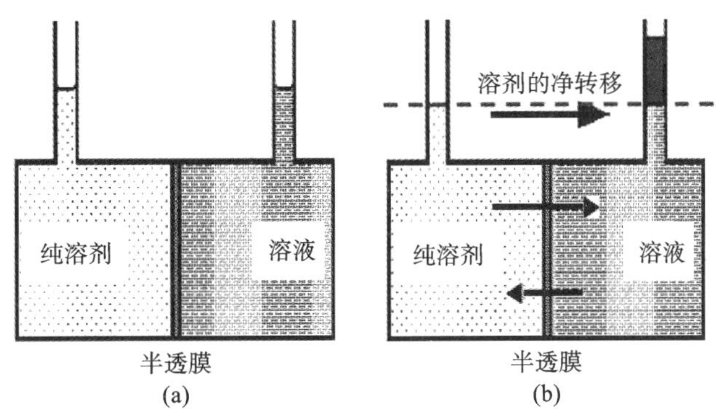

图 1-2 溶液渗透现象示意图

可见产生渗透现象必须具备两个条件：一是有半透膜存在，二是半透膜两侧溶液的浓度(应为渗透浓度)不同。由于渗透作用，容器内溶液的液面逐渐上升，其静水压也随之增大，进而阻止纯溶剂的水向溶液中渗透，使水分子由纯溶剂透过半透膜进入溶液的速率逐渐降低，当液面上升到一定高度时，就会出现水分子穿过半透膜的速率相等的动态平衡，于是液面保持平衡。这种恰能阻止渗透现象继续发生，而达到动态平衡的压力(等于液面升高所产生的静水压力)，称为渗透压(osmotic pressure)。换言之，当溶液与纯溶剂用半透膜隔开时，为了阻止渗透现象的发生而施加于液面上的额外压力称为该溶液的渗透压。渗透压用符号 Π 表示，SI 单位为 Pa 或 kPa。渗透的方向总是从纯溶剂向溶液一方或稀溶液往浓溶液一方渗透。

两种不同渗透浓度的溶液用半透膜隔开时，要阻止渗透进行，需在较浓溶液液面上施加一额外压力，但是，这个额外压力既不是浓溶液的渗透压，也不是稀溶液的渗透压，而是两种不同浓度的溶液的渗透压之差。

(二) 渗透压与浓度、温度的关系

溶液的渗透压与溶液的浓度和温度有关。1877 年，德国植物学家 Pfeffer 通过蔗糖溶液的渗透压实验发现以下两个规律。

(1) 当温度一定时，溶液的渗透压与溶液的浓度成正比。

(2) 当溶液的浓度一定时，溶液的渗透压与溶液的热力学温度成正比。

1886 年，荷兰物理学家 van't Hoff 根据以上实验结果进一步总结出稀溶液的渗透压与溶液的浓度、温度的关系为

$$\Pi = c_B RT = \frac{n_B}{V} RT$$

式中，Π 为溶液的渗透压(Pa)；c_B 为物质 B 的物质的量浓度(mol/m^3)；T 为溶液的热力学温度(K)；R 为摩尔气体常数(即 8.314 Pa·m^3/(K·mol))。

用此式可采用 SI 单位，对于以 SI 单位的倍数或分数表示的物理量，最好先统一为 SI 单位，以免造成运算错误。当 c_B 的单位为 mol/L 时，Π 的单位对应为 kPa。

从上式可以看出，一定温度下稀溶液的渗透压只与单位体积溶液内溶质质点的物质的量(或颗粒数)成正比，而与溶质的本性无关。对于电解质的稀溶液，计算渗透压时应考虑电解质的电离。在渗透压公式中必须引进一个校正系数 i。

$$\Pi = ic_{\mathrm{B}}RT$$

i 在数值上为 1 mol 电解质在溶液中能够解离出离子的物质的量。如 NaCl 和 $CaCl_2$，i 分别为 2 和 3。

例如，在 37 ℃时，0.2 mol/L 的葡萄糖溶液与 0.2 mol/L 的 NaCl 溶液的渗透压计算如下。

∵ c(葡萄糖)$=c$(NaCl)$=0.2\ \mathrm{mol/L}=0.2\times10^{3}\ \mathrm{mol/m^{3}}$

∴ Π(葡萄糖)$=0.2\times10^{3}\ \mathrm{mol/m^{3}}\times8.314\ \mathrm{Pa\cdot m^{3}/(K\cdot mol)}\times(273+37)\mathrm{K}=5.155\times10^{5}\ \mathrm{Pa}$

$\Pi(\mathrm{NaCl})=2\times0.2\times10^{3}\ \mathrm{mol/m^{3}}\times8.314\ \mathrm{Pa\cdot m^{3}/(K\cdot mol)}\times(273+37)\mathrm{K}=10.309\times10^{5}\ \mathrm{Pa}$

可以利用渗透压公式来测定、计算生物大分子的相对分子质量：

∵ $c_{\mathrm{B}}=\dfrac{n_{\mathrm{B}}}{V}=\dfrac{m_{\mathrm{B}}}{M_{\mathrm{B}}V}, \Pi=c_{\mathrm{B}}RT=\dfrac{m_{\mathrm{B}}}{M_{\mathrm{B}}V}RT$

∴ $M_{\mathrm{B}}=\dfrac{m_{\mathrm{B}}RT}{\Pi V}$

【例 1-11】 将 10.0 g 某大分子物质溶于 2 L 水中配成溶液，在 27 ℃时测得该溶液的渗透压为 0.38 kPa，求该物质的相对分子质量。

解：∵ $m=10.0\ \mathrm{g}, T=300\ \mathrm{K}, V=2.0\ \mathrm{L}, \Pi=0.38\ \mathrm{kPa}, R=8.314\ \mathrm{kPa\cdot L/(K\cdot mol)}$

∴ $M=\dfrac{mRT}{\Pi V}=\dfrac{10.0\ \mathrm{g}\times8.314\ \mathrm{Pa\cdot m^{3}/(K\cdot mol)}\times300\ \mathrm{K}}{0.38\ \mathrm{kPa}\times2\ \mathrm{L}}=3.28\times10^{4}\ \mathrm{g/mol}$

答：该物质的相对分子质量为 3.28×10^{4}。

思政案例

范特霍夫——第一个诺贝尔化学奖获得者

范特霍夫(Jacobus Henricus van't Hoff)是荷兰化学家。1878—1896 年，范特霍夫重点研究了稀溶液的渗透压及有关规律。他做了许多关于溶液渗透压的实验，提出了一个能普遍适用的渗透压公式：$PV=icRT$。同时，他还对此式的应用以及 i 不等于 1 的体系(电解质溶液)进行了大量研究。

1887 年 8 月初，范特霍夫和德国科学家威廉·奥斯特瓦尔德、瑞典化学家阿伦尼乌斯共同创办的《物理化学杂志》第一期在莱比锡问世。这标志着一门新兴的边缘学科——物理化学的诞生。三位科学家的友谊与协作使他们突破了国界和学科的局限，共同为新学科的创立、新兴基本理论的确立进行了顽强的战斗。因此，他们被誉为“物理化学的三剑客”。

范特霍夫毕生从事有机立体化学与物理化学的广泛研究，取得了累累硕果，他是世界上第一个诺贝尔化学奖的获得者。1911 年 3 月 1 日，年仅 59 岁的范特霍夫不幸早逝。为了永远地怀念他，范特霍夫的遗体火化后，人们将他的骨灰安放在柏林达莱姆公墓，供后人瞻仰。

(三) 渗透压在医药学上的意义

1. 渗透浓度

任何溶液都具有一定的渗透压。当温度一定时，渗透压的大小只与单位体积溶液内的溶质的分子和离子的质点总浓度成正比，而与溶质的本性无关，因此医学上用溶质的分子和离子总浓度的高低来比较溶液渗透压的大小。在溶液中能产生渗透效应的各种溶质的分子和离子的总浓度称为渗透浓度，用 c_{OS} 来表示，其常用的单位是 mol/L 和 mmol/L。

对于非电解质的稀溶液，渗透浓度与物质的量浓度相等，对于强电解质的稀溶液，渗透浓度等于溶液中离子的总浓度。即 $c_{\mathrm{OS}}=ic_{\mathrm{B}}$($i$ 在数值上为 1 mol 电解质在溶液中能够解离出的离子的物质的量)。

例如：1 mmol/L 葡萄糖，c_{OS}(葡萄糖)=1 mmol/L；

1 mmol/LNaCl，$c_{OS}(NaCl)$=1 mmol/L Na^+ +1 mmol/L Cl^- =2 mmol/L；

1 mmol/L $CaCl_2$，$c_{OS}(CaCl_2)$=1 mmol/L Ca^{2+} +2 mmol/L Cl^- =3 mmol/L。

【例 1-12】 计算 50 g/L 葡萄糖溶液和 9 g/L NaCl 溶液的渗透浓度。

解：50 g/L 葡萄糖溶液：

$$c_{OS}=\frac{50\ g/L}{180\ g/mol}=0.278\ mol/L=278\ mmol/L$$

9 g/L NaCl 溶液：

$$c_{OS}=\frac{9\ g/L}{58.5\ g/mol}\times 2=0.308\ mol/L=308\ mmol/L$$

答：50 g/L 葡萄糖溶液的渗透浓度是 278 mmol/L，9 g/L NaCl 溶液的渗透浓度是 308 mmol/L。

表 1-1 列出了血浆中各种能产生渗透作用的物质的平均浓度。

表 1-1 血浆中能产生渗透作用的物质的平均浓度

物质	c/(mmol/L)	物质	c/(mmol/L)
Na^+	144	SO_4^{2-}	0.5
K^+	5	氨基酸	2
Ca^{2+}	2.5	肌酸	0.2
Mg^{2+}	1.5	乳酸盐	0.12
Cl^-	107	葡萄糖	5.6
HPO_4^{2-}	1	蛋白质	1.2
HCO_3^-	27	尿酸	4

2. 等渗、低渗和高渗溶液

相同温度下，渗透压(或渗透浓度)相等的两种溶液，称为等渗溶液。渗透压(或渗透浓度)不相等的两种溶液，渗透压(或渗透浓度)相对较高的称为高渗溶液，渗透压(或渗透浓度)相对较低的称为低渗溶液。

医学上是以正常人血浆的渗透压(或渗透浓度)为标准来衡量溶液渗透压的相对高低。规定凡渗透浓度在 280～320 mmol/L 范围内的溶液为等渗溶液(isotonic solution)；低于 280 mmol/L 的溶液称为低渗溶液(hypotonic solution)；高于 320 mmol/L 的溶液称为高渗溶液(hypertonic solution)。临床上常用的等渗溶液有 9 g/L NaCl 溶液、50 g/L 葡萄糖溶液、19 g/L 乳酸钠溶液和 12.5 g/L $NaHCO_3$ 溶液等。

临床上给患者大量输液时必须使用等渗溶液。否则，红细胞将变形或被破坏，失去生理功能。这可通过红细胞在不同浓度的 NaCl 溶液中的形态变化来说明其原因。将红细胞置于低渗 NaCl 溶液(如 3 g/L NaCl 溶液)中，则水分子透过细胞膜进入红细胞内液，使红细胞逐渐膨胀甚至破裂，这种现象在医学上称为溶血。如果将红细胞置于高渗 NaCl 溶液(如 16 g/L NaCl 溶液)中，则红细胞内的水分子透过细胞膜进入 NaCl 溶液，使红细胞逐渐皱缩，这种现象在医学上称为胞质分离(图 1-3)。只有将红细胞置于等渗溶液(如 9 g/L NaCl 溶液)中，红细胞形态才不会发生变化，维持正常的生理功能。

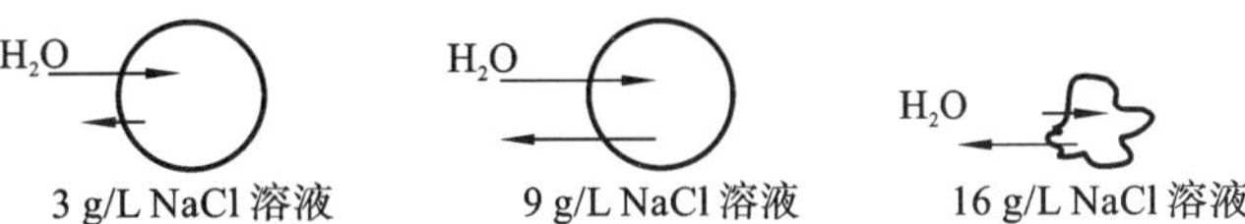

图 1-3 不同浓度 NaCl 溶液对红细胞的影响示意图

知识链接

等渗溶液的应用

根据临床上某种治疗的需要，输入少量高渗溶液也是允许的，只是应注意滴注的速度和用量（高渗溶液缓慢注入体内时，即可被体液稀释成等渗溶液）。

临床上，除了补液需要等渗外，医疗药物制剂也要考虑等渗。比如给患者换药时，通常用与组织细胞液等渗的生理盐水冲洗伤口，如用纯水或高渗盐水则会引起疼痛。当配制眼药水时，也必须与眼黏膜细胞的渗透压相等，否则也会刺激眼睛而引起疼痛。

3. 晶体渗透压与胶体渗透压

正常人体中，体液能够维持恒定的渗透压，对于水、盐代谢过程是极为重要的。血浆中含有各种无机盐和大量的蛋白质，因而具有相当大的渗透压，约为 770 kPa。其中由小分子物质所产生的渗透压称为晶体渗透压，占血浆总渗透压的绝大部分，约为 766 kPa。由各种蛋白质等大分子物质所产生的渗透压称为胶体渗透压，仅为 4 kPa。这是因为大分子物质的相对分子质量远远大于小分子物质的相对分子质量，而且小分子物质中的无机盐在水中能电离出更多的离子，所以在血浆中的蛋白质的颗粒数比无机盐类离子数少得多，而溶液的渗透压只与单位体积内所含溶质的微粒数成正比，而与溶质种类无关，故胶体渗透压比晶体渗透压低得多。

晶体渗透压的功能是调节细胞内、外水的相对平衡，胶体渗透压的功能是调节毛细血管内、外水和盐的相对平衡及维持血容量。因此晶体渗透压和胶体渗透压在体内起着不同作用。

存在于人体内的细胞膜、毛细血管壁等均为半透膜，但它们的通透性不同。细胞膜对物质的透过有选择性，由于晶体渗透压远大于胶体渗透压，水的渗透方向由晶体渗透压决定。如体内缺水就会导致细胞外液的晶体渗透压升高，使细胞内的水分子向细胞外渗透，造成细胞失水引起口渴；当大量饮水或补给大量葡萄糖溶液时，细胞外液渗透压降低，这样细胞外液的水分子就会通过细胞膜向细胞内渗透，使细胞膨胀，严重时导致水中毒。

毛细血管壁间隔着血液和组织间液。蛋白质等大分子物质不能通过毛细血管壁，而小分子物质可透过毛细血管壁，所以晶体渗透压虽大，但对维持毛细血管内、外水分子相对平衡不起多大作用。虽然血浆中的胶体渗透压较小，但在维持血液与组织间液的盐水相对平衡方面却起着重要作用。例如，因某种原因使血液中蛋白质含量显著减少，胶体渗透压过低，则过量小分子包括水分子从毛细血管向组织间液中渗透，引起水肿。医疗上要防止因失血导致的胶体渗透压降低，常采用输血或用代血浆输液，以避免患者血容量不足。

本章小结

常用溶液浓度的表示方法：物质的量浓度（c_B）、质量浓度（ρ_B）、质量分数（ω_B）、体积分数（φ_B），$c_B=\dfrac{n_B}{V}$、$\rho_B=\dfrac{m_B}{V}$、$\omega_B=\dfrac{m_B}{m}$、$\varphi_B=\dfrac{V_B}{V}$、$\rho_B=c_BM_B$，溶液配制和溶液稀释操作前应进行计算，溶液稀释的计算依据：稀释前后溶液中所含溶质的量不变，稀释公式为 $c_1V_1=c_2V_2$。

稀溶液的依数性包括溶液的蒸气压下降、沸点升高、凝固点降低和渗透压。这些性质仅与溶液中所含溶质粒子的浓度成正比，而与溶质的本性无关。溶液的蒸气压（即溶液中溶剂的蒸气压）必然比同温度下纯溶剂的蒸气压低，这种现象称为溶液的蒸气压下降，溶液的浓度越大，蒸气压下降越多；溶液的沸点总是高于纯溶剂的沸点，这种现象称为溶液的沸点升高，溶液浓度越大，蒸气压越低，其沸点越高；溶液的凝固点比纯溶剂的低，这种现象称为溶液的凝固点降低，溶液的浓度越大，凝固点就越低。这些性质只适用于难挥发的非电解质稀溶液，讨论电解质溶液的依数性时须引入校正系数 i。稀溶液的依数性的本质是溶液的蒸气压下降。

溶剂分子透过半透膜进入溶液(或由稀溶液进入浓溶液)的现象称为渗透现象,简称渗透,产生渗透现象必须具备两个条件:一是有半透膜存在,二是半透膜两侧溶液的渗透浓度不同。渗透压与浓度、温度的关系:$\Pi = c_B RT = \frac{n_B}{V}RT$ 或 $\Pi = ic_B RT$,医学上用渗透浓度来衡量体液渗透压高低,规定渗透浓度在 280～320 mmol/L 范围内的溶液为等渗溶液;渗透浓度低于 280 mmol/L 的溶液为低渗溶液;渗透浓度高于 320 mmol/L 的溶液为高渗溶液。人体血浆总渗透压包括晶体渗透压和胶体渗透压,它们具有不同的生理功能。

能力检测

能力检测答案

一、填空题

1. 现需配制 450 mL 0.1 mol/L NaOH 溶液,计算所需 NaOH 的质量为__________ g。

2. 实验室常用浓盐酸的质量分数为 36.5%,密度为 1.20 g/cm³。此浓盐酸的物质的量浓度为__________。

3. 使用胆矾($CuSO_4 \cdot 5H_2O$)配制 1 L 0.1 mol/L 的硫酸铜溶液,需称取胆矾__________克?

4. 将 4 g NaOH 固体溶于水配成 250 mL 溶液,此溶液中 NaOH 的物质的量浓度为__________。

5. 稀溶液的依数性包括__________、__________、__________、__________。

二、选择题

1. 用 4 g 的 NaOH 固体配制成 500 mL 溶液,所得溶液的物质的量浓度为(　　)。

A. 0.1 mol/L　　B. 0.2 mol/L　　C. 0.3 mol/L　　D. 0.4 mol/L

2. 在物质的量浓度公式中,n 是指(　　)。

A. 溶液的物质的量　　B. 溶质的物质的量　　C. 溶剂的物质的量　　D. 物质的量

3. 已知 12.3 g A 与 4.6 g B 恰好完全反应生成了 3.2 g C、4.5 g D 和 0.2 mol E,则 E 的摩尔质量是(　　)。

A. 46　　B. 46 g/mol　　C. 64 g/mol　　D. 64

4. 20 ℃时,NaCl 的溶解度是 35.1 g,此时 NaCl 饱和溶液的密度为 1.12 g/cm³,在此温度下 NaCl 饱和溶液中 NaCl 的物质的量浓度为(　　)。

A. 0.15 mol/L　　B. 1.35 mol/L　　C. 4.97 mol/L　　D. 6.0 mol/L

5. 将 30 mL 0.5 mol/L NaCl 溶液加水稀释到 500 mL,稀释后溶液中 NaCl 的物质的量浓度为(　　)。

A. 0.03 mol/L　　B. 0.3 mol/L　　C. 0.05 mol/L　　D. 0.04 mol/L

6. 将 4 g NaOH 溶解在 10 mL 水中,再加水稀释至 1 L,量取 10 mL 此 NaOH 溶液,这 10 mL 溶液中 NaOH 的物质的量浓度是(　　)。

A. 1 mol/L　　B. 0.1 mol/L　　C. 0.01 mol/L　　D. 10 mol/L

7. 将 20 mL 0.5 mol/L NaCl 溶液加水稀释到 100 mL,稀释后溶液中 NaCl 的物质的量浓度为(　　)。

A. 0.05 mol/L　　B. 0.1 mol/L　　C. 0.15 mol/L　　D. 0.2 mol/L

8. 小张最近去医院做了体检,得到的血液化验单中标有葡萄糖 5.9×10^{-3} mol/L,正常值为 3.9×10^{-3}～6.1×10^{-3} mol/L,表示该体检指标的物理量是(　　)。

A. 溶解度(s)　　B. 物质的量浓度(c)　　C. 质量分数(ω)　　D. 摩尔质量(M)

三、简答题

1. 溶液产生渗透现象的条件是什么?渗透方向是怎样的?

2. 将红细胞置于 3 g/L 的 NaCl 溶液中,红细胞会发生什么现象?将红细胞置于 15 g/L 的 NaCl 溶液中,红细胞又会发生什么现象?

3. 有四种溶液，分别是 NaCl、$CaCl_2$、HAc 和 $C_6H_{12}O_6$ 溶液，它们的浓度均为 0.1 mol/L，按渗透压由高到低排列的顺序是怎样的？

四、计算题

1. 临床上纠正酸中毒时，常使用乳酸钠（$NaC_3H_5O_3$）注射液，它的规格是每支 20 mL 注射液中含乳酸钠 2.24 g，现临床上需用浓度为 1/6 mol/L 的乳酸钠溶液 600 mL，需要此种规格的乳酸钠多少毫升？需要多少支此种规格的注射液？

2. 现有碳酸氢钠（$NaHCO_3$）5.0 g，问能配制 0.149 mol/L 的 $NaHCO_3$ 溶液多少毫升？

3. 某患者需补 0.05 mol Na^+，应补 NaCl 的质量为多少克？若用生理盐水（质量浓度为 9.0 g/L），需多少毫升？

4. 将 10.0 g NaCl 溶于 90 g 水中，测得此溶液的密度为 1.07 g/mL，求此溶液的质量浓度。

5. 用 $\varphi_B=0.95$ 的酒精 500 mL，可配制 $\varphi_B=0.75$ 的消毒酒精多少毫升？

6. 计算 12.5 g/L $NaHCO_3$ 溶液的渗透浓度是多少？

7. 人体正常体温为 37 ℃时，测得人的血浆的渗透压为 780 kPa，问血浆的渗透浓度是多少？

参考文献

[1] 陈瑛，蔡玉萍. 医用化学[M]. 武汉：华中科技大学出版社，2013.
[2] 陆家政，傅春华. 基础化学[M]. 北京：人民卫生出版社，2009.
[3] 彭秀丽，李炎武. 医用化学[M]. 武汉：华中科技大学出版社，2021.

（卢　鑫）

本章题库

第二章

化学反应速率和化学平衡

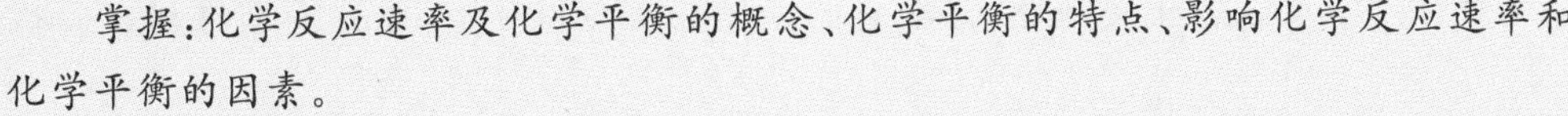

扫码
看 PPT

学习目标

掌握：化学反应速率及化学平衡的概念、化学平衡的特点、影响化学反应速率和化学平衡的因素。

熟悉：化学反应速率的表示方法、能判断外界条件变化对化学反应速率及化学平衡的影响。

了解：可逆反应化学平衡常数的表示方法和意义。

化学反应进行的快慢和完成程度是任何一个化学反应都会涉及的两个重要问题，它不仅是学习本课程其他章节必须具备的基础知识，也是今后学习生理学、生物化学等课程必备的化学知识。

第一节　化学反应速率

一、化学反应速率及其表示方法

化学反应速率是衡量化学反应快慢的物理量，是指在一定条件下反应物转变为产物的速率，通常用单位时间内反应物或产物浓度变化的绝对值来表示。化学反应速率常用平均速率和瞬时速率表示。

平均速率的数学表达式为

$$v=\left|\frac{\Delta c}{\Delta t}\right| \tag{2-1}$$

式中，$\bar{v}$ 为平均速率，常用单位为 mol/(L·s)、mol/(L·min) 或 mol/(L·h)；Δc 为浓度变化量，Δt 为反应时间。

【例 2-1】 在密闭容器中合成氨的反应，从反应开始到反应进行了 3 min 时，各物质浓度变化情况如下：

	N_2	$+3H_2$	$\rightleftharpoons 2NH_3$
起始浓度(mol/L)	3.0	9.0	0
3 min 后浓度(mol/L)	1.5	4.5	3.0

求从反应开始到 3 min 后的平均反应速率。

解：根据式(2-1)，以氮气(N_2)的浓度变化表示合成氨的反应速率：

$$v_{N_2}=\left|\frac{3.0-1.5}{3}\right|=0.5\ \text{mol/(L·min)}$$

以氢气(H_2)的浓度变化表示合成氨的反应速率：

$$v_{H_2}=\left|\frac{9.0-4.5}{3}\right|=1.5\ \text{mol/(L·min)}$$

以氨气(NH_3)的浓度变化表示合成氨的反应速率：

$$v_{NH_3} = \left| \frac{3.0-0}{3} \right| = 1.0 \text{ mol/(L·min)}$$

由此可见，用 N_2 和 H_2 浓度的减少或 NH_3 浓度的增加来表示反应速率，其数值是不相同的。对于同一反应，用不同物质浓度的变化表示该反应速率的数值不同，但均代表同一化学反应的反应速率。在表示反应速率时，常在符号 v 右下角注明该物质的化学式。

在化学反应中，反应物的浓度和产物的浓度在不断变化，反应速率也在不断改变。因此，化学反应速率通常是指某反应在一定时间内的平均速率。

二、有效碰撞理论与活化能

化学反应千差万别，其反应速率也各不相同。原因有两方面：一是内因，即参加反应的物质的本性，它因物质的组成、结构和性质的不同而不同；二是外因，如外界的温度、浓度、压强、催化剂等对反应速率的影响。为解释化学反应的相关问题，化学家们经过探索，提出了有效碰撞理论和过渡状态理论。

（一）有效碰撞理论

1. 有效碰撞

碰撞理论是在气体分子运动论的基础上建立的，该理论认为化学反应发生的先决条件是反应物分子之间的相互碰撞。但是反应物分子之间并不是每一次碰撞都能发生反应，如在常温下，空气中的氧气和氮气虽不断碰撞，但是几乎不能反应，只有在闪电的时候，极少量的氧气和氮气才有可能合成一氧化氮。可见，能够发生反应的碰撞是有条件的。我们把能够发生反应的碰撞称为有效碰撞。

2. 活化分子及活化能

对于某一化学反应而言，在一定温度下，其反应物分子都具有一定的平均能量(E_a)。研究表明，只有那些能量远远大于平均能量的分子，才能发生有效碰撞。通常把能发生有效碰撞的分子称为活化分子，而活化分子具有的最低能量(E_c)与分子平均能量的差值称为反应的活化能。即：

$$E = E_c - E_a$$

也可以说，要把具有平均能量的反应物分子变成活化分子所需要的最低平均能量称为活化能。分子的能量分布曲线如图 2-1 所示。

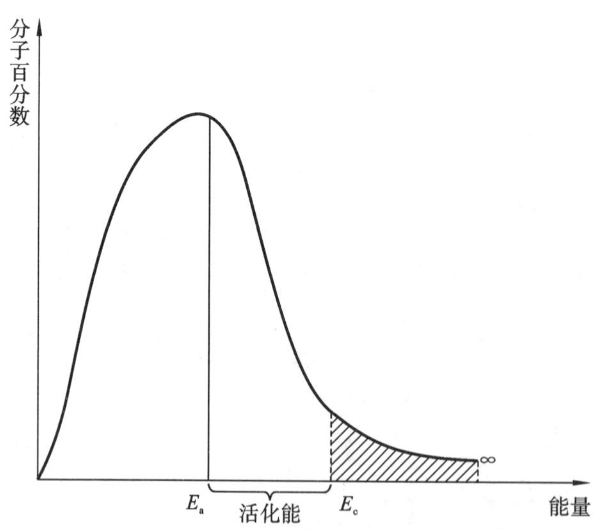

图 2-1　分子的能量分布曲线

化学反应速率主要取决于单位时间内有效碰撞的次数，而有效碰撞次数又与反应的活化能密切相关。不同物质间发生的化学反应，活化能不同。对于某一化学反应，在一定温度下，活化能越低，反应进行时所需要越过的能垒就越低，阻力就越小，化学反应速率就越大。反之，活化能越高，活化分子所占的比例越小，单位时间内有效碰撞的次数越少，反应进行得就越慢。可见反应的活化能是决定化学反应速率大小的重要因素。

（二）过渡状态理论简介

过渡状态理论认为，化学反应并不是通过反应物分子之间的简单碰撞而完成的。在由反应物分子生成产物的过程中，必须经过一个中间过渡状态。例如，HI 分解为 H_2 和 I_2 这个反应，按下式进行：

$$HI + HI \longrightarrow H_2 + 2I$$

$$2I \rightleftharpoons I_2$$

整个反应速率取决于第一步。在反应中只有高能量的 HI 分子按一定的方向相碰撞时，才能破坏分子中的 H—I 键，生成 H—H 键，这样的碰撞是有效碰撞。两个分子碰撞前的能量越大，碰撞就越剧烈，分子可以在碰撞中取得足够的能量从而改组反应物分子的化学键。

当反应物分子在碰撞中取得足够的能量以后，就形成一个称为“活化体”的过渡状态。在活化体中，旧的化学键已经减弱，新的化学键正在形成。活化体的寿命很短，一经生成，就很快向产物分子转化。

$$\underset{\text{反应物}}{HI + HI} \xrightarrow{\text{吸收能量}} \underset{\text{活化体}}{I\cdots H\cdots H\cdots I} \xrightarrow{\text{放出能量}} \underset{\text{产物}}{H_2 + I + I}$$

由稳定的反应物分子过渡到活化体的过程称为活化。活化过程中吸收的能量称为活化能，因此，活化能是基态反应物平均能量与活化体之间的能量差。

活化能是决定反应速率的内在因素。一般化学反应的活化能为 60～250 kJ/mol。

第二节　影响化学反应速率的因素

化学反应速率的大小首先取决于参加反应的物质的本性，此外，浓度、温度、催化剂等外界因素也对化学反应速率有较大影响。

一、浓度对化学反应速率的影响

（一）基元反应和非基元反应

基元反应又称简单反应，是指反应物分子在有效碰撞中经过一次化学反应就能转化为产物的反应。如：

$$2NO_2 \rightleftharpoons N_2O_4$$

实际上大多数化学反应并不能一步完成，即反应物要经过若干简单反应（基元反应）步骤才能转变为产物，这样的化学反应称为复杂反应，也叫非基元反应。例如：

$$H_2(g) + I_2(g) = 2HI(g)$$

其反应实际上分两步进行：

$$I_2(g) = 2I(g) \quad \text{（快）}$$

$$H_2(g) + 2I(g) = 2HI(g) \quad \text{（慢）}$$

一般的化学反应方程式只表明该反应的反应物、产物以及它们之间的计量关系，因此，判断一个化学反应是否是基元反应并不能从化学反应方程式看出来，往往需要大量的实验和理论研究。在复杂反应中，各步反应的速率是不同的。整个反应的反应速率取决于反应速率最慢的那一步反应。

（二）质量作用定律

1867 年，挪威科学家 Guldberg 和 Waage 在总结大量实验数据的基础上，提出反应速率和反应物浓度之间的定量关系：在一定温度下，基元反应的反应速率与各反应物浓度幂的乘积成正比，各浓度幂次在数值上等于基元反应中各反应物前面的化学计量数。这一规律称为质量作用定律。

如基元反应

$$aA + bB \longrightarrow gG + hH$$

则表示反应物浓度(c_A、c_B)与反应速率(v)定量关系的质量作用定律数学表达式为

$$v = kc_A^a c_B^b \qquad (2\text{-}2)$$

上述表达式又称为速率方程，k 称为速率常数。k 不因反应物浓度变化而变化，但受反应温度、溶剂和催化剂等因素的影响。k 越大，化学反应越快。

质量作用定律只适用于基元反应；对于固态和纯液态的反应物，其浓度视为定值，并入反应速率常数 k 中，不写入速率方程式。

对于有气态物质参加的反应，在一定温度下，压力增大，气态反应物的浓度也增大，反应速率加快；反之，压力减小，气态反应物的浓度也减小，反应速率减慢。

二、温度对化学反应速率的影响

温度是影响化学反应速率的又一重要因素。许多化学反应都是在加热的条件下进行的。如常温下 H_2 和 O_2 的反应十分缓慢，慢到难以察觉，但当温度升高到 873 K 时，反应则发生剧烈的爆炸，瞬间完成。实验证明：当其他条件不变时，升高温度，可以增大化学反应速率；降低温度，可以减小化学反应速率。1884 年荷兰物理化学家范特霍夫(van't Hoff)根据实验事实总结出一条规则：温度每升高 10 ℃，大多数化学反应的速率将增加到原来的 2～4 倍。

温度对化学反应速率的影响可用有效碰撞理论解释。温度升高，反应物分子运动速率加快，单位时间内反应物分子的碰撞次数增加，有效碰撞次数也增加，因此化学反应速率增大。另外，升高温度使分子能量增大，导致活化分子百分数增加，有效碰撞次数大大增加，从而也加快了化学反应速率。

三、催化剂对化学反应速率的影响

催化剂是一种能改变化学反应速率，而本身的质量和化学性质在反应前后均不改变的物质。催化剂具有催化作用，凡能加快化学反应速率的催化剂称为正催化剂；可以减慢化学反应速率的催化剂称为负催化剂，也叫阻化剂。如不加特别说明，均指正催化剂。

正催化剂之所以能加快化学反应速率，是由于催化剂改变了反应历程，降低了反应的活化能，活化分子的百分数增加，有效碰撞次数增多，从而使化学反应速率大大加快。负催化剂则相反。

催化剂具有以下基本特点。

(1) 催化剂只改变化学反应速率，而不影响化学反应的始态和终态，即催化剂不能改变反应的方向。

知识链接

化学反应速率和化学平衡在硫酸工业中的应用

化学反应速率和化学平衡可以用来研究在工业生产上，如何以最少的原料和能量、最短的时间尽可能得到最大产量。例如，硫酸工业的关键反应 $2SO_2 + O_2 \rightleftharpoons 2SO_3$。反应是可逆的，$SO_2$ 不可能百分之百转化为 SO_3，升高温度和增大压强有利于提高化学反应速率，但是温度过高时，SO_3 分解，对 SO_2 的转化不利。增大压强意味着对设备要求高，投资大，耗能多。反应需要高温，同时反应又放出热量，热量聚集到一定程度对 SO_2 转化不利。为了强化生产过程、节约能源、降低成本，技术人员采取增大空气用量(即 O_2)、利用反应放出的热量预热 SO_2 和空气的混合气、控制适当高温并采用合适催化剂等措施，在常压下可将 SO_2 的转化率提高到 95%以上，达到了以最少原料、最低能量和最短时间获得最多产品的目的，极大地提升了生产效益。

(2) 对于可逆反应,催化剂可以同等程度地加快正、逆反应的速率。

(3) 催化剂具有专一的选择性。不同的化学反应使用不同的催化剂;反应物相同,催化剂不同,产物也不同。

催化剂能高效地加快反应速率,缩短反应周期,降低生产成本。因此80%～90%的化工及制药过程应用催化剂。在药物和食品的保存中常常使用能减慢变质反应速率的负催化剂(即各种稳定剂)。在人体内,酶是具有催化功能的蛋白质,体内的一切化学反应几乎都是在酶的催化下完成的,可以说生命离不开酶,没有酶就没有生命。

第三节 化学平衡

研究某一化学反应,不仅要看它的反应速率如何,还要看反应完成的程度,即在一定条件下有多少反应物转化为产物,这就涉及化学平衡问题。

一、可逆反应和化学平衡

(一) 可逆反应

在一定条件下,有些化学反应能进行到底,反应物完全转化为产物,而相反方向的反应不能进行。这种只能向一个方向进行的反应称为不可逆反应,不可逆反应可用“$=\!=\!=$”或“$\longrightarrow$”表示。实际上,绝大多数化学反应进行得不彻底,在反应物转变为产物的同时,产物又可以转变为反应物,如合成氨的反应:

$$N_2(g)+3H_2(g)\rightleftharpoons 2NH_3(g)$$

在 N_2 与 H_2 作用生成 NH_3 的同时,也进行着 NH_3 分解生成 N_2 与 H_2 的反应。这种在同一条件下,可以向两个相反方向进行的化学反应称为可逆反应,常用符号“$\rightleftharpoons$”表示可逆反应。

在可逆反应中,通常把从左向右进行的反应称为正反应,从右向左进行的反应称为逆反应。

(二) 化学平衡

可逆反应不能进行完全,反应物不能全部转化为产物,反应体系中反应物和产物总是同时存在。

以氨的合成为例:

$$N_2(g)+3H_2(g)\rightleftharpoons 2NH_3(g)$$

反应刚开始时,在密闭容器中只有 H_2 和 N_2,它们的浓度最大,所以正反应速率最大,逆反应速率为零。随着反应的进行,H_2 和 N_2 的浓度逐渐减小,NH_3 的浓度逐渐增大,所以正反应速率逐渐减小,逆反应速率逐渐增大。另一方面,反应一旦发生,逆反应便开始进行,一部分 NH_3 开始分解为 H_2 和 N_2,当反应进行到一定程度时,逆反应速率等于正反应速率,容器中反应物 H_2、N_2 和产物 NH_3 的浓度不再随时间而改变,这时可逆反应达到化学平衡状态,如图 2-2 所示。

化学平衡是指在一定条件下,可逆反应的正、逆反应速率相等,体系中反应物和产物的浓度不再随时间而改变的状态。处于平衡状态下的各物质的浓度称为平衡浓度。化学平衡具有以下特点。

(1) 动——化学平衡是一种动态平衡。表面上看来反应似乎已停止,实际上正、逆反应仍在进行,只是单位时间内,反应物因正反应消耗的分子数恰好等于由逆反应生成的分子数。

(2) 定——当一个可逆反应达到平衡时,虽然反应仍在进行,但如果外界条件不改变,反应混合物中各组成成分的浓度是一定的,即浓度不再随时间而改变。

(3) 同——在条件不变时,可逆反应不论采取什么途径进行,最后所处的平衡状态都是相同的,也就是说,可逆反应的平衡状态只与反应条件(如温度)有关,而与反应途径无关。

(4) 变——化学平衡是暂时的、有条件的平衡。当外界条件改变时,原有的平衡即被破坏,直到在新的条件下建立新的平衡。

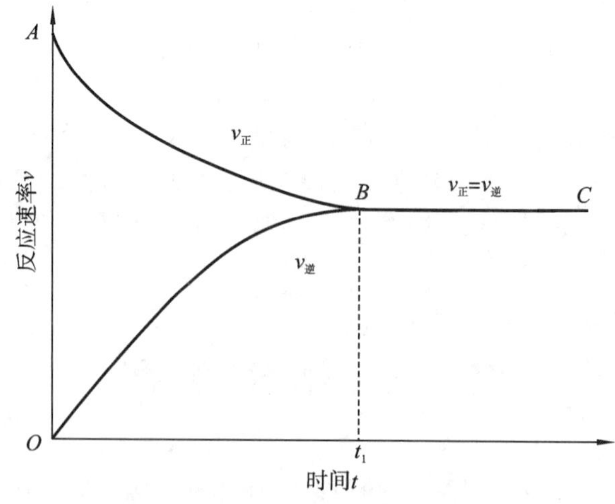

图 2-2　正、逆反应速率随时间变化示意图

二、化学平衡常数

（一）化学平衡常数

以反应 $CO_2(g)+H_2(g)\rightleftharpoons CO(g)+H_2O(g)$ 为例，恒温 1200 ℃时，在四个密闭容器中分别充入配比不同的 CO_2、H_2、CO 和 H_2O 的混合气体，实验数据见表 2-1。

表 2-1　$CO_2(g)+H_2(g)\rightleftharpoons CO(g)+H_2O(g)$ 的实验数据(1200 ℃)

编号	起始浓度/(mol/L)				平衡浓度/(mol/L)				$\frac{c_{CO}\cdot c_{H_2O}}{c_{CO_2}\cdot c_{H_2}}$
	CO_2	H_2	CO	H_2O	CO_2	H_2	CO	H_2O	
1	0.01	0.01	0	0	0.004	0.004	0.006	0.006	2.3
2	0.01	0.02	0	0	0.022	0.0012	0.0078	0.0078	2.3
3	0.01	0.01	0.001	0	0.0041	0.0041	0.0069	0.0059	2.4
4	0	0	0.02	0.02	0.0082	0.0082	0.0118	0.0118	2.1

分析上面的实验数据，可以得出如下结论。

在恒温下，可逆反应无论从正反应开始还是从逆反应开始，最后都能达到平衡。平衡时产物浓度幂的乘积除以反应物浓度幂的乘积，便得到一个常数，这个常数称为该反应的平衡常数 K_c。

在一定温度下，当可逆反应达到平衡时，各产物平衡浓度幂的乘积与反应物平衡浓度幂的乘积之比为一常数，称为化学平衡常数。其中，以浓度表示的称为浓度平衡常数(K_c)，以分压表示的称为压力平衡常数(K_p)。

例如反应：

$$mA+nB\rightleftharpoons xC+yD$$

$$K_c=\frac{c_C^x\cdot c_D^y}{c_A^m\cdot c_B^n}$$

$$K_p=\frac{p_C^x\cdot p_D^y}{p_A^m\cdot p_B^n}$$

K_c 和 K_p 可由实验测得，所以又称为实验平衡常数，其大小可反映可逆反应正向进行的程度，是化学反应限度的特征值。同一反应中，K 只与温度有关，与浓度变化无关。在一定温度下，不同的反应各自有着特定的平衡常数。K 越大，表示反应达到平衡时的产物浓度或分压越大，即反应进行的程度越大。

（二）平衡常数的意义

(1) 平衡常数是反应的特征常数，它不随物质的初始浓度（或分压）而改变，仅取决于反应的本性。温度一定，平衡常数就是定值。

(2) 平衡常数与反应是从正向开始进行还是从逆向开始进行无关。

(3) 平衡常数的大小可以衡量反应进行的程度。在起始浓度相同时，反应的平衡常数越大，平衡时产物的浓度越大，反应物剩余的浓度越小

(4) 平衡常数表达式表明了在一定温度下体系达到平衡的条件。

（三）平衡常数表达式的书写规则

(1) 同一化学反应的化学方程式写法不同，K 就不同。例：

$$N_2(g)+3H_2(g)\rightleftharpoons 2NH_3(g) \quad K_1=\frac{p_{NH_3}^2}{p_{N_2}\cdot p_{H_2}^3}$$

$$\frac{1}{2}N_2(g)+\frac{3}{2}H_2(g)\rightleftharpoons NH_3(g) \quad K_2=\frac{p_{NH_3}}{p_{N_2}^{1/2}\cdot p_{H_2}^{3/2}}$$

显然，$K_1=(K_2)^2$。

(2) 纯固体与纯液态及水溶液中参加反应的水的浓度在平衡常数表达式中视为常数，不写入平衡常数表达式中。例：

$$CaCO_3(s)\rightleftharpoons CaO(s)+CO_2(g) \quad K_p=p_{CO_2}$$

(3) 写入平衡常数表达式中各物质的浓度或分压，必须是在系统达到平衡状态时相应的值。气体只可用分压表示。

(4) 温度发生改变，化学反应的平衡常数也随之改变，因此，在使用时须注意相应的温度。

三、平衡转化率

反应达到平衡时，已转化的某反应物的量与转化前反应物的量之比，称为平衡转化率，也叫理论转化率，它与所指定反应物有关，通常以 α 表示。

$$\alpha=\frac{\text{平衡时已转化的指定反应物的量}}{\text{指定反应物的起始总量}}\times 100\%$$

平衡转化率 α 越大，表示达到平衡时反应进行的程度越大。平衡常数和平衡转化率都可反映反应进行的程度，但二者有差别。平衡常数与系统的起始状态无关，只与反应温度有关；平衡转化率除与温度有关外，还与系统的起始状态有关。

【例 2-2】 25 ℃时，可逆反应 $Pb^{2+}(aq)+Sn(s)\rightleftharpoons Pb(s)+Sn^{2+}(aq)$ 的标准平衡常数 $K^{\ominus}=2.2$，若 Pb^{2+} 的起始浓度为 0.10 mol/L，计算 Pb^{2+} 和 Sn^{2+} 的平衡浓度及 Pb^{2+} 的平衡转化率。

解： 设 Sn^{2+} 的平衡浓度为 x mol/L，由反应方程式可知 Pb^{2+} 的平衡浓度为 $(0.1-x)$ mol/L。

上述可逆反应的标准平衡常数表达式为

$$K^{\ominus}=\frac{[Sn^{2+}]/c^{\ominus}}{[Pb^{2+}]/c^{\ominus}}=\frac{[Sn^{2+}]}{[Pb^{2+}]}$$

将数据代入上式得

$$2.2=\frac{x}{0.1-x}$$

$$x=0.07$$

Pb^{2+} 和 Sn^{2+} 的平衡浓度为

$$[Sn^{2+}]=x=0.07\ (mol/L);[Pb^{2+}]=0.1-x=0.03\ (mol/L)$$

Pb^{2+} 的平衡转化率为

$$\alpha=\frac{c_0(Pb^{2+})-[Pb^{2+}]}{c_0(Pb^{2+})}=\frac{0.10-0.03}{0.10}\times 100\%=70\%$$

思政案例

要用科学发展的眼光看待问题

化学反应速率的大小取决于反应物本身，即内因，也与外界条件温度、浓度、催化剂、压强等变化密切相关，要用科学发展的眼光看待问题。当外界条件一定时，内因就起主要作用。正如自然辩证法所讲，事物的内部矛盾（即内因）是事物自身运动的源泉和动力，是事物发展的根本原因。外部矛盾（即外因）是事物发展、变化的第二位原因。内因是变化的根据，外因是变化的条件，外因通过内因而起作用。通过化学反应速率的学习，我们要牢固树立正确的价值观，在工作学习当中，多加强自身能力素质提升，少强调外部因素对自己的影响，要主动学习、主动作为，让自己人生更精彩。

第四节　化学平衡的移动

化学平衡是相对的、有条件的。当条件改变时，化学平衡就会被破坏，各种物质的浓度（或分压）就会改变，反应继续进行，直到建立新的平衡。这种由于条件变化导致化学平衡移动的过程，称为化学平衡的移动。化学平衡移动的结果是系统中各物质的浓度或分压发生了变化。在新的平衡条件下，如果产物的浓度比原来平衡时的浓度大了，说明平衡向正反应方向移动（即向右移动）；如果反应物的浓度比原来平衡时的浓度大了，则称平衡向逆反应方向移动（即向左移动）。

一、浓度对化学平衡移动的影响

在三氯化铁（$FeCl_3$）溶液中加入硫氰化钾（KSCN）溶液，可以生成血红色的铁（Ⅲ）氰化钾，反应方程式如下：

$$FeCl_3 + 6KSCN \rightleftharpoons K_3[Fe(SCN)_6]\text{（血红色）} + 3KCl$$

当向试管中加入饱和 $FeCl_3$ 或 KSCN 溶液时，溶液的颜色加深，说明平衡向正反应方向移动；若向试管中加入 KCl 晶体，溶液的颜色变浅，说明平衡向逆反应方向移动。

总之，在其他条件不变的情况下，增大反应物的浓度或减小产物的浓度，平衡向正反应方向进行；减小反应物的浓度或增大产物的浓度，平衡向逆反应方向进行。在药物生产中，常利用这一原理加大价格低廉原料的投料比，使价格昂贵的原料得到充分利用，从而降低成本，提高经济效益。

二、压强对化学平衡的影响

由于压强对固体或液体的体积影响很小，在固体和液体反应的平衡体系中，可不必考虑压强对化学平衡的影响。对于有气态物质存在的化学平衡体系，如果反应前后，化学方程式两边的气体分子数不相等，增大或减小压强，反应物和产物的浓度都会改变，正、逆反应速率不再相等。所以，恒温下改变压强，也会使化学平衡发生移动。平衡移动的方向与反应前后气体分子数有关。

如在一定条件下 NO_2 气体与 N_2O_4 气体在密闭容器里达到如下化学平衡：

$$\underset{\text{（红棕色）}}{2NO_2(g)} \rightleftharpoons \underset{\text{（无色）}}{N_2O_4(g)}$$

由化学方程式可知，反应前后气体分子数不相等，正反应是气体分子数减少（体积减小）的反应，逆反应是气体分子数增加（体积增大）的反应。增大反应容器体积，气体的压强减小，混合气体的颜色变浅。但由于化学平衡发生移动，混合气体的颜色又逐渐变深，这表明平衡向生成 NO_2 的方向，即向气体分子数增加的方向移动。如果减小反应容器体积，气体的压强增大，浓度增大，混合气体的颜色先变深又逐渐变浅，表明平衡向生成 N_2O_4 的方向，即向气体分子数减小的方向移动。

由此可见，对于有气体参加的可逆反应，在其他条件不变的情况下，增大压强，化学平衡向着气体分子数减少（气体体积缩小）的方向移动；减小压强，化学平衡向着气体分子数增加（气体体积增大）的方向移动。

有些可逆反应，虽有气态物质参加，但反应前后气态物质的分子数之和相等，对于这些反应，改变压强不会使化学平衡移动。例如，一氧化碳和水蒸气的反应：

$$CO+H_2O(g)\rightleftharpoons CO_2+H_2$$

三、温度对化学平衡移动的影响

温度对化学平衡的影响与前两种情况有着本质区别。改变浓度、压强使平衡点改变，从而引起平衡的移动，平衡常数并不发生变化。然而，温度的改变直接导致平衡常数的改变。例如：

$$N_2(g)+3H_2(g)\rightleftharpoons 2NH_3(g)+92.38\ kJ$$

该反应是放热反应，逆反应是吸热反应。温度降低时，正、逆反应速率都减小，但减小的程度不同，放热反应减小的倍数小于吸热反应减小的倍数，使平衡常数 K 增大，平衡将正向移动，即向放热反应方向移动；温度升高时，正、逆反应速率都增大，但吸热反应增大的倍数大于放热反应增大的倍数，使平衡常数 K 减小，平衡将逆向移动，即向吸热反应方向移动。所以，较低的反应温度有利于氨的合成。

总之，对于任一可逆反应，升高温度，化学平衡向着吸热反应的方向移动；降低温度，化学平衡向着放热反应的方向移动。

四、平衡移动原理

法国化学家勒夏特列（H. L. Chatelier）将浓度、压强、温度对化学平衡的影响概括为一条普遍的规律：任何已经达到平衡的体系，如果改变平衡体系的一个条件，如浓度、压强或温度，平衡则向减弱这个改变的方向移动，这个规律称为勒夏特列原理，又称平衡移动原理。

平衡移动原理是普遍规律，对所有的动态平衡均适用。但应注意，平衡移动原理只适用于已达到平衡的体系，而不适用于非平衡体系。

催化剂能够改变化学反应速率，但不能影响化学平衡，对于可逆反应，催化剂能同等程度地改变正反应和逆反应速率，因此，化学平衡不移动。但使用催化剂能缩短反应到达平衡所需的时间。在工业生产中常使用催化剂来加快化学反应速率，缩短生产周期，提高生产效率。

本章小结

本章重点介绍了化学反应速率和化学平衡的基本概念和基本理论。其中概念部分包括化学反应速率、有效碰撞、活化分子、活化能、可逆反应、化学平衡、化学平衡常数及化学平衡的移动等；相关理论包括有效碰撞理论、过渡状态理论及平衡移动原理等。同学们需要掌握并理解这些概念和有关理论。除此之外，本章也重点探讨了外界条件如浓度、温度、压强及催化剂的改变对化学反应速率及化学平衡的影响，并得出如下结论：在一定温度下，增加反应物的浓度可以增大反应速率；反之则减小。升高温度，化学反应速率加快，反之则减小。经验结论为，温度每升高 10 ℃，大多数化学反应的速率将增加到原来的 2～4 倍。对于有气体参加的反应，增大压强，化学反应速率加快，反之则减小。加入催化剂，能明显改变反应速率，其中正催化剂能加快反应速率，负催化剂能减慢反应速率。这些结论均可以用有效碰撞理论加以解释。这些条件对化学平衡的影响可以归结为平衡移动原理，即当体系达到平衡后，若改变平衡状态的任一条件（如浓度、压力、温度），平衡就向着能减弱其改变的方向移动。化学平衡存在“动、定、同、变”四个特点，化学平衡常数可以衡量达到平衡时化学反应进行的程度，它只随反应温度变化而变化，因此表示平衡常数时需注明温度。

能力检测

能力检测答案

一、选择题

1. 在 $N_2(g)+3H_2(g) \rightleftharpoons 2NH_3(g)$ 反应中，自反应开始至 2 s 末，NH_3 的浓度由 0 增至 0.4 $mol \cdot L^{-1}$，以 H_2 表示该反应的平均反应速率是(　　)。

A. 0.3 $mol \cdot (L \cdot s)^{-1}$　　B. 0.4 $mol \cdot (L \cdot s)^{-1}$

C. 0.6 $mol \cdot (L \cdot s)^{-1}$　　D. 0.8 $mol \cdot (L \cdot s)^{-1}$

2. 某一化学反应：$2A+B \rightleftharpoons C$ 是一步完成的。A 的起始浓度为 2 $mol \cdot L^{-1}$，B 的起始浓度是 4 $mol \cdot L^{-1}$，1 s 后，A 的浓度下降到 1 $mol \cdot L^{-1}$，该反应的反应速率为(　　)。

A. 0.5 $mol \cdot (L \cdot s)^{-1}$　　B. −0.5 $mol \cdot (L \cdot s)^{-1}$

C. 1 $mol \cdot (L \cdot s)^{-1}$　　D. 2 $mol \cdot (L \cdot s)^{-1}$

3. 一般化学反应，在一定的温度范围内，温度每升高 10 ℃，反应速率增加到原来的(　　)。

A. 1～2 倍　　B. 2～4 倍　　C. 2～3 倍　　D. 1～3 倍

4. 某反应物在一定条件下的平衡转化率为 35%，当加入催化剂时，若反应条件与前相同，此时它的平衡转化率(　　)。

A. 大于 35%　　B. 等于 35%　　C. 小于 35%　　D. 无法知道

5. 某一可逆反应达平衡后，反应速率常数 k 发生变化时，则平衡常数 K (　　)。

A. 一定发生变化　　B. 不变　　C. 不一定变化　　D. 与 k 无关

6. 500 K 时，反应 $SO_2(g)+\frac{1}{2}O_2(g) \rightleftharpoons SO_3(g)$ 的 $K=50$，在同温下，反应 $2SO_3(g) \rightleftharpoons 2SO_2(g)+O_2(g)$ 的 K 等于(　　)。

A. 100　　B. 2×10^{-2}　　C. 2500　　D. 4×10^{-4}

7. 在恒压下进行合成氨的反应 $3H_2(g)+N_2(g) \rightleftharpoons 2NH_3(g)$ 时，若系统中积聚不参与反应的氩气量增加时，则氨的产率将(　　)。

A. 减小　　B. 增加　　C. 不变　　D. 无法判断

8. 可逆反应 $X+2Y \rightleftharpoons 2Z$，X、Y、Z 是三种气体，为了有利于 Z 的生成，应采用的反应条件是(　　)。

A. 高温高压　　B. 常温常压　　C. 低温高压　　D. 高温低压

二、填空题

1. 化学反应速率是衡量__________的物理量。化学反应的平均速率用单位时间内某一反应物或产物__________的绝对值表示。

2. 一步就能完成的反应，称为__________反应。

3. 可逆反应 $2A(g)+B(g) \rightleftharpoons 2C(g)$；反应达到平衡时，容器体积不变，增加 B 的分压，则 C 的分压__________，A 的分压__________；减小容器的体积，则 B 的分压__________，$K^{\ominus}$__________；

4. 由 N_2 和 H_2 合成 NH_3 的反应中，当达到平衡后，适当降低温度则正反应速率__________，逆反应速率__________，平衡向__________方向移动。

5. 一定温度下，反应 $PCl_5(g) \rightleftharpoons PCl_3(g)+Cl_2(g)$ 达到平衡后，维持温度和体积不变，向容器中加入一定量的惰性气体，反应将向__________方向移动。

6. 可逆反应：$I_2+H_2 \rightleftharpoons 2HI$，在 713 K 时 $K^{\ominus}=51$，若将上式改写为 $\frac{1}{2}I_2+\frac{1}{2}H_2 \rightleftharpoons HI$，则其 K 为__________。

三、简答题

1. 什么是化学反应速率？使化学反应速率加快的途径有哪些？

2. 什么是化学平衡移动？影响化学平衡移动的主要条件有哪些？如何改变这些条件使平衡移动？

3. “加热能使吸热反应速率加快，放热反应速率减慢，平衡向吸热反应方向移动。”这种说法对吗？为什么？

4. 写出下列化学反应的标准平衡常数表达式。

(1) $N_2(g)+3H_2(g) \rightleftharpoons 2NH_3(g)$

(2) $CH_4(g)+2O_2(g) \rightleftharpoons CO_2(g)+2H_2O(l)$

(3) $2NO(g)+O_2(g) \rightleftharpoons 2NO_2(g)$

(4) $CaCO_3(s) \rightleftharpoons CaO(s)+CO_2(g)$

四、计算题

1. 某温度下，将 6 mol 的 SO_2 和 5 mol 的 O_2 充入体积为 1 L 的密闭容器中，反应 $2SO_2+O_2 \rightleftharpoons 2SO_3$ 达到平衡时，测得 SO_3 的浓度为 4 mol/L，计算反应的平衡常数。

2. 在某温度下，合成氨的反应 $N_2(g)+3H_2(g) \rightleftharpoons 2NH_3(g)$，达到化学平衡时，平衡混合物中 $[N_2]=5$ mol/L，$[H_2]=7$ mol/L，$[NH_3]=4$ mol/L，求起始时 N_2 和 H_2 的浓度以及 N_2 的平衡转化率。

3. 在密闭容器中，将 CO 和 H_2O 的混合物加热，达到下列平衡：$CO+H_2O \rightleftharpoons CO_2+H_2$；在 800 ℃时平衡常数 $K=1$，反应开始时，$[CO]=2$ mol/L，$[H_2O]=3$ mol/L，求平衡时各物质的浓度和 CO 的平衡转化率。

4. 200 ℃，将 10 mL 0.1 mol/L $Na_2S_2O_3$ 溶液和 10 mL 0.1 mol/L 的 H_2SO_4 溶液混合，2 min 后溶液中明显出现浑浊。已知温度每升高 100 ℃，化学反应速率增大到原来的 2 倍，那么 500 ℃时，同样的反应要看到明显浑浊，需要的时间是多少？

参考文献

[1] 陆艳琦，马建军，陈瑛. 基础化学[M]. 武汉：华中科技大学出版社，2017.

[2] 陈瑛，蔡玉萍. 医用化学[M]. 武汉：华中科技大学出版社，2013.

[3] 高琳. 基础化学[M]. 4 版. 北京：高等教育出版社，2019.

（卢　鑫）

本章题库

第三章

电解质溶液

学习目标

掌握：弱电解质在溶液中解离平衡的相关知识，缓冲溶液的组成，缓冲作用的原理。

熟悉：溶液 pH 的计算，酸碱质子理论，缓冲溶液的配制方法。

了解：缓冲溶液和盐类水解在医学上的意义，沉淀溶解平衡，溶度积常数和溶度积规则。

扫码
看 PPT

电解质是生物体在生命活动中不可缺少的物质。人体体液中含有多种电解质离子，如 Na^+、K^+、Ca^{2+}、Mg^{2+}、Cl^-、HCO_3^-、CO_3^{2-}、HPO_4^{2-}、SO_4^{2-} 等，它们是维持体液渗透浓度、酸碱度和其他生理功能所必需的成分。这些电解质离子在体液中的存在状态和含量，关系到体液渗透平衡和体内酸碱环境的变化，并对神经、肌肉等组织的生理、生化功能起着重要作用。本章将对电解质的一些基本理论及应用进行讨论。

第一节　弱电解质在溶液中的解离

在水溶液中或熔融状态下能导电的化合物称为电解质，在水溶液中或熔融状态下不能导电的化合物称为非电解质。根据电解质在水溶液中的解离程度不同，可将其分为强电解质和弱电解质两类。强电解质在水溶液中全部解离成离子，而弱电解质在水溶液中只有小部分解离成离子，绝大部分仍以分子形式存在。

由于强电解质在水溶液中能完全解离成离子，是不可逆的，所以不存在解离平衡。强电解质的解离方程式用“$=\!=\!=$”或“$\longrightarrow$”表示。例如：

$$HCl = H^+ + Cl^- \quad 或 \quad HCl \longrightarrow H^+ + Cl^-$$

$$NaOH = Na^+ + OH^- \quad 或 \quad NaOH \longrightarrow Na^+ + OH^-$$

$$NaCl = Na^+ + Cl^- \quad 或 \quad NaCl \longrightarrow Na^+ + Cl^-$$

强酸、强碱和绝大多数的盐是强电解质，如 HCl、NaCl、NaOH、Na_2SO_4 等。弱酸、弱碱和极少数的盐是弱电解质，如 HAc、$NH_3 \cdot H_2O$ 等。

一、弱电解质的解离平衡

在弱电解质的溶液中，存在着分子解离成离子和离子结合成分子的两个过程。在一定温度下，当分子解离成离子和离子结合成分子的速率相等时，溶液中各组分的浓度不再发生改变，即达到动态平衡，这种状态称为**解离平衡**。如在 HAc 水溶液中，一方面，部分 HAc 分子在水分子的作用下解离成 H^+ 和 Ac^-；另一方面，溶液中的部分 H^+ 和 Ac^- 又相互吸引、碰撞，重新结合成 HAc 分子。醋酸的解离平衡可表示如下：

$$HAc \rightleftharpoons H^+ + Ac^-$$

解离平衡与其他化学平衡一样，有“等”“定”“动”三个特点。“等”即正逆两过程的反应速率相等；“定”即当达到解离平衡时，溶液中的弱电解质分子和离子浓度保持不变；“动”即解离平衡是一种动态平衡。解离平衡是相对的、有条件的，当外界条件（如温度）改变时，解离平衡也会发生移动。

二、解离平衡常数与解离度

（一）解离平衡常数

在一定温度下，弱电解质达到解离平衡时，溶液中已解离的离子浓度的幂次方乘积与未解离的弱电解质分子浓度的比值为一个常数，称为解离平衡常数，简称解离常数，用 K_i 表示。

弱酸的解离常数用 K_a 表示。如醋酸的解离常数表达式为

$$K_a=\frac{[H^+]\cdot[Ac^-]}{[HAc]} \tag{3-1}$$

弱碱的解离常数用 K_b 表示。如氨在水溶液中的解离方程式为

$$NH_3\cdot H_2O \rightleftharpoons NH_4^+ + OH^-$$

解离常数表达式为

$$K_b=\frac{[NH_4^+]\cdot[OH^-]}{[NH_3\cdot H_2O]} \tag{3-2}$$

式(3-1)、式(3-2)中的$[H^+]$、$[Ac^-]$、$[HAc]$、$[NH_4^+]$、$[OH^-]$和$[NH_3\cdot H_2O]$均为平衡浓度。

根据化学平衡原理，解离常数与弱电解质的本性及温度有关，而与其浓度无关。

对于同一类型的弱酸（或弱碱），可以通过在同等条件下的解离常数 K_a（或 K_b）值，比较酸碱性的强弱。K_a（或 K_b）值大的酸性（碱性）较强。多元弱酸（或弱碱）的解离是分步进行的，分别用 K_{a1}（K_{b1}）、K_{a2}（K_{b2}）、K_{a3}（K_{b3}）表示多元弱酸（弱碱）的逐级解离常数。部分常见弱电解质的解离常数见表 3-1。

表 3-1 常见弱电解质的解离常数(25 ℃)

名称	K_i
醋酸（HAc）	1.76×10^{-5}
甲酸（HCOOH）	1.77×10^{-4}
碳酸（H_2CO_3）	$4.2\times10^{-7}(K_{a1})$、$5.6\times10^{-11}(K_{a2})$
磷酸（H_3PO_4）	$7.52\times10^{-3}(K_{a1})$、$6.23\times10^{-8}(K_{a2})$、$2.2\times10^{-13}(K_{a3})$
一水合氨（$NH_3\cdot H_2O$）	1.79×10^{-5}
苯胺（$C_6H_5NH_2$）	4.67×10^{-10}

解离平衡与其他化学平衡一样，改变影响解离平衡的因素（温度、浓度），弱电解质的解离平衡将被破坏，在新的条件下重新建立平衡，此过程称为解离平衡移动。如氨在水溶液中的解离，在一定温度下，向氨水中加入盐酸，氨水解离出的 OH^- 与盐酸中的 H^+ 结合生成难解离的 H_2O，降低了$[OH^-]$，使氨水的解离平衡正向移动，直至建立新的解离平衡。若加入 NaOH，溶液中的$[OH^-]$增大，逆向移动解离平衡。

（二）解离度

不同的弱电解质在溶液中达到解离平衡时，其解离程度的差异还可用解离度来表示。在一定条件（温度和浓度）下，弱电解质达到解离平衡时，溶液中已解离的弱电解质分子数与解离前分子总数（包括已解离的和未解离的弱电解质分子）的百分比，称为该弱电解质的解离度，用 α 表示。

$$\alpha=\frac{\text{已解离的电解质分子数}}{\text{电解质分子总数}}\times100\% \tag{3-3}$$

如 25 ℃时，0.1 mol/L 醋酸溶液中，每 10000 个醋酸分子中有 134 个醋酸分子解离成离子，其解离度为 1.34%。几种常见弱电解质的解离度见表 3-2。

表 3-2 几种常见弱电解质的解离度(25 ℃,0.1 mol/L)

名称	化学式	α/(%)	名称	化学式	α/(%)
醋酸	HAc	1.34	碳酸	H_2CO_3	0.17
甲酸	HCOOH	4.42	氢硫酸	H_2S	0.07
氢氟酸	HF	8.5	硼酸	H_3BO_3	0.01
氢氰酸	HCN	0.01	一水合氨	$NH_3 \cdot H_2O$	1.33

弱电解质的解离度主要取决于弱电解质的本性,同时与电解质溶液的温度、浓度和溶剂的极性强弱有关。一般情况下,溶液越稀,其解离度越大。因此,在表示解离度时,必须指明电解质溶液的温度和浓度。

(三) 稀释定律

以 HAc 为例,讨论弱电解质解离常数 K_a 和解离度 α 的关系。

$$\begin{array}{lccc} & HAc & \rightleftharpoons\ H^+ & +\ Ac^- \\ \text{起始浓度} & c & 0 & 0 \\ \text{平衡浓度} & c-c\alpha & c\alpha & c\alpha \end{array}$$

$$K_a=\frac{[H^+]\cdot[Ac^-]}{[HAc]}=\frac{(c\alpha)^2}{c-c\alpha}=\frac{c\alpha^2}{1-\alpha}$$

因为弱电解质的解离度 α 一般很小,$1-\alpha\approx1$,所以

$$\alpha\approx\sqrt{\frac{K_a}{c}}$$

写成通式为

$$\alpha\approx\sqrt{\frac{K_i}{c}} \qquad (3\text{-}4)$$

这表明,在一定温度下,弱电解质的解离度 α 与解离常数 K_i 的平方根成正比,与溶液的浓度的平方根成反比,即浓度越低,解离度越大,这个关系称为稀释定律。

可见,α 与 K_i 都可以用来表示弱电解质的相对强弱,但 α 随温度、浓度的改变而改变,而 K_i 在一定温度下是个常数,不随浓度而改变,故有更广泛的实用意义。

三、同离子效应和盐效应

(一) 同离子效应

取一支试管,加入 5 mL 0.1 mol/L 的氨水,滴入 1 滴酚酞指示剂,溶液呈红色,然后加入少量 NH_4Cl 固体,振荡后发现溶液的红色逐渐褪去,最后变成无色。实验表明,氨水溶液加入 NH_4Cl 后,碱性减弱。解离关系如下:

$$NH_3\cdot H_2O \rightleftharpoons NH_4^+ + OH^-$$
$$NH_4Cl = NH_4^+ + Cl^-$$

因为 NH_4Cl 为强电解质,在溶液中全部解离成 NH_4^+ 和 Cl^-,使氨水溶液中的$[NH_4^+]$增大,氨水的解离平衡向生成 $NH_3\cdot H_2O$ 分子的方向移动,氨水的解离度降低,$[OH^-]$也减小。

这种在弱电解质溶液中加入与其具有相同离子的强电解质,使弱电解质解离度降低的现象,称为**同离子效应**。

(二) 盐效应

在弱电解质溶液中加入与其具有完全不同离子的强电解质,使弱电解质的解离度略为增大,这种效应称为盐效应。这是由于加入强电解质后,溶液中离子浓度增加,阴、阳离子间的相互作用增强,离子结合生成分子的能力减弱。例如,HAc 在 NaCl 溶液中的解离度比在纯水中的解离度大,并且 NaCl

溶液的浓度越大，HAc 的解离度也越大。

在弱电解质溶液中加入具有相同离子的易溶强电解质，会同时产生同离子效应和盐效应。由于盐效应对弱电解质的解离度的影响比同离子效应要小很多，故通常可以忽略不计。

第二节 水的解离和溶液的 pH

一、水的解离和水的离子积常数

实验证明，纯水是一种极弱的电解质，能按下式进行微弱的解离：

$$H_2O+H_2O \rightleftharpoons H_3O^+ + OH^-$$

简写为

$$H_2O \rightleftharpoons H^+ + OH^-$$

在一定温度下，当达到解离平衡时，其解离常数为

$$K_i=\frac{[H^+]\cdot[OH^-]}{[H_2O]}$$

在纯水中，$[H_2O]$为常数。实验测得，298 K 时，1 L 纯水中$[H^+]=[OH^-]=1.0\times10^{-7}$ mol/L。水的解离常数用 K_w 表示。

$$K_w=[H^+]\cdot[OH^-]=1.0\times10^{-14} \tag{3-5}$$

在一定温度下，K_w 为常数，称为水的离子积常数，简称水的离子积。

水的解离是吸热反应，K_w 随温度的升高而增大。不同温度下水的离子积数值见表 3-3。由于 K_w 随温度变化不大，通常取值为 1.0×10^{-14}。

表 3-3 不同温度下水的离子积

T/K	273	283	298	323	373
K_w	1.139×10^{-15}	2.290×10^{-15}	1.008×10^{-14}	5.474×10^{-14}	5.5×10^{-13}

二、溶液的酸碱度及 pH

（一）溶液的酸碱度与 H^+ 浓度的关系

任何水溶液都存在水的解离平衡。故不论酸性溶液还是碱性溶液都同时存在着 H^+ 和 OH^-，所以，室温下，用 K_w 关系式可以计算任何水溶液中的$[H^+]$和$[OH^-]$。室温下，水溶液的酸碱度与$[H^+]$和$[OH^-]$的关系可表示为

中性溶液　　$[H^+]=[OH^-]=1.0\times10^{-7}$ mol/L

酸性溶液　　$[H^+]>1.0\times10^{-7}$ mol/L$>[OH^-]$

碱性溶液　　$[H^+]<1.0\times10^{-7}$ mol/L$<[OH^-]$

溶液中$[H^+]$越大，酸性越强，其$[OH^-]$越小，碱性越弱；反之，$[H^+]$越小，酸性越弱，其$[OH^-]$越大，碱性越强。对于任何水溶液，H^+ 与 OH^- 总是同时存在的，只是浓度大小不同而已，溶液的酸碱度可用$[H^+]$或$[OH^-]$来表示。

（二）pH

溶液的酸碱度习惯上用$[H^+]$来表示。但对稀溶液而言，由于$[H^+]$较小，应用不方便，常用 pH 来表示溶液的酸碱度。pH 是指$[H^+]$的负对数。有时也用 pOH 表示溶液酸碱度，pOH 是指$[OH^-]$的负对数。即

$$pH=-\lg[H^+]$$

$$pOH=-\lg[OH^-] \tag{3-6}$$

室温时

$$pH+pOH=14 \tag{3-7}$$

溶液的酸碱度与 pH、pOH 关系如下：

中性溶液	pH=7=pOH
酸性溶液	pH<7<pOH
碱性溶液	pH>7>pOH

pH 一般在 0～14 之间。pH 越小，溶液的酸性越强，碱性越弱；pH 越大，溶液的酸性越弱，碱性越强。当$[H^+]$和$[OH^-]$大于 1 mol/L 时，用 pH 表示溶液的酸碱度不太方便，一般直接用$[H^+]$或$[OH^-]$来表示。

必须注意，溶液的 pH 相差 1 个单位，$[H^+]$相差 10 倍。如 pH=2 和 pH=4 的两种溶液，$[H^+]$相差 100 倍。

pH 在医学上很重要。人体内的各种反应须在一定的 pH 条件下进行，各种体液的 pH 都有一定的正常范围。例如，正常人体血液的 pH 总是维持在 7.35～7.45 之间。临床上把血液的 pH 小于 7.35叫作酸中毒，pH 大于 7.45 叫作碱中毒。各种酶也只有在特定的 pH 范围内才能表现出其催化活性。

（三）酸、碱溶液 pH 的计算

1. 一元弱酸（弱碱）

设有一元弱酸 HA 溶液，总浓度为 c mol/L，则

	HA	⇌	H^+	+	A^-
起始浓度(mol/L)	c		0		0
平衡浓度(mol/L)	$c-[H^+]$		$[H^+]$		$[A^-]$

$$K_a=\frac{[H^+]\cdot[A^-]}{[HA]}=\frac{[H^+]\cdot[A^-]}{c-[H^+]}$$

因为$[H^+]=[A^-]$，所以

$$K_a=\frac{[H^+]^2}{c-[H^+]}$$

整理可得

$$[H^+]=\frac{-K_a+\sqrt{K_a^2+4K_a\cdot c}}{2} \tag{3-8}$$

因上述推导过程忽略了水的解离，所以当 $c/K_a\geqslant 500$ 时，$c-[H^+]\approx c$，式(3-8)可简化为

$$[H^+]=\sqrt{K_a\cdot c} \tag{3-9}$$

上式是计算一元弱酸溶液$[H^+]$的近似公式。

同理可得，计算一元弱碱溶液$[OH^-]$的近似公式。

当 $c/K_b<500$ 时，用近似公式：

$$[OH^-]=\frac{-K_b+\sqrt{K_b^2+4K_b\cdot c}}{2}$$

当 $c/K_b\geqslant 500$ 时，用最简公式：

$$[OH^-]=\sqrt{K_b\cdot c} \tag{3-10}$$

【例 3-1】 求 0.10 mol/L HAc 溶液的 pH，已知 $K_a=1.76\times10^{-5}$。

解：因 $c\cdot K_a=1.76\times10^{-6}>20K_w$，$c/K_a=0.10/1.76\times10^{-5}>500$，故可用最简式计算：

$$[H^+]=\sqrt{K_a\cdot c}=\sqrt{1.76\times10^{-5}\times0.10}=1.32\times10^{-3}\ \text{mol/L}$$

$$pH=-\lg[H^+]=-\lg(1.32\times10^{-3})=2.88$$

2. 多元弱酸（碱）

在水溶液中，一个分子能提供两个或两个以上 H^+ 的酸称为多元酸。多元弱酸在水中的解离是分步进行的，每一步都有相应的解离常数。以碳酸（H_2CO_3）为例，H_2CO_3 是二元弱酸，它的解离分两步进行。

第一步： $H_2CO_3 \rightleftharpoons H^+ + HCO_3^-$ $K_{a1}=\frac{[H^+]\cdot[HCO_3^-]}{[H_2CO_3]}=4.2\times10^{-7}$

第二步： $HCO_3^- \rightleftharpoons H^+ + CO_3^{2-}$ $K_{a2}=\frac{[H^+]\cdot[CO_3^{2-}]}{[HCO_3^-]}=5.6\times10^{-11}$

可见，$K_{a1}\gg K_{a2}$，第二步解离比第一步解离弱得多，这是因为带两个负电荷的 CO_3^{2-} 对 H^+ 的吸引比带一个负电荷的 HCO_3^- 对 H^+ 的吸引要强得多；同时，第一步解离出来的 H^+ 对第二步解离产生很大的抑制作用。因此，可以认为$[H^+]$和$[HCO_3^-]$近似相等，即$[H^+]\approx[HCO_3^-]$。

对于多元弱酸，若 $K_{a1}\gg K_{a2}$，溶液中 H^+ 主要来自第一级解离，近似计算$[H^+]$时，可把它当一元弱酸来处理。对于二元弱酸，其酸根离子浓度在数值上近似等于 K_{a2}。

【例 3-2】 在室温和 101.325 kPa 下，计算 0.10 mol/L H_2CO_3 溶液中$[H^+]$、$[HCO_3^-]$和$[CO_3^{2-}]$。

解：已知 $K_{a1}=4.2\times10^{-7}$，$K_{a2}=5.6\times10^{-11}$，$K_{a1}\gg K_{a2}$，故可以忽略第二级解离。

又因 $c/K_{a1}>500$，故可用最简式计算：

$$[H^+]=\sqrt{K_{a1}\cdot c_1}=\sqrt{0.10\times4.2\times10^{-7}}=2.05\times10^{-4}\ \text{mol/L}$$

$$[HCO_3^-]\approx[H^+]=2.05\times10^{-4}\ \text{mol/L}$$

$$[CO_3^{2-}]\approx K_{a2}=5.6\times10^{-11}\ \text{mol/L}$$

多元碱亦可类似处理。

三、酸碱指示剂

（一）变色原理

酸碱指示剂是在不同 pH 溶液中能显示不同颜色的化合物。酸碱指示剂一般是有机弱酸、有机弱碱或两性物质。下面以有机弱酸型酸碱指示剂为例来说明酸碱指示剂的变色原理。

有机弱酸型酸碱指示剂用符号 HIn 来表示，在水中存在如下解离平衡：

$$\underset{\text{酸式色}}{HIn} \rightleftharpoons H^+ + \underset{\text{碱式色}}{In^-}$$

其中未解离的分子和解离后所生成的离子具有不同的颜色，分别称为酸式色和碱式色。当溶液 pH 发生变化时，上述平衡发生移动，从而使指示剂的颜色发生变化。

在酸性溶液中，平衡向左移动，主要以未解离的分子形式存在，呈酸式色；在碱性溶液中，平衡向右移动，主要以阴离子形式存在，呈碱式色。可见，指示剂结构的改变是颜色改变的依据，溶液 pH 的改变是颜色变化的条件。

（二）变色范围

对于有机弱酸型酸碱指示剂 HIn：

$$HIn \rightleftharpoons H^+ + In^-$$

其解离常数 K_{HIn}可简写为

$$K_{HIn}=\frac{[H^+]\cdot[In^-]}{[HIn]}$$

移项得

$$\frac{[HIn]}{[In^-]}=\frac{[H^+]}{K_{HIn}}$$

即

$$pH=pK_{HIn}-\lg\frac{[HIn]}{[In^-]}$$

在一定温度下，K_{HIn}是一个常数，故指示剂未解离的分子与阴离子浓度之比（$[HIn]/[In^-]$）取决于溶液中$[H^+]$的变化。当 $pH=pK_{HIn}$时，$[HIn]=[In^-]$，溶液呈酸式色和碱式色的混合色，所以，$pH=pK_{HIn}$称为酸碱指示剂的理论变色点。例如，酚酞指示剂的理论变色点是 pH 为 9.1。

实验表明：当[HIn]/[In$^-$]≥10，即 pH≤pK_{HIn}－1 时，人眼只能看到酸式色；当[HIn]/[In$^-$]≤1/10，即 pH≥pK_{HIn}＋1 时，人眼只能看到碱式色。当 pH 由 pK_{HIn}－1 变到 pK_{HIn}＋1 时，人眼就能明显地看到由酸式色变为碱式色。所以，pH＝pK_{HIn}±1 称为酸碱指示剂的理论变色范围。

但是，由于人眼对不同颜色的敏感程度不同，指示剂的变色范围不一定刚好是 pK_{HIn}±1，通常是在 pK_{HIn}±1 附近。例如，酚酞的 pK_{HIn}＝9.1，理论变色范围应该是 8.1～10.1，但实际变色范围是 8.0～10.0，这是因为人眼对红色比较敏感。表 3-4 列出了常用酸碱指示剂的变色范围。

表 3-4　常用酸碱指示剂的变色情况

指示剂	变色范围	pK_{HIn}	酸式色	碱式色
百里酚蓝(第 1 次变色)	1.2～2.8	1.6	红	黄
甲基橙	3.1～4.4	3.4	红	黄
溴甲酚绿	3.8～5.4	4.9	黄	蓝
甲基红	4.4～6.2	5.0	红	黄
溴百里酚蓝	6.0～7.6	7.3	黄	蓝
中性红	6.8～8.0	7.4	红	黄橙
百里酚蓝(第 2 次变色)	8.0～9.6	8.9	黄	蓝
酚酞	8.0～10.0	9.1	无色	红
百里酚酞	9.4～10.6	10	无色	蓝

利用指示剂可以粗略地测出溶液的 pH。例如，在某溶液中加入甲基红指示剂呈黄色，加入酚酞指示剂呈无色，则该溶液 pH 介于 4.4～8.0 之间。

用酸碱指示剂、广泛 pH 试纸或精密 pH 试纸，可以粗略测定溶液的 pH。若需准确测定溶液的 pH，则用 pH 计测定。

第三节　酸碱质子理论

人们对酸、碱的认识是从直接的感觉开始的。有酸味的就是酸，而有涩味、滑腻感的就是碱。后来，随着生产和科学的发展，人们提出了一系列的酸碱理论。

酸和碱是两类重要的物质。在化学发展史上，人们在研究酸碱物质的性质、组成及结构等方面，提出了许多理论。1887 年阿伦尼乌斯(S. A. Arrhenius)提出的酸碱解离理论认为：在水溶液中解离出的阳离子全部是 H^+ 的物质是酸，解离出的阴离子全部是 OH^- 的物质是碱，酸与碱的反应实质上是 H^+ 和 OH^- 生成 H_2O 的反应。

$$H^+ + OH^- = H_2O$$

酸碱解离理论只局限于水溶液中，如把碱限定为氢氧化物，不能解释氨水、碳酸钠等水溶液的碱性，以及某些非水溶液中进行的酸碱反应。为了解决这些问题，1923 年，丹麦物理学家布朗斯特(J. N. Brønsted)和英国化学家劳里(T. M. Lowry)提出了酸碱质子理论。

一、酸碱的定义

酸碱质子理论认为：凡能给出质子(H^+)的物质是**酸**，凡能接受质子(H^+)的物质是**碱**。酸、碱的关系可表示如下：

$$\underset{\text{酸}}{HB} \rightleftharpoons \underset{\text{质子}}{H^+} + \underset{\text{碱}}{B^-}$$

如 HCl、H_2O、NH_4^+、H_2CO_3 和 HCO_3^- 等能给出质子，都是酸，Cl^-、OH^-、HCO_3^-、NH_3、CO_3^{2-} 等能接受质子，都是碱。

$$HCl \longrightarrow H^+ + Cl^-$$

$$NH_4^+ \rightleftharpoons NH_3 + H^+$$

$$H_2CO_3 \rightleftharpoons H^+ + HCO_3^-$$

$$HCO_3^- \rightleftharpoons H^+ + CO_3^{2-}$$

酸碱质子理论扩大了酸碱的范围，酸碱不再局限于分子，还可以是离子。有些物质既可以给出质子，也能够接受质子，这些物质称为**两性物质**，如 HCO_3^-、HPO_4^{2-}、H_2O 等都是两性物质。

在酸碱质子理论中，酸和碱不是孤立的，在一定条件下可以互相转化。酸、碱彼此通过得失质子联系在一起构成共轭酸碱关系。

$$\text{共轭酸} \rightleftharpoons \text{共轭碱} + H^+$$

酸给出一个质子后生成的碱称为该酸的共轭碱，碱接受一个质子后生成的酸称为该碱的共轭酸，这样的酸与碱称为**共轭酸碱对**。如 HCl-Cl^- 是共轭酸碱对，其中 HCl 是 Cl^- 的共轭酸，Cl^- 是 HCl 的共轭碱。

二、酸碱反应

根据酸碱质子理论，酸碱反应的实质是质子在一对共轭酸碱对之间的传递过程。

$$\text{酸}_1 + \text{碱}_2 \rightleftharpoons \text{碱}_1 + \text{酸}_2$$

例如：

$$HCl + NH_3 \rightleftharpoons Cl^- + NH_4^+$$

在共轭酸碱对中，酸越强，给出质子的能力越强，其共轭碱接受质子的能力越弱，碱性就越弱。如上述反应中，HCl 是强酸，将质子传递给 NH_3，转变为碱性较弱的共轭碱 Cl^-；NH_3 接受质子后转变为酸性较弱的共轭酸 NH_4^+。

酸碱质子理论不仅扩大了酸碱的范围，而且扩大了酸碱反应的范围。如电解质的解离反应、中和反应、盐的水解反应等都是质子传递的酸碱反应。

（一）解离反应

根据酸碱质子理论的观点，电解质的解离反应就是水与电解质分子间的质子传递过程。酸解离出质子，转变为共轭碱；碱接受质子，转变为共轭酸。如：

$$HCl + H_2O \rightleftharpoons Cl^- + H_3O^+$$

$$HAc + H_2O \rightleftharpoons Ac^- + H_3O^+$$

$$NH_3 + H_2O \rightleftharpoons NH_4^+ + OH^-$$

（二）中和反应

中和反应是最典型的酸碱反应。如：

$$H_3O^+ + OH^- \rightleftharpoons H_2O + H_2O$$

$$HAc + NH_3 \rightleftharpoons Ac^- + NH_4^+$$

（三）水解反应

盐的水解反应是盐与水之间的质子传递反应。如：

$$Ac^- + H_2O \rightleftharpoons HAc + OH^-$$

$$NH_4^+ + H_2O \rightleftharpoons NH_3 + H_3O^+$$

三、共轭酸碱的强弱及相互关系

在水溶液中，共轭酸碱对 HB-B^- 分别存在如下的质子传递反应：

$$HB + H_2O \rightleftharpoons H_3O^+ + B^-$$

$$B^- + H_2O \rightleftharpoons HB + OH^-$$

反应的平衡常数分别为

$$K_a=\frac{[H_3O^+]\cdot[B^-]}{[HB]},\quad K_b=\frac{[HB]\cdot[OH^-]}{[B^-]}$$

将上述两式相乘，便可发现共轭酸碱对的 K_a 与 K_b 之间存在如下关系：

$$K_a\cdot K_b=K_w \tag{3-11}$$

在一定温度下，共轭酸的酸性越强（K_a 越大），其共轭碱的碱性就越弱（K_b 越小）；反之，共轭酸的酸性越弱（K_a 越小），其共轭碱的碱性就越强（K_b 越大）。

可见，已知 K_a 可计算出其共轭碱的 K_b。或者，已知 K_b 可计算出其共轭酸的 K_a。

【例 3-3】 计算 0.10 mol/L NaAc 溶液的 pH。（已知 25 ℃时，HAc 的 $K_a=1.76\times10^{-5}$）

解：$K_b=K_w/K_a=5.68\times10^{-10}$，因 $c/K_b>500$，故可用最简式计算：

$$[OH^-]=\sqrt{K_b\cdot c}=\sqrt{5.68\times10^{-10}\times0.10}=7.54\times10^{-6}\ \text{mol/L}$$

$$\text{pOH}=-\lg[OH^-]=5.12$$

$$\text{pH}=14-\text{pOH}=8.88$$

思政案例

酸、碱概念的变迁

从化学发展史来看，人类对酸、碱的认识已有 300 多年的历史，经历了一个由浅入深、由表及里的过程。酸、碱的概念也随着人们对物质的性质、组成和结构的认识而不断深化、不断完善。

最初，人们根据物质所表现出来的不同性质来区分酸和碱；为什么不同的酸（或碱）都具有类似的性质？是不是它们的组成中都含有相同的成分？然后人们开始从组成的角度研究酸和碱；19 世纪后期，瑞典化学家阿伦尼乌斯（S. A. Arrhenius，1859—1927 年）提出了电离理论，并从电离的角度定义酸、碱；1923 年，丹麦化学家布朗斯特（J. N. Brønsted，1879—1947 年）和英国化学家劳里（T. M. Lowry，1874—1936 年）各自独立地提出了酸碱质子理论；电离理论和质子理论都把酸的分类局限于含氢的物质，而有些物质如 SO_3、BCl_3 等，根据上述理论都不是酸，但它们确实能发生类似的酸碱反应。因此，1923 年，美国化学家路易斯（G. N. Lewis，1875—1946 年）提出了酸碱电子理论；在酸碱电子理论的基础上，人们又提出了软硬酸碱理论等。

可见，科学真理是在不断分析、不断批判、不断探索、不断求证、不断创新与进步中向前发展的。

第四节　缓冲溶液

一、缓冲作用

许多化学反应，只有在一定 pH 条件下才能正常进行。人体血液 pH 的正常范围为 7.35～7.45，如果 pH 小于 7.35 或大于 7.45，就有可能出现酸中毒或碱中毒症状。正常生理状态下，尽管组织细胞在代谢过程中不断产生酸性物质，以及摄入某些酸性或碱性食物，但血液的 pH 仍能保持在一定范围内。这说明血液有调节 pH 的功能。保持溶液和体液 pH 的相对恒定，在化学和生命科学中具有重要意义。

在室温下，向 1 L 纯水，0.10 mol/L NaCl 溶液，0.10 mol/L HAc 和 0.10 mol/L NaAc 的混合溶液中，分别加入 0.001 mol 的 HCl 或 NaOH 时，溶液的 pH 变化见表 3-5。

表 3-5 外加少量强酸或强碱后溶液 pH 变化

溶液	纯水	0.10 mol/L NaCl	0.10 mol/L HAc 和 0.10 mol/L NaAc
原溶液 pH	7.00	7.0	4.75
加入 HCl 后 pH	3.00	3.00	4.74
加入 NaOH 后 pH	11.00	11.00	4.76
溶液 pH 变化	4	4	每次改变 0.01 个 pH 单位

实验结果表明，向纯水或 NaCl 溶液中分别加入少量 HCl 或 NaOH，溶液的 pH 都会发生很大的变化；而向 HAc 和 NaAc 的混合溶液中分别加入少量 HCl 或 NaOH，混合溶液的 pH 几乎不变。若对 HAc 和 NaAc 的混合溶液加适量水稀释，其 pH 也几乎不变。这种能够抵抗外加少量强酸、强碱或稀释而保持 pH 基本不变的溶液称为**缓冲溶液**。缓冲溶液对强酸、强碱或稀释的抵抗作用称为**缓冲作用**。

二、缓冲溶液的组成

缓冲溶液之所以具有缓冲作用，是因为在体系中同时含有**抗酸成分**和**抗碱成分**。通常把组成缓冲溶液的这两种成分合称为**缓冲系**或**缓冲对**。如上述 HAc 和 NaAc 缓冲溶液中的 $HAc\text{-}Ac^-$ 就是一对缓冲对。

根据酸碱质子理论，缓冲对就是共轭酸碱对，其中共轭酸为抗碱成分，共轭碱为抗酸成分。根据组成不同，可把缓冲对分为三种类型：

(1) 弱酸及其对应的共轭碱：

(共轭酸)抗碱成分		抗酸成分(共轭碱)
HAc	-	NaAc
H_2CO_3	-	$NaHCO_3$
H_3PO_4	-	KH_2PO_4

(2) 弱碱及其对应的共轭酸：

(共轭碱)抗酸成分		抗碱成分(共轭酸)
$NH_3 \cdot H_2O$	-	NH_4Cl
CH_3NH_2(甲胺)	-	$CH_3NH_3^+Cl^-$(氯化甲铵)

(3) 多元弱酸的酸式盐及次级盐：

(共轭酸)抗碱成分		抗酸成分(共轭碱)
$NaHCO_3$	-	Na_2CO_3
NaH_2PO_4	-	Na_2HPO_4
Na_2HPO_4	-	Na_3PO_4

三、缓冲作用原理

现以 HAc-NaAc 缓冲溶液为例，说明缓冲溶液的缓冲作用机制。

在 HAc-NaAc 混合液中，存在如下两个解离过程：

$$HAc + H_2O \rightleftharpoons H_3O^+ + Ac^-$$

$$NaAc = Na^+ + Ac^-$$

HAc 是一种弱电解质，解离度较小，强电解质 NaAc 完全解离出的 Ac^- 产生同离子效应，即 Ac^- 与 H^+ 结合生成 HAc，使 HAc 的解离平衡向左移动，HAc 的解离度减小，HAc 几乎完全以分子状态存在。所以溶液中存在着大量的 HAc 和 Ac^-，而$[H^+]$较低。

在上述溶液中加入少量强酸(如 HCl)时，溶液中存在的大量 Ac^- 与外加的 H^+ 结合成弱电解质 HAc，结果溶液中的$[H^+]$无明显升高，溶液的 pH 基本保持不变。共轭碱 Ac^- 起到抗酸的作用，是抗酸成分。抗酸的离子方程式为

$$Ac^- + H^+ \rightleftharpoons HAc$$

同理，加入少量强碱（如 NaOH）时，碱中的 OH^- 与 HAc 解离出的 H^+ 结合，生成难解离的水。H^+ 被外加碱消耗的同时，HAc 的解离平衡向右移动，解离出 H^+，溶液中被碱消耗的 H^+ 及时得到补充，溶液中$[H^+]$不会明显降低，溶液的 pH 基本保持不变。弱酸 HAc 起到抗碱的作用，是抗碱成分。抗碱的离子方程式为

$$HAc + OH^- \rightleftharpoons H_2O + Ac^-$$

总之，缓冲溶液中存在着相对较多的抗酸成分和抗碱成分，可抵御外来少量强酸和强碱，使溶液的 pH 基本保持不变。

四、缓冲溶液 pH 的计算

每一种缓冲溶液都有一定的 pH，其大小取决于组成它的缓冲对的性质和浓度。根据缓冲对的质子转移平衡，可进行缓冲溶液 pH 的计算。以 $HB\text{-}B^-$ 为例进行讨论。

$$HB \rightleftharpoons H^+ + B^-$$

式中 HB 为共轭酸，B^- 为共轭碱，其解离常数为

$$K_a = \frac{[H^+] \cdot [B^-]}{[HB]}$$

$$[H^+] = \frac{K_a \cdot [HB]}{[B^-]}$$

对上式两边同时取负对数，整理后得

$$pH = pK_a + \lg \frac{[B^-]}{[HB]} \tag{3-12}$$

此式称为亨德森-哈塞尔巴赫（Henderson-Hasselbalch）方程，也称为缓冲公式，用于计算缓冲溶液的 pH，其中$[B^-]/[HB]$值称为**缓冲比**。上式表明缓冲溶液 pH 的大小主要取决于弱酸的 K_a 和缓冲比。不同的缓冲对，pK_a 不同；当缓冲对确定后（pK_a 一定），缓冲溶液的 pH 将随缓冲比的改变而改变。加水稀释时，缓冲比不发生改变，故缓冲溶液 pH 几乎不变。

在缓冲溶液中，由于共轭酸（HB）为弱酸，解离度较小，加之共轭碱（B^-）产生的同离子效应，其解离度更小，因此平衡时$[HB]$和$[B^-]$的浓度几乎等于配制缓冲溶液时各自的初始浓度 c_{HB} 和 c_{B^-}，即$[HB] \approx c_{HB}$，$[B^-] \approx c_{B^-}$，故有：

$$pH = pK_a + \lg \frac{c_{B^-}}{c_{HB}} \tag{3-13}$$

在一定体积的缓冲溶液中，根据物质的量浓度计算公式，上式也可写为

$$pH = pK_a + \lg \frac{n_{B^-}}{n_{HB}} \tag{3-14}$$

【例 3-4】 1 L 缓冲溶液中，含有 0.20 mol NaAc 和 0.10 mol HAc，求该缓冲溶液的 pH。（$K_a = 1.76 \times 10^{-5}$）

解：该溶液的缓冲对为 $HAc\text{-}Ac^-$。

已知 $pK_a = 4.75$，$c_{HAc} = 0.10$ mol/L，$c_{NaAc} = 0.20$ mol/L。

$$pH = pK_a + \lg \frac{c_{B^-}}{c_{HB}}$$

$$pH = 4.75 + \lg \frac{0.20}{0.10} = 5.05$$

【例 3-5】 计算 90 mL 的 HAc-NaAc 缓冲溶液的 pH（HAc 和 NaAc 的浓度均为 0.10 mol/L），并计算分别加入 10 mL 0.010 mol/L HCl 溶液和 10 mL 0.010 mol/L NaOH 溶液后，缓冲溶液的 pH。（已知 HAc 的 $pK_a = 4.75$）

解：加 HCl 之前：

$$pH = pK_a + \lg \frac{[Ac^-]}{[HAc]} = 4.75 + \lg \frac{0.10}{0.10} = 4.75$$

加 HCl 之后，它与 NaAc 反应，生成 HAc。

$$[HAc]=\frac{0.10\times 90+0.010\times 10}{90+10}=0.091(mol/L)$$

$$[Ac^-]=\frac{0.10\times 90-0.010\times 10}{90+10}=0.089(mol/L)$$

$$pH=4.75+\lg\frac{0.089}{0.091}=4.74$$

加 NaOH 后，它与 HAc 反应，生成 NaAc。

$$[Ac^-]=\frac{0.10\times 90+0.010\times 10}{90+10}=0.091(mol/L)$$

$$[HAc]=\frac{0.10\times 90-0.010\times 10}{90+10}=0.089(mol/L)$$

$$pH=4.75+\lg\frac{0.091}{0.089}=4.76$$

由此可见，在此缓冲溶液中加入少量 HCl 或 NaOH 后，溶液的 pH 仅变化了 0.01 个 pH 单位。

【例 3-6】 在 100 mL 0.10 mol/L NaOH 溶液中加入 400 mL 0.10 mol/L HAc 溶液，计算混合后溶液的 pH。（已知 HAc 的 $pK_a=4.75$）

解：混合后，溶液中：

$$[HAc]=\frac{0.4\times 0.1-0.1\times 0.1}{0.4+0.1}=0.06\ (mol/L)$$

$$[Ac^-]=\frac{0.1\times 0.1}{0.4+0.1}=0.02\ (mol/L)$$

$$pH=pK_a+\lg\frac{[Ac^-]}{[HAc]}=4.75+\lg\frac{0.02}{0.06}=4.273$$

五、缓冲容量

（一）缓冲容量

任何缓冲溶液的缓冲能力都是有一定限度的，如果加入太多强酸或强碱，缓冲溶液就会失去抗酸或抗碱的能力，而不再具有缓冲作用。

化学上用缓冲容量来衡量缓冲溶液缓冲能力的大小。使单位体积缓冲溶液 pH 改变 1 个单位时，所需加入一元强酸或一元强碱的物质的量，称为**缓冲容量**。缓冲溶液 pH 改变 1 个单位时，所需强酸（或强碱）的物质的量越大，缓冲容量越大，表明缓冲溶液的缓冲能力越强。其数学表达式为

$$\beta=\frac{n}{V\,|\Delta pH|} \tag{3-15}$$

式中，β 表示缓冲容量，单位是 mol/(L·pH)，V 是缓冲溶液体积，n 是消耗一元强酸（或一元强碱）的物质的量，$|\Delta pH|$ 是缓冲溶液 pH 改变的绝对值。

（二）影响缓冲容量的因素

缓冲容量的大小与缓冲溶液的总浓度和缓冲比有关。

(1) 总浓度：总浓度是指缓冲溶液中共轭酸与共轭碱的浓度之和。对于同一缓冲溶液，当缓冲比一定时，总浓度越大，缓冲容量越大。当缓冲溶液在一定范围内稀释时，由于体积增大，总浓度相对减小，β 会减小，因此，缓冲溶液的抗稀释作用也是有限的。

(2) 缓冲比：对于同一缓冲对，总浓度一定时，缓冲容量随缓冲比的改变而改变。当缓冲比等于 1 时，缓冲溶液具有最大缓冲容量。

（三）缓冲范围

缓冲溶液的缓冲能力是有限的。总浓度一定时，缓冲比为 10∶1 时，$pH=pK_a+1$；缓冲比为 1∶10时，$pH=pK_a-1$。即缓冲溶液的 pH 在 $pK_a\pm 1$ 范围内时，具有缓冲能力。当缓冲比超出上述

范围时，缓冲溶液的缓冲能力很小或丧失缓冲能力。因此把缓冲溶液能有效地发挥缓冲作用的 pH 范围，即 $pH=pK_a\pm1$ 称为缓冲溶液的**缓冲范围**。不同缓冲对的 pK_a 不同，因此，各种缓冲对构成的缓冲溶液都有其特定的缓冲范围。

六、缓冲溶液的配制

根据工作需要，往往要配制不同 pH 的缓冲溶液。为使配制的缓冲溶液符合实际工作需求，配制缓冲溶液时，应遵循以下原则和步骤。

1. 选择适当的缓冲对 所选缓冲对中，共轭酸的 pK_a 与要配制溶液的 pH 尽可能相等或接近，才能确保所配缓冲溶液的 pH 在缓冲范围内，使之具有较大的缓冲容量。如配制 pH＝4.7 的缓冲溶液，可选用 $pK_a=4.75$ 的 HAc-NaAc 缓冲对。另外，所选缓冲对不能与溶液中的主要物质发生化学反应。

2. 控制适当的总浓度 总浓度太小，缓冲容量较小，缓冲能力不能得到保障，但总浓度也不宜过大。总浓度一般控制在 0.05～0.20 mol/L 之间，β 值在 0.01～0.10 mol/(L·pH)之间为宜。

3. 计算所需共轭酸与共轭碱的量 当缓冲对和总浓度确定后，应用亨德森-哈塞尔巴赫方程计算出所需共轭酸与共轭碱的量。实际操作中常用相同浓度的共轭酸与共轭碱混合，配制缓冲溶液。

对于 $HB\text{-}B^-$ 缓冲对组成的缓冲溶液，当 $c_{HB}=c_{B^-}$ 时，亨德森-哈塞尔巴赫方程可用下式表示：

$$pH=pK_a+\lg\frac{V_{B^-}}{V_{HB}} \tag{3-16}$$

利用式(3-16)和所需缓冲溶液的 pH，可计算出共轭酸与共轭碱的体积比，再根据缓冲溶液的总体积 $V=V_{B^-}+V_{HB}$，可分别计算出共轭酸与共轭碱的体积。

4. 校正 用以上方法配制的缓冲溶液，由于忽略了解离平衡中弱电解质分子、离子间的相互影响，仍有一定误差。为准确而又方便地配制具有一定 pH 的缓冲溶液，可查阅专业手册，按标准配方配制，并用 pH 计进行校正。

另外，也可将弱酸与强碱溶液(或将弱碱与强酸溶液)按一定体积比混合配制一定 pH 的缓冲溶液。

【例 3-7】 用 0.10 mol/L 的 HAc 溶液和 0.10 mol/L 的 NaAc 溶液，配制 pH＝4.95 的缓冲溶液 100 mL，计算所需两种溶液的体积。

解：

$$c_{HAc}=c_{Ac^-}=0.10\ \text{mol/L}$$

由式(3-16)得

$$pH=pK_a+\lg\frac{V_{B^-}}{V_{HB}}$$

$$4.95=4.75+\lg\frac{V_{Ac^-}}{V_{HAc}}$$

又因为

$$V_{Ac^-}+V_{HAc}=100\ \text{mL}$$

解得

$$V_{HAc}=39\ \text{mL},\quad V_{Ac^-}=61\ \text{mL}$$

分别量取 39 mL 0.10 mol/L 的 HAc 溶液和 61 mL 0.10 mol/L 的 NaAc 溶液混合，用 pH 计测定该缓冲溶液的 pH，并校正到 pH＝4.95 即可。

七、缓冲溶液在医学上的意义

缓冲溶液在医学检验和药学工作中有着十分广泛的应用。如微生物的培养、组织切片的染色、血液的保存、药液的配制等都需要在稳定的 pH 条件下进行。溶液 pH 一旦超出所需范围，就会直接导致实验失败。因此选择适当的缓冲溶液，对保持溶液 pH 的相对稳定，在生化、药理和病理等实验中至关重要。

正常人体血液的 pH 一般维持在 7.35～7.45 之间，为机体的各种生理活动提供保障。若 pH 高于 7.45 会发生碱中毒；pH 低于 7.35 会发生酸中毒，引发各种疾病甚至危及生命。血液能保持如此狭窄的 pH 范围，主要原因是其中的多种缓冲对协调发挥缓冲作用，维持机体酸碱平衡。血液中存在的缓冲对主要如下。

血浆内：H_2CO_3-$NaHCO_3$、NaH_2PO_4-Na_2HPO_4、HPr-NaPr(Pr 为蛋白质)。

红细胞内：HHb-KHb(Hb 代表血红蛋白)、$HHbO_2$-$KHbO_2$(HbO_2 代表氧合血红蛋白)、H_2CO_3-$KHCO_3$、KH_2PO_4-K_2HPO_4。

这些缓冲对维持着人体正常的血液 pH 范围。血浆中最主要的缓冲对是 H_2CO_3-$NaHCO_3$，其缓冲机制与肺的呼吸功能及肾的排泄和重吸收功能密切相关。正常人体代谢产生的 CO_2 进入血液后与水结合成 H_2CO_3，H_2CO_3 与血浆中的 HCO_3^- 组成共轭酸碱对，并建立如下解离平衡：

$$CO_2 + H_2O \rightleftharpoons H_2CO_3 \rightleftharpoons H^+ + HCO_3^-$$

当体内酸性物质增多时，血浆中大量的抗酸成分 HCO_3^- 与 H^+ 结合，消耗 H^+，CO_2 由肺呼出，消耗的 HCO_3^- 可通过肾脏减少对其的排泄而得以补充，使[H^+]不发生明显的改变。

当体内碱性物质增多时，OH^- 与平衡中的 H^+ 结合，促使抗碱成分 H_2CO_3 解离以补充消耗的 H^+。通过减缓肺部 CO_2 的呼出量和增加肾脏对 HCO_3^- 的排泄，使 pH 基本维持稳定。

在红细胞内的缓冲对中，以血红蛋白和氧合血红蛋白最为重要。因为血液对 CO_2 的缓冲作用主要是靠它们实现的。例如，正常人体代谢产生的 CO_2 进入静脉血液后，绝大部分与红细胞内的血红蛋白离子发生下列反应：

$$CO_2 + H_2O + Hb^- \rightleftharpoons HHb + HCO_3^-$$

反应产生 HCO_3^-，由血液运送至肺，并与氧合血红蛋白反应：

$$HCO_3^- + HHbO_2 \rightleftharpoons HbO_2^- + CO_2 + H_2O$$

反应生成的 CO_2 从肺部呼出。这说明由于血红蛋白和氧合血红蛋白的缓冲作用，在大量 CO_2 从组织细胞运送到肺的过程中，血液的 pH 不会受到太大的影响。

正是由于血液中多种缓冲对的缓冲作用和肺、肾的调节作用，人体血液的 pH 才能够基本保持在 7.35～7.45 之间。

知识链接

人体内的酸碱平衡

体内的酸性物质主要来源于糖、脂类及蛋白质等的分解代谢，少量来自某些食物及药物，包括碳酸等挥发性酸和核酸、磷酸、乳酸、丙酮酸、酮体、硫酸等非挥发性酸。体内的碱性物质主要来源于食物中的蔬菜和水果，以及某些药物，以钾盐、钠盐等有机酸盐为主。通常体内产生的酸性物质多于碱性物质。体液 pH 的相对恒定，主要取决于自身缓冲作用、肺对 CO_2 的呼出调节以及肾对 H^+ 或 NH_4^+ 的排出调节三个方面的调节作用。

当体内酸或碱的产生过多或不足，肾和肺的调节功能不健全，以致在消耗过多的缓冲体系并未得到及时补充时，就会发生酸碱平衡失调。主要表现为血浆[$NaHCO_3$]与[H_2CO_3]异常。依据亨德森-哈塞尔巴赫方程，血浆 pH 的计算公式为

$$pH = pK_a + \lg\frac{[NaHCO_3]}{[H_2CO_3]}$$

37 ℃时，$pK_a = 6.1$，在正常情况下，血浆[$NaHCO_3$]/[H_2CO_3]=20/1，则 pH=7.4；即只有当两者比值维持在 20/1 时，血浆 pH 才能维持在 7.4 不变。

人体由于呼吸道及肺部疾病、呼吸中枢抑制等原因引起 CO_2 的呼出量减少，导致血浆[H_2CO_3]原发性升高，pH 降低，称为呼吸性酸中毒；反之，当人体患癔症、发热等，可造成血浆[H_2CO_3]原发性降低，pH 升高，称为呼吸性碱中毒。血浆[$NaHCO_3$]也可因某些疾病而出现原发性升高或降低，产生代谢性碱中毒或酸中毒。

第五节　盐类的水解

一、盐类的水解

若用 pH 试纸分别测定相同浓度的 NaAc、NH_4Cl 和 NaCl 的水溶液，会发现，NaAc 溶液显碱性，NH_4Cl 溶液显酸性，而 NaCl 溶液显中性。为什么不同的盐溶液会显示出不同的酸碱性？

如在 NaAc 溶液中存在下列几种平衡：

$$\begin{array}{ccccc} NaAc & = & Na^{+} & + & Ac^{-} \\ & & & & + \\ H_2O & \rightleftharpoons & OH^{-} & + & H^{+} \\ & & & & \Updownarrow \\ & & & & HAc \end{array}$$

可以看出，由于 Ac^- 与水解离出来的 H^+ 结合生成弱电解质 HAc，从而破坏了水的解离平衡，溶液中$[H^+]<[OH^-]$，溶液呈碱性。上述反应可用离子方程式表示：

$$Ac^- + H_2O \rightleftharpoons HAc + OH^-$$

类似这种，盐解离出的阴离子或阳离子与水解离出来的 H^+ 或 OH^- 结合生成弱酸或弱碱的反应，叫作盐类的水解反应，它是中和反应的逆反应。

二、盐类水解的主要类型

盐类的水解与生成这种盐的酸和碱的强弱有密切关系。根据酸碱性的强弱，盐类的水解主要有下列三种类型。

（一）强碱弱酸盐

Na_2CO_3 是由强碱 NaOH 和弱酸 H_2CO_3 生成的盐，同 NaAc 一样，水解后显碱性。由于 H_2CO_3 是二元酸，Na_2CO_3 的水解分两步进行。

第一步水解：

$$\begin{array}{ccccc} Na_2CO_3 & = & 2Na^{+} & + & CO_3^{2-} \\ & & & & + \\ H_2O & \rightleftharpoons & OH^{-} & + & H^{+} \\ & & & & \Updownarrow \\ & & & & HCO_3^{-} \end{array}$$

第二步水解：

$$\begin{array}{ccccc} & & & & HCO_3^{-} \\ & & & & + \\ H_2O & \rightleftharpoons & OH^{-} & + & H^{+} \\ & & & & \Updownarrow \\ & & & & H_2CO_3 \end{array}$$

Na_2CO_3是强电解质，在水中全部解离成 Na^+、CO_3^{2-}。水能解离出极少量 H^+ 和 OH^-。溶液中 H^+ 和 CO_3^{2-} 能结合成弱电解质 HCO_3^-。由于 HCO_3^- 的解离度很小，破坏了水的解离平衡，水继续解离。溶液中$[H^+]$不断降低，而$[OH^-]$不断增高，直到建立新的平衡。第一步水解的离子方程式为

$$CO_3^{2-} + H_2O \rightleftharpoons HCO_3^- + OH^-$$

第二步是生成的 HCO_3^- 进一步水解。水解的离子方程式如下：

$$HCO_3^- + H_2O \rightleftharpoons H_2CO_3 + OH^-$$

当达到平衡时，溶液中$[H^+]<[OH^-]$，pH>7，溶液显碱性。由此可知，强碱和弱酸所生成的盐

能水解，其水溶液显碱性。Na_2CO_3 的第二步水解程度很小，平衡时溶液中 H_2CO_3 浓度很小，不会放出 CO_2 气体。其他如 K_2CO_3、Na_2S 等盐的水解也属于这种类型。

（二）强酸弱碱盐

NH_4Cl 是由强酸 HCl 和弱碱 $NH_3 \cdot H_2O$ 生成的盐，水解后呈酸性。水解过程如下：

$$\begin{array}{ccccc} NH_4Cl & = & NH_4^+ & + & Cl^- \\ & & + & & \\ H_2O & \rightleftharpoons & OH^- & + & H^+ \\ & & \Updownarrow & & \\ & & NH_3 \cdot H_2O & & \end{array}$$

NH_4Cl 是强电解质，在水中全部解离成 NH_4^+ 和 Cl^-。水解离出极少量的 H^+ 和 OH^-。溶液中的 NH_4^+ 和 OH^- 能结合生成弱电解质 $NH_3 \cdot H_2O$，破坏了水的解离平衡，促使水继续解离。使溶液中 $[OH^-]$ 不断降低，而 $[H^+]$ 不断增高，当达到平衡时，溶液中 $[H^+]>[OH^-]$，pH<7，溶液呈酸性。水解的离子方程式如下：

$$NH_4^+ + H_2O \rightleftharpoons NH_3 \cdot H_2O + H^+$$

由此可知，强酸和弱碱所生成的盐能水解，其溶液呈酸性。其他如 $(NH_4)_2SO_4$、$Cu(NO_3)_2$ 等盐的水解也属于这种类型。

（三）弱酸弱碱盐

NH_4Ac 是由弱酸 HAc 和弱碱 $NH_3 \cdot H_2O$ 生成的盐。

$$\begin{array}{ccccc} NH_4Ac & = & NH_4^+ & + & Ac^- \\ & & + & & + \\ H_2O & \rightleftharpoons & OH^- & + & H^+ \\ & & \Updownarrow & & \Updownarrow \\ & & NH_3 \cdot H_2O & & HAc \end{array}$$

NH_4Ac 是强电解质，在水中全部解离成 Ac^- 和 NH_4^+，水能解离出极少量的 H^+ 和 OH^-。溶液中的 Ac^- 和 H^+ 结合生成弱电解质 HAc，同时，溶液中的 NH_4^+ 和 OH^- 结合生成弱电解质 $NH_3 \cdot H_2O$。由于 HAc 的解离常数 K_a 与 $NH_3 \cdot H_2O$ 的解离常数 K_b 相差不大，故 NH_4Ac 水解后溶液呈中性。水解的离子方程式如下：

$$NH_4^+ + Ac^- + H_2O \rightleftharpoons NH_3 \cdot H_2O + HAc$$

由于弱酸弱碱盐在更大程度上破坏了水的解离平衡，所以弱酸弱碱盐更容易水解。水解后溶液的酸碱性取决于弱碱与弱酸的相对强弱。一般地：

$K_a > K_b$　溶液呈酸性

$K_a < K_b$　溶液呈碱性

$K_a = K_b$　溶液呈中性

强酸强碱盐不发生水解。因为强酸强碱盐解离出的离子不与水中的 H^+ 或 OH^- 结合，不能生成弱电解质，水的解离平衡不受影响，其水溶液显中性。

综上所述，盐类水解可总结为一弱必水解，两弱更水解，无弱不水解，谁强显谁性。“弱”指的是构成盐的电解质为弱电解质。如果盐是由弱电解质(弱酸、弱碱)所形成的，则它可以发生水解；反之，如强酸强碱盐不能发生水解。

中和反应通常是放热反应，盐的水解反应是中和反应的逆反应。因此，水解反应是吸热反应，升高温度有利于水解反应的进行。

三、盐类水解在医学上的意义

盐类的水解在日常生活和医药卫生方面都具有重要意义。明矾(硫酸铝钾)净水的原理，就是利用它水解生成的氢氧化铝胶体可除去杂质这一作用。临床上治疗胃酸过多或酸中毒时使用12.5 g/L碳酸氢钠或1/6 mol/L乳酸钠，也是利用它们水解后显弱碱性的作用。治疗碱中毒时使用NH_4Cl，则是因它水解后显弱酸性。

但是，盐的水解也会带来不利的影响。某些药物如阿司匹林容易发生水解而变质，这些药品应密闭保存在干燥处，以防止水解变质。

第六节　沉淀溶解平衡

难溶电解质的饱和溶液中存在的固体和离子之间的沉淀溶解平衡是多相平衡。在药物制备及分析过程中常利用沉淀反应分离与鉴定某些离子，这就涉及难溶强电解质的沉淀与溶解平衡。在生物体内，沉淀的生成与溶解同样有重要意义，例如临床常见的病理结石症、龋齿等就与沉淀的生成与溶解有关。

一、溶度积

（一）溶度积常数

在一定温度下，将难溶强电解质$BaSO_4$晶体投入水中后，微量的$BaSO_4$脱离固体表面进入溶液，这个过程称为溶解；同时，已进入溶液的Ba^{2+}和SO_4^{2-}结合成$BaSO_4$重新回到晶体表面，这个过程称为沉淀（或结晶）。当难溶强电解质的溶解和沉淀的速率相等时，体系达到动态平衡，称为难溶强电解质的沉淀溶解平衡。沉淀溶解平衡是一种化学平衡，遵循化学平衡的一般规律。只要温度不变，溶液中的离子浓度就不再改变，此过程可表示如下：

$$BaSO_4(s) \rightleftharpoons Ba^{2+}(aq) + SO_4^{2-}(aq)$$

$$K = \frac{[Ba^{2+}] \cdot [SO_4^{2-}]}{[BaSO_4]}$$

$BaSO_4$是固体，因此$[BaSO_4]$可视为常数，并入K中得常数K_{sp}：

$$K_{sp} = [Ba^{2+}] \cdot [SO_4^{2-}]$$

K_{sp}称为难溶强电解质的溶度积常数，简称溶度积。通常把难溶强电解质的化学式标在K_{sp}右下方。

若难溶电解质为A_mB_n型，在一定温度下其饱和溶液中的沉淀溶解平衡为

$$A_mB_n(s) \rightleftharpoons mA^{n+}(aq) + nB^{m-}(aq)$$

溶度积的表达式为

$$K_{sp,A_mB_n} = [A^{n+}]^m \cdot [B^{m-}]^n \tag{3-17}$$

溶度积的意义：在一定温度下，难溶电解质饱和溶液中离子浓度的系数的幂次方之积为一常数。

K_{sp}的大小主要取决于难溶电解质的本性，也与温度有关，而与离子浓度改变无关。在一定温度下，K_{sp}的大小可以反映物质的溶解能力和生成沉淀的难易程度。K_{sp}越大，表明该物质在水中溶解的趋势越大，生成沉淀的趋势越小；反之亦然。一些常见难溶电解质的溶度积见表3-6。

表3-6　常见难溶电解质的溶度积

类型	离子方程式	K_{sp}(25 ℃)
卤化物	$CaF_2 \rightleftharpoons Ca^{2+} + 2F^-$	1.46×10^{-10}
	$AgCl \rightleftharpoons Ag^+ + Cl^-$	1.77×10^{-10}
	$AgBr \rightleftharpoons Ag^+ + Br^-$	5.35×10^{-13}
	$AgI \rightleftharpoons Ag^+ + I^-$	8.51×10^{-17}

续表

类型	离子方程式	K_{sp}(25 ℃)
氢氧化物	$Al(OH)_3 \rightleftharpoons Al^{3+} + 3OH^-$	2×10^{-33}
	$Ca(OH)_2 \rightleftharpoons Ca^{2+} + 2OH^-$	6.5×10^{-6}
	$Fe(OH)_3 \rightleftharpoons Fe^{3+} + 3OH^-$	2.64×10^{-39}
	$Mg(OH)_2 \rightleftharpoons Mg^{2+} + 2OH^-$	5.61×10^{-12}
	$Zn(OH)_2 \rightleftharpoons Zn^{2+} + 2OH^-$	4.12×10^{-17}
碳酸盐	$CaCO_3 \rightleftharpoons Ca^{2+} + CO_3^{2-}$	4.96×10^{-9}
	$BaCO_3 \rightleftharpoons Ba^{2+} + CO_3^{2-}$	2.58×10^{-9}
	$ZnCO_3 \rightleftharpoons Zn^{2+} + CO_3^{2-}$	1.19×10^{-10}
铬酸盐	$Ag_2CrO_4 \rightleftharpoons 2Ag^+ + CrO_4^{2-}$	1.12×10^{-12}
	$PbCrO_4 \rightleftharpoons Pb^{2+} + CrO_4^{2-}$	1.77×10^{-14}
硫酸盐	$CaSO_4 \rightleftharpoons Ca^{2+} + SO_4^{2-}$	7.1×10^{-5}
	$BaSO_4 \rightleftharpoons Ba^{2+} + SO_4^{2-}$	1.07×10^{-10}
	$PbSO_4 \rightleftharpoons Pb^{2+} + SO_4^{2-}$	1.82×10^{-8}

（二）溶度积与溶解度的相互换算

溶度积和溶解度都可以表示难溶电解质的溶解能力。在一定条件下，它们之间可以进行相互换算。

【例 3-8】 已知 25 ℃时，$BaSO_4$ 在纯水中的溶解度 s 是 1.05×10^{-5} mol/L，求 $BaSO_4$ 的 K_{sp}。

解：因为溶解的 $BaSO_4$ 完全解离，所以

$$BaSO_4 \rightleftharpoons Ba^{2+} + SO_4^{2-}$$

平衡时浓度(mol/L)　　　s　　s

所以

$$K_{sp}=[Ba^{2+}]\cdot[SO_4^{2-}]=s^2=(1.05\times10^{-5})^2=1.1\times10^{-10}$$

【例 3-9】 已知 AgCl 和 Ag_2CrO_4 的 K_{sp} 分别为 1.77×10^{-10} 和 1.12×10^{-12}，通过计算说明，哪种化合物在纯水中的溶解度大。

解：设 AgCl 和 Ag_2CrO_4 的溶解度(mol/L)分别为 s_1、s_2

$$AgCl \rightleftharpoons Ag^+ + Cl^-$$

平衡时浓度(mol/L)：　　s_1　　s_1

$$K_{sp}=[Ag^+]\cdot[Cl^-]=s_1^2$$

$$s_1=\sqrt{K_{sp}}=1.33\times10^{-5}\text{(mol/L)}$$

$$Ag_2CrO_4 \rightleftharpoons 2Ag^+ + CrO_4^{2-}$$

平衡时浓度(mol/L)：　　$2s_2$　　s_2

$$K_{sp}=[Ag^+]^2\cdot[CrO_4^{2-}]=(2s_2)^2\cdot s_2=4s_2^3$$

$$s_2=6.54\times10^{-5}\text{(mol/L)}$$

从上述例题可知，AgCl 的溶度积比 Ag_2CrO_4 的大，但 AgCl 的溶解度反而比 Ag_2CrO_4 的小。可见，溶度积大的难溶电解质溶解度不一定也大，这与其类型有关。对于类型相同的强电解质（如 AgCl、$CaCO_3$、AgI 都属 AB 型），可直接用 K_{sp} 的数值大小来比较其溶解度的大小；而对于不同类型的强电解质（如 AgCl 是 AB 型，Ag_2CrO_4 是 A_2B 型），其溶解度的相对大小不能直接根据溶度积进行比较，需经计算才能得出结论。

二、溶度积规则

难溶强电解质的沉淀溶解平衡是一种动态平衡。当溶液中离子浓度变化时，平衡发生移动，直至建立新的平衡。在一定温度下，对任意难溶强电解质 A_mB_n 溶液来说，存在着如下关系式：

$$A_mB_n(s) \rightleftharpoons mA^{n+}(aq) + nB^{m-}(aq)$$

若以 Q_i 表示任意状态下难溶强电解质离子浓度的系数的幂次方之积(又称离子积)，即

$$Q_i = [A^{n+}]^m \cdot [B^{m-}]^n \tag{3-18}$$

则 Q_i 与 K_{sp}有三种不同的关系，它们分别代表难溶强电解质 A_mB_n 溶液可能存在的三种不同状态：

(1) 当 $Q_i < K_{sp}$时，为不饱和溶液，沉淀溶解平衡向沉淀溶解的方向移动。

(2) 当 $Q_i = K_{sp}$时，为饱和溶液，体系处于沉淀溶解平衡状态。

(3) 当 $Q_i > K_{sp}$时，为过饱和溶液，沉淀溶解平衡向沉淀生成的方向移动，至建立新的平衡为止。

这一规则又称为溶度积规则，它是沉淀生成和溶解的定量依据。根据溶度积规则可以判断沉淀的生成、溶解及转化的方向。

三、溶度积规则的应用

(一) 沉淀的生成

根据溶度积规则，在难溶电解质的溶液中，如果 $Q_i > K_{sp}$，会生成沉淀，这是生成沉淀的必要条件。

1. 单一离子的沉淀

【例 3-10】 50 mL 含$[Ba^{2+}]$为 0.01 mol/L 的溶液与 30 mL 浓度为 0.02mol/L 的 Na_2SO_4 混合。是否会产生沉淀？已知 $K_{sp,BaSO_4} = 1.07 \times 10^{-10}$。

解：混合后各离子浓度为

$$[Ba^{2+}] = (0.01 \times 50)/80 = 0.00625\ (mol/L)$$

$$[SO_4^{2-}] = (0.02 \times 30)/80 = 0.0075\ (mol/L)$$

$$Q_i = [Ba^{2+}] \cdot [SO_4^{2-}] = 4.7 \times 10^{-5} > K_{sp,BaSO_4}$$

所以有沉淀生成。

任何一种沉淀的析出，实际上都不可能绝对完全。因此溶液中总是存在着沉淀溶解平衡，即溶液中总会含有极少量的待沉淀的离子残留。一般地，当残留在溶液中的某种离子浓度小于 10^{-5} mol/L 时，就可以认为这种离子沉淀完全了。

2. 分步沉淀

在生产和实践中，溶液中常同时存在多种离子。当加入某种沉淀剂时，沉淀剂往往可以和几种离子作用生成难溶化合物。这种在溶液中加入一种沉淀剂使混合离子按先后顺序沉淀下来的现象称为分步沉淀。

【例 3-11】 计算在 100 mL 含有 Cl^- 和 CrO_4^{2-} (浓度均为 0.10 mol/L)的溶液中，逐滴加入 $AgNO_3$，问何者先沉淀？已知 $K_{sp,AgCl} = 1.77 \times 10^{-10}$ 和 $K_{sp,Ag_2CrO_4} = 1.12 \times 10^{-12}$。

解：设 Cl^- 和 CrO_4^{2-} 开始沉淀时所需 Ag^+浓度分别为 c_1、c_2。

$$c_1 = K_{sp,AgCl}/[Cl^-] = 1.77 \times 10^{-9}\ (mol/L)$$

$$(c_2)^2 = K_{sp,Ag_2CrO_4}/[CrO_4^{2-}] = 1.12 \times 10^{-11}\ (mol/L)$$

$$c_2 = 3.3 \times 10^{-6}\ (mol/L)$$

$c_1 < c_2$，因此 AgCl 沉淀先析出。

分步沉淀的顺序并不完全取决于溶度积，还与混合溶液中各离子的浓度有关。当两难溶电解质的溶度积数值相差不大时，适当改变有关离子的浓度可使沉淀的顺序发生改变。

总之，当溶液中同时存在几种离子时，离子积 Q_i 最先达到溶度积 K_{sp}的难溶电解质首先沉淀，这是分步沉淀的基本原则。利用分步沉淀原理，可以分离溶液中的不同离子。

(二) 沉淀的溶解

根据溶度积规则，沉淀溶解的必要条件是使 $Q_i < K_{sp}$。因此，只要降低溶液中某种离子的浓度，就

可使沉淀溶解。常见的方法有以下几种。

1. 生成弱电解质或微溶气体

例如，$Mg(OH)_2$ 等难溶氢氧化物能溶于酸：

$$Mg(OH)_2(s) \rightleftharpoons Mg^{2+} + 2OH^-$$
$$+$$
$$2NH_4Cl = 2Cl^- + 2NH_4^+$$
$$\Updownarrow$$
$$2NH_3 \cdot H_2O$$

总反应：
$$Mg(OH)_2(s) + 2NH_4^+ \rightleftharpoons Mg^{2+} + 2NH_3 \cdot H_2O$$

由于反应生成弱电解质 $NH_3 \cdot H_2O$，从而大大降低[OH^-]，使 $Mg(OH)_2$ 的 $Q_i < K_{sp}$，沉淀溶解平衡向右移动，沉淀溶解。$Al(OH)_3$、$Fe(OH)_3$ 等溶解度很小的氢氧化物，难溶于铵盐而只能溶于酸中。

碳酸盐、亚硫酸盐和某些硫化物等难溶盐溶于强酸，生成微溶气体而使沉淀溶解，如：

$$CaCO_3(s) \rightleftharpoons Ca^{2+}(aq) + CO_3^{2-}(aq)$$
$$+$$
$$2HCl = 2H^+ + 2Cl^-$$
$$\Updownarrow$$
$$H_2CO_3 = H_2O + CO_2\uparrow$$

总反应：
$$CaCO_3(s) + 2H^+ \rightleftharpoons Ca^{2+} + H_2O + CO_2\uparrow$$

CO_3^{2-} 与 H^+ 结合生成 H_2CO_3，并分解为 H_2O 和 CO_2，从而降低[CO_3^{2-}]，使 $CaCO_3$ 的 $Q_i < K_{sp}$，沉淀溶解。

2. 发生氧化还原反应

加入氧化剂或还原剂，使某离子发生氧化还原反应，降低该离子的浓度，使沉淀溶解。例如，稀 HNO_3 可将 As_2S_3 中的 S^{2-} 氧化成 S，降低[S^{2-}]，使 $Q_i < K_{sp}$，As_2S_3 沉淀溶解；浓 HNO_3 可将 S^{2-} 氧化成 SO_4^{2-}，将 As^{3+} 氧化为 AsO_4^{3-}，最终 As_2S_3 完全溶解。

$$3As_2S_3(s) + 28HNO_3(浓) + 4H_2O \rightleftharpoons 6H_3AsO_4 + 9H_2SO_4 + 28NO\uparrow$$

3. 生成配合物

加入适当的配位剂与某一离子生成稳定的配合物，使沉淀溶解。例如，$Cu(OH)_2$ 沉淀溶于氨水中：

$$Cu(OH)_2(s) \rightleftharpoons Cu^{2+}(aq) + 2OH^-(aq)$$
$$+$$
$$4NH_3$$
$$\Updownarrow$$
$$[Cu(NH_3)_4]^+$$

总反应：
$$Cu(OH)_2(s) + 4NH_3 \rightleftharpoons [Cu(NH_3)_4]^{2+} + 2OH^-$$

（三）沉淀的转化

在含有 $PbSO_4$ 沉淀的溶液中，加入 Na_2CO_3 溶液后，可观察到沉淀由白色转变为黑色，其反应方程式为

$$PbSO_4(s) \rightleftharpoons Pb^{2+}(aq) + SO_4^{2-}(aq)$$
$$+$$
$$Na_2CO_3 = CO_3^{2-} + 2Na^+$$
$$\Updownarrow$$
$$PbCO_3\downarrow$$

总反应：　　$PbSO_4(s)+CO_3^{2-} \rightleftharpoons PbCO_3\downarrow+SO_4^{2-}$

上述反应之所以能够发生，是由于生成了更难溶的 $PbCO_3$ 沉淀，降低了溶液中$[Pb^{2+}]$，破坏了 $PbSO_4$ 的沉淀溶解平衡，使 $PbSO_4$ 沉淀转化为 $PbCO_3$ 沉淀。像这种由一种难溶电解质借助某一试剂的作用，转变为另一种难溶电解质的过程称为沉淀的转化。

对于相同类型的难溶电解质，沉淀的转化一般是由 K_{sp} 较大的向 K_{sp} 较小的方向进行，如上述例子。并且 K_{sp} 相差越大，沉淀转化反应进行越完全。对于不同类型的难溶电解质，沉淀的转化则是由溶解度大的向溶解度小的方向进行。

四、沉淀溶解平衡在医药学中的应用

沉淀溶解平衡在医药学中有着广泛的应用，在药物生产、药品质量控制等方面都有重要应用。

1. 肾结石和尿结石的预防措施

人体每天新陈代谢产生的各种废物，如尿素、尿酸、肌酐、各种酸性物质（草酸、枸橼酸等）、各种盐分（Ca^{2+}、Mg^{2+}、K^+、Cl^- 等），主要通过尿液排出体外。这些物质在尿液中的浓度较高，但人的肾脏可以使这些物质保持平衡，以溶解状态排出体外。当尿液太少时，溶解度较小的 CaC_2O_4、$Ca_3(PO_4)_2$、$Mg_3(PO_4)_2$ 等就会形成结晶——微小结石，在致病因素作用下，结晶慢慢变大，最终发展为具有临床意义的肾结石。

饮食调整是预防结石发生的重要方法。对于草酸钙结石的患者，应减少含有草酸的食物的摄入，如菠菜、空心菜等，少量食用维生素 C。尿结石患者应少吃产生嘌呤的食物，如动物内脏、海鲜、牛羊肉等。

饮水也可以预防结石的发生。每天饮用 1500 mL 以上液体，使尿液保持非常稀释的状态，以便结晶在形成结石之前就排出体外。

每天适当的运动也有利于较小结石的排出。

2. 钡餐的制备

胃肠道检查所用的造影剂是医用硫酸钡，由于钡的原子序数高，不易被 X 射线穿透，所以医学临床上常用硫酸钡作为 X 射线透视胃肠的内服药剂，俗称“钡餐”。硫酸钡在胃肠道内与周围器官形成明显对比，明显地显示出硫酸钡分布情况，根据分布情况可以做出病情判断。但可溶性钡盐不能作“钡餐”。因为 Ba^{2+} 是重金属离子，有毒性，能使蛋白质变性而失去生理功能。制备硫酸钡一般是以 $BaCl_2$ 和 Na_2SO_4 为原料，也可以 $Ba(OH)_2$ 和 H_2SO_4 等为原料。若以 $BaCl_2$ 和 Na_2SO_4 为原料，反应方程式如下：

$$BaCl_2(aq)+Na_2SO_4(aq) \rightleftharpoons BaSO_4(s)+2NaCl(aq)$$

反应所得的 $BaSO_4$ 沉淀经过滤、洗涤、干燥后，检测其杂质，若符合《中国药典》的质量标准就可供药用。

知识链接

身体里的石头

骨骼的发育、牙齿的生长等是人体正常的矿化过程。人体在各种因素的干扰下，有时会发生异常矿化过程。结石病就是人体异常矿化所致的一种以钙盐或脂类积聚或沉淀而引起的疾病。结石是指生物体内产生的坚硬和形态结构类似于石质的病理性沉淀物。多数情况下，小结石对人体不会产生严重损害，大多也不会被发现，随着新陈代谢而自生自灭。结石病中最常见的为消化系统结石。发病率较高、危害较大的是胆石症和尿石症。

本章小结

本章重点内容有弱电解质的解离平衡、溶液的酸碱性及 pH 计算、酸碱质子理论、缓冲溶液、盐类的水解及沉淀溶解平衡。

弱电解质在一定条件下达到解离平衡，涉及解离度、解离平衡等概念，同离子效应和盐效应对平衡会产生一定影响。

酸碱质子理论认为，能给出质子的物质是酸，能接受质子的物质是碱，酸碱反应实质上是质子在共轭酸碱之间的传递过程。

掌握弱酸弱碱溶液、缓冲溶液的 pH 计算及缓冲作用原理。

盐类的水解是中和反应的逆反应。实质是盐的弱酸根离子(或阳离子)和水解离出的 H^+(或 OH^-)结合生成弱酸或弱碱，因而使溶液显示酸性或碱性。

溶解沉淀平衡涉及的概念有沉淀溶解平衡、溶度积、溶度积规则等，涉及的应用有溶度积的计算、溶度积规则的应用等。溶度积规则是在任何给定的难溶电解质的溶液中有三种情况：①$Q_i < K_{sp}$，无沉淀析出。若有沉淀，则沉淀溶解。②$Q_i = K_{sp}$，饱和溶液，动态平衡。③$Q_i > K_{sp}$，有沉淀析出。

能力检测

能力检测答案

一、选择题

1. 将下列物质加入 HAc 溶液中，能产生同离子效应的是(   )。

A. HCl　　B. NaCl　　C. Na_2CO_3　　D. H_2O

2. 下列各缓冲溶液缓冲容量最大的是(   )。

A. 500 mL 中含有 0.15 mol HAc 和 0.05 mol NaAc

B. 500 mL 中含有 0.05 mol HAc 和 0.15 mol NaAc

C. 500 mL 中含有 0.1 mol HAc 和 0.1 mol NaAc

D. 1000 mL 中含有 0.1 mol HAc 和 0.1 mol NaAc

3. 下列各组分等体积混合的溶液，无缓冲作用的是(   )。

A. 0.2 mol/L 邻苯二甲酸氢钾和等体积的水

B. 0.2 mol/L HCl 和 0.2 mol/L $NH_3 \cdot H_2O$

C. 0.2 mol/L KH_2PO_4 和 0.2 mol/L Na_2HPO_4

D. 0.01 mol/L NaOH 和 0.2 mol/L HAc

4. 人体血液的 pH 总是维持在 7.35～7.45 这一狭小的范围内。其中主要原因是(   )。

A. 血液中的 HCO_3^- 和 H_2CO_3 只允许维持在一定的比值范围内

B. 人体内有大量的水分(约占体重的 70%)

C. 排出的 CO_2 气体一部分溶在血液中

D. 排出的酸性物质和碱性物质溶在血液中

5. 下列有关缓冲溶液的叙述中，错误的是(   )。

A. 总浓度一定时，缓冲比为 1 时，β 最大

B. 缓冲对的总浓度越大，β 越大

C. 缓冲范围大体上为 $pK_a \pm 1$

D. 缓冲溶液稀释后，缓冲比不变，所以 pH 不变，β 也不变

6. 人体血浆中最重要的抗酸成分是(   )。

A. $H_2PO_4^-$　　B. HCO_3^-　　C. H_2CO_3　　D. HPO_4^{2-}

7. 影响缓冲容量的主要因素是(   )。

A. 缓冲溶液的 pH 和缓冲比　　B. 弱酸的 pK_a 和缓冲比

C. 弱酸的 pK_a 和缓冲溶液的总浓度　　D. 缓冲溶液的总浓度和缓冲比

8. 若某人血液的 pH=7.6，试判断他是(   )。

A. 酸中毒患者　　B. 碱中毒患者　　C. 正常人　　D. 血压有些高

9. 在 H_2CO_3-$NaHCO_3$ 缓冲对中，$NaHCO_3$ 是(　　)。

A. 抗酸成分　　B. 抗碱成分

C. 既是抗酸成分又是抗碱成分　　D. 不能确定

10. 在氨水($NH_3 \cdot H_2O$)中加入下列试剂会产生同离子效应的是(　　)。

A. CH_3COONa　　B. HCl　　C. NH_4Cl　　D. Na_2SO_4

二、填空题

1. 血浆中的主要缓冲对有________、________、________。

2. HCO_3^- 的共轭碱是________，共轭酸是________。

3. 正常人血浆的 pH 范围是________；若血浆 pH 为 7.55，则可能发生________(酸或碱)中毒。

4. 在组成上仅相差一个质子的酸和碱称为________。

5. 影响电离度的因素主要有________、________、________。

6. 影响缓冲容量的因素有________、________。

7. 酸碱质子理论认为：凡能________的物质为酸，凡能________的物质为碱。

8. 在 HAc-NaAc 构成的缓冲体系中，________为抗酸成分，________为抗碱成分。

三、计算题

1. 正常成人胃液的 pH 为 1.4，婴儿胃液的 pH 为 5.0，成人胃液的 H_3O^+ 浓度是婴儿胃液的多少倍？

2. 将 0.40 mol/L 乳酸($K_a = 1.37 \times 10^{-4}$)溶液 250 mL，加水稀释至 500 mL，求稀释后溶液的 pH。

3. 在 50 mL 0.10 mol/L 氨水中加入 25 mL 0.10 mol/L HCl 溶液，该溶液是否为缓冲溶液？求其 pH($pK_b = 4.76$)。

4. 现测得某人血浆$[HCO_3^-] = 56.00$ mmol/L，$[H_2CO_3] = 1.60$ mmol/L，则其血液 pH 是否正常？

参考文献

[1] 陈常兴，秦子平. 医用化学[M]. 7 版. 北京：人民卫生出版社，2014.

[2] 牛秀明，林珍. 无机化学[M]. 3 版. 北京：人民卫生出版社，2018.

[3] 陆家政，傅春华. 基础化学[M]. 北京：人民卫生出版社，2009.

[4] 陆艳琦，郭梦金，孙兰凤. 基础化学[M]. 武汉：华中科技大学出版社，2012.

(王洪涛)

本章题库

第四章

胶体分散系与粗分散系

学习目标

掌握：分散系的特点、概念、分类，溶胶的基本性质及高分子化合物溶液的保护作用。

熟悉：各类分散系的性质，表面活性物质的概念、结构特点，乳浊液及乳化作用的含义。

了解：凝胶的形成及性质，乳浊液、溶胶在医药中的应用。

扫码
看 PPT

胶体分散系在自然界中普遍存在，与人类生活密切相关。人体各组织都含有胶体，如蛋白质、核酸、糖原等。生物体内发生的许多生理和病理变化都与胶体的性质相关，因此胶体分散系在医学上也有着非常重要的意义。

第一节 分 散 系

一、概念

一种（或多种）物质分散在另一种（或多种）物质中得到的体系，称为分散系。其中，被分散的物质称为分散相（或分散质），而容纳分散相的连续介质称为分散介质。例如，生理盐水就是氯化钠分散在水中形成的分散系，其中氯化钠是分散相，水是分散介质；泥土分散在水中形成泥浆，其中泥土是分散相，水是分散介质。

二、分类

按分散系中分散相粒子直径不同，分散系可分为以下三类。

1. 溶液

分散相粒子的直径<1 nm 的分散系，称为分子或离子分散系，又称为真溶液，简称溶液。

2. 胶体分散系

分散相粒子的直径在 1～100 nm 之间的分散系称为胶体分散系，主要包括溶胶和高分子化合物溶液。

3. 粗分散系

分散相粒子的直径>100 nm 的分散系称为粗分散系。三类分散系的比较见表 4-1。

表 4-1 三类分散系的特点

分散系		溶液	胶体分散系	粗分散系
外观		均一、透明、稳定	多数均一、透明、较稳定	不均一、不透明、不稳定
分散相粒子	直径	<1 nm	1～100 nm	>100 nm
	组成	单个分子或离子	分子集合体或有机高分子	许多分子集合体
	能否透过滤纸	能	能	不能
	能否透过半透膜	能	不能	不能

续表

分散系	溶液	胶体分散系	粗分散系
典型实例	食盐水、乙醇的水溶液	蛋白质溶液、氢氧化铁溶胶	泥浆、鱼肝油乳

按照分散介质物理状态的不同，胶体分散系可分为三类，分散介质是气体的称为气溶胶，如烟、雾；分散介质是固体的称为固溶胶，如含有颜料颗粒的有色玻璃、水晶；分散介质是液体的称为液溶胶。

按分散相物理状态不同，粗分散系可分为两类，分散相为固体微粒的称为悬浊液，如泥水；分散相为液体微粒的粗分散系称为乳浊液，如鱼肝油乳、药用松节油搽剂。

第二节 界面现象

一、相与界面

相是指体系中物理和化学性质完全相同的均匀部分，相与相之间的接触面称为界面。根据分散相和分散介质之间是否存在界面，可将分散系分为单相分散系和多相分散系。如真溶液、高分子溶液属于单相分散系，而溶胶和粗分散系属于多相分散系。常见的界面有气-液、气-固、液-液、液-固和固-固界面五种，其中气-液、气-固两种界面习惯上也称为表面。

在相界面上的物质因为具有与体系不同的结构和性质，从而产生的物理、化学现象称为界面现象。例如吸附、催化、润湿、乳化、分散、絮凝、聚沉等现象都与界面密切相关，都是界面现象。

二、表面张力与表面能

相界面上分子与内部分子所处的状况不同，它们的能量也不同。在气-液两相中（图 4-1），对于处在液体内部的 A 分子来说，受到的是液体内部周围分子的作用力，处于均衡的力场中，所以 A 分子可以任意移动而无须做功。但处在表面的 B 分子则不同，液体内部分子对它的吸引力大，而气体分子对它的吸引力小，其结果是液体表面层分子所受的合力向内，所以液体表面存在着自动缩小的趋势，即表面存在一种抵抗表面积增大的力，此力称为表面张力，它是垂直作用于单位长度相表面上的力，用符号 σ 表示，单位为 N/m。若要增大表面积，即将液体内部的分子移到表面，就必须克服内部分子的引力而做功，所做的功以位能的形式储存于表面分子中。因此，表面层的分子要比内部分子多出一部分能量，这一能量称为表面能。表面能（E）与表面张力（σ）和表面积（S）之间的关系式如下：

$$E=\sigma \cdot S$$

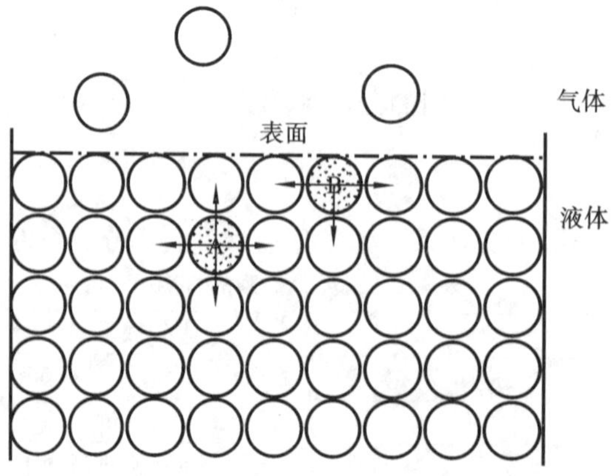

图 4-1 表面张力来源示意图

表面积的大小与物体颗粒大小有关。实验证明，对于一定量的物体，其表面积和表面能随着分散度的增加而迅速增大。如一个体积为 1 m^3 的正方体，其表面积为 6 m^2，当我们将其分割成边长为 0.1 m 的正方体时，它的表面积就会增大到 60 m^2，表面能也随之增大。而溶胶分散相的粒子大小在1～100 nm 之间，有着很大的表面积和表面能，这也是溶胶具有一系列特殊性质的原因所在。

物体都有一种降低其位能的趋势，如水向低处流、高物易落等。物体也有自动降低其表面能的趋势。

表面能的降低有两种可能的途径，即自动减小其表面积或自动减小表面张力，或两者同时减小。对纯液体而言，一定温度下其表面张力为一常数，因此只能通过减小表面积来降低表面能。所以我们见到的液滴通常是球形的。小液滴相遇时，总是自动合并成为大液滴，通过减小表面积来达到降低其表面能的目的。而对固体物质和盛放在固定容器中的液体而言，表面积不能改变，只有通过吸附作用来减小表面张力，以降低表面能。

三、吸附

固体或液体吸引其他物质的分子、原子或离子聚集在其表面上的过程称为吸附。吸附作用可以在固体表面发生，也可以在液体表面进行，其中被吸附的物质称为吸附质，起吸附作用的物质称为吸附剂。

（一）固体表面的吸附

固体具有固定的形状，其表面积不能自动缩小，因此它只能依赖于吸附其他物质以降低表面能，使固体表面变得更加稳定。固体表面的吸附按照作用力性质的不同，可分为物理吸附和化学吸附，其中物理吸附较为普遍。当其他条件相同时，固体吸附剂的表面积越大，吸附能力就越强。因此常用作固体吸附剂的都是细粉状和多孔性物质，如硅胶、活性炭等。

固体吸附剂在医药和化工方面有着广泛的应用，例如利用活性炭、硅胶和活性氧化铝等吸附剂除去大气中的有毒有害气体，净化水中的杂质等。

（二）液体表面的吸附和表面活性物质

1. 液体表面的吸附

在一定条件下，纯液体的表面张力是一定的，若向其中加入某种溶质，则会引起纯液体表面张力的变化，从而产生吸附作用。以纯溶剂水为例，可将加入其中改变表面张力的溶质分为两种，一种是 $NaCl$、KNO_3 等无机盐类以及蔗糖、甘露醇等有机物，它们溶于水，可使水的表面张力增大；另一种是肥皂、合成洗涤剂、醇、醛、酸、酯等多数有机物，它们进入水中，可使水的表面张力显著降低。

由于物体有自动降低其表面能的趋势，溶质在溶液表面层的浓度和溶液内部的浓度是有区别的。如果加入的溶质降低了溶剂表面张力，从而降低体系表面能，则溶液表面层中将保留更多的溶质分子（或离子），其表面层的浓度大于溶液内部的浓度，这种吸附称为正吸附（简称吸附）；反之，若加入的溶质将增大溶剂的表面张力，则溶液表面层将排斥溶质分子（或离子），使其尽可能进入溶液内部，此时溶液表面层的浓度小于其内部浓度，这种吸附称为负吸附。

凡是能使液体的表面张力增大，引起负吸附的物质，称表面惰性物质；凡是能显著降低液体表面张力，引起正吸附的物质，称为表面活性物质或表面活性剂。

2. 表面活性物质

表面活性物质一般是指能显著降低水的表面张力的物质。其结构是不对称的，由亲水的极性基团和疏水基团两部分组成（图 4-2）。

以肥皂（脂肪酸钠）为例，当它加入水中时，分子中的亲水基受极性分子水分子的吸引有进入水中的趋势，而亲油基则受水分子的排斥有离开水相向表面聚集的趋势。当浓度较大时，它主要集中在水的表面定向排列起来，构成单分子吸附层（图 4-3），从而降低了水的表面张力和体系的表面能。

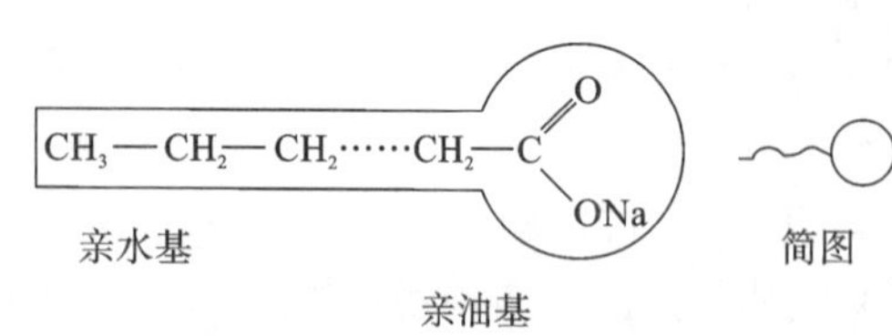

图 4-2　表面活性物质(肥皂)结构示意图

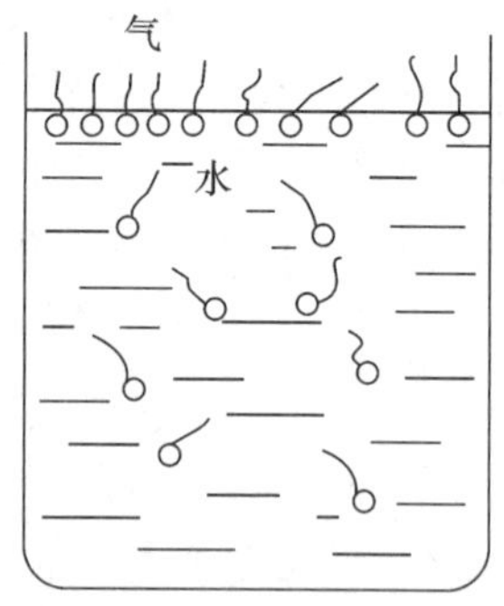

图 4-3　表面活性物质在液-气表面的定向排列示意图

表面活性物质与生命科学有密切关系，如构成细胞膜的磷脂、糖脂，血液中的某些蛋白质，胆汁中的胆汁酸盐等都是表面活性物质。

四、乳状液和乳化作用

(一) 乳状液和乳化作用

将一种液体以直径大于 100 nm 的液滴作为分散相，分散在另一种与之不相溶的液体中，形成的分散系称为乳状液。

乳状液多属于不稳定的粗分散系。例如将少量苯加入水中并剧烈振摇即可得到乳状液，但静置片刻后，水和苯便分成两层，不能形成稳定的乳状液。这是由于苯被分散成细小的液滴后，表面积和表面能都显著增加，体系处于不稳定状态，当分散的液滴相互碰撞时，会自动地合并成大的液滴，直到分层，以减小表面积和表面能。

要得到稳定的乳状液，必须加入表面活性剂如肥皂，以增强其稳定性。表面活性剂在乳状液中，亲水的极性基团朝向水相，而疏水的非极性基团朝向油相。这样就在油和水两相界面做定向排列。这些定向排列的表面活性剂分子，一方面降低了两相界面的张力，另一方面又形成了一层具有机械强度的膜层，阻止它们在相互碰撞时的聚集，形成稳定的乳状液。这种使乳状液趋于稳定的表面活性剂称为乳化剂。乳化剂稳定乳状液的作用称为乳化作用。

乳状液通常由两种液体组成：一种是极性较大的水，用 W 表示；另一种是极性较小的有机溶剂如苯(统称为油)，用 O 表示。

乳状液的类型有两类，油分散在介质水中形成的水包油型(O/W 型)乳状液，如牛奶、豆浆等；水分散在介质油中形成的油包水型(W/O 型)乳状液，如原油、芝麻酱等。两种不同类型的乳状液示意图如图 4-4 所示。

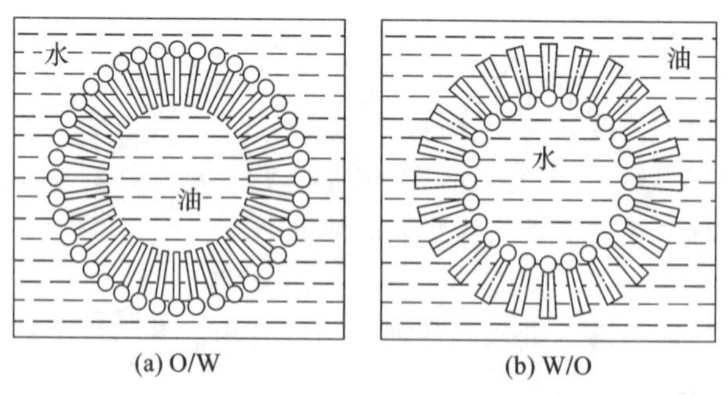

图 4-4　两种不同类型乳状液的示意图

在油与水的混合体系中加入亲水性较强的表面活性剂，如水溶性一价碱金属皂类、淀粉等能显著降低水的表面张力，使水珠难以存在，易形成 O/W 型乳状液。如将亲油性较强的表面活性剂，如高级醇类、高价金属皂类等，加到油水混合体系中，能显著降低油的表面张力，使油珠难以存在，则易形成

W/O 型乳状液。

乳状液和乳化作用在生物学和医学上都具有重要的意义。例如在消化过程中，食物中的脂肪经过胆汁酸盐和胆固醇（表面活性剂）的乳化，形成乳状液，不仅便于在体内运输，而且增大了脂肪酸水解反应的速率。

（二）微乳液在医药中的应用

乳状液的分散液滴直径为 500～10000 nm，当加入一定浓度的乳化剂以及一些辅助剂时，液滴的直径会进一步缩小至 10～100 nm，乳状液会变为澄清液，同时长时间静置也不再分层，形成稳定的体系。这时乳状液自发地形成了微乳液。

微乳液具有均匀高分散性，可提高包封于其中药物的分散度。微乳液制剂可提高难溶药物的溶解度，不仅可以促进水溶性高分子药物在体内的吸收，提高药物在体内的生物利用度，还可包容不同脂溶性药物，提高药物的稳定性。例如治疗类风湿关节炎的镇痛消炎药氟比洛芬用于静脉注射时，该药在油酸乙酯和吐温 20 形成的微乳液体系中增溶量最大，可达 10 mg/mL，是其在水中溶解度的 800 倍，且当氟比洛芬在微乳液中质量分数小于 1%时，液滴的直径小于 100 nm，尺寸仍符合静脉注射的要求，同时由于溶解度提高，药物在微乳液中浓度提高，从而减小了注射液体的体积。

人造血液是微乳液在医学临床方面的重要应用。碳氟化合物对 O_2 和 CO_2 具有很大的溶解度，且自身化学惰性、生物相容性较好，所以用碳氟化合物作为油相，将其在水相中高度分散为粒径 10^{-7} m 的微乳液，临床上用于血浆的代用品，可通过毛细血管而不造成堵塞，为大量失血的危重患者补充血容量以实施急救。

微乳液胶囊制剂可调节药物在体内溶出的时间，提高药物的生物利用度。胰岛素是一种多肽类药物，口服会被胃蛋白酶破坏而失效，临床上主要以注射方式给药。目前药剂学研究已成功地将胰岛素制成微乳液，包于肠溶丙烯酸树脂与邻苯二甲酸纤维素聚合胶囊中，制成 pH 依赖型控释制剂。该胶囊在胃中并不溶解，在小肠中（pH 约 5.5）开始溶解，结肠中（pH 约 7.7）完全溶解释放，可避免注射给药带来的疼痛与不便。

微乳液凝胶还可用于皮肤给药。皮肤给药的最大缺点是角质层的抗渗透能力特别强，药物很难透过，达不到临床治疗所需要的载药量，从而限制了皮肤给药的应用。最近研究发现，由于卡拉胶能够较好地黏附于皮肤，用卡拉胶作为胶凝剂的微乳液凝胶能增强药物的渗透率。因此，微乳液凝胶在大面积皮肤治疗、鼻黏膜及阴道黏膜治疗中具有很强的应用潜力。

微乳液制剂还是一种良好的药物靶向释放载体。利用微乳液具有乳剂的淋巴吸收特性，可将药物微乳液制剂用于治疗淋巴系统疾病。例如，根据肿瘤细胞低密度脂蛋白受体活性高于正常组织细胞的特点，将细胞毒药物与低密度脂蛋白受体结合，制成微乳液制剂，其对肿瘤细胞的亲和性相比游离药物显著提高。

总之，微乳液制剂以其稳定的性质、改善吸收、提高药效和靶向释药等特点，日趋受到药剂学应用的关注，体现出广阔的发展前景。

第三节　胶体溶液

胶体分散系是分散相粒子直径在 1～100 nm 之间的一种分散状态，包括溶胶和高分子溶液。固态分散相分散于液态分散介质中所形成的分散系称为胶体溶液，简称溶胶。其分散相是由许多小分子、离子或原子聚集而成的胶粒，分散相与分散介质之间具有明显的界面，因此溶胶具有多相性、高度分散性和不稳定性，其表面积和表面能都较大，在动力学、光学和电学方面具有独特的性质。

一、溶胶的制备

溶胶的制备方法可分为两种：分散法和凝聚法。

分散法是用适当方法使较大的颗粒物质分散成胶粒大小，例如，一些纳米药物制剂的制备就是将原药破碎制成溶胶。

凝聚法是用化学反应促使分子或离子聚集成胶粒的方法，例如，在煮沸的蒸馏水中逐滴加入 $FeCl_3$ 溶液，即可得到红棕色、透明 $Fe(OH)_3$ 溶胶。

反应方程式如下：

$$FeCl_3+3H_2O \xlongequal{} Fe(OH)_3(\text{胶体})+3HCl$$

在这种条件下形成的 $Fe(OH)_3$ 胶粒很小，分散在溶液中不会产生沉淀，因此可以得到红棕色、透明的 $Fe(OH)_3$ 溶胶。

二、溶胶的性质

（一）光学性质——丁达尔效应

在暗室或黑暗背景下，用一束聚焦的光束分别照射真溶液和溶胶，从光束的垂直方向观察，可以看到真溶液是透明的，而胶体溶液中有一道发亮的光柱，溶胶所具有的这种现象称为丁达尔效应，如图 4-5 所示。夜空中能看到远处探照灯射出的光柱也是类似的原理产生的。

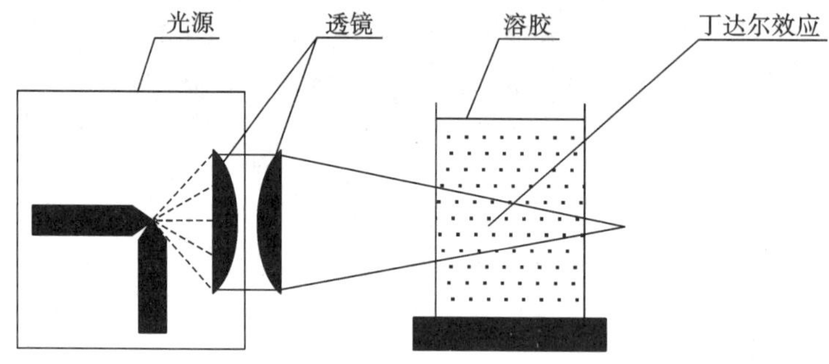

图 4-5　丁达尔效应示意图

丁达尔效应是溶胶粒子对光产生散射的结果。当光束通过分散体系时，一部分自由地通过，另一部分被吸收、反射或散射，光的反射和散射情况与胶体粒子大小有关。若胶体粒子直径在 1～100 nm 之间，则发生光的散射，可以看见乳白色的光柱，即丁达尔效应；若粒子直径大于 100 nm，如粗分散系（悬浊液或乳浊液），主要发生反射，使体系呈现浑浊；若粒子直径小于 1 nm，如真溶液，入射光可以直接透过，光的传播以透射和吸收为主，看不见散射光。因此，利用丁达尔效应可以区别溶胶、粗分散系和真溶液。

（二）动力学性质——布朗运动

布朗运动最早是由英国植物学家布朗（Brown）在显微镜下观察到悬浮在水中的花粉不断地做无规则的运动而命名的。后来人们发现胶粒在介质中也做这种无规则的运动，并且温度越高，粒子的质量越小，这种无规则运动表现越明显。

产生布朗运动的原因是，分散相粒子受到介质分子不同方向的碰撞，其合力不能完全抵消，如图 4-6 所示。

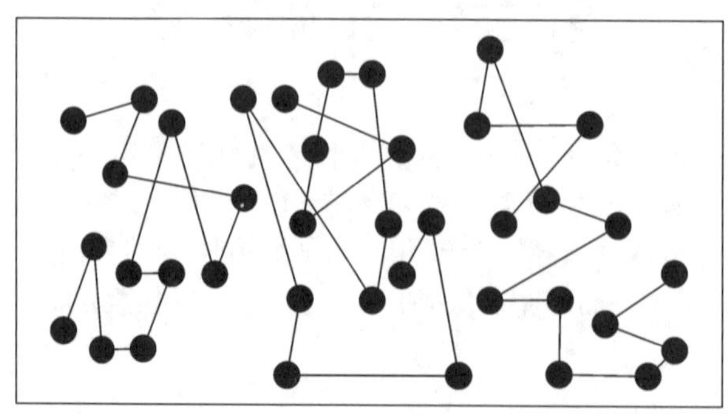

图 4-6　溶胶粒子的布朗运动

1. 扩散

当溶胶中存在浓度差时，布朗运动将使胶粒从浓度较高处移向浓度较低处，这种现象称为胶粒的扩散。浓度差越大，扩散越快，但同时扩散速率还受粒子大小和温度的影响。粒子直径越小、温度越高，越容易扩散。在生物体内，扩散是物质输送或物质分子通过细胞膜的推动力之一。

胶粒直径为 1～100 nm，滤纸的孔径为 1000～5000 nm，半透膜孔径一般小于 0.1 nm，故胶粒能透过滤纸，但不能透过半透膜。利用胶粒这一性质，可除去溶胶中的小分子杂质，使溶胶净化，这种方法称为透析(或渗析)。根据这一原理，临床上采用人工合成的高分子膜(如聚甲基丙烯酸甲酯薄膜等)作为半透膜制成人工肾，先将尿毒症患者的血液引出体外，使血液和透析液在人工肾内半透膜两侧接触，通过透析使血液中代谢废物透过膜扩散进入透析液中(血液中的蛋白质、红细胞则不能透过)，同时所需要的营养物质或治疗的药物扩散进入透析液中，达到清除有害物质的作用。

2. 沉降

溶胶中的胶粒在重力作用下逐渐下沉的现象称为沉降。由于溶胶胶粒较小，质量较轻，扩散和沉降两种作用同时存在：一方面介质的黏度和布朗运动使胶粒向上扩散，另一方面胶粒受重力作用向下沉降。当上述两种方向相反的运动速率相等时，溶胶达到沉降扩散平衡，此时底层浓度最大，单位体积溶胶中胶粒的数目最多；随着高度的增加，浓度逐渐减小，越靠近容器的上方，单位体积溶胶中胶粒的数目越少，形成一定的浓度梯度。

溶胶达到沉降扩散平衡所需的时间与胶粒的大小及密度等有着密切关系，胶粒越小或密度越小，达到平衡所需要的时间就越长。为了加速胶粒沉降，常使用超速离心机，在比地球重力场大数十万倍的离心力场的作用下，可使溶胶或蛋白质溶胶迅速沉降。目前超速离心机已广泛应用于医学研究中，以测定各种蛋白质的相对分子质量及分离提纯病毒。

(三) 电学性质——电泳现象

在一个 U 形管中注入棕红色的 $Fe(OH)_3$ 溶胶，小心地在溶胶上面注入适量的 NaCl 溶液，使有色溶胶与 NaCl 溶液有一个清晰的界面，然后分别插入电极，接通直流电源，一段时间后，可以看到阴极一端的溶液颜色逐渐变深，阳极一端的溶液颜色逐渐变浅，这说明 $Fe(OH)_3$ 溶胶的胶粒带正电荷，在电场作用下向阴极移动。这种在外电场的作用下，胶粒在介质中定向移动的现象称为电泳，如图 4-7 所示。

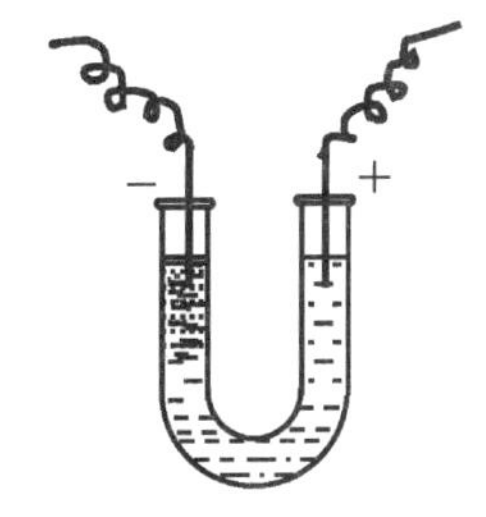

图 4-7 $Fe(OH)_3$ 溶胶的电泳现象

如果改用黄色的硫化砷溶胶做实验，则可以观察到阳极附近溶液颜色逐渐变深，而阴极附近溶液颜色逐渐变浅，这说明硫化砷溶胶的胶粒带负电荷，在电场中向阳极移动。

电泳现象证明胶粒是带电的，从电泳方向可以判断胶粒所带电荷的种类。大多数金属硫化物、非金属氧化物、金、银等溶胶的胶粒带负电荷，称为负溶胶；金属氢氧化物溶胶的胶粒带正电荷，称为正溶胶。

研究电泳现象，不仅有助于了解溶胶的结构及电学性质，而且还可以利用电泳现象进行蛋白质、氨基酸和核酸等物质的分析鉴定或分离操作。例如，利用电泳法分离人体血清中的血蛋白、球蛋白和纤维蛋白原等，对其进行分析可以为疾病的诊断提供依据。

三、胶团的结构

(一) 胶粒带电的原因

胶体的电泳现象说明胶粒带电，胶粒带电的原因主要有选择性吸附和表面分子的解离。

1. 选择性吸附

由于溶胶的分散程度高，表面能大，分散相粒子会吸附其他物质的分子或离子而降低其表面能，使体系趋于稳定。因此，胶粒中的胶核（原子、分子的聚集体）常常有选择性地吸附与其组成类似的某种离子（称为吸附离子）作为稳定剂，使其表面带有一定的电荷。例如将 $FeCl_3$ 溶液缓慢滴加到沸水中制备 $Fe(OH)_3$ 溶胶，反应方程式如下：

$$FeCl_3 + 3H_2O \longrightarrow Fe(OH)_3 + 3HCl$$

溶液中部分 $Fe(OH)_3$ 与 HCl 作用生成 FeOCl：

$$Fe(OH)_3 + HCl \longrightarrow FeOCl + 2H_2O$$

生成的 FeOCl 再解离为 FeO^+ 和 Cl^-：

$$FeOCl \longrightarrow FeO^+ + Cl^-$$

许多 $Fe(OH)_3$ 分子的聚集体称为胶核，$Fe(OH)_3$ 胶核吸附与其组成类似的 FeO^+ 而带正电荷，生成正溶胶。

又如 $AgNO_3$ 稀溶液与过量的 KI 稀溶液混合后制备 AgI 溶胶：

$$AgNO_3 + KI \longrightarrow AgI + KNO_3$$

胶核 $(AgI)_m$ 选择性地吸附 I^- 而带负电荷，生成负溶胶。

而 KI 稀溶液与过量的 $AgNO_3$ 稀溶液混合后制备 AgI 溶胶：

$$AgNO_3 + KI \longrightarrow AgI + KNO_3$$

胶核 $(AgI)_m$ 选择性地吸附 Ag^+ 而带正电荷，生成正溶胶。

2. 表面分子的解离

当胶团与分散介质接触时，表面层上的分子与介质分子作用而发生解离，其中一种离子扩散到介质中，另一种离子留在胶团表面，使胶粒带电。例如硅酸（H_2SiO_3）溶胶的表面解离为 SiO_3^{2-} 和 H^+。

$$H_2SiO_3 \rightleftharpoons HSiO_3^- + H^+$$

$$HSiO_3^- \rightleftharpoons SiO_3^{2-} + H^+$$

H^+ 扩散到介质中，而 SiO_3^{2-} 则留在胶核表面使胶粒带负电荷。

（二）胶团的结构

胶核表面因吸附或解离某种离子而带有电荷，介质中部分与胶核电性相反的离子（称为反离子），一方面受已带电胶核吸附离子的静电吸引，使它接近胶核；另一方面反离子因本身的扩散作用，分散到介质中。在大多数情况下，少部分反离子和胶核紧密结合在一起，电泳的同时迁移，这部分反离子和胶核表面上的吸附离子共同形成的带电层称为吸附层。胶核和吸附层组成胶粒。分布在胶粒外围的反离子离胶粒越远浓度越稀，形成符号与吸附层相反的另一个带电层——扩散层。这样吸附层和扩散层构成了电性相反的双电层。胶粒与扩散层构成胶团，比如 $Fe(OH)_3$ 溶胶的胶团结构，如图 4-8、图 4-9 所示。

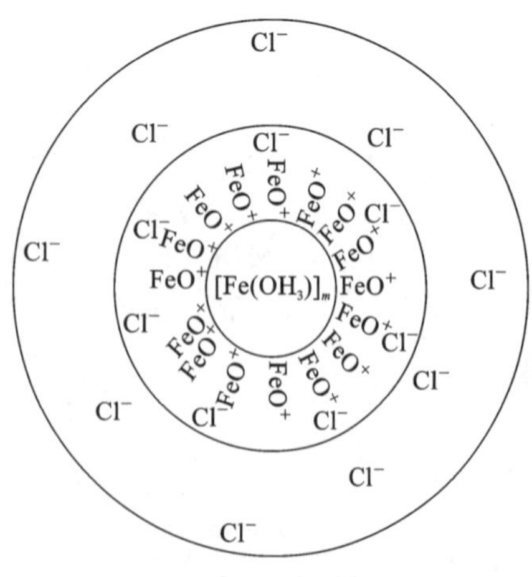

图 4-8　$Fe(OH)_3$ 胶团的结构示意图

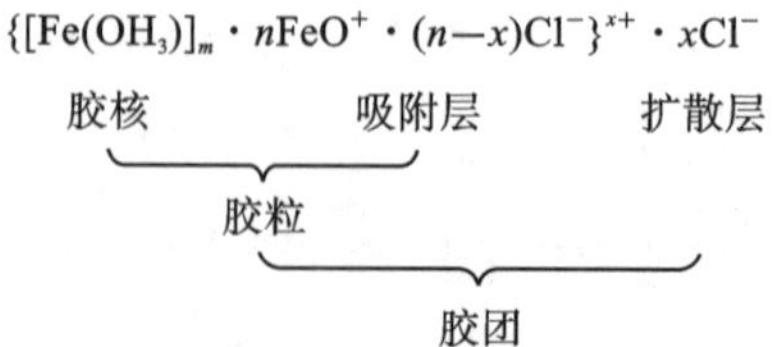

图 4-9　$Fe(OH)_3$ 胶团的结构式

四、溶胶的稳定性和聚沉

（一）溶胶的稳定性

溶胶是一个多相体系，具有较大的表面能，属于热力学不稳定体系，有自动聚集而下沉的趋势。但实际上，用正确方法制备的溶胶可以在相当长的时间内保持稳定，胶体粒子不会互相聚集成更大的粒子而沉降下来。这种能够在相对较长时间内稳定存在的性质称为溶胶的稳定性。溶胶之所以能保持相对稳定主要有以下三点原因。

1. 布朗运动

胶体因质点很小，强烈的布朗运动阻止胶粒在重力的作用下沉降。胶粒越小，分散度越大，布朗运动就越剧烈，胶粒越不容易聚沉。

2. 胶粒带电

同种溶胶的胶粒带有相同电荷，当彼此接近时，由于胶粒之间相互排斥而不易聚集。胶粒带电荷量越多，斥力就越大，溶胶就越稳定。胶粒带同性电荷是溶胶具有相对稳定性的主要原因。

3. 胶粒表面水化膜的保护作用

形成胶团的吸附层和扩散层的离子都是水化的，从而在胶粒周围形成一层水化膜，在水化膜的保护下，胶粒较难因碰撞聚集变大而聚沉。水化膜越厚，胶粒就越稳定。

（二）溶胶的聚沉

溶胶的稳定性是相对的和有条件的，当其稳定因素受到破坏时，胶粒互相碰撞聚集成较大的颗粒，其布朗运动克服不了重力的作用，溶胶粒子就会从分散介质中沉淀析出，称为聚沉。使溶胶聚沉的方法主要有以下几种。

1. 加入少量强电解质

溶胶对电解质很敏感，向溶胶中加入少量的电解质，就能促使溶胶聚沉。这是因为加入电解质后，溶液中阴、阳离子的总浓度增大，胶粒吸引带相反电荷的离子导致其自身所带的电荷数减少甚至完全被中和，胶粒间的斥力减小，扩散层和水化膜随之变薄或消失，胶粒就会迅速凝聚而聚沉。例如，向 $Fe(OH)_3$ 溶胶中加入少量的 K_2SO_4 溶液，就会立即析出棕红色的氢氧化铁沉淀。

2. 加入带相反电荷的溶胶

两种带相反电荷的溶胶按适当比例混合，因胶粒所带电荷电性相反，可彼此吸引、相互中和所带电荷而发生聚沉。医学上利用血液相互聚沉判断血型；明矾净水的原理则是利用明矾水解生成的氢氧化铝正溶胶与水中带负电荷的污物溶胶发生作用、相互聚沉，从而达到净水的目的。

3. 加热

加热时温度升高，胶粒的运动速率加快、碰撞机会增加，同时加热使胶粒的表面吸附能力减小，降低了胶粒所带电荷量和水化程度，使离子在碰撞时聚沉。例如，As_2S_3 溶胶在加热煮沸时会有黄色沉淀 As_2S_3 析出。

思政案例

傅鹰：中国胶体科学的主要奠基人

傅鹰，物理化学家和化学教育家，中国科学院学部委员，中国胶体科学的主要奠基人。傅鹰先后在东北大学、青岛大学、重庆大学、厦门大学、北京石油学院、北京大学、清华大学任教，献身科学和教育事业长达半个多世纪，对发展表面化学基础理论和培养化学人才做出了重要贡献。

1922 年，傅鹰公费赴美留学，6 年后在密歇根大学获得科学博士学位。1929 年，他应沈阳东北大学之邀回国。1944 年底，傅鹰夫妇把 9 岁的儿子寄养于亲戚家中，第二次赴美学习。

在密歇根大学，傅鹰和原来的导师、著名胶体科学家巴特尔教授合作进行表面化学研究，接连发表有创造性的论文，引起了国际化学界同行的注意。

然而，傅鹰无时无刻不在怀念苦难中的祖国和人民。经过一年多的周旋和斗争，终于，他在1950年8月下旬获准离美，朝着新生的共和国进发。

傅鹰执教于化学讲坛半个世纪，为国家培养了几代化学人才，可谓桃李满天下。1979年9月7日，傅鹰因病逝世，邓小平同志亲自批示，隆重悼念这位勤勤恳恳、顽强奋斗，为科学和教育事业贡献一生的伟大爱国者。傅鹰的渊博学识、高尚品德、求实作风和爱国精神，将永远为人们颂扬与景仰。

第四节　高分子化合物溶液

高分子化合物通常是指相对分子质量大于1万的化合物，包括天然的有机化合物，如纤维素、蛋白质、蚕丝、橡胶、淀粉等；也包括人工合成的有机化合物，如各种塑料、合成橡胶、合成纤维、涂料与黏接剂等。

一、高分子化合物溶液的特性

高分子化合物分散到适宜的分散介质中形成的均匀溶液称为高分子化合物溶液，在此溶液中溶质和溶剂之间不存在界面，具有较强的亲和力，属于均相分散系。但由于其中的分散相粒子直径通常在胶体分散系的范围(1～100 nm)内，因此高分子化合物溶液也被列入胶体体系，它具有溶胶的某些性质，如不能通过半透膜、扩散速率慢等。除此之外，高分子化合物溶液还有其独特的性质。

1. 稳定性高

高分子化合物溶液的稳定性比溶胶更高，与真溶液相似，在无菌、溶剂不蒸发的情况下，可以长期放置而不沉淀。其较高的稳定性与化合物本身的结构密不可分，如高分子化合物具有许多亲水基团，这些基团与水有很强的亲和力，当高分子化合物溶解在水中时，亲水基团在其表面牢固地吸附大量水分子而形成一层水化膜，使分散相粒子不易靠近，增加了体系的稳定性，因而它在水溶液中比溶胶粒子稳定得多。

如果要使高分子化合物从溶液中析出，除中和电荷外，更重要的是除去水化膜。例如，要使蛋白质从溶液中析出，必须加入大量的电解质，此过程称为盐析。盐析并不破坏蛋白质的结构，不会引起蛋白质的变性，加入溶剂稀释后，蛋白质可以重新溶解。

2. 黏度大

高分子化合物溶液的黏度比真溶液和溶胶要大得多，这主要与其特殊的结构有关。高分子化合物具有线状或分支状结构，加上其溶剂化作用，在溶液中会牵引大量介质分子而运动困难，使部分液体失去流动性，造成自由流动的溶剂减少，故黏度较大。如蛋白质溶液和淀粉溶液都有很大的黏度。

二、高分子化合物溶液对溶胶的保护作用

在一定量的溶胶中加入足量的高分子化合物溶液，可以显著地提高溶胶的稳定性，当其受到外界因素干扰(如加入电解质)时，不易发生聚沉，这种现象称为高分子化合物溶液对溶胶的保护作用。例如，在含有明胶的硝酸银溶液中加入适量的氯化钠溶液，则反应生成的氯化银不易出现沉淀，而容易形成氯化银胶体溶液。

高分子化合物之所以对溶胶具有保护作用，是因为加入的高分子化合物都是能卷曲的线形分子，很容易被吸附在溶胶粒子表面，将整个胶粒包裹起来形成一个保护层；又由于高分子化合物水化能力很强，在高分子化合物外面又形成了一层水化膜，这样就阻止了溶胶粒子的聚集，从而增强了溶胶的稳定性。

知识链接

高分子化合物对溶胶保护的生理意义

正常人血液中碳酸钙、磷酸钙等难溶电解质都是以溶胶的形式存在的，由于血液中蛋白质等高分子化合物对这些溶胶起到了保护作用，所以它们在血液中的浓度虽然比在水中的浓度提高了近5倍，但仍然能稳定存在而不聚沉。如果由于发生某些疾病使血液中的蛋白质浓度降低，这些难溶电解质就会因为失去高分子化合物的保护而聚沉，形成肾、胆、膀胱等内脏结石。另外，医药上用于胃肠道造影的硫酸钡合剂，其中就含有足够量的高分子化合物——阿拉伯胶，它对硫酸钡溶胶具有保护作用。当患者口服后，硫酸钡溶胶就能均匀地黏附在胃肠道壁上形成薄膜，从而有利于造影检查。

第五节 凝 胶

大多数高分子化合物溶液在一定条件下，如浓度增大、温度下降或溶解度减小时，黏度逐渐变大，最后失去流动性，形成具有一定形态的立体网状结构物质，称为凝胶，此过程称为胶凝。凝胶是胶体的一种存在方式，例如，豆浆加卤水后变成豆腐，豆腐即为凝胶；琼脂、明胶、动物胶等物质在热水中溶解，冷却静置后即形成凝胶。

凝胶可分为弹性凝胶和刚性凝胶两大类。

一、凝胶的形成

随着高分子化合物黏度的增大，其逐渐形成线状结构的胶粒，它们在彼此的接触点上相互交联，形成立体网状结构，尽管网眼很不规则，但能把分散介质包围在网眼中间，使其不能自由流动，整个体系就变成半固体的凝胶。浓度越大，温度越低，越容易形成凝胶。

二、凝胶的性质

1. 弹性

凝胶的特点是具有网状结构，充填在网眼里的溶剂不能自由流动，而相互交联成网架的高分子或溶胶粒子仍有一定柔顺性，使凝胶成为弹性半固体。各种凝胶在冻态时（溶剂含量多的叫冻）弹性大致相同，但干燥后就显出很大差别。一类凝胶在干燥后体积明显缩小但仍具有弹性，可以拉长而不断裂，称为弹性凝胶。如肌肉、脑髓、软骨、指甲、毛发、组成植物细胞壁的纤维素以及其他高分子化合物溶液所形成的凝胶都是弹性凝胶。另一类凝胶干燥后体积变化不大，但失去弹性而变脆，易磨成粉，称为脆性凝胶（或刚性凝胶）。如氢氧化铝、硅胶等的凝胶就属于此类。

2. 膨润（溶胀）作用

弹性凝胶和溶剂接触时，会自动吸收溶剂而膨胀，体积增大，这种现象称为膨润或溶胀。刚性凝胶不能溶胀。若弹性凝胶溶胀至一定程度，体积增大就会停止，称为有限膨润，例如木耳等。若弹性凝胶能无限地吸收溶剂，最后形成高分子化合物溶液，称为无限膨润。例如明胶、琼脂等。

膨润在人体的生理过程中具有重要意义。如人体衰老后面部出现皱纹、血管发生硬化等现象就是由人体本身的溶胀能力下降导致的。

3. 离浆作用

新制备的凝胶放置一段时间后，部分液体可自动从凝胶中分离出来，凝胶本身的体积缩小，这种现象称为离浆。离浆现象十分普遍，例如，糨糊、果浆等脱水收缩，腺体的分泌、细胞失水、老年人皮肤变皱等都属于离浆现象。

4. 触变作用

某些凝胶受到振动或搅拌等外力作用，网状结构被破坏变成有较大流动性的溶液状态，去掉外力静置后，又恢复成半固体凝胶状态，这种现象称为触变作用。临床使用的许多药物有触变作用，使用时需要振摇数次，得到均匀的溶液。

凝胶在生物体的组织中占有重要的地位，生物体中的肌肉组织、毛发、指甲、皮肤、细胞膜、髓质和软骨等都可看作凝胶。人体中约占体重 2/3 的水，也基本上保存在凝胶中，生命过程的很多物质交换和分布，都与凝胶密切相关。因此，凝胶在生物学、医学上都具有重要的意义。

本章小结

一种(或多种)物质分散在另一种(或多种)物质中得到的体系，称为分散系。其中，被分散的物质称为分散相，而容纳分散相的连续介质称为分散介质。根据分散相颗粒的大小，分散系可分为粗分散系、分子或离子分散系和胶体分散系。三大分散系拥有不同特点。本章涉及的概念还有相、界面、表面张力、表面能、表面活性物质、乳状液和乳化作用等，需要理解这些概念。胶体溶液是本章重点，应掌握胶体溶液的丁达尔效应、布朗运动、电泳等性质，以及使溶胶稳定的因素和溶胶聚沉的方法。

高分子化合物水化能力强，容易吸附在胶粒外面，从而增强溶胶的稳定性，所以高分子化合物具有保护胶体的作用。电解质对溶胶和高分子化合物溶液的作用不同，电解质能使溶胶聚沉是以中和电荷为主，加入少量电解质就能使溶胶聚沉。电解质使高分子化合物从溶液中析出，主要是破坏高分子化合物的水化膜，因此需加入大量的电解质。

能力检测

能力检测答案

一、选择题

1. 分散相粒子能透过滤纸而不能透过半透膜的是(　　)。

A. 粗分散系　　B. 胶体分散系

C. 分子或离子分散系　　D. 都不是

2. 胶体分散系中分散相粒子的直径范围是(　　)。

A. 大于 100 nm　　B. 1～100 nm　　C. 小于 100 nm　　D. 小于 1 nm

3. 下列关于分散系概念的描述，正确的是(　　)。

A. 分散系只能是液态体系　　B. 分散相微粒都是单个分子或离子

C. 分散系为均一稳定的体系　　D. 分散系中被分散的物质称为分散相

4. 溶胶稳定的最主要因素是(　　)。

A. 布朗运动　　B. 电泳现象　　C. 胶粒带电　　D. 丁达尔效应

5. 下列分散系能产生丁达尔效应，加少量电解质可聚沉的是(　　)。

A. AgCl 溶胶　　B. NaCl 溶胶　　C. 蛋白质溶液　　D. 蔗糖溶液

6. 区别溶液和溶胶的简单方法是(　　)。

A. 加入一种溶质　　B. 加水　　C. 过滤　　D. 丁达尔效应

7. 某溶胶粒子在电场作用下向阴极移动，说明该溶胶粒子(　　)。

A. 带正电荷　　B. 带负电荷　　C. 不带电荷　　D. 无法判断

8. 下列对溶胶叙述不正确的是(　　)。

A. 能产生丁达尔现象　　B. 能发生电泳现象

C. 黏度大　　D. 不能透过半透膜

9. 胶体分散系区别于其他分散系的本质特点是(　　)。

A. 胶粒带电　　B. 比较稳定

C. 能产生丁达尔现象　　D. 胶粒直径在 1～100 nm 之间

10. 胶体溶液区别于真溶液的实验事实是(　　)。

A. 丁达尔现象　　B. 电泳现象

C. 布朗运动　　D. 胶粒能通过滤纸而不能通过半透膜

二、简答题

1. 按颗粒直径大小可以将分散系分为哪几类？各有哪些特性？
2. 胶体溶液稳定的原因是什么？破坏胶体溶液的稳定性，使之产生聚沉的方法有哪些？
3. 高分子溶液和溶胶同属胶体分散系，其主要异同点是什么？
4. 什么是表面活性物质？试从其结构特点说明它能降低溶剂表面张力的原因。

参考文献

[1] 李铁福，张乐华. 基础化学[M]. 2 版. 北京：人民卫生出版社，2014.

[2] 傅春华，黄月君. 基础化学[M]. 3 版. 北京：人民卫生出版社，2018.

[3] 魏祖期，刘德育. 基础化学[M]. 8 版. 北京：人民卫生出版社，2013.

（陈　晨）

本章题库

第五章

电极电位

学习目标

掌握：原电池和电极电位的概念及有关理论。
熟悉：电极电位的计算及相关应用。
了解：浓度和酸度对电极电位的影响。

扫码
看 PPT

第一节 电极电位

一、原电池

（一）原电池的概念

能自发地将化学能转变成电能的装置称为原电池。下面以典型 Cu-Zn 原电池为例说明原电池的发生过程及规律。如图 5-1 所示，在盛有 $ZnSO_4$ 溶液的烧杯中插入 Zn 片，同时在盛有 $CuSO_4$ 溶液的烧杯中插入 Cu 片，即为组成 Cu-Zn 原电池的两个半电池，称为两个电极，通过一个盐桥（盐桥常由氯化钾饱和溶液和琼脂制成，并填充在 U 形管中）相连，在两个电极间连接导线及电流计后，指针发生偏转，说明有电流通过，有电子转移发生。继续观察，Cu 片上有金属沉积，是由于 Cu^{2+} 得到电子生成单质 Cu；Zn 片不断溶解，是由于 Zn 失去电子生成 Zn^{2+}。在整个体系中发生了氧化还原反应，产生电流，实现由化学能到电能的转变，即原电池。

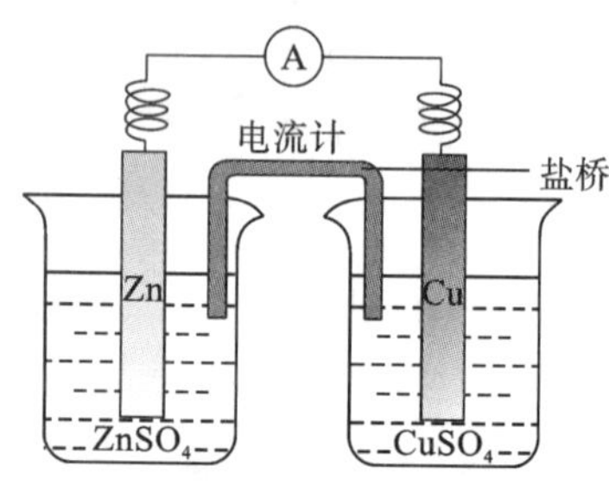

图 5-1 原电池示意图

在原电池中，像 Zn 电极这样失去电子，发生氧化反应，使电子流出的电极称为负极；像 Cu 电极这样得到电子，发生还原反应，使电子流入的电极称为正极。两个电极进行的反应称为电极反应，两个电极反应组成电池反应。Cu-Zn 原电池的电极反应和电池反应如下：

负极：$Zn = Zn^{2+} + 2e$ 发生氧化反应

正极：$Cu^{2+} + 2e = Cu$ 发生还原反应

电池反应：$Cu^{2+} + Zn = Cu + Zn^{2+}$

为了应用方便，通常用电池符号来表示一个原电池的组成，如 Cu-Zn 原电池可表示如下：

$$(-)Zn(s)|ZnSO_4(c_1)\|CuSO_4(c_2)|Cu(s)(+)$$

一般书写电池符号有如下规定：①负极写在左边，正极写在右边；②用"|"表示两相界面，"‖"表示盐桥，不存在界面时用","表示；③用化学式表示电池物质的组成，并注明物质的状态，气体应注明分压，溶液应注明浓度，如不注明一般是指 101.325 kPa 或 1 mol/L；④半电池是由两种不同氧化数的同一种元素组成的，称为氧化还原电对，其中，高氧化数的物质称为氧化型物质，低氧化数的物质称为还原型物质，当某些氧化还原电对本身不是金属导体时，则需外加一个能导电而本身不参与电极反应

的惰性电极,如铂电极或石墨电极等。

知识链接

锂电池

锂电池是一类由锂金属或锂合金为正/负极材料、使用非水电解质溶液的电池。锂金属电池最早于1912年被提出。由于锂金属的化学特性非常活泼,锂金属的加工、保存、使用对环境要求非常高。随着科学技术的发展,锂电池已经成为主流。

锂电池大致可分为两类:锂金属电池和锂离子电池。锂离子电池不含有金属态的锂,并且是可以充电的。可充电电池的第五代产品锂金属电池在1996年诞生,其安全性、比容量、自放电率和性能价格比均优于锂离子电池。由于其自身的高技术要求限制,只有少数几个国家的公司生产这种锂金属电池。

锂金属电池:一般使用二氧化锰为正极材料,金属锂或其合金金属为负极材料,使用非水电解质溶液。

锂离子电池:一般使用锂合金金属氧化物为正极材料,石墨为负极材料,使用非水电解质溶液。

(二) 常见电极类型

根据电极的结构和作用机理不同,可将电极分为两类,即金属电极和离子选择性电极。

1. 金属电极

金属电极有金属参加,其特点是电极电位的产生与氧化还原反应有关,一般分为四类。

(1) 第一类电极:金属与该金属离子溶液组成的电极,如铜、银、锌等电极,记为 $Zn^{2+}|Zn$。

(2) 第二类电极:金属与其难溶盐及难溶盐的阴离子所组成的电极,如银-氯化银电极(Ag-AgCl, Cl^-),记为 $Ag|AgCl(s)|Cl^-$。

(3) 第三类电极:金属与两种具有相同阴离子难溶盐及第二种难溶盐的阳离子所组成的电极。这两种难溶盐中,阴离子相同,而阳离子一种是组成电极的金属的离子,另一种是待测离子,如 $Ag\text{-}Ag_2C_2O_4$、CaC_2O_4、Ca^{2+}。

(4) 惰性金属电极:惰性金属与可溶性氧化态和还原态溶液(或气体)组成的电极。惰性电极本身不发生电极反应,只起电子转移的介质作用,最常用的是 Pt 电极,例如,氢电极就是由将镀有铂黑的铂片插入含有 H^+ 的溶液中,并向铂片上不断地通氢气而构成的,记为 $Pt|H_2(g)|H^+$。

2. 离子选择性电极

离子选择性电极,也称膜电极,是对待测离子具有选择性响应的一类电极。这类电极有一层特殊的电极膜,电极膜对特定的离子具有选择性响应,其作用原理是利用膜电位测定溶液中离子的活度或浓度,当它和含待测离子的溶液接触时,在它的敏感膜和溶液的相界面上产生与该离子活度直接有关的膜电位。

二、电极电位

(一) 电极电位的产生

当两个电极用导线连接时,电流计指针会发生偏转,表明在两个电极之间存在电位差,即两个电极的电位不同。德国化学家能斯特在1889年提出了金属在溶液中的双电层理论,解释了电极电位产生的原因。例如铜电极,当把金属 Cu 放在 Cu^{2+} 溶液中时,会同时出现两种相反的趋向。一方面,Cu 原子受水分子作用,形成 Cu^{2+} 离开 Cu 表面而溶解于水,另一方面,溶液中的 Cu^{2+} 受到电极上电子的吸引沉积到金属表面,当溶解和沉积的速率相等时,达到平衡:

$$Cu \underset{\text{沉积}}{\overset{\text{溶解}}{\rightleftharpoons}} Cu^{2+} + 2e$$

上述两种倾向以哪种为主取决于金属的本质和溶液中金属离子的浓度。金属较活泼或溶液中金属离子浓度较低，则其溶解趋势大于沉积趋势，达到平衡时金属电极表面因聚集了金属溶解时留下的自由电子而带负电荷，其附近溶液则由于金属离子的进入而带正电荷，因此在电极和溶液间形成了双电层。相反，金属不活泼或溶液中金属离子浓度较高，则其沉积趋势大于溶解趋势，达到平衡时金属电极表面因聚集了金属离子而带正电荷，其附近溶液则由于金属离子的离开而带负电荷。这种在正、负双电层之间即金属及其离子之间产生的电位差就是该电极的电极电位。其他类型的电极与此电极类似，也由于在电极与溶液之间形成双电层产生电位差而具有电极电位。不同的电极形成双电层的电位差不同，电极电位就不同。电极电位用 $E_{氧化态/还原态}$ 表示。当两个电极电位不同的电极组成原电池时，电子将从负极流向正极，从而产生电流。

在接近零电流的条件下，原电池两个电极之间的电位差就是原电池的电动势，常用 ε 表示。电极电位高的为正极（$E_{正}$），电极电位低的为负极（$E_{负}$），则电池的电动势 ε 为

$$\varepsilon = E_{正} - E_{负}$$

（二）标准电极电位

迄今为止，用电位差计可以测出电池两极的电位差，而不是单个电极的电极电位。半电池的电极电位绝对值无法准确测定，通常采用标准氢电极作为参比标准，如图 5-2 所示。标准氢电极是将表面镀上一层铂黑的铂片，浸入 H^+ 浓度为 1 mol/L 的溶液中，在 298.15 K 时不断通入压力为 101.325 kPa 的纯 H_2，使铂黑吸附 H_2 达到饱和，即为标准氢电极，电极符号为 $Pt|H^+(1\ mol/L)|H_2(101.325\ kPa)$，电极电位表示为 $E^{\ominus}_{H^+/H_2}=0.0000\ V$。

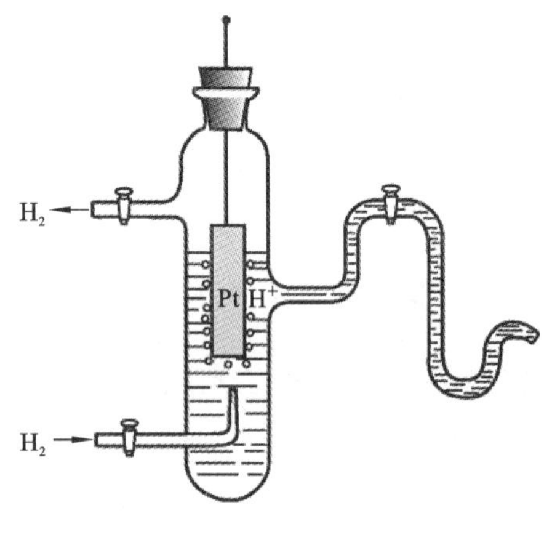

图 5-2　标准氢电极

将其他电极与标准氢电极组成原电池，测定原电池的电动势之后，即可确定该电极的电极电位。若待测电极也处于标准状态，则测得的电极电位就称为该电极的标准电极电位，用符号 $E^{\ominus}_{氧化态/还原态}$ 表示。E 右上角的“$^{\ominus}$”表示组成电极的各物质均处于标准状态，即溶液活度为 1 mol/L，气体压力为标准压力（101.325 kPa），固体或液体为纯净物质。通过此方法，可以测定出各种电极的标准电极电位，通常列成标准电极电位表（附录）以供查用。

若组成原电池的两个电极均处于标准状态，那么两个电极之间的电位差就是该原电池的标准电动势，用 $\varepsilon^{\ominus}$ 表示

$$\varepsilon^{\ominus}=E^{\ominus}_{正}-E^{\ominus}_{负} \tag{5-1}$$

使用标准电极电位表中数据时，应注意以下几点。

①电极反应按还原反应书写，即

$$氧化态(Ox)+ne \rightleftharpoons 还原态(Red)$$

标准电极电位的高低表明电子得失的难易程度，同时表明氧化还原能力的强弱。标准电极电位越大，表明该电对氧化态物质结合电子的能力越强，即氧化能力越强；反之，标准电极电位越小，则表明该电对还原态物质失去电子的能力越强，即还原态的还原能力越强。

②标准电极电位的数值由物质本性决定，不因物质数量或浓度的变化而变化，即不具有加和性。

③标准电极电位是水溶液中的标准电极电位，不适用于非标准态、非水溶液和固相反应。

④标准电极电位表分为酸表和碱表。在电极反应中，无论在反应物还是在产物中出现 H^+，皆查酸表；无论在反应物还是在产物中出现 OH^-，皆查碱表；电极反应中无 H^+ 或 OH^- 出现时，可以根据存在的状态来分析。例如，电对 $Cr_2O_7^{2-}/Cr^{3+}$，$Cr_2O_7^{2-}$ 只存在于酸性溶液中，故查酸表。

三、能斯特方程

（一）定义

标准电极电位是在 298.15 K、离子活度为 1 mol/L（气体压力为 101.325 kPa）的标准状态下测得的。而实际反应过程中，外界条件不一定是标准状态，所以电极电位也不一定为标准电极电位。实验表明，电极电位与浓度（或分压）、介质和温度之间的关系符合能斯特方程。

对于任意电极反应：$a\mathrm{Ox}+n\mathrm{e} \rightleftharpoons b\mathrm{Red}$

其能斯特方程为

$$E=E^{\ominus}+\frac{RT}{nF}\ln\frac{[c(\mathrm{Ox})]^a}{[c(\mathrm{Red})]^b}$$

式中：E 为电极在任意状态时的电极电位；$E^{\ominus}$ 为电极在标准状态时的电极电位；R 为摩尔气体常数，8.314 J/(mol·K)；n 为电极反应中转移的电子数；T 为热力学温度（K）；F 为法拉第常数，96485 C/mol；a、b 分别为电极反应中氧化型（Ox）、还原型（Red）有关物质的计量系数。

氧化型与氧化态，还原型与还原态略有不同，如电极反应：

$$\mathrm{MnO_4^-}+8\mathrm{H^+}+5\mathrm{e} = \mathrm{Mn^{2+}}+4\mathrm{H_2O}$$

MnO_4^- 为氧化态，$MnO_4^-+8H^+$ 为氧化型，即氧化型包括氧化态和介质；Mn^{2+} 为还原态，$Mn^{2+}+4H_2O$ 为还原型，还原型包括还原态和介质产物。

若将自然对数改为常用对数，温度为 298.15 K 时，能斯特方程可简化为

$$E=E^{\ominus}+\frac{0.0592}{n}\lg\frac{[c(\mathrm{Ox})]^a}{[c(\mathrm{Red})]^b}$$

应用能斯特方程时须注意以下几点。

①如果电对中某一物质是固体、纯液体或水，它们的浓度为常数，不写入能斯特方程中，如：

$$\mathrm{Cr_2O_7^{2-}}+14\mathrm{H^+}+6\mathrm{e} = 2\mathrm{Cr^{3+}}+7\mathrm{H_2O}$$

$$E_{\mathrm{Cr_2O_7^{2-}/Cr^{3+}}}=E^{\ominus}_{\mathrm{Cr_2O_7^{2-}/Cr^{3+}}}+\frac{0.0592}{6}\lg\frac{c(\mathrm{Cr_2O_7^{2-}})\cdot c^{14}(\mathrm{H^+})}{c^2(\mathrm{Cr^{3+}})}$$

②如果电对中某一物质是气体，其浓度用相对分压代替，如：

$$2\mathrm{H^+}+2\mathrm{e} \rightleftharpoons \mathrm{H_2}$$

$$E_{\mathrm{H^+/H_2}}=E^{\ominus}_{\mathrm{H^+/H_2}}+\frac{0.0592}{2}\lg\frac{c^2(\mathrm{H^+})}{p(\mathrm{H_2})/p^{\ominus}}$$

③如果在电极反应中，除了氧化态、还原态物质外，还有参加电极反应的其他物质，如 H^+、OH^- 存在，则应把这些物质的浓度也表示在能斯特方程中。

（二）浓度对电极电位的影响

从能斯特方程可知，当电对中氧化型物质或还原型物质的浓度发生变化时，都会使电极电位改变，利用能斯特方程可以计算电对在实际浓度下的电极电位。

【例 5-1】 已知电极反应 $I_2+2e \rightleftharpoons 2I^-$，$E^{\ominus}=0.5355$ V，求 $c(I^-)=0.1$ mol/L 时的电极电位。

解：

$$E_{\mathrm{I_2/I^-}}=E^{\ominus}_{\mathrm{I_2/I^-}}+\frac{0.0592}{2}\lg\frac{1}{[c(\mathrm{I^-})]^2}=0.5947\ \mathrm{V}$$

计算结果表明，还原态 I^- 的浓度降低时，电极电位增大。

可见，氧化态物质的浓度越大或还原态物质的浓度越小，其电极电位越大；氧化态物质的浓度越小或还原态物质的浓度越大，其电极电位越小。

（三）酸度对电极电位的影响

对于有 H^+ 或 OH^- 参与的反应，溶液酸度的改变也会使电极电位发生变化，在有的电极反应中会成为决定电极电位大小的主要因素。

【例 5-2】 已知 $MnO_4^-+8H^++5e = Mn^{2+}+4H_2O$，$E^{\ominus}(MnO_4^-/Mn^{2+})=1.51$ V，求当 $c(H^+)=0.10$ mol/L 和 $c(H^+)=0.001$ mol/L 时的电极电位。（设 $c(MnO_4^-)=c(Mn^{2+})=1$ mol/L）

解:因其他物质均处于标准态,当 $c(H^+)=0.10\ mol/L$ 时,

$$E_{MnO_4^-/Mn^{2+}}=E^{\ominus}_{MnO_4^-/Mn^{2+}}+\frac{0.0592}{5}\lg\frac{c(MnO_4^-)[c(H^+)]^8}{c(Mn^{2+})}=1.42\ V$$

而当 $c(H^+)=0.001\ mol/L$ 时,

$$E_{MnO_4^-/Mn^{2+}}=E^{\ominus}_{MnO_4^-/Mn^{2+}}+\frac{0.0592}{5}\lg\frac{c(MnO_4^-)\cdot[c(H^+)]^8}{c(Mn^{2+})}=1.23\ V$$

计算结果表明,MnO_4^- 的氧化能力随着溶液中 H^+ 浓度的降低而明显减小。

通常氧化剂的氧化能力在酸性介质中比在碱性介质中强,而还原剂的还原能力在碱性介质中比在酸性介质中强。对于有 H^+ 或 OH^- 参与的反应,溶液的酸碱度对电极电位的影响非常明显,绝大多数含有含氧酸根的物质的氧化能力随介质酸度的增大而增强,这就是许多氧化还原反应要在一定的酸度下进行的原因。

思政案例

刀片电池

2020 年 3 月 29 日,业内热议许久的比亚迪"刀片电池"终于露出真容。"刀片电池"是比亚迪最新开发的新一代磷酸铁锂电池。"刀片电池"具有非常高的安全性,单次充电可满足 600 公里续航需求。在电池寿命方面,比亚迪"刀片电池"可充放电 3000 次以上,行驶 120 万公里。

"中国石油资源比较少,因此国家现在要发展电动车。一来为了改善环境、气候变化,二来为了减小对石油的依赖。我们国家的一些金属资源也相对匮乏,比如钴、镍(三元电池的重要元素)。若每一辆燃油车都被电动车替代,则这些稀有金属材料是不够用的,因此,一定要减少对稀有金属的依赖。比亚迪的'刀片电池'就是遵循这些原则而开发设计的。"

第二节　电极电位的应用

一、判断氧化剂和还原剂的相对强弱

电极电位的相对大小反映了电对中氧化型物质得电子和还原型物质失电子能力的强弱。电对的电极电位越大,表明电对中氧化型物质越易得电子,氧化能力越强,而与其共轭的还原型物质的还原能力就越弱;反之,电对的电极电位越小,电对中还原型物质越易失电子,还原能力越强,而与其共轭的氧化型物质的氧化能力就越弱。

【例 5-3】 在标准状态下,从下列电对中找出最强的氧化剂和最强的还原剂,并列出各种氧化型物质的氧化能力和还原型物质的还原能力的强弱顺序。

$$MnO_4^-/Mn^{2+}、Fe^{3+}/Fe^{2+}、Cu^{2+}/Cu、I_2/I^-、Cl_2/Cl^-$$

解:由附录可知:

$$E^{\ominus}_{MnO_4^-/Mn^{2+}}=1.51\ V\quad E^{\ominus}_{Fe^{3+}/Fe^{2+}}=0.771\ V\quad E^{\ominus}_{Cu^{2+}/Cu}=0.340\ V$$

$$E^{\ominus}_{I_2/I^-}=0.5355\ V\quad E^{\ominus}_{Cl_2/Cl^-}=1.358\ V$$

所以,在标准状态下,上述电对中氧化型物质的氧化能力的强弱顺序为

$$MnO_4^->Cl_2>Fe^{3+}>I_2>Cu^{2+}$$

还原型物质的还原能力的强弱顺序为

$$Cu>I^->Fe^{2+}>Cl^->Mn^{2+}$$

用电极电位的大小来比较氧化剂和还原剂的相对强弱时,要考虑浓度及 pH 等因素的影响。当电对处于非标准状态下,必须利用能斯特方程计算出各电对的电极电位,然后进行比较。当各电对的

标准电极电位相差较大(一般大于 0.3 V 以上)时,可以直接利用标准电极电位进行比较。

二、判断氧化还原反应进行的方向

氧化还原反应自发进行的方向总是

$$强氧化剂+强还原剂\rightleftharpoons弱还原剂+弱氧化剂$$

即 E 值大的氧化态物质能氧化 E 值小的还原态物质。要判断一个氧化还原反应的方向,可将该反应组成原电池,使反应物中氧化剂对应的电对为正极,还原剂对应的电对为负极,计算原电池的电动势。

①若 $\varepsilon>0$,即 $E_{正}>E_{负}$,反应正向自发进行;

②若 $\varepsilon=0$,即 $E_{正}=E_{负}$,反应处于平衡状态;

③若 $\varepsilon<0$,即 $E_{正}<E_{负}$,反应逆向自发进行。

当各物质处于标准状态时,则用标准电极电位或标准电动势来判断。

【例 5-4】 通过计算判断反应 $2I^-+2Fe^{3+}\rightleftharpoons 2Fe^{2+}+I_2$:(1)在标准状态下;(2)在 $c(Fe^{3+})=c(I^-)=0.001$ mol/L 和 $c(Fe^{2+})=1$ mol/L 时反应进行的方向。

已知 $E^{\ominus}_{Fe^{3+}/Fe^{2+}}=0.771$ V,$E^{\ominus}_{I_2/I^-}=0.5355$ V。

解:(1) 在标准状态下,

正极: $Fe^{3+}+e\rightleftharpoons Fe^{2+}$ $E^{\ominus}_{Fe^{3+}/Fe^{2+}}=0.771$ V

负极: $I_2+2e\rightleftharpoons 2I^-$ $E^{\ominus}_{I_2/I^-}=0.5355$ V

∵ $E^{\ominus}_{Fe^{3+}/Fe^{2+}}>E^{\ominus}_{I_2/I^-}$,即 $E_{正}>E_{负}$

∴ 该反应在标准状态下可自发地从左向右进行。

(2) 在非标准状态下,

正极: $$E_{Fe^{3+}/Fe^{2+}}=E^{\ominus}_{Fe^{3+}/Fe^{2+}}+\frac{0.0592}{1}\lg\frac{c(Fe^{3+})}{c(Fe^{2+})}=0.593\ \text{V}$$

负极: $$E_{I_2/I^-}=E^{\ominus}_{I_2/I^-}+\frac{0.0592}{2}\lg\frac{1}{[c(I^-)]^2}=0.713\ \text{V}$$

∵ $E_{Fe^{3+}/Fe^{2+}}<E_{I_2/I^-}$,即 $E_{正}<E_{负}$

∴ 该反应逆向进行。

三、判断氧化还原反应进行的程度

把一个氧化还原反应设计成原电池后,可根据电池的标准电动势 $\varepsilon^{\ominus}$ 计算出该氧化还原反应的标准平衡常数 $K^{\ominus}$。298.15 K 时:

$$\lg K^{\ominus}=\frac{n\varepsilon^{\ominus}}{0.0592}$$

根据该式,已知原电池的标准电动势 $\varepsilon^{\ominus}$ 和电池反应中转移的电子数 n,便可计算出氧化还原反应的标准平衡常数。$\varepsilon^{\ominus}$ 值越大,$K^{\ominus}$ 值越大,反应进行的趋势越大,达平衡时完成的程度越大。不过,$\varepsilon^{\ominus}$ 和 $K^{\ominus}$ 的大小只能反映氧化还原反应的自发倾向和完成程度,并不涉及反应速率。

【例 5-5】 计算反应 $Zn+Cu^{2+}\rightleftharpoons Zn^{2+}+Cu$ 的标准平衡常数。

解:查表得 $E^{\ominus}(Zn^{2+}/Zn)=-0.763$ V,$E^{\ominus}(Cu^{2+}/Cu)=0.340$ V

$$\lg K^{\ominus}=\frac{n\varepsilon^{\ominus}}{0.0592}=\frac{2\times[0.340-(-0.763)]}{0.0592}=37.263$$

$$K^{\ominus}=1.83\times10^{37}$$

该反应的标准平衡常数很大,说明在标准状态下,反应进行得很完全。

本章小结

本章主要介绍原电池、电极电位两部分内容。

原电池部分主要介绍原电池装置、组成及原电池符号的书写、电极类型等内容。原电池由两个不同的电极和一个盐桥组成,电极可自发地发生氧化还原反应,导致外电路产生电流。按照电极的结构和作用机理不同，可将电极分为两类，即金属电极和离子选择性电极。

电极电位涉及的内容有电极电位产生的原因、标准电极电位、能斯特方程等。标准电极电位是在298.15 K、离子活度为1 mol/L(气体压力为101.325 kPa)的电极电位。利用能斯特方程可以计算非标准条件下的电极电位，影响电极电位的因素有浓度和酸度。电极电位越大，氧化态物质的氧化能力越强；电极电位越小，还原态物质的还原能力越强。氧化还原反应自发进行方向的判断原则是E值大的氧化态物质能氧化E值小的还原态物质。标准电动势和反应平衡常数的大小能反映氧化还原反应的自发倾向和进行程度。

能力检测

能力检测答案

1. 什么是原电池？

2. 试根据标准电极电位表，比较下列物质的氧化性，并写出它们在酸性介质中的还原产物。

$KMnO_4$，$FeCl_3$，Cl_2，Br_2，I_2，AgCl

3. 影响电极电位的因素是什么？电极电位有哪些应用？

4. 试写出下列氧化还原反应的电池符号。

(1) $Zn+Fe^{2+} = Fe+Zn^{2+}$

(2) $2Ag^{+}+H_2 = 2Ag+2H^{+}$

参考文献

[1] 陆艳琦，郭梦金，孙兰凤. 基础化学[M]. 武汉：华中科技大学出版社，2012.

[2] 牛秀明，林珍. 无机化学[M]. 3版. 北京：人民卫生出版社，2018.

[3] 陆家政，傅春华. 基础化学[M]. 北京：人民卫生出版社，2009.

[4] 谢吉民. 无机化学[M]. 北京：人民卫生出版社，2007.

[5] 任晓棠，温红珊. 仪器分析技术[M]. 武汉：华中科技大学出版社，2010.

[6] 董艳杰，陈亚东. 化工产品检验[M]. 北京：高等教育出版社，2013.

（邹春阳）

本章题库

第六章

物质结构基础

学习目标

掌握：核外电子排布规律，1～36 号元素原子电子排布式的书写，元素在周期表中的位置与原子结构及元素性质之间的关系，离子键、共价键、配位键、氢键的形成及主要特征。

熟悉：元素周期表的结构和使用，分子极性的判断，分子间作用力。

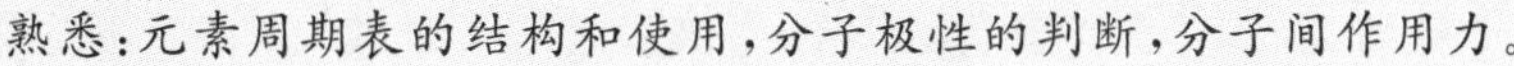

了解：四个量子数及共价键的键参数的意义。

扫码
看 PPT

自然界中的物质种类繁多，性质各异。要深入了解物质的性质及变化规律，就必须清楚物质的内部结构。本章主要从微观角度介绍物质结构的基础知识。

第一节　原 子 结 构

一、原子的组成

现代科学证明，原子是由居于原子中心带正电的原子核与核外带负电的电子构成的，而原子核由质子和中子构成。每个电子带 1 个单位的负电荷，每个质子带 1 个单位的正电荷，中子呈电中性。

原子核所带的正电荷数称为核电荷数。若按核电荷数由小到大的顺序给元素编号，则所得的序号称为该元素的原子序数。由于原子作为一个整体不显电性，而核电荷数又由质子数决定，因此，对整个原子而言，存在以下关系：

原子序数＝核电荷数＝核内质子数＝核外电子数

实验测得，每个质子的质量约为 1.6726×10^{-27} kg，中子的质量约为 1.6748×10^{-27} kg，电子的质量很小，仅约为质子质量的 1/1836，所以，原子的质量主要集中在原子核上。由于质子、中子的质量很小，计算很不方便，因此，通常用它们的相对质量。

作为相对原子质量标准的 ^{12}C 的质量是 1.9927×10^{-26} kg，它的 1/12 为 1.6606×10^{-27} kg，质子和中子对它的相对质量都近似为 1。如果忽略电子质量，将原子核内所有的质子和中子的相对质量取近似整数相加，所得的数值称为原子的质量数，用符号 A 表示。若中子数用符号 N 表示，质子数用符号 Z 表示。则：

质量数(A)＝质子数(Z)＋中子数(N)

归纳起来，若以 $^{A}_{Z}X$ 表示一种质量数为 A、质子数为 Z 的原子，那么，构成原子的各微粒间的关系可表示如下：

$$\text{原子}\ ^{A}_{Z}X\begin{cases}\text{原子核}\begin{cases}\text{质子}\quad Z\text{个}\\ \text{中子}\ (A-Z)\ \text{个}\end{cases}\\ \text{核外电子}\quad Z\text{个}\end{cases}$$

二、同位素

科学研究发现，同种元素原子的质子数一定相同，但中子数不一定相同。例如质子数为 1 的氢元素就有 H($^{1}_{1}H$)、D($^{2}_{1}H$)和 T($^{3}_{1}H$)3 种原子，分别称为氢(氕)、重氢(氘)和超重氢(氚)。像这种质子数相同而中子数不同的同一元素的不同原子互称为同位素。

自然界中除少数几种元素外，绝大多数元素有同位素。例如，碳元素有$^{12}_{6}C$、$^{13}_{6}C$ 和$^{14}_{6}C$ 三种同位素，氮元素的同位素有$^{14}_{7}N$ 和$^{15}_{7}N$。同一元素的各种同位素虽然质量数不同，但它们的化学性质基本相同。

根据来源和稳定性，同位素可分为稳定性同位素(如$^{1}_{1}H$、$^{12}_{6}C$、$^{13}_{6}C$)和放射性同位素(如$^{3}_{1}H$、$^{14}_{6}C$、$^{60}_{27}Co$)，由人工方法制造出的同位素称为人造放射性同位素。同位素在工农业生产、科研、国防和医学等领域有着广泛的应用。

知识链接

“示踪原子”在医学领域的应用

放射性同位素放出的射线，很容易被灵敏的射线探测仪器发现和测定，从而找到它们的踪迹，所以放射性同位素的原子被称为“示踪原子”。往人体静脉中注射对人体安全、含^{24}Na的氯化钠溶液，可以进行人体血液循环的示踪试验，以查明系统是否有狭窄或障碍情况。人体甲状腺的工作需要碘，碘被吸收后会聚集在甲状腺内，给人体注射碘的放射性同位素^{131}I，然后定时测量甲状腺及邻近组织的放射强度，有助于诊断甲状腺的器质性和功能性疾病。此外，^{14}C 应用于人体内、体外的诊断和病理研究；^{51}Cr 应用于血液分析；^{3}H 用于脱氧核糖核酸和核糖核酸形成过程的研究。同位素示踪技术在医学检验、药物作用原理、药品质量鉴定等许多领域已得到越来越广泛的应用。

三、原子核外电子的运动状态

电子是质量极轻、体积极小、带负电的微粒，它在原子核外很小的空间内做高速(近光速)运动，其运动规律与宏观物体不同，我们不能同时准确地测出它在某一时刻的运动速率和所处的位置，也不能描画出它的运动轨迹，因此，不能用经典力学(牛顿力学)来描述。通常，我们采用量子力学的方法，通过研究电子在核外空间运动的概率分布来描述核外电子的运动规律。

(一) 电子云

电子云是电子在核外空间出现的概率密度分布的形象化表示法。小黑点比较密集的区域是电子出现概率较大的区域，称该区域内电子云的密度较大。

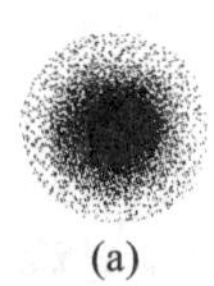

(a)

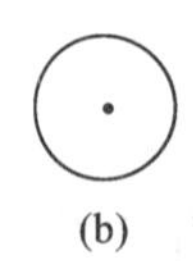

(b)

图 6-1 基态氢原子的电子云和它的界面图

通常状况下，氢原子的电子云呈球形对称，离核越近处电子云的密度越大，离核越远处电子云密度越小，见图 6-1(a)。通常把电子出现概率较大而且密度相等的地方连接起来作为电子云的界面(界面以内电子出现的总概率已达 95%)，界面所构成的图形，就是电子云的界面图。图 6-1(b)所示为氢原子电子云界面图。

(二) 四个量子数

在多电子原子里，由于电子的能量不同，它们运动的区域也不相同。因此，需要引入四个参数才能真实地描述某一个电子的运动状态。在量子力学中，这四个参数称为量子数。

1. 主量子数 *n*

主量子数用来描述电子离核的远近，是决定电子能量高低的主要因素。n 的取值为 1,2,3,4 等正整数，相应地用 K、L、M、N 等符号表示。如 $n=1$，表示第一电子层；$n=2$，表示第二电子层，依此类推（表 6-1）。n 越大，电子与核的平均距离越远，该层电子的能量越高。

2. 角量子数 l

角量子数用来描述电子云的形状，是决定电子能量的次要因素，又称副量子数。研究发现，在多电子原子中，同一电子层中的不同电子，其能量大小不一定相同，电子云的形状也不一定相同。据此，又将电子层分成 1 个或几个亚层，l 的每一个取值就代表着一种电子云的形状或同一电子层中不同状态的亚层。

l 的取值受 n 的限制，当 n 值确定时，l 可取 0，1，2，3，…，$(n-1)$，共 n 个值，可分别用 s，p，d，f 等符号来表示。

当 $n=1$ 时，$l=0$ 时，表示第一电子层只有一个亚层，该亚层称为 1s 亚层；在 1s 亚层上的电子，称为 1s 电子。

当 $n=2$ 时，l 的取值为 0 和 1，表示第二电子层有两个亚层，分别称为 2s 亚层和 2p 亚层；其余以此类推。

同一电子层的不同亚层，其能量不同，并按 s、p、d、f 的顺序增高。

不同亚层的电子云形状不同，s 电子云为球形对称，p 电子云为哑铃形，d 电子云和 f 电子云形状较为复杂。s、p、d 电子云形状如图 6-2 所示。

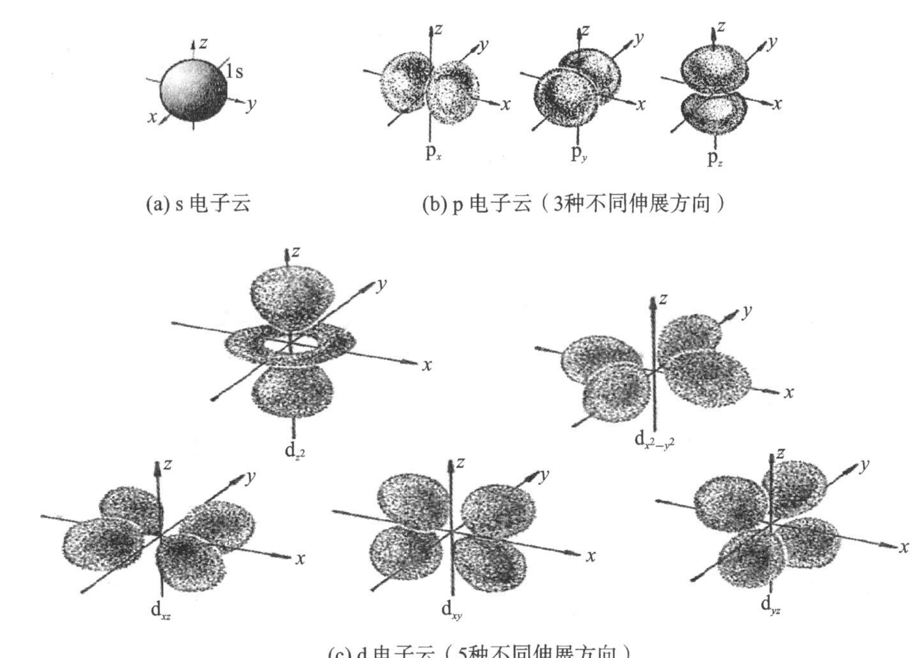

图 6-2 s、p、d 电子云及其空间伸展方向示意图

3. 磁量子数 m

同一亚层的电子云形状虽然相同，但电子云所处的空间位置不同，即有不同的伸展方向。磁量子数是用来描述电子云在空间伸展方向的参数。

m 的取值受角量子数 l 的限制。当 l 值确定时，m 的取值为从 $-l$ 至 $+l$（包括 0）的所有整数，共 $(2l+1)$ 个值，每一个 m 值代表电子云的一种伸展方向。通常把在一定电子层中，具有一定形状和伸展方向的电子云所占据的原子核外的空间称为一个原子轨道（简称轨道）。用一组三个量子数 (n,l,m) 可以描述原子核外的一个原子轨道。必须注意的是，原子轨道不是电子运动的轨迹，仅仅代表电子的一种运动状态或运动范围。

$l=0$ 时，s 电子云是球形对称的，没有方向性，$m=0$；或者说 s 亚层只有 1 个轨道，即 s 轨道，如图 6-2(a) 所示。

$l=1$ 时，m 可有 $-1,0,+1$ 共 3 个值，说明 p 电子云在空间可有三种伸展方向，分别为沿 x、y、z 轴分布的 p_x、p_y、p_z 3 个 p 轨道，如图 6-2(b)所示。

$l=2$ 时，m 有 $-2,-1,0,+1,+2$ 共 5 个值，即 d 电子云在空间有五种伸展方向，共有 5 个 d 轨道，如图 6-2(c)所示。

各电子层及电子亚层的原子轨道数目见表 6-1。

表 6-1　n、l、m 与电子层、电子亚层、原子轨道数目间的关系

主量子数 n	电子层符号	角量子数 l	电子亚层符号	磁量子数 m	各电子亚层轨道数目	各电子层轨道总数
1	K	0	1s	0	1	$1=1^2$
2	L	0	2s	0	1	$1+3=4=2^2$
		1	2p	$0,\pm1$	3	
3	M	0	3s	0	1	$1+3+5=9=3^2$
		1	3p	$0,\pm1$	3	
		2	3d	$0,\pm1,\pm2$	5	
4	N	0	4s	0	1	$1+3+5+7=16=4^2$
		1	4p	$0,\pm1$	3	
		2	4d	$0,\pm1,\pm2$	5	
		3	4f	$0,\pm1,\pm2,\pm3$	7	
n						n^2

n、l 值相同时，m 值不同的电子云形状完全相同，只是电子云的伸展方向不同，因此电子的能量与磁量子数无关，也就是说，n、l 值相同而 m 值不同的各原子轨道，其能量完全相同。这种能量相同的原子轨道称为简并轨道(或等价轨道)。例如 $2p_x$、$2p_y$ 和 $2p_z$ 三个轨道的能量相同，属于简并轨道。

4. 自旋量子数 m_s

原子中的电子不仅围绕原子核运动，而且也围绕自身的轴转动。电子围绕着自身的轴的运动称为电子的自旋，用自旋量子数表示。电子的自旋方向只有 2 个，即顺时针方向和逆时针方向。所以，m_s 的取值也只有 2 个，即 $+\frac{1}{2}$ 和 $-\frac{1}{2}$，通常用"↑"和"↓"表示自旋方向相反的 2 个电子。

综上所述，电子在原子核外的运动状态是由电子层、电子亚层、电子云伸展方向和电子的自旋四个方面来确定的，可用 n、l、m、m_s 四个量子数来描述。只有当 n、l、m、m_s 值一定时，电子的运动状态才能完全确定。

四、原子核外电子的排布

在正常状态下，原子核外电子分布在离核较近、能量较低的轨道上，体系处于相对稳定的状态，原子的这种状态称为基态。基态原子的核外电子排布一般遵循以下三个规律。

(一) 能量最低原理

科学研究证明，核外电子总是尽可能先排布在能量最低的轨道里，只有在能量低的轨道被占满后，电子才依次进入能量较高的轨道，这个规律称为能量最低原理。

美国化学家鲍林(Pauling)根据大量光谱实验数据，总结出多电子原子中原子轨道能量相对高低的一般情况，并绘制成图，称为鲍林近似能级图(图 6-3)。图中，每一个小圈表示一个原子轨道，其位置按能量由低向高的顺序排列。显然，原子轨道的能量是不连续的，而是像阶梯一样逐级变化，轨道的这种不同能量状态称为能级。实线方框内各原子轨道能级较接近，组成一个能级组，这种能级组的划分与元素周期表中划分为七个周期相一致。

由图 6-3 可以看出，在多电子原子中，电子的能量由该电子的 n、l 值来决定。同一主量子数，电子

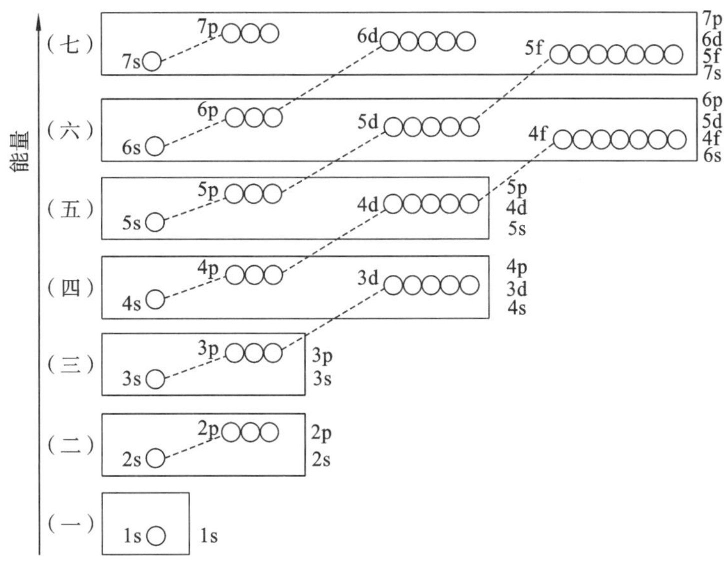

图 6-3 多电子原子轨道的近似能级图

的能量为 $E_{ns}<E_{np}<E_{nd}<E_{nf}$。不同主量子数，同一角量子数，电子的能量随 n 值的增大而增加，例如，$E_{1s}<E_{2s}<E_{3s}<E_{4s}$。当 n 和 l 值都不同时(即不同类型的亚层之间)，出现外层轨道能量反而比内层轨道能量低的现象，如 $E_{4s}<E_{3d}<E_{4p}$，$E_{6s}<E_{4f}<E_{5d}<E_{6p}$，这种现象称为能级交错现象。因此，电子填充各轨道的顺序如图 6-4 所示。

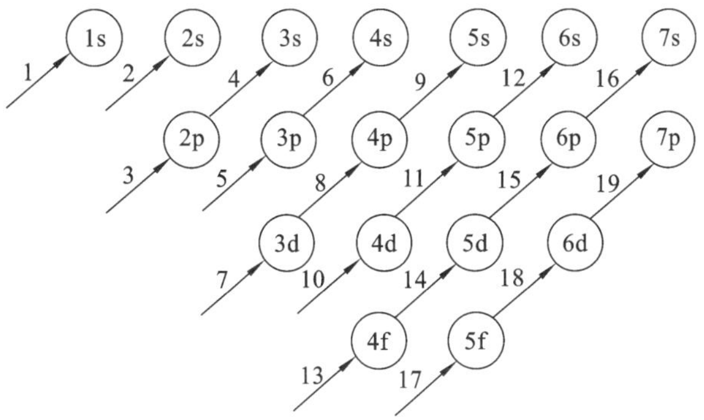

图 6-4 电子填充各轨道的先后顺序

(二) 泡利(Pauli)不相容原理

在同一原子中不可能有四个量子数完全相同的 2 个电子存在，这一规律称为泡利不相容原理。例如，He 原子核外有 2 个电子，用四个量子数来描述第 1 个电子的运动状态时，$n=1$，$l=0$，$m=0$，$m_s=+\frac{1}{2}$；另 1 个电子的四个量子数必然是 $n=1$，$l=0$，$m=0$，$m_s=-\frac{1}{2}$。由此可知，每个轨道最多容纳 2 个自旋方向相反的电子。各电子层最多可容纳 $2n^2$ 个电子。

(三) 洪特(Hund)规则

电子排布到能量相同的等价轨道时，电子将尽可能分占不同的轨道，且自旋方向相同，这个原则称为洪特规则。经量子力学证明，这样的电子排布可使体系能量最低。

如 C 原子核外有 6 个电子，2 个在 1s 轨道，2 个在 2s 轨道，另外 2 个不是同在一个 2p 轨道，而是以相同的自旋方向分占 2 个 p 轨道。这种排布可用轨道表示式表示如下：

↑↓	↑↓	↑	↑	
1s	2s	$2p_x$	$2p_y$	$2p_z$

也可用电子排布式表示为 $1s^22s^22p_x^12p_y^12p_z^0$，常简写为 $1s^22s^22p^2$。

作为洪特规则的特例，当等价轨道处于全充满、半充满或全空状态时，原子具有较低的能量和较大的稳定性，即具有下列电子层结构的原子是比较稳定的。

全充满：p^6，d^{10}，f^{14}。

半充满：p^3，d^5，f^7。

全空：p^0，d^0，f^0。

注意：电子填充是按近似能级图自能量低向能量高的轨道排布的，但书写电子排布式时，要把同一主层（n 相同）的轨道写在一起；为了简化电子排布式的书写，通常将内层已达到稀有气体电子层结构的部分写成“原子实”，用稀有气体符号加方括号来表示。根据以上规则，可以得出下列原子在基态时的核外电子排布式。

$_{8}O$ 原子：$1s^22s^22p^4$。

$_{17}Cl$ 原子：$1s^22s^22p^63s^23p^5$。

$_{19}K$ 原子：$1s^22s^22p^63s^23p^64s^1$。

$_{24}Cr$ 原子：$1s^22s^22p^63s^23p^63d^54s^1$ 或 $[Ar]3d^54s^1$。

$_{29}Cu$ 原子：$1s^22s^22p^63s^23p^63d^{10}4s^1$ 或 $[Ar]3d^{10}4s^1$。

需要指出的是，核外电子的排布情况是通过实验测定的。上述三个规律是从大量客观事实中总结出来的，它可以帮助我们了解元素原子核外电子排布的一般规律，但不能用它解释有关电子排布的所有问题。因此，核外电子的排布必须以实验事实为依据。

五、元素的电负性

由于原子结构的不同，不同元素的原子吸引电子的能力也不同。为了全面衡量不同元素的原子在分子中对成键电子的吸引能力，1932 年鲍林首先提出了元素电负性的概念。所谓电负性是指元素的原子在分子中吸引电子的能力。元素的电负性越大，表示该元素的原子吸引电子的能力越大，生成阴离子的倾向越大；反之，吸引电子的能力越小，生成阳离子的倾向越大。元素的电负性是相对值，没有单位。通常规定氟的电负性为 4.0（或锂为 1.0），计算出其他元素的电负性数值。部分元素的电负性数值见图 6-5。

H 2.1																
Li 1.0	Be 1.5											B 1.5	C 2.5	N 3.0	O 3.5	F 4.0
Na 0.9	Mg 1.2											Al 1.5	Si 1.8	P 2.1	S 3.5	Cl 3.0
K 0.8	Ca 1.0	Sc 1.3	Ti 1.5	V 1.6	Cr 1.6	Mn 1.5	Fe 1.8	Co 1.9	Ni 1.8	Cu 1.9	Zn 1.6	Ga 1.6	Ge 1.8	As 2.0	Se 2.4	Br 2.8
Rb 0.8	Sr 1.0	Y 1.2	Zr 1.4	Nb 1.6	Mo 1.8	Tc 1.9	Ru 2.2	Rh 2.2	Pd 2.2	Ag 1.9	Cd 1.7	In 1.7	Sn 1.8	Sb 1.9	Te 2.1	I 2.5
Cs 0.7	Ba 0.9		Hf 1.3	Ta 1.5	W 1.7	Re 1.9	Os 2.2	Ir 2.2	Pt 2.2	Au 2.4	Hg 1.9	Tl 1.8	Pb 1.9	Bi 1.9	Po 2.0	At 2.2
Fr 0.7	Ra 0.9															

图 6-5 部分元素的电负性

从上述数值可以看出，一般非金属元素的电负性大于 2.0，金属元素的电负性小于 2.0，但两者之间没有严格的界限，不能把电负性 2.0 作为划分金属和非金属的绝对标准。

元素电负性的大小，不仅能说明元素的金属性和非金属性，而且对讨论和理解化学键的类型和分子的极性都非常有用。

六、元素周期律和元素周期表

（一）元素周期律

元素周期律由俄国科学家门捷列夫(Mendeleev)于 1869 年首先提出，随着认识的深入，元素周期律不断得到修正和发展。现代研究发现，元素的性质(如核外电子的排布、原子的半径、元素的主要化合价、金属性和非金属性、电负性等)随原子序数的递增呈现出周期性的变化，这个规律称为元素周期律。元素周期律的发现，使化学变成一门系统的科学，这是化学发展史上的一个里程碑。

（二）元素周期表及其结构

元素周期表是元素周期律用表格表达的具体形式，它反映了元素原子的内部结构和它们之间相互联系的规律。元素周期表的形式不止一种，本书采用我国化学教学中长期使用的长式周期表，该周期表包括 7 个周期、16 个族。

1. 周期

具有相同电子层数，又按照原子序数递增的顺序排列的一系列元素称为一个周期。1、2、3 周期称为短周期，4、5、6 周期称为长周期，第 7 周期是一个未完成的周期，称为不完全周期。每一周期具体包含的元素见元素周期表。

2. 族

元素周期表中共有 18 个纵行，划分为 7 个主族、7 个副族、1 个 0 族和 1 个第Ⅷ族，族序数用罗马数字表示。除第 8、9、10 三个纵行称为第Ⅷ族外，其余 15 个纵行各为一个族。由短周期元素和长周期元素共同构成的族称为主族(用字母 A 表示)；完全由长周期元素构成的族称为副族(用字母 B 表示)。镧系和锕系元素各占据ⅢB 族中的一个位置，均属于ⅢB 族的元素。由于稀有气体元素在通常状况下难以与其他物质发生化学反应，化合价可看作 0，因而称为 0 族。

（三）元素周期表中元素的位置与原子结构及元素性质之间的关系

通过对元素周期表中各元素核外电子排布及元素性质的分析，可以得出以下结论。

(1) 周期序数就是该周期元素原子具有的电子层数。除第 1 周期、第 7 周期外，每一周期都是从活泼的金属逐渐过渡到活泼的非金属，最后以稀有气体结束，原子核外最外层的电子数都是从 1 至 8(第 1 周期除外)；在同一周期中(稀有气体除外)，从左到右，随着核电荷数的递增，主族元素的原子半径逐渐减小，电负性逐渐增大(表 6-2)，金属性逐渐减弱，非金属性逐渐增强。

(2) 同族元素具有相同或相似的外围电子层排布(也称外围电子构型或价层电子构型或价电子构型)，化学性质相似。元素的外围电子构型见元素周期表。

(3) 主族元素的族序数等于最外层电子数，核外电子最后都填充在最外层的 s 轨道或 p 轨道上；在同一主族中，各元素原子的最外层电子数相同，从上到下电子层数依次增多，原子半径逐渐增大，电负性逐渐减小，金属性逐渐增强，非金属性逐渐减弱；主族元素的最高正化合价等于它们的族序数，非金属元素的最高正化合价和它的最低负化合价绝对值之和等于 8。

(4) 所有副族(包括Ⅷ族)元素都是金属元素，所以把它们统称为过渡金属元素。这些元素的外围电子层排布复杂。

（四）元素周期表的应用

元素在元素周期表中的位置反映了该元素的原子结构与性质之间的相互关系，根据元素周期表不仅可以获得每种元素的原子序数、元素符号、元素名称、价层电子构型及相对原子质量等相关信息，还可推测各种元素的原子结构及主要性质。

例如:已知某种元素位于元素周期表中第3周期,ⅦA族,根据元素在元素周期表中的位置可知,该元素的价层电子构型为$3s^2 3p^5$;由于该元素为主族元素,所以它的内层处于全充满状态,故电子排布式为$1s^2 2s^2 2p^6 3s^2 3p^5$,该元素的原子序数是17,为氯元素,是一种活泼的非金属元素,其氢化物的分子式为HCl。

元素周期表是元素周期律的具体体现,具有极其丰富的内涵,是学习化学及相关学科的重要工具,在科研与生产中有着广泛的应用。当年,门捷列夫根据元素周期表中未知元素周围元素和化合物的性质,经过综合推测,成功地预言未知元素及其化合物的性质。现在,科学家利用元素周期表,寻找到多种制取半导体、催化剂、化学农药、新型材料的元素及化合物。

思政案例

他的"无用"工作,更新了元素周期表

2021年5月,国际纯粹与应用化学联合会(IUPAC)宣布,将铅元素标准原子量从原来的207.2±0.1修改为[206.14,207.94]。这项将更新教科书中元素周期表的成果,便是基于中国地质科学院研究员朱祥坤多年的"无用"工作。为了这一数据,朱祥坤带领研究团队对数百篇有关铅同位素的文献进行调研,统计了超8000个铅同位素数据。数据中的最小值和最大值都来自朱祥坤等人20多年前对苏格兰西北部Lewisian古老杂岩体的独居石的分析结果。

物质世界的组成成分浓缩在一张元素周期表中,元素的循环演化则可以由其"基因"——同位素来测算。不同的物质"家族",元素同位素组成各不相同。在地球漫长的地质演化历史中,给石头中的不同元素测"基因",就可以知道它的"家族"来源、形成时间和形成过程。年复一年给元素测"基因",就是中国地质科学院研究员朱祥坤的工作。

对基础研究的"无用之大用",朱祥坤工作的启示是,做任何事情,只有坚持脚踏实地,不怕吃苦,发扬钉钉子精神,扎扎实实搞好基础工作,才能在人类长河中发挥更大的有用价值。

第二节 分子结构

分子是保持物质化学性质的一种微粒,分子内原子之间的结合方式及其空间构型是决定分子性质的内在因素,而分子间的相互作用影响着物质的某些物理性质,要了解物质的性质及化学反应的本质,就必须知道化学键、分子的极性及分子间作用力等分子结构方面的知识。

化学键是指分子或晶体中相邻原子间强烈的相互作用,根据化学键形成和性质的不同,可分为离子键、共价键和金属键三大类,本节重点介绍离子键和共价键。

一、离子键

(一)离子键的形成

以NaCl形成为例。Na是活泼的金属元素,最外层电子排布式为$3s^1$,容易失去1个电子而成为Na^+,Cl是活泼的非金属元素,最外层电子排布式为$3s^2 3p^5$,容易获得1个电子形成Cl^-,使它们的最外层都达到8电子的稳定结构,形成离子化合物NaCl,如图6-6所示。

NaCl的形成过程,可以用电子式表示如下:

$$Na \cdot + \cdot \ddot{\underset{..}{Cl}}: \longrightarrow Na^+[\overset{\times}{.}\ddot{\underset{..}{Cl}}:]^-$$

这种阴、阳离子间通过静电作用所形成的化学键称为离子键。当电负性小的活泼金属原子(如K、Na、Ca等)与电负性大的活泼非金属原子(如Cl、Br等)相遇时,都能形成离子键。一般来说,两种元素的电负性差值大于1.7,就可以认为两元素的原子间能形成离子键。

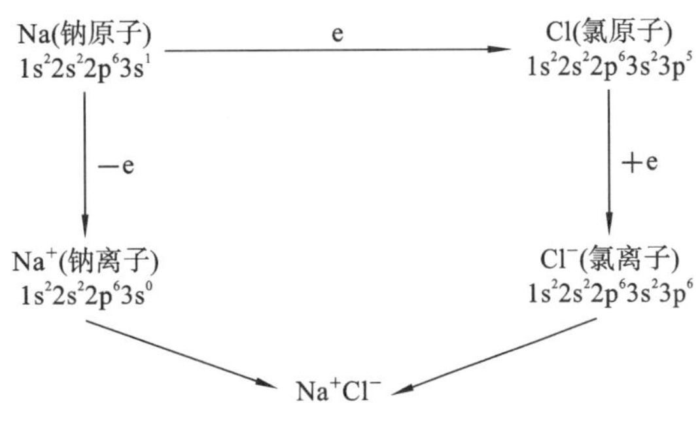

图 6-6 NaCl 的形成过程

由离子键形成的化合物称为离子化合物。离子化合物一般具有能导电、熔点高、易溶于水等性质。大多数无机盐类和许多金属氧化物均属于离子化合物。

（二）离子键的特性

1. 离子键没有饱和性

在离子化合物的晶体中，当离子周围的空间条件许可时，每一个离子都可以同时与尽可能多的异电荷离子互相吸引形成离子键。所以离子键没有饱和性。由于在离子化合物的晶体中，每个离子周围总是排列着一定数目的异种电荷离子，并不存在单个的分子，所以“NaCl”并不是氯化钠的分子式，它仅表示在氯化钠晶体中钠离子和氯离子的最简个数比是 1∶1。

2. 离子键没有方向性

由于离子键是由阴、阳离子通过静电作用结合形成的，而阴、阳离子的电荷分布是球形对称的，它在空间各个方向上都具有大小相同的静电作用力，在空间任何方向上与异种电荷离子互相吸引的能力相同。例如，在氯化钠晶体中，每个 Na^+ 的周围等距离地吸引着 6 个 Cl^-，每个 Cl^- 的周围等距离地吸引 6 个 Na^+（图 6-7）。每个离子与 1 个异种电荷离子相互吸引后，并没有减弱它与其他异种电荷离子的静电作用力，这种现象说明离子并非只在某一个方向，而是在所有方向上都与异种电荷离子发生静电作用，所以离子键没有方向性。

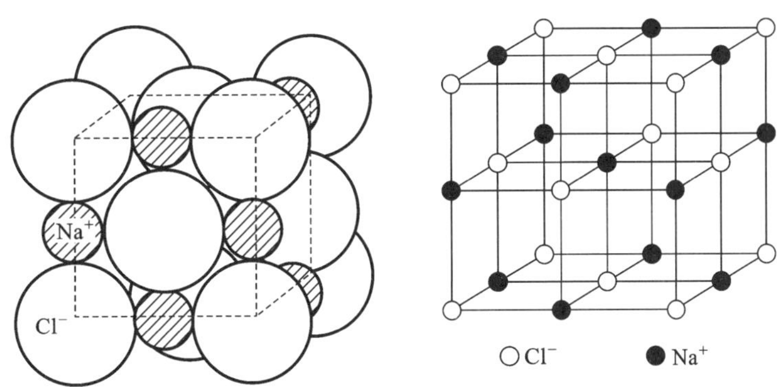

图 6-7 氯化钠晶体中 Na^+ 和 Cl^- 的排列示意图

二、共价键

（一）共价键的形成

以 H_2 的形成为例。氢是一种非金属元素，当吸引电子能力相同的 2 个 H 原子相互结合时，电子不是从 1 个 H 原子转移到另 1 个 H 原子上，而是由 2 个 H 原子各自提供 1 个自旋方向相反的 1s 电子，形成共用电子对，这 1 对共用电子同时绕着 2 个 H 原子核运动，使每一个 H 原子都具有 He 原子的稳定结构。H_2 分子的形成用电子式表示如下：

$$H\cdot + \cdot H \longrightarrow H:H$$

这种原子间通过共用电子对(或电子云重叠)所形成的化学键称为共价键。一般来说，电负性相近或相同的元素之间形成的化学键都是共价键。

配位键是一种特殊的共价键。它的共用电子对不是由2个原子分别提供，而是全部由其中1个原子提供，另1个原子只提供空轨道。我们把这种由1个原子单独提供1对共用电子而形成的共价键称为配位键。配位键用“→”表示，箭头指向接受电子对的原子。如 NH_3 分子中，N原子的最外电子层有1对未成键的电子，称为孤对电子，H^+ 具有1s空轨道。NH_3 分子和 H^+ 作用形成 NH_4^+ 时，NH_3 分子中N原子的孤对电子进入 H^+ 的空轨道，形成配位键。NH_4^+ 的形成过程表示如下：

$$\begin{array}{c}H\\ \cdot\times\\ H\,\times\,N\,:\\ \cdot\times\\ H\end{array} + H^+ \longrightarrow \left[\begin{array}{c}H\\ \cdot\times\\ H\,\times\,N\,:\,H\\ \cdot\times\\ H\end{array}\right]^+ \text{或} \left[\begin{array}{c}H\\ |\\ H—N\rightarrow H\\ |\\ H\end{array}\right]^+$$

形成配位键的条件：成键的两个原子中，一个要有孤对电子，另一个要有接受孤对电子的空轨道。配位键与普通共价键只是共用电子对来源不同而已，一旦形成，没有本质上的区别。配位化合物中最重要的化学键就是配位键。

完全以共价键结合形成的化合物，称为共价化合物。例如，不同种非金属元素的原子结合形成的化合物（如 CO_2、HCl、H_2O、NH_3 等）和大多数有机化合物，都属于共价化合物。在共价化合物中，一般有独立的分子（有名副其实的分子式）。通常共价化合物的熔点、沸点较低，熔融状态下不导电，硬度较小。

（二）共价键的特性

1. 共价键具有饱和性

共价键的饱和性是指每个原子形成共价键的数目是一定的。根据泡利不相容原理可知，1个原子的1个未成对电子只能与另1个原子自旋方向相反的未成对电子配对形成1个共价键。因此1个原子有几个未成对电子，通常就只能与几个自旋方向相反的未成对电子配对形成几个共价键。

例如：在 H_2O 分子中，O原子的最外层有2个未成对的p电子，H原子只有1个未成对的s电子，因此1个O原子可以同时和2个H原子形成2个共价键。

2. 共价键具有方向性

共价键的成因在于成键原子双方电子云的重叠，而且重叠的程度越大，形成的共价键越稳定。因此，成键原子双方总是尽可能地使电子云沿着轨道的伸展方向发生最大程度的重叠，以便形成稳定的共价键。除s轨道的电子云是球形对称，没有方向性之外，其他各轨道（p、d、f）的电子云都有一定的伸展方向。因此在形成共价键时，除了s轨道的电子云可以在任何方向上都有最大限度的重叠之外，p、d、f各轨道的电子云重叠都必须沿着一定的方向才能达到最大重叠，所以共价键有方向性。

（三）共价键的键参数

键参数是表征化学键性质的物理量，是阐述物质结构和性质的依据。共价键的键参数主要包括键长、键能、键角及键的极性。

1. 键长

以共价键结合的两个原子核间的距离称为键长。键长由电子云的重叠程度决定，重叠程度越小，键长越长；重叠程度越大，键长越短。键长越长，越易受外电场影响发生极化，因此键长是反映键稳定性的一个指标。部分共价键的键长见表6-2。

2. 键能

在一定条件下，以共价键结合的双原子分子裂解成原子时，所吸收的能量称为该共价键的键能，也可称为离解能。双原子分子的键能就是它的离解能，但多原子分子的键能是指分子中同种类型共价键的离解能的平均值。破坏1 mol共价键所需的能量越高，共价键也就越牢固，因此键能也是衡量键稳定性的一个指标。一般而言，键长越长，键能越小，键就越活泼而易断裂；键长越短，键能越大，键就比较稳定。部分共价键的键能见表6-2。

表 6-2 部分共价键的键长和键能

共价键	键长/pm	键能/(kJ/mol)	共价键	键长/pm	键能/(kJ/mol)
C—C	154	356	N—H	101	391
C═C	134	598	O—H	96	467
C≡C	120	813	S—H	136	347
N≡N	110	946	F—H	92	566
Cl—Cl	199	242	Cl—H	127	431
Br—Br	228	193	Br—H	141	366
I—I	267	151	I—H	161	299

3. 键角

分子中同一原子形成的两个共价键的夹角称为键角，它是反映分子空间构型的一个重要参数。如 H_2O 分子中两个 H—O 键的夹角为 104.5°，表明 H_2O 分子为 V 形结构；CO_2 分子中两个 C═O 键的夹角为 180°，表明 CO_2 分子为直线形结构。一般而言，根据分子中的键角和键长可确定分子的空间构型。

4. 键的极性

键的极性是由于成键原子的电负性不同引起的。当两个同种元素的原子形成共价键时，其电子云对称地分布在两个原子中间(共用电子对不偏向任何一个原子)，这种键称为非极性共价键，简称非极性键，如 H—H 键、C—C 键等；当两个不同种元素的原子形成共价键时，由于成键原子的电负性不同，电子云靠近电负性较大的原子(共用电子对偏向电负性较大的原子)，使其带上部分负电荷，而电负性较小的原子则带上部分正电荷。这种电子云非对称分布的共价键称为极性共价键，如 H—Cl 键。共价键的极性是键的内在性质，是永久性的，它的大小取决于两个成键原子的电负性之差，电负性差值越大，键的极性也越大。

共价键在外电场的影响下，键内电子云分布发生改变，键的极性也随之改变，这种现象称为共价键的极化性。极性键和非极性键均有此性质。

三、分子的极性

每个分子都可看成由带正电荷的原子核和带负电荷的电子所组成的系统。整个分子是电中性的，但从分子内部电荷的分布看，可认为正、负电荷各集中于一点，该点称为电荷重心。正、负电荷重心不重合的分子是极性分子，见图 6-8(a)，正、负电荷重心重合的分子是非极性分子，见图 6-8(b)。

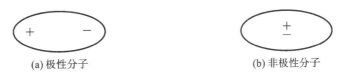

图 6-8 分子极性示意图

对于双原子分子，分子的极性与化学键的极性是一致的。由非极性键形成的分子为非极性分子，如 O_2、N_2、Cl_2 等。由极性键形成的分子为极性分子，如 HCl、HF 等。

对于多原子分子，分子的极性不仅与化学键的极性有关系，还与分子的空间构型有关。例如：二氧化碳是直线形分子(O═C═O)，两个 O 原子对称地分布在 C 原子的两侧，C═O 键是极性键，共用电子对偏向于电负性大的 O 原子，使 O 原子带部分负电荷，C 原子带部分正电荷。但是由于 2 个 C═O键是对称排列的，两键的极性大小相等，方向相反，相互抵消，整个分子没有极性，所以 CO_2 是非极性分子。而 SO_2、H_2O、NH_3 等分子中有极性键，分子的空间构型不对称，键的极性不能抵消，分子中正、负电荷重心不重合，所以都是极性分子。部分分子的空间构型及极性见表 6-3。

表 6-3 部分分子的空间构型及极性

	分子的类型	分子的空间构型	分子的极性	常见分子
双原子分子	A_2	直线形	非极性	H_2、O_2、N_2、Cl_2
	AB	直线形	极性	CO、HCl、HF
多原子分子	ABA	直线形	非极性	CO_2、CS_2
	ABA	V 形	极性	H_2O、H_2S、SO_2
	AB_3	平面三角形	非极性	BF_3、BCl_3
	AB_3	三角锥	极性	NH_3、PCl_3
	AB_4	正四面体	非极性	CH_4、CCl_4
	AB_3C	四面体	极性	CH_3Cl、$CHCl_3$

综上所述，共价键的极性源于共用电子对的偏移，而分子的极性则由分子中正、负电荷重心不重合所致。

四、分子间作用力

（一）范德华力

分子间作用力是存在于分子与分子之间的一种较弱的静电作用，没有饱和性和方向性。破坏 1 mol这种作用力只需要数千焦到数十千焦的能量，其作用范围只有数纳米(nm)，这种作用力的存在，使气体分子能凝聚成液体或固体。由于是荷兰科学家范德华首先提出了这种相互作用力，因此分子间作用力通常又称为范德华力。它包括取向力、诱导力和色散力。

1. 取向力

极性分子因为正、负电荷重心不重合，存在着永久偶极。当极性分子相互靠近时，分子间就按“同极相斥、异极相吸”的状态取向。极性分子间靠永久偶极产生的相互作用力称为取向力，见图 6-9(a)。分子极性越大，取向力越大。

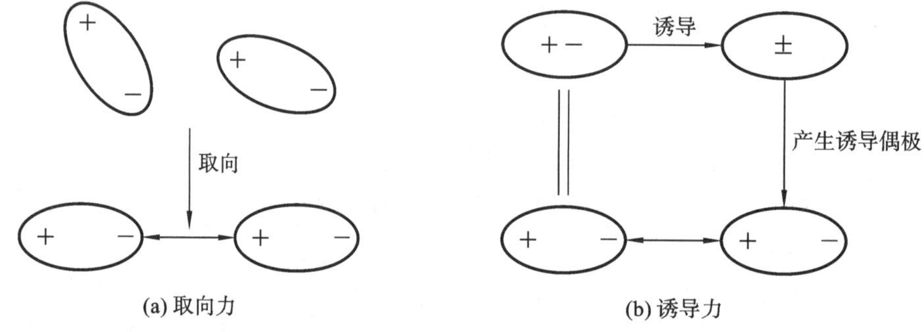

图 6-9 取向力和诱导力的产生过程

2. 诱导力

当极性分子与非极性分子靠近时，非极性分子受极性分子电场的影响而发生变形，产生了诱导偶极。诱导偶极和极性分子的永久偶极相互吸引产生的作用力称为诱导力。当然，极性分子间永久偶极的相互影响也使分子变形，从而产生诱导偶极，因此，极性分子间除取向力外，也存在诱导力，见图6-9(b)。

3. 色散力

由于分子中的电子在不停地运动、原子核在不停地振动，因此会经常发生正、负电荷重心的相对位移，这样在某一瞬间就产生了瞬时偶极。分子间由于瞬时偶极而产生的作用力称为色散力(图 6-10)。色散力存在于所有分子间。影响色散力大小的主要因素是分子的变形性。分子越大，越易变形，从而色散力也越大。

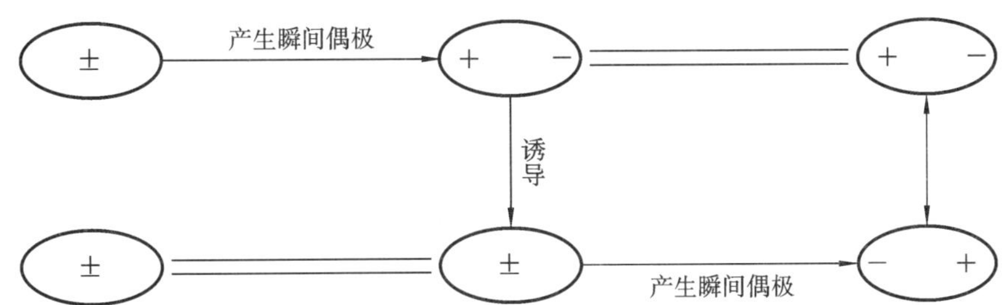

图 6-10 色散力的产生过程

总的来说，取向力仅存在于极性分子之间；诱导力既存在于极性分子与非极性分子之间，也存在于极性分子之间；色散力则存在于任何分子之间。除强极性分子（如 H_2O、NH_3）外，大多数分子中色散力最强，是分子间的主要作用力。

分子间作用力不是化学键，它比化学键弱几十到几百倍。化学键主要影响物质的化学性质，而分子间作用力主要影响物质的熔点、沸点、溶解度等物理性质。一般来说，物质分子间作用力越大，克服分子间的引力使之熔化和汽化就需要更多的能量，因此熔点和沸点就越高。例如，相同类型的单质（如卤素、稀有气体）和化合物（如卤化氢、直链烃）中，其熔点和沸点一般随相对分子质量的增大而升高，主要原因就是它们的分子间作用力随相对分子质量的增大而增强。

（二）氢键

根据上面的讨论，NH_3、H_2O、HF 都应比各自同主族其他元素氢化物的熔点、沸点低，可实际却相反（图 6-11），这是因为它们存在着一种特殊的分子间作用力——氢键。

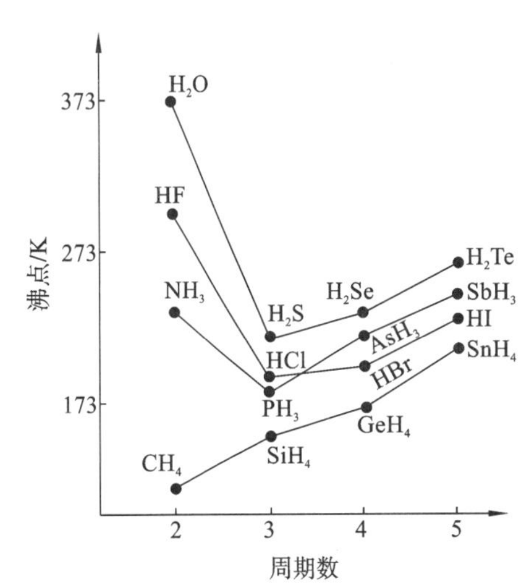

图 6-11 同族元素氢化物的沸点变化

1. 氢键的形成

以 HF 的形成为例。氢原子核外只有一个电子。当氢原子与电负性很大、半径较小的 F 原子形成 H—F 键时，共用电子对强烈地偏向 F 原子一方，使 H 原子几乎成为“裸露”的质子。这个半径很小、无内层电子、带有部分正电荷的氢原子很容易与附近另一个 HF 分子中含有孤对电子并带有部分负电荷的 F 原子充分靠近而产生吸引作用，这种作用力称为氢键。氢键的组成可用 X—H…Y 表示，其中 X、Y 代表电负性大、半径小且有孤对电子的原子，通常为 F、O、N 等原子。X、Y 可以相同，也可以不同。固体 HF 中的氢键如图 6-12 所示。

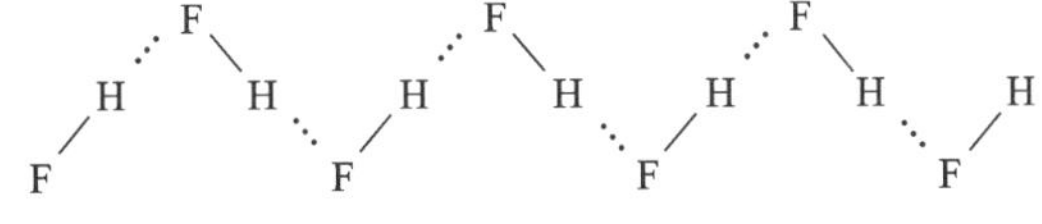

图 6-12 固体 HF 中氢键的结构

氢键可分为分子间氢键和分子内氢键。两个相同或不同分子间形成的氢键称为分子间氢键。同一分子内的原子之间形成的氢键称为分子内氢键。

2. 氢键的特性

(1) 氢键不属于化学键，它的键能介于化学键与范德华力之间，与范德华力的数量级相同。分子间氢键只是一种特殊的分子间作用力。

(2) 氢键具有饱和性。当 H 原子已经形成 1 个氢键后，不能再与第三个强电负性原子形成第 2 个氢键，否则会因为斥力变大而不稳定。

(3) 氢键具有方向性。当形成分子间氢键时,3 个原子尽可能在一条直线上,这样 X 与 Y 之间距离最远,斥力较小,氢键稳定;分子内氢键由于受环状结构的限制,X—H…Y 往往不能在同一直线上。

3. 氢键的存在和作用

能够形成氢键的物质很多,如水、氨、醇、胺、羧酸、蛋白质、核酸等。氢键的形成,对物质的某些物理性质可产生很大的影响。例如,具有分子间氢键的化合物,其熔点和沸点比没有氢键的同类化合物要高;由于产生分子间氢键和分子内氢键,有些有机化合物芳环上的邻、间、对异构体的熔点和沸点具有较大的差距;而氢键的形成,可使某些简单分子缔合成复杂分子,从而具有特殊的溶解性和密度等。

总之,氢键的存在直接影响分子的结构、性质与功能,在人类和动植物的生理生化过程中起着十分重要的作用,它是稳定生物高分子高级结构的重要因素之一。

本章小结

原子是化学变化中的最小粒子,它由原子核和核外电子构成,而原子核由质子和中子构成。原子核外电子的运动状态可用 n、l、m、m_s 四个量子数来描述,原子核外电子排布可用轨道表示式、电子排布式等表示;基态原子核外电子排布的书写遵循能量最低原理、泡利不相容原理和洪特规则。准确描述原子核外电子运动状态对判断元素原子在元素周期表中的位置、参加化学反应的活泼性、得失电子的能力及形成化学键的类型等都有帮助。根据元素周期表的构成及元素性质的递变规律,能够判断元素的基本性质,所以要充分了解元素周期表和元素周期律。

化学键是指分子或晶体中相邻原子间强烈的相互作用,根据形成的原因不同,分为离子键和共价键。离子键是通过阴、阳离子间的静电作用所形成的化学键,它既无方向性又无饱和性;共价键是通过原子间的共用电子对或电子云重叠所形成的化学键,它既有方向性又有饱和性。而由一个原子单独提供共用电子对,另一个原子提供空轨道而形成的共价键,称为配位键。共价键是有机化合物的主要键型,需要掌握它的键参数等知识。范德华力是存在于分子与分子之间的一种较弱的静电作用,它没有饱和性和方向性。氢键可分为分子间氢键和分子内氢键。氢键不是化学键,其键能介于化学键与范德华力之间;氢键具有饱和性和方向性。

能力检测

能力检测答案

一、选择题

1. 卤族元素的价电子构型是(　　)。

A. ns^2np^4　　B. ns^2np^2　　C. ns^2np^3　　D. ns^2np^5

2. 下列叙述正确的是(　　)。

A. 共价化合物中可能存在离子键　　B. 离子化合物中可能存在共价键

C. 含极性键的分子一定是极性分子　　D. 非极性分子一定存在非极性键

3. 卤族元素位于元素周期表中的族是(　　)。

A. ⅢA　　B. ⅦA　　C. ⅣA　　D. ⅡA

4. 下列能量最高的电子亚层是(　　)。

A. 1s　　B. 2p　　C. 3s　　D. 3d

5. 下列元素中,金属性由强到弱顺序排列错误的是(　　)。

A. K、Ca、Mg　　B. K、Na、Al　　C. Na、Mg、Al　　D. K、Mg、Na

6. 某元素的原子质量数为 35,核内中子数为 18,则该元素为(　　)。

A. P　　B. S　　C. Cl　　D. Ar

7. H_2O 分子内存在的化学键为(　　)。

A. 离子键　　B. 共价键　　C. 金属键　　D. 氢键

8. 下列哪种分子为非极性分子？（　　）

A. H_2O　　B. NH_3　　C. HF　　D. O_2

9. 第三电子层的符号是（　　）。

A. K　　B. M　　C. O　　D. Q

二、填空题

1. 原子核外电子按__________高低分层排布，每个电子层上最多能容纳的电子数为__________个，最外层电子数不超过__________个，次外层电子数不超过__________个。

2. 同周期元素的原子，在原子结构上具有相同的__________，同周期元素性质的递变规律是__________。

3. 同主族元素的原子，在原子结构上具有相同的__________，同主族元素性质的递变规律是__________。

4. 在元素周期表中，以第__________族元素的金属性最强，第__________族元素的非金属性最强。

5. 具有相似化学性质的元素，他们原子的__________一定相同，如氯和溴元素，其原子的最外层电子都是__________个。

6. 某元素质量数为 39，核内中子数为 20，元素名称是__________，原子序数是__________，位于元素周期表中第__________周期第__________族，在化学反应中易__________电子，最高正化合价为__________，是较活泼的__________元素。

7. 某金属阳离子 M^{3+}，它的核外电子排布与氖原子相同，该元素位于元素周期表中第__________周期第__________族。

8. 某元素原子的 M 层只有 2 个电子，该元素是__________。

9. 某元素的负一价离子核外电子排布与氩原子相同，它的最外层有__________个电子，位于元素周期表第__________周期第__________族，元素符号为__________。

10. 阴、阳离子之间通过__________所形成的化学键叫__________。原子间通过__________所形成的化学键叫__________。

三、简答题

1. 指出电子构型为 $1s^22s^22p^63s^23p^3$ 的元素在元素周期表中的位置。

2. 以下三种元素的电子构型中，违背了什么原理？写出它们正确的电子构型。

(1) 铍：$1s^32p^1$。

(2) 碳：$1s^22s^22p_x^22p_y^02p_z^0$。

(3) 铝：$1s^22s^22p^63s^3$。

参考文献

[1] 陆艳琦，郭梦金，孙兰凤. 基础化学[M]. 武汉：华中科技大学出版社，2012.

[2] 李瑞祥，曾红梅，周向葛，等. 无机化学[M]. 北京：化学工业出版社，2013.

[3] 牛秀明，林珍. 无机化学[M]. 2 版. 北京：人民卫生出版社，2013.

[4] 王书民. 无机化学[M]. 北京：科学出版社，2013.

（彭秀丽）

本章题库

第七章

配位化合物

学习目标

掌握：配位化合物的定义、组成、命名及类型等基本概念。
熟悉：配位平衡的移动，稳定常数的计算。
了解：配位化合物在医药中的应用。

扫码
看 PPT

配位化合物简称配合物，是一类结构组成复杂、用途广泛的化合物。据历史记载，人类发现的第一例配合物就是亚铁氰化铁 $Fe_4[Fe(CN)_6]_3$（普鲁士蓝），它是普鲁士人狄斯巴赫（Diesbach）于 1704 年在染坊中得到的一种蓝色染料。随着人们对配合物组成、结构、性质及应用研究的不断深入，配位化学已经发展成为一门独立的分支学科。

人体内必需的金属元素多以配合物的形式存在。例如，人体内输送氧气的血红蛋白是一种含铁的配合物；植物进行光合作用所需的叶绿素是含镁的配合物；维生素 B_{12} 是含钴的配合物；生物体中的酶大部分以配合物形式存在。同时配合物还是抗癌、杀菌、解毒、治疗心血管疾病等的重要药物，因此，配合物与医药学有着十分密切的关系。

第一节　配位化合物的基本概念

一、配位化合物的概念

向 $CuSO_4$ 稀溶液中滴加氨水，边加边振荡，可生成天蓝色絮状沉淀，继续加过量氨水时，沉淀逐渐消失，得到深蓝色溶液。将此深蓝色溶液分成两份，一份滴入少量 $BaCl_2$ 溶液，有 $BaSO_4$ 沉淀析出，说明溶液中含有 SO_4^{2-}；另一份滴入 NaOH 溶液，并无 $Cu(OH)_2$ 沉淀，说明溶液中没有游离的 Cu^{2+} 的存在。以上证明随着过量氨水的加入，NH_3 和 Cu^{2+} 已发生了某种反应，生成一种新物质。若在上述深蓝色透明溶液中加入适量乙醇，则有深蓝色晶体析出。经分析，该结晶的化学组成是 $[Cu(NH_3)_4]SO_4$。$CuSO_4$ 溶液与过量氨水发生的反应如下：

$$CuSO_4 + 4NH_3 \rightleftharpoons [Cu(NH_3)_4]SO_4$$

经分析知道，$[Cu(NH_3)_4]SO_4$ 在水溶液中全部解离为 $[Cu(NH_3)_4]^{2+}$ 和 SO_4^{2-}。进一步分析 $[Cu(NH_3)_4]^{2+}$ 的结构可知，Cu^{2+}（$3d^{10}$）外层有空轨道，而 NH_3 分子中的 N 原子核外含有孤对电子，N 原子的一对孤对电子可以进入 Cu^{2+} 外层的空轨道而形成配位键，从而结合生成复杂离子。像这样由金属离子（或原子）与一定数目的分子或离子以配位键形式结合的复杂离子称为配离子，具有特殊的稳定性，如 $[Cu(NH_3)_4]^{2+}$。

实际上，一些复杂分子也和配离子一样，主要结构特点是形成了配位键，我们称为配位分子。这种由提供空轨道的金属离子（或原子）和提供孤对电子的中性分子（或阴离子）按一定组成和空间构型以配位键结合所形成的化合物，称为配位化合物，简称配合物。

配离子和配合物在概念上有所不同，但在使用上通常不做严格区分，一般都称为配合物。

配合物和复盐组成都很复杂，但复盐能全部解离成简单的组成离子。例如光卤石 $KCl \cdot MgCl_2 \cdot 6H_2O$，明矾 $KAl(SO_4)_2 \cdot 12H_2O$ 和钾镁矾 $K_2SO_4 \cdot MgSO_4 \cdot 6H_2O$ 等，它们在晶体或水溶液中，均只含 K^+、Mg^{2+}、Al^{3+}、Cl^-、SO_4^{2-} 等简单的离子。而配合物主要以配离子或配位分子的形式存在，只能部分解离出简单的离子。

二、配位化合物的组成

配合物的组成一般包括内界和外界两部分。内界由中心原子和配体之间以配位键相结合，写化学式时，用方括号括起来。括号以外的其他部分为外界，配合物的内界与外界之间以离子键结合。配位分子无外界，如$[CO(NH_3)_3Cl_3]$。现以$[Cu(NH_3)_4]SO_4$ 的组成为例加以说明(图 7-1)。

配位键 配位原子 离子键

$[Cu(NH_3)_4]SO_4$

中心原子 配体 配位数

内界（配离子） 外界

配合物

图 7-1 配合物的组成

（一）中心原子

在配离子(或配位分子)中，能够接受配体提供的孤对电子的离子(或原子)统称为中心原子。它位于内界的中心，是配合物的核心部分，也称为配合物的形成体。一般是副族的金属阳离子，特别是过渡金属阳离子。例如 Fe^{3+}、Fe^{2+}、Co^{3+}、Ni^{2+}、Cu^{2+}、Zn^{2+} 等。但也有中性原子作为中心原子的，如$[Ni(CO)_4]$、$[Fe(CO)_5]$、$[Cr(CO)_6]$中的 Ni、Fe、Cr 均为中性原子。而某些具有高氧化态的非金属元素也是较常见的中心原子，例如$[SiF_6]^{2-}$ 中的 Si(Ⅳ)，$[BF_4]^-$ 中的 B(Ⅲ)，$[PF_6]^-$ 中的 P(Ⅴ)等。

（二）配体和配位原子

在配合物中，与中心原子以配位键结合的阴离子或中性分子称为配位体，简称配体。如$[SiF_6]^{2-}$、$[Co(NH_3)_6]^{3+}$、$[Fe(CO)_5]$中的 F^-、NH_3、CO 都是配体。配体中与中心原子配位成键的原子称为配位原子，它必须含有孤对电子。如 NH_3 中的 N 原子，H_2O 中的 O 原子等。常见的配位原子多是电负性较大的非金属原子，如 N、O、S、C、F、Cl、Br、I 等原子，见表 7-1。

表 7-1 常见的配体

配体类型	配体名称	化学式	配位原子
单齿配体	卤素离子	F^-、Cl^-、Br^-、I^-	F、Cl、Br、I
	氨	NH_3	N
	水	H_2O	O
	亚硝酸根	NO_2^-	O
	硫氰酸根	SCN^-	S
	氰根	CN^-	C
	羰基	CO	C
多齿配体	草酸根	$C_2O_4^{2-}$	O
	乙二胺	$H_2N—CH_2—CH_2—NH_2$	N
	二乙三胺	$HN(CH_2—CH_2—NH_2)_2$	N
	乙二胺四乙酸	$CH_2—N(CH_2COOH)_2$ | $CH_2—N(CH_2COOH)_2$	N、O

配体可根据其能配位的原子数目，分为单齿配体和多齿配体。只含一个配位原子的配体称为单齿配体，如 X^- (X=F,Cl,Br,I)、S^{2-}、$H_2\overset{*}{O}$、$\overset{*}{C}O$ 等(标*者为配位原子)。含两个或以上配位原子的配

体称为多齿配体，如乙二胺（$H_2\overset{*}{N}—CH_2—CH_2—\overset{*}{N}H_2$ 缩写为 en）为二齿配体，乙二胺四乙酸根（用 EDTA 或 Y^{4-} 表示）为六齿配体。

$$\begin{matrix} HOOCH_2C \\ {}^-OOCH_2C \end{matrix} > \overset{+}{\underset{H}{N}} — CH_2 — CH_2 — \overset{+}{\underset{H}{N}} < \begin{matrix} CH_2COO^- \\ CH_2COOH \end{matrix}$$

有少数配体虽有两个或以上的配位原子，但只选择其中一个与中心原子成键，故仍属单齿配体，如硝基 $\overset{*}{N}O_2^-$，亚硝酸根 $\overset{*}{O}NO^-$，硫氰酸根 $\overset{*}{S}CN^-$，异硫氰酸根 $\overset{*}{N}CS^-$ 等。

（三）配位数

配合物中直接与中心原子成键的配位原子的数目称为配位数。如果配体是单齿配体，则中心原子的配位数等于配体数；如果配体是多齿配体，则中心原子的配位数不等于配体数。如在 $[Cu(NH_3)_4]SO_4$ 中，配体数是 4，配位数也是 4；在 $[Co(en)_2(NH_3)Cl]^{2+}$ 中，因为 en 是双齿配体，所以 Co^{3+} 的配位数是 6 而不是 4。一般中心离子的配位数是偶数，最常见的配位数是 2、4、6，见表 7-2。

表 7-2　常见金属离子的配位数

配位数	金属离子	实例
2	Ag^+、Cu^+、Au^+	$[Ag(NH_3)_2]^+$、$[Cu(CN)_2]^-$
4	Cu^{2+}、Zn^{2+}、Hg^{2+}、Cd^{2+}、Co^{2+}、Fe^{2+}、Fe^{3+}、Pt^{2+}	$[Cu(NH_3)_4]^{2+}$、$[Zn(CN)_4]^{2-}$、$[HgI_4]^{2-}$、$[Pt(NH_3)_2Cl_2]$
6	Cr^{3+}、Co^{3+}、Cr^{3+}、Ni^{2+}、Al^{3+}、Pb^{4+}、Pt^{4+}	$[PtCl_6]^{2-}$、$[Fe(CN)_6]^{3-}$、$[Cr(NH_3)_4Cl_2]^+$、$[Ni(NH_3)_6]^{2+}$

（四）配离子的电荷

配离子的电荷数等于中心原子和配体总电荷的代数和。如配离子 $[Ag(S_2O_3)_2]^x$ 的电荷数：$x=+1+(-2\times2)=-3$。由于配合物作为整体是电中性的，因此，外界离子的电荷总数和配离子的电荷总数相等，电性相反，因此也可以由外界离子的电荷数推断配离子的电荷数。

三、配离子和配合物的命名

配合物的命名一般与无机物命名原则相似，其规则如下。

（一）内界和外界

阴离子名称在前，阳离子名称在后，当阴离子是简单离子（如卤素离子或 OH^- 等）时，称为“某化某”；阴离子是复杂离子时，称为“某酸某”；若外界为 H^+，配离子名称用“酸”字结尾。

（二）配离子及配位分子的命名顺序

一般依照如下顺序：配体数（中文数字表示）—配体名称（不同配体名称之间以中圆点“·”分开）—合—中心原子—中心原子氧化数（用罗马数字注明）。

（三）配体的命名顺序

（1）先列出无机配体，后列出有机配体，即“先无后有”。

（2）先列出阴离子配体，后列出中性分子配体，即“先阴后中”。

（3）同类配体，按配位原子元素符号的英文字母顺序排列，即“先 A 后 B”。

（4）同类配体，配位原子相同时，将含原子数较少的配体排在前面，即“先少后多”。

（5）同类配体，配位原子相同、配体中所含的原子数目也相同时，按结构式中与配位原子相连的原子的元素符号的英文顺序排列。

（6）配体化学式相同但配位原子不同时，则按配位原子元素符号的字母顺序排列。

配合物命名实例如下：

$[Ag(NH_3)_2]Cl$	氯化二氨合银（Ⅰ）
$[Cu(NH_3)_4]^{2+}$	四氨合铜（Ⅱ）离子
$K[PtCl_3(NH_3)]$	三氯·一氨合铂（Ⅱ）酸钾
$H[PtCl_6]$	六氯合铂（Ⅴ）酸
$[Fe(en)_3]Cl_3$	三氯化三（乙二胺）合铁（Ⅲ）
$[Zn(OH)(H_2O)_3]^+$	羟基·三水合锌（Ⅱ）离子
$[Co(NH_3)_5H_2O]Cl_3$	氯化五氨·一水合钴（Ⅲ）
$NH_4[Cr(NCS)_4(NH_3)_2]$	四（异硫氰酸根）·二氨合铬（Ⅲ）酸铵

没有外界的配合物，中心原子的氧化数可不必标明。例如：

$[Pt(NH_2)(NO_2)(NH_3)_2]$	氨基·硝基·二氨合铂
$[Ni(CO)_4]$	四羰基合镍

四、配位化合物的分类

（一）简单配合物

简单配合物是由中心原子与若干个单齿配体或简单无机分子或离子（如 NH_3、H_2O、X^- 等）结合而形成的配合物。这类配合物分子中没有环状结构。根据配体的多少，又可分为单纯配体配合物，例如 $[Cu(NH_3)_4]SO_4$、$K_2[HgI_4]$ 等；混合配体配合物，例如 $[Pt_2(OH)_2(NH_3)_2]$、$[Co(NH_3)_3(H_2O)Cl_2]Cl$ 等。

（二）螯合物

螯合物是由中心原子与多齿配体形成的具有环状结构的配合物，这种结构具有特殊的稳定性。例如乙二胺就是一种双齿配体，它每个分子上有两个氨基（—NH_2），其结构如下：

$$H_2N—CH_2—CH_2—NH_2$$

当乙二胺分子和铜离子配合时，乙二胺两个氨基上的两个氮原子，可各提供一对未共用电子对与中心离子配合，可以形成两个配位键。在乙二胺分子中两个氨基被两个碳原子隔开，乙二胺分子和铜离子形成一个由五个原子组成的环状结构，称为五元环。它像螃蟹的两个螯钳一样紧紧地把金属离子钳在中间，因此稳定性大大增加。其结构式如下：

$$\begin{matrix} & & H_2 & & & & H_2 & & \\ H_2C & — & N & \searrow & & \swarrow & N & — & CH_2 \\ | & & & & Cu^{2+} & & & & | \\ H_2C & — & N & \nearrow & & \nwarrow & N & — & CH_2 \\ & & H_2 & & & & H_2 & & \end{matrix}$$

这种由中心原子与多齿配体形成的具有环状结构的配合物称为螯合物。能与中心原子形成螯合物的多齿配体称为螯合剂。螯合示意图如图 7-2 所示。

图 7-2 螯合物的螯合示意图

知识链接

顺铂

顺铂，又名顺式-二氯二氨合铂，是一种含铂的抗癌药物，为橙黄色或黄色结晶性粉末，微溶于水、易溶于二甲基甲酰胺，在水溶液中可逐渐转化成反式和水解。

顺铂是目前常用的金属铂类络合物，在抗肿瘤治疗中有重要意义。临床上对肺癌、鼻咽癌、食管癌、恶性淋巴瘤及成骨肉瘤等多种实体肿瘤均能显示疗效，有较强的广谱抗癌作用。但只有顺式才有意义，反式疗效不显著。

迄今各国科学家已合成并检验了数千种与顺铂相关的金属配合物，第二代、第三代抗癌铂配合物已被发现，现在这一领域仍在继续进行大量研究。

第二节 配位平衡

一、配位平衡

中心原子与配体生成配离子的反应称为配位反应，而配离子解离出中心原子和配体的反应称为解离反应，两者达到平衡时称为配位平衡。不同于一般平衡的是，中心原子和配体间以配位键结合，比较稳定，配位反应的趋势远大于解离反应。化学平衡的一般原理完全适用于配位平衡。

（一）配位平衡常数

配合物的内界与外界之间是以离子键结合的，因此在水溶液中配合物会完全解离为配离子和外层离子。如$[Cu(NH_3)_4]SO_4$溶于水时完全解离为$[Cu(NH_3)_4]^{2+}$和SO_4^{2-}。而$[Cu(NH_3)_4]^{2+}$在水溶液中像弱电解质一样，能部分解离出极少量的Cu^{2+}和NH_3。该反应方程式如下：

$$[Cu(NH_3)_4]^{2+} \underset{配位}{\overset{解离}{\rightleftharpoons}} Cu^{2+} + 4NH_3$$

当配位反应与解离反应达到平衡时，根据化学平衡原理，平衡常数表达式为

$$K=\frac{[[Cu(NH_3)_4]^{2+}]}{[Cu^{2+}][NH_3]^4}$$

该平衡常数是用来描述配位平衡的，所以称为配位平衡常数。显然。K值越大，表明生成配离子的倾向越大，即配离子越稳定，因此又称为配离子的稳定常数，用$K_{稳}$或K_s表示。在实际工作中，由于K_s值很大，故也常用$\lg K_s$表示。一些常见配离子的稳定常数见表7-3。

表7-3 常见配离子的稳定常数

配离子	K_s	$\lg K_s$
$[Ag(CN)_2]^-$	1.3×10^{21}	21.11
$[Ag(NH_3)_2]^+$	1.1×10^{7}	7.04
$[Ag(SCN)_2]^-$	3.7×10^{7}	7.85
$[Ag(S_2O_3)_2]^{3-}$	2.9×10^{13}	13.46
$[Fe(CN)_6]^{3-}$	1.0×10^{42}	42.00
$[Co(NH_3)_6]^{2+}$	1.6×10^{35}	35.20
$[Cu(NH_3)_4]^{2+}$	2.1×10^{13}	13.32
$[Zn(NH_3)_4]^{2+}$	2.9×10^{9}	9.46
$[Zn(CN)_4]^{2-}$	5.0×10^{16}	16.70
$[HgI_4]^{2-}$	6.8×10^{29}	29.83
$[AlF_6]^{3-}$	6.9×10^{19}	19.84

K_s是配合物的一个重要性质，大都是由实验测得的。离子强度、温度等条件的不同以及所测方法精确度的不同，都会引起结果的差异，但基本上还是比较接近的。

（二）配位稳定常数的应用

1. 比较同类型配合物的稳定性

对同类型的配合物，即配体数目相同的配合物，K_s越大，配合物稳定性越强。例如：

$$[Ag(NH_3)_2]^+ \quad K_s=1.1\times10^7$$

$$[Ag(CN)_2]^- \quad K_s=1.3\times10^{21}$$

两者的配位比均是2∶1，很明显，$[Ag(CN)_2]^-$比$[Ag(NH_3)_2]^+$稳定得多。

对于不同类型的配合物，不能通过简单比较K_s大小的方法比较两者的稳定性，而只能通过计算，

求出中心离子的浓度，从而比较其稳定性。

2. 计算配合物溶液中各种组分的浓度

【例 7-1】 室温下，将 0.02 mol/L 的 $CuSO_4$ 溶液与 0.28 mol/L 的氨水等体积混合，当溶液达配位平衡时，溶液中 Cu^{2+}、$NH_3 \cdot H_2O$、$[Cu(NH_3)_4]^{2+}$ 的浓度各为多少？

已知 $K_s([Cu(NH_3)_4]^{2+})=2.09\times10^{13}$。

解：两种溶液等体积混合后浓度减半，即 $c(Cu^{2+})=0.01$ mol/L，$c(NH_3 \cdot H_2O)=0.14$ mol/L。

因为 $K_s=2.09\times10^{13}$，数值较大且氨水过量较多，可假定 Cu^{2+} 全部转化为 $[Cu(NH_3)_4]^{2+}$，溶液中存在的少量 Cu^{2+} 由 $[Cu(NH_3)_4]^{2+}$ 解离而得。

设溶液达平衡后，Cu^{2+} 的浓度为 x mol/L，则

$$[Cu(NH_3)_4]^{2+} \rightleftharpoons Cu^{2+} + 4NH_3$$

平衡浓度/(mol/L) $\qquad 0.01-x \quad 0.10+4x$

代入稳定常数表达式，得

$$K_s=\frac{[[Cu(NH_3)_4]^{2+}]}{[Cu^{2+}][NH_3]^4}=\frac{0.01-x}{x(0.10+4x)^4}=2.09\times10^{13}$$

由于稳定常数数值很大，且氨水过量，所以 $[Cu(NH_3)_4]^{2+}$ 解离度很小，可近似认为 $0.10+4x\approx0.10$，$0.01-x\approx0.01$。则

$$K_s=\frac{0.01}{x(0.10)^4}=2.09\times10^{13}$$

计算得 $x=4.8\times10^{-12}$。

即溶液达配位平衡后，溶液中各组分的浓度：$c(Cu^{2+})=4.8\times10^{-12}$ mol/L，

$$c(NH_3 \cdot H_2O)=0.10 \text{ mol/L}, \quad c([Cu(NH_3)_4]^{2+})=0.01 \text{ mol/L}$$

3. 判断沉淀的生成或溶解

【例 7-2】 298.15 K 时，1 L 6.0 mol/L 氨水中能溶解固体 AgCl 的质量为多少？若向上述溶液中加入 KI 固体，使 $[I^-]=0.10$ mol/L(忽略体积变化)，有无 AgI 沉淀生成？已知 $K_{sp}(AgCl)=1.8\times10^{-10}$，$K_{sp}(AgI)=8.5\times10^{-17}$，$K_s([Ag(NH_3)_2]^+)=1.1\times10^7$。

解：AgCl 在氨水中的溶解反应为

$$2NH_3+AgCl \rightleftharpoons [Ag(NH_3)_2]^+ + Cl^-$$

该反应的标准平衡常数为

$$K=\frac{[[Ag(NH_3)_2]^+][Cl^-]}{[NH_3]}=\frac{[[Ag(NH_3)_2]^+][Cl^-]}{[NH_3]}\cdot\frac{[Ag]^+}{[Ag]^+}$$
$$=K_s([Ag(NH_3)_2]^+)\cdot K_{sp}(AgCl)$$
$$=1.1\times10^7\times1.8\times10^{-10}=2.0\times10^{-3}$$

设 1 L 6.0 mol/L 氨水中最多能溶解 x mol 固体 AgCl，则平衡时物质的浓度如下：

$[Cl^-]=x$ mol/L；$[Ag(NH_3)_2^+]=x$ mol/L；$[NH_3]=(6.0-2x)$ mol/L，代入反应的平衡常数表达式，得

$$\frac{x^2}{(6-2x)^2}=2.0\times10^{-3}$$

解得 $x=0.25$

$$m(AgCl)=0.25 \text{ mol}\times143.5 \text{ g/mol}=35.9 \text{ g}$$

即 298.15 K 时，1.0 L 6.0 mol/L 氨水最多能溶解 35.9 g 固体 AgCl。

上述溶液同时存在下列平衡：

$$2NH_3 + Ag^+ \rightleftharpoons [Ag(NH_3)_2]^+$$

平衡浓度/(mol/L) $\quad 6.0-2\times0.25 \quad [Ag^+] \qquad 0.25$

代入平衡常数表达式，得

$$K_s=\frac{[[Ag(NH_3)_2]^+]}{[Ag^+][NH_3]^2}=\frac{0.25}{[Ag^+](6.0-2\times0.25)^2}$$

$$=1.1\times10^7$$

$$[Ag^+]=7.5\times10^{-10}\ \text{mol/L}$$

$$Q(AgI)=c(Ag^+)\cdot c(I^-)=7.5\times10^{-10}\times0.10>K_{sp}(AgI)=8.5\times10^{-17}$$

所以，有 AgI 沉淀生成。

二、配位平衡的移动

配合平衡与其他化学平衡一样，是在一定条件下建立的一个动态平衡。如果平衡体系条件被改变，平衡将发生移动。配位平衡的移动同样遵循化学平衡移动原理。下面分别讨论溶液酸度、沉淀反应、氧化还原反应对配位平衡的影响及配位平衡之间的转化。

（一）溶液酸度的影响

根据酸碱质子理论，当配合物的配体为 F^-、CN^-、SCN^-、OH^- 和 NH_3 以及有机酸根离子时，在这些碱体系中加入强酸，易生成难解离的共轭弱酸，从而使配位平衡向解离的方向移动，导致配离子解离度增大，配离子的稳定性降低。当溶液 pH 减小时，配体与 H^+ 结合，从而使配合物稳定性降低的现象称为酸效应。例如，在 $CuSO_4$ 溶液中加入过量氨水，所得的$[Cu(NH_3)_4]^{2+}$中加入 HNO_3 时，会使$[Cu(NH_3)_4]^{2+}$被破坏，从而生成 NH_4^+，这正是配位平衡与酸碱平衡竞争的结果。如图 7-3 所示，反应的实质是 H^+ 与 Cu^{2+} 争夺配体 NH_3。

另一方面，配合物的中心原子大多是过渡金属离子，在水溶液中会发生不同程度的水解，反应导致中心原子浓度降低，平衡向解离方向移动，从而使配合物稳定性降低的现象称为水解效应。例如，$[FeF_6]^{3-}$会发生水解效应(图 7-4)。可见，酸度对配位平衡的影响是复杂的，既要考虑配体的酸效应，又要考虑金属离子的水解效应。因此在实际工作中，一般采取在不产生水解效应的前提下，尽可能提高溶液 pH 的方法，以保证配离子的稳定性。这是利用配合物进行定性或定量分析时必须注意的重要条件之一。

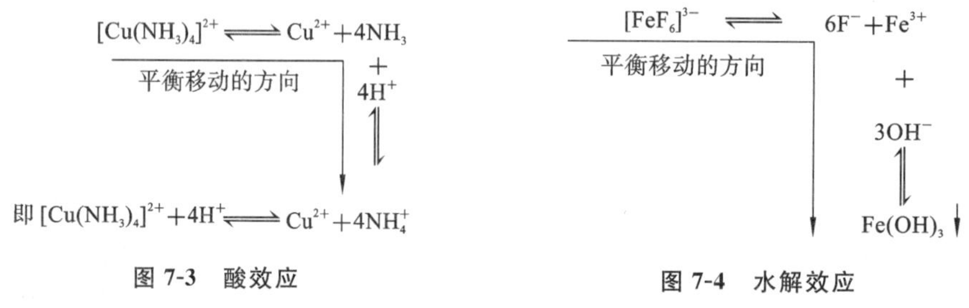

图 7-3 酸效应　　图 7-4 水解效应

（二）配位平衡与沉淀溶解平衡

若在沉淀中加入能与金属离子形成配离子的配位剂，则沉淀有可能转化为配离子而溶解。如在 AgCl 沉淀中加入配位剂氨水，由于生成了$[Ag(NH_3)_2]^+$，降低了溶液中 Ag^+ 的浓度，促进了 AgCl 沉淀的溶解。只要加入的氨水足量，AgCl 沉淀可以完全溶解。相反，在配合物中加入沉淀剂 NaBr，立即出现淡黄色沉淀。配位平衡与沉淀溶解平衡的关系，实质上是沉淀剂与配位剂对金属离子的争夺，如图 7-5 所示。

金属离子存在的状态，即配位平衡与沉淀溶解平衡转化的方向取决于配离子的稳定常数 K_s 和难溶物溶度积常数 K_{sp}的大小关系。

（三）配位平衡与氧化还原平衡

配位平衡与氧化还原平衡之间的影响也是相互的。若在配离子溶液中加入某种氧化剂或还原剂，能与配体或中心原子发生氧化还原反应，则会使配位平衡向着解离的方向移动，从而破坏配离子的存在。而金属离子在形成配合物后，溶液中金属离子的浓度降低，根据能斯特公式可知，金属配离子-金属电对的电极电势比该金属离子-金属电对的电极电势要低。如向含$[Fe(SCN)]^{2+}$的溶液中加

入 $SnCl_2$，可发生如图 7-6 所示的反应。

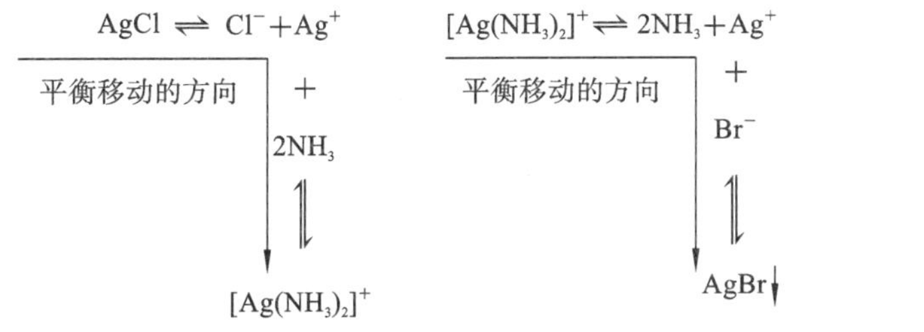

图 7-5 沉淀溶解平衡的影响

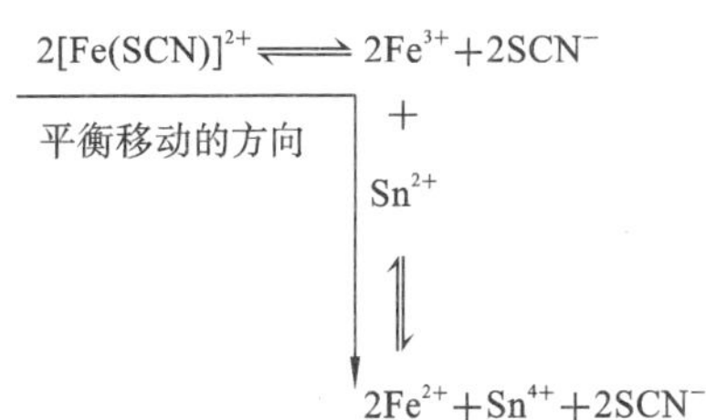

图 7-6 氧化还原反应的影响

（四）配离子间的相互转化

当溶液中存在着两种能与同一金属离子形成配离子的配体时，或者存在着两种金属离子能与同一配体形成配离子时，都会发生相互间的争夺与平衡转化。转化主要取决于配离子稳定性的大小，平衡总是向着生成稳定性较强的配离子的方向转化。即两个配离子的稳定常数相差越大，转化越完全。

【例 7-3】 试求下列配离子转换反应的平衡常数：

$$[Ag(NH_3)_2]^+ + 2CN^- \rightleftharpoons [Ag(CN)_2]^- + 2NH_3 \quad (1)$$

$$[Ag(NH_3)_2]^+ + 2SCN^- \rightleftharpoons [Ag(SCN)_2]^- + 2NH_3 \quad (2)$$

已知：$K_s([Ag(NH_3)_2]^+)=1.7\times10^7$；$K_s([Ag(CN)_2]^-)=5.6\times10^{18}$；$K_s([Ag(SCN)_2]^-)=3.7\times10^7$。

解：式(1)的反应平衡常数表达式：

$$K=\frac{[[Ag(CN)_2]^-][NH_3]^2}{[[Ag(NH_3)_2]^+][CN^-]^2}$$

$$即\ K=\frac{[[Ag(CN)_2]^-][NH_3]^2}{[[Ag(NH_3)_2]^+][CN^-]^2}\cdot\frac{[Ag]^+}{[Ag]^+}$$

$$=\frac{K_s[[Ag(CN)_2]^-]}{K_s[[Ag(NH_3)_2]^+]}=\frac{5.6\times10^{18}}{1.7\times10^7}=3.3\times10^{11}$$

式(2)的反应平衡常数同样可求得

$$K=\frac{[[Ag(SCN)_2]^-][NH_3]^2}{[[Ag(NH_3)_2]^+][SCN^-]^2}=\frac{K_s[[Ag(SCN)_2]^-]}{K_s[[Ag(NH_3)_2]^+]}=\frac{3.7\times10^7}{1.7\times10^7}=2.2$$

由上可知，配离子间转化反应的平衡常数等于产物配离子的稳定常数与反应物配离子的稳定常数之比。平衡常数较大，说明两种配离子的稳定常数相差较大，反应向右进行的倾向较大，转化较完全；平衡常数较小，说明两种配离子的稳定常数相差不大，反应向右进行的趋势不大。

第三节 配位化合物在医药中的应用

人每天除了需要摄入大量的水、糖类、蛋白质以及脂肪等物质外，还需要一些必需的“生命元素”，他们是构成酶活性的重要组成部分。“生命元素”过量或缺失，或污染金属元素在人体内大量沉积，均会引起生理功能的紊乱导致发病甚至死亡。因此，生物体内的金属元素，尤其是过渡金属元素形成的配合物在医药领域中扮演着很重要的作用。

一、金属元素中毒的解毒剂

随着现代工业的高速发展，环境污染所带来的某些非必需甚至有毒的金属可能会进入人体，给人类健康造成很大的威胁，如重金属 Pb、Hg、Cd、Tl 等。当它们进入生命体后会与蛋白质中的—SH 结合从而使酶失去活性；还有些金属能取代体内的某些必需元素，如 Cd^{2+} 能取代 Zn^{2+} 从而抑制锌金属酶的活性，铊置换钾后形成不溶性物质；含汞化合物进入人体后会迅速通过脑屏障从而引起脑细胞损害。因此，利用有机配体与这些金属反应，可以使有毒的金属转化为无毒可溶的配合物排出体外，实现解毒功能。如临床表明普鲁士蓝对治疗经口急慢性铊中毒有一定疗效；用枸橼酸钠针剂治疗铅中毒，可使铅转变为稳定无毒的$[Pb(C_6H_5O_7)]^-$从肾脏排出；EDTA 钙盐是 U、Th、Pu、Sr 等放射性元素的高效解毒药；二巯丙醇是治疗 As、Hg 中毒的首选药物。

二、杀菌抗病毒药物

因为配体能与细菌所必需的金属离子结合成为稳定的配合物，防止生物碱、维生素、肾上腺素等被细菌破坏，因此某些配合物应用于抗菌剂和抗病毒药物，已取得了较好的效果。如 8-羟基喹啉与铜、铁各自都无抗菌活性，但它们的配合物却呈现明显的抗菌作用；四环素类药物可与细菌胞质膜上的镁离子螯合，干扰蛋白质的合成从而产生抑菌作用；抗结核药物则是通过干扰细菌核糖体 Mg^{2+}-亚精胺配合物而起作用，这可能与镁离子的螯合作用有关。

三、抗癌药物

癌症已成为目前人类健康的主要杀手，是仅次于心血管疾病的第二大死因。20 世纪 70 年代初，铂配合物的抗癌功能研究在国内外引起了广泛关注。已确认的顺式二氯二氨合铂(Ⅱ)(简称顺铂)显示抗癌活性最高。它含有脂溶性的载体配体 NH_3，可顺利通过细胞膜的脂质层进入癌细胞内，接着释放的 Cl^- 可进攻 DNA 上的碱基，从而破坏癌细胞的 DNA 复制功能并抑制其生长。但是顺铂尚有毒性大、缓解期短、水溶性小的缺点，促使人们致力于研究与顺铂抗癌活性相近而毒副作用较小的第二代、第三代抗癌金属配合物药物。目前比较成熟的抗癌药物均为金属的配合物，可分为铂类抗癌药物、钌配合物、有机锗配合物、茂类配合物、有机锡配合物和钯配合物。可见配合物在探索抗癌新药方面是一个非常有前景的领域。

四、其他药物

除上述作用外，配合物还在抗凝血、利尿、治疗心血管疾病以及生化检验等方面得到了广泛应用。

抗凝血药物对于血栓等血凝类疾病是非常重要的。例如，EDTA 和枸橼酸钠可以螯合血液中的钙离子，使钙成为一种难溶物沉淀下来，达到除去钙的目的，防止血液凝固。

利尿剂是促进尿液形成的药物。目前研究得最清楚的有效药物是汞利尿剂。在肾脏中，有机汞利尿剂全部解离产生汞离子，这种汞离子可能是有效的药物。

思政案例

科技强国

世界卫生组织国际癌症研究机构(IARC)公布的统计数据显示，2020 年 1 月全球各类新发癌症和肿瘤死亡事件 1929 万例，预计到 2035 年新发病例将会达到 2400 万。化疗是各种癌症晚期患者的主要治疗手段之一，目前使用含铂类药物的化疗方案占所有化疗方案的 70%～80%。

近年来，我国科技工作者在配合物研究方面也做出了许多贡献，厦门大学夏海平教授长期从事配合物的研究工作，以中国传统的龙文化元素为理念，创立了有过渡金属配位的“碳龙化学”概念，2019 年制备出了具有最高碳配位数，且吸收光谱宽、稳定性好的金属配合物，在生物医学和太阳能领域应用前景广阔。夏海平教授的相关研究成果入选 2013 年“中国高校十大科技进展”，并且“碳龙化学”概念于 2020 年入选了国际经典有机化学教科书 *March's Advanced Organic Chemistry*(第八版)。作为一名大学生，学好理论知识才能成为科技强国宏伟蓝图的设计者。

肌肉收缩是由于肌肉细胞中钙离子的存在。注射 EDTA 二钠盐可以使血浆钙浓度降低，使心肌收缩力量增强，保护心血管和心脏处于功能正常状态。

临床上利用配合物反应生成具有某种特殊颜色的配离子，根据不同颜色的深浅可进行定性和定量分析。例如，测定尿中铅的含量，常利用双硫腙与铅离子生成红色螯合物，然后进行比色分析；而 Fe^{3+} 可用硫氰酸盐和其生成血红色配合物来检验。

本章小结

本章介绍的配位化合物是一类由中心原子与配体通过 Lewis 酸碱反应形成配位键所得到的复杂化合物。通常配合物由内界和外界两部分组成。内界是配合物的核心部分，其中包括中心原子、配体、配位数。为保持配合物电中性，外界带等量的相反电荷。内界与外界之间通过离子键结合。有时外界不存在，故配合物可以是配离子，也可以是中性分子。配合物在命名时遵循“配体数-配体名称-合-中心原子名称（氧化数）”的命名规则。

配位反应与解离反应达到平衡时的状态称为配位平衡。在一定温度下中心离子与配体在溶液中达到配位平衡时，配离子浓度与未配位的金属离子浓度和配体浓度的乘积之比称为配合物的稳定常数，用符号 K_s 表示。它会受到酸效应、沉淀反应以及氧化反应的影响而发生移动：溶液的酸度越大，平衡向解离方向移动的程度越大；K_{sp}越小，配位平衡越容易转化为沉淀溶解平衡；氧化还原反应也可以影响配位平衡，使配离子解离，而配位平衡也可改变氧化还原反应进行的方向。另外，当溶液中存在着两种能与同一金属离子形成配离子的配体时，平衡总是向着生成稳定性较强的配离子的方向转化。两个配离子的稳定常数相差越大，转化越完全。

配合物在医药领域起着很重要的作用，它可以作为解毒剂、杀菌抗病毒药物、抗癌药物等，为人体健康提供保证。

能力检测

能力检测答案

一、选择题

1. 配合物中 $H_2[PtCl_4]$中配体为(　　)。

A. Pt　　B. H　　C. Cl　　D. H_2

2. 在$[Co(en)_3]Cl_3$ 中，中心原子的配位数是(　　)。

A. 2　　B. 6　　C. 8　　D. 9

3. $K_4[Fe(CN)_6]$中配离子电荷和中心原子电荷分别为(　　)。

A. －2，＋4　　B. －4，＋2　　C. ＋3，－3　　D. －3，＋3

4. 下列为多齿配体的是(　　)。

A. NH_3　　B. HCN　　C. HCl　　D. EDTA

5. 下列说法正确的有(　　)。

A. 配位数一定是配体的数目

B. 影响配位平衡移动的因素有配位剂相对分子质量的大小

C. 只有金属离子才能作为中心原子

D. 配合物中内界与外界电荷的代数和为零

6. 配合物中一定含有(　　)。

A. 金属键　　B. 离子键　　C. 配位键　　D. 氢键

7. $[Co(NH_3)_6]^{3+}$ 的配体是(　　)。

A. Co　　B. N　　C. NH_3　　D. C

8. 下列为多齿配体的是(　　)。

A. I^-　　B. EDTA　　C. NH_3　　D. H_2O

9. 下列是单齿配体的是(　　)。

A. en　　B. EDTA　　C. $C_2O_4^{2-}$　　D. NH_3

10. $[Cu(NH_3)_4]SO_4$ 中，配位数是（　　）。

A. 2　　B. 4　　C. 6　　D. 7

二、命名下列配离子和配合物，并指出中心原子、配体、配位原子和配位数

1. $H_2[PtCl_4]$
2. $K_2[Co(SCN)_4]$
3. $K[PtCl_5(NH_3)]$
4. $[Co(en)_3]Cl_3$
5. $[Fe(H_2O)_6]^{2+}$
6. $[Co(NH_3)_5(H_2O)]Cl_3$

三、简答题

1. 简述配合物的分类。
2. 简述影响配位平衡的移动的因素。

参考文献

[1] 傅春华，黄月君. 基础化学[M]. 2版. 北京：人民卫生出版社，2013.

[2] 项岚，段广河. 医用化学[M]. 北京：中国医药科技出版社，2013.

[3] 章耀武. 药用基础化学[M]. 北京：人民军医出版社，2012.

[4] 杨金香，黄勤安，闫冬良. 医用化学[M]. 3版. 北京：人民军医出版社，2009.

（陈　晨）

本章题库

第八章

有机化合物概述

学习目标

掌握：有机化合物的概念、特性和分类。
熟悉：碳原子成键特点、有机化合物分子结构的表示方法及有机反应的类型。
了解：研究有机化合物的一般方法。

扫码
看 PPT

除水和一些无机盐外，组成人体的绝大部分物质是有机化合物，这些物质在人体内有着不同的功能并进行着一系列复杂的化学反应。疾病的预防、检测、诊断和治疗，药物结构、疗效、毒性及合成的研究，都离不开有机化学。从本章开始，我们将学习与药学、医学等专业关系密切的一大类化合物——有机化合物。

第一节　有机化合物

一、有机化合物的概念及特性

人们对物质的认识是逐步发展的。过去，人们将从无生命的矿物中得到的化合物称为无机化合物，而从有生命的动物和植物中得到的物质称为有机化合物（简称有机物）。19 世纪，德国化学家凯库勒（A. Kekule）研究发现，有机化合物中都含有碳元素。他提出含碳元素的化合物就是有机化合物。随着研究的深入，人们发现除含有碳元素外，绝大多数有机化合物还含有氢元素，有的还含有氧、氮、硫、磷及卤素等元素。肖莱马（K. Schorlemmer）提出：有机化合物是指碳氢化合物及其衍生物。这个定义沿用至今。

通过与无机化合物的比较可以发现：有机化合物结构复杂，种类繁多；大多数有机化合物难溶于水，易溶于有机溶剂；熔点、沸点较低，难导电，热稳定性差且易燃烧；有机化合物在进行化学反应时反应速率一般较小，且常伴随副反应发生，反应产物较为复杂。需要指出的是，在认识有机化合物的一般特性时，也要注意它们的个性。例如，四氯化碳不但不燃烧，反而能够灭火；乙醇在水中可无限混溶。

研究有机化合物的化学称为有机化学，它是研究有机化合物的来源、制备、结构、性质、应用以及有关理论的科学。

二、研究有机化合物的一般方法

目前有机化合物已逾几千万种，但人们仍致力于新的有机化合物的发现与合成。有机化合物的研究是一个比较复杂的问题，尤其在药物合成方面。研究某一新的有机化合物或测定某种药物中的有效成分，一般采用以下步骤和方法。

首先，利用蒸馏、重结晶、萃取、升华、层析和离子交换等方法对有机化合物进行分离和纯化，通过测定熔点、沸点、密度、折光率等物理常数或利用光谱技术对该化合物的纯度进行检验。

其次，通过元素的定性和定量分析，确定该化合物的元素组成及各组成元素的质量比，从而得出该化合物的最简式，即实验式。

再次，采用高效而准确的质谱法，对有机化合物的相对分子质量进行测定，以确定分子式。

最后，利用现代化的检测手段（如红外光谱、紫外-可见光谱、核磁共振波谱、X 衍射等）对有机化合物进行测定，结合有机化合物的化学性质，即可确定其结构。

思政案例

有机化学的"生命力"学说

17—18 世纪，人类从动植物中获得了许多有机化合物，1806 年有机化学之父——贝采里乌斯首次提出了"有机化学"。由于受当时的条件限制，有机化学研究的对象只能是天然动植物有机体。许多化学家因此认为，在生物体内存在特殊的、神秘的"生命力"才能产生有机化合物，这些物质不能用无机化合物来合成。

1824 年，德国化学家维勒用氰经水解制得草酸，1828 年他无意中用加热的方法又使氰酸铵转化为尿素。氰和氰酸铵都是无机化合物，而草酸和尿素都是有机化合物。维勒的实验结果给予"生命力"学说第一次冲击。此后，乙酸等有机化合物相继由碳、氢等元素合成。由于合成方法的改进和发展，越来越多的有机化合物不断地在实验室中被合成出来，其中，绝大部分是在与生物体内迥然不同的条件下合成出来的。"生命力"学说渐渐被抛弃了，"有机化学"这一名词却沿用至今。

化学的重大发现都有其历史的必然性，都是在人民群众所提供的物质、技术、生活条件的基础上取得的，从事物质生产的广大劳动群众是推动科学技术进步的真正动力。可见，科学真理是在不断分析、不断批判、不断探索、不断求证、不断创新与进步中向前发展的。

第二节 有机化合物的结构

"结构决定性质，性质反映结构"，要理解和掌握有机化合物的性质，就必须了解有机化合物的结构。

一、碳原子的成键特性

有机化合物是由碳原子构成其基本骨架的，因此碳原子的结构特点是决定有机化合物结构特征的重要因素。

（一）碳原子的结构特点

碳元素位于元素周期表的第 2 周期第ⅣA 族，其原子核外电子排布式为 $1s^2 2s^2 2p_x^1 2p_y^1 2p_z^0$，最外层有 4 个电子，要完全失去 4 个电子或得到 4 个电子，形成离子键都是不容易的，因此有机化合物中的碳原子主要以共价键形式与其他原子结合。

碳原子不仅能与 H、O、N 等原子形成共价键，还能与其他碳原子形成单键、双键或三键。表示如下：

$-\overset{\vert}{\underset{\vert}{C}}-\overset{\vert}{\underset{\vert}{C}}-$	$\gt C=C \lt$	$-C\equiv C-$
碳碳单键	碳碳双键	碳碳三键

在有机化合物分子中，碳原子之间通过共价键相连，形成链状或环状碳链，从而构成了有机化合物的基本骨架。例如：

链状碳链　　　　环状碳链

根据价键理论可知，处于基态的碳原子最外层有 2 个未成对电子，只能形成 2 个共价键，但在有机化合物中，C 原子总是以 4 价成键，为此，鲍林(Pauling)于 1931 年提出了杂化轨道理论。

（二）杂化轨道理论

杂化轨道理论认为：碳原子在成键时通过吸收能量，使其核外电子排布由基态转变为激发态，然后能量相近的原子轨道重新组合成新的轨道，这个过程称为杂化，形成的新轨道叫杂化轨道。杂化轨道的数目等于参与杂化的原子轨道数目。杂化的目的是改变电子云的形状和方向，使碳原子在成键时电子云得到最大限度的重叠，从而形成稳定的共价键。也就是说，由杂化轨道形成的分子更稳定。

有机化合物中，碳原子的杂化方式有以下三种。

1. sp^3 杂化

处于基态的碳原子核外只有 2 个未成对电子，经由外界吸收能量后形成的激发态则有 4 个未成对电子，从而可以形成 4 个共价键。当有机化合物分子中的碳原子以 4 个共价单键与其他原子成键时，由激发态的 1 个 2s 轨道和 3 个 2p 轨道($2p_x$、$2p_y$、$2p_z$)进行杂化，形成 4 个能量相等、形状相同的 sp^3 杂化轨道。

基态　　　　激发态　　　　sp^3杂化态

由于 s 电子云是球形的，p 电子云是哑铃形的，两者组合后形成的 sp^3 杂化轨道“一头大一头小”，成键时有利于轨道最大限度地重叠。1 个 sp^3 杂化轨道的能量相当于$\frac{1}{4}$s 轨道和$\frac{3}{4}$p 轨道的能量之和，4 个 sp^3 杂化轨道对称地指向正四面体的 4 个顶点，彼此夹角均为 109°28′(图 8-1)。

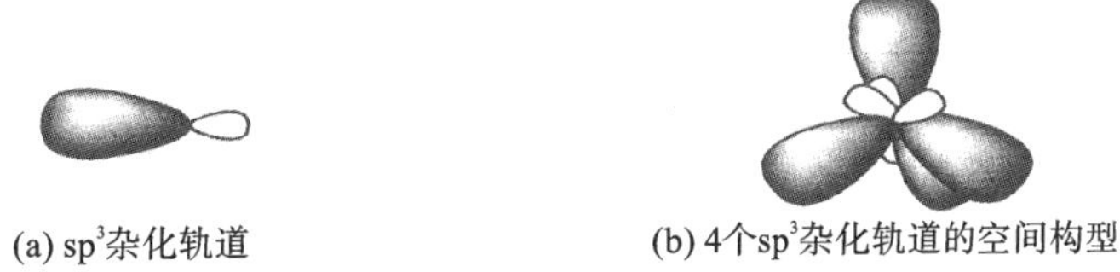

(a) sp³杂化轨道
(b) 4个sp³杂化轨道的空间构型

图 8-1　碳原子的 sp^3 杂化轨道及其空间构型

2. sp^2 杂化

当碳原子在有机化合物分子中形成双键时，由激发态的 1 个 2s 轨道和 2 个 2p 轨道发生杂化，形成 3 个能量相等、形状相同的 sp^2 杂化轨道。

基态　　　　激发态　　　　sp^2杂化态

sp^2 杂化轨道的形状与 sp^3 杂化轨道相似，其能量为$\frac{1}{3}$s 轨道和$\frac{2}{3}$p 轨道能量之和，它们对称地分布在同一平面上，3 个 sp^2 杂化轨道间的夹角为 120°，成平面正三角形，余下的 1 个未参与杂化的 2p 轨道垂直于 sp^2 杂化轨道所在的平面(图 8-2)。

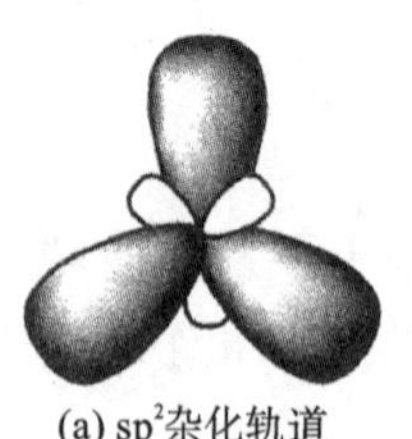

(a) sp^2杂化轨道

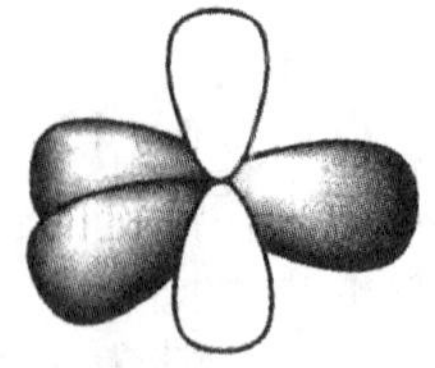

(b) sp^2杂化轨道和p轨道的空间构型

图 8-2 碳原子的 sp^2 杂化轨道及其空间构型

3. sp 杂化

当碳原子在有机化合物分子中形成三键时，由激发态的 1 个 2s 轨道和 1 个 2p 轨道杂化，形成 2 个能量相等、形状相同的 sp 杂化轨道。

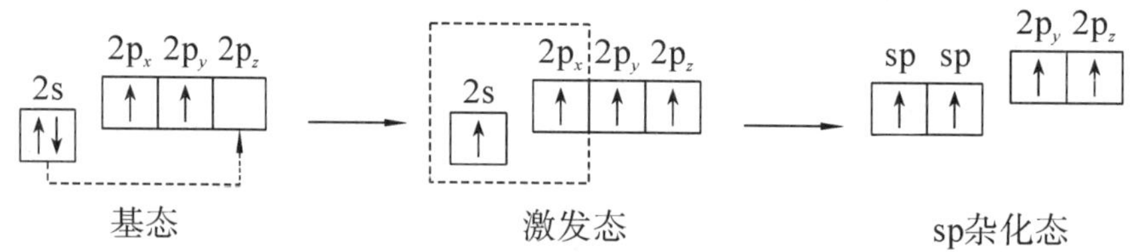

sp 杂化轨道的能量为$\frac{1}{2}$s 轨道和$\frac{1}{2}$p 轨道的能量之和。2 个 sp 杂化轨道的对称轴在同一直线上，彼此夹角为 180°，2 个未杂化的 2p 轨道与杂化轨道相互垂直(图 8-3)。

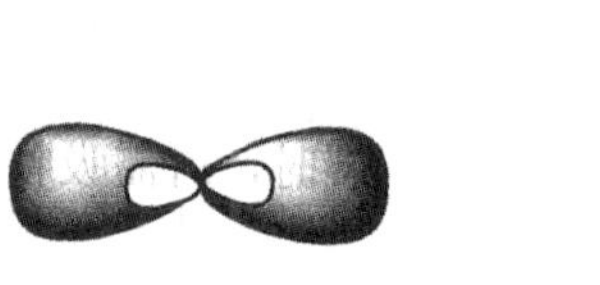

(a) sp杂化轨道

(b) sp杂化轨道和p轨道的空间构型

图 8-3 碳原子的 sp 杂化轨道及其空间构型

知识链接

几种轨道杂化之后的分子空间形态

sp 杂化：直线形，如 CO_2、CS_2、$BeCl_2$、$HgCl_2$、C_2H_2。

sp^2 杂化：平面三角形(等性杂化为平面正三角形)，如 BCl_3；正六边形，如石墨。

sp^3 杂化：空间四面体(等性杂化为正四面体)，如 CH_4、CCl_4。

sp^3d 杂化：三角双锥，如 PCl_5。

sp^3d^2 杂化：八面体(等性杂化为正八面体)，如 SF_6。

sp^3d^3 杂化：五角双锥，如 IF_7。

dsp^2 杂化：平面四方形(等性杂化为正方形)，如$[Pt(NH_3)_2Cl_2]$(顺铂)。

（三）σ 键和 π 键

由两个相同或不相同的原子轨道沿轨道对称轴方向相互重叠而形成的共价键，称为 σ 键（图 8-4(a)）。由两个相互平行的 p 轨道从侧面相互重叠而形成的共价键，称为 π 键（图 8-4(b)）。

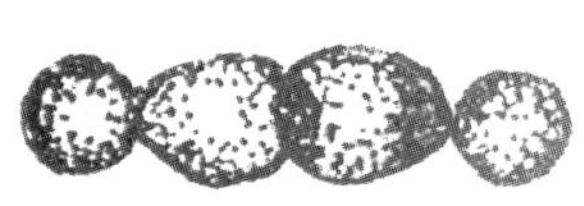

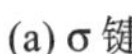

(a) σ 键

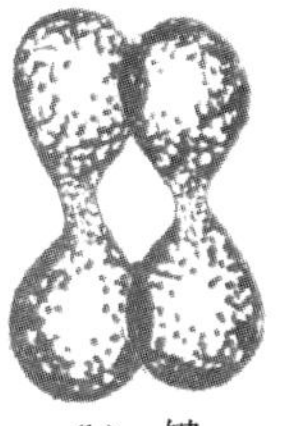

(b) π 键

图 8-4　碳的 σ 键和 π 键

有机化合物分子中的共价单键都是 σ 键，共价双键和三键中，除有 1 个 σ 键外，其余的键都是 π 键。由于 σ 键和 π 键的成键方式不同，它们之间存在许多差异，其主要特点见表 8-1。

表 8-1　σ 键和 π 键的主要特点

	σ 键	π 键
形成	成键轨道沿键轴重叠——“头碰头”	成键轨道平行重叠——“肩并肩”
存在	可独立存在	只能与 σ 键同时存在
性质	(1) 重叠程度大，稳定 (2) 电子云受核约束大，不易极化 (3) 成键的两个原子可自由旋转	(1) 重叠程度小，不稳定 (2) 电子云受核约束小，易极化 (3) 成键的两个原子不能自由旋转

二、有机化合物的表示方法

（一）同分异构现象

组成有机化合物的元素种类不多，但有机化合物的数量却非常多，一方面是由于有机化合物分子中含有的原子种类和数目不同；另一方面是由于有机化合物分子中各原子相互结合的方式、次序以及空间排布状况不同。例如，乙醇和甲醚的分子式都可以用 C_2H_6O 表示，但两者的结构式却不同。

```
    H   H                 H       H
    |   |                 |       |
H — C — C — O — H     H — C — O — C — H
    |   |                 |       |
    H   H                 H       H
      乙醇                    甲醚
```

这种分子式相同但结构不同的现象，称为同分异构现象，而具有相同分子式、结构不相同的化合物互称同分异构体。分子结构不同，就是不同的物质。

（二）有机化合物结构的表示方法

有机化合物一般不用分子式表示。因为有机化合物普遍存在同分异构现象，往往几种物质具有相同的分子式，因此，有机化合物结构常用结构式、结构简式和键线式表示（立体异构内容将在后续章节中介绍）。从上述乙醇和甲醚的结构式可以看出，用元素符号和短线组成的结构式，非常完整地表示了组成一个有机化合物分子的原子种类和数目，以及分子内各个原子的连接顺序和连接方式。对于结构较为复杂的有机化合物，由于书写起来比较烦琐，因此，也常用结构简式或键线式来表示。例如：

$$\begin{array}{c} \quad\ \ OH \\ \quad\ \ | \\ CH_3CHCH_2CH_2CH_3 \end{array}$$

$$\begin{array}{c} CH_2 \\ H_2C \quad CH_2 \\ | \qquad\ \ | \\ H_2C \quad CH_2 \\ CH_2 \end{array}$$

结构式　　　　结构简式　　　　键线式

可见，结构简式是在结构式基础上的简化，它不再写出碳与氢或其他原子间的短线，并将同一碳原子上的相同原子或基团合并表达。键线式则更为简练、直观，只写出碳的骨架和其他基团。

第三节　有机化合物的分类

一、按碳架分类

根据分子中碳的骨架特征(即碳原子连接方式)的不同，有机化合物可分为三大类。

(一) 链状化合物

这类化合物分子中的碳原子相互连接成链状，或在长链上有支链。由于长链的化合物最初是在脂肪中发现的，链状化合物又称脂肪族化合物。例如：

$$CH_3CH_2CH_2CH_2CH_2CH_3 \qquad \begin{array}{c} CH_3 \\ | \\ CH_3-C-CH_2CH_3 \\ | \\ CH_3 \end{array}$$

己烷　　　　新己烷

(二) 碳环化合物

这类化合物含有完全由碳原子构成的环。根据碳环的结构特点，又分为以下两类。

1. 脂环族化合物

这类化合物可看作由链状化合物闭合而得，其性质与相应的脂肪族化合物相似，故称为脂环族化合物。例如：

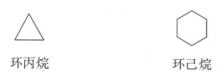

环丙烷　　　　环己烷

2. 芳香族化合物

这类化合物包括一切具有芳香性的碳环化合物。本教材只介绍其中的一类，这类化合物分子中至少含有一个苯环，其性质与脂环族化合物有较大区别。因最初从某些带有芳香气味的物质中获得，因此称芳香族化合物。例如：

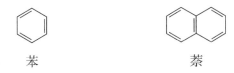

苯　　　　萘

（三）杂环化合物

分子中含有由碳原子和其他原子如氧、硫、氮等组成的具有环状结构的有机化合物。例如：

呋喃　　　　吡啶

二、按官能团分类

官能团是指有机化合物分子中具有反应活性、决定化合物主要化学性质的原子或基团，它是有机化学中的一个重要概念。常见有机化合物按官能团的分类情况见表 8-2。

表 8-2　常见官能团及有机化合物类别

有机化合物类别	官能团结构	官能团名称	实例	
烯烃	$>C=C<$	双键	$CH_2=CH_2$	乙烯
炔烃	$-C\equiv C-$	三键	$CH\equiv CH$	乙炔
醇	$-OH$	醇羟基	CH_3OH	甲醇
酚	$-OH$	酚羟基	C_6H_5-OH	苯酚
醛	$-\overset{O}{\overset{\Vert}{C}}-H$	醛基	$CH_3-\overset{O}{\overset{\Vert}{C}}-H$	乙醛
酮	$-\overset{O}{\overset{\Vert}{C}}-$	羰基	$CH_3-\overset{O}{\overset{\Vert}{C}}-CH_3$	丙酮
羧酸	$-\overset{O}{\overset{\Vert}{C}}-OH$	羧基	$CH_3-\overset{O}{\overset{\Vert}{C}}-OH$	乙酸
醚	$-\overset{\vert}{\underset{\vert}{C}}-O-\overset{\vert}{\underset{\vert}{C}}-$	醚键	$CH_3CH_2-O-CH_2CH_3$	乙醚
胺	$-NH_2$	氨基	CH_3-NH_2	甲胺
硝基化合物	$-NO_2$	硝基	$C_6H_5-NO_2$	硝基苯
卤代烃	$-X$	卤素	CH_3Cl	一氯甲烷
硫醇	$-SH$	巯基	C_2H_5SH	乙硫醇

续表

有机化合物类别	官能团结构	官能团名称	实例	
磺酸	$-SO_3H$	磺酸基	$C_6H_5-SO_3H$	苯磺酸
腈	$-C\equiv N$	氰基	$CH_3C\equiv N$	乙腈
偶氮化合物	$-N=N-$	偶氮基	$C_6H_5-N=N-C_6H_5$	偶氮苯

第四节　有机反应的类型

一、按反应历程分类

反应历程(又称反应机理)是指有机反应所经历的途径或过程。根据共价键断裂方式的不同,有机反应可分为游离基反应和离子型反应两大类型。

(一) 均裂和游离基反应

共价键断裂后,成键原子的共用电子对由 2 个原子或基团各保留 1 个,这种断裂方式叫均裂。均裂的过程可表示如下:

$$A \vdots B \xrightarrow{\text{均裂}} A\cdot + \cdot B$$

游离基(或自由基)

均裂的结果,生成了两个带有未成对电子的游离基(又称自由基)。游离基是较为活泼的活性中间体,一般不够稳定,生成后会迅速发生进一步的反应。

由共价键均裂产生游离基而引发的反应称为游离基反应(又称自由基反应)。游离基反应通常需要光照或高温或以过氧化物为催化剂,在非极性溶剂或气相中进行。这类反应大多为连锁反应,反应一旦发生,将迅速进行,直到结束。

(二) 异裂和离子型反应

共价键断裂后,共用电子对只归属某一原子或基团,从而产生正、负离子,这种断裂方式叫异裂。异裂的过程可表示如下:

$$C \vdots :A \xrightarrow{\text{异裂}} C^+ + :A^- \qquad C: \vdots A \xrightarrow{\text{异裂}} C^-: + A^+$$

碳正离子　　　　碳负离子

由异裂所产生的碳正离子或碳负离子也是活性中间体,它们的生成对反应至关重要。

由共价键异裂生成离子而发生的反应称为离子型反应。离子型反应往往需要酸、碱作为催化剂或在极性溶剂中进行。根据试剂类型的不同,离子型反应又可分为亲电反应和亲核反应。

二、按反应形式分类

根据反应前后有机化合物组成和结构的变化,有机反应可分为以下几类。

(一) 取代反应

有机化合物分子中的原子或基团被其他原子或基团所代替的反应。例如:

$$CH_4 + Cl_2 \xrightarrow{\text{光}} CH_3Cl + HCl$$

（二）加成反应

有机化合物分子中的双键或三键两端的原子与其他原子或基团直接结合生成新的化合物的反应。例如：

$$CH_2=CH_2+HCl\longrightarrow CH_3CH_2Cl$$

（三）消除反应

从一个有机化合物分子中脱去一个小分子（如 HX、H_2O 等），生成不饱和化合物的反应，称为消去反应。例如：

$$CH_3CH_2Br\xrightarrow[NaOH]{C_2H_5OH}CH_2=CH_2+HBr$$

（四）聚合反应

由相对分子质量小的化合物相互结合成相对分子质量大的高分子化合物的反应。例如：

$$nCH_2=CH_2\xrightarrow[\triangle]{催化剂}+\!\!\![CH_2-CH_2]\!\!\!+_n$$

（五）重排反应

由于自身的稳定性较差，在常温、常压下或在其他外界因素的影响下，分子中的某些基团发生转移或分子中碳原子骨架发生改变的反应。例如：

$$CH\equiv CH+H_2O\xrightarrow[H_2SO_4]{HgSO_4}\left[\begin{array}{c}CH_2=CH\\ \quad\quad|\\ \quad\quad OH\end{array}\right]\xrightarrow{重排}CH_3CHO$$

乙烯醇（不稳定）

本章小结

有机化合物是指碳氢化合物及其衍生物。碳原子是有机化合物的主要组成元素，碳原子的原子轨道通过 sp、sp^2 或 sp^3 杂化，使其在与其他原子成键时会得到最大限度的重叠，从而形成稳定的共价键。共价键的结合方式决定了大多数有机化合物具有熔点较低、热稳定性差、可燃烧、易溶于有机溶剂、难导电等特性。根据共价键断裂方式的不同，有机反应可分为游离基反应和离子型反应两大类型。有机化合物的表达方式有结构式、结构简式及键线式，其不仅反映了有机化合物分子中含有的原子种类和数目，以及分子内原子的连接顺序和成键方式，而且体现出有机化合物分子的结构特点。

根据碳架结构特点（即碳原子连接方式）可将有机化合物分为链状化合物、碳环化合物（包括脂环族化合物和芳香族化合物）和杂环化合物；根据官能团的不同，可将有机化合物分为烷烃、烯烃、炔烃、卤代烃、醇、酚、醚、醛、酮、羧酸、硝基化合物、胺及偶氮化合物等。后续课程将按照分类逐一展开学习。

能力检测

能力检测答案

一、选择题

1. 下列描述正确的是（　　）。

A. 键长越长，说明共价键的电子云重叠程度越大

B. 键长越长，共价键越活泼，越容易断裂

C. 键长越长，共价键越不容易被外电场极化

D. 共价键的极性取决于成键的两个原子的体积大小

2. 关于 σ 键叙述不正确的是（　　）。

A. σ 键是成键轨道沿键轴重叠

B. σ 键只能与 π 键同时存在，不能独立存在

C. σ 键成键的两个原子可以自由旋转

D. σ 键中电子云受核约束大，不易极化

3. 下面分子结构中，C 原子全部以 sp^3 杂化轨道参与成键的是（　　）。

A. $CH_3=CH_2CH_3$　　B. $CH_3CH_2=CHCH=CH_3$

C. $CH_3CH_2CH(CH_3)_2$　　D. C_6H_6

4. 下列关于有机化合物分子中 C 原子的描述错误的是（　　）。

A. 成键时，C 原子中的最外层电子首先由基态变到激发态

B. 激发态的 4 个价电子轨道能量重新混合，可以形成 3 个 sp^3 杂化轨道

C. C 原子成键时，轨道发生杂化，形成的杂化轨道类型有 sp、sp^2、sp^3 三种类型

D. 杂化轨道的电子云形状与未杂化的 p 轨道电子云形状不同，一头大，另一头小

5. 按照有机化合物所含官能团分类，下列物质属于炔烃的化合物是（　　）。

A. $CH_3CH_2C\equiv C—CH_3$　　B. CH_3COCH_3

C. $C_6H_5—COOH$　　D. $CH_3CH_2CH_2—OH$

二、名词解释

有机化合物　同分异构现象　杂化诱导效应

三、简答题

1. 按照有机化合物的基本骨架不同，有机化合物可分为几类？分别是什么？

2. 有机化合物按照官能团的不同可分为哪几类？分别是什么？

3. 什么是有机化合物？有机化合物有哪些特点？

4. 试比较 σ 键和 π 键的主要特点。

参考文献

[1] 邢其毅. 基础有机化学[M]. 3 版. 北京：高等教育出版社，2005.

[2] 徐寿昌. 有机化学[M]. 2 版. 北京：高等教育出版社，1993.

[3] 刘斌，卫月琴. 有机化学[M]. 北京：人民卫生出版社，2018.

（陆艳琦）

本章题库

第九章

烃和卤代烃

扫码
看 PPT

学习目标

掌握：烃和卤代烃的分类、各类烃的通式、物理性质和化学性质。
熟悉：烃和卤代烃的结构及它们的命名。
了解：重要的烃和卤代烃在医药上的应用。

分子中只有 C、H 两种元素的有机化合物称为烃，也称为碳氢化合物。烃是最简单的一大类有机化合物，也是有机合成的基础原料，广泛存在于自然界中，特别是在石油和动植物体内。烃的种类非常多，是有机化合物的母体，其他各类有机化合物可以看作烃分子中一个或多个氢原子被其他元素的原子或原子团取代而生成的衍生物。烃分子中的氢原子被卤素原子取代后生成的化合物称为卤代烃，简称卤烃。

根据分子中碳原子连接方式的不同，烃可以按以下方式分类。

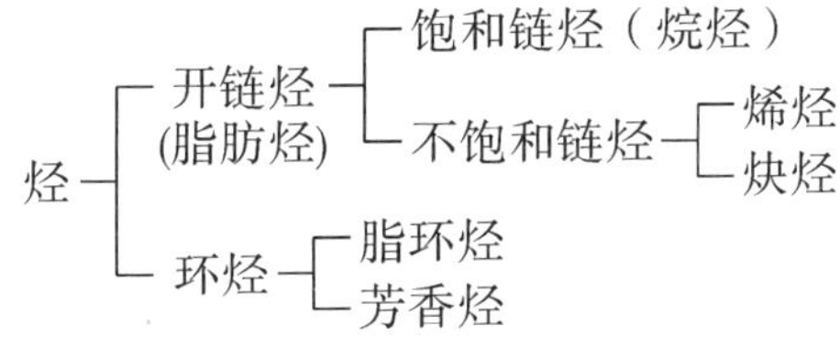

第一节　烷　　烃

烷烃是指碳原子间均以单键相连，其余价键完全与氢原子结合而成的开链烃。因其分子中与碳原子结合的氢原子数目已达饱和，故又称为饱和烃。

一、烷烃的结构

甲烷是最简单的烷烃。在甲烷分子中，碳原子以 sp^3 形式杂化，得到的 4 个 sp^3 杂化轨道分别与 4 个氢原子的 1s 轨道沿键轴方向“头碰头”重叠，形成 4 个碳氢 σ 键，构成了以碳原子为中心，4 个氢原子位于四个顶点的正四面体空间构型，碳氢键之间键角为 109°28′，如此排布使成键电子对间斥力最小，体系最稳定，如图 9-1 所示。

在其他烷烃分子中，碳原子也是以 4 个 sp^3 杂化轨道，形成碳碳 σ 键和碳氢 σ 键，因此多碳原子的烷烃的碳链呈锯齿形，例如，用键线式表示戊烷时，可写为 /\/\ 。由于烷烃分子中的 σ 键由成键原子的电子云沿键轴方向相互重叠，电子云沿键轴对称分布，任一成键原子绕键轴旋转不会影响电子云的重叠程度，故 σ 键可自由旋转。

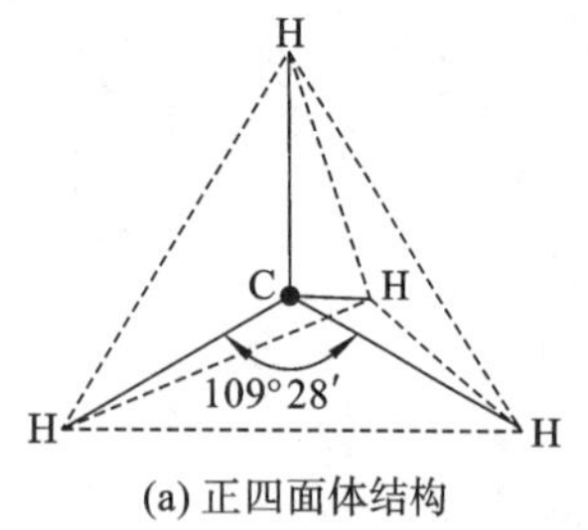

(a) 正四面体结构

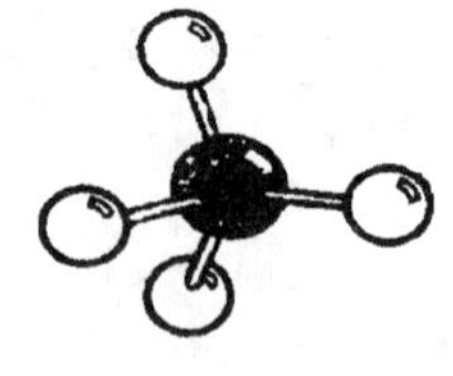
(b) 球棒模型

(c) 比例模型

图 9-1　甲烷分子的空间构型

二、烷烃的同系物和同分异构现象

（一）烷烃的同系物及通式

简单的烷烃除甲烷外，还有乙烷、丙烷、丁烷等，其分子式、结构式、结构简式如下。

	分子式	结构式	结构简式
甲烷	CH_4	见下	CH_4
乙烷	C_2H_6	见下	CH_3CH_3
丙烷	C_3H_8	见下	$CH_3CH_2CH_3$
丁烷	C_4H_{10}	见下	$CH_3CH_2CH_2CH_3$

```
甲烷
      H
      |
   H—C—H
      |
      H

乙烷
      H  H
      |  |
   H—C—C—H
      |  |
      H  H

丙烷
      H  H  H
      |  |  |
   H—C—C—C—H
      |  |  |
      H  H  H

丁烷
      H  H  H  H
      |  |  |  |
   H—C—C—C—C—H
      |  |  |  |
      H  H  H  H
```

从分子式可知，烷烃的组成通式为 C_nH_{2n+2}。这些烷烃分子中，相邻的两个分子组成上相差一个 CH_2，称为同系差。像烷烃这样，具有结构相似、在分子组成上相差一个或几个相同同系差的一系列化合物称为同系列，同系列中各个化合物互称同系物。同系物有许多相似的性质，因此只要研究一个或几个有代表性的同系物，就可推测出其他同系物的基本性质。

（二）烷烃的构造异构

除甲烷、乙烷、丙烷外，其他烷烃都有同分异构现象。例如，丁烷（C_4H_{10}）有两种异构体：

```
CH3CH2CH2CH3          CH3CHCH3
                          |
                          CH3
   正丁烷                 异丁烷
```

两种丁烷结构上的差异是由于分子中碳原子连接方式不同而产生的，我们把分子式相同而构造式不同所产生的同分异构现象称为构造异构；这种由于碳链的构造不同而产生的同分异构现象又称为碳链异构。

戊烷（C_5H_{12}）有三种异构体：

$$CH_3-CH_2-CH_2-CH_2-CH_3$$

正戊烷

$$\begin{array}{ccccccc} & & CH_3 & & & & \\ & & | & & & & \\ CH_3 & - & CH & - & CH_2 & - & CH_3 \end{array}$$

异戊烷

$$\begin{array}{ccccc} & & CH_3 & & \\ & & | & & \\ CH_3 & - & C & - & CH_3 \\ & & | & & \\ & & CH_3 & & \end{array}$$

新戊烷

同分异构现象是有机化学中普遍存在的异构现象的一种，随着碳原子数目的增多，异构体的数目也增多。己烷有 5 种、庚烷有 9 种、癸烷有 75 种。值得注意的是，除 $C_1 \sim C_{10}$ 的烷烃，已知的异构体数目与理论推算的数目一致外，碳数更多的烷烃，只有少数异构体是已知的，远没有达到理论推算的数量。

烷烃中的碳原子都是饱和碳原子，根据与它直接相连的其他碳原子的数目不同，可将碳原子分为四类。

伯碳原子：与一个碳原子直接相连的碳原子，又称一级碳原子，以 1° 表示。

仲碳原子：与两个碳原子直接相连的碳原子，又称二级碳原子，以 2° 表示。

叔碳原子：与三个碳原子直接相连的碳原子，又称三级碳原子，以 3° 表示。

季碳原子：与四个碳原子直接相连的碳原子，又称四级碳原子，以 4° 表示。

例如：

$$\begin{array}{ccccccccc} & & 1^\circ & & & & & & \\ & & CH_3 & & & & & & \\ 1^\circ & & |\,4^\circ & & 3^\circ & & 2^\circ & & 1^\circ \\ CH_3 & - & C & - & CH & - & CH_2 & - & CH_3 \\ & & | & & | & & & & \\ & & CH_3 & & CH_3 & & & & \\ & & 1^\circ & & 1^\circ & & & & \end{array}$$

不同类型的碳原子反应活性不同。

三、烷烃的命名

烷烃的命名法有两种——普通命名法和系统命名法，其命名原则是各类有机化合物命名的基础。

（一）普通命名法

（1）按分子中碳原子数目称为“某烷”，碳原子数在十个及十个以下的用天干顺序（即甲、乙、丙、丁、戊、己、庚、辛、壬、癸）表示，数目再多则用中文数字表示。例如，C_2H_6（乙烷），C_8H_{18}（辛烷），$C_{12}H_{26}$（十二烷）。

（2）用“正”“异”“新”来区别同分异构体，直链烷烃为正烷烃，碳链一端具有 $\begin{array}{l} CH_3CH- \\ \quad\;\; | \\ \quad\; CH_3 \end{array}$ 结构的称为“异”，碳链一端具有 $\begin{array}{ccc} & CH_3 & \\ & | & \\ CH_3- & C & - \\ & | & \\ & CH_3 & \end{array}$ 结构的称为“新”。例如：

$$CH_3CH_2CH_2CH_2CH_2CH_3$$

正己烷

$$\begin{array}{ccccc} CH_3 & - & CH & - & CH_2CH_2CH_3 \\ & & | & & \\ & & CH_3 & & \end{array}$$

异己烷

$$\begin{array}{ccccc} & & CH_3 & & \\ & & | & & \\ CH_3 & - & C & - & CH_2CH_3 \\ & & | & & \\ & & CH_3 & & \end{array}$$

新己烷

普通命名法只适用于结构比较简单的烷烃，对于结构比较复杂的烷烃，则需用系统命名法。

（二）系统命名法

系统命名法是在国际纯粹与应用化学联合会（IUPAC）制定的命名原则基础上，结合我国文字特点而制定的命名法，它能准确地给每种有机化合物命名，而且每种化合物只有一个名称；同时，也能根据某种化合物的系统名称，写出它的结构式。

1. 烷基及其命名

烷基是指烷烃分子中去掉一个氢原子后所剩下的基团，通式为 C_nH_{2n+1}—，用 R—表示，常见的烷基如下：

CH_3— 甲基

CH_3CH_2— 乙基

$CH_3CH_2CH_2$— 正丙基

$CH_3CH(CH_3)$— 异丙基

$CH_3CH_2CH_2CH_2$— 正丁基

$CH_3CH(CH_3)CH_2$— 异丁基

$CH_3CH(—)CH_2CH_3$ 仲丁基

$(CH_3)_3C$— 叔丁基

2. 烷烃的命名

系统命名法中，对于无支链的烷烃，省去“正”字。对于结构复杂的烷烃，命名原则和步骤如下。

(1) 选主链：选择最长的碳链作为主链，按主链所含碳原子数目称为“某烷”。如果有几条相等的最长碳链，选择含支链最多的碳链为主链。如：

1：$CH_3CH_2CH_2—CH(CH(CH_3)CH_3)—CH_2CH_3$（虚线框选 $CH_3CH_2CH_2—CH—CH_2CH_3$ 为主链）

2：$CH_3CH_2CH_2—CH(CH_2CH_3)—CH(CH_3)—CH_3$（虚线框选 $CH_3CH_2CH_2—CH—CH—CH_3$ 为主链）

正确的选择是 2，不是 1

(2) 给主链编号：从靠近支链的一端用阿拉伯数字依次对主链碳原子编号，确定取代基的位置，若有几个支链，编号顺序应使支链位次之和最小。如：

$\overset{6}{C}H_3\overset{5}{C}H_2\overset{4}{C}H_2\overset{3}{C}H(CH_3)\overset{2}{C}H_2\overset{1}{C}H_3$

$\overset{1}{C}H_3\overset{2}{C}H_2\overset{3}{C}H(CH_3)\overset{4}{C}H_2\overset{5}{C}H(CH_2—CH_3)\overset{6}{C}H_2\overset{7}{C}H_3$

$\overset{1}{C}H_3\overset{2}{C}H(CH_3)\overset{3}{C}H_2\overset{4}{C}H(CH_3)\overset{5}{C}H_2\overset{6}{C}H_2\overset{7}{C}H(CH_3)\overset{8}{C}H_3$

(3) 命名：按取代基由小到大的顺序，将位次、取代基名称依次写在主链名称的前面，位次和取代基名称间用短线隔开；有相同取代基时，用中文数字合并表示，位次之间用逗号隔开。

例如：

$\overset{6}{C}H_3\overset{5}{C}H_2\overset{4}{C}H_2\overset{3}{C}H(\overset{2}{C}H_2\overset{1}{C}H_3)CH_3$

3-甲基己烷

$\overset{6}{C}H_3\overset{5}{C}H(CH_3)\overset{4}{C}H_2\overset{3}{C}H(CH_3)\overset{2}{C}H(CH_3)\overset{1}{C}H_3$

2,3,5-三甲基己烷

```
CH3CH2CH2CHCH2CHCH2CH2CH2CH3
            |      |
     CH3—CH      CH2
            |      |
          CH3    CH2
                   |
                 CH3
```

6-丙基-4-异丙基癸烷

四、烷烃的性质

（一）物理性质

有机化合物的物理性质主要包括熔点、沸点、相对密度、溶解度等。纯物质的物理性质有固定的数值，也称为物理常数。通过测定有机化合物的物理常数，可对各类有机化合物进行鉴别或对其纯度进行检验。表 9-1 列出了一些正烷烃的常用物理常数。

表 9-1　正烷烃的常用物理常数

名称	分子式	沸点/℃	熔点/℃	相对密度
甲烷	CH_4	−161.7	−182.6	—
乙烷	C_2H_6	−88.6	−172	—
丙烷	C_3H_8	−42.2	−187.1	0.5005
丁烷	C_4H_{10}	−0.5	−135.0	0.5788
戊烷	C_5H_{12}	36.1	−129.7	0.5572
己烷	C_6H_{14}	68.7	−94.0	0.6594
庚烷	C_7H_{16}	98.4	−90.5	0.6837
辛烷	C_8H_{18}	125.6	−56.8	0.7028
壬烷	C_9H_{20}	150.7	−53.7	0.7179
癸烷	$C_{10}H_{22}$	174.0	−29.7	0.7298
十一烷	$C_{11}H_{24}$	195.8	−25.6	0.7404
十二烷	$C_{12}H_{26}$	216.3	−9.6	0.7493
十三烷	$C_{13}H_{28}$	(230)	−6	0.7568
十四烷	$C_{14}H_{30}$	251	5.5	0.7636
十五烷	$C_{15}H_{32}$	268	10	0.7688
十六烷	$C_{16}H_{34}$	280	18.1	0.7749
十七烷	$C_{17}H_{36}$	303	22.0	0.7767
十八烷	$C_{18}H_{38}$	308	28.0	0.7767
十九烷	$C_{19}H_{40}$	330	32.0	0.7776
二十烷	$C_{20}H_{42}$	—	36.4	0.7777
三十烷	$C_{30}H_{62}$	—	66	—
四十烷	$C_{40}H_{82}$	—	81	—

从表 9-1 可以看出，正烷烃的熔点、沸点都随着碳原子数的增加而升高并呈规律性的变化。常温常压下，$C_1 \sim C_4$ 的正烷烃为气体；$C_5 \sim C_{16}$ 的正烷烃为液体；C_{17} 及 C_{17} 以上的正烷烃为固体。烷烃异构体中，直链烷烃的熔点、沸点比支链烷烃高。这些性质都与它们的分子间作用力有关。烷烃的相对密度都小于 1，比水轻。烷烃是非极性分子，难溶于水，易溶于氯仿、乙醚、四氯化碳等有机溶剂。

（二）化学性质

烷烃分子中的化学键都是σ键，键能较大，键的极性较小，比较稳定，一般情况下不易断裂。所以烷烃的化学性质比较稳定，通常不与强酸、强碱、强氧化剂、强还原剂等反应。但在一定条件（如光照、高温、催化剂等）下，也能发生卤代、氧化等反应。

1. 卤代反应

烷烃分子中的氢原子被卤原子取代的反应称为卤代反应。氟、氯、溴、碘与烷烃反应生成一卤代烷和多卤代烷，其反应活性：$F_2 > Cl_2 > Br_2$，碘通常不反应。除氟外，在常温和黑暗中不发生或极少发生卤代反应；但在紫外光漫射或高温下，氯和溴易发生反应，有时甚至剧烈到爆炸的程度。

（1）甲烷的卤代反应：在光照或催化剂条件下，甲烷可与氯气发生反应。

$$CH_4 + Cl_2 \xrightarrow{光} CH_3Cl + HCl$$

但反应很难停留在这一步，一旦发生会连续进行：

$$\underset{一氯甲烷}{CH_3Cl} \xrightarrow[光]{Cl_2} \underset{二氯甲烷}{CH_2Cl_2} \xrightarrow[光]{Cl_2} \underset{三氯甲烷}{CHCl_3} \xrightarrow[光]{Cl_2} \underset{四氯甲烷}{CCl_4}$$

反应最终得到多种卤代物的混合物，由于较难分离，往往直接作为溶剂使用。但控制一定的反应条件和原料的用量比，可以使其中一种氯代烷为主要产品。为达到控制和利用反应的目的，需要对反应机理进行研究。

（2）烷烃的卤代反应机理：烷烃的卤代反应属于典型的游离基反应，一般包括链的引发、链的增长、链的终止三个阶段。

①链的引发：在光照或加热条件下，氯分子得到能量发生共价键均裂，产生两个带单电子的氯游离基（或称氯自由基）。

$$Cl:Cl \xrightarrow[（均裂）]{光或热} 2Cl\cdot（氯游离基）$$

②链的增长：氯游离基很不稳定，活泼性强，与甲烷分子相碰撞时，使甲烷分子中的碳氢键均裂，产生甲基游离基，同时氯与氢形成氯化氢分子。活泼的甲基游离基又与氯分子碰撞生成一氯甲烷和新的氯游离基。新的氯游离基重复上述反应，周而复始。

$$Cl\cdot + H:CH_3 \longrightarrow \cdot CH_3 + HCl$$

$$\cdot CH_3 + Cl:Cl \longrightarrow CH_3Cl + Cl\cdot$$

③链的终止：随着反应的进行，甲烷分子浓度逐渐减小，而游离基的浓度不断增加，游离基之间相互碰撞形成分子，反应结束。

$$Cl\cdot + \cdot Cl \longrightarrow Cl_2$$

$$Cl\cdot + \cdot CH_3 \longrightarrow CH_3Cl$$

$$\cdot CH_3 + \cdot CH_3 \longrightarrow CH_3CH_3$$

2. 氧化反应

在有机化合物分子中加氧或去氢的反应称为氧化反应。反之，去氧或加氢的反应称为还原反应。烷烃的燃烧属于氧化反应。例如：

$$CH_4 + 2O_2 \xrightarrow{点燃} CO_2 + 2H_2O + Q$$

天然气、汽油、柴油的主要成分是烷烃的混合物，燃烧时都能放出大量的热，它们都是重要的能源。

五、医药中常见的烷烃

烷烃主要来源于石油和天然气。通过对石油的分馏，可获得各种石油产品。这些石油产品中，下列烷烃在医药行业中用途广泛。

知识链接

沼气

沼气是有机化合物在厌氧条件下，经过微生物的发酵作用而生成的一种可燃气体。由于这种气体是意大利物理学家A.沃尔塔于1776年在沼泽地发现的，所以称为沼气。它是多种气体的混合物，一般含甲烷50%～70%，其余为二氧化碳和少量的氮气、氢气和硫化氢等。其特性与天然气相似。1 m^3 沼气完全燃烧后，能产生相当于0.7 kg无烟煤提供的热量。与其他燃气相比，沼气抗爆性能较好，是一种很好的清洁燃料。1925年在德国、1926年在美国分别建造了备有加热设施及集气装置的消化池，这是现代大、中型沼气发生装置的原型。1955年新的沼气发酵工艺流程——高速率厌氧消化工艺产生。中国于20世纪20年代初期由罗国瑞在广东省潮梅地区建成了第一个沼气池，随之成立了中华国瑞瓦斯总行，以推广沼气技术。作为能源消费大国，新能源的开发利用对我国国民经济的可持续发展具有重要的意义，随着农村社会经济的迅速发展，农村能源消耗也日益增大，在此背景下，沼气资源作为一项极具应用前景的新能源，其开发利用是解决能源紧张形势下农村能源供应问题的有效举措，其发展日益受到国家的重视。

（一）液体石蜡

液体石蜡是无色透明的液体，不溶于水和醇，能溶于醚和氯仿，医药上用作配制滴鼻剂或喷雾剂的基质，也可用作缓泻剂。实验中，也常用作传热介质。

（二）固体石蜡

固体石蜡为白色蜡状固体，在医药上用于蜡疗、调节软膏的硬度、中成药的密封材料等。

（三）凡士林

凡士林是液体石蜡和固体石蜡的混合物，呈软膏状，一般为黄色，经漂白或脱色，可得白色凡士林。其化学性质稳定且不被皮肤吸收，不与软膏中的药物反应，故常用作软膏的基质。

第二节　烯　　烃

分子结构中含有碳碳双键的链状结构的烃类称为烯烃，属于不饱和烃。碳碳双键是烯烃的官能团。烯烃分为链烯烃与环烯烃。按含双键的多少分别称单烯烃、二烯烃、多烯烃等，本节主要对单烯烃讨论。

一、单烯烃的结构和命名

单烯烃是分子结构中有一个碳碳双键（$>C=C<$）的开链化合物，乙烯是最简单的单烯烃，其结构简式用 $CH_2=CH_2$ 表示。此外，单烯烃中还有丙烯、丁烯、戊烯等，它们的分子中均含有一个碳碳双键，在分子组成上相差一个或若干个 CH_2 同系差，因而构成了单烯烃的同系列。由于比同数碳原子的烷烃少两个氢原子，所以烯烃的通式为 C_nH_{2n}（$n\geqslant 2$）。

（一）乙烯的结构

X射线衍射表明：组成乙烯分子的原子都处在一个平面上，其空间构型如图9-2所示。碳碳间键长为0.134 nm，键角约为120°。这说明了乙烯分子中碳原子的构型（指碳原子的价键以及与价键相连的基团在空间的分布情况）是平面正三角形的。

根据杂化轨道理论，乙烯分子中的每个碳原子均以 sp^2 形式杂化，1个s轨道与3个p轨道生成3

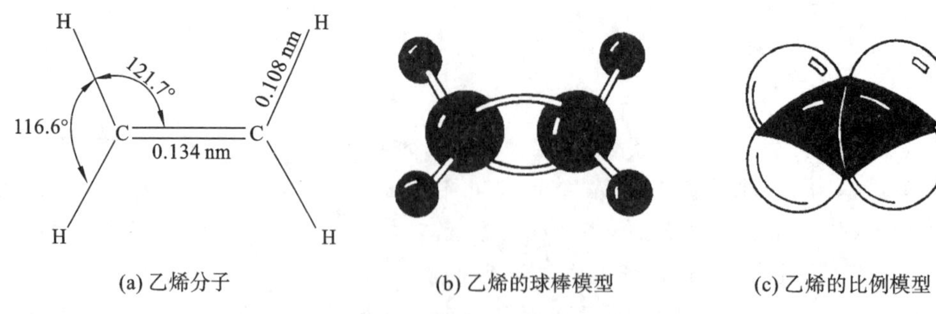

(a) 乙烯分子　(b) 乙烯的球棒模型　(c) 乙烯的比例模型

图 9-2　乙烯分子的空间构型

个 sp^2 杂化轨道；3 个 sp^2 杂化轨道的对称轴都在一个平面上，夹角为 120°；未杂化的 p 轨道垂直于 sp^2 杂化轨道对称轴所在的平面(图 9-3)。

C_{sp^2} 与 C_{sp^2} 形成 σ 键(C—C)；C_{sp^2} 与 H_{1s} 形成 σ 键(C—H)。垂直于 sp^2 杂化轨道对称轴所在平面的 p 轨道，侧面重叠形成了 π 键(图 9-4)。只有 p 轨道相互平行时才能重叠。

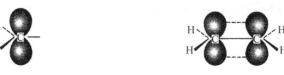

图 9-3　C_{sp^2} 杂化轨道示意图　图 9-4　乙烯分子结构示意图

因为 π 键是 p 轨道侧面重叠形成的，重叠程度小，所以稳定性较差，容易打开；π 键不能旋转，一旋转就会破裂，因此比 σ 键易断裂；π 电子云的流动性较大，在外电场的影响下，容易极化，容易发生化学反应。

可见，碳碳双键是由 1 个 σ 键和 1 个不能自由旋转的 π 键构成的，而不是两个单键的简单组合。与乙烯类似，其他烯烃的碳碳双键也都含有 1 个 σ 键和 1 个 π 键，由于 π 键不稳定，所以，烯烃的反应主要发生在双键上。碳碳双键是烯烃的官能团。

（二）单烯烃的同分异构现象

由于碳碳双键的存在，单烯烃的同分异构现象要比烷烃复杂，除碳链异构外，还有因双键所处位置不同而产生的位置异构。与相同碳原子数的烷烃相比，单烯烃的异构体要多。例如，丁烷 C_4H_{10} 只有两种异构体，而丁烯 C_4H_8 则有三种异构体：

$CH_3CH_2CH{=}CH_2$　　$CH_3{-}CH{=}CH{-}CH_3$　　$CH_3{-}\underset{\displaystyle CH_3}{\underset{|}{C}}{=}CH_2$

1-丁烯　2-丁烯　2-甲基丙烯

（1）　（2）　（3）

其中(1)与(2)之间为位置异构；(1)、(2)与(3)之间为碳链异构。

（三）单烯烃的命名

1. 烯基的命名

烯基的名称是命名的基础。烯烃分子中去掉一个氢原子所剩下的基团叫烯基，常见的烯基有：

$CH_2{=}CH{-}$　　$CH_3{-}CH{=}CH{-}$　　$CH_2{=}CH{-}CH_2{-}$

乙烯基　丙烯基　烯丙基

带有两个自由键的基团称为“亚”某基。例如：

$H_2C{=}$　　$CH_3{-}CH{=}$　　$(CH_3)_2C{=}$

亚甲基　亚乙基　亚异丙基

2. 普通命名

与烷烃相似，仅适用于简单烯烃。直链烯烃——正某烯(某是指分子中的碳原子数)，末端有甲基支链称异某烯。其他烯烃按系统命名法命名。

3. 系统命名法

单烯烃的系统命名法与烷烃相似，命名原则和主要步骤如下。

(1) 选主链：选择包括碳碳双键在内的最长碳链作为主链，按主链碳原子的数目称为“某烯”，多于10个碳原子的烯烃用中文数字加“碳烯”。

(2) 编号：从靠近双键的一端开始，给主链碳原子编号；若双键两端碳原子数相等，则从靠近支链的一端开始，给主链碳原子编号。

(3) 命名：把双键的位次写在某烯之前，中间用短线隔开；将取代基位置、数目和名称按由简单到复杂的顺序依次标在双键位次之前。

例如：

$$CH_3-CH_2-CH=CH-CH_3$$

2-戊烯

$$CH_3-\underset{\displaystyle CH_3}{\underset{|}{CH}}-CH=CH-CH_3$$

4-甲基-2-戊烯

$$CH_3-CH_2-CH=CH-\underset{\displaystyle CH_3}{\underset{|}{CH}}-CH_3$$

2-甲基-3-己烯

$$CH_3-\underset{\displaystyle CH_3}{\underset{|}{CH}}-\underset{\displaystyle CH_2CH_3}{\underset{|}{C}}=CH_2$$

3-甲基-2-乙基-1-丁烯

$$\overset{\displaystyle CH_3}{\overset{|}{\underset{3}{}}}\ CH_3\underset{\underset{\displaystyle \underset{4\ \ 5}{CH_2CH_3}}{|}}{\overset{3\ \ 2}{CCH}}\overset{1}{=CH_2}$$

3,3-二甲基-1-戊烯

$$(CH_3)_2\overset{1}{C}=\overset{2}{C}\overset{3}{H}\overset{4}{CH_2}\overset{5}{\underset{\underset{\displaystyle CH_3}{|}}{C}}H\overset{6}{CH_3}$$

2,5-二甲基-2-己烯

二、单烯烃的性质

(一) 单烯烃的物理性质

在常温常压下，含 $C_1 \sim C_4$ 的单烯烃为气体，含 $C_5 \sim C_{18}$ 的烯烃为液体，C_{19} 及 C_{19} 以上的单烯烃为固体。它们的沸点、熔点和相对密度都随相对分子质量的增加而升高，但相对密度都小于1，都是无色物质，不溶于水，易溶于石油醚、乙醚、四氯化碳等有机溶剂。含相同碳原子数目的直链烯烃的沸点比支链的高。

(二) 单烯烃的化学性质

烯烃的化学性质比烷烃活泼得多。由于烯烃具有“不饱和”性，即含有碳碳双键，双键中碳与碳之间 π 键电子云易极化，是单烯烃分子中的“薄弱环节”，易遭受强酸、强碱和氧化剂的进攻，比较活泼，一般在室温或更低的温度就易发生一系列的化学反应。

1. 加成反应

由于 π 键的电子云比较外露，容易受分子内和分子外的因素影响而极化，所以容易与 H^+、X^+ 等正离子发生亲电加成反应。烯烃的加成反应可用下列通式表示：

$$\gt C=C\lt \ + \ Y-Z \longrightarrow -\underset{\underset{\displaystyle Y}{|}}{\overset{|}{C}}-\underset{\underset{\displaystyle X}{|}}{\overset{|}{C}}-$$

(1) 单烯烃的亲电加成：主要有以下几种。

①加卤素：卤素与烯烃的反应活性：$F_2>Cl_2>Br_2>I_2$，除碘以外，均能与烯烃加成。其中氟与烯烃的加成反应剧烈，往往使烯烃分解。氯与烯烃的加成比溴容易，反应一开始就比较猛烈不易控制。溴与烯烃的加成适合在实验室应用，例如，将丙烯气体通入溴的四氯化碳溶液即发生反应。

$$\underset{\text{红棕色}}{CH_3CH{=}CH_2 + Br_2} \longrightarrow \underset{\text{无色}}{CH_3\underset{Br}{\underset{|}{C}}H\underset{Br}{\underset{|}{C}}H_2}$$

这个反应可用来鉴别碳碳不饱和键的存在，用以鉴别烯烃、炔烃等不饱和烃类，当乙烯或其他烯烃及炔烃与溴反应时，溶液由红棕色逐渐转为无色。

烯烃分子双键中的 π 键不稳定，在外界的影响下易断裂，所以烯烃的化学性质活泼，易发生加成、氧化、聚合等一系列反应。

②催化加氢：在催化剂(Pt、Pd、Ni 等)存在的情况下，烯烃加氢生成烷烃。

$$R{-}CH{=}CH_2+H_2 \xrightarrow{Pt} RCH_2CH_3$$

在工业上将植物油催化氢化，使其分子中的碳碳双键得到饱和，使其熔点升高，成为黄色脂状物质。又如，石油加工制得的粗汽油中常含有少量烯烃，将其进行加氢处理，可提高汽油的质量。

③加卤化氢：烯烃与卤化氢加成可得一卤代烷，例如。

$$CH_2{=}CH_2+HI \longrightarrow CH_3CH_2I$$

不同卤化氢的活性顺序：HI>HBr>HCl。

当不对称烯烃与卤化氢加成时，可能有两种加成方式。例如；

$$CH_3CH{=}CH_2 + HBr \longrightarrow \begin{cases} CH_3\underset{Br}{\underset{|}{C}}HCH_3 & \text{2-溴丙烷（主）85\%} \\ CH_3CH_2CH_2Br & \text{1-溴丙烷（次）15\%} \end{cases}$$

得到的主要产品是 2-溴丙烷。大量的实验事实证明：当不对称烯烃与酸进行亲电加成时，其氢质子总是加到含氢较多的双键碳原子上，而酸的负离子总是加到含氢较少的双键碳原子上。这一事实是由马尔科夫尼可夫(V. V. Markovnikov 1838—1904)首先发现的经验规则，我们称之为马氏规则。马氏规则可应用于所有的亲电加成反应。

④加水：在强酸催化下，烯烃加水生成醇，这是制备醇的直接水合法。加成产物符合马氏规则。

$$CH_3CH{=}CH_2 + H_2O \xrightarrow{H^+} CH_3{-}\underset{OH}{\underset{|}{C}}H{-}CH_3$$

(2) 烯烃的亲电加成反应机理：上述烯烃的加成反应都属于亲电加成，为讨论其反应机理，说明马氏规则，首先要了解诱导效应。

①诱导效应：有机化合物分子中原子或原子团之间的相互影响主要有两个方面，即电子效应和空间效应。电子效应指分子中电子云密度的分布对分子性质的影响，空间效应指分子的空间结构对分子性质的影响。电子效应又包括诱导效应和共轭效应。

在多原子分子中，电负性不同的原子间形成的极性共价键可对分子中其他部分产生影响，使分子中电子云密度的分布发生变化。例如，1-氯丁烷结构中，氯的电负性较大，C—Cl 键中的电子云偏向 Cl 一端而使 Cl 带部分负电荷(用 δ^- 表示)，而 C_1 带部分正电荷(用 δ^+ 表示)，受 C_1 上正电荷的静电吸引影响，C_2、C_3 电子云发生偏移，也带部分正电荷，从而使电子云沿碳链向氯原子方向偏移：

$$H{-}\underset{H}{\overset{H}{C_4}}{-}\underset{H}{\overset{H}{C_3}}\overset{\delta\delta\delta^+}{\longrightarrow}\underset{H}{\overset{H}{C_2}}\overset{\delta\delta^+}{\longrightarrow}\underset{H}{\overset{H}{C_1}}\overset{\delta^+}{\longrightarrow}\overset{\delta^-}{Cl}$$

这种由于成键原子电负性不同而产生键的极性，引起分子中的电子云沿碳链做定向偏移的现象称为诱导效应。一般用箭头“→”表示 σ 电子云偏移的方向，“⌒”表示 π 电子云偏移方向。诱导效应沿碳链的影响随距离的增加而迅速减弱，一般到第三个碳原子后就极微弱而忽略不计。

一般以 C—H 键为标准，电负性大于氢的原子或基团称为吸电子基，电子云向吸电子基偏移。电负性小于氢的原子或基团称为供(斥)电子基，使电子云向其反方向偏移。一些常见的吸电子基和供电子基及其诱导效应相对强弱顺序如下。

吸电子基：$-Cl > -Br > -I > -OH > -C_6H_5 > -CH{=}CH_2 > -H$

供电子基：$-C(CH_3)_3 > -CH(CH_3)_2 > -CH_2CH_3 > -CH_3 > -H$

②亲电加成和马氏规则解释：烯烃的加成反应是分两步进行的，现以烯烃与卤化氢加成为例加以说明。

首先，试剂分子中带正电荷的质子进攻 π 键使之发生共价键的断裂而得到碳正离子中间体。然后，卤素负离子与之结合生成卤代烷。

$$\rangle C{=}C\langle \xrightarrow[\text{慢}]{H^+} \rangle\overset{+}{C}-\underset{H}{\underset{|}{C}}\langle \xrightarrow[\text{快}]{X^-} -\underset{X}{\underset{|}{\overset{|}{C}}}-\underset{H}{\underset{|}{\overset{|}{C}}}-$$

反应的第一步涉及 π 键断裂，反应速率较慢，是决定反应速率的步骤。由试剂中带正电荷部分进攻 π 键所引起的加成反应称为亲电加成反应，进攻试剂如 HX、X_2 等称为亲电试剂。

根据马氏规则，当丙烯与溴化氢加成时，主要产物是 2-溴丙烷。原因是双键碳上所连接的甲基具有供电子诱导效应，引起 π 电子云发生偏移。加成时，首先是 H^+ 加到双键中带部分负电荷的碳上，即含氢较多的双键碳原子上，然后 Br^- 加到含氢较少的双键碳原子上。

$$CH_3 \longrightarrow \overset{\delta^+}{CH}{=}\overset{\delta^-}{CH_2} \xrightarrow{H^+} CH_3-\overset{+}{CH}-CH_3 \xrightarrow{Br^-} CH_3-\overset{Br}{\overset{|}{CH}}-CH_3$$

2. 氧化反应

烯烃容易被氧化，氧化反应发生在双键上。与冷、稀的碱性或中性高锰酸钾溶液作用，只是 π 键断裂，烯烃生成邻二醇。例如：

$$CH_3CH{=}CHCH_2CH_3 \xrightarrow[\text{中性介质}]{KMnO_4(\text{冷})} CH_3\underset{OH}{\underset{|}{C}H}\underset{OH}{\underset{|}{C}H}CH_2CH_3 + MnO_2\downarrow + H_2O$$

与酸性高锰酸钾溶液作用，π 键和 σ 键都断裂，根据不饱和键碳原子上连接的基团不同，可得各种不同的产物。例如：

$$CH_3CH{=}CH_2 \xrightarrow{KMnO_4/H^+} CH_3COOH + HCOOH$$
$$HCOOH \longrightarrow H_2O + CO_2\uparrow$$

$$CH_3CH_2CH{=}CHCH_3 \xrightarrow{KMnO_4/H^+} CH_3CH_2COOH + CH_3COOH$$

$$CH_3CH{=}C\begin{matrix} CH_2CH_3 \\ CH_3 \end{matrix} \xrightarrow{KMnO_4/H^+} CH_3COOH + \begin{matrix} CH_3CH_2 \\ CH_3 \end{matrix}C{=}O$$

由于反应前后高锰酸钾溶液的紫红色发生变化，所以，可以利用此反应来鉴别烯烃。另外，根据酸性高锰酸钾氧化后的产物结构，还可以推断原来烯烃的结构。

3. 聚合反应

在一定的条件下,烯烃分子中的 π 键断裂,彼此相互加成形成高分子化合物的反应,称为聚合反应。这是烯烃的一个重要反应性能。如乙烯的聚合:

$$nCH_2=CH_2 \xrightarrow[150\sim250\ ℃,150\sim300\ MPa]{少量引发剂} \text{+}CH_2-CH_2\text{+}_n$$

乙烯（单体）　　聚乙烯（高分子）

上述反应中大分子化合物聚乙烯称为聚合物,乙烯称为单体,n 为聚合度。聚乙烯是一个电绝缘性能好,耐酸碱,抗腐蚀,用途广的高分子材料(塑料)。

$$nCH_3CH=CH_2 \xrightarrow[50\ ℃,\ 10\ MPa]{TiCl_4\text{-}Al(C_2H_5)_3} \text{+}\underset{\displaystyle CH_3}{\underset{|}{CH}}-CH_2\text{+}_n$$

聚丙烯

$TiCl_4$-$Al(C_2H_5)_3$ 称为齐格勒(Ziegler 德国人)、纳塔(Natta 意大利人)催化剂。1959 年齐格勒-纳塔利用此催化剂首次合成了立体定向高分子,即人造天然橡胶,为有机合成做出了巨大的贡献。为此,两人共同获得 1963 年的诺贝尔化学奖。

由许多相同单个分子互相加成,生成高分子化合物的反应称为加聚反应。由两种不同的单体互相加合生成高分子化合物的反应称为共聚反应。

三、医药中常见的烯烃

(一) 乙烯($CH_2=CH_2$)

常温常压下,乙烯为无色略带甜味的气体,在空气中燃烧时火焰比甲烷明亮,但有黑烟。乙烯用途非常广泛,农业上,乙烯是未成熟果实的催熟剂。医药上,乙烯与氧的混合物可作为麻醉剂。乙烯的聚合物聚乙烯由于无毒,易于加工,化学稳定性、耐寒性、防水性、电绝缘性等均好,被广泛用于电器、食品、制药和机械制造等行业。日常生活中,聚乙烯除用于食品袋、塑料瓶、塑料水壶外,还可用来制作输液容器、各种医用导管、整形材料等。

(二) 丙烯($CH_2=CH-CH_3$)

丙烯为无色气体,燃烧时有明亮火焰。作为重要的化工原料,丙烯被广泛用于有机合成中。例如,由丙烯可制备异丙醇、丙酮、丙烯醛等多种重要物质。丙烯加聚可得聚丙烯,其透明度比聚乙烯好,且耐热性高,机械强度高,广泛用于薄膜、纤维、管道设备、医疗器械、电线包皮的生产。

知识链接

乙烯

乙烯是世界上产量较大的化学产品之一,乙烯工业是石油化工产业的核心,乙烯产品占石油化工产品的 75%以上,在国民经济中占有重要的地位。世界上已将乙烯产量作为衡量一个国家石油化工发展水平的重要标志之一。它用于制造合成橡胶、合成树脂、合成纤维、塑料等。也可合成炸药和乙醇、乙醛、乙酸、环氧乙烷等有机合成产品,并可代替乙炔用以切断和焊接金属,还可作为使水果成熟的促进剂。由于乙烯可以加快叶绿素的分解,使水果和蔬菜转黄,促进果蔬的衰老和品质下降。因此,当将乙烯作为果实催熟剂时,必须是在果实成熟之前,而且处理浓度及时间要恰当。为了减缓果蔬采后的成熟和衰老,还需控制储藏环境中果实产生的乙烯量。

第三节 炔 烃

炔烃是分子中含有碳碳三键(C≡C)的不饱和化合物,三键是炔烃的官能团。炔烃的通式为C_nH_{2n-2}。分子中的氢原子数比相应的烯烃分子中的还少,故炔具有"缺"少氢原子之意。

一、炔烃的结构和命名

(一)炔烃的分子结构

炔烃中最简单的是乙炔,结构式为H—C≡C—H。研究表明,乙炔为直线形分子,其分子的空间构型如图9-5所示。

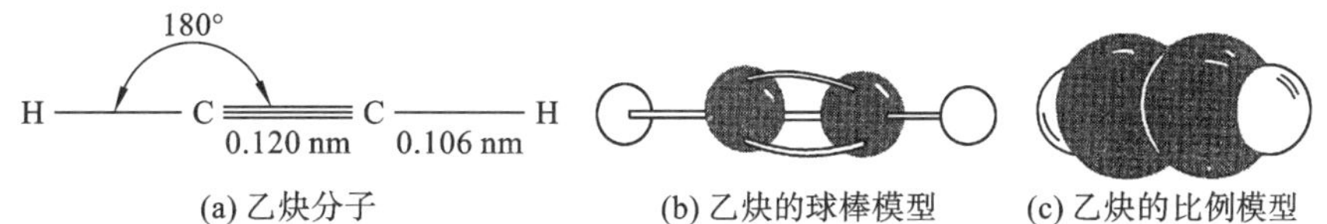

图 9-5 乙炔分子的空间构型

根据杂化轨道理论,乙炔分子中的2个碳原子都以sp形式杂化,然后相互以1个sp杂化轨道形成1个C—Cσ键,与氢原子形成2个C—Hσ键,3个σ键在同一条直线上,每个碳原子剩余未参与杂化的2个p电子相互"肩并肩"重叠形成两个相互垂直的π键,π电子云对称分布于C—Cσ键的周围呈圆柱状,如图9-6所示。

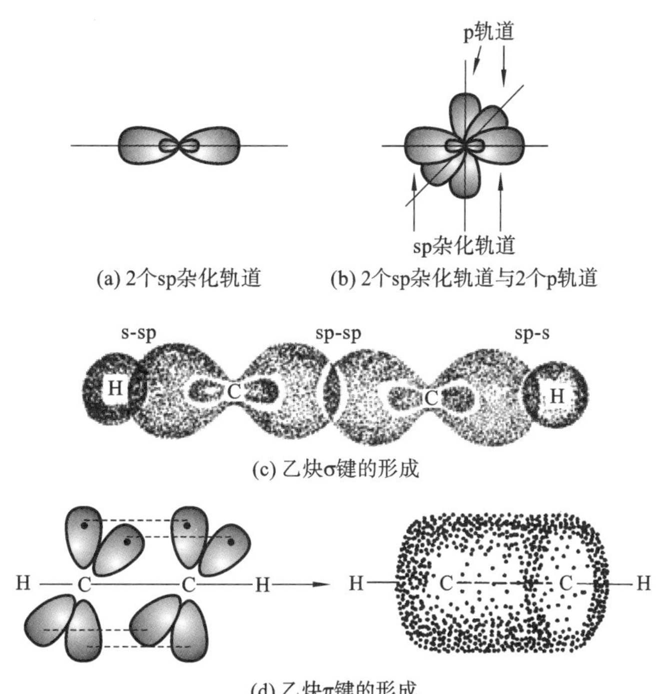

图 9-6 乙炔分子中的化学键

可见,乙炔分子中的碳碳三键是由一个σ键和两个π键组成的。其他炔烃分子中碳碳三键的结构与乙炔完全相同。

(二)炔烃的同分异构现象和命名

1. 炔烃的同分异构现象

炔烃也存在碳链异构和位置异构。由于三键对侧链位置的限制,其异构体的数目比相应的烯烃少。例如 C_5H_8 只有三种异构体：

$CH_3CH_2CH_2C\equiv CH$　　1-戊炔
$CH_3CH_2C\equiv CCH_3$　　2-戊炔
$CH_3-CH(CH_3)-C\equiv CH$　　3-甲基-1-丁炔

（1-戊炔、2-戊炔为位置异构；与3-甲基-1-丁炔为碳链异构）

2. 炔烃的命名

炔烃的系统命名法与烯烃相似，只需把“烯”改为“炔”即可。命名原则如下。

（1）选择含有三键的最长碳链作为母体，从靠近三键的一端编号。如：

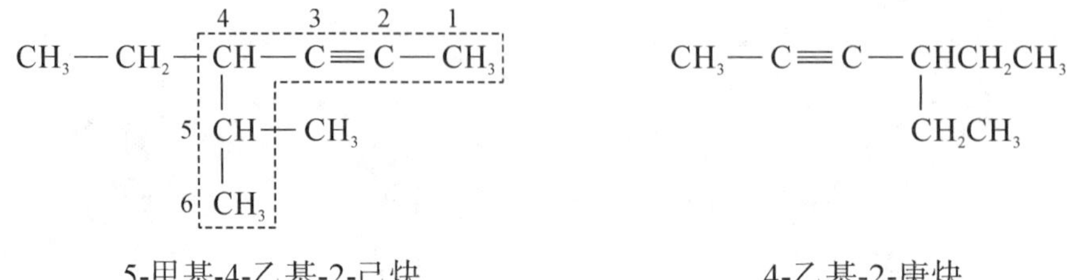

5-甲基-4-乙基-2-己炔　　　　4-乙基-2-庚炔

（2）分子中同时含有双键和三键时：

①选择既含 C═C 又含 C≡C 的最长碳链作为母体，根据母体中碳原子数目称“某烯炔”。

②编号使 C═C 和 C≡C 的位次符合“最低系列”，在此前提下优先给 C═C 以最小位次。

③全名称的书写方法与各类烃基本相同，只是母体要用“a-某烯-b-炔”表示，其中 a 表示“C═C”位次，b 表示“C≡C”位次。例如：

$\overset{1}{C}H\equiv\overset{2}{C}H-\overset{3}{C}H(CH(CH_3)_2)-\overset{4}{C}H=\overset{5}{C}H-\overset{6}{C}H_3$

3-异丙基-4-己烯-1-炔

$\overset{5}{C}H\equiv\overset{4}{C}H-\overset{3}{C}H_2-\overset{2}{C}H=\overset{1}{C}H_2$

1-戊烯-4-炔

二、炔烃的性质

（一）炔烃的物理性质

炔烃具有与烷烃相似的物理性质，它们易溶于石油醚、乙醚、四氯化碳及苯等极性小的有机溶剂，几乎不溶于水。简单炔烃的沸点、熔点以及相对密度，比碳原子数相同的烷烃和烯烃高。这是由于炔烃分子较短小、细长，在液态和固态中，分子可以彼此靠得很近，分子间的范德华力很强。

乙炔俗名为电石气，纯乙炔为无色气体，具有与乙醚相似的气味，因含有杂质如磷化氢而具有特殊刺激性气味。乙炔与空气混合，当乙炔含量达到 3%～70%时，遇火即爆炸，这个范围相当大，因而危险性也大，使用时必须严格遵守有关的安全操作规定；液态乙炔对震动亦敏感，很容易发生爆炸，所以安全储存及运输乙炔的问题很突出。

（二）炔烃的化学性质

炔烃分子中含有碳碳三键，和烯烃一样可发生加成反应和氧化反应。除此之外炔烃分子中三键碳上连的氢具有微弱的酸性，可以成盐、进行烷基化。

1. 加成反应

（1）催化加氢：在炔烃催化加氢时使用 Pd、Pt 等较强的氢化催化剂，炔烃和氢加成主要生成的产物是烷烃，很难分离得到烯烃。

$$RC\equiv CH \xrightarrow[H_2]{Pt} RCH=CH_2 \xrightarrow[H_2]{Pt} RCH_2CH_3$$

若选择适当的催化剂及反应条件，也可使炔烃加氢停留在烯烃的阶段。例如：

$$CH_2{=}CH{-}C{\equiv}CH + H_2 \xrightarrow[Pb(Ac)_2]{Pd/CaCO_3} CH_2{=}CH{-}CH{=}CH_2$$

（2）加卤素：炔烃与卤素的加成也是分两步进行，先生成二卤代物，继续加1分子卤素生成四卤代物，反应属亲电加成反应。如：

$$HC{\equiv}CH \xrightarrow[Br_2]{CCl_4} \underset{Br}{HC}{=}\underset{Br}{CH} \xrightarrow[Br_2]{CCl_4} \underset{Br}{\overset{Br}{HC}}{-}\underset{Br}{\overset{Br}{CH}}$$

炔烃与溴加成，可使溴水或溴的四氯化碳溶液的红棕色消退。

烯炔与卤素加成时，由于三键活性不如双键，卤素一般先加到双键上。例如：

$$CH_2{=}CH{-}CH_2{-}C{\equiv}CH \xrightarrow{1\ mol\ Br_2} \underset{Br}{CH_2}{-}\underset{Br}{CH}{-}CH_2{-}C{\equiv}CH$$

（3）加卤化氢：炔烃与卤化氢加成，反应活性较低，须在催化剂存在下进行。反应时，先生成卤代烯烃，进一步加成生成同碳二卤代烷，该反应属亲电加成反应，主要产物遵循马氏规则。例如：

$$CH_3{-}C{\equiv}CH \xrightarrow{HBr} CH_3{-}\underset{Br}{C}{=}CH_2 \xrightarrow{HBr} CH_3{-}\underset{Br}{\overset{Br}{C}}{-}CH_3$$

（4）加水：在催化剂存在下，炔烃可与水加成，主要产物符合马氏规则。反应过程中，先生成烯醇式中间体，然后发生分子内重排，生成醛或酮，这种现象称为互变异构现象。

例如：将乙炔通入含硫酸汞的稀硫酸溶液中，可生成乙醛。这是工业上合成乙醛的重要反应。

$$CH{\equiv}CH + HOH \xrightarrow[100\ ℃]{HgSO_4,稀H_2SO_4} [CH_2{=}\underset{OH}{CH}] \xrightarrow{重排} CH_3{-}\overset{O}{\overset{\|}{C}}{-}H$$

2. 氧化反应

炔烃可被高锰酸钾等氧化剂氧化，根据不饱和键碳原子上连接的基团不同，可得各种不同的产物。通过分析氧化产物的结构，可确定原炔烃的结构和三键的位置。如：

$$CH_3{-}C{\equiv}CH \xrightarrow[H_2O]{KMnO_4} CH_3COOH + CO_2$$

$$CH_3{-}C{\equiv}C{-}CH_2CH_3 \xrightarrow[H_2O]{KMnO_4} CH_3COOH + CH_3CH_2COOH$$

由于反应后高锰酸钾溶液的紫红色消失，这一反应可用于鉴别炔烃。烷烃、环烷烃不能被高锰酸钾氧化，这也是区别烷烃、环烷烃与不饱和烃的一种方法。

3. 聚合反应

炔烃可自身加成聚合，但一般不生成高分子化合物，而是发生二聚或三聚反应。例如，在不同催化剂作用下，乙炔可以分别聚合成链状或环状化合物。

$$2CH{\equiv}CH \xrightarrow[NH_4Cl]{Cu_2Cl_2} CH_2{=}CH{-}C{\equiv}CH$$

1-丁烯-3-炔（乙烯基乙炔）

$$3CH{\equiv}CH \xrightarrow[催化剂]{高温} \text{(苯环)}$$

4. 炔氢的反应

与碳碳三键碳原子相连的氢叫炔氢。在碳碳三键的影响下，炔氢具有一定的活性，可被某些金属离子取代生成金属炔化物。

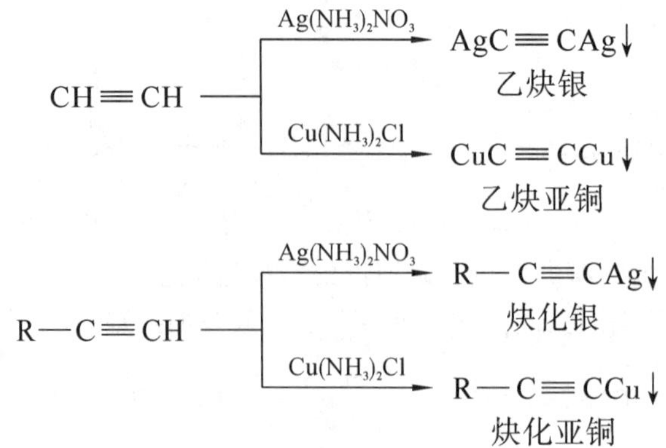

乙炔银和其他炔化银为灰白色沉淀，乙炔亚铜和其他炔化亚铜为红棕色沉淀。此反应非常灵敏，现象显著，可用于鉴别乙炔和具有 R—C≡CH 结构特征的炔烃。用此反应可区分乙烯与乙炔。

干燥的金属炔化物很不稳定，受热易发生爆炸，为避免危险，生成的炔化物应加稀酸将其分解。例如：

$$R—C\equiv CAg + HNO_3 \longrightarrow R—C\equiv CH + AgNO_3$$
$$R—C\equiv CCu + HCl \longrightarrow R—C\equiv CH + Cu_2Cl_2$$

三、医药中重要的炔烃——乙炔

纯乙炔为无色无臭的气体，沸点为-84 ℃，微溶于水而易溶于有机溶剂。由电石制得的乙炔因含有少量硫化氢和磷化氢等杂质而有难闻的臭味。

乙炔是一种不稳定的化合物，与空气的混合物遇火会发生爆炸，液化乙炔经碰撞、加热可发生剧烈爆炸。为避免爆炸危险，一般可用浸有丙酮的多孔物质（如石棉、活性炭）吸收乙炔后一起储存在钢瓶中，这样可便于运输和使用。乙炔和氧气混合燃烧，可产生 2800 ℃的高温，用以焊接或切割钢铁及其他金属。

乙炔是有机合成的重要基本原料，通过不同的途径，可以合成乙醛、氯乙烯、苯等许多化工产品。

第四节　二　烯　烃

分子中含有两个碳碳双键的化合物称为双烯烃或二烯烃，通式是 C_nH_{2n-2}，与炔烃的通式相同，因此碳原子相同的二烯烃与炔烃互为同分异构体。这类异构体的差别是分子中所含的官能团不同，故称为官能团异构。

一、二烯烃的分类和命名

（一）二烯烃的分类

二烯烃的性质与分子中两个双键的相对位置有密切的关系，根据两个双键的相对位置不同，可把二烯烃分为以下三类。

1. 隔离二烯烃

分子中含有 $\diagdown C{=}CH{+}CH_2{+}_n CH{=}C\diagup$（$n \geq 1$）结构的二烯烃，又称孤立二烯烃。如：$CH_2{=}CH—CH_2CH_2—CH{=}CH_2$。

2. 聚集二烯烃

分子中含有 $\gt C=C=C\lt$ 结构的二烯烃，又称累积二烯烃。如：$CH_2=C=CH_2$。

3. 共轭二烯烃

分子中含有 $\gt C=CH-CH=C\lt$ 结构的二烯烃。如：$CH_2=CH-CH=CH_2$。

隔离二烯烃性质与单烯烃相似；聚集二烯烃性质不稳定，实际应用少；共轭二烯烃具有特殊的分子结构和性质，在理论上和实际中应用较广，是本节讨论的重点。

（二）二烯烃的命名

二烯烃的命名与烯烃相似，命名原则和主要步骤如下。

(1) 选主链：选择包含两个双键的最长碳链为主链，称为“某二烯”。

(2) 编号：从距离双键最近的一端开始，给主链上的碳原子编号。

(3) 命名：将两个双键的位次用阿拉伯数字标于主链名称之前，并用逗号隔开；将取代基位置、数目和名称按由简单到复杂的顺序依次标在母体名称的前面。例如：

$CH_2=C(CH_3)-CH=CH_2$

2-甲基-1,3-丁二烯

$CH_2=CH-CH(CH_3)-C(CH_3)=CH_2$

2,3-二甲基-1,4-戊二烯

二、共轭二烯烃的结构和共轭效应

（一）共轭二烯烃的结构

1,3-丁二烯是最简单的共轭二烯烃。据近代物理方法测定，1,3-丁二烯为平面结构。碳碳双键的键长是 0.137 nm，比乙烯中的双键（0.134 nm）要长；而碳碳单键的键长为 0.146 nm，比乙烷的碳碳单键（0.153 nm）要短。这说明 1,3-丁二烯的单键和双键的键长趋于平均化。

$H_2C=CH-CH=CH_2$（单键 0.146 nm，双键 0.137 nm）

根据杂化轨道理论，在 1,3-丁二烯分子中，4 个碳原子都以 sp^2 形式杂化，形成的 3 个 C—C σ 键和 6 个 C—H σ 键位于同一平面，每个碳原子各有 1 个未参与杂化的 p 轨道垂直于 σ 键所在的平面，彼此相互平行侧面重叠，不仅 C_1 与 C_2、C_3 与 C_4 间重叠形成 π 键，而且 C_2 与 C_3 间的 p 轨道也不可避免地发生重叠，结果整个分子的 π 电子云连成一片，形成了 1 个大 π 键，如图 9-7 所示。

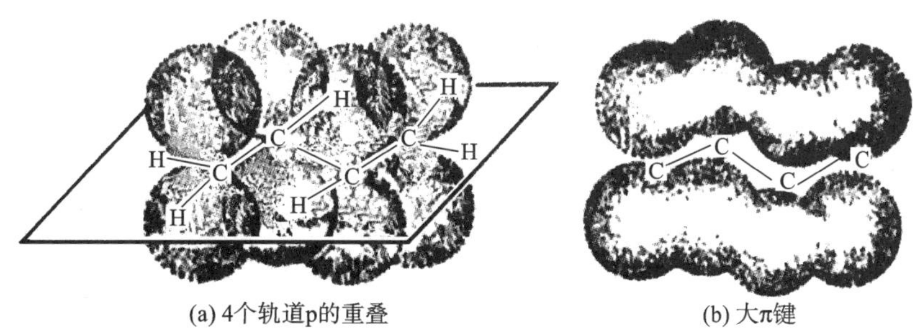

(a) 4个轨道p的重叠　　(b) 大π键

图 9-7　1,3-丁二烯分子中的共轭体系

（二）共轭效应

1,3-丁二烯的大 π 键又称共轭 π 键，共轭 π 键所在的体系称为共轭体系。在共轭体系中，π 电子是离域的，π 电子云分布于整个体系中，使得单键和双键的键长趋于平均化，同时由于电子云重叠程度加大，分子内能低，使共轭体系趋于稳定。

这种由于大π键的形成引起键长趋于平均化、体系能量低而稳定性增强的现象称为共轭效应。与诱导效应不同，共轭效应可以沿着共轭链传递，其强度不受距离的影响。

三、共轭二烯烃的化学性质

共轭二烯烃与一般烯烃化学性质相似，易发生加成、聚合、氧化等反应。但由于其分子中有两个共轭的双键，共轭二烯烃还具有其特殊的性质。

（一）亲电加成

共轭二烯烃可与氢气、卤素、卤化氢等发生加成反应，不过加成产物通常有两种。例如，1，3-丁二烯与溴的加成反应。

$$CH_2{=}CH{-}CH{=}CH_2 + Br_2 \longrightarrow \underset{1,2\text{-加成}}{CH_2{=}CH{-}\underset{Br}{CH}{-}\underset{Br}{CH_2}} + \underset{1,4\text{-加成}}{\underset{Br}{CH_2}{-}CH{=}CH{-}\underset{Br}{CH_2}}$$

2个溴原子分别加到 C_1、C_2 上，称为1，2-加成，而加到 C_1、C_4 上，同时在 C_2、C_3 间形成新的双键，称为1，4-加成，这是共轭体系特有的加成方式，又称共轭加成，反映了共轭体系的整体性。

共轭二烯烃的加成反应究竟是以1，2-加成为主还是以1，4-加成为主，取决于反应物的结构、试剂的性质及反应条件（如温度、催化剂和溶剂的性质等）。一般情况下，在低温及非极性溶剂中以1，2-加成为主，在高温及极性溶剂中以1，4-加成为主。

（二）双烯合成反应

共轭二烯烃可与具有不饱和键的化合物进行1，4-加成，生成环状化合物，这种反应称为双烯合成或狄尔斯-阿尔德（Diels-Alder）反应。例如：

$$\begin{matrix} CH_2 \\ \| \\ CH \\ | \\ CH \\ \| \\ CH_2 \end{matrix} + \begin{matrix} CH_2 \\ \| \\ CH_2 \end{matrix} \xrightarrow[\text{高压}]{200\sim300\ ℃} \text{环己烯} \; 78\%$$

环己烯78%

此反应可简单表示为

$$\text{1,3-丁二烯} + \text{乙烯} \longrightarrow \text{环己烯}$$

一般把进行双烯合成的共轭二烯烃称为双烯体，另一种化合物称为亲双烯体。双烯合成是共轭二烯烃特有的反应，是合成六碳环化合物的重要方法。

知识链接

狄尔斯-阿尔德（Diels-Alder）反应

1906年，狄尔斯发现丙二酸酐，并确定了它的化学组成和性质。他最重要的成果双烯合成——实现了许多环状有机物的合成。这种方法是狄尔斯和他学生阿尔德合作研究的，因此称为狄尔斯-阿尔德反应。

1928年阿尔德和他的老师狄尔斯合作发表了一篇关于双烯合成反应的论文。实践证明，此项研究对合成橡胶和塑料的生产有重要意义。

1950年，因与阿尔德合作完成开发环状有机化合物的制备方法，而共同获得诺贝尔化学奖。

（三）聚合反应

共轭二烯烃的聚合反应有1,2-加成聚合和1,4-加成聚合，产物是各种高聚物的混合物。当反应物、反应条件等不同时，产物的组成也不同。

共轭二烯烃的1,4-加成聚合是合成橡胶的基本反应。如1,3-丁二烯在催化剂作用下聚合后得到聚丁二烯，俗称顺丁橡胶，是最早的人工合成橡胶，主要用于制造轮胎、运输袋和胶管。

$$nCH_2{=}CH{-}CH{=}CH_2 \xrightarrow{\text{催化剂}} {\left[CH_2{-}CH{=}CH{-}CH_2\right]}_n$$

异戊二烯（2-甲基-1,3-丁二烯）聚合得到聚异戊二烯，俗称异戊橡胶，其结构和性质与天然橡胶相似，被称为合成天然橡胶。目前世界上使用的橡胶一半以上是合成橡胶，它在成本和性能上都比天然橡胶更优越。

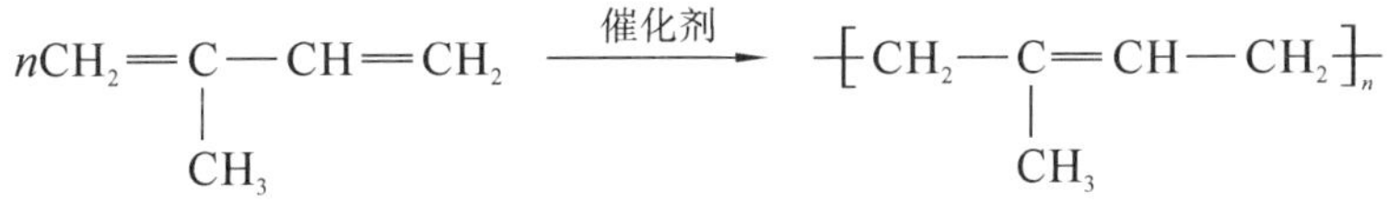

$$nCH_2{=}\underset{\displaystyle CH_3}{\underset{|}{C}}{-}CH{=}CH_2 \xrightarrow{\text{催化剂}} {\left[CH_2{-}\underset{\displaystyle CH_3}{\underset{|}{C}}{=}CH{-}CH_2\right]}_n$$

第五节 环 烃

由碳和氢两种元素组成的环状化合物称为环烃。环烃分为脂环烃和芳香烃。脂环烃是具有类似脂肪族化合物性质而分子中含有碳环结构的烃类。脂环烃及其衍生物广泛存在于自然界，在医药和轻化工业上有着广泛的用途。

一、脂环烃

（一）脂环烃的分类和命名

脂环烃按分子的饱和程度，可分为饱和脂环烃和不饱和环脂环烃；脂环烃按分子中碳环的数目，可分为单环脂环烃和多环脂环烃。

1. 单环脂环烃

单环脂环烃分子中只含一个碳环；根据碳环的饱和程度可分为环烷烃、环烯烃和环炔烃等。

（1）环烷烃：脂环烃的碳环是饱和的环烃，称为环烷烃，通式 C_nH_{2n}，与链状烯烃互为同分异构体。

命名法与烷烃基本相同，在烷烃名称前冠上“环”字。环上如有取代基，应使取代基位置有最小的编号。为了书写方便，常用键线式表示。例如：

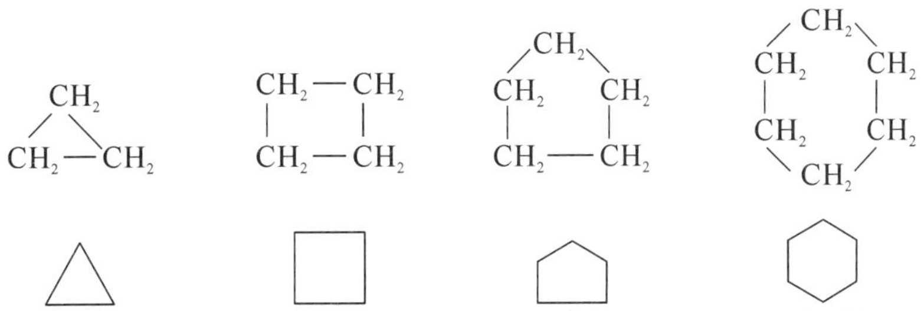

环丙烷 环丁烷 环戊烷 环己烷

（2）环烯烃、环炔烃

碳环中含有双键或三键的脂环烃称为环烯烃或环炔烃。命名法与烯烃和炔烃相似，在相应的烯烃、炔烃名称前冠上“环”字。单环不饱和脂环烃上有取代基时，环上碳原子的编号应从不饱和键开始（双键和三键碳原子为1,2位次），并使取代基的位次与不饱和键的位次之和最小。例如：

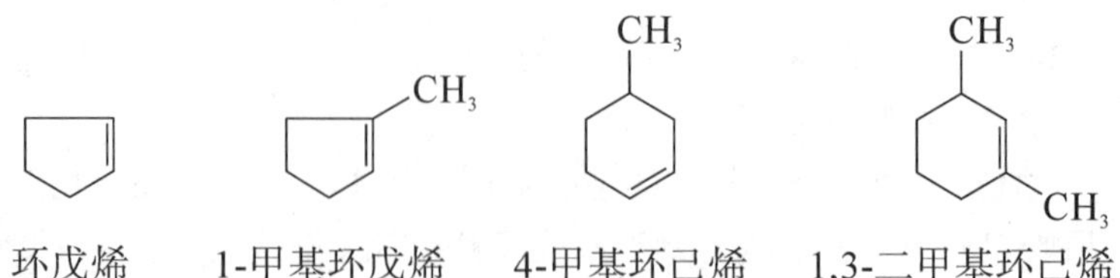

环戊烯　1-甲基环戊烯　4-甲基环己烯　1,3-二甲基环己烯

2. 多环脂环烃

分子中含有两个或两个以上碳环的烃称为多环脂环烃或多环脂烃。主要有螺环烃和桥环烃。

(1) 螺环烃：两个碳环共用一个碳原子的环烃称为螺环烃，共用的碳原子称为螺原子。命名螺环烃时，按母体烃中碳原子总数称为“螺[　]某烃”，方括号中分别用阿拉伯数字标出两个碳环除螺原子外的碳原子数目，数字之间的右下角用圆点隔开，顺序是从小环到大环。例如：

螺[2.4]庚烷　螺[4.4]壬烷

有取代基时，要将螺环编号，编号从小环邻接螺原子的碳原子开始，通过螺原子绕到大环。例如：

1-甲基螺[3.4]辛烷　5-甲基螺[3.4]-1-辛烯

(2) 桥环烃：共用两个或两个以上碳原子的多环脂烃称为桥环烃。若为双环则共用两个碳原子，其特点是有两个“桥头”碳原子，连接两个“桥头”，构成三条“桥”。命名时根据成环总碳原子数，称为“双环[　]某烷”，再把各“桥”所含碳原子数目，按由大到小的顺序写在方括号中，数字之间用圆点隔开。例如：

二环[4.4.0]癸烷　二环[4.1.0]庚烷

环上如有取代基，可将环编号：从一个“桥头”开始，沿最长的“桥”经第二个“桥头”到次长的“桥”，再回到第一个“桥头”，最短的“桥”最后编号。例如：

6-甲基二环[3.2.1]辛烷　4-甲基二环[3.2.0]-2-庚烯

（二）环烷烃的结构和性质

1. 环烷烃的结构

环丙烷碳环的结构：环上 C 为 sp^3 等性杂化，C—C—C 键角 109.5°与实测数据相差很大。形成的 C—Cσ 键，轨道不是从两碳连线方向重叠，重叠较少，形成了“弯曲键”或“香蕉键”，键不牢，有“角张力”存在，环不稳定。这种键的 σ 电子云突出在三角形的外边。

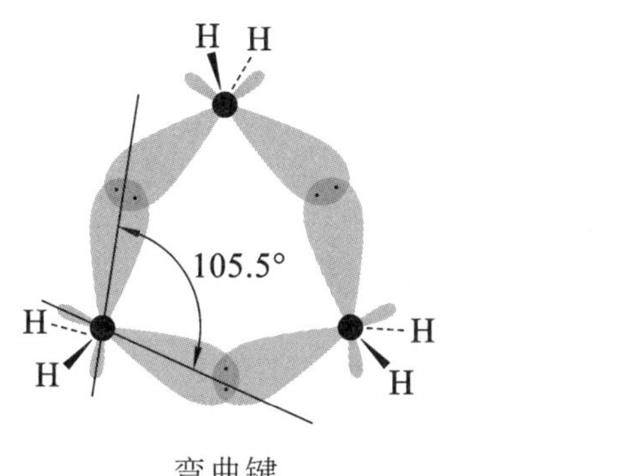

弯曲键

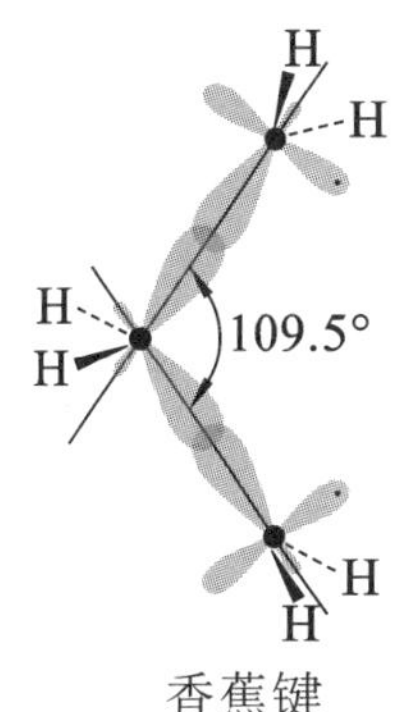

香蕉键

现代杂化理论认为，环丙烷碳环上的碳是 sp^3 不等性杂化，形成 C—C 键的杂化轨道中 s 成分少，p 轨道成分多，相当于 sp^3 杂化；形成 C—H 键的 C 的杂化轨道中，s 成分多，p 成分少，接近 sp^2 杂化。不形成正常的 109.5°键角。因此，有“角张力”存在，环不稳定。

环丁烷的情况与环丙烷相似，碳碳键也是弯曲键，但弯曲程度与角张力均较环丙烷小，所以环丁烷比环丙烷相对稳定。环戊烷和环己烷，成环碳原子不在同一平面上，碳碳键之间的夹角基本保持在 109.5°，也就是说碳原子的 sp^3 杂化轨道形成 C—Cσ 键时，不必扭偏而能实现最大程度重叠，不存在角张力，是无张力环，环系稳定不易开环。

常见环烷烃稳定性：

△ < □ < ⬠ < ⬡

2. 环烷烃的物理性质

常温常压下，环丙烷和环丁烷是气体，环戊烷和环己烷是液体，十二个碳原子以上的环烷烃都是固体。它们都不溶于水，易溶于有机溶剂。沸点、熔点和相对密度比同碳原子数的烷烃高，但相对密度仍小于 1。沸点比同碳原子数的烷烃高 10～20 ℃。

3. 环烷烃的化学性质

环烷烃的化学性质和烷烃相似，可以发生取代反应和氧化反应。但因为环烷烃具有碳环结构，所以又有一些特性。它们的化学性质可概括为“小环”似烯，“大环”似烷，在一定条件下，可被强氧化剂氧化。

(1) 取代反应：五元环和五元以上的环烷烃较容易发生环上取代反应。如：

⬠ + Br_2 ⟶ ⬠—Br + HBr

(2) 加成反应：由于环内“张力”的存在，小环容易破裂而发生与烯烃相似的加成反应。环裂开而发生的反应通常称为开环反应。三元环最不稳定，最容易开环；四元环次之；五元环和五元以上的环烷烃相对稳定，不易开环。常见的“小环”开环反应有以下几种类型。

①催化加氢：在镍催化下，环丙烷与环丁烷易开环加氢生成相应的烷烃。

$$\triangle + H_2 \xrightarrow[80\ ℃]{Ni} CH_3CH_2CH_3$$

$$\square + H_2 \xrightarrow[120\ ℃]{Ni} CH_3CH_2CH_2CH_3$$

②加卤素：环丙烷在室温下可与溴发生开环加成反应，环丁烷只有在加热时才发生反应，环戊烷、环己烷与卤素不发生加成反应。

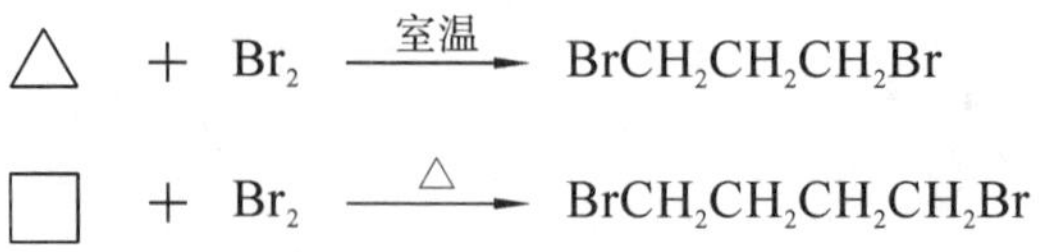

$$\triangle + Br_2 \xrightarrow{\text{室温}} BrCH_2CH_2CH_2Br$$

$$\square + Br_2 \xrightarrow{\triangle} BrCH_2CH_2CH_2CH_2Br$$

③加卤化氢：

$$\triangle + HBr \xrightarrow{\text{室温}} CH_3CH_2CH_2Br$$

$$\square + HBr \xrightarrow{\triangle} CH_3CH_2CH_2CH_2Br$$

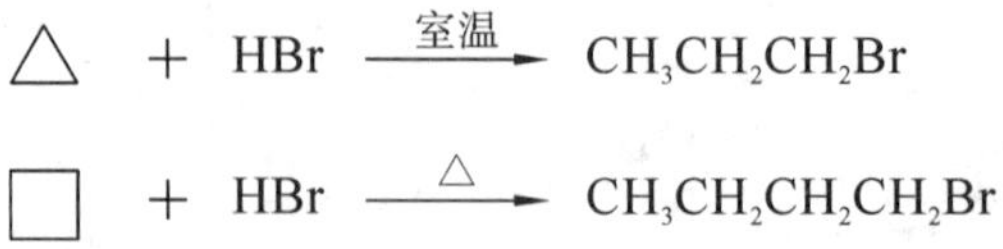

含侧链的环丙烷与卤化氢加成时，开环发生在含氢最多和含氢最少的碳环原子之间，并且卤化氢的加成遵循马氏规则。例如：

$$CH_3-\underset{\diagdown\!\!\!\times\;\diagup}{CH}-CH_2 \quad (\text{环内 }CH_2) + HBr \longrightarrow CH_3-\underset{\displaystyle Br}{\underset{|}{CH}}-CH_2-CH_3$$

(3) 氧化反应：环烷烃在常温下不能被一般氧化剂（如 $KMnO_4$ 水溶液）所氧化，实验室常用此性质来鉴别环丙烷和烯烃。但在加热、催化剂存在时可被强化剂所氧化。如：

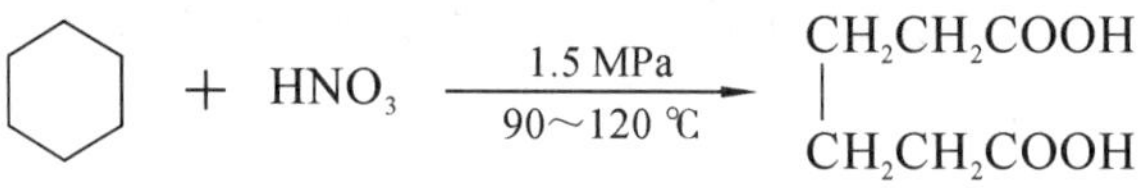

$$\text{(环己烷)} + HNO_3 \xrightarrow[90\sim120\ ℃]{1.5\ MPa} \begin{array}{l} CH_2CH_2COOH \\ | \\ CH_2CH_2COOH \end{array}$$

二、芳香烃

历史上曾将一类从植物中取得的具有芳香气味的物质称为芳香族化合物。但目前已知的芳香族化合物中，大多数是没有香味的。因此，“芳香”这个词已经失去了原有的意义，只是由于习惯而沿用至今。

芳香烃是芳香族化合物的母体，是一类具有特殊环状结构的化合物。这类化合物具有高度的不饱和性，化学性质表现为芳环上易发生取代反应，而不易进行加成和氧化反应。芳香烃的这些特殊性质称为“芳香性”。大量实验发现，芳香烃大多具有苯环结构，其芳香性与苯环的特殊结构有关。通常，将含有苯环结构的芳香烃称为苯型芳香烃，将不含苯环结构但化学性质也具有芳香性的环状烃，称为非苯型芳香烃。

苯型芳香烃根据分子中苯环的数量不同，可分为单环芳香烃和多环芳香烃。

单环芳香烃是分子中只含有一个苯环的芳香烃。例如：

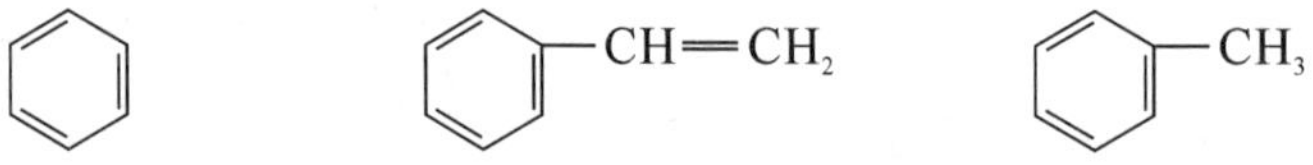

苯　　$-CH{=}CH_2$ 苯乙烯　　$-CH_3$ 甲苯

多环芳香烃是分子中含有 2 个或 2 个以上苯环的芳香烃。根据苯环的连接方式不同又可分为联苯和联多苯、多苯代脂烃及稠环芳香烃。例如：

联苯　　$-CH_2-$ 二苯甲烷

稠环芳香烃是分子中含有 2 个或 2 个以上苯环，彼此间通过共用 2 个相邻碳原子稠合而成的芳香烃。例如：

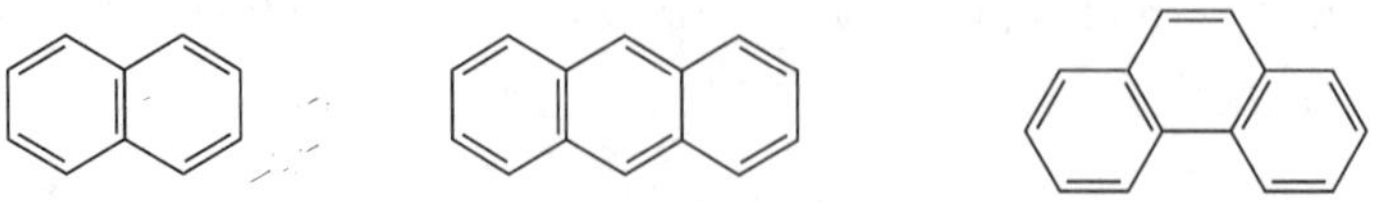

萘　　蒽　　菲

很多天然药物及合成药物中都含苯型芳香烃。例如：

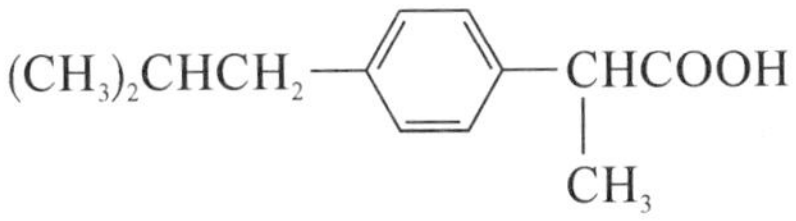

$$(CH_3)_2CHCH_2-C_6H_4-\underset{\displaystyle CH_3}{\underset{|}{CH}}COOH$$

布洛芬（非甾体抗炎药）

（一）苯的结构

1. 苯的凯库勒式

苯是最简单的芳香烃，分子式为 C_6H_6，碳氢比为 1∶1。从分子式看，苯具有高度不饱和性，应像烯烃、炔烃那样，容易发生加成、氧化等反应。但实验表明，在通常情况下，苯的性质非常稳定，不易发生加成反应，也难被强氧化剂（如高锰酸钾）所氧化，相反却易发生类似于烷烃的反应，即取代反应。

为解释苯的这些性质，1865 年，凯库勒（Kekülе）从苯的分子式 C_6H_6 出发，提出了苯的环状结构，即苯是一个平面六元环，环上的碳原子以单双键交替排列，每个碳原子还连接着一个氢原子。其结构式可表示为

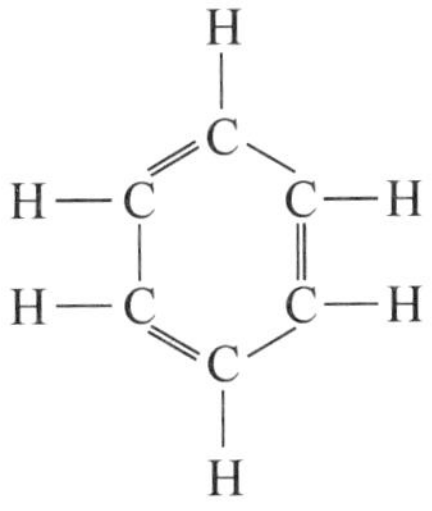

简写为

苯的凯库勒式较好地描述了苯分子中碳原子和氢原子的结合与排列方式，但它不能解释为何这样的结构既不易加成也不易氧化，反而易发生取代反应。

另外，根据凯库勒式推断，苯的邻位二元取代物应有以下两种异构体：

但事实上却只能得到一种邻位二元取代物，可见，凯库勒式并没能真实地表示出苯的分子结构。

2. 苯的分子结构及苯环的稳定性

现代技术对苯的结构测定表明，苯分子的 6 个碳原子和 6 个氢原子都在同一平面上，其中 6 个碳原子构成正六边形，碳碳键的键长均为 0.140 nm，无单双键之分，键角都是 120°。现代价键理论认为：苯分子中的每个碳都以 sp^2 形式杂化，得到 3 个 sp^2 杂化轨道后分别与两个相邻碳原子的 sp^2 杂化轨道和一个氢原子的 s 轨道顶端重叠形成 2 个 C—Cσ 键和 1 个 C—Hσ 键，所有 σ 键都在一个平面上，σ 键之间夹角 120°。每个碳还剩一个未参与杂化的 p 轨道垂直于 σ 键所在的平面，这 6 个 p 轨道彼此从侧面相互重叠，形成一个环形的大 π 键，π 电子云对称而均匀地分布在苯环平面的上下，组成一个闭合的共轭体系，如图 9-8 所示。

由于苯环是一个共轭体系，共轭效应使其 π 电子高度离域，键长平均化，体系能量低，整个分子具有特殊的稳定性，故在化学性质上有特殊的表现。

苯的结构式不仅可用经典的凯库勒式表示，也可用表示，即在六元环内用一个圆圈表示闭合大 π 键。

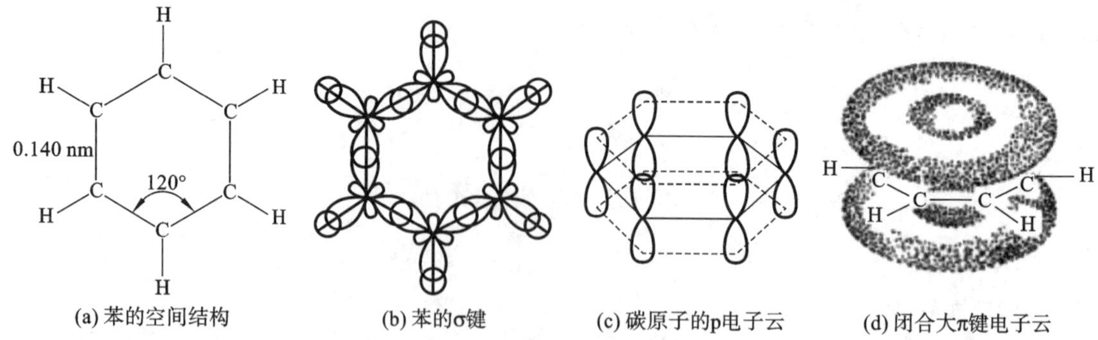

(a) 苯的空间结构　(b) 苯的σ键　(c) 碳原子的p电子云　(d) 闭合大π键电子云

图 9-8　苯的分子结构

（二）苯的同系物和命名

分子中只含有一个苯环的烃，称为单环芳香烃。苯是最简单的单环芳香烃，如果苯环上的一个或几个氢原子被烷基取代，可得一系列化合物，这些烷基苯称为苯的同系物，其通式为 $C_nH_{2n-6}(n\geqslant6)$。

（1）苯环上只有一个取代基，无异构现象。命名时以苯环为母体，取代基名称写在苯前，称为“某基苯”，基字可省略。例如：

CH_3　　CH_2CH_3　　CH_3CHCH_3

甲苯　　乙苯　　异丙苯

（2）苯环上有两个相同取代基时，可能有三种异构体。命名时，可用邻、间、对（或 *o*、*m*、*p*）表示，也可用阿拉伯数字来标明取代基的位置，注意使位次和最小。例如：

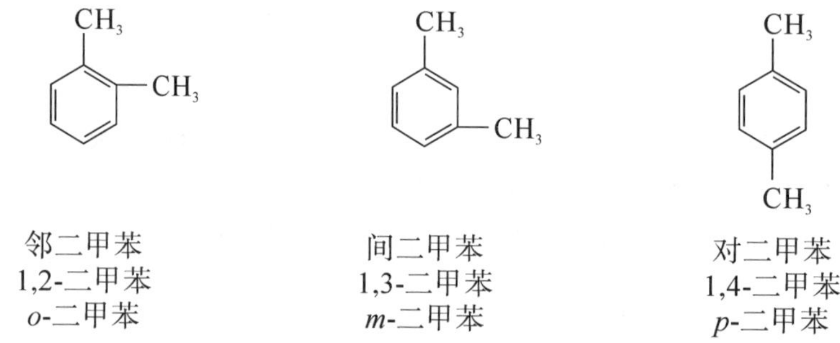

邻二甲苯　1,2-二甲苯　*o*-二甲苯

间二甲苯　1,3-二甲苯　*m*-二甲苯

对二甲苯　1,4-二甲苯　*p*-二甲苯

（3）苯环上有三个相同取代基时，也有三种异构体，可用连、偏、均表示取代基的位置。例如：

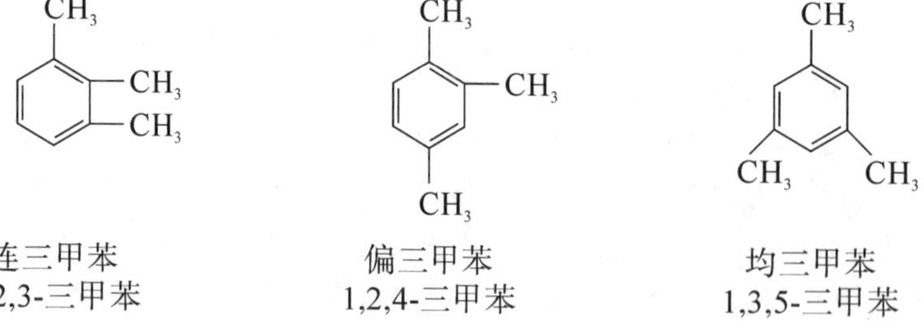

连三甲苯　1,2,3-三甲苯

偏三甲苯　1,2,4-三甲苯

均三甲苯　1,3,5-三甲苯

（4）当苯环上连有结构较复杂或不饱和的碳链时，常将碳链作母体、苯环作取代基来命名。例如：

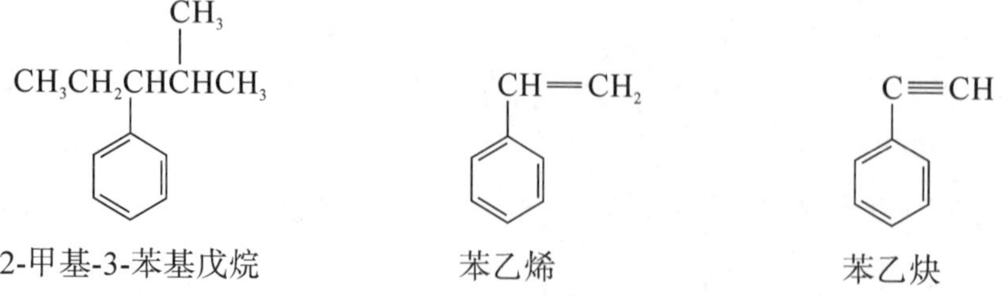

2-甲基-3-苯基戊烷　　苯乙烯　　苯乙炔

（5）芳基的命名：芳烃分子中去掉一个氢原子形成的基团称为芳香烃基或芳基，简写为 Ar。苯去掉一个氢原子后剩下的基团—C_6H_5 称为苯基(phenyl)，简写为 ph 或用 Φ 表示。甲苯分子中苯环上去掉一个氢，得到甲苯基，甲苯的甲基上去掉一个氢形成的基团称为苯甲基，又称苄基(benzyl)。常见的芳基如下：

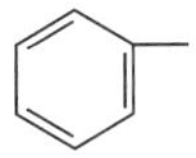

苯基（也可用C_6H_5-或ph-表示） 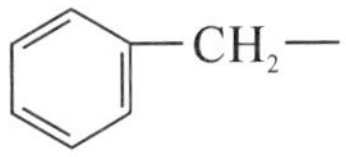　苯甲基（苄基）

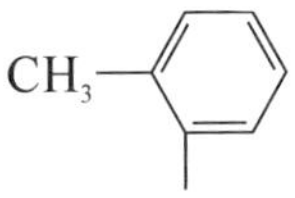

邻苯甲基 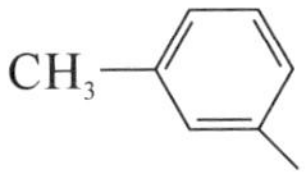　间苯甲基 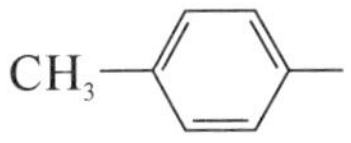　对苯甲基

（三）芳香烃的性质

苯及其他单环芳香烃一般为液体，具有特殊的气味，易燃，不溶于水，易溶于石油醚、乙醚、四氯化碳等有机溶剂，液态芳香烃本身就是良好的溶剂。苯具有易挥发、易燃的特点，其蒸气有爆炸性。苯及其同系物的蒸气有毒，苯蒸气能够侵害中枢神经，经常接触苯，皮肤可因脱脂而变干燥，脱屑，有的会出现过敏性湿疹。长期接触低浓度的苯蒸气可损害造血器官，导致再生障碍性贫血。

在苯的同系物中，沸点随着相对分子质量的增加而升高，一般每增加一个 CH_2，沸点增加 20～30 ℃，含相同碳原子数的异构体沸点相差不大。分子的熔点除与相对分子质量有关外，受分子结构影响也较大，对称性较好的分子熔点较高，如苯的对称性非常高，它的熔点为 5.5 ℃；甲苯对称性较差，它的熔点为－95 ℃，比苯低近 100 ℃。

苯环的大 π 键结构使苯环的化学性质稳定，在一定的条件下可以发生取代反应，难发生加成反应和氧化反应。

单环芳香烃的化学性质主要发生在苯环及其附近，主要涉及 C—H 键断裂的取代反应，以及苯环侧链上 α-H 的活性引发的氧化反应、取代反应等。主要表现如下：

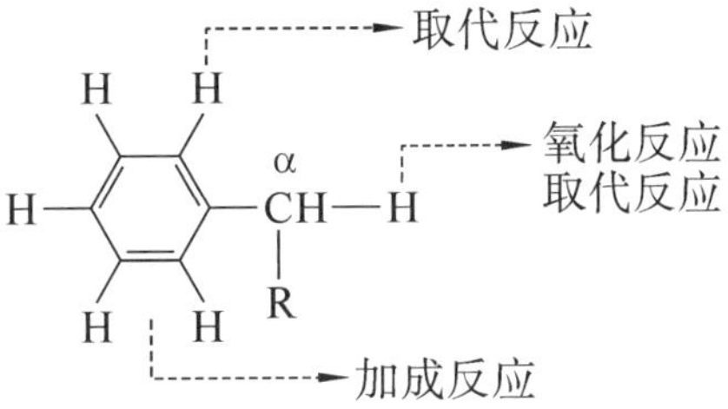

取代反应
α
CH—H
R
氧化反应
取代反应
加成反应

1. 亲电取代反应

苯环富有 π 电子，易受亲电试剂的进攻，反应中苯环上的氢易被—X、—NO_2、—SO_3H 等原子或原子团所取代，发生亲电取代反应。

（1）卤代反应：苯与卤素在 FeX_3 或 Fe 粉的催化作用下，苯环上的氢原子被卤素取代，生成卤代苯。例如：

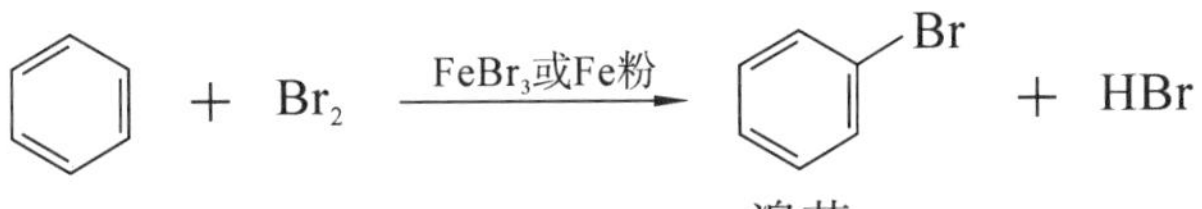

$$C_6H_6 + Br_2 \xrightarrow{FeBr_3或Fe粉} C_6H_5Br + HBr$$

溴苯

氟代反应非常剧烈，不易控制；碘代反应不完全且速率太慢，所以此反应多用于制备氯苯和溴苯。烷基苯的卤化反应比苯容易，主要生成邻位和对位产物。例如：

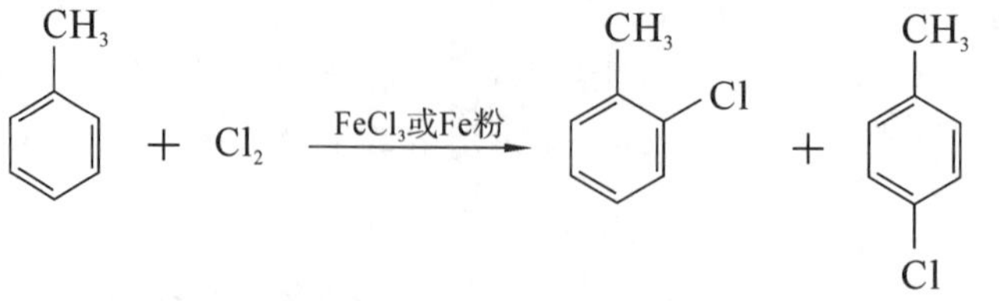

$$\text{C}_6\text{H}_5\text{CH}_3 + Cl_2 \xrightarrow{FeCl_3\text{或}Fe\text{粉}} \text{邻氯甲苯} + \text{对氯甲苯}$$

邻氯甲苯　　对氯甲苯

烷基苯在光照或加热的条件下，主要发生与烷烃相似的卤化反应，卤原子取代苯环侧链的 α-C 上的氢原子。例如：

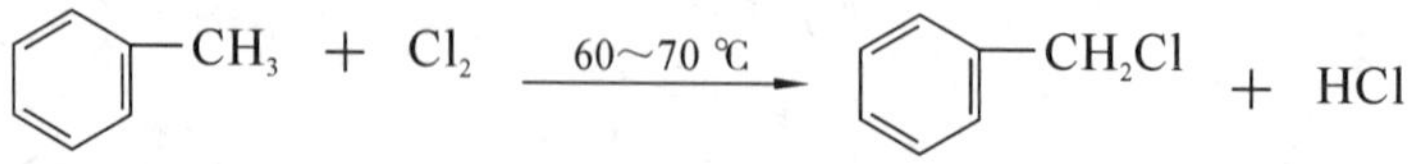

$$C_6H_5-CH_3 + Cl_2 \xrightarrow{60\sim70\ ℃} C_6H_5-CH_2Cl + HCl$$

氯化苄

(2) 硝化反应：浓硝酸和浓硫酸的混合物（称为混酸）与苯共热，苯环上的氢原子被硝基（—NO_2）取代，生成硝基苯。例如：

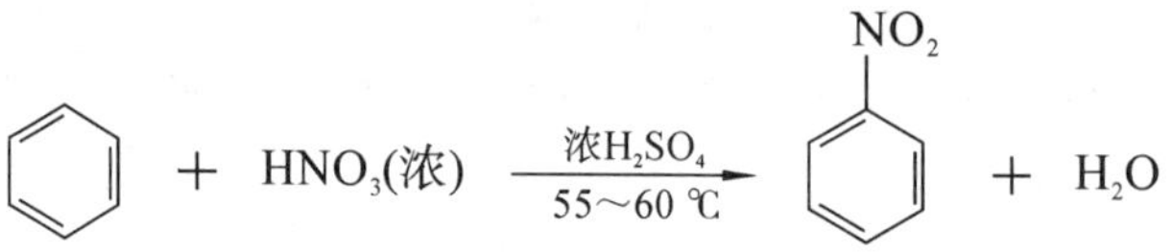

$$C_6H_6 + HNO_3(\text{浓}) \xrightarrow[55\sim60\ ℃]{\text{浓}H_2SO_4} C_6H_5-NO_2 + H_2O$$

硝基苯

硝基苯的进一步硝化比苯难，需要提高反应温度和酸的浓度，得到间位取代物。

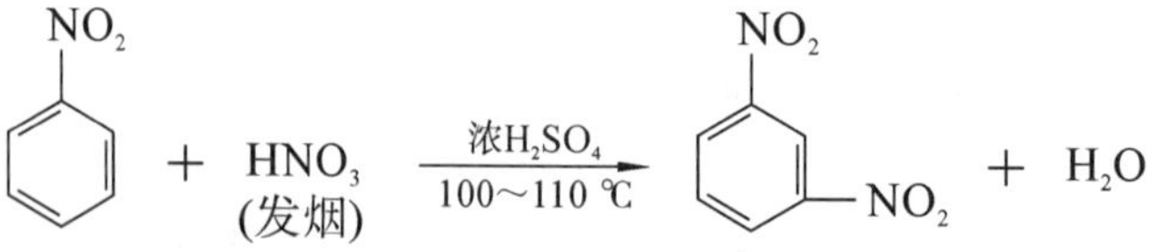

$$C_6H_5-NO_2 + \underset{(\text{发烟})}{HNO_3} \xrightarrow[100\sim110\ ℃]{\text{浓}H_2SO_4} \text{间二硝基苯} + H_2O$$

间二硝基苯

甲苯的硝化比苯容易，得到邻、对位产物。

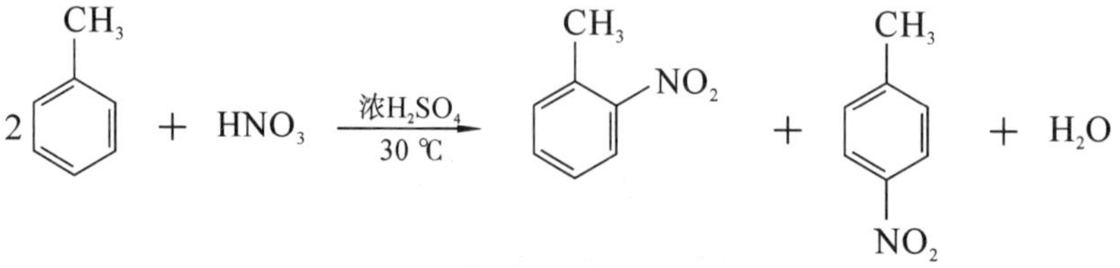

$$2\,C_6H_5-CH_3 + HNO_3 \xrightarrow[30\ ℃]{\text{浓}H_2SO_4} \text{邻硝基甲苯} + \text{对硝基甲苯} + H_2O$$

邻硝基甲苯　　对硝基甲苯

(3) 磺化反应：苯与浓硫酸或发烟硫酸反应，苯环上的氢原子被磺酸基（—SO_3H）取代生成苯磺酸，此反应称为磺化反应。磺化反应的试剂一般是 SO_3。发烟硫酸是 SO_3 和硫酸的混合物。例如：

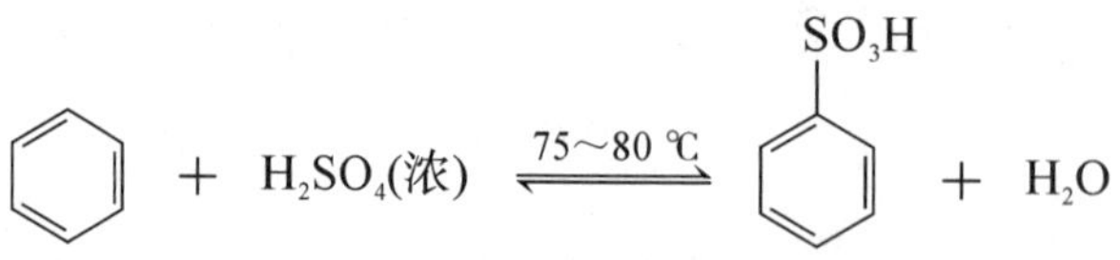

$$C_6H_6 + H_2SO_4(\text{浓}) \underset{}{\overset{75\sim80\ ℃}{\rightleftharpoons}} C_6H_5-SO_3H + H_2O$$

苯磺酸

同硝化反应一样，苯磺酸的进一步磺化比苯困难，需高温，得到间位产物。

$$C_6H_5-SO_3H + \underset{(\text{发烟硫酸})}{H_2SO_4(SO_3)} \xrightarrow{200\sim220\ ℃} \text{间苯二磺酸} + H_2O$$

(4) 傅-克(Friedel-Crafts)反应：在无水三氯化铝等的催化下，苯与卤代烷、酰卤或酸酐等试剂作用，苯环上的氢原子被烷基(—R)或酰基($R-\overset{O}{\overset{\|}{C}}-$)取代的反应，称为傅-克烷基化反应，或傅-克酰基化反应。例如：

$$C_6H_6 + CH_3Br \xrightarrow[\triangle]{无水AlCl_3} C_6H_5CH_3 + HBr$$

$$C_6H_6 + \underset{乙酰氯}{CH_3-\overset{O}{\overset{\|}{C}}-Cl} \xrightarrow{无水AlCl_3} \underset{苯乙酮}{C_6H_5-\overset{O}{\overset{\|}{C}}-CH_3} + HCl$$

2. 加成反应

与烯烃相比，苯不易发生加成反应。但在高温、高压等特殊条件下也能与氢气、氯气等物质加成，分别生成环己烷、六氯环己烷等。例如：

$$C_6H_6 + 3H_2 \xrightarrow[200\ ℃，加压]{Ni} C_6H_{12}$$

$$C_6H_6 + 3Cl_2 \xrightarrow[50\ ℃]{紫外线} \underset{六氯环己烷}{C_6H_6Cl_6}$$

3. 氧化反应

苯不易被氧化，但甲苯等烷基苯在氧化剂，如酸性高锰酸钾或重铬酸钾溶液等作用下，苯环上含 α-H 的侧链能被氧化。一般说来，不论碳链长短，最后都被氧化成苯甲酸，例如：

$$C_6H_5-CH(CH_3) \xrightarrow{KMnO_4/H^+} C_6H_5-COOH$$

$$C_6H_5-CH_3 \xrightarrow{KMnO_4/H^+} \underset{苯甲酸}{C_6H_5-COOH}$$

如果苯环上有 2 个含 α-H 的烷基，则被氧化成二元羧酸。例如：

$$C_2H_5-C_6H_4-CH(CH_3)_2 \xrightarrow{KMnO_4/H^+} \underset{对苯二甲酸}{HOOC-C_6H_4-COOH}$$

若烷基上无 α-H，一般不能被氧化。可利用此类反应鉴别苯和含 α-H 的烷基苯。由于是一个含 α-H 的侧链氧化成一个羧基，因此通过分析氧化产物中羧基的数目和相对位置，可以推测出原化合物中烷基的数目和相对位置。

(四) 稠环芳香烃简介

稠环芳香烃是由两个或两个以上的苯环共用两个相邻碳原子而形成的多环芳香烃。重要的稠环芳香烃有萘、蒽、菲等，它们是合成染料、医药的重要原料。

1. 萘($C_{10}H_8$)

萘的来源主要是煤焦油和石油，它是一种白色片状晶体，熔点 80.6 ℃，易升华，不溶于水，易溶于有机溶剂，有特殊气味。萘曾用作防蛀剂(卫生球)，但因其有一定毒性，现已被樟脑所替代。萘在工业上主要用于合成染料、农药等。萘的分子式为 $C_{10}H_8$，其结构式和碳原子的编号如下：

其中 1、4、5、8 碳原子位置等同，又称 α 位，而 2、3、6、7 碳原子位置等同，称 β 位。

萘的分子结构与苯相似，也构成共轭体系，所以也具有芳香烃的一般特性。萘的化学性质比苯活泼，亲电取代、加成反应及氧化反应都比苯容易进行，亲电取代主要发生在 α 位。

2. 蒽和菲($C_{14}H_{10}$)

蒽存在于煤焦油的蒽油馏分中，为有淡蓝色荧光的无色片状晶体，熔点 216 ℃，沸点 342 ℃，不溶于水，微溶于醇和醚，易溶于热苯。

菲也是煤焦油成分，为无色片状晶体，略带荧光，熔点 100 ℃，沸点 340 ℃，不溶于水，易溶于苯和苯的同系物中。自然界中有许多对人体生理功能起重要作用的化合物，如甾体、性激素、维生素 D 等，都含有菲的结构碳骨架。

蒽和菲的分子式都为 $C_{14}H_{10}$，二者互为同分异构体，其结构式和碳原了编号如下：

蒽　　　　菲

蒽和菲的分子结构中也有共轭体系，但所表现出的芳香性都比苯及萘弱，其亲电取代主要发生在 9、10 位。

3. 致癌烃

在许多已知的致癌物质中，人们发现有些是由四个或四个以上苯环稠合而成的稠环芳烃，称为致癌烃，主要存在于煤烟、石油、沥青、烟草的烟雾以及烟熏食物中。常见致癌烃结构式如下：

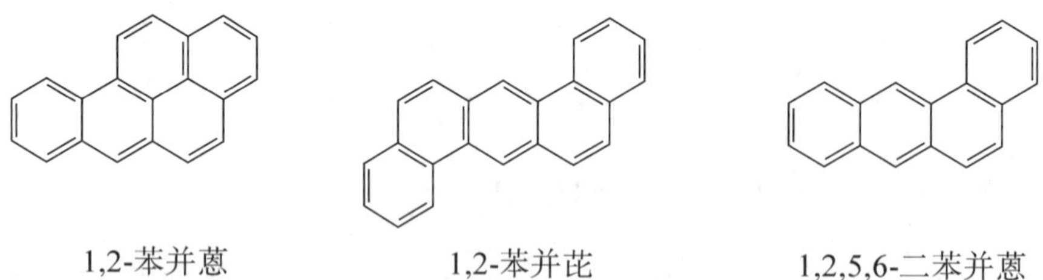

1,2-苯并蒽　　1,2-苯并芘　　1,2,5,6-二苯并蒽

知识链接

苯

苯是一种石油化工基本原料。它可用作合成染料、合成橡胶、合成树脂、合成纤维、合成谷物、塑料、医药、农药、照相胶片以及石油化工制品的重要原料。由于苯具有良好的溶解性能，因而被广泛用作胶黏剂及工业溶剂。例如：清漆、硝基纤维漆的稀释剂、脱漆剂、润滑油、油脂、蜡、赛璐珞、树脂、人造革等溶剂。短期内吸入浓度高的苯后，会引起亚急性苯中毒，可

出现头晕、头痛、乏力、失眠、月经紊乱等症状。慢性苯中毒的特征为血常规异常，可归纳如下：①早期血常规异常；②继发性再生障碍性贫血；③继发性骨髓增生异常综合征；④继发性白血病。甲苯和苯是装饰材料中的常用化学品，目前已成为我国装饰室内空气中占前两位的主要污染物，二者不仅污染水平高，而且生物毒性大。所以新装修的房子需开窗通风一段时间后再入住。

第六节 卤代烃

烃分子中的一个或几个氢原子被卤素原子取代所得的化合物称为卤代烃，简称卤烃。卤原子为其官能团。卤代烃与医药的关系十分密切，有的卤代烃是药物合成的重要中间体，而有的卤代烃本身就是药物。

一、卤代烃的分类和命名

（一）分类

根据烃基种类、卤原子数目及卤原子连接的碳原子类型，卤代烃的分类方式主要有以下三种。

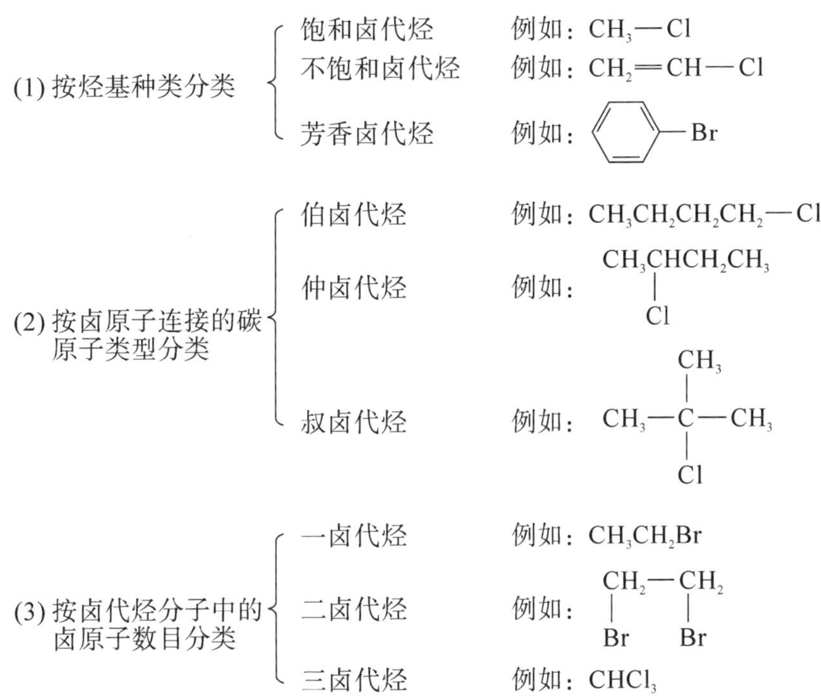

此外，根据卤原子种类的不同，还可将卤代烃分为氯代烃、溴代烃等。

（二）命名

1. 简单卤代烃的命名

简单卤代烃可根据卤素原子所连烃基的名称命名，称“卤某烃”。如：

$CH_3CH_2—Cl$	$CH_2═CH—Cl$	（苯环）—Br
氯乙烷	氯乙烯	溴苯

2. 比较复杂卤代烃的命名

一般以烃作为母体，卤原子作为取代基按系统命名法命名。命名方法如下。

(1) 卤代烷的命名：选含有卤原子的最长碳链为主链，按取代基及卤原子“序号和最小”原则给主链碳原子编号，当卤原子与烷基的位次相同时，应给予烷基以较小的位次编号；不同卤原子的位次相同时，给予原子序数较小的卤原子以较小的编号。例如：

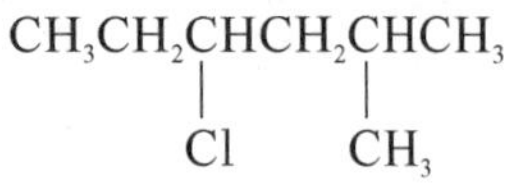

$$\underset{\text{2-甲基-4-氯己烷}}{CH_3CH_2\underset{\displaystyle Cl}{\underset{|}{C}}HCH_2\underset{\displaystyle CH_3}{\underset{|}{C}}HCH_3} \qquad \underset{\text{2-甲基-3-氯丁烷}}{CH_3-\underset{\displaystyle CH_3}{\underset{|}{CH}}-\underset{\displaystyle Cl}{\underset{|}{CH}}-CH_3} \qquad \underset{\text{2-氯-3-溴丁烷}}{CH_3-\underset{\displaystyle Cl}{\underset{|}{CH}}-\underset{\displaystyle Br}{\underset{|}{CH}}-CH_3}$$

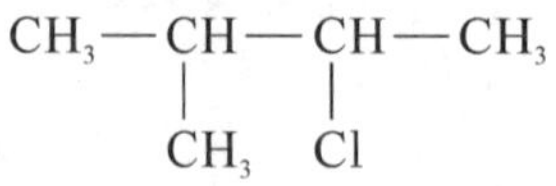

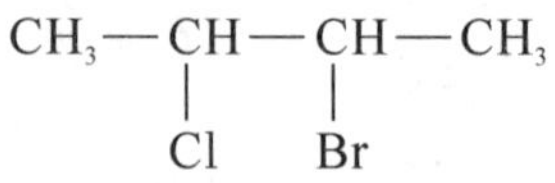

(2) 不饱和卤代烃的命名：选包括不饱和键和卤原子在内的最长碳链作为主链，编号使不饱和键的位次最小。例如：

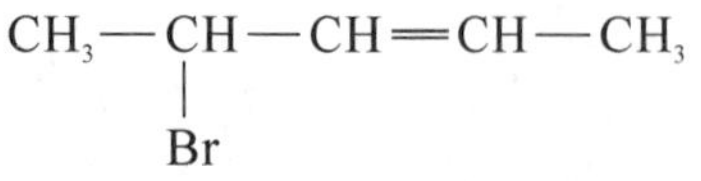

$$\underset{\text{4-溴-2-戊烯}}{CH_3-\underset{\displaystyle Br}{\underset{|}{CH}}-CH{=}CH-CH_3} \qquad \underset{\text{2-乙基-4-氯-1-丁烯}}{CH_2{=}\underset{\displaystyle CH_2CH_3}{\underset{|}{C}}-CH_2-CH_2-Cl}$$

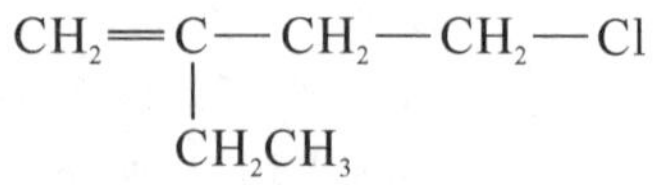

(3) 芳香烃的卤代物的命名：应参考卤原子的位置。若卤原子连在苯环上，一般以芳香烃为母体、卤原子为取代基，依卤原子在环上的位置命名；若卤原子连在侧链上，则将苯环和卤原子作为取代基、侧链为母体命名。例如：

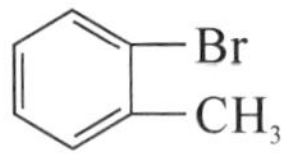

$$\underset{\substack{\text{2-溴甲苯}\\\text{(邻溴甲苯)}}}{C_6H_4(Br)CH_3} \qquad \underset{\substack{\text{苯氯甲烷}\\\text{(氯化苄)}}}{C_6H_5-CH_2-Cl} \qquad \underset{\substack{\text{1-苯基-2-氯丙烷}\\\text{(β-氯丙苯)}}}{C_6H_5-CH_2-\underset{\displaystyle Cl}{\underset{|}{CH}}-CH_3}$$

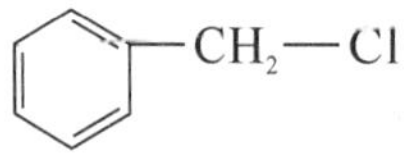

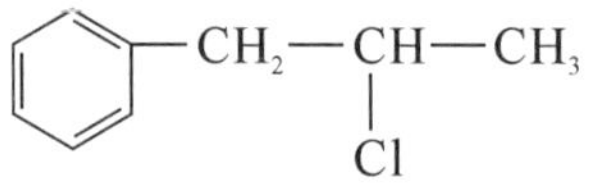

此外，卤代烃还可用普通命名法命名，称为“某基卤”或“卤(代)某烃”，如苄基氯、溴代异丙烷等。有些卤代烃还有常用的俗名，如氯仿、碘仿、氟利昂等。

二、卤代烃的性质

(一) 物理性质

常温常压下，除少数低级卤代烷如氯甲烷、溴甲烷、氯乙烷为气体外，多数卤代烃为液体，高级卤代烃为固体。烃基相同的卤代烃，氯代物的沸点最低，碘代物的沸点最高。在卤原子相同的卤代物中，它们的沸点随其相对分子质量的增加而升高。

一卤代烃具有令人不愉快的气味，有些卤代烃具有香味，但其蒸气有毒。

所有的卤代烃都不溶于水而易溶于醇、醚等有机溶剂。氯仿、四氯化碳本身就是常用的有机溶剂。

(二) 化学性质

卤原子是卤代烃的官能团，由于卤素的电负性较强，形成的碳卤键是一个极性共价键，在与一些极性试剂作用时，碳卤键断裂而发生一系列的反应。下面以卤代烷为例，讨论卤代烃的一些性质。

1. 取代反应

卤代烷中的卤原子可被多种试剂所取代。这些试剂通常是带负电荷的离子或具有未共用电子对的分子，如 OH^-、CN^-、H_2O、NH_3 等，这些试剂的电子云密度较大，具有较强的亲核性，能提供一对电子与 α-C 形成新的共价键，所以又称为亲核试剂。由亲核试剂进攻而引起的取代反应称为亲核取代反应。卤代烷的亲核取代反应可用下列通式表示：

$$\underset{\text{亲核试剂}}{Nu^-:} + \underset{\text{卤代烷}}{R-\overset{\delta^+}{C}H_2-\overset{\delta^-}{X}} \longrightarrow \underset{\text{取代产物}}{R-CH_2-Nu} + \underset{\text{离去基团}}{X^-:}$$

(1) 被羟基取代：卤代烷与强碱（NaOH、KOH）水溶液共热，卤原子被羟基（—OH）取代生成醇。此反应也称为卤代烷的碱性水解。如：

$$CH_3CH_2Br + NaOH \xrightarrow[\triangle]{H_2O} \underset{\text{乙醇}}{CH_3CH_2OH} + NaBr$$

(2) 与硝酸银反应：卤代烷与硝酸银的醇溶液作用，卤原子被硝酸根取代生成硝酸酯，同时产生卤化银沉淀。此反应可用于卤代烷的定性鉴定。如：

$$CH_3CH_2Cl + AgNO_3 \xrightarrow{C_2H_5OH} \underset{\text{硝酸乙酯}}{CH_3CH_2—ONO_2} + AgCl\downarrow$$

不同卤代烷的反应活性：叔卤代烷＞仲卤代烷＞伯卤代烷。利用生成卤化银沉淀的速率不同，可鉴别不同类型的卤代烷。

除上述反应外，卤代烷还能与氰化物（KCN、NaCN）、氨、醇钠等发生取代反应，分别生成腈、胺、醚等化合物。

2. 消除反应

卤代烷与强碱的醇溶液共热，分子内脱去一分子卤化氢后生成烯烃。例如：

$$\underset{\boxed{\text{H}\quad\text{Br}}}{CH_3CHCH_2} + NaOH \xrightarrow[\triangle]{C_2H_5OH} CH_3CH=CH_2 + NaBr + H_2O$$

伯卤代烷的消除反应只有一种产物，而不对称的仲卤代烷和叔卤代烷发生消除反应时，可能有两种产物，例如：

$$\underset{\text{H}\quad\text{Br}\quad\text{H}}{\overset{\beta\quad\alpha\quad\beta}{CH_3CHCHCH_2}} \xrightarrow[\triangle]{KOH/C_2H_5OH} \begin{cases} CH_3CH=CHCH_3 & \text{2-丁烯}\quad 81\% \\ CH_3CH_2CH=CH_2 & \text{1-丁烯}\quad 19\% \end{cases}$$

两种不同产物的生成是由于在键的两个不同方向消去卤化氢的结果。实验证实，卤原子总是与含氢较少的相邻碳原子上的氢发生消去，生成双键碳上连接烃基较多的烯烃。这个经验规则称为扎依采夫（Saytzeff）规则。

在上述反应中，卤原子是和 β-C 上的氢形成 HX 脱去的，这种形式的消除反应称 β-消除反应。

卤代烷与强碱共热时，取代反应和消除反应往往同时发生，相互竞争，哪一种反应占优势则取决于卤代烷的结构和反应条件。如：

$$CH_3CH_2CH_2Br + NaOH \begin{cases} \xrightarrow{H_2O} CH_3CH_2CH_2OH\ (\text{取代反应}) \\ \xrightarrow{C_2H_5OH} CH_3CH=CH_2\ (\text{消除反应}) \end{cases}$$

一般来说，伯卤代烷易发生取代反应，叔卤代烷易发生消除反应，仲卤代烷两者兼而有之。强碱、高温、弱极性溶剂有利于消除反应，而强极性溶剂如水溶液有利于发生取代反应。

3. 与金属反应

卤代烷在无水乙醚中与金属镁作用，生成烷基卤化镁，该化合物被称为格氏试剂。

$$R—X + Mg \xrightarrow{\text{无水乙醚}} R—Mg—X$$

格氏试剂中的 C—Mg 键极性很强，化学性质非常活泼，能和多种化合物作用生成烃、醇、醛、酮、羧酸等物质，在有机合成中有着广泛的应用。

三、医药中常见的卤代烃

（一）氯乙烷（CH_3CH_2Cl）

氯乙烷常温下为气体，沸点 12.2 ℃，低温或加压下为无色易挥发液体。因其沸点低，喷在皮肤上时，可迅速汽化引起骤冷，暂时失去知觉，因而可用作局麻剂。

（二）三氯甲烷（$CHCl_3$）

三氯甲烷俗称氯仿，是无色略带甜味的挥发性液体，沸点 62 ℃，不易燃，不溶于水。氯仿是优良的有机溶剂，能溶解油脂、有机玻璃、橡胶等高分子化合物，可用于中草药中有效成分的萃取，早期还被用作麻醉剂，后因其毒副作用大而被其他药物所替代。药用氯仿须密闭保存于棕色瓶中，以免被空气氧化生成剧毒的光气（$COCl_2$），加入 1%的乙醇可破坏生成的光气。

（三）三氟氯溴乙烷（$CF_3CHClBr$）

三氟氯溴乙烷又名氟烷，是无色透明液体，无刺激性，可与氧以任意比例混合，不燃不爆。作为麻醉剂，氟烷的麻醉效果比乙醚强 2～4 倍，停药后短时间即可苏醒，并发症少，但对心血管系统有抑制作用。氟烷应盛于棕色瓶中，密闭置阴凉处保存。

思政案例

绿水青山，人人有责

化学农药为提高农作物产量，解决人类的生存问题做出了巨大贡献，但是在生产和使用的同时也给人们的生活环境和身体带来危害。作为绿色农业发展的主力军的生物源农药越来越受到重视。

生物源农药在我国已有悠久的历史，我国是较早应用植物源农药防治作物病虫害的国家之一，早在公元前 10 世纪，就用莽草（狭叶茴香，芒草）、藜芦等植物来防治病虫害。但是因为生物源农药的特性（药效偏低等），其发展步伐显得有些迟缓。随着国家倡导建立资源节约型和环境友好型的生态文明和绿色生产，这给生物源农药创造了生存和发展空间。据统计，2017 年登记了 17 个新农药，其中生物源农药占新农药的 59%，新生物源农药数量首次超过新化学农药数量，说明生物源农药正在快速发展。但是生物源农药防治覆盖率在我国仅约 10%，远低于发达国家 20%～60%的水平。所以需要我们化学工作者不断学习和创新，研究出高效、低毒、无残留的新型农药，为国家的发展添砖加瓦。

本章小结

本章学习烃和卤代烃。烃的种类很多，根据分子结构和性质的不同，可分为开链烃（脂肪烃）和环烃，开链烃又分为饱和链烃（烷烃）和不饱和链烃，不饱和链烃包含烯烃和炔烃，环烃包含脂环烃和芳香烃。本章重点是各类烃和卤代烃的结构特点、命名方法和主要化学性质。

本章基本概念有饱和烃、不饱和烃、卤代烃，同系差，同系物，伯、仲、叔、季碳原子，氧化反应、还原反应，马氏规则，诱导效应，扎依采夫规则，吸电子基、供电子基，共轭效应，螺环烃、桥环烃，硝化反应，磺化反应，傅-克反应，定位效应、定位基及格氏试剂。大家一定要理解掌握相关概念。

烷烃分子中，碳原子以 4 个 sp^3 杂化轨道，参与形成碳碳 σ 键和碳氢 σ 键。烯烃分子中双键两端的每个碳原子均以 sp^2 形式杂化，碳碳双键是由 1 个 σ 键和 1 个不能自由旋转的 π 键构成的，炔烃分子中三键两端的 2 个碳原子都以 sp 形式杂化，碳碳三键是由 1 个 σ 键和 2 个 π 键构成。烷烃的组成通式为 C_nH_{2n+2}，烯烃的通式为 $C_nH_{2n}(n\geqslant 2)$，炔烃的通式为 $C_nH_{2n-2}(n\geqslant 2)$。

烷烃的命名法有两种——普通命名法和系统命名法，系统命名法命名原则和步骤如下：①选主链，②给主链编号，③命名。烯烃和炔烃的命名与烷烃类似，但是选主链和给主链编号时都要选含不饱和键的链。卤代烃的命名和烯烃类似。

烷烃的化学性质比较稳定，通常不与强酸、强碱、强氧化剂、强还原剂等反应。但在一定条件(如光照、高温、催化剂等)下，也能发生卤代、氧化等反应。烯烃和炔烃的化学性质比较相似，都可以发生加成反应、氧化反应、聚合反应，能使溴水和高锰酸钾溶液褪色，加成时都遵循马氏规则，炔烃还可以发生炔氢的反应。卤代烃可以发生取代反应、消除反应，和格氏试剂反应等，消除反应遵循扎依采夫规则。

环烃的主要内容包括脂环烃的分类和命名，芳香烃的结构特点，单环芳香烃的化学反应主要发生在苯环上，通常难加成和氧化，容易取代，表现出“芳香性”。苯环上的氢原子可以被多种基团取代，重要的有卤代、硝化、磺化和傅-克(Friedel-Crafts)反应。不易进行加成反应，但在一定条件下，仍可与氢、氯等发生加成反应。苯环侧链可在一定条件下发生卤代和氧化反应。

能力检测

能力检测答案

一、名词解释

(1) 碳链异构　(2) 同系物　(3) 伯碳原子
(4) 氧化反应　(5) 马氏规则　(6) 诱导效应
(7) 共轭效应　(8) 扎伊采夫规则　(9) 定位效应

二、写出下列化合物的结构简式

(1) 新己烷　(2) 2,3-二甲基戊烷　(3) 2-甲基-4-乙基己烷
(4) 4-甲基-2-戊烯　(5) 2-甲基-1-丁烯　(6) 4-甲基-2-戊炔
(7) 2-甲基-1,4-戊二烯　(8) 1-戊烯-3-炔　(9) 间二甲苯
(10) 对二甲苯

三、用系统命名法命名下列化合物

(1) $CH_3-\underset{CH_3}{\overset{CH_3}{C}}-\underset{CH_3}{CH}-CH_3$

(2) $CH_3-\underset{CH_3}{\overset{CH_3}{C}}-CH_2-\underset{CH_3}{CH_2}$

(3) $CH_3-\underset{CH_3}{CH}-CH=CH-CH_3$

(4) $CH_3-\underset{CH_3}{CH}-CH_2-\underset{Br}{CH}-CH_3$

(5) $CH_3-\underset{CH_3}{CH}-CH_2-\underset{CH_2CH_3}{C}=CH_2$

(6) $CH_3-\underset{CH_3}{CH}-C\equiv C-CH_2-CH_3$

(7) $CH_2=\underset{CH_3}{C}-CH=CH_2$

(8) $CH\equiv C-CH_2-CH=CH_2$

(9) CH_3 CH_3

(10) CH_3

(11) CH_3 CH_3

(12) CH_3 NO_2

四、完成下列反应方程式

(1) $CH_3—CH_2—CH═CH_2+Br_2 \longrightarrow$

(2) $CH_2═CH—CH_2—C≡CH+Br_2 \longrightarrow$

(3) $CH_3—CH_2—CH═CH_2+HBr \longrightarrow$

(4) $CH_3CH_2Br+NaOH \xrightarrow[\triangle]{H_2O}$

(5) 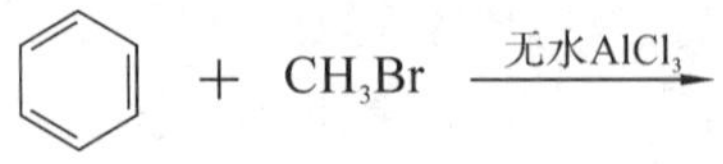 + CH_3Br $\xrightarrow{无水AlCl_3}$

(6) 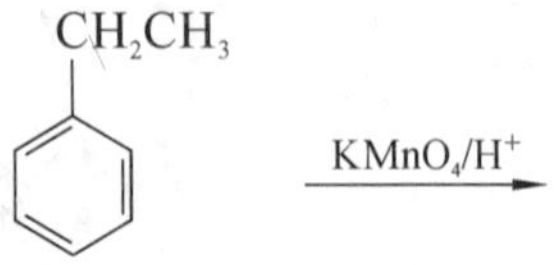 CH_2CH_3 $\xrightarrow{KMnO_4/H^+}$

五、用化学方法区分下列各组化合物

(1) 丁烷、1-丁烯、1-丁炔

(2) 丙烷、环丙烷、丙烯

(3) 苯、甲苯、环己烯

(4) 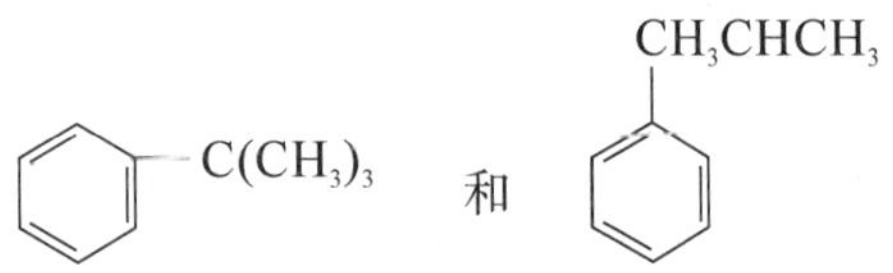 $—C(CH_3)_3$ 和 CH_3CHCH_3

六、综合题

(1) 分子式为 C_4H_8 的两种化合物与氢溴酸作用,生成相同的卤代烷,试推测原来的两种化合物的结构简式并用系统命名法命名。

(2) 具有相同分子式的两种化合物 A 和 B,氢化后都可以生成 2-甲基丁烷。它们也都与两分子溴加成,但 A 可以与硝酸银的氨溶液作用产生白色沉淀,B 则不能。试推测 A 和 B 两个异构体的结构式。

(3) 链烃 A 和 B 分子式都是 C_4H_6,A 氧化产物是丙酸和二氧化碳,B 氧化产物是乙酸,试推测 A、B 的结构并写出反应方程式。

(4) 某芳香烃 A 的分子式为 C_8H_{10},被高锰酸钾氧化可生成分子式为 $C_8H_6O_4$ 的 B。试写出符合条件的所有 A 的结构简式,并命名。

参考文献

[1] 彭秀丽,李炎武. 医用化学[M]. 武汉:华中科技大学出版社,2021.

[2] 陆艳琦. 基础化学[M]. 郑州:郑州大学出版社,2009.

[3] 邱承晓,谢美红. 医用化学[M]. 北京:化学工业出版社,2013.

[4] 刘德秀,石慧. 药用基础化学[M]. 武汉:华中科技大学出版社,2015.

(杨家林)

本章题库

第十章

醇、酚、醚

扫码
看 PPT

学习目标

掌握：醇、酚、醚的结构特点；醇和酚的系统命名法；醇和酚的主要化学性质。
熟悉：醇、酚、醚的物理性质；醇、酚、醚的鉴别；醚的命名。
了解：醇、酚、醚的分类；医药上常见的醇、酚、醚；硫醇、硫醚。

烃分子中的一个或几个氢原子被其他的原子或原子团取代后的产物，统称为烃的衍生物。由于取代氢原子的原子或原子团对烃的衍生物的化学性质起着重要的决定作用，因此与相应的烃相比，烃的衍生物具有一些化学特性。烃的衍生物种类很多，本章介绍的醇、酚、醚都是烃的含氧衍生物。

第一节 醇

一、醇的结构、分类和命名

（一）醇的结构

在结构上，醇可以看作脂肪烃、脂环烃或芳香烃侧链上的氢原子被羟基（—OH）取代生成的产物。通式是 R—OH，羟基是醇的官能团，又称为醇羟基。

（二）醇的分类

根据醇分子中烃基结构的不同，可将醇分为脂肪醇（又可分为饱和脂肪醇与不饱和脂肪醇）、脂环醇和芳香醇。例如：

饱和脂肪醇（乙醇）　不饱和脂肪醇（烯丙醇）

脂环醇（环戊醇）　芳香醇（苯甲醇）

根据醇分子中羟基数目的多少，可将醇分为一元醇、二元醇、三元醇等，二元以上的醇统称为多元醇。例如：

$CH_3—CH_2—CH_2—OH$　一元醇

CH_2OH | CH_2OH　二元醇（乙二醇）

$CH_2—OH$ | $CH—OH$ | $CH_2—OH$　三元醇（丙三醇）

根据醇分子中羟基所连接的碳原子的类型不同，可将一元醇分为伯醇（一级醇）、仲醇（二级醇）和叔醇（三级醇）。其中羟基与伯碳原子相连构成的醇称为伯醇，与仲碳原子相连构成的醇称为仲醇，依此类推。例如：

$CH_3-CH_2-CH_2-OH$　伯醇（一级醇）

$CH_3-CH(OH)-CH_3$　仲醇（二级醇）

$CH_3-C(OH)(CH_3)-CH_3$　叔醇（三级醇）

（三）醇的命名

醇的命名分为普通命名法和系统命名法两种。

1. 普通命名法

结构比较简单的醇常采用普通命名法，根据与羟基相连的烃基来命名，即在相应的烃基名称后加“醇”字，通常将“基”字省略。例如：

CH_3-OH　甲醇

$CH_2=CH-OH$　乙烯醇

$C_6H_{11}-OH$　环己醇

$C_6H_5-CH_2-CH_2-OH$　苯乙醇

2. 系统命名法

结构复杂的醇要采用系统命名法，其命名原则如下。

（1）饱和脂肪醇的命名。

①选主链定母体：选择含有羟基的最长碳链为主链，将支链作为取代基，根据主链上碳原子的数目称为“某醇”（母体）。

②定起点编号数：从离羟基最近的一端为起点，用阿拉伯数字给主链碳原子编号，将羟基所在碳原子的编号写在“某醇”之前，用短线隔开。

③书写取代基：将取代基的位置、名称写在羟基的位置之前，并用短线隔开，有不同取代基时，先写简单的，后写复杂的；相同的取代基要合并。例如：

$CH_3-CH(OH)-C(CH_2CH_3)(CH_3)-CH_2-CH_3$　3-甲基-3-乙基-2-戊醇

$CH_3-CH(OH)-CH(CH_3)-CH_3$　3-甲基-2-丁醇

（2）不饱和脂肪醇的命名。

①选主链定母体：选择同时含有不饱和键（双键或三键）和羟基的最长碳链为主链，根据主链上碳原子的数目称为“某烯醇”或“某炔醇”（母体）。

②定起点编号数：从离羟基最近的一端为起点，用阿拉伯数字给主链碳原子编号，羟基离两端距离相等时，则选取离双键最近的一端为起点，将双键的位置写在“某烯”之前，羟基所在碳原子的编号写在“醇”之前，都用短线隔开。

③书写取代基：将取代基的位置、名称写在羟基的位置之前，并用短线隔开，有不同取代基时，先写简单的，后写复杂的；相同的取代基要合并。例如：

$CH_2=CH-CH(CH_3)-CH_2-OH$　2-甲基-3-丁烯-1-醇

$CH\equiv C-CH_2-CH(OH)-CH_3$　4-戊炔-2-醇

(3) 脂环醇的命名：以脂环烃为母体，称为“环某醇”，以羟基所在碳原子为起点，给环上的碳原子编号，将取代基的位置依次标在“环某醇”之前。例如：

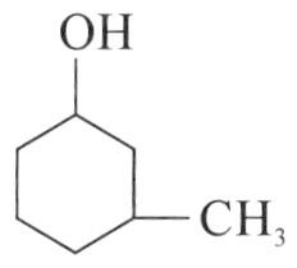

3-甲基环己醇 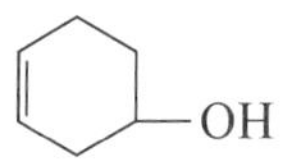　　3-环己烯醇

(4) 芳香醇的命名：以脂肪醇为母体，称为“某醇”，芳香烃基作为取代基，写在“某醇”之前。例如：

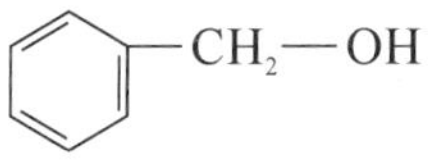

苯甲醇（苄醇） 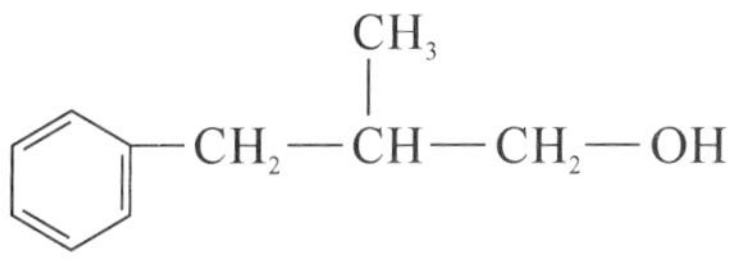　　2-甲基-3-苯基-1-丙醇

(5) 多元醇的命名：选择含有尽可能多羟基的最长碳链为主链，根据主链碳原子数和羟基的数目称为“某几醇”(母体)，支链为取代基，其他命名原则同以上各类醇。例如：

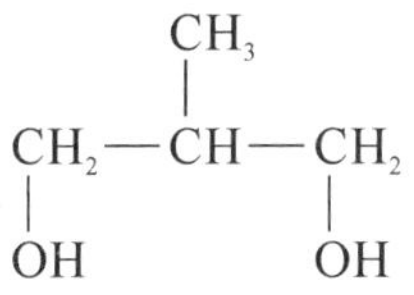

2-甲基-1,3-丙二醇 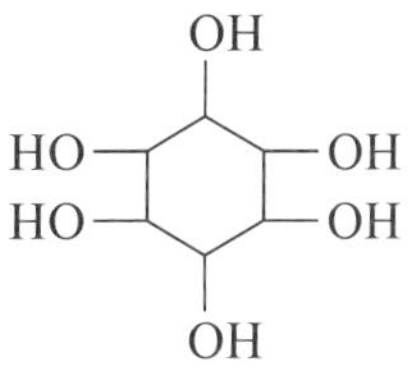　　环己六醇

另外，生活中某些醇还常常使用俗名，例如，乙醇又称为酒精、丙三醇又称为甘油等。

从丙醇开始出现醇的同分异构现象，醇除了有碳架异构外，还有官能团的位置异构。在有机化合物中，与官能团直接相连的碳原子称为 α-碳原子，与 α-碳原子相连的碳原子称为 β-碳原子，其余类推。α-碳原子上的氢原子称为 α-氢原子，β-碳原子上的氢称为 β-氢原子。例如：

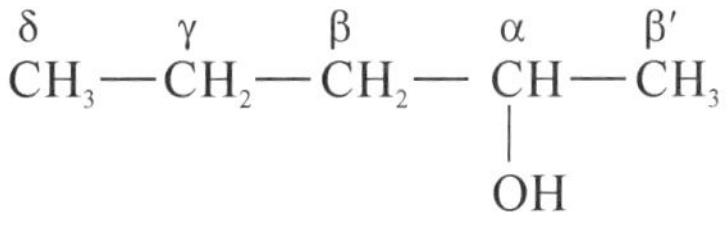

$$\overset{\delta}{CH_3}-\overset{\gamma}{CH_2}-\overset{\beta}{CH_2}-\overset{\alpha}{\underset{OH}{CH}}-\overset{\beta'}{CH_3}$$

二、醇的性质

(一) 醇的物理性质

常温常压下，12 个碳原子以下的直链饱和一元醇为无色液体，有明显的酒味或令人不愉快的气味，高级醇是无色的蜡状固体；低级醇(甲醇、乙醇、丙醇等)能与水以任意比例混溶，从丁醇开始，溶解度显著降低；高级醇则不溶于水而溶于有机溶剂。多元醇的溶解度一般比相应的一元醇大。一元醇的相对密度小于 1，而多元醇和芳香醇的相对密度都大于 1。

直链饱和一元醇的沸点随着碳原子数的增加而有规律地上升，每增加一个碳原子，沸点升高 18～20 ℃。由于醇分子间能通过氢键缔合，低级醇的沸点比相对分子质量相近的烷烃高得多。例如，甲醇(相对分子质量 32)的沸点是 64.65 ℃，而乙烷(相对分子质量 30)的沸点是 −88.6 ℃。

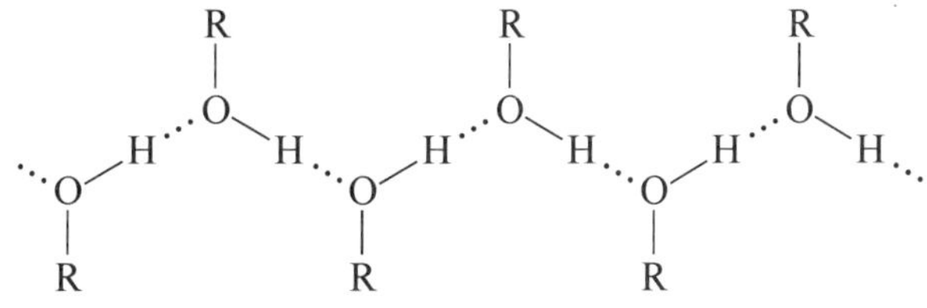

醇分子间的氢键缔合作用

醇分子中的烃基对缔合有阻碍作用，烃基越大，位阻越大，因此随着碳原子数的增多，高级醇的沸点与相对分子质量相近的烷烃越来越接近。同分异构体中，支链越多的醇沸点越低。常见醇的物理常数见表 10-1。

表 10-1　常见醇的物理常数

名称	熔点/℃	沸点/℃	相对密度(d_4^{20})	折光率(20 ℃)	溶解度/(g/100 g H_2O)
甲醇	−93.9	65	0.7914	1.3288	∞
乙醇	−117.3	78.5	0.7893	1.3611	∞
正丙醇	−126.5	97.4	0.8035	1.3850	∞
异丙醇	−88	82.4	0.7855	1.3776	∞
正丁醇	−89.5	117.3	0.8098	1.3993	7.5
仲丁醇	−115	99.5	0.8063	1.3978	12.5
异丁醇	−108	108	0.8018	1.3968	9.5
叔丁醇	25.5	82.3	0.7887	1.3878	∞
正戊醇	−79	137.3	0.8144	1.4101	2.7
正己醇	−46.7	158	0.8136	1.4162	0.59
烯丙醇	−129	97	0.8540	1.4135	∞
乙二醇	−11.5	198	1.188	1.4318	∞
丙三醇	20	290(分解)	1.2613	1.4746	∞
苯甲醇	−15.3	205.3	1.0419	1.5396	4

（二）醇的化学性质

羟基是醇的官能团，它决定着醇的主要化学性质。在醇的分子中 C—O 键和 O—H 键比较活泼，多数反应发生在这两个部位。此外，与羟基邻近的 α-碳原子上的氢原子也比较活泼，常参与某些反应。醇的主要反应部位如图 10-1 所示。

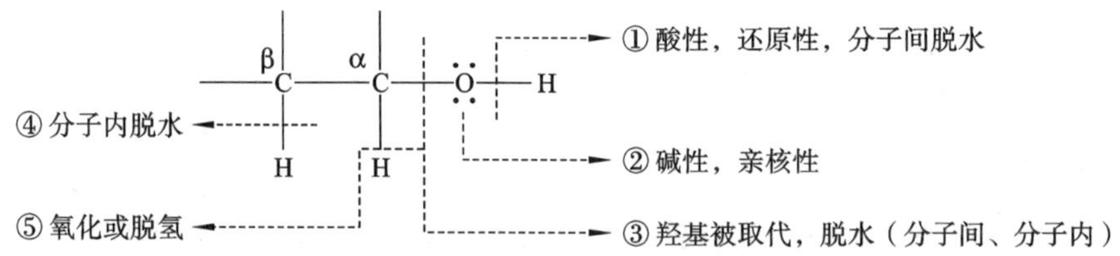

图 10-1　醇的主要反应部位

1. 与活泼金属反应

与水相似，醇中羟基上的氢原子能被活泼金属钠、钾、镁等取代，生成金属醇化物，并放出氢气。

$$2H—OH + 2Na \longrightarrow 2NaOH + H_2\uparrow$$

$$2R—OH + 2Na \longrightarrow 2R—OH + H_2\uparrow$$

醇与钠的反应比水与钠的反应缓和得多，放出的热也不足以使生成的氢气自燃。因此可利用乙醇与钠反应销毁残余的金属钠。

随着醇分子中烃基的增大，醇与金属钠的反应速率逐渐减慢。醇的反应活性次序：甲醇＞伯醇＞仲醇＞叔醇，醇钠可溶于醇，遇水易水解生成相应的醇和氢氧化钠。例如：

$$CH_3CH_2ONa + H_2O \longrightarrow CH_3CH_2OH + NaOH$$

醇钠在有机合成中用作强碱性试剂，也常用作分子中引入烷氧基(RO—)的试剂。

2. 与氢卤酸反应

醇与氢卤酸反应生成卤代烃和水，该反应是卤代烃水解反应的逆反应，也是制备卤代烃的重要方法。

$$R—OH+H—X \longrightarrow R—X+H_2O$$

醇与氢卤酸的反应速率与氢卤酸的类型和醇的结构有关，其反应活性次序如下：

氢卤酸(HX)：HI>HBr>HCl

醇(ROH)：叔醇>仲醇>伯醇>甲醇

例如：伯醇与氢碘酸(47%)加热即可生产碘代烃；与氢溴酸(48%)作用时必须有浓硫酸存在并加热才能生成溴代烃；与浓盐酸作用必须有氯化锌存在并加热才能生成氯代烃。

利用不同醇与浓盐酸反应速率的不同，可以鉴别 6 个碳以下的伯醇、仲醇和叔醇，所用试剂是浓盐酸和无水氯化锌配成的溶液，称为卢卡斯(H. J. Lucas)试剂。因为 6 个碳以下的醇可溶于卢卡斯试剂，生成的氯代烃因不溶于卢卡斯试剂而出现浑浊或分层现象。不同结构的醇反应速率不同，所以可根据反应出现浑浊的时间不同推测醇的结构。

$$\underset{\text{叔醇}}{R—\overset{R'}{\underset{R''}{C}}—OH} + HCl \xrightarrow{ZnCl_2,\text{室温}} \underset{\text{立即浑浊}}{R—\overset{R'}{\underset{R''}{C}}—Cl} + H_2O$$

$$\underset{\text{仲醇}}{R—\overset{R'}{CH}—OH} + HCl \xrightarrow{ZnCl_2,\text{室温}} \underset{\text{数分钟后浑浊}}{R—\overset{R'}{CH}—Cl} + H_2O$$

$$\underset{\text{伯醇}}{R—CH_2—OH} + HCl \xrightarrow[\triangle]{ZnCl_2} \underset{\text{室温下不浑浊，加热后缓慢浑浊}}{R—CH_2—Cl} + H_2O$$

3. 酯化反应

醇与酸作用生成酯的反应称为酯化反应。酯化反应是可逆反应。

在酸性条件下，醇与有机酸发生酯化反应生成有机酸酯(羧酸酯)。

$$ROH + \underset{\text{羧酸}}{R'COOH} \underset{\triangle}{\overset{\text{浓}H_2SO_4}{\rightleftharpoons}} \underset{\text{羧酸酯}}{R'COOR} + H_2O$$

醇与无机含氧酸如硝酸、硫酸、磷酸等发生酯化反应生成无机酸酯。

$$CH_3CH_2—OH + HO—NO_2 \rightleftharpoons \underset{\text{硝酸乙酯}}{CH_3CH_2O—NO_2} + H_2O$$

酯广泛存在于动植物体的组织和器官中，某些磷酸酯如葡萄糖、果糖等的磷酸酯是生物体内代谢过程中重要的中间产物。有的磷酸酯是有机磷农药，广泛应用于农业生产中。

4. 脱水反应

在脱水剂浓硫酸或三氧化二铝的存在下，醇可发生脱水反应。依据反应条件不同，醇有以下两种脱水方式。

(1) 分子间脱水生成醚：在较低的温度下，两分子醇发生分子间脱水生成醚。例如：

$$CH_3CH_2—OH + HO—CH_2CH_3 \xrightarrow[140\ ℃]{\text{浓}H_2SO_4} \underset{\text{乙醚}}{CH_3CH_2—O—CH_2CH_3} + H_2O$$

(2) 分子内脱水生成烯:在较高温度下,醇分子中的羟基与β-碳原子上的氢原子(β-H)脱去一分子水生成烯,醇的分子内脱水反应属于消除反应。例如:

$$\underset{\text{H}}{CH_2}-\underset{\text{OH}}{CH_2} \xrightarrow[170\ ℃]{浓H_2SO_4} \underset{乙烯}{CH_2=CH_2} + H_2O$$

不对称的仲醇或叔醇发生分子内脱水反应,同样遵循扎依切夫规则,即羟基主要与含氢较少的β-碳原子上的氢原子脱去水分子,生成含烷烃基较多的烯烃。

$$CH_3-CH_2-CH_2-\underset{\text{OH}}{\underset{|}{CH}}-CH_3 \xrightarrow[\triangle]{浓H_2SO_4} CH_3-CH_2-CH=CH-CH_3 + H_2O$$

$$CH_3-\overset{CH_3}{\overset{|}{\underset{OH}{\underset{|}{C}}}}-CH_2-CH_3 \xrightarrow[\triangle]{浓H_2SO_4} CH_3-\overset{CH_3}{\overset{|}{C}}=CH-CH_3 + H_2O$$

5. 氧化反应

在有机化合物分子中加入氧原子或脱去氢原子的反应称为氧化反应,脱去氧原子或加上氢原子的反应称为还原反应。

在伯醇和仲醇的分子中,α-碳原子上的氢原子(α-H)受到羟基的影响比较活泼,能在适当氧化剂作用下发生加氧氧化或在催化剂(Cu)作用下发生脱氢氧化生成醛或酮,叔醇分子中α-碳原子上没有氢原子(即没有α-H),很难被氧化。

(1) 加氧氧化:在酸性条件下,铬酸钾、高锰酸钾等氧化剂使伯醇氧化生成醛,醛进一步氧化生成羧酸,仲醇被氧化生成酮。

$$\underset{伯醇}{R-CH_2-OH} \xrightarrow{酸性KMnO_4} \underset{醛}{R-\overset{O}{\overset{\|}{C}}-H} \xrightarrow{酸性KMnO_4} \underset{羧酸}{R-\overset{O}{\overset{\|}{C}}-OH}$$

$$\underset{仲醇}{R-\overset{R'}{\overset{|}{CH}}-OH} \xrightarrow{酸性KMnO_4} \underset{酮}{R-\overset{O}{\overset{\|}{C}}-R'}$$

(2) 脱氢氧化:在高温和适当催化剂的作用下,伯醇和仲醇的α-H与羟基氢被脱去,发生脱氢氧化,分别生成醛和酮。

$$\underset{伯醇}{R-CH_2-OH} \xrightarrow{-2H} \underset{醛}{R-\overset{O}{\overset{\|}{C}}-H}$$

$$\underset{仲醇}{R-\overset{R'}{\overset{|}{CH}}-OH} \xrightarrow{-2H} \underset{酮}{R-\overset{O}{\overset{\|}{C}}-R'}$$

生物体内的氧化还原反应主要是在酶的作用下,以脱氢或加氢的方式进行的。

6. 多元醇的特性

分子中具有两个或两个以上相邻羟基的多元醇,具有微弱酸性,能与新制的氢氧化铜反应生成甘油铜，溶液呈现深蓝色，该反应常用于鉴别具有相邻羟基的多元醇，如乙二醇、甘油等。

$$\begin{array}{l} CH_2-OH \\ | \\ CH-OH \\ | \\ CH_2-OH \end{array} + Cu(OH)_2 \longrightarrow \begin{array}{l} CH_2-O \diagdown \\ | \qquad\qquad Cu \\ CH-O \diagup \\ | \\ CH_2-OH \end{array} + H_2O$$

甘油铜（深蓝色）

三、医药中常见的醇

1. 甲醇(CH_3OH)

甲醇最初由木材干馏制得，故俗名木醇或木精。甲醇是一种无色透明、有酒精气味、易燃、易挥发的液体，熔点为－97.4 ℃，沸点为64.65 ℃，能溶于水和许多有机溶剂。甲醇有较强的毒性，对人体的神经系统和血液系统影响较大，经呼吸道、消化道或皮肤摄入均可产生毒性反应，甲醇蒸气能损害人的呼吸道黏膜和视力，急性中毒症状有头晕、恶心、胃痛、疲倦、视物模糊以致失明，继而呼吸困难，最终导致呼吸中枢麻痹而死亡；慢性中毒症状为眩晕、昏睡、头痛、耳鸣、视力减退、消化障碍。甲醇摄入量超过 4 g 就会出现中毒症状，误服 10 g 就能造成双目失明，甚至死亡。工业酒精中含有少量甲醇，不能饮用。

2. 乙醇(C_2H_5OH)

乙醇俗称酒精，无色透明液体，有特殊的香味，是各类饮用酒的主要成分。密度为 0.7893 g·cm^{-3}，沸点为 78.5 ℃，易挥发，能与水以任意比例混溶。无水酒精又称为绝对酒精，乙醇含量(体积分数，下同)不低于 99.5%，主要用作化学试剂；乙醇含量为 95%的药用酒精，医药上用于配制碘酒、浸制药酒、配制消毒酒精和擦浴酒精；乙醇含量为 75%的消毒酒精，其渗透压与细菌渗透压相近，可以在细菌表面蛋白质未变性前不断地向菌体内部渗透，使细菌蛋白质脱水、变性凝固，最终杀死细菌；临床上使用的擦浴酒精，乙醇含量为 20%～50%，利用酒精挥发时能吸收热量这一性质，给高热患者擦浴以达到退烧降温的目的；乙醇含量为 50%的酒精也可以用于防治痔疮。

3. 丙三醇($CH_2OHCHOHCH_2OH$)

丙三醇俗称甘油，是无色、带有甜味的黏稠液体，沸点为 290 ℃(分解)，具有强烈的吸湿性，能与水以任意比例混溶，其水溶液的凝固点很低，具有润肤作用，使用时先用适量水稀释，以免对皮肤产生刺激；丙三醇是油脂的重要成分，是动植物体内糖、脂肪、蛋白质代谢的中间产物；临床上常用 55%的甘油水溶液(开塞露)来治疗便秘；丙三醇与硝酸反应生成的甘油三硝酸酯(俗称硝化甘油)有扩张冠状动脉血管的作用，用于治疗心绞痛。

4. 苯甲醇($C_6H_5CH_2OH$)

苯甲醇又名苄醇，存在于植物的香精油中，是最简单的芳香醇，无色液体，沸点为 205 ℃，具有芳香气味，微溶于水，可与乙醇、乙醚混溶。苯甲醇具有微弱的麻醉作用和防腐功能，含有苯甲醇的注射用水称为无痛水，如用 2%的苯甲醇溶液来溶解青霉素，可减轻注射时的疼痛感。

5. 己六醇($C_6H_{14}O_6$)

己六醇又名甘露醇，白色结晶性粉末，略有甜味，易溶于水，气温较低时甘露醇易结晶，可用 80 ℃热水温热，使之溶解。临床上甘露醇用作渗透性利尿剂(脱水剂)，常用的 20%甘露醇溶液是高渗溶液，可使脑实质及周围组织脱水并随药物从尿液中排出，从而降低颅内压，消除水肿。

6. 环己六醇($C_6H_{12}O_6$)

环己六醇是白色晶体，有甜味，能溶于水，难溶于有机溶剂，因最初从动物肌肉中得到，故俗称肌醇，主要存在于动物肌肉、心脏、肝脏和大脑中，能促进肌肉和其他组织中的脂肪代谢，可用于治疗肝硬化、脂肪肝及胆固醇过高等病症。

四、硫醇

(一) 硫醇的结构

在结构上，硫醇可以看作醇分子中羟基的氧原子被硫原子取代的衍生物，或者看作 H_2S 分子中的一个氢原子被烃基取代的化合物。巯基或氢硫基(—SH)是硫醇的官能团。硫醇的通式：R—SH

(二) 硫醇的命名

硫醇的命名法与醇类似，只需要在相应的醇字前面加一个“硫”字，或者以巯基为取代基命名。

$CH_3—SH$
甲硫醇

$$CH_3—CH(CH_3)—CH_2—SH$$
2-甲基-1-丙硫醇

$HOCH_2CH_2SH$
2-羟基乙硫醇

$CH_3—CH_2—SH$
乙硫醇

$HS—CH_2—CH_2—SH$
二乙硫醇

(三) 硫醇的性质

除甲硫醇在室温下为气体外，其他硫醇均为液体或固体。低级硫醇有毒，有极难闻的恶臭，乙硫醇的臭味尤其明显，所以常用乙硫醇作为煤气中的警觉剂，用以警示煤气泄漏。随着相对分子质量的增加，硫醇的臭味渐弱，九个碳原子以上的硫醇则有令人愉快的气味。硫醇的沸点和水溶性均低于相应的醇，例如，乙醇的沸点是 78.5 ℃，可与水互溶；而乙硫醇的沸点是 37 ℃，在 100 g 水中只能溶解 1.5 g。因为硫醇分子间以及硫醇与水分子之间不能形成氢键。

硫醇与醇具有类似的结构，因此二者也具有类似的化学性质，但由于硫原子的存在，硫醇也呈现一定的特性。

1. 硫醇的酸性

硫醇的酸性比相应的醇强，显弱酸性，可溶于稀氢氧化钠溶液中。

$$R—SH + NaOH \longrightarrow R—SNa + H_2O$$

$$Ar—SH + NaHCO_3 \longrightarrow Ar—SNa + CO_2 + H_2O$$

利用该反应可除去石油中的硫醇。

2. 硫醇与重金属的作用

硫醇能与砷、汞、铅、铜等重金属离子形成稳定的不溶性盐，因此，含巯基的化合物常用作重金属盐类中毒的解毒剂。例如，二巯基丙醇在医药上称为巴尔(BAL)，它可以夺取有机体内与酶结合的重金属离子，形成稳定的络盐而从尿液中排出。

$$\begin{array}{l} CH_2—SH \\ | \\ CH—SH \\ | \\ CH_2—OH \end{array} \xrightarrow{Hg^{2+}} \begin{array}{l} CH_2—S \diagdown \\ |\qquad\quad Hg \\ CH—S \diagup \\ | \\ CH_2—OH \end{array} \downarrow + H_2O$$

2,3-二巯基-1-丙醇

3. 硫醇的氧化反应

硫醇易被氧化，碘、过氧化物和空气中的氧都能将硫醇氧化生成二硫化物，而二硫化物也可被还原为硫醇。

$$2R—SH \underset{[H]}{\overset{[O]}{\rightleftharpoons}} R—S—S—R$$

二硫化物的—S—S—键称为二硫键，是蛋白质分子中重要的副键，它对保持蛋白质分子的特殊结构具有重要作用。例如：

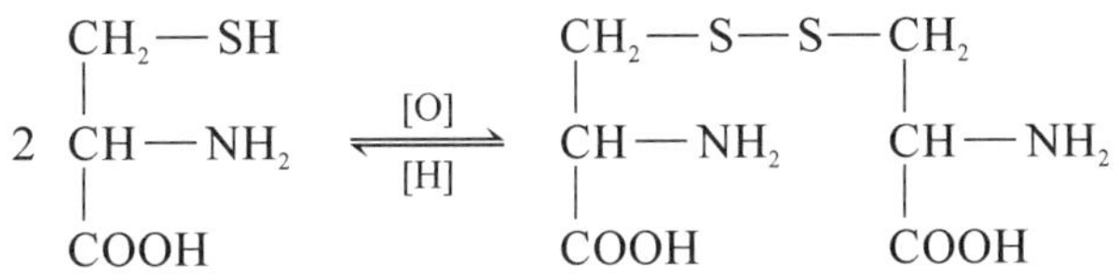

$$2\ \begin{matrix} CH_2-SH \\ | \\ CH-NH_2 \\ | \\ COOH \end{matrix} \underset{[H]}{\overset{[O]}{\rightleftharpoons}} \begin{matrix} CH_2-S-S-CH_2 \\ | \qquad\qquad\quad | \\ CH-NH_2 \quad CH-NH_2 \\ | \qquad\qquad\quad | \\ COOH \qquad COOH \end{matrix}$$

半胱氨酸　　　　　　胱氨酸

在强氧化剂(如硝酸)作用下,硫醇被迅速氧化为磺酸类化合物。

$$R-SH \xrightarrow[\text{浓 } HNO_3]{[O]} R-SO_3H$$

二硫化物在强氧化剂作用下也能被氧化成磺酸类化合物。

$$R-S-S-R \xrightarrow{[O]} 2R-SO_3H$$

第二节　酚

一、酚的结构、分类和命名

(一)酚的结构与分类

芳香烃分子中芳环上的氢原子被羟基取代后的化合物称为酚。通式是 Ar—OH,酚的官能团也是羟基,常称为酚羟基,以区别于醇羟基。

根据酚分子中芳环的不同,可将酚分为苯酚、萘酚、蒽酚等。例如:

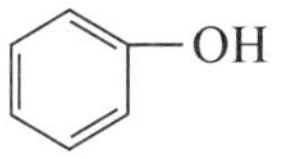

苯酚 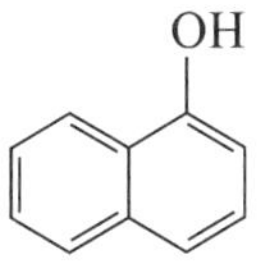　　萘酚 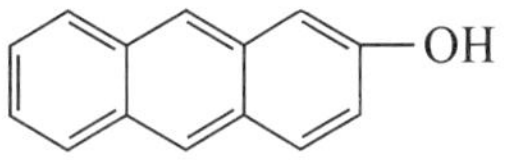　　蒽酚

根据酚分子中羟基数目的多少,可将酚分为一元酚、二元酚、三元酚等,二元以上的酚统称为多元酚。例如:

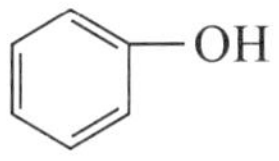

一元酚 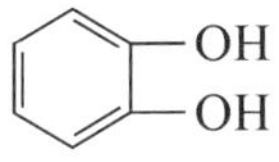　　二元酚 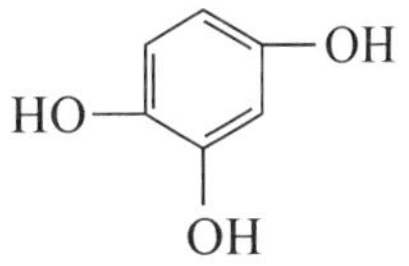　　三元酚

(二)酚的命名

一般在酚字前加上芳环的名称作为母体,称为“某酚”,以羟基所在的芳环碳原子作为起点,给芳环碳原子编号,再将各取代基的位置、个数、名称依次写在母体之前。

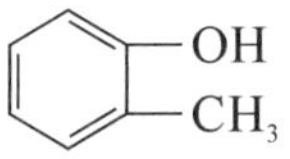

2-甲基苯酚
邻甲基苯酚

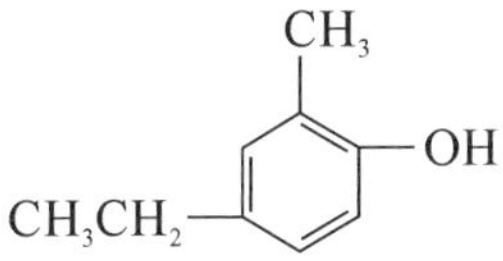

2-甲基-4-乙基苯酚

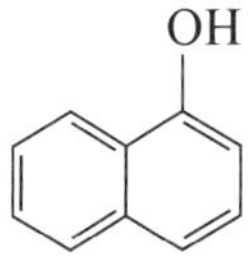

1-萘酚
α-萘酚

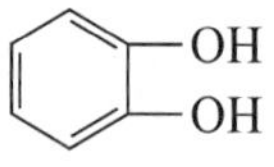

1,2-苯二酚 邻苯二酚	1,3-苯二酚 间苯二酚	1,4-苯二酚 对苯二酚
1,2,3-苯三酚 连苯三酚	1,3,5-苯三酚 均苯三酚	1,2,4-苯三酚 偏苯三酚

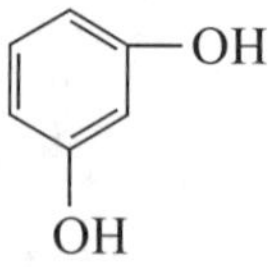

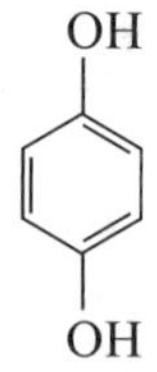

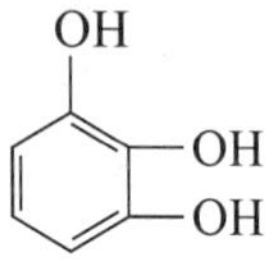

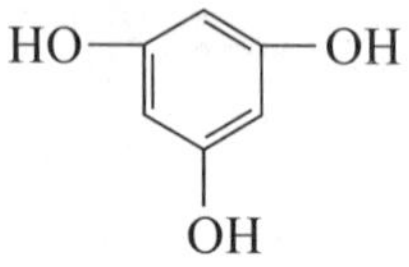

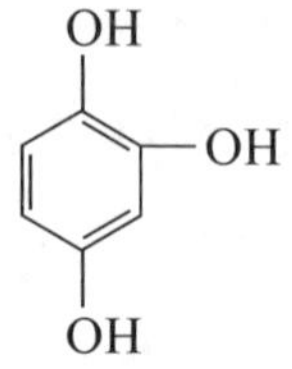

二、酚的性质

（一）酚的物理性质

常温下除少数烷基酚是高沸点液体外，多数酚是晶体性固体，纯净的酚是无色的，但因易被空气氧化而带有红色至褐色。酚类有毒，大多数酚有难闻的气味，酚与水能形成氢键，因此酚在水中有一定的溶解度，酚在水中的溶解度随着分子中羟基数目的增多而增大。酚能溶于乙醇、乙醚、苯等有机溶剂。一些酚的物理常数见表 10-2。

表 10-2　一些酚的物理常数

名称	熔点/℃	沸点/℃	溶解度/(每 100 g 水/g)	pK_a
苯酚	43	182	9.37	10
邻甲基苯酚	30	191	2.5	10.2
间甲基苯酚	10.9	202.8	2.6	10.01
对甲基苯酚	35～36	202	2.3	10.17
邻苯二酚	105	240	45	9.4
间苯二酚	111	280～281	易溶	9.4
对苯二酚	172	286.2	—	10.35
邻硝基苯酚	44～45	214～216	微溶	7.17
对硝基苯酚	113.4	279(分解)	微溶	8.15

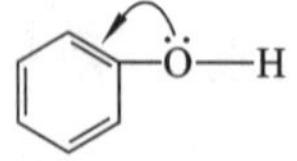

图 10-2　苯酚的 p-π 共轭体系

（二）酚的化学性质

由于酚的羟基氧原子与芳环形成 p-π 共轭体系(图 10-2)，因此，酚羟基很难被取代。另一方面，氧原子上的电子云向苯环偏移，导致 O—H键极性增大，有利于酚羟基中氢离子的解离，使苯酚显示弱酸性。

1. 酸性

酚具有弱酸性，能与氢氧化钠等强碱反应生成可溶性的酚钠。

$$C_6H_5OH + NaOH \longrightarrow C_6H_5ONa + H_2O$$

苯酚钠

但是苯酚的酸性比碳酸还弱(苯酚的 $pK_a \approx 10$，碳酸的 $K_a = 4.3 \times 10^{-7}$)，甚至不能使石蕊变色。

苯酚不能溶于碳酸氢钠溶液，在苯酚钠的水溶液中通入 CO_2，可使苯酚重新游离出来，利用此性质可进行酚的分离和提纯。

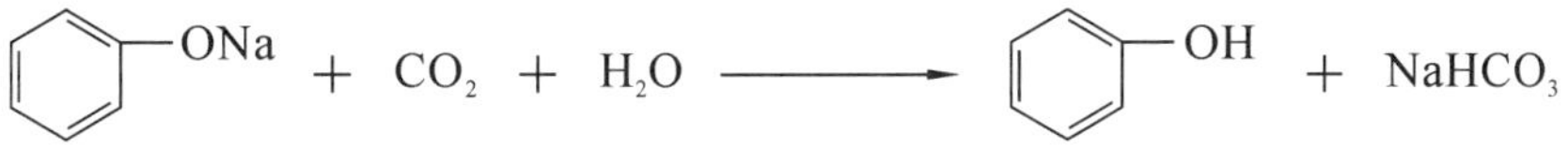

$$C_6H_5ONa + CO_2 + H_2O \longrightarrow C_6H_5OH + NaHCO_3$$

2. 酚与三氯化铁的显色反应

多数酚能与三氯化铁作用生成不同的有色化合物（表 10-3），例如，苯酚与三氯化铁作用呈紫色，这一反应常用于酚类的鉴别。

表 10-3 酚类与三氯化铁的显色反应

化合物	显示颜色	化合物	显示颜色
苯酚	紫色	间苯二酚	紫色
邻甲基苯酚	蓝色	对苯二酚	暗绿色结晶
间甲基苯酚	蓝色	1,2,3-苯三酚	淡棕红色
对甲基苯酚	蓝色	1,3,5-苯三酚	紫色沉淀
邻苯二酚	绿色	α-萘酚	紫色沉淀

与三氯化铁溶液的显色反应并不局限于酚类，凡具有稳定的烯醇式结构（羟基与双键碳原子直接相连）的化合物都有此显色反应。

3. 芳环上的取代反应

羟基是邻、对位定位基，能使芳环活化，所以酚比苯更容易发生芳环上的取代反应。

（1）卤代反应：在室温下，苯酚与溴水迅速反应，生成 2,4,6-三溴苯酚白色沉淀。此反应灵敏度很高，且可定量完成，常用于酚的定性鉴别和定量测定。

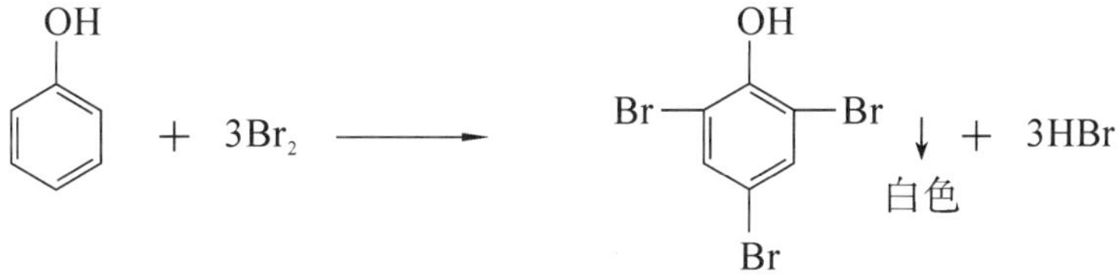

$$C_6H_5OH + 3Br_2 \longrightarrow 2,4,6\text{-}Br_3C_6H_2OH\downarrow\ (\text{白色}) + 3HBr$$

2,4,6-三溴苯酚

（2）硝化反应：常温下，苯酚与稀硝酸作用生成邻硝基苯酚和对硝基苯酚的混合物，若与混酸作用则生成 2,4,6-三硝基苯酚（俗称苦味酸）。

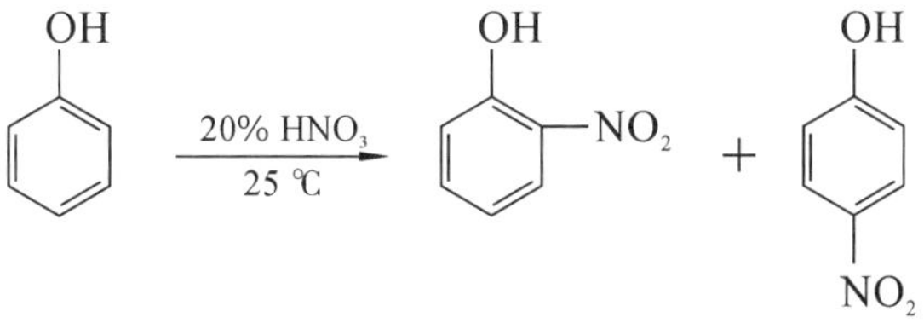

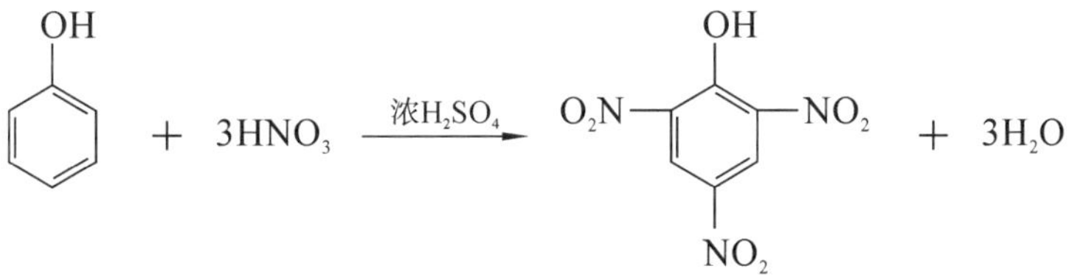

$$C_6H_5OH \xrightarrow[25\ ^\circ C]{20\%\ HNO_3} o\text{-}O_2NC_6H_4OH + p\text{-}O_2NC_6H_4OH$$

$$C_6H_5OH + 3HNO_3 \xrightarrow{\text{浓}H_2SO_4} 2,4,6\text{-}(O_2N)_3C_6H_2OH + 3H_2O$$

2,4,6-三硝基苯酚

苦味酸是黄色晶体，可溶于乙醇、乙醚和热水，其水溶液酸性很强。苦味酸及其盐类都易爆炸，可用于制造炸药和染料。

4. 氧化反应

酚比醇更易被氧化，不仅能被酸性重铬酸钾等强氧化剂氧化，甚至空气中的氧气就能将酚氧化生成有色物质，例如，苯酚或对苯二酚被氧化均生成对苯醌（黄色），邻苯二酚被氧化生成邻苯醌（红色）。

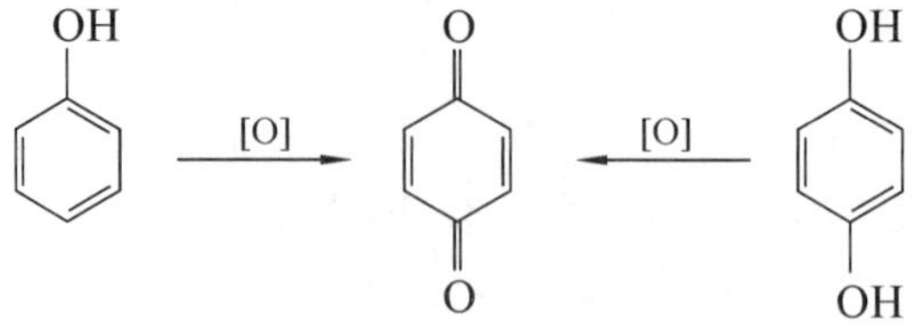

对苯醌（黄色）

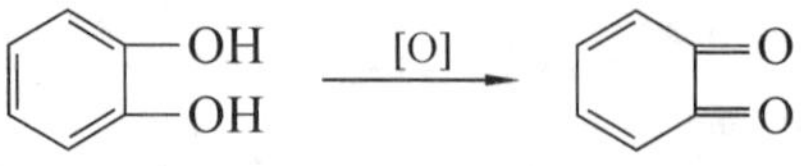

邻苯醌（红色）

三、医药中常见的酚

1. 苯酚(C_6H_5OH)

苯酚俗称石炭酸，可从煤焦油中分馏得到。纯净的苯酚是具有特殊气味的无色的针状晶体，熔点为 43 ℃，在空气中长久露置易被氧化而呈粉红色乃至深褐色。室温下微溶于水，65 ℃以上能与水混溶，易溶于乙醇、乙醚等有机溶剂。

苯酚有毒，能使蛋白质凝固而有杀菌作用，可用作消毒剂和防腐剂。其浓溶液对皮肤有强烈的腐蚀作用，使用时要特别小心。

2. 甲苯酚(C_7H_8O)

甲苯酚有邻、间、对三种异构体，因来源于煤焦油，故又名煤酚。由于三种异构体沸点相近，一般不易分离，所以常使用其混合物。甲苯酚的杀菌能力强于苯酚，但是难溶于水，医药上常制成 47%～53%的肥皂水溶液，称为煤酚皂溶液，俗名“来苏儿”。畜舍和一般家庭消毒可稀释至 3%～5%使用，由于来苏儿对人和牲畜有毒，对环境有害，目前已较少用于常规消毒，逐渐被其他消毒剂所替代。

3. 苯二酚

苯二酚有邻、间、对三种异构体，均为无色晶体，能溶于水、乙醇和乙醚。邻苯二酚又名儿茶酚，间苯二酚俗名雷琐辛，对苯二酚俗名氢醌，它们的衍生物常存在于动植物体内，例如：邻苯二酚的重要衍生物之一——肾上腺素。

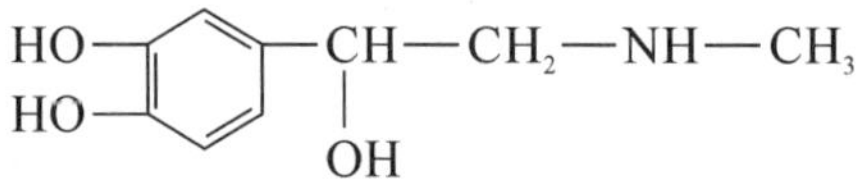

除间苯二酚外，苯二酚的其余两种异构体都易被氧化成醌，因此可作为抗氧剂和显影剂。

4. 萘酚($C_{10}H_8O$)

萘酚有 α-萘酚和 β-萘酚两种异构体。

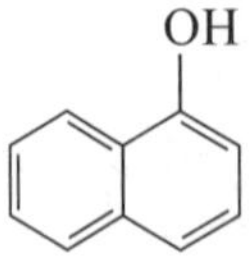

α-萘酚 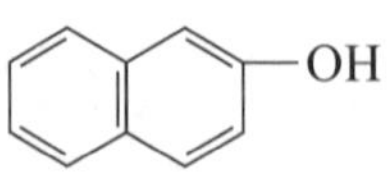　　β-萘酚

α-萘酚为黄色结晶，能与 $FeCl_3$ 作用生成紫色沉淀；β-萘酚为无色结晶，和 $FeCl_3$ 作用生成绿色沉淀。这两种化合物都是合成染料的原料，β-萘酚还具有抗细菌、霉菌和寄生虫的作用。

第三节 醚

一、醚的结构、分类和命名

（一）醚的结构与分类

在结构上，醚可以看作醇或酚分子中羟基上的氢原子被烃基取代后生成的化合物。醚的通式为R—O—R′，式中的醚键(C—O—C)是官能团，两个烃基可以相同，也可以不同。两个烃基都是脂肪烃基的醚称为脂肪醚，两个烃基相同时称为单纯醚，不同时称为混合醚，例如：

$CH_3—O—CH_3$　　$CH_3—O—CH_2CH_3$

甲醚(单纯醚)　　甲乙醚(混合醚)

两个烃基中至少有一个芳香烃基的醚称为芳香醚，若烃基与氧原子连接成环，则称为环醚。例如：

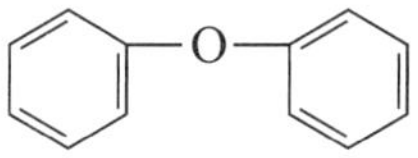

$C_6H_5—O—C_6H_5$　　$C_6H_5—O—CH_3$　　$CH_2—CH_2$（O 成环）

二苯醚（单纯醚） 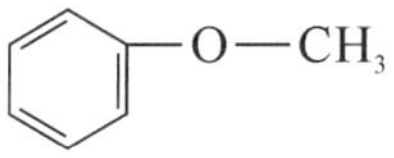　　苯甲醚（混合醚） 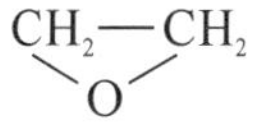　　环氧乙烷（环醚）

（二）醚的命名

结构简单的醚命名时，一般是在烃基的名称后加上“醚”字。单纯醚的命名是根据醚键所连接烃基的名称，称为“二某醚”，脂肪族单纯醚的“二”字可以省略。例如：

$CH_3CH_2—O—CH_2CH_3$　　$C_6H_5—O—C_6H_5$

二乙醚（乙醚）　　二苯醚

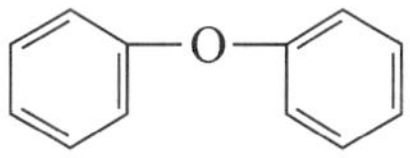

混合醚在命名时，将两个烃基的名称分别列出后再加上“醚”字。脂肪醚要将较小的烃基写在前面，芳香醚则把芳香烃基写在前面。例如：

$CH_3CH_2—O—CH_3$　　$C_6H_5—O—CH_2CH_3$

甲乙醚　　苯乙醚

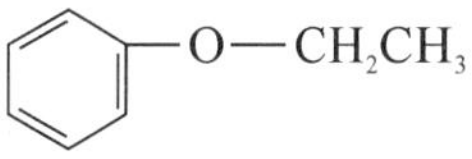

结构较复杂的醚可当作烃的烃氧基衍生物来命名，将较大的烃基看作母体，较小的烃基与氧原子看作取代基(烃氧基)。例如：

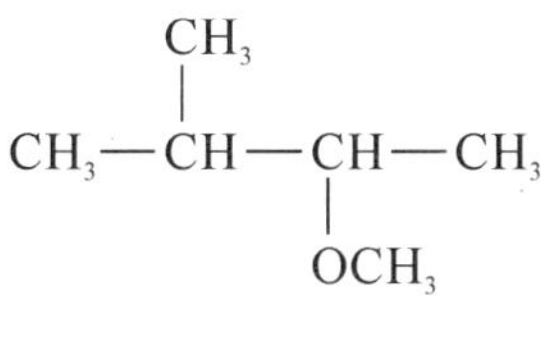

$CH_3—CH(CH_3)—CH(OCH_3)—CH_3$　　$CH_3—CH(CH_3)—CH(OC_6H_5)—CH(CH_3)—CH=CH_2$

2-甲基-3-甲氧基丁烷 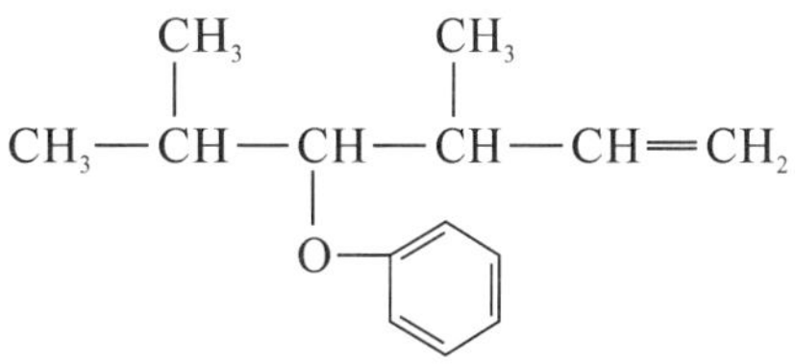　　3,5-二甲基-4-苯氧基-1-己烯

分子组成相同的醇(酚)、醚互为官能团异构体。例如：

$CH_3—O—CH_3$　　CH_3CH_2OH

甲醚　　乙醇

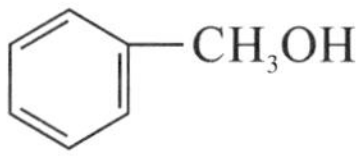

$C_6H_5—CH_2OH$　　邻-$CH_3C_6H_4—OH$　　$C_6H_5—O—CH_3$

苯甲醇（芳香醇） 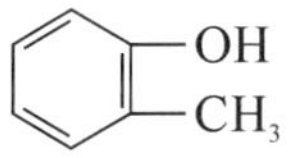　　邻甲基苯酚（酚） 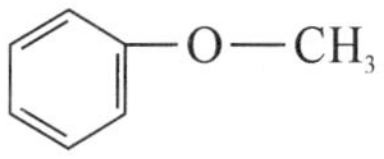　　苯甲醚（芳香醚）

二、醚的性质

（一）醚的物理性质

常温下，除了甲醚、甲乙醚和环氧乙烷是气体外，多数醚为有特殊气味的无色液体，由于醚分子间不能形成氢键，所以醚的沸点比相应的醇要低得多。醚分子中的氧原子能与水分子中的氢原子形成氢键，因此醚在水中的溶解度比烷烃大。醚是良好的有机溶剂，能溶解许多有机化合物。一些醚的物理常数如表 10-4 所示。

表 10-4　一些醚的物理常数

名称	熔点/℃	沸点/℃	相对密度(d_4^{20})	名称	熔点	沸点	相对密度(d_4^{20})
甲醚	−138.5	−23	0.661	正戊醚	−69	190	0.7833
甲乙醚	−139.2	10.8	0.7252	乙烯基醚	−101	28	0.7730
乙醚	−116.6	34.51	0.7137	苯甲醚	−37.5	155	0.9961
丙醚	−122	90.1	0.7360	苯乙醚	−29.5	170	0.9666
异丙醚	−85.9	68	0.7241	二苯醚	26.8	257.9	1.0748
正丁醚	−95.3	142	0.7689	环氧乙烷	−111	10.7	0.8694(10 ℃)

（二）醚的化学性质

除了某些环醚外，醚键相当稳定，一般情况下，与活泼金属、强氧化剂、强碱等物质都不反应。但在一定条件下，仍可发生一些特殊反应。

1. 醚键的断裂

在较高温度下，浓氢卤酸（氢碘酸或氢溴酸）能使醚键断裂，生成卤代烃和醇（酚）。其中以氢碘酸的作用最强，生成的醇将进一步与过量的氢卤酸反应生成卤代烃。例如：

$$CH_3CH_2—O—CH_2CH_3 + HI \longrightarrow CH_3CH_2—OH + ICH_2CH_3$$

$$+ HI \longrightarrow CH_3CH_2I + H_2O$$

脂肪族混合醚与氢卤酸反应时，一般是较小烃基生成卤代烃，较大烃基生成醇。芳香醚因氧原子与芳环形成 p-π 共轭体系，碳氧键不易断裂，因此芳香族单纯醚（如二苯醚）不能与氢卤酸反应，混合醚的烷烃基生成卤代烃，芳香烃基生成酚，且不能继续反应生成卤代烃。例如：

$$CH_3CH_2—O—CH_3 + HI \longrightarrow CH_3CH_2—OH + ICH_3$$

$$C_6H_5—O—CH_2CH_3 + HI \longrightarrow C_6H_5—OH + CH_3CH_2I$$

2. 过氧化物的生成

醚对氧化剂很稳定，但多数烷基醚与空气长久接触会被缓慢氧化，生成不易挥发的醚的过氧化物。例如：

$$CH_3—CH_2—O—CH_2—CH_3 + O_2 \longrightarrow CH_3—CH_2—O—\underset{\underset{O—O—H}{|}}{CH}—CH_3$$

过氧化乙醚

醚的过氧化物不稳定，在受热或受到摩擦时，能迅速分解并引起爆炸，因此醚类应尽量避免暴露在空气中，一般应放在棕色瓶中保存，并加入微量铁丝或对苯二酚等抗氧剂，以防止过氧化物的生成。

乙醚在使用前，特别是蒸馏前，必须检验是否含有过氧化物，以防意外事故的发生，常用的检验方法如下。

(1) 用淀粉-碘化钾试纸（或溶液），如有过氧化物存在，KI 即会被氧化生成 I_2，使试纸（或溶液）显蓝色。

$$2I^- \xrightarrow{\text{过氧化物}} I_2 \xrightarrow{\text{淀粉}} \text{蓝色}$$

(2) 用硫酸亚铁和硫氰化钾(KSCN)混合液与醚一起振荡，若有过氧化物的存在，会将 Fe^{2+} 氧化为 Fe^{3+}，Fe^{3+} 与 SCN^- 作用呈红色。

$$Fe^{2+} \xrightarrow{\text{过氧化物}} Fe^{3+} \xrightarrow{SCN^-} \text{红色}$$

乙醚中的过氧化物可用硫酸亚铁或亚硫酸钠等还原剂除去。

思政案例

现代麻醉学创始人——威廉·莫顿

如果没有麻醉药，外科手术会是怎样一种情景？疼痛可能会要了患者的命！中世纪的欧洲医生们一直在想方设法解决手术疼痛的问题，但效果都非常不理想。直到 19 世纪中期，这种局面才出现了转机。一个名叫威廉·莫顿(William T. G. Morton)的牙科医生听说了一种名叫"乙醚"的化学物质具有麻醉效果后，潜心研究乙醚的特性和用法。经过一年的研究，莫顿不仅掌握了乙醚麻醉的剂量火候，发明了乙醚吸入瓶，还改进了给药技术，使得麻醉作用缓和而持久。1846 年 10 月 16 日，他来到哈佛大学，向全世界展示自己的实验成果。之后的十年间，麻醉几乎被运用到了所有当时的外科治疗中，缓解了全世界患者的痛苦。威廉·莫顿也成了现代麻醉学创始人，人们为他在波士顿城市公园立了一座 12 米高的纪念塔，塔身刻着医学界给他的墓志铭："在他以前，手术是一种极大的痛苦，因为他，手术的疼痛被攻克，从他以后，科学战胜了疼痛。"

化学与医学联系密切，医学的发展离不开化学。我们应学好化学知识并将这些知识服务于医学，服务于人类的健康。

三、医药中常见的醚

1. 乙醚

乙醚是无色易挥发、有特殊气味的液体，沸点为 34.51 ℃，微溶于水，能溶解许多有机物，是常用的有机溶剂。乙醚的蒸气易燃、易爆，使用时必须特别小心，要远离明火。普通乙醚中常含有少量的水和乙醇，制备无水乙醚时需先用固体氯化钙处理，再用金属钠处理，以除去水和乙醇。

乙醚有麻醉作用，在外科手术上曾用作吸入式全身麻醉剂，但由于乙醚能引起患者恶心、呕吐等副作用，目前临床上常用的麻醉剂是氟烷、甲氧氟烷、异氟醚、安氟醚等。

2. 安氟醚和异氟醚

安氟醚又称恩氟烷，异氟醚又称异氟烷，两者互为同分异构体，都是目前临床上常用的吸入式全身麻醉剂。结构如下：

```
    Cl   F       F                 F   H       F
    |    |       |                 |   |       |
H — C —  C — O — C — H         F — C — C — O — C — H
    |    |       |                 |   |       |
    F    F       F                 F   Cl      F
       安氟醚                          异氟醚
```

安氟醚是无色挥发性液体，有果香味，沸点为 57 ℃。异氟醚是无色、透明液体，略带刺激性醚样臭味。

四、硫醚

硫醚可以看作硫醇巯基上的氢原子被烃基取代的衍生物，通式为 R—S—R′。硫醚的命名与相应的醚相似，只是在"醚"字前加一个"硫"字即可。例如：

$CH_3—S—CH_3$　　　$CH_3—S—CH_2CH_3$　　　$CH_3CH_2—S—CH_2CH_3$

二甲硫醚　　　　甲乙硫醚　　　　乙硫醚

硫醚是不溶于水、有特殊臭味的无色液体，沸点比相应的醚高。和硫醇一样，硫醚易被氧化生成亚砜或砜。

$$CH_3—S—CH_3 \xrightarrow{[O]} CH_3—\overset{\overset{O}{\|}}{S}—CH_3 \xrightarrow{[O]} CH_3—\underset{\underset{O}{\|}}{\overset{\overset{O}{\|}}{S}}—CH_3$$

二甲硫醚　　　　二甲亚砜　　　　二甲砜

二甲亚砜(DMSO)是无色液体，沸点为 100 ℃(分解)，具有很强的极性，是一种良好的溶剂，既能溶解有机化合物，又能溶解无机化合物。由于二甲亚砜具有很强的穿透力，可用作有些药物的载体，促使药物渗入皮肤，加强组织吸收。二甲亚砜还具有镇痛消炎作用。

本章小结

在结构上，醇可看作脂肪烃、脂环烃或芳香烃侧链上的氢原子被羟基取代的产物，官能团是醇羟基；酚可看作芳香烃分子中芳环上的氢原子被羟基取代的产物，官能团是酚羟基；醚可看作醇或酚的羟基氢原子被烃基取代的产物，官能团是醚键。醇能与活泼金属反应生成金属醇化物，并放出氢气，反应速率为伯醇＞仲醇＞叔醇；与氢卤酸反应生成卤代烃和水，常用卢卡斯试剂(无水氯化锌的浓盐酸溶液)与醇反应生成不溶性的氯代烃，来鉴别六个碳原子以下的伯醇、仲醇和叔醇，反应速率为叔醇＞仲醇＞伯醇；能与无机含氧酸或有机羧酸发生酯化反应生成酯；在强氧化剂作用下可发生氧化反应，伯醇氧化生成醛，仲醇氧化生成酮，叔醇不易被氧化；在脱水剂的作用下可发生脱水反应，一般较高温度有利于醇的分子内脱水生成烯烃，较低温度有利于醇的分子间脱水生成醚。硫醇可以看作醇分子羟基氧原子被硫原子取代的衍生物，与醇的化学性质相似，但是因硫原子的存在，硫醇呈现弱酸性，可与氢氧化钠反应，与重金属作用，可被氧化剂氧化为二硫化物。酚具有弱酸性，能与强碱反应生成盐，酚的鉴别方法：与三氯化铁作用呈紫色，与浓溴水反应使之褪色并生成白色沉淀。乙醚是最重要的醚，使用前必须检验是否有过氧化物存在。硫醚的通式为 R—S—R′，硫醚易被氧化为亚砜或砜。

能力检测

能力检测答案

一、选择题

1. 下列化合物中沸点最低的是(　　)。

A. 甲醇　　B. 丙醇　　C. 戊醇　　D. 庚醇

2. 能使溴水褪色且有白色沉淀生成的是(　　)。

A. 2-甲基-2-己醇　　B. 己烯　　C. 甲苯　　D. 苯酚

3. 下列化合物不能使三氯化铁溶液显色的是(　　)。

A. 苯酚　　B. 对苯二酚　　C. 邻甲基苯酚　　D. 苯甲醇

4. 下列化合物既能发生氧化反应，又能发生消除反应的是(　　)。

A. $CH_3—CH_2—\underset{\underset{OH}{|}}{\overset{\overset{CH_3}{|}}{C}}—CH_3$　　B. $CH_3—\underset{\underset{CH_3}{|}}{\overset{\overset{CH_3}{|}}{C}}—CH_2—OH$

C. $CH_3—\underset{\underset{OH}{|}}{CH}—CH_2—CH_3$　　D. CH_3OH

5. 能鉴别乙醇和苯酚溶液的物质是(　　)。

A. 金属钠　　B. 三氯化铁溶液　　C. 石蕊试液　　D. 碳酸氢钠

6. 能发生脱水反应生成醚的化合物是(　　)。

A. 乙炔　　B. 乙醇　　C. 一氯甲烷　　D. 2-氯丙烷

7. 不能与金属钠反应的化合物是(　　)。

A. 苯酚　　B. 甘油　　C. 苄醇　　D. 乙醚

8. 在苯酚溶液中滴入 $FeCl_3$ 溶液振荡后溶液呈(　　)。

A. 紫色　　B. 粉红色　　C. 绿色　　D. 黄色

9. 能与苯酚发生取代反应的物质是(　　)。

A. 溴水　　B. 乙醚　　C. 乙烯　　D. 乙炔

10. 下列物质氧化能生成丁酮的是(　　)。

A. 丁醇　　B. 2-甲基丁醇　　C. 2-丁醇　　D. 叔丁醇

二、命名下列化合物

(1) $CH_3CH=CCH_2CH_2OH$
　　　　　　$|$
　　　　　CH_3

(2) OH　CH_3

(3) $CH_3CHCH_2CH_2CHCH_2CH_3$
　　　$|$　　　　$|$
　　　OH　　　OH

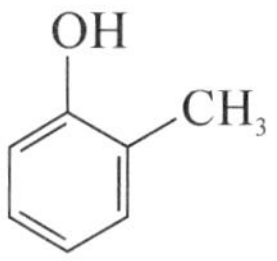

(4) $C_6H_5CHCH_2CHCH_3$
　　　$|$　　　$|$
　　CH_3　　OH

(5) CH_3CHCH_2OH
　　　$|$
　　　Br

(6) $CHCH_3$
　　$|$
　　OH

(7) OH　NO_2

(8) CH_3O—　CH_2OH

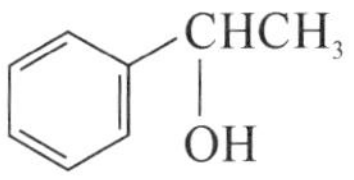

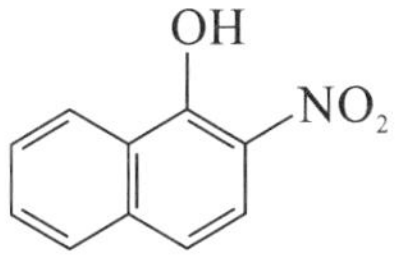

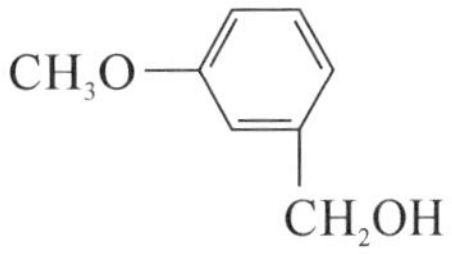

(9) $C_2H_5—OCH_2CH_2O—C_2H_5$

三、写出下列化合物的结构式

(1) 2,3-二甲基-2,3-丁二醇　　(2) 3-氯-1,2-环氧丙烷

(3) 二(对甲苯)醚　　(4) 3,3-二甲基-1-环己醇

(5) 2,3-二甲基-3-甲氧基戊烷　　(6) 2,4-二甲基苯甲醇

(7) 2,6-二硝基-1-萘酚　　(8) 乙二醇二甲醚

(9) 2-丁烯-1-醇

四、写出下列醇在硫酸作用下发生消除反应的产物

(1) 1-丁醇　　(2) 2-甲基-2-丁醇

(3) 4,4-二甲基-3-己醇　　(4) 3-甲基-1-苯基-2-丁醇

(5) 1-乙基-3-环己烯-1-醇

五、用简单的化学方法鉴别下列各组化合物

(1) 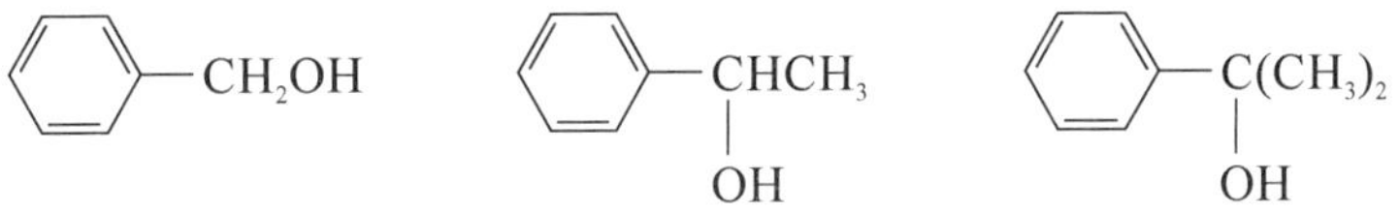 —CH_2OH　　—$CHCH_3$ ($|$ OH)　　—$C(CH_3)_2$ ($|$ OH)

(2) 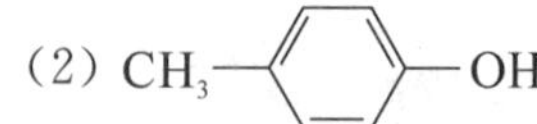　　C_6H_5—OCH_3　　C_6H_5—CH_2OH

(3) $CH_3CH_2CH_2CH_2Cl$　$CH_3CH_2OCH_2CH_2CH_3$　$CH_3(CH_2)_4CH_2OH$

六、推断题

化合物 A 的分子式为 $C_5H_{10}O$；用 $KMnO_4$ 小心氧化 A 得化合物 B(C_5H_8O)。A 与无水氯化锌的浓盐酸溶液作用时，生成化合物 C(C_5H_9Cl)；C 在氢氧化钾的乙醇溶液中加热得到唯一的产物 D(C_5H_8)；D 再用酸性 $KMnO_4$ 溶液氧化，得到一个直链二羧酸。

试写出化合物 A、B、C 和 D 的结构式，并写出各步反应方程式。

参考文献

[1] 曹晓群，张威. 有机化学[M]. 2 版. 北京：人民卫生出版社，2021.

[2] 杨玉红，孔晓朵. 有机化学[M]. 2 版. 武汉：武汉理工大学出版社，2020.

[3] 王志江. 有机化学[M]. 北京：中国中医药出版社，2015.

[4] 孙怡，吴发远. 有机化学[M]. 北京：中国农业出版社，2009.

[5] 刘郁，刘焕. 有机化学[M]. 5 版. 北京：化学工业出版社，2019.

(陈银霞)

本章题库

第十一章

醛、酮、醌

学习目标

掌握：醛和酮的结构及主要化学性质。
熟悉：醛和酮的常用推断或鉴别方法。
了解：醛和酮的分类、命名及重要的醛和酮。

扫码
看 PPT

醛、酮、醌是烃的含氧衍生物，醛和酮分子中都含有羰基（>C=O），羰基碳原子上结合一个氢原子和一个烃基的化合物是醛（甲醛例外），醛基（—CHO）是醛的官能团。羰基结合两个烃基的化合物是酮，酮分子中的羰基也叫酮基。醌则是一种特殊的不饱和环状二元酮。本章主要介绍醛和酮的结构、命名和性质，同时简略介绍醌的结构和性质。

第一节 醛 和 酮

醛和酮都是分子中含有羰基的化合物，统称为羰基化合物。羰基上连有氢原子的化合物称为醛；羰基上连有两个烃基的化合物称为酮。

一、醛和酮的结构、分类和命名

（一）醛和酮的结构

醛和酮的结构特征是分子中都含有羰基，统称为羰基化合物。羰基在链端，连接一个氢原子时，称为醛基，醛基与烃基相连的化合物称为醛（甲醛例外，它的醛基与氢原子相连）。醛基是醛的官能团。羰基上连有两个烃基的化合物称为酮，酮中的羰基又称为酮基，是酮的官能团。

$$\underset{\text{醛基}}{-\overset{\overset{\displaystyle O}{\|}}{C}-H}\text{，可简写为 —CHO} \qquad \underset{\text{羰基（酮基）}}{-\overset{\overset{\displaystyle O}{\|}}{C}-}$$

羰基是醛和酮共同的官能团，与碳碳双键一样，羰基的碳氧双键也是由一个 σ 键和一个 π 键组成的，但由于氧原子的电负性较强，碳原子与氧原子之间的成键电子云偏向氧原子，使氧原子带部分负电荷，碳原子带部分正电荷，因此羰基是一个极性不饱和共价键。

$$>\overset{\delta^+}{C}=\overset{\delta^-}{O}$$

（二）醛和酮的分类

根据分子中羰基数目多少，醛、酮可分为一元醛、酮，二元醛、酮和多元醛、酮；根据羰基连接的烃基结构的不同，醛、酮可分为脂肪醛、酮，脂环醛、酮和芳香醛、酮；根据烃基是否饱和，醛、酮还可分为饱和醛、酮与不饱和醛、酮。一元醛、酮的通式：

$$\underset{\text{脂肪醛}}{R-\overset{\overset{\displaystyle O}{\|}}{C}-H} \qquad \underset{\text{脂肪酮}}{R-\overset{\overset{\displaystyle O}{\|}}{C}-R'} \qquad \underset{\text{芳香醛}}{Ar-\overset{\overset{\displaystyle O}{\|}}{C}-H} \qquad \underset{\text{芳香酮}}{Ar-\overset{\overset{\displaystyle O}{\|}}{C}-R(Ar')}$$

式中的 R 和 R′、Ar 和 Ar′可以相同，也可以不同。

（三）醛和酮的命名

1. 普通命名法

脂肪醛的普通命名法是根据分子内碳原子数和烃基结构称为“某醛”，例如：

$$\underset{\text{乙醛}}{CH_3CHO} \qquad \underset{\text{异丙醛}}{(CH_3)_2CHO} \qquad \underset{\text{异戊醛}}{CH_3\underset{\underset{\displaystyle CH_3}{|}}{CH}CH_2CHO}$$

2. 系统命名法

（1）饱和脂肪醛、酮的命名常用系统命名法。命名原则：选择含有羰基的最长碳链为主链，称为“某醛”或“某酮”（母体），从离羰基最近的一端给主链碳原子编号，将羰基的位次标在母体名称之前（醛的羰基位次是 1 时，不必标出），主链碳原子编号也可以用希腊字母表示，与羰基相连的碳原子是 α-碳原子，其余依次是 β-碳原子、γ 碳原子等。例如：

$$CH_3-\overset{\overset{\displaystyle CH_3}{|}}{CH}-\overset{\overset{\displaystyle CH_2CH_3}{|}}{CH}-CHO \qquad CH_3-CH_2-\overset{\overset{\displaystyle O}{\|}}{C}-\overset{\overset{\displaystyle CH_3}{|}}{CH}-CH_3$$

3-甲基-2-乙基丁醛　　　2-甲基-3-戊酮

β-甲基-α-乙基丁醛　　　α-甲基-3-戊酮

（2）不饱和脂肪醛、酮的命名，主链还要包含不饱和键在内，并根据主链碳原子的数目称为“某烯（炔）醛”或“某烯（炔）酮”（母体），仍从离羰基最近的一端给主链碳原子编号，并将不饱和键的位次标在“某烯（炔）”之前，羰基的位次标在“酮”之前。例如：

$$CH_3-\overset{\overset{\displaystyle CH_3}{|}}{C}=CH-\overset{\overset{\displaystyle CH_3}{|}}{CH}-CHO \qquad CH_3-\overset{\overset{\displaystyle CH_3}{|}}{C}=CH-\overset{\overset{\displaystyle O}{\|}}{C}-CH_3$$

2,4-二甲基-3-戊烯醛　　　4-甲基-3-戊烯-2-酮

α,γ-二甲基-3-戊烯醛　　　β-甲基-3-戊烯-2-酮

（3）芳香醛、酮的命名通常以脂肪醛、酮为母体，将芳环作为取代基。例如：

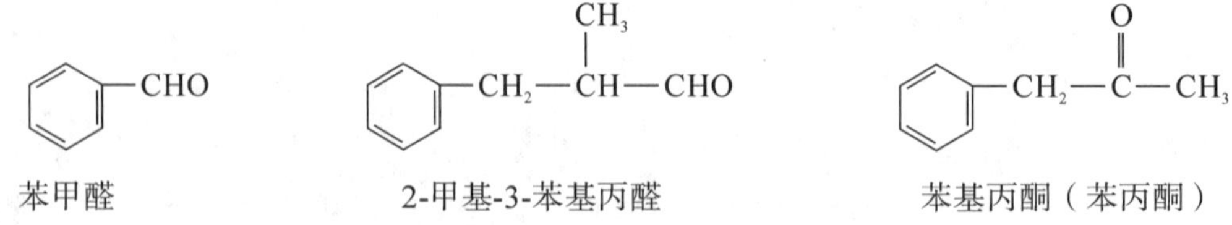

苯甲醛　　　2-甲基-3-苯基丙醛　　　苯基丙酮（苯丙酮）

（4）结构简单的酮也可根据羰基连接的两个烃基来命名。例如：

$$\underset{\text{二甲酮}}{CH_3-\overset{\overset{\displaystyle O}{\|}}{C}-CH_3} \qquad \underset{\text{甲乙酮}}{CH_3CH_2-\overset{\overset{\displaystyle O}{\|}}{C}-CH_3} \qquad \underset{\text{二苯酮}}{C_6H_5-\overset{\overset{\displaystyle O}{\|}}{C}-C_6H_5}$$

(5) 脂环酮的命名与脂肪酮类似，只是在母体名称前面加“环”字。例如：

2-甲基环戊酮　　3-环己烯酮

组成相同的醛和酮互为官能团异构体，例如丙醛和丙酮。

二、醛和酮的性质

(一) 醛和酮的物理性质

常温下，除甲醛是气体外，其他 C_{12} 以下的脂肪醛、酮都是液体，高级脂肪醛、酮是固体；芳香醛、酮为液体或固体。低级脂肪醛有刺激性气味，低级脂肪酮有特殊气味，中级脂肪醛、酮和一些芳香醛、酮具有果香味，因而某些醛、酮可用作香料。

因为醛或酮的分子间不能形成氢键，没有缔合现象，所以它们的沸点低于相对分子质量相近的醇。但是因为羰基的极性增加了分子间的引力，所以其沸点高于相应的烷烃。

因为醛、酮的羰基氧原子能与水分子的氢原子形成氢键，所以低级脂肪醛、酮易溶于水，但随着相对分子质量的增加，溶解度逐渐减小，醛、酮易溶于苯、四氯化碳等有机溶剂。部分醛、酮的物理常数见表 11-1。

表 11-1　部分醛、酮的物理常数

名称	熔点/℃	沸点/℃	相对密度(d_4^{20})	溶解度/(g/100 g 水)
甲醛	−92	−21	0.815(−20 ℃)	55
乙醛	−121	20.8	0.7834	溶
丙醛	−81	48.8	0.8058	20
丁醛	−99	75.7	0.8170	微溶
戊醛	−91	103	0.8095	微溶
苯甲醛	−26	178.1	1.0415(10 ℃/4 ℃)	0.33
丙酮	−94.6	56.5	0.7898	溶
丁酮	−86.4	79.6	0.8054	溶
2-戊酮	−77.8	102	0.8061	几乎不溶
3-戊酮	−39.9	101.7	0.8138	4.7
环己酮	−16.4	155.7	0.9478	微溶
苯乙酮	19.7	202.3	1.0281	微溶

(二) 醛和酮的化学性质

醛、酮的化学性质主要由羰基决定。因为醛和酮分子中都有羰基，所以醛和酮具有很多相似的化学性质，但由于醛和酮羰基位置不同，它们在化学性质上又表现出一定的差异性。总的说来，醛比酮活泼，有些醛能发生的反应酮却不能发生。

1. 羰基上的加成反应

与碳碳双键一样，羰基碳氧双键中的 π 键也容易断裂，能与许多试剂发生加成反应。

(1) 与氢氰酸的加成反应。

醛、脂肪族甲基酮、C_8 以下的脂环酮与氢氰酸加成生成 α-羟基腈。

$$\mathrm{R(H(CH_3))C{=}O + HCN \rightleftharpoons R(H(CH_3))C(OH)CN}$$

醛（脂肪族甲基酮等）　　α-羟基腈

反应活性顺序：甲醛>醛>脂肪族甲基酮>脂环酮。

α-羟基腈水解后生成 α-羟基酸，该反应是增长碳链的方法之一。

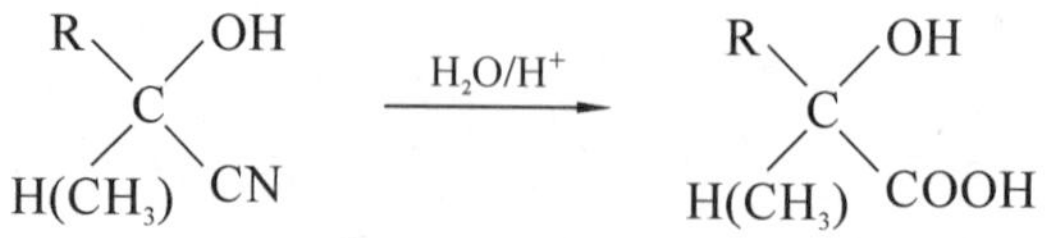

$$\underset{\text{α-羟基腈}}{\mathrm{R(H(CH_3))C(OH)CN}} \xrightarrow{H_2O/H^+} \underset{\text{α-羟基酸}}{\mathrm{R(H(CH_3))C(OH)COOH}}$$

（2）与亚硫酸氢钠的加成反应。

醛、脂肪族甲基酮与过量的饱和亚硫酸氢钠溶液作用，生成 α-羟基磺酸钠。

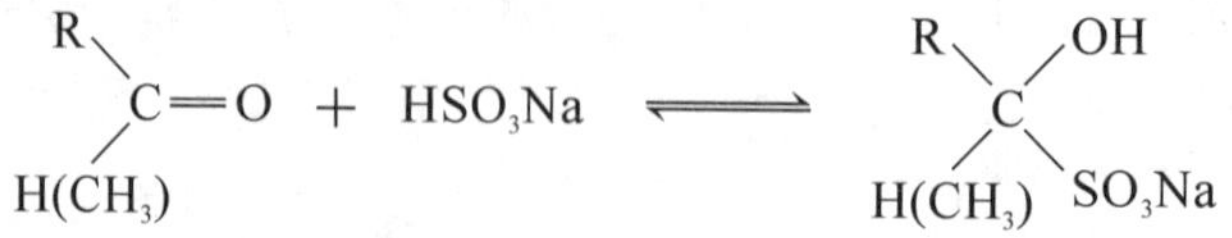

$$\underset{\text{醛（脂肪族甲基酮）}}{\mathrm{R(H(CH_3))C{=}O}} + HSO_3Na \rightleftharpoons \underset{\text{α-羟基磺酸钠}}{\mathrm{R(H(CH_3))C(OH)SO_3Na}}$$

α-羟基磺酸钠不溶于饱和亚硫酸氢钠溶液而呈无色结晶析出，易于从反应体系中分离。α-羟基磺酸钠与稀酸或稀碱共热，可得到原来的醛或酮。因此该反应常用于分离或提纯醛和脂肪族甲基酮。

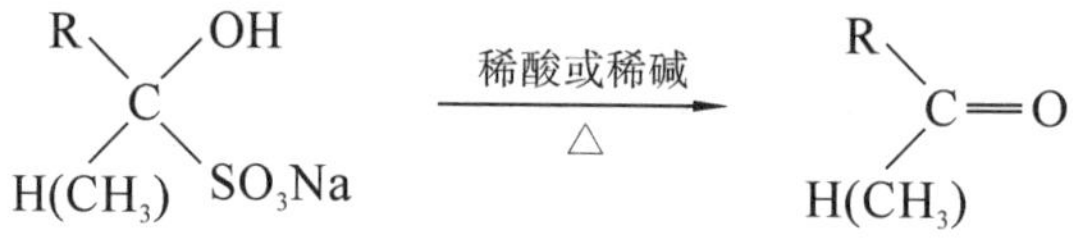

$$\mathrm{R(H(CH_3))C(OH)SO_3Na} \xrightarrow[\triangle]{\text{稀酸或稀碱}} \mathrm{R(H(CH_3))C{=}O}$$

（3）与醇的加成反应。

在干燥的氯化氢催化下，醛与醇加成生成半缩醛（半缩醛反应），半缩醛分子中的羟基称为半缩醛羟基。

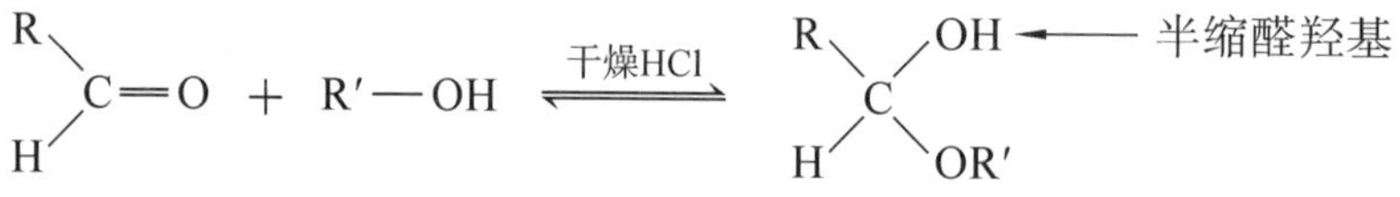

$$\mathrm{RHC{=}O} + R'{-}OH \underset{}{\overset{\text{干燥HCl}}{\rightleftharpoons}} \underset{\text{半缩醛}}{\mathrm{RHC(OH)(OR')}}$$

（OH ← 半缩醛羟基）

半缩醛羟基很活泼，能继续与另一分子醇脱水缩合生成缩醛（缩醛反应）。

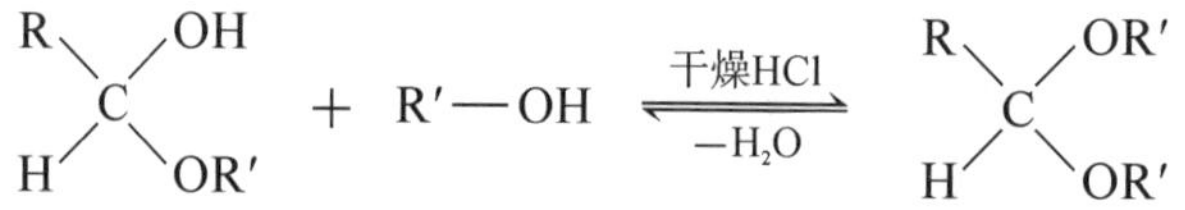

$$\underset{\text{半缩醛}}{\mathrm{RHC(OH)(OR')}} + R'{-}OH \underset{-H_2O}{\overset{\text{干燥HCl}}{\rightleftharpoons}} \underset{\text{缩醛}}{\mathrm{RHC(OR')(OR')}}$$

缩醛对碱和氧化剂很稳定，但在稀酸中易水解生成原来的醛和醇，这是有机合成中保护醛基常用的方法。

某些酮也可发生类似的反应生成半缩酮及缩酮，但反应速率比较缓慢。半缩醛或半缩酮与糖类的结构或性质密切相关，有些多羟基醛或酮能以环状半缩醛或半缩酮的形式存在于自然界中。

（4）与氨的衍生物的加成反应。

氨的衍生物是指氨分子（NH_3）中的氢原子被其他原子或原子团取代后的产物。醛、酮可与氨的衍生物发生加成反应，生成的产物不稳定，随即分子内脱去一分子水，生成含有碳氮双键的化合物，该反应也称为加成-消除反应。

常见氨的衍生物有 $H_2N{-}OH$（羟胺）、$H_2N{-}NH_2$（肼）、苯肼、2,4-二硝基苯肼。

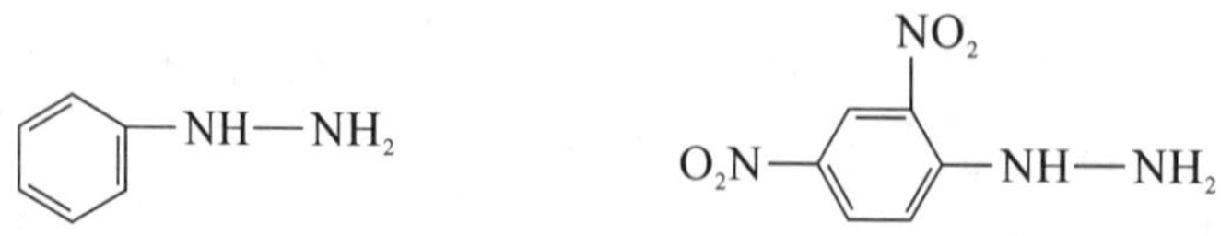

$$\underset{\text{苯肼}}{C_6H_5{-}NH{-}NH_2} \qquad \underset{\text{2,4-二硝基苯肼}}{2,4\text{-}(O_2N)_2C_6H_3{-}NH{-}NH_2}$$

上述化合物可用通式 $H_2N—R$（R 代表化合物中氨基以外的基团）表示，这些化合物能与羰基（醛、酮）反应，反应过程可表示如下：

$$\rangle C{=}O + H{-}NH{-}R \longrightarrow \left[\rangle C(OH){-}NH{-}R \right] \xrightarrow{-H_2O} \rangle C{=}N{-}R$$

$H_2N—R$ 与醛、酮的反应如下：

$$\begin{matrix} R \\ R'(H) \end{matrix}\rangle C{=}O + NH_2{-}OH \longrightarrow \begin{matrix} R \\ R'(H) \end{matrix}\rangle C{=}N{-}OH$$

羟胺　　肟

$$\begin{matrix} R \\ R'(H) \end{matrix}\rangle C{=}O + NH_2{-}NH_2 \longrightarrow \begin{matrix} R \\ R'(H) \end{matrix}\rangle C{=}N{-}NH_2$$

肼　　腙

$$\begin{matrix} R \\ R'(H) \end{matrix}\rangle C{=}O + NH_2{-}NH{-}C_6H_5 \longrightarrow \begin{matrix} R \\ R'(H) \end{matrix}\rangle C{=}N{-}NH{-}C_6H_5$$

苯肼　　苯腙

$$\begin{matrix} R \\ R'(H) \end{matrix}\rangle C{=}O + NH_2{-}NH{-}C_6H_3(NO_2)_2 \longrightarrow \begin{matrix} R \\ R'(H) \end{matrix}\rangle C{=}N{-}NH{-}C_6H_3(NO_2)_2$$

2,4-二硝基苯肼　　2,4-二硝基苯腙

醛、酮与氨的衍生物反应生成的产物大多是白色或有色晶体，具有固定熔点，在稀酸作用下能分解为原来的醛、酮，所以可利用这一反应鉴定、分离或提纯醛、酮。羟胺、苯肼、2,4-二硝基苯肼等统称为羰基试剂，常用于鉴定羰基化合物。其中 2,4-二硝基苯肼因与醛、酮反应迅速，生成的产物为黄色结晶且熔点高，易于观察而常用于醛、酮的鉴别。

（5）与氢气加成（还原反应）。

在钯、铂、镍等催化剂存在下，醛、酮可与氢气发生加成反应，分别被还原成相应的伯醇和仲醇。

$$(Ar)R{-}\overset{O}{\overset{\|}{C}}{-}H + H_2 \xrightarrow{Ni(或Pt)} (Ar)R{-}CH_2{-}OH$$

$$(Ar)R{-}\overset{O}{\overset{\|}{C}}{-}R' + H_2 \xrightarrow{Ni(或Pt)} (Ar)R{-}\overset{OH}{\overset{|}{C}H}{-}R'$$

2. α-氢原子的反应

受羰基的影响，醛、酮分子中的 α-氢原子较活泼，可以发生羟醛缩合反应和卤代反应。

（1）羟醛缩合反应。

在稀碱作用下，含有 α-氢原子的醛与另一分子醛的羰基发生加成反应，生成 β-羟基醛的反应称为羟醛缩合反应。例如：

$$CH_3{-}\overset{O}{\overset{\|}{C}}{-}H + H{-}CH_2{-}CHO \xrightarrow{OH^-} CH_3{-}\overset{OH}{\overset{|}{C}H}{-}CH_2{-}CHO$$

含有 α-氢原子的酮也可以发生类似的反应生成 β-羟基酮，但反应比较困难。

β-羟基醛（酮）的 α-氢原子更活泼，在微热或酸的作用下，能继续发生分子内脱水反应生成 α，β-不饱和醛（酮）。例如：

$$CH_3-\underset{OH}{\underset{|}{CH}}-CH_2-CHO \xrightarrow{\triangle} \underset{\alpha\text{-丁烯醛}}{CH_3-CH=CH-CHO}$$

不含 α-氢原子的醛不能发生分子间的羟醛缩合反应，但能与另一分子含有 α-氢原子的醛发生不同分子间的羟醛缩合反应（交叉缩合）。例如：

$$C_6H_5-\overset{O}{\overset{\|}{C}}-H + H-CH_2-CHO \xrightarrow{OH^-} C_6H_5-\underset{OH}{\underset{|}{CH}}-CH_2-CHO \xrightarrow{\triangle} \underset{\text{肉桂醛}}{C_6H_5-CH=CH-CHO}$$

肉桂醛（β-苯基丙烯醛）是桂皮油的主要成分，用作调料或用于调配各种香料。

羟醛缩合反应是增长碳链的方法之一，在生物体中也有这类反应，但要在酶的作用下进行。

（2）卤代反应。

在碱性溶液中，醛（酮）的 α-氢原子能被卤素原子取代，生成 α-卤代醛（酮）。例如：

$$CH_3-CH_2-CHO \xrightarrow{X_2+NaOH} CH_3-\overset{X}{\overset{|}{CH}}-CHO \xrightarrow{X_2+NaOH} CH_3-\overset{X}{\underset{X}{\overset{|}{\underset{|}{C}}}}-CHO$$

式中的X=Cl、Br、I

乙醛和甲基酮的 α-碳原子是甲基碳，则三个 α-氢原子可依次被卤素取代，所得产物在碱性条件下容易分解，生成三卤甲烷（卤仿）和羧酸盐，该反应称为卤仿反应。若所用的卤素是碘，则生成碘仿（CH_3I），称为碘仿反应。

$$\text{R(H)}-\overset{O}{\overset{\|}{C}}-CH_3 \xrightarrow{I_2+NaOH} \text{R(H)}-\overset{O}{\overset{\|}{C}}-CI_3 \xrightarrow{NaOH} \underset{\text{羧酸钠}}{\text{R(H)}-\overset{O}{\overset{\|}{C}}-ONa} + \underset{\text{碘仿}}{CHI_3}$$

反应生成的碘仿是不溶于水的有特殊气味的黄色结晶，易于观察识别，常用此反应鉴别乙醛和甲基酮。

碘与氢氧化钠反应生成次碘酸钠，次碘酸钠是氧化剂，能将乙醇和甲基仲醇氧化为乙醛和甲基酮，所以碘仿反应也可用于鉴别乙醇和甲基仲醇。

3. 氧化反应

醛的羰基在链端，能被一些弱氧化剂氧化成羧基（—COOH），在相同条件下，酮的羰基不被氧化，因此可利用这些弱氧化剂鉴别醛和酮。常用的弱氧化剂有托伦试剂和费林试剂。

（1）醛与托伦（Tollen）试剂反应。

托伦试剂就是银氨溶液（硝酸银的氨溶液），与醛共热时，醛被氧化生成羧酸盐，试剂中的 Ag^+ 被还原成金属银。如果反应在洁净的容器中进行，生成的银能附着在容器内壁形成光亮的银镜，因此该反应又称为银镜反应。

$$\text{(Ar)R}-\overset{O}{\overset{\|}{C}}-H + 2[Ag(NH_3)_2]OH \xrightarrow{\text{水浴温热}} \underset{\text{羧酸铵}}{\text{(Ar)R}-COONH_4} + 2Ag\downarrow + 3NH_3\uparrow + H_2O$$

(2) 醛与费林(Fehling)试剂反应。

费林试剂由A、B两种溶液组成,A液是硫酸铜溶液,B液是酒石酸钾钠的氢氧化钠溶液。使用时将两种溶液等体积混合即形成深蓝色透明的费林试剂,其中起作用的是可溶性氢氧化铜。

费林试剂能将脂肪醛氧化生成脂肪酸盐,试剂中的铜离子被还原为砖红色的氧化亚铜(Cu_2O)沉淀。

$$R-\overset{\overset{O}{\|}}{C}-H + Cu(OH)_2 + OH^- \xrightarrow{\triangle} \underset{\text{羧酸盐}}{(Ar)R-COO^-} + \underset{\text{砖红色}}{Cu_2O\downarrow} + H_2O$$

费林试剂不能与芳香醛发生此反应,因此费林试剂可用于鉴别脂肪醛和芳香醛。

4. 醛与希夫(Schiff)试剂反应

希夫试剂又称品红亚硫酸试剂。将二氧化硫通入品红水溶液中,品红的红色褪去,得到的无色溶液称为品红亚硫酸试剂。它能跟醛作用显紫红色,与酮作用不显色。所有的醛均可与希夫试剂显色,甲醛和希夫试剂作用呈特殊的紫红色,比较稳定,加浓硫酸亦不褪色,且颜色变深(带蓝色),故可用于鉴别甲醛和其他醛。

思政案例

辩证认识甲醛

甲醛广泛存在于生活中,家具、衣物、化妆品等常见物品中都有甲醛的痕迹。我们需要理性认识甲醛,不能对甲醛污染掉以轻心,但也无须谈醛色变。

媒体多宣传甲醛危害,如"甲醛是一类致癌物"等,事实上甲醛并非一无是处。在木材、防腐、纺织等行业,甲醛发挥着重要作用。将甲醛与尿素按一定物质的量之比混合进行反应生成脲醛树脂,作为胶黏剂用于木材加工;35%~40%的甲醛水溶液俗称福尔马林,具有防腐杀菌性能,常被用来浸制生物标本等;布艺制品为了提高防皱、防缩性能,会在助剂中添加甲醛。

因此,我们要辩证认识甲醛,不能因为甲醛的危害而谈醛色变,只要符合国家标准,甲醛的危害是可以接受的。我们应该发挥甲醛的长处,使其服务于生产生活,控制其在生活环境中的含量在国家标准之内,降低其对人的危害。

三、医药中常见的醛和酮

1. 甲醛(HCHO)

甲醛是自然界中最简单的醛,俗名蚁醛,常温下是无色有刺激性气味的气体,易溶于水。甲醛能使蛋白质凝固,因而具有杀菌和防腐能力,用于浸泡生物标本或种子的消毒剂福尔马林就是35%~40%的甲醛水溶液。

甲醛化学性质比其他的醛活泼,易被氧化,在常温下即可发生聚合反应生成环状的三聚甲醛或多聚甲醛,三聚甲醛或多聚甲醛是不溶性的白色固体,后者加热后可解聚为甲醛。甲醛很容易与氨或铵盐作用,缩合生成环六亚甲基四胺[$(CH_2)_6N_4$],俗称乌洛托品,乌洛托品在医药上用于抗流感、抗风湿,用作利尿剂和泌尿系统消毒剂。

2. 乙醛(CH_3CHO)

乙醛是无色有刺激性气味的液体,沸点为20.8 ℃,能与水和乙醇、氯仿等有机溶剂混溶。乙醛能聚合成三聚体或四聚体,三聚乙醛在稀硫酸中加热可以解聚,因此工业上常以三聚乙醛的形式保存乙醛。乙醛是重要的化工原料,用于合成乙酸、乙酸酐、三氯乙醛等。

3. 丙酮(CH_3COCH_3)

丙酮是有特殊气味的无色液体,易挥发、易燃烧,沸点为56 ℃,能与水、乙醇、乙醚以任意比例混溶，是一种良好的有机溶剂，广泛用于油漆和人造纤维工业。丙酮又是重要的化工原料，用于制备有机玻璃，合成树脂、氯仿、碘仿等。

患糖尿病的人，由于新陈代谢紊乱，体内常有过量丙酮产生，过量丙酮从尿中排出。尿中是否含有丙酮可用碘仿反应检验。在临床上，用亚硝酰铁氰化钠（$Na_2[Fe(CN)_5NO]$）溶液的呈色反应来检验：在尿液中滴加亚硝酰铁氰化钠和氨水溶液，如果有丙酮存在，则溶液呈鲜红色。

4. 苯甲醛（C_6H_5CHO）

苯甲醛俗称苦杏仁油，是有苦杏仁气味的无色液体，微溶于水，易溶于乙醇、乙醚。常与葡萄糖、氢氰酸结合存在于桃仁、杏仁中，尤其以苦杏仁中含量最高。

苯甲醛易被空气氧化成苯甲酸，因此在保存苯甲醛时常要加入少量的对苯二酚作为抗氧剂。苯甲醛是一种重要的化工原料，用于制备药物、染料、香料等。

5. 樟脑

樟脑是一种脂环酮，学名为2-莰酮，结构式如下：

樟脑是无色半透明晶体，其特异芳香具有穿透性，味略苦而辛，有清凉感，熔点为176～177 ℃，易升华。不溶于水，能溶于醇等。樟脑是我国的特产，台湾地区的产量约占世界总产量的70%，居世界第一位，其他如福建、广东、江西等省也有出产。樟脑在医学上用途很广，如作呼吸循环兴奋药的樟脑油注射剂（10%樟脑的植物油溶液）和樟脑磺酸钠注射剂（10%樟脑磺酸钠的水溶液），用作治疗冻疮、局部炎症的樟脑醑（10%樟脑的乙醇溶液），成药清凉油、十滴水和消炎镇痛膏等均含有樟脑。樟脑也可用于驱虫防蛀。

6. 麝香酮

麝香酮为油状液体，具有麝香香味，是麝香的主要香气成分，沸点为328 ℃，微溶于水，能与乙醇互溶。麝香酮的构造为一个含15个碳原子的大环，环上有一个甲基和一个羰基，属脂环酮。

O

CH_3

知识链接

“健康杀手”甲醛

甲醛是原浆毒物，能与蛋白质结合，吸入高浓度甲醛后，机体会出现严重的呼吸道刺激和水肿、眼刺痛、头痛等症状，也可发生支气管哮喘。皮肤直接接触甲醛，可引起皮炎、色斑、坏死。经常吸入少量甲醛，能引起慢性中毒，出现黏膜充血、过敏性皮炎、指甲角化和脆弱、甲床指端疼痛，孕妇长期吸入甲醛可能导致新生婴儿畸形，甚至死亡，男子长期吸入甲醛可导致精子畸形、死亡，性功能下降，严重的可导致白血病、气胸、生殖能力缺失，全身症状有头痛、乏力、纳差、心悸、失眠、体重减轻以及自主神经紊乱等。各种人造板材（刨花板、密度板、纤维板、胶合板等）中使用了脲醛树脂黏合剂，因而可含有甲醛。新式家具的制作，墙面、地面的装饰铺设，都要使用黏合剂。大量使用黏合剂的地方，会有甲醛释放。此外，某些化纤地毯、油漆涂料也含有一定量的甲醛。甲醛还可来自化妆品、清洁剂、杀虫剂、消毒剂、防腐剂、印刷油墨、纸张、纺织纤维等多种化工轻工产品。

麝香酮具有扩张冠状动脉及增加冠状动脉血流量的作用，对心绞痛有一定疗效。一般于用药（舌下含服、气雾吸入）后5 min内见效，缓解心绞痛的功效与硝酸甘油相近。

香料中加入极少量的麝香酮可增强香味，因此许多贵重香料常用它作为定香剂。人工合成的麝香广泛应用于制药工业。

第二节 醌

一、醌的结构和命名

醌是一类特殊的环状不饱和二酮。其结构特点是分子中含有（对苯醌）或（邻苯醌）的醌型结构，分子中碳氧双键和碳碳双键形成 π-π 共轭体系。具有较大的共轭体系的化合物都有颜色。对位醌多呈黄色，邻位醌常为红色或橙色。醌的命名一般是在“醌”字前加上芳基的名称，并注明羰基的位置。例如：

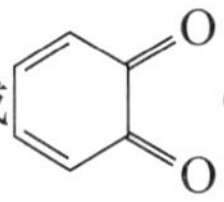

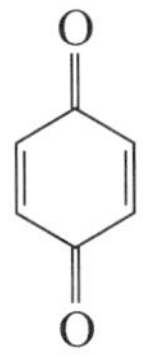

1,4-苯醌（对苯醌） 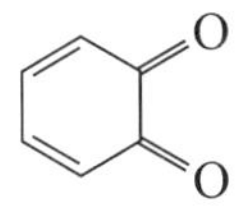 1,2-苯醌（邻苯醌） 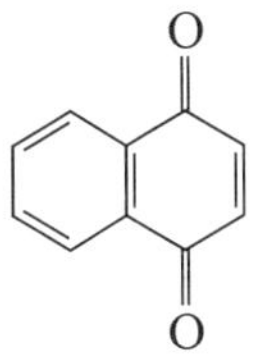 1,4-萘醌（α-萘醌）

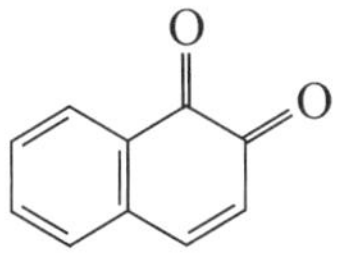

1,2-萘醌（β-萘醌） 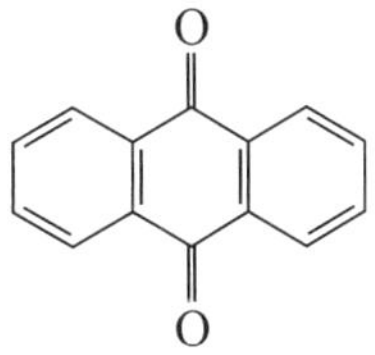 9,10-蒽醌

自然界存在许多具有醌型结构的化合物。例如：茜素、大黄素等。

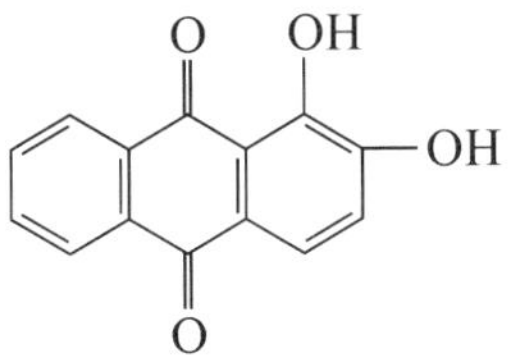

茜素 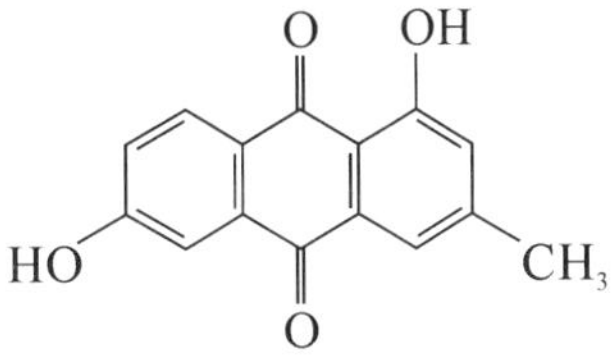 大黄素

二、醌的性质

醌类分子中的碳氧双键与碳碳双键间的 π-π 共轭体系不是闭合的共轭体系，所以醌不属于芳香族化合物，无芳香性。醌具有烯烃和羰基化合物的典型性质。

1. 与羰基试剂的反应

醌分子中的羰基能与羰基试剂加成。例如：

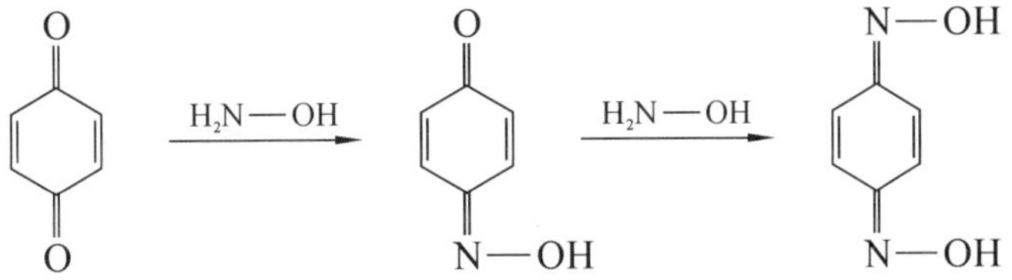

$\xrightarrow{H_2N-OH}$ 苯醌肟 $\xrightarrow{H_2N-OH}$ 苯醌二肟

2. 碳碳双键的加成

醌分子中的碳碳双键可以与卤素等亲电试剂加成。例如：

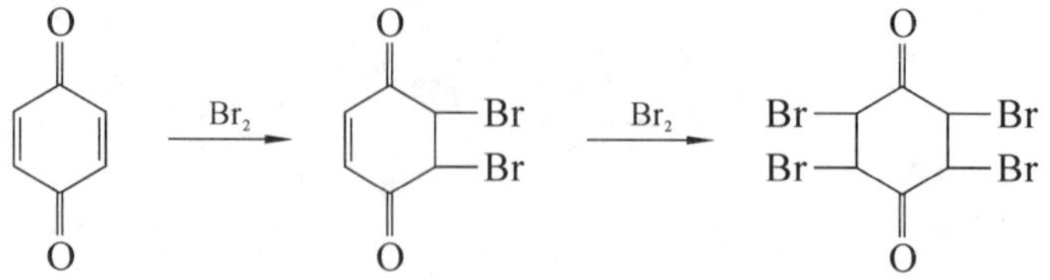

$$\text{对苯醌} \xrightarrow{Br_2} \text{5,6-二溴-2-环己烯-1,4-二酮} \xrightarrow{Br_2} \text{2,3,5,6-四溴-1,4-环己二酮}$$

2,3,5,6-四溴-1,4-环己二酮

3. 还原反应

醌可以被还原成酚，邻位或对位的二元酚也容易氧化成相应的醌。所以两类物质之间可通过氧化-还原反应而相互转化。例如：

$$\text{对苯醌} \underset{\text{氧化}\ -2H}{\overset{\text{还原}\ +2H}{\rightleftharpoons}} \text{对苯二酚（氢醌）}$$

对苯醌　　对苯二酚（氢醌）

三、医药中常见的醌

1. 1,4-萘醌

1,4-萘醌为黄色固体，熔点为 126～128 ℃，萘醌的一些衍生物对生物体有重要的生理作用，在医药上也有广泛的应用，如维生素 K_1、维生素 K_2、维生素 K_3。维生素 K 是肝脏合成凝血酶原(因子Ⅱ)的必需物质，还参与凝血因子Ⅶ、Ⅸ、Ⅹ以及蛋白 C 和蛋白 S 的合成。缺乏维生素 K 可致上述凝血因子合成障碍，影响凝血过程而引起出血。此时给予维生素 K 可达到止血的目的。维生素 K_2 尚具有镇痛作用，其镇痛作用机制可能与阿片受体和内源性阿片样物质介导有关。因此，维生素 K 可用于防治维生素 K 缺乏所致的出血，如阻塞性黄疸、胆瘘、慢性腹泻、广泛肠切除所致肠吸收不良，早产儿、新生儿低凝血酶原血症，香豆素类或水杨酸类过量以及其他原因所致凝血酶原过低等引起的出血，亦可用于预防长期口服广谱抗生素类药物引起的维生素 K 缺乏症。

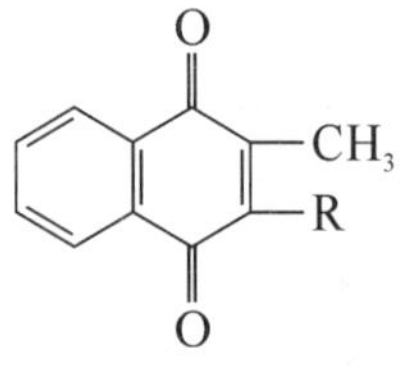

维生素K（2-甲基-3-R-1,4-萘醌）

K_1：R为 $CH_2CH{=}C(CH_3){+}CH_2CH_2CH_2CH(CH_3){+}_3CH_3$

K_2：R为 ${+}CH_2CH{=}C(CH_3)CH_2{+}_6H$

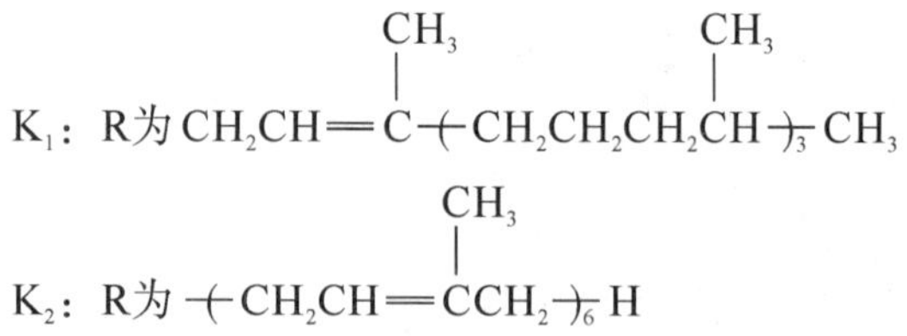

K_3：R为H（人工合成）

2. 泛醌

泛醌(辅酶 Q)是脂溶性化合物，因广泛存在于动植物体内而得名，是生物体内氧化-还原过程中极为重要的物质。最常见的辅酶 Q 的侧链上含有 10 个异戊烯结构单元(n=10)，所以通常称为辅酶 Q_{10}。临床上，辅酶 Q_{10} 常用于心血管疾病(如病毒性心肌炎)、肝炎(如病毒性肝炎)和癌症的综合治疗。

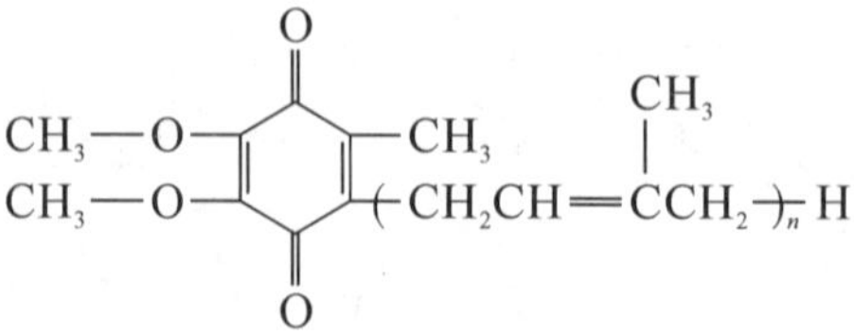

CH_3-O、CH_3-O、CH_3、${+}CH_2CH{=}C(CH_3)CH_2{+}_nH$ 取代的对苯醌

（其中：n=6～10）

本章小结

醛、酮、醌的结构和化学性质是本章的重点内容。醛和酮统称为羰基化合物，醛的羰基在链端，官能团是醛基，酮的羰基在链中，官能团是羰基（也称为酮基）。羰基的碳氧双键是极性共价键，由一个 σ 键和一个 π 键组成，π 键易断裂，所以醛和酮能与多种试剂发生加成反应，醛、脂肪族甲基酮、8 碳以下的脂环酮能与氢氰酸反应生成 α-羟基腈，与饱和硫酸氢钠溶液反应生成不溶性的 α-羟基磺酸钠，用于鉴别、分离提纯醛和酮；醛和酮与氨的衍生物反应生成含有碳氮双键的化合物，2，4-二硝基苯肼常用于鉴别含有羰基的醛和酮；在干燥的氯化氢存在下，醛与醇发生加成反应生成半缩醛，进一步反应生成缩醛，用于醛基的保护；在镍、铂、钯等催化剂存在下，醛和酮与氢气加成，被还原生成对应的伯醇和仲醇。含有 α-氢原子的醛在稀碱作用下，能发生羟醛缩合反应，生成 β-羟基醛，这是增长碳链的方法之一；醛或酮的 α-氢原子被卤素取代生成卤代醛或酮，碘仿反应可鉴别乙醛、甲基酮、乙醇以及甲基仲醇。醛能被弱氧化剂氧化，常用的弱氧化剂有托伦试剂和费林试剂，利用托伦试剂可鉴别醛和酮，利用费林试剂可鉴别脂肪醛和芳香醛。醌是一类特殊的环状不饱和二酮，由于结构中的碳碳双键和碳氧双键形成不闭合的 π-π 共轭体系，醌具有烯烃和羰基化合物的典型性质。醌既与羰基试剂反应，也能进行碳碳双键的加成反应（如与卤素加成），还可以被还原成酚。

能力检测

能力检测答案

一、用系统命名法命名下列物质

$CH_3—CH(CH_3)—CH(CH_3)—CHO$

$CH_2{=}CH—\overset{O}{\overset{\|}{C}}—CH(CH_3)—CH_3$

$C_6H_4(CH_3)—\overset{O}{\overset{\|}{C}}—H$（邻位）

$CH_3—\underset{}{C}(CH_3){=}CH—CH_2—CHO$

3-甲基环己酮结构式（环己酮环上 =O，环上另有 CH_3）

$C_6H_5—CH_2—\overset{O}{\overset{\|}{C}}—CH_3$

$CH_3—\overset{O}{\overset{\|}{C}}—CH_2—CH_3$

二、写出下列反应的主要产物

1. $CH_3—CHO \xrightarrow{HCN}$ $\qquad\qquad \xrightarrow{H_2O}$

2. $CH_3—CH_2—CHO \xrightarrow{OH^-}$ $\qquad\qquad \xrightarrow{-H_2O}$

3. $CH_3CH_2—\overset{O}{\overset{\|}{C}}—CH_3 + I_2 \xrightarrow{NaOH}$ $\qquad\qquad \xrightarrow{NaOH}$

4. $CH_3—CHO + CH_3—OH \underset{}{\overset{干燥\ HCl}{\rightleftharpoons}}$ $\qquad\qquad \underset{CH_3—OH}{\overset{干燥\ HCl}{\rightleftharpoons}}$

5. $C_6H_5—CHO + [Ag(NH_3)_2]OH \xrightarrow{\triangle}$

三、用化学方法鉴别下列各组化合物

1. 甲醛、乙醛、丙酮
2. 2-戊酮、3-戊酮
3. 2-甲基丙醛、丙酮、2-丙醇

4. 乙醛、苯甲醛

四、综合题

1. 从中草药陈蒿中提取的一种治疗胆病的化合物 $C_8H_8O_2$，该化合物能溶于 NaOH 溶液，遇三氯化铁溶液呈浅紫色，与 2,4-二硝基苯肼作用生成苯腙，并能发生碘仿反应，试推测该化合物可能的结构式。

2. 化合物 A 的分子式是 $C_5H_{12}O$，氧化后得化合物 B($C_5H_{10}O$)，化合物 B 能与苯肼反应，并能与碘的氢氧化钠溶液反应生成黄色沉淀。化合物 A 能与浓硫酸共热生成化合物 C(C_5H_{10})，化合物 C 经高锰酸钾氧化生成丙酮和乙酸。试推断化合物 A、B、C 的结构简式，并写出有关的反应方程式。

3. 分子式为 $C_6H_{12}O$ 的化合物 A，能与苯肼作用但不发生银镜反应。化合物 A 经催化氢化得分子式为 $C_6H_{14}O$ 的化合物 B，化合物 B 与浓硫酸共热得化合物 C(C_6H_{12})。化合物 C 经臭氧氧化并水解得化合物 D 和 E。化合物 D 能发生银镜反应，但不发生碘仿反应，而化合物 E 则可发生碘仿反应而不发生银镜反应。写出化合物 A～E 的结构式及各步反应方程式。

参考文献

[1] 曹晓群. 有机化学[M]. 2 版. 北京：人民卫生出版社，2021.

[2] 杨玉红，孔晓朵. 有机化学[M]. 2 版. 武汉：武汉理工大学出版社，2013.

[3] 王志江. 有机化学[M]. 2 版. 北京：中国中医药出版社，2018.

[4] 刘郁，刘焕. 有机化学[M]. 5 版. 北京：化学化工出版社，2019.

（陈银霞）

本章题库

第十二章

羧酸、取代羧酸及羧酸衍生物

学习目标

掌握：羧酸、取代羧酸及羧酸衍生物的结构和性质。
熟悉：羧酸、取代羧酸及羧酸衍生物的命名。
了解：常见的羧酸、取代羧酸及羧酸衍生物在医药上的意义。

扫码
看 PPT

羧酸、取代羧酸及羧酸衍生物在自然界中广泛存在，有些参与动植物的代谢过程，有些具有明显的生物活性，有些是重要的工业化学品，是有机合成和药物分子的重要合成物质。学习这类化合物对医药和生命科学具有重要意义。

第一节　羧　　酸

羧酸是有机酸中最重要的一类化合物，在维生素、氨基酸、蛋白质、药物、激素以及调味品中都可见羧酸或其衍生物，如日常生活中用到的药品青霉素就是一种羧酸，而阿司匹林则是羧酸的衍生物。

一、羧酸的结构、分类和命名

（一）羧酸的结构

羧酸的结构特征是分子中含有羧基，这个取代基通常可以写成—COOH 或者$—CO_2H$。除甲酸外，羧酸可以看作烃分子中的氢原子被羧基取代的产物，其结构通式为 R—COOH，甲酸（H—COOH）和醋酸（CH_3—COOH）是最具代表性的羧酸。

（二）羧酸的分类

羧酸可以根据与羧基相连基团的类型以及含有羧基的数目进行分类。根据与羧基相连基团的类型，羧酸可以分为脂肪酸和芳香酸，脂肪酸又根据是否含有不饱和键分为饱和脂肪酸和不饱和脂肪酸。根据含有羧基的数目，羧酸可以分为一元酸、二元酸及多元酸。

$CH_3CH_2—COOH$
丙酸
（饱和脂肪酸）

$H_2C═CH—COOH$
丙烯酸
（不饱和脂肪酸）

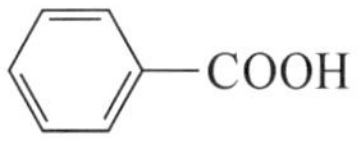

$C_6H_5—COOH$
苯甲酸
（芳香酸）

$CH_3CH_2CH_2—COOH$
丁酸
（一元酸）

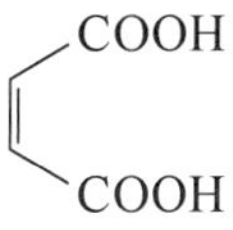

HOOC—CH═CH—COOH
丁烯二酸
（二元酸）

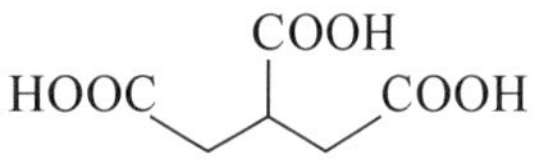

$HOOC—CH_2—CH(COOH)—CH_2—COOH$
1,2,3-丙三酸
（多元酸）

（三）羧酸的命名

1. 习惯命名法

许多羧酸根据其首次被分离的来源而具有常用名，并经常在文献中使用，如甲酸、乙酸、乙二酸的习惯用名分别为蚁酸、醋酸和草酸。美国化学文摘（CA）至今仍保留着蚁酸（甲酸）和醋酸（乙酸）的习惯命名。

2. 系统命名法

在系统命名法中，羧基的官能团顺序优于其他类型的官能团，命名时需要将羧基所在的最长碳链作为主链，其他官能团作为取代基进行命名。

（1）脂肪酸的命名。

饱和脂肪酸命名时，要求选择带有羧基的最长碳链为主链，编号时将羧基碳标记为1，并标记取代基的位置。根据主链碳原子数目称为某酸，以此作为母体，然后将取代基的位置和名称加到母体名称的前面。主链碳原子也可以用希腊字母 α、β、γ…进行编号，与羧基直接相连的碳标记为 α 碳。例如：

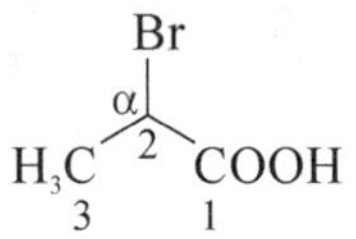

2-溴丙酸（α-溴丙酸） 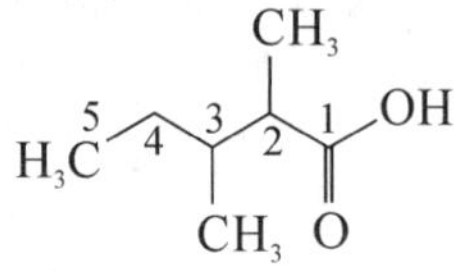　　2,3-二甲基戊酸（α,β-二甲基戊酸） 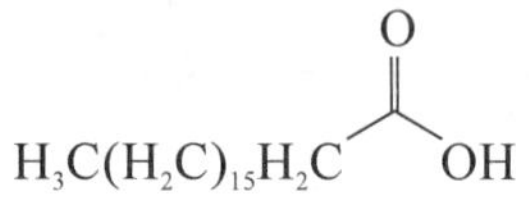　　十八碳酸（硬脂酸）

不饱和脂肪酸命名时，应当选择同时含有羧基和不饱和键在内的最长碳链为主链，编号时将羧基碳标记为1，并标记取代基和不饱和键的位置。根据主链碳原子数目称为某烯（炔）酸，将不饱和键的位置写到某烯（炔）酸前面，然后依次写上取代基的位置和名称。当主链碳原子数大于10时，则表示为某碳烯（炔）酸。例如：

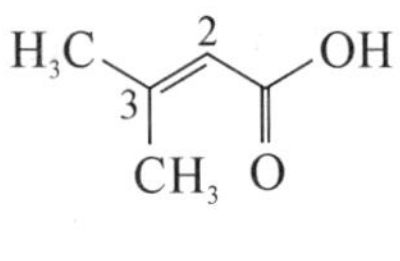

3-甲基-2-丁烯酸 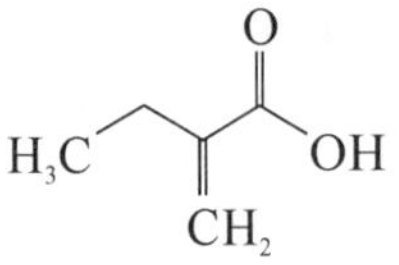　　2-乙基丙烯酸 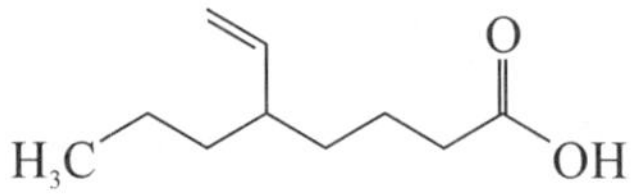　　5-丙基-6-庚烯酸

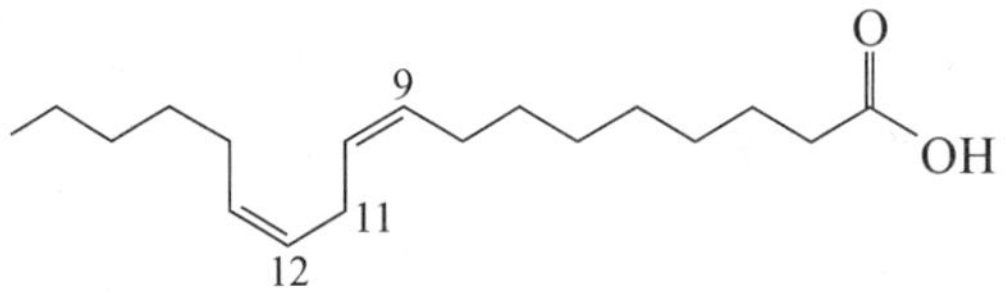

9,12-十八碳二烯酸（亚油酸）

饱和脂环酸命名为环烷基某酸，将环烃基作为取代基，以脂肪酸为母体进行命名，与羧基相连的环烃基碳标记为1号碳，依次标记环上取代基的位置。例如：

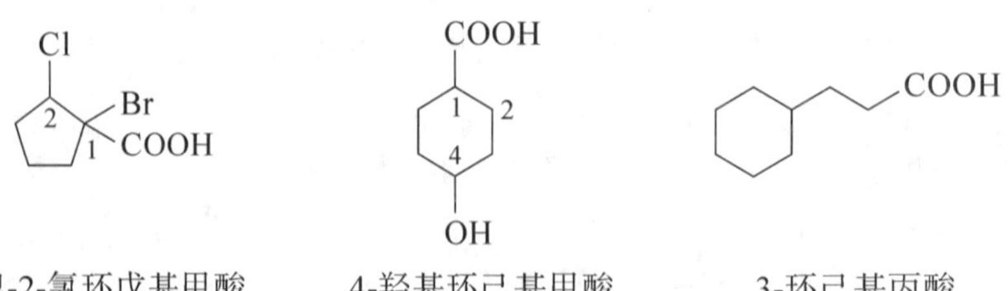

1-溴-2-氯环戊基甲酸　　4-羟基环己基甲酸　　3-环己基丙酸

（2）二元羧酸的命名：选择含有两个羧基在内的最长碳链作为主链，称为“某二酸”。例如：

HOOC—COOH

乙二酸（草酸） 1,4-环己基二羧酸 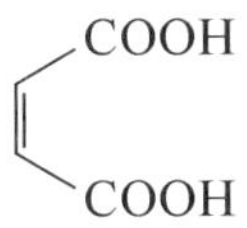 顺丁烯二酸（马来酸） 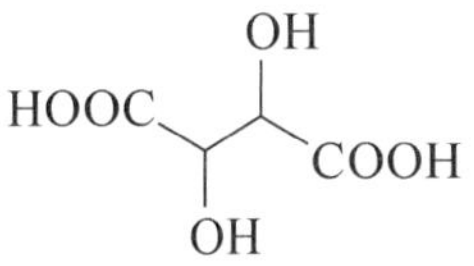 2,3-二羟基丁二酸（酒石酸）

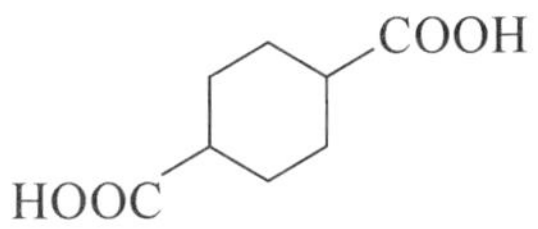

（3）芳香酸的命名：芳香酸的命名与饱和脂环酸类似，以脂肪羧酸为母体，将芳环看作取代基，芳环上与羧基相连的碳为1号碳，依次标记芳环上取代基的位置。

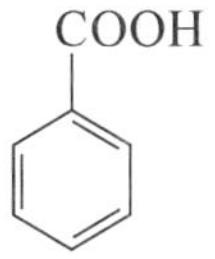

苯甲酸（安息香酸） 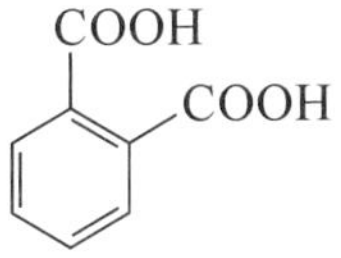 邻苯二甲酸 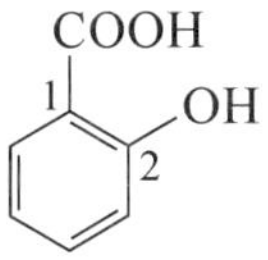 2-羟基苯甲酸（邻羟基苯甲酸，水杨酸） 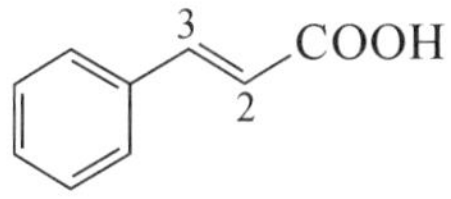 3-苯基丙烯酸（肉桂酸）

二、羧酸的性质

（一）羧酸的物理性质

常温下，一元脂肪酸中，低级脂肪酸为液体，可与水混溶，具有一定挥发性和刺激性；中级脂肪酸为油状液体，部分可溶于水，具有较强的腐败性气味；高级脂肪酸为蜡状固体，气味很小，不溶于水。二元羧酸和芳香酸为结晶化合物，低碳数二元羧酸可溶于水，随着相对分子质量的增加，溶解度减小，芳香酸不溶于水。

羧酸的官能团羧基包含羰基双键和羟基，使得羧基具有很强的极性，可以与其他极性分子（如水、醇、其他羧酸等）形成氢键，这也是低级脂肪酸与水易溶的原因。两个羧酸分子之间也可以通过两个氢键形成双分子的氢键二聚体，从而导致羧酸的沸点比相对分子质量相近的烷烃、卤代烃，甚至醇的沸点还要高。如乙酸和正丙醇的相对分子质量都是60，沸点分别为117.9 ℃和97.8 ℃。羧酸的氢键二聚体具有较高的稳定性，羧酸在固态和液态时以二聚体的形式存在，在气态时，相对分子质量较小的甲酸和乙酸也以二聚体的形式存在。

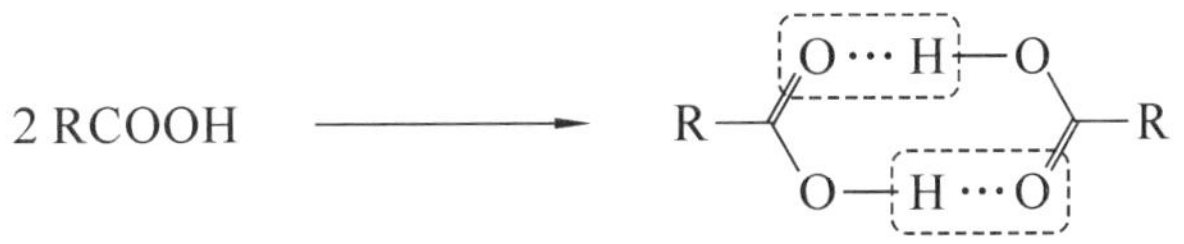

2 RCOOH ⟶ R—C(=O···H—O)(—O—H···O=)C—R

羧酸二聚体中的两个氢键

（二）羧酸的化学性质

从结构上可以把羧酸的官能团羧基看作羰基的羟基衍生物，即羧基的化学性质包含了羰基和羟基两种官能团的性质。因此，与醇类似，羧基上的羟基氢具有酸性，羧基中氧上存在孤电子对而具有一定的碱性；羰基碳具有亲电性，可以接受亲核试剂的进攻。除此之外，羧基对α-H具有较弱的活化作用，使其易被卤素取代；羧基的吸电子作用，使得羧基与α-C间的C—C容易断裂，发生脱羧反应。羧基还可以发生还原反应，得到醛基或伯醇基。

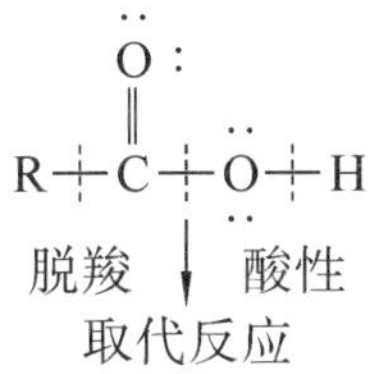

R—C(=Ö:)—Ö—H

脱羧　取代反应　酸性

1. 酸性

羧酸具有酸性，是因为羧基中羟基氧原子的孤电子对可以与羰基中的碳氧双键共轭，使得羧基中羟基氧原子上的电子云向碳氧双键转移，导致羟基中氢氧键之间的电子云进一步向氧原子转移，羟基氢更易于离去。另一方面，氢正离子离去后产生的羧基负离子也由于共轭作用，负电荷被两个氧共享，形成离域体系，使得羧基负离子非常稳定。

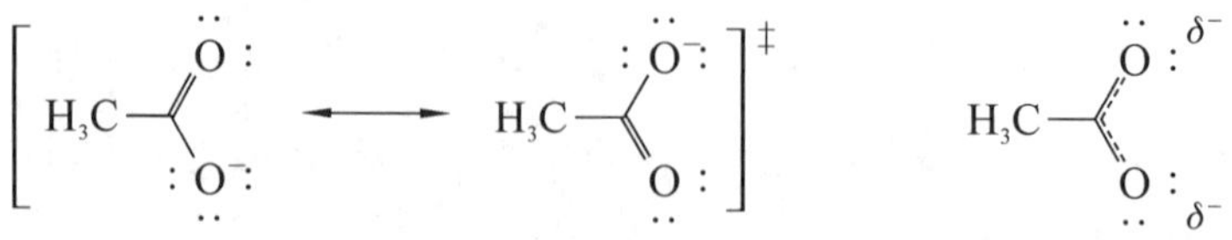

$$\left[H_3C-C(=\ddot{O}:)-\ddot{O}:^- \longleftrightarrow H_3C-C(-\ddot{O}:^-)=\ddot{O}: \right]^{\ddagger} \qquad H_3C-C(\cdots\ddot{O}:^{\delta^-})(\cdots\ddot{O}:^{\delta^-})$$

羧酸的 pK_a 一般在 3～5 之间，其酸性比常见的无机酸（硫酸、盐酸）弱，但比碳酸（pK_a＝6.38）和一般的酚类强，属于有机弱酸，在水溶液中大部分以未解离的形式存在。羧酸具有酸性，其水溶液可以使石蕊试纸变红，能与碱液发生中和反应，生成羧酸盐和水。

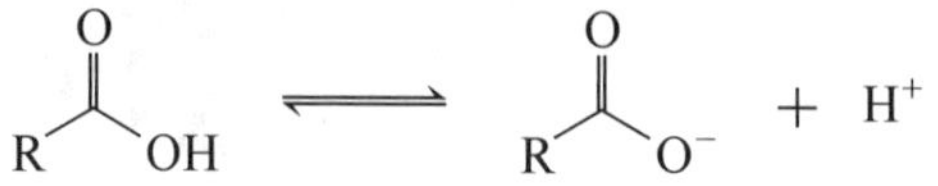

$$RCOOH \rightleftharpoons RCOO^- + H^+$$

$$RCOOH + NaOH \longrightarrow RCOONa + H_2O$$

羧酸的酸性比碳酸强，除了和强碱反应外，还可以与弱碱碳酸氢钠反应，放出 CO_2 气体；而酚的酸性比碳酸弱，不能与碳酸氢钠反应。因此，可以利用这个性质分离和区分羧酸和酚。

$$2RCOOH + Na_2CO_3 \longrightarrow 2RCOONa + CO_2\uparrow + H_2O$$

$$RCOOH + NaHCO_3 \longrightarrow RCOONa + CO_2\uparrow + H_2O$$

羧酸和其他有关化合物的酸性强弱顺序如下：

$$RCOOH > H_2CO_3 > ArOH > H_2O > ROH$$

取代基的电子效应和共轭效应都可以改变羧酸的酸性强弱，吸电子取代基可以增强羧酸的酸性。如 α-卤代的羧酸酸性明显增强，α-氢原子被三个氟原子取代的三氟乙酸的 pK_a＝0.23，属于强酸。

$$\text{酸性：}\ H_3C-COOH < FH_2C-COOH < F_2HC-COOH < F_3C-COOH$$

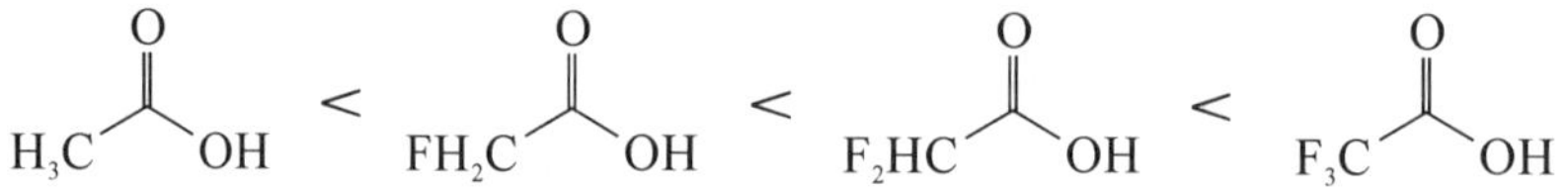

$$pK_a \quad 4.76 \qquad 2.66 \qquad 1.24 \qquad 0.23$$

二元酸具有两个可以解离的氢，其酸性一般大于一元酸。如丁二酸的酸性大于正丁酸：

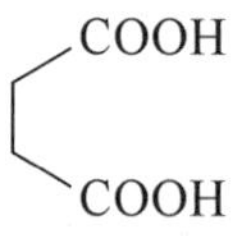

$$HOOC-CH_2CH_2-COOH > CH_3CH_2CH_2COOH$$

$$pK_a \quad 4.17 \qquad 4.82$$

羧酸与碱性试剂反应生成相应的羧酸盐，如羧酸的钠盐、钾盐、铵盐等。羧酸盐一般能溶于水，相对分子质量较大的羧酸不易溶于水，将其制成羧酸盐可以增大水溶性。临床上也常将难溶于水的含羧基的药物制成羧酸盐，以便于临床使用，如青霉素 G 常制成青霉素 G 钾盐或青霉素 G 钠盐。高级脂肪酸的钠盐或钾盐还是非常好的表面活性剂和去污剂，如硬脂酸钠就是肥皂的主要成分。

2. 羧基中羟基的取代反应

羧基中的羰基碳由于氧原子的吸电子作用而相对缺电子，易于受到富电子的亲核试剂进攻。碳氧双键中的 π 键打开，形成一个四面体结构的中间体，随后羟基离去，氧上的孤电子对与碳原子重新形成新的 π 键，得到羧酸的衍生物。反应过程经历了加成-消除两个步骤，总的结果就是羧基中的羟基被其他亲核试剂所取代，得到羧酸的衍生物，通式为 $R-\overset{O}{\overset{\|}{C}}-L$。羧基中除去羟基后剩余的基团称

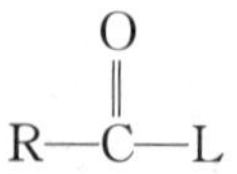

为酰基，其命名根据相应的羧酸进行，如乙酰基、苯甲酰基等。

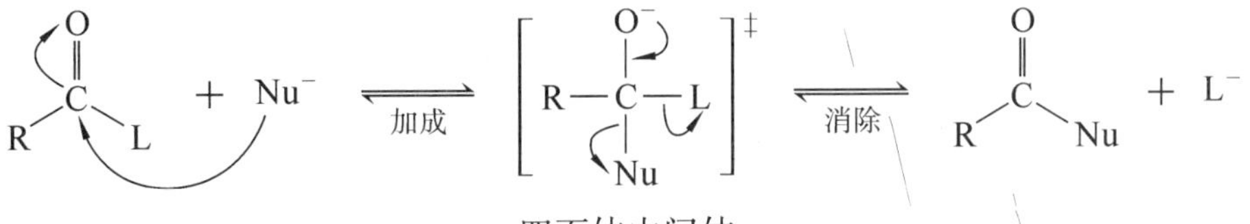

$$RC(=O)L + Nu^- \xrightleftharpoons{加成} \left[R-\underset{Nu}{\overset{O^-}{C}}-L \right]^{\ddagger} \xrightleftharpoons{消除} RC(=O)Nu + L^-$$

四面体中间体

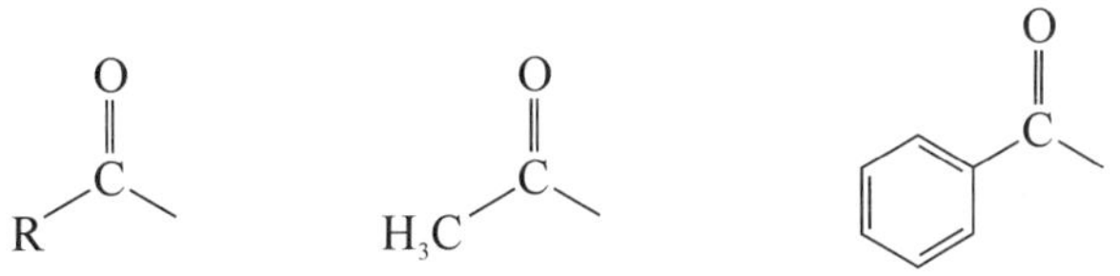

酰基　　乙酰基　　苯甲酰基

(1) 酰卤的生成：羧酸分子羧基中的羟基(RCO—OH)被卤素取代形成酰卤。常用的酰卤是酰氯，可以由羧酸与氯化亚砜($SOCl_2$)、三氯化磷(PCl_3)、五氯化磷(PCl_5)制备得到。用氯化亚砜制备酰氯，由于副产物为气体，便于反应后处理操作，在应用上最为广泛。

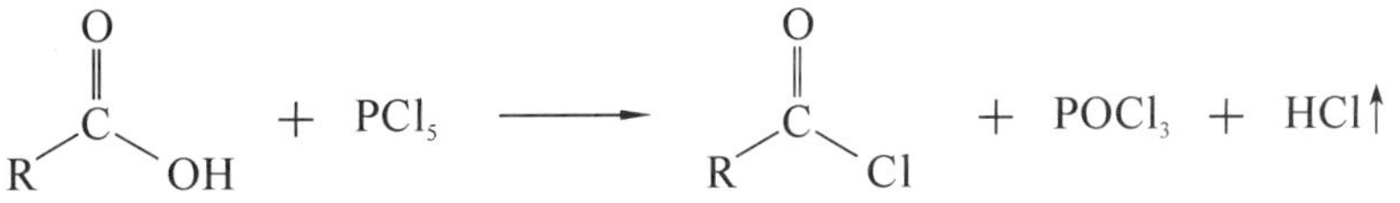

$$RCOOH + PCl_5 \longrightarrow RCOCl + POCl_3 + HCl\uparrow$$

酰氯　　三氯氧磷

$$RCOOH + SOCl_2 \longrightarrow RCOCl + SO_2\uparrow + HCl\uparrow$$

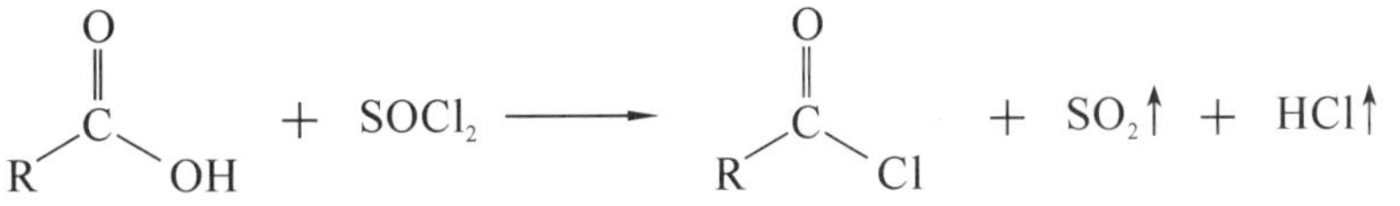

酰氯

(2) 酸酐的生成：酸酐可以由羧酸在脱水剂，如 P_2O_5 存在下加热，两分子羧酸脱去一分子水而得到。但这种制备酸酐的方法用途不大，更多地应用于由二元羧酸制备环状酸酐的过程中。如：

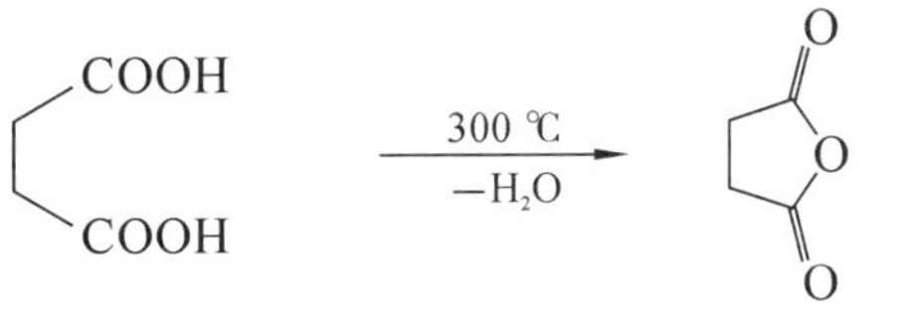

$$HOOC-CH_2CH_2-COOH \xrightarrow[-H_2O]{300\ ℃} \text{丁二酸酐}$$

丁二酸（琥珀酸）　　丁二酸酐（琥珀酸酐）

酰卤和羧酸反应可以更加高效地制备酸酐，如：

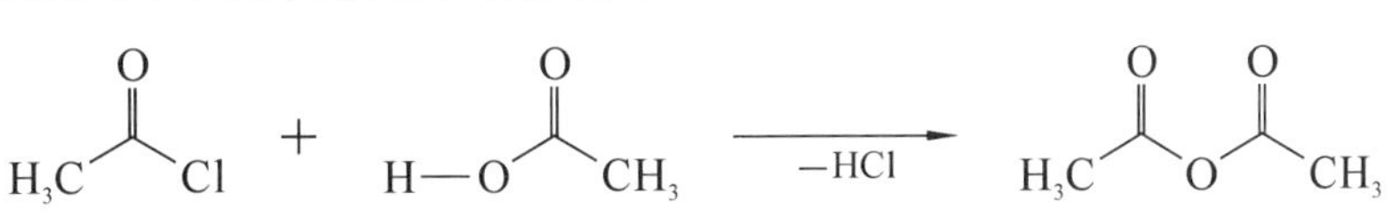

$$H_3C-COCl + H-O-COCH_3 \xrightarrow{-HCl} H_3C-CO-O-CO-CH_3$$

乙酰氯　　乙酸　　乙酸酐

(3) 酯的生成：羧酸与醇反应可以得到酯，然而单独将羧酸和醇混合在一起时是不发生反应的，但是将少量催化剂(无机强酸，如硫酸或盐酸)加入反应体系时，羧酸与醇反应可以生成酯和水，这个反应称为酸催化下的酯化反应。酯化反应是一个可逆反应，逆反应称为酯的水解。如果需要让酯化反应向合成酯的方向移动，需要不断将生成的酯或者水从反应中移出。例如：

$$H_3C-CO-OH + H-O-CH_2CH_3 \xrightleftharpoons[\triangle]{浓H_2SO_4} H_3C-CO-O-CH_2CH_3 + H_2O$$

乙酸　　乙醇　　乙酸乙酯

(4) 酰胺的生成：羧基中的羟基被氨基取代时，得到的产物是酰胺。含有氨基的化合物一般显碱性，与酸性的羧酸反应时首先生成的是羧酸铵，这个反应是可逆的，在加热下，羧酸铵脱去一分子水得到酰胺。这种方法制备酰胺通常需要较高的温度，更为常用的方法是使用活化的羧酸衍生物（如酰氯或酸酐）与氨基反应制备酰胺。

3. 脱羧反应

羧酸分子中脱去羧基放出 CO_2 的反应称为脱羧反应，多元酸易发生脱羧反应。例如：

$$\underset{\text{乙二酸（草酸）}}{\begin{matrix}COOH\\|\\COOH\end{matrix}} \xrightarrow{\triangle} \underset{\text{甲酸}}{HCOOH} + CO_2$$

脱羧反应在生物化学中占有重要地位，人体所产生的 CO_2 主要来源就是体内物质代谢产生的有机酸发生脱羧反应。

4. 羧基邻位的溴化反应

与醛和酮一样，羧基中的羰基可以活化与其直接相连的 α-碳上的氢，当羧基与溴发生赫尔-乌尔哈-泽林斯基（Hell-Volhard-Zelinski）反应时，溴原子取代羧酸的 α-H，得到 α-溴代羧酸。该反应中需要少量催化剂三溴化磷（PBr_3）。由于三溴化磷具有强腐蚀性，反应中通常加入单质磷（红磷）来与反应原料中的溴快速生成三溴化磷。

$$CH_3CH_2CH(H)COOH + Br—Br \xrightarrow{\text{痕量P}} CH_3CH_2CH(Br)COOH + HBr$$

2-溴丁酸（α-溴代丁酸）

α-溴代羧酸可以很方便地转化为其他 α-取代羧酸，如 α-羟基酸、α-氨基酸等，具有非常高的应用价值。

$$H_3C-CH(Br)-COOH \begin{cases} \xrightarrow{OH^-} H_3C-CH(OH)-COOH \xrightarrow{-H_2O} H_2C=CH-COOH \\ \xrightarrow{NH_3} H_3C-CH(NH_2)-COOH \\ \xrightarrow{CN^-} H_3C-CH(CN)-COOH \end{cases}$$

5. 羧基的还原

羧酸很难被还原，催化氢化（H_2/Ni）和硼氢化钠（$NaBH_4$）均不能将其还原，只有强还原剂氢化铝锂（$LiAlH_4$）才能将其还原。反应液经过酸处理，可以得到伯醇。

$$R-COOH \xrightarrow[2.\ H^+,\ H_2O]{1.\ LiAlH_4,\ THF} R-CH_2-OH$$

三、医药中常见的羧酸

（一）甲酸（HCOOH）

甲酸俗称蚁酸，存在于蚁类、蜂类等昆虫的分泌物中。人体的肌肉、皮肤、血液和排泄物中也含有甲酸。甲酸是无色而有刺激性气味的液体，可与水混溶。甲酸具有极强的腐蚀性，被蚂蚁或蜂类蜇伤后引起皮肤红肿和疼痛就是由甲酸造成的，可在患处涂抹稀氨水或小苏打稀溶液或肥皂水止痛、止痒。12.5 g/L 的甲酸溶液叫蚁精，在医药上可用于风湿病的治疗。

甲酸的酸性强于乙酸，是饱和一元羧酸中酸性最强的酸。甲酸具有杀菌作用，可用作防腐剂和消毒剂。

甲酸的结构特殊，分子中既含羧基又含醛基，它除了具有羧酸的性质外，还具有醛的某些性质，如能与托伦试剂和费林试剂反应。

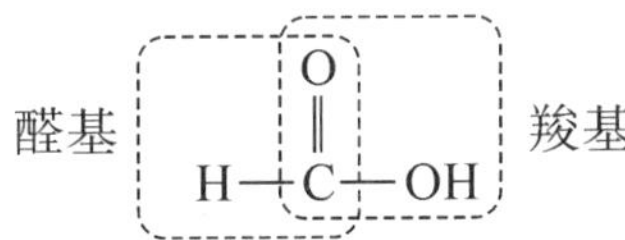

（二）乙酸（CH_3COOH）

乙酸俗称醋酸，是食醋的主要成分。普通食醋中含 3%～5%的乙酸。乙酸为无色具有强烈刺激性气味的液体，能与水混溶，熔点为 16.5 ℃，沸点为 118 ℃。当温度低于 16.5 ℃时，纯净的乙酸很容易凝结成冰状固体，故又称冰醋酸。乙酸可以由发酵产生的乙醇经过酶的氧化而得到。

乙酸具有杀菌作用，在食品行业和医药上用作防腐剂、杀菌剂。如在烹调菜时适当加入一些食醋，既可增加菜的美味、保护维生素 C 不被破坏、提高食物营养价值，又可杀菌消毒，预防疾病；乙酸还有消肿治癣、预防感冒等作用，应用“食醋消毒法”可以预防流感。

乙酸是常用的有机溶剂，也是重要的化工原料，广泛应用于印染、香料、塑料、制药等工业。

（三）苯甲酸（C_6H_5COOH）

苯甲酸是最简单的芳香酸，因最早是从安息香树胶中得来的，故俗称安息香酸。苯甲酸是一种白色鳞片状或针状晶体，难溶于冷水，易溶于热水、乙醇和乙醚。

苯甲酸及其钠盐既能抑制多种微生物繁殖，又有很好的杀菌作用，是食品和药剂中常用的防腐剂。因其毒性较大，面临淘汰。联合国农粮组织（FAO）和世界卫生组织（WHO）研究后规定：人体每日对苯甲酸的摄入量为 5～10 mg/kg 体重。摄入过量的苯甲酸会对人体肝脏造成危害，所以肝功能衰弱者慎食含有苯甲酸的食品。苯甲酸还可作为治疗癣病的外用药。

（四）乙二酸（HOOC—COOH）

乙二酸是最简单的二元酸，常以盐的形式存在于草本植物中，故俗名草酸。草酸是无色晶体，通常含有两分子结晶水，溶于水和乙醇。

二元羧酸的酸性比一元羧酸强，草酸的酸性比其他二元羧酸强。草酸具有还原性，容易被高锰酸钾氧化，使高锰酸钾溶液褪色，所以在分析化学中，常用草酸来标定高锰酸钾溶液的浓度。高价铁盐可被草酸还原成易溶于水的低价铁盐，故可用草酸溶液洗除铁锈或蓝黑墨水的污迹。

第二节 取代羧酸

羧酸烃基上的氢被其他原子或基团取代所生成的化合物称为取代羧酸。取代羧酸按取代基的种类可分为卤代酸、羟基酸、酮酸和氨基酸等。本节主要介绍在生命过程中扮演重要角色的羟基酸和羰基酸，它们是糖、脂肪和氨基酸在体内代谢的关键中间体。

氯乙酸　　丙酮酸　　2-氨基丙酸（α-氨基酸）

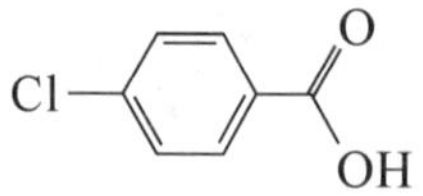

对氯苯甲酸

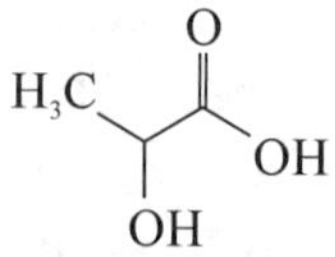

2-羟基丙酸
（乳酸，α-羟基酸）

一、羟基酸

（一）羟基酸的结构、分类和命名

羧酸分子中烃基上的氢原子被羟基取代后生成的化合物，或者分子中既含有羟基又含有羧基的化合物称为羟基酸。根据羟基的种类不同，羟基酸又分为醇酸和酚酸。

系统命名法中，羧基的优先顺序要高于其他基团，所以羟基酸命名时要以羧酸为母体，把羟基作为取代基。取代基的位置用阿拉伯数字或希腊字母 α、β、γ 等表示。许多羟基酸是天然产物，常根据来源而用俗名表示。例如：

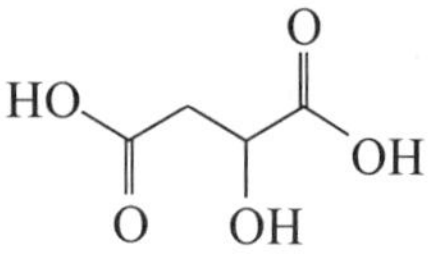

2-羟基丁二酸
（α-羟基丁二酸，苹果酸）

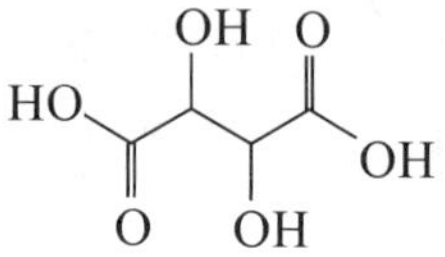

2,3-二羟基丁二酸
（酒石酸）

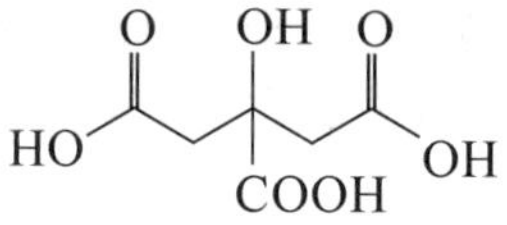

3-羟基-3-羧基戊二酸
（柠檬酸）

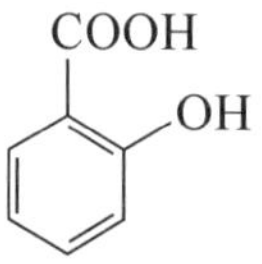

邻羟基苯甲酸
（水杨酸）

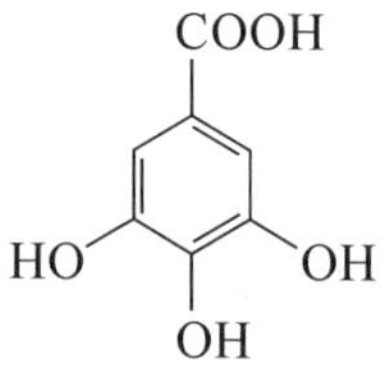

3,4,5-三羟基苯甲酸
（没食子酸）

（二）羟基酸的化学性质

羟基酸分子中含有羟基和羧基两种官能团，因此具有羟基和羧基的一般性质，如醇羟基可以氧化、酯化、脱水等；酚羟基有酸性，能与三氯化铁溶液显色；羧基可以成盐、成酯等。同时，由于羟基和羧基的相互影响，羟基酸还表现出一些特殊性质，且这些性质又因羟基和羧基的相对位置不同而表现出一定的差异。

1. 酸性

羟基为吸电子基团，它的吸电子诱导效应使羧基上氧氢键的极性增强，容易解离出 H^+，所以羟基酸的酸性比相应的羧酸强。由于诱导效应随着传递距离的增长而减弱，所以随着羟基和羧基距离的增大，这种影响依次减弱，酸性逐渐减弱。例如：

酸性： $CH_3CH(OH)COOH$ > $HOCH_2CH_2COOH$ > CH_3CH_2COOH

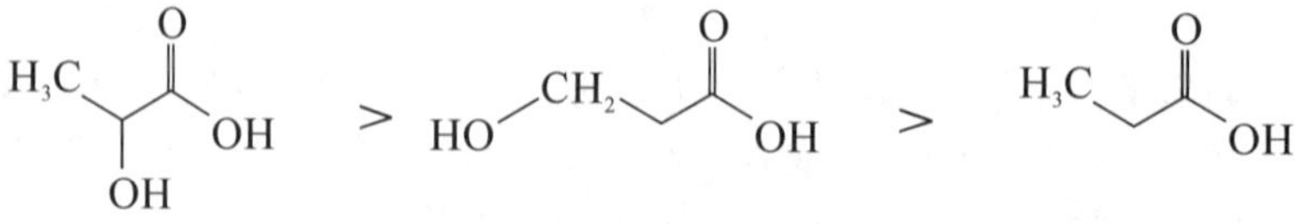

pK_a 3.87 4.51 4.86

2. 氧化反应

α-羟基酸分子中羟基受到羧基的影响更容易被氧化，生成 α-羰基酸，如托伦试剂（硝酸银的氨溶液）、稀硝酸不能氧化醇，却能将 α-羟基酸氧化成 α-酮酸。α-羟基酸与浓硫酸共热时发生氧化脱羧，分解为醛，以及 CO 和水。

乳酸 →[O]→ 丙酮酸

R-CH(OH)-COOH →(浓硫酸, △)→ RCHO + CO + H_2O

其他类型的羟基酸中羟基的性质与醇羟基类似，可以被较强的氧化剂（如高锰酸钾等）氧化为相应的羰基，得到羰基酸。

β-羟基丁酸 →[O]→ β-丁酮酸（乙酰乙酸）

3. 脱水反应

羟基酸受热容易发生脱水反应，根据羟基和羧基位置的不同，可得到不同的脱水产物。

（1）α-羟基酸受热或用脱水剂处理时，发生两分子间交叉脱水，例如乳酸分子间脱水，生成丙交酯。

2 乳酸 →△→ 丙交酯 + $2H_2O$

（2）β-羟基酸中的 α-H 由于同时受到羧基和羟基的吸电子性影响，比较活泼，在受热时容易和相邻碳原子上的羟基失水生成 α,β-不饱和羧酸。例如：

R-CH(OH)-CH₂-COOH →△→ R-CH=CH-COOH + H_2O

（3）γ-羟基酸或 δ-羟基酸受热时，易于发生分子内的脱水反应，形成环状酯或内酯，这个过程称为分子内的酯化作用，五元环和六元环的内酯更容易形成。

γ-羟基酸 →△→ 丁-4-内酯（γ-丁内酯） + H_2O

δ-羟基酸 →△→ 戊-5-内酯（δ-戊内酯） + H_2O

(4) 羟基和羧基相距五个碳原子以上的羟基酸，在酸催化下，容易发生分子间的脱水反应生成高分子的聚酯。但是在高度稀释的溶液中，高级脂肪羟基酸也可以发生分子内的脱水反应，生成大环内酯，这类结构在一些天然产物、药物和抗生素中非常常见。

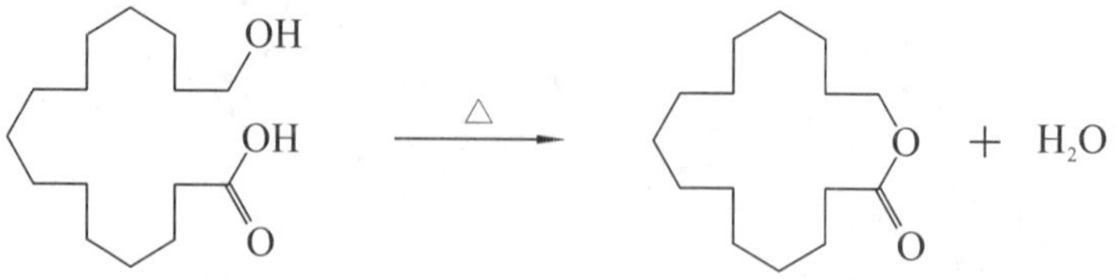

OH OH O △ O O + H_2O

（三）医药中常见的羟基酸

1. 乳酸($CH_3CHOHCOOH$)

乳酸学名为α-羟基丙酸，最初从酸牛奶中发现，因而得名。乳酸是肌肉中糖代谢的中间产物。人在剧烈运动时，急需大量能量，通过糖分解成乳酸，放出能量，肌肉中乳酸含量增多，肌肉感觉"酸胀"，休息后，肌肉中的乳酸一部分转化为水、二氧化碳和糖原，另一部分被氧化为丙酮酸，酸胀感消失。乳酸有很强的吸湿性，一般为糖浆状液体，易溶于水、乙醇和乙醚。在医药上，乳酸可用作消毒剂和外用防腐剂，乳酸钙用作治疗佝偻病等缺钙疾病的辅助药物，乳酸钠临床上用于纠正酸中毒。

2. 苹果酸($HOOCCHOHCH_2COOH$)

苹果酸学名为α-羟基丁二酸，最初从苹果中取得，因而得名。它多存在于未成熟的果实内，在山楂中含量较多。天然苹果酸为无色透明的针状结晶，熔点为 100 ℃。苹果酸是糖代谢过程的中间产物，在人体内可以脱氢氧化生成草酰乙酸。苹果酸既是α-羟基酸，又是β-羟基酸，其亚甲基($—CH_2—$)上的氢原子较活泼，加热时分子内脱去一分子水，生成丁烯二酸。苹果酸的钠盐为白色粉末，易溶于水，可作为禁盐患者的食盐代用品。

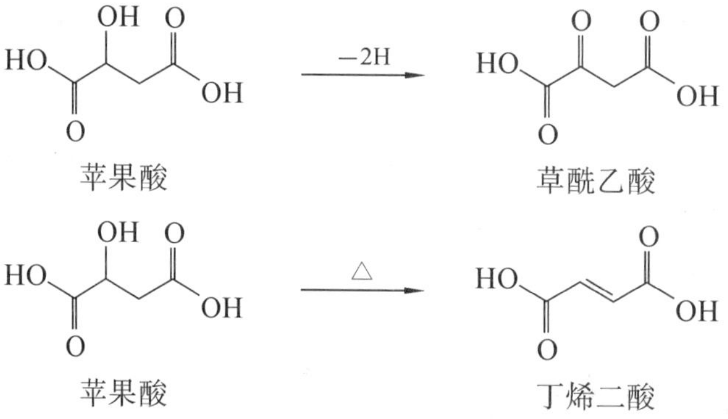

OH O HO OH O −2H O O HO OH O

苹果酸 草酰乙酸

OH O HO OH O △ O HO OH O

苹果酸 丁烯二酸

3. 柠檬酸($HOOCCH_2COH(COOH)CH_2COOH$)

柠檬酸学名为3-羟基-3-羧基戊二酸，存在于柑橘等水果中，柠檬中含量最多，因此称为柠檬酸，别名枸橼酸。柠檬酸为无色透明晶体，熔点为 100 ℃，易溶于水，有酸味，内服有清凉解渴作用，常用作调味剂、清凉剂，用来配制汽水和酸性饮料。柠檬酸是人体内糖代谢过程的中间产物。柠檬酸盐可作药用，例如柠檬酸钠有防止血液凝固的作用，临床上用作抗凝剂；柠檬酸铁铵是常用的补血剂，用于治疗缺铁性贫血。

4. 酒石酸($HOOCCHOHCHOHCOOH$)

酒石酸学名为2,3-二羟基丁二酸，存在于各种果汁中，葡萄中含量最多。在葡萄中以酸式盐形式存在，它难溶于水和乙醇，所以，在以葡萄汁酿酒的过程中，生成的酒石酸氢钾就沉淀出来，这种沉淀称为酒石。酒石再与无机酸作用，就生成游离的酒石酸，这就是酒石酸名称的由来。酒石酸是透明的晶体，熔点为 170 ℃，易溶于水。其盐用途很广，例如酒石酸锑钾又称吐酒石，医药上用作催吐剂，也用于治疗血吸虫病。酒石酸钾钠可用作泻药，在实验室用来配制费林试剂。

5. 水杨酸（HO—C_6H_4—COOH）

水杨酸学名为邻羟基苯甲酸，存在于柳树及水杨树的树皮中，因而得名。水杨酸为白色针状结晶，熔点为 159 ℃，微溶于冷水，易溶于热水和乙醇。水杨酸分子中含有酚羟基，遇三氯化铁溶液呈紫色。水杨酸具有杀菌防腐能力，可用作外用消毒防腐剂。水杨酸钠可用作食物的防腐剂。

水杨酸与乙酸酐（$(CH_3CO)_2O$）反应，得到衍生物乙酰水杨酸，俗称阿司匹林，具有解热、镇痛和抗风湿作用，是内服解热镇痛药。阿司匹林还用于治疗和预防心、脑血管疾病。

$$\text{水杨酸} \xrightarrow{(CH_3CO)_2O} \text{乙酰水杨酸}$$

水杨酸　　　　乙酰水杨酸

二、羰基酸

（一）羰基酸的结构、分类和命名

碳链中含有羰基的羧酸称为羰基酸，根据羰基的类型，羰基酸又分为酮酸及醛酸。

根据分子中羰基和羧基的相对位置，羰基酸可分为 α-、β-、γ-羰基酸等，其中以 β-羰基酸较为重要，它们是体内糖、脂肪和蛋白质代谢过程中的中间产物。

羰基酸的命名应选择含有羧基和羰基在内的最长碳链作为主链，称为“某酮酸”或“某醛酸”。编号从羧基碳开始，用阿拉伯数字或希腊字母表示酮基的位置。例如：

H_3C—CO—COOH　　　　H_3C—CO—CH_2—COOH

丙酮酸　　　　β-丁酮酸（3-丁酮酸或乙酰乙酸）

（二）酮酸的性质

酮酸分子中既含有酮基又含有羧基，因此，酮酸既具有酮基的性质又具有羧基的性质。如酮基可以被还原成仲羟基，可与羰基试剂反应生成肟、腙等；羧基可成盐、成酯等。由于酮基和羧基相互影响及两者相对位置的不同，酮酸还表现出一些特殊的性质。

1. 酸性

酮酸中羰基的吸电子诱导效应使得羧酸的酸性增强，随着羰基与羧基距离的增大，这种影响逐渐减弱。例如：

	H_3C—CO—COOH	H_3C—CO—CH_2—COOH	H_3C—CO—CH_2CH_2—COOH	H_3C—CO—$CH_2CH_2CH_2$—COOH
pK_a	2.49	3.51	4.63	4.66

2. 脱羧反应

α-酮酸与稀硫酸共热时发生脱羧反应，生成醛和二氧化碳；与浓硫酸共热，分解生成少一个碳原子的羧酸和一氧化碳。

$$R\text{—CO—COOH} \xrightarrow[\triangle]{\text{稀硫酸}} R\text{—CHO} + CO_2$$

$$R\text{—CO—COOH} \xrightarrow[\triangle]{\text{浓硫酸}} R\text{—COOH} + CO$$

β-羰基酸受热时更容易发生脱羧，甚至温度高于室温就会发生脱羧反应，得到酮。

$$H_3C\text{-}CO\text{-}CH_2\text{-}COOH \xrightarrow{\triangle} [\,\cdots\,] \longrightarrow H_3C\text{-}CO\text{-}CH_3 + CO_2$$

（三）医药中常见的酮酸

1. 丙酮酸

丙酮酸是最简单的酮酸，通常情况下为无色液体，沸点为 165 ℃，能与水混溶，酸性比丙酸强。丙酮酸加氢可还原成乳酸，乳酸脱氢氧化可生成丙酮酸。丙酮酸是生物体内糖酵解的产物，不管是有氧呼吸还是无氧呼吸，细胞质中一分子葡萄糖可以在多种酶的作用下，生成两分子丙酮酸，然后进入不同的代谢途径中，因此，丙酮酸是有氧呼吸和无氧呼吸的重要代谢中间体。

$$\underset{\text{丙酮酸}}{H_3C\text{-}CO\text{-}COOH} \underset{-2H}{\overset{+2H}{\rightleftharpoons}} \underset{\text{乳酸}}{H_3C\text{-}CH(OH)\text{-}COOH}$$

2. 乙酰乙酸(3-丁酮酸)

乙酰乙酸是动物体内脂肪酸代谢的中间产物，属于 β-酮酸，在加热时容易脱羧，得到丙酮，也可以在还原酶的作用下还原得到 3-羟基丁酸。乙酰乙酸、3-羟基丁酸和丙酮在医药上总称为酮体，是脂肪代谢为水和二氧化碳过程的中间产物。正常情况下，酮体能进一步氧化分解，但是当发生代谢障碍时，人体血液中酮体的含量就会增加，血液的酸性增强，易发生酸中毒和昏迷等症状，也就是“酮症”。

$$\underset{\text{乙酰乙酸}}{H_3C\text{-}CO\text{-}CH_2\text{-}COOH} \xrightarrow{\text{脱羧酶}} \underset{\text{丙酮}}{H_3C\text{-}CO\text{-}CH_3} + CO_2$$

$$H_3C\text{-}CO\text{-}CH_2\text{-}COOH \xrightarrow{\text{还原酶}} \underset{\text{3-羟基丁酸}}{H_3C\text{-}CH(OH)\text{-}CH_2\text{-}COOH}$$

酮体 ketone bodies：乙酰乙酸　丙酮　3-羟基丁酸

β-酮酸在温度较高时容易脱羧，但是 β-酮酸酯是稳定的，β-酮酸酯的酯基和酮羰基之间的亚甲基受到两个吸电子基团的影响，具有明显的酸性，称为“活泼亚甲基化合物”，活泼亚甲基化合物在碱性条件下可以转化为优良的亲核试剂，常被用到有机合成中。

最简单的 β-酮酸酯是 3-氧亚基丁酸乙酯，即乙酰乙酸乙酯，俗称“三乙”，由两分子乙酸乙酯通过缩合反应制得。

知识链接

源于羟基酸的绿色材料——聚乳酸

从玉米或植物残留物(如麦秆、稻草等)中可以提取到淀粉，经过糖化、发酵后，得到高纯度的乳酸，乳酸是羟基酸，多个乳酸分子之间脱水、聚合，就可以得到一种新型的可降解材料——聚乳酸。聚乳酸具有非常好的热稳定性，可以制成各种塑料制品代替传统的塑料，如食品外包装、餐盒、无纺布、防紫外线布等，大大减少了“白色污染”。在医疗领域，聚乳酸材料还可以制成一次性输液用具、免拆手术缝合线、药物缓释包膜剂、组织修复材料、人造皮肤等；聚乳酸材料具有非常好的生物相容性，用于手术的缝合线，骨科固定材料骨钉、骨板等，可以在一定时间内被人体吸收，而不用进行二次手术拆除。聚乳酸材料可以在土壤中掩埋降解，降解产物二氧化碳和水直接进入土壤或被植物吸收，不排入大气，不会产生温室效应，是一种非常好的绿色材料。

第三节　羧酸衍生物

羧酸中的羟基(—OH)被其他杂原子亲核试剂取代后生成的羰基化合物，称为羧酸衍生物。羧酸中原来的羟基作为水分子离去。杂原子亲核试剂可以是卤素、羧酸、醇、胺等，所形成的羧酸衍生物分别称为酰卤、酸酐、酯和酰胺。它们都含有酰基，可用通式 $\mathrm{R-\overset{\overset{O}{\|}}{C}-Y}$ 表示。具体如下：

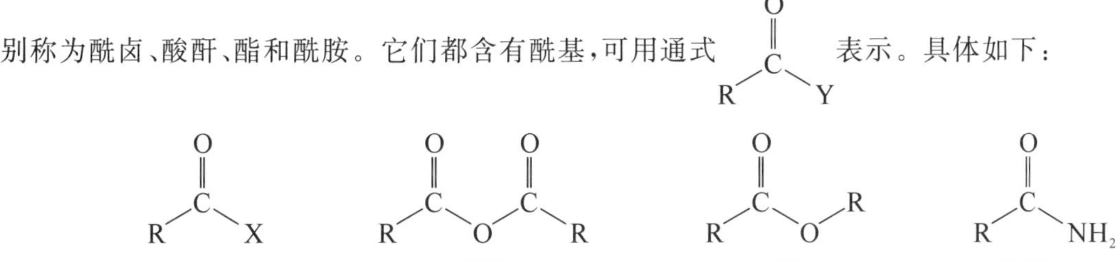

酰卤　　酸酐　　酯　　酰胺

本节主要介绍酰卤、酸酐和酯的相关知识。

一、羧酸衍生物的分类和命名

（一）酰卤

酰基与卤素相连所形成的羧酸衍生物为酰卤。酰卤根据酰基的名称和卤素来命名，称为某酰卤。例如：

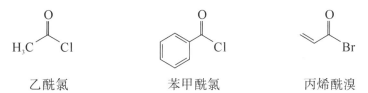

乙酰氯　　苯甲酰氯　　丙烯酰溴

（二）酸酐

酸酐是羧酸脱水的产物，也可以看成是一个氧原子连接两个酰基所形成的化合物。根据两个脱水的羧酸分子是否相同，可以分为单(酸)酐和混(酸)酐。并且根据相应的羧酸来命名酸酐，单酐直接在羧酸后面加“酐”字即可，称为某酸酐；命名混酐时，相对分子质量小的羧酸在前，相对分子质量大的羧酸在后；如有芳香酸时，则芳香酸在前，称为某某酸酐。例如：

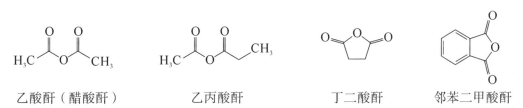

乙酸酐（醋酸酐）　　乙丙酸酐　　丁二酸酐　　邻苯二甲酸酐

（三）酯

酯根据形成它的羧酸和醇进行命名。由一元醇和羧酸形成的酯，羧酸的名称在前，醇的名称在后，称为某酸某酯。例如：

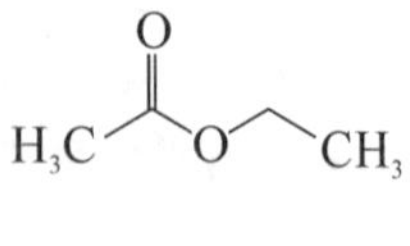

$CH_3COOCH_2CH_3$ 乙酸乙酯　　$CH_3COOCH_2C_6H_5$ 乙酸苄酯　　$C_6H_4(COOCH_3)_2$ 邻苯二甲酸二甲酯

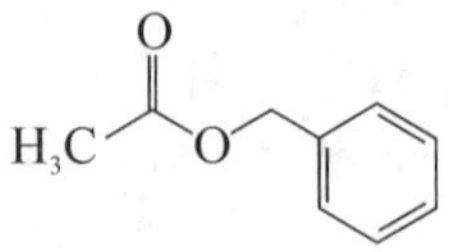

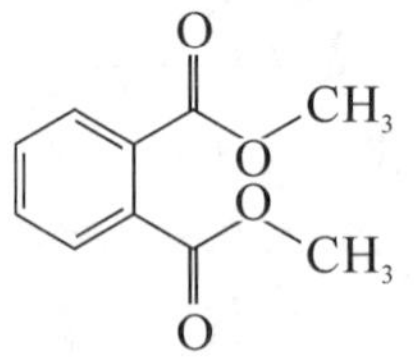

二、羧酸衍生物的性质

（一）羧酸衍生物的物理性质

大多数酰卤是具有刺激性气味的无色液体或低熔点的固体。分子间无氢键缔合，因而沸点较相应的羧酸低。酰卤难溶于水，但极易水解，在空气中易水解，在空气中易吸潮变质。酰卤对黏膜有刺激作用。

低级酸酐是具有刺激性气味的无色液体，高级酸酐为无色无味的固体。因分子间无氢键缔合，酸酐沸点较相对分子质量相当的羧酸低。酸酐易溶于有机溶剂，难溶于水，但可水解，易吸潮变质。

低级酯是易挥发而且有水果或花草香味的无色液体。如丁酸甲酯有菠萝的香味，苯甲酸甲酯有茉莉花香味。高级酯为蜡状固体。因分子间无氢键缔合，故酯的沸点较相应的羧酸低。酯的相对密度较小，难溶于水，易溶于有机溶剂。

（二）羧酸衍生物的化学性质

羧酸衍生物的化学性质与羧酸类似，取代基的电子效应和离去能力对其反应活性影响较大，综合来说，羧酸衍生物的反应活性顺序：酰卤＞酸酐＞酯≥羧酸＞酰胺。反应活性高的酰基化合物可以很容易地与其他试剂反应得到反应活性低的化合物，如酰卤可以转化为酸酐、酯和酰胺。酰胺是酰基化合物中最稳定的结构。

反应活性：$RCOCl$ ＞ $RCOOCOR'$ ＞ $RCOOR'$ ＞ $RCOOH$ ＞ $RCONR_2$

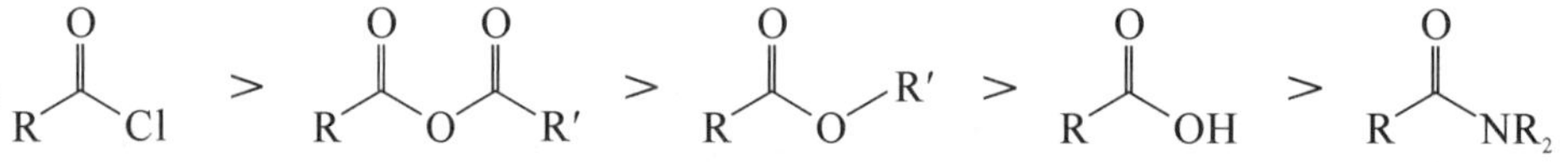

酰氯　　酸酐　　酯　　羧酸　　酰胺

除杂原子取代基的影响外，对于同一种羰基化合物，羰基附近的空间位阻效应也影响羧酸衍生物的反应活性，例如羰基上连接的取代基是叔碳时，反应活性较低，而取代基为甲基时，反应活性较高。

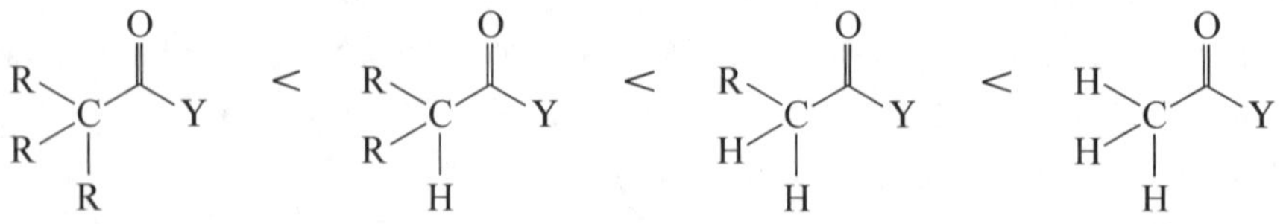

$R_3C\text{-}COY$ ＜ $R_2CH\text{-}COY$ ＜ $RCH_2\text{-}COY$ ＜ $H_3C\text{-}COY$

反应活性低　　　　反应活性高

与羧酸衍生物发生亲核取代反应的常见亲核试剂有水、醇、胺，所发生的反应分别为水解、醇解和氨解，这些反应均经历了亲核试剂对羧酸衍生物的加成-消除反应过程。羧酸衍生物还可以被富氢试剂还原为醛或伯醇。

$$RCOY \xrightarrow[\text{醇解}]{R'OH} RCOOR'$$

$$RCOY \xrightarrow[\text{水解}]{H_2O} RCOOH$$

$$RCOY \xrightarrow[\text{氨解}]{R''NH_2} RCONHR''$$

$$RCOY \xrightarrow[\text{还原}]{[H^+]} RCHO \xrightarrow{[H^+]} RCH_2OH$$

1. 酰卤和酸酐的反应

（1）水解反应：酰卤、酸酐都可以与水发生水解反应，得到相应的羧酸。低级酰卤遇水即可迅速反应，生成相应羧酸的同时，放出卤化氢气体，高级酰卤和芳香酰卤在常温时水解速率较慢；酸酐在冷水中缓慢水解，在热水中水解速率加快，生成两分子的羧酸。

$$RCOX + H_2O \longrightarrow RCOOH + HX$$

$$RCOOCOR' + H_2O \longrightarrow RCOOH + R'COOH$$

（2）醇解反应：酰卤、酸酐、酯都能与醇发生醇解反应生成酯，称为羧酸衍生物的醇解反应。

$$RCOX + H—OR' \longrightarrow RCOOR' + HX$$

$$RCOOCOR + H—OR' \longrightarrow RCOOR' + RCOOH$$

酰卤与醇的反应很容易进行，通常用该法合成酯。反应中常加一些碱性物质（如氢氧化钠、吡啶等）来中和反应产生的副产物卤化氢，以加快反应的进行。

（3）氨解反应：酰氯、酸酐可以发生氨解反应，产物是酰胺。由于氨本身是碱，氨解反应比水解反应更易进行。酰氯和酸酐与氨的反应都很剧烈，需要在冷却或稀释的条件下缓慢混合进行反应。

$$C_6H_5COCl + 2NH_3 \xrightarrow{H_2O} C_6H_5CONH_2 + NH_4Cl$$

$$\underset{\text{乙酸酐}}{H_3CCOOCOCH_3} + \underset{\text{甘氨酸甲酯}}{H_2NCH_2COOCH_3} \longrightarrow \underset{\text{乙酰甘氨酸甲酯}}{H_3CCONHCH_2COOCH_3} + H_3CCOOH$$

（4）还原反应：与羧酸相比，羧酸衍生物易被还原，常用还原剂为 $LiAlH_4$。

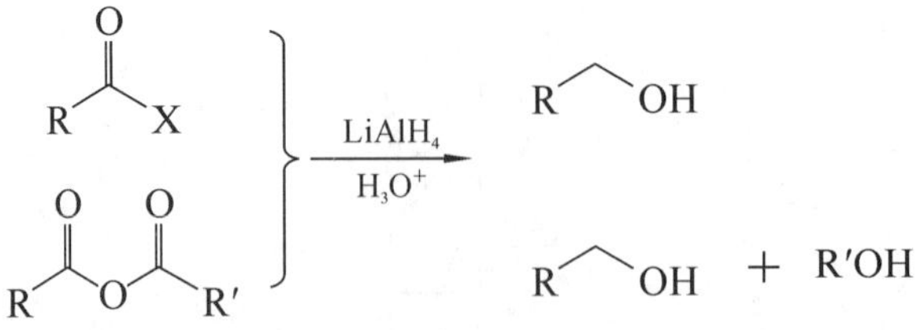

$$RCOX \text{ 或 } RCOOCOR' \xrightarrow[H_3O^+]{LiAlH_4} RCH_2OH \text{ (+ } R'OH\text{)}$$

羧酸衍生物与氢化铝锂的还原反应的实质：分子中的羰基均被还原成亚甲基（$—CH_2—$），使酰卤、酸酐生成伯醇，且反应中碳碳双键及碳碳三键不受影响。

2. 酯的反应

酰氯和酸酐属于高活性的羧酸衍生物，在有机合成中主要作为酰基化试剂使用，而酯是相对稳定的化合物，是天然产物和生物活性分子中的常见结构，通常具有香味，是水果香味的主要来源。

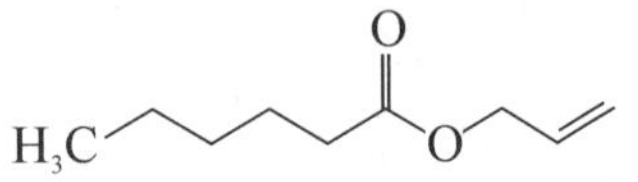

菠萝香味 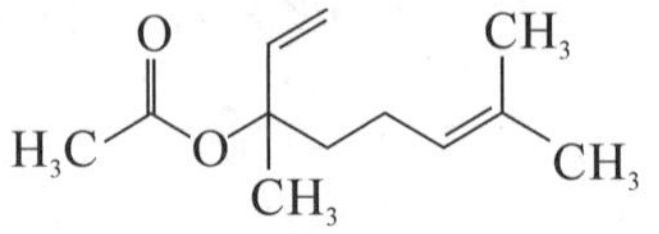　　薰衣草香味 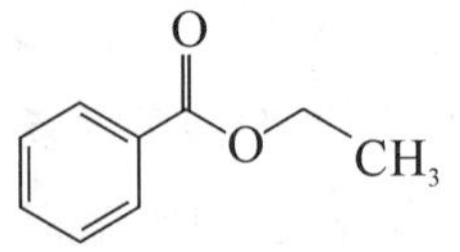　　葡萄、樱桃香味

（1）酯的水解：通常情况下，酯类化合物在中性、酸性及弱碱性的水溶液中可以稳定存在，例如乙酸乙酯就是实验室常用的试剂，可以从酸性或碱性水溶液中萃取有机物。但在强酸和强碱性环境中，酯能与水发生水解反应，生成相应的酸。

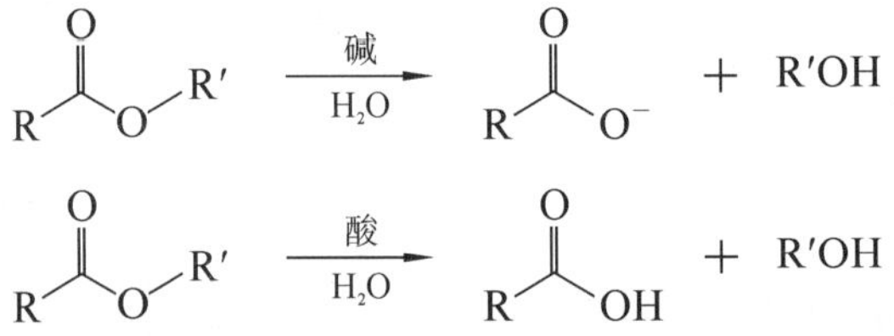

$$RCOOR' \xrightarrow[H_2O]{碱} RCOO^- + R'OH$$

$$RCOOR' \xrightarrow[H_2O]{酸} RCOOH + R'OH$$

油脂是高级脂肪酸的甘油酯，在碱性条件下水解转化为脂肪酸的钠盐和甘油的过程也称为皂化反应。

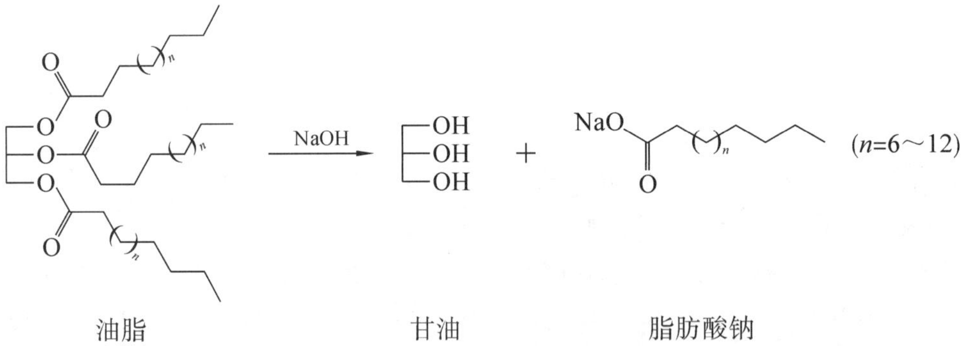

$$油脂 \xrightarrow{NaOH} 甘油 + 脂肪酸钠 \quad (n=6\sim12)$$

油脂　　甘油　　脂肪酸钠

（2）酯交换反应：酯在酸或碱的作用下，与其他的醇发生反应，生成另一种酯和醇的反应，称为酯交换反应，可以由一种酯不经过游离酸直接转变为另一种酯。酯交换反应是一个可逆反应，通常原料中使用过量的醇，或者以醇作为溶剂，使反应向右侧移动。内酯通过酯交换反应开环生成羟基酯。

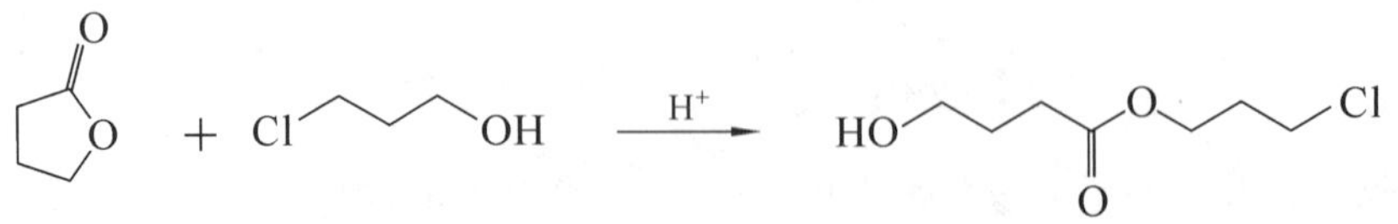

$$RCOOR_1 + R_2—OH \rightleftharpoons RCOOR_2 + R_1—OH$$

$$γ\text{-丁内酯} + Cl(CH_2)_3OH \xrightarrow{H^+} HO(CH_2)_3COO(CH_2)_3Cl$$

γ-丁内酯　　3-氯丙醇　　4-羟基丁酸-3-氯丙酯

（3）酯的氨解：胺的亲核性比醇和水高，即使不加催化剂，酯的氨解反应也能顺利发生，得到酰胺和醇。

$$\text{苯甲酸甲酯} + H_3C—NH_2 \xrightarrow{H_2O} \text{N-甲基苯甲酰胺} + H_3C—OH$$

苯甲酸甲酯　　甲胺　　N-甲基苯甲酰胺

（4）酯的 α-H 的反应：酯的 α-H 受羰基的影响比较活泼，能发生类似醛、酮的羟醛缩合反应。在醇钠等碱性试剂的作用下，酯分子中的 α-H 能与另一个酯分子发生亲核加成反应，消除一分子醇，生成 β-酮酸酯，此类反应称为酯缩合反应或克莱森（Claisen）缩合反应。克莱森缩合反应是制备 β-酮酸酯的有效方法。例如，在乙醇钠的作用下，两分子乙酸乙酯脱去一分子乙醇，生成乙酰乙酸乙酯（β-丁酮酸乙酯）。

$$CH_3COOCH_2CH_3 + CH_3COOCH_2CH_3 \xrightarrow[2.\ H^+]{1.\ NaOCH_2CH_3} CH_3COCH_2COOCH_2CH_3 + CH_3CH_2OH$$

乙酸乙酯　　乙酸乙酯　　乙酰乙酸乙酯

（5）酯的还原：酯可以被 $LiAlH_4$ 还原为醇，反应过程中酯首先被还原为醛，生成的醛在水处理后快速还原为终产物醇，反应很难停留在醛的阶段。如果使用比较温和的还原剂，如二异丁基氢化铝（DIBAL），则可以使酯的还原停留在醛的阶段。

$$CH_3CH_2CH_2COOCH_2CH_3 \xrightarrow[2.H_3O^+]{1.LiAlH_4} CH_3CH_2CH_2CH_2OH + CH_3CH_2OH$$

$$CH_3CH_2CH_2COOCH_2CH_3 \xrightarrow{[(CH_3)_2CHCH_2]_2AlH\ (DIBAL)} CH_3CH_2CH_2CHO + CH_3CH_2OH$$

3. 酯的制备

羧酸与高活性烷基化试剂反应可制备酯：

$$RCOONa + H_3CO—SO_2—OCH_3 \longrightarrow RCOOCH_3 + NaO—SO_2—OCH_3$$

硫酸二甲酯

羧酸在强酸催化下与醇反应脱水生成酯，需要特别指出的是，酯化反应中羧基中的羟基和醇中的氢生成水分子离去，产物酯中的氧原子来自醇分子。

$$RCO—OH + H—OR' \overset{H_2SO_4}{\rightleftharpoons} RCOOR' + H_2O$$

酰氯和酸酐与醇反应也可以生成酯，该反应中产生一分子的酸，需要添加等量的弱碱来中和生成的酸。

$$(CH_3)_2C{=}CHCH_2OH + C_6H_5COCl \xrightarrow{(C_2H_5)_3N} (CH_3)_2C{=}CHCH_2OCOC_6H_5 + HCl$$

3-甲基-2-丁烯醇　　苯甲酰氯　　苯甲酸-3-甲基-2-丁烯酯

4. 自然界中的酯

酯是所有生物体细胞中的基本成分，在生物体内发挥着重要的作用。自然界中的酯通常包括蜡、脂肪、油和类脂。

蜡是由长链羧酸和长链醇制得的酯，存在于皮肤上，也存在于一些动物的毛发和植物的叶子上，可以形成疏水层，以免水分过快蒸发。生活中常用到的商品中含有的蜡主要有源自抹香鲸的鲸蜡、产自蜜蜂的蜂蜡、由羊毛提取的羊毛脂、源自巴西棕榈树叶的棕榈蜡等。常温下，鲸蜡和蜂蜡是液体或者很软的固体，可作为润滑剂；羊毛脂是许多化妆品的基质；棕榈蜡是几种固体酯的混合物，有一定硬度且防水，常用作地板蜡和车蜡，可以保持较好的光泽度。

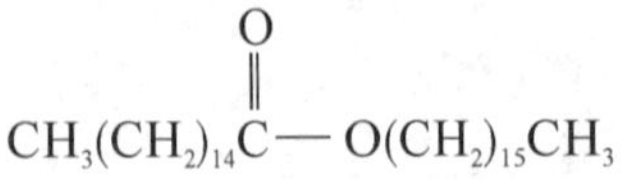

$$CH_3(CH_2)_{14}\overset{\overset{\large O}{\|}}{C}—O(CH_2)_{15}CH_3$$

十六烷酸十六酯
（棕榈酸鲸蜡酯）

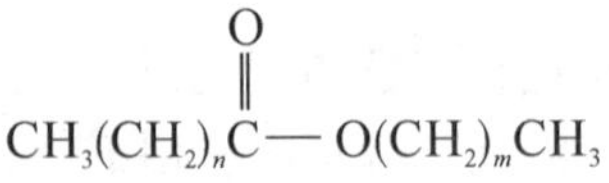

$$CH_3(CH_2)_n\overset{\overset{\large O}{\|}}{C}—O(CH_2)_mCH_3$$

n=24，26；m=29，31

蜂蜡

脂肪和油是由甘油（1，2，3-丙三醇）与长链羧酸形成的三酯，也称甘油三酯。脂肪中含有饱和脂肪酸的称为饱和脂肪，主要含有的脂肪酸为棕榈酸（十六烷酸）、肉豆蔻酸（十四烷酸）和月桂酸（十二烷酸），这些饱和脂肪通常会造成人体低密度脂蛋白升高，易诱发动脉粥样硬化。脂肪中含有不饱和脂肪酸的称为不饱和脂肪，油酸是不饱和脂肪酸，是橄榄油的主要脂肪酸成分，不饱和脂肪不会造成人体低密度脂蛋白升高，经常食用不饱和脂肪，可以显著降低心、脑血管疾病的发病率。

$$\begin{array}{l} CH_2OH \\ | \\ CHOH \\ | \\ CH_2OH \end{array}$$

甘油

$$\begin{array}{l} CH_2O\overset{\overset{O}{\|}}{C}R \\ | \\ CHO\overset{\overset{O}{\|}}{C}R' \\ | \\ CH_2O\overset{\overset{O}{\|}}{C}R'' \end{array}$$

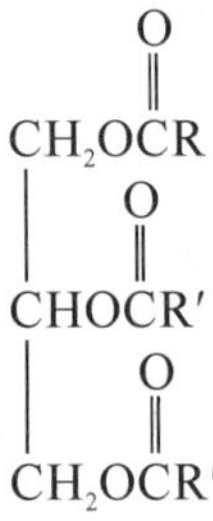

1,2,3-丙三醇三酯
（甘油三酯）

类脂是生物原料中多种低极性物质，包括萜烯、甾体、脂肪和油等。类脂是生命体内的重要物质，如由羧酸和磷酸衍生得到的磷脂，是细胞膜的重要成分。卵磷脂是在脑和神经系统中发现的类脂化合物，儿童缺乏卵磷脂会影响大脑的发育。

三、医药中常见的羧酸衍生物

1. 乙酰乙酸乙酯（$CH_3COCH_2COOC_2H_5$）

乙酰乙酸乙酯又称 β-丁酮酸乙酯，是具有清香气味的无色液体，沸点为 181 ℃，沸腾时有分解现象，微溶于水，易溶于乙醇和乙醚。乙酰乙酸乙酯具有一些特殊的性质，在有机合成中和理论上都有重要意义。

乙酰乙酸乙酯化学性质比较特殊，一方面可以和 2，4-二硝基苯肼反应生成橙色的 2，4-二硝基苯腙沉淀，表明它含有酮式结构；另一方面它遇三氯化铁溶液显紫色，能使溴的四氯化碳溶液褪色，能与金属钠反应放出氢气，表明它含有烯醇式结构。经过许多物理和化学方法的研究，最后确定，乙酰乙酸乙酯存在酮式和烯醇式两种异构体，这两种异构体可以不断地相互转变，并以一定的比例呈动态平衡状态同时共存。

$$CH_3COCH_2COOC_2H_5 \rightleftharpoons CH_3C(OH)=CHCOOC_2H_5$$

酮式（93%）　　烯醇式（7%）

在乙酰乙酸乙酯的动态平衡体系中，酮式异构体占 93%，烯醇式异构体占 7%。像这样两种或两种以上的异构体相互转变，并以动态平衡状态同时存在的现象称为互变异构现象，在平衡体系中能彼此互变的异构体称为互变异构体。在有机化合物中，普遍存在互变异构现象。互变异构种类很多，其中酮式和烯醇式互变称为酮式-烯醇式互变异构。

乙酰乙酸乙酯产生互变异构的原因，主要是酮式异构体中亚甲基（$—CH_2—$）受到羰基和酯基的双重影响，亚甲基上的氢原子特别活泼，它能以质子（H^+）的形式转移到羰基氧原子上，形成烯醇式异构体。除乙酰乙酸乙酯外，凡是具有（$—\overset{\overset{\large H}{|}}{\underset{|}{C}}—\overset{\overset{\large O}{\|}}{C}—$）结构的化合物都可能存在酮式-烯醇式互变异构现象。

2. 乙酰氯（CH_3COCl）

乙酰氯是无色有刺激性气味的液体，沸点为 52 ℃，遇水剧烈水解，并放出大量的热量，空气中的水分就能使它水解产生氯化氢而冒白烟。乙酰氯是常用的乙酰化试剂。

3. 乙酸酐（$(CH_3CO)_2O$）

乙酸酐又称醋酸酐，是具有刺激性气味的无色液体，沸点为 139.6 ℃，微溶于水。乙酸酐是一种优良的溶剂，也是常用的乙酰化试剂，用于制药、香料和染料等工业中。

4. 丙二酸二乙酯（$C_2H_5OOCCH_2COOC_2H_5$）

丙二酸二乙酯是无色有异味的液体，沸点约为 199 ℃，为制备巴比妥类药物的原料。另外，丙二酸二乙酯和乙酰乙酸乙酯在有机合成中应用非常广泛，是合成各种酮及羧酸的重要原料。

思政案例

弘扬中药文化，贡献中国力量

中医药是一个伟大的宝库，是中华民族几千年来与疾病斗争得到的宝贵经验，从传统中药中提取得到的很多化合物具有非常高的生物活性，如：从金银花中提取得到的绿原酸和异绿原酸，具有明显的抗菌、抗病毒活性；从当归中提取的阿魏酸、香草酸、烟酸、琥珀酸等，具有抗氧化、抗菌、抗病毒作用；从丹参中提取的丹参酸 B，具有活血化瘀、治疗心绞痛的作用。从中药中提取得到的有机酸还是重要的医药中间体，如从八角中提取得到的莽草酸是一种羟基酸，具有抗炎、镇痛作用，最新的研究表明，莽草酸具有明显的抗血栓形成的作用。目前世界上公认的能够治疗人禽流感的唯一特效药“达菲”，就是由莽草酸衍生而得到的。随着时代的发展，技术的进步，中医药对人类健康的贡献越来越大，弘扬中药文化，大力发展中医药事业，守正创新、传承发展，积极推进中医药科研和创新，使中医药焕发勃勃生机，为人类健康贡献中国中医药力量。

本章小结

本章重点介绍羧酸、取代羧酸和羧酸衍生物的结构、命名及性质。分子中含有羧基的化合物称为羧酸，羧酸分子中羧基上的羟基被其他原子或原子团取代后所生成的化合物，称为羧酸衍生物，如酰卤、酸酐、酯、酰胺等。羧酸分子中烃基上的氢原子被其他原子或原子团取代后的产物称为取代羧酸，如卤代酸、羟基酸、羰基酸（醛酸和酮酸）和氨基酸等。羧酸的命名常用习惯命名法或系统命名法。许多羧酸是从天然产物中分离得到的，因此通常根据来源而得俗名。

羧酸具有酸性，其酸性比碳酸强，能够与碳酸盐反应放出 CO_2 气体，羧酸能发生脱羧反应，放出 CO_2 气体，多元羧酸易脱羧。羧酸中 α-H 在红磷或三卤化磷的催化下能发生卤代反应。羧酸在强还原剂 $LiAlH_4$ 作用下能还原为相应的伯醇。

取代羧酸中羟基酸的酸性比相应的羧酸强，且羟基距离羧基越近，酸性越强。羟基酸中羟基可被氧化生成醛酸或酮酸。羟基酸受热后能发生脱水反应，因羧基和羟基的相对位置不同而得到不同的产物。酮酸的酸性比相应羟基酸强，也强于相应的羧酸。它能发生脱羧反应。α-酮酸在一定条件下脱羧生成醛，β-酮酸脱羧生成酮，这是β-酮酸的共性。羟基酸能被氧化成酮酸，而酮酸又可以还原成相应的羟基酸。酮酸不易被氧化，只有α-酮酸在脱羧的同时才能被氧化成少一个碳的羧酸。

羧酸衍生物结构上都含有酰基，它们化学反应的活性次序：酰氯＞酸酐＞酯≥酰胺。酰氯、酸酐和酯都可水解生成相应的羧酸；发生醇解反应，产物主要是酯；发生氨解反应，产物是酰胺。

能力检测

能力检测答案

一、写出下列化合物的名称或结构式

(1) $CH_3CH_2CH_2CH(CH_3)COOH$

(2) 苯环邻位分别连有 $COOCH_3$ 和 OH

(3) $CH_3CH_2CH_2COCl$

(4) $CH_3CH_2CH_2OCOCH_3$

(5) 苯环连 C(=O)NH_2

(6) H_3C—CH_2—CH(OH)—COOH

(7) HO—C(H)(—COOH)—CH_2COOH

(8) C_2H_5—C(=O)—O—C(=O)—CH_3

(9) β-丁酮酸

(10) 乙酰乙酸

(11) 草酰乙酸

(12) 苯甲酸苄酯

二、完成下列反应方程式

(1) $CH_3COCH(CH_3)COOC_2H_5 \xrightarrow{①稀NaOH}$ $\xrightarrow[\triangle]{②H^+}$

(2) $(CH_3)_2CHOH$ + C_6H_5COCl $\longrightarrow$

(3) $H_3C—CH(OH)—COOH \xrightarrow{[O]}$ $\xrightarrow[\triangle]{稀H_2SO_4}$

(4) $H_3C—\overset{O}{\overset{\|}{C}}—CH_2—\overset{O}{\overset{\|}{C}}—OC_2H_5 \xrightarrow[H_2O]{5\%\ NaOH}$ $\xrightarrow[-CO_2]{H^+}$

(5) $CH_3CH_2COCOOH \xrightarrow[\triangle]{稀\ H_2SO_4}$

(6) $(CH_3CH_2CO)_2O+C_2H_5OH \longrightarrow$

(7) $CH_3CH(COOH)_2 \xrightarrow{\triangle}$

(8) $2\ C_6H_5$—CH_2COOH + $HOCH_2CH_2OH \xrightarrow{H^+}$

三、将下列化合物按酸性增强的顺序排列

1. 乙醇、乙酸、苯酚、苯甲酸
2. $CH_3CH_2CHClCOOH$、$CH_3CHClCH_2COOH$、$CH_3CH_2CH_2COOH$

四、用简单的化学方法鉴别下列各组化合物

1. 甲酸、乙酸、苯酚
2. 丙酮、丙醛、丙酸
3. 丙酰氯、丙酸酐、丙酰胺
4. 乙醇、乙醛、乙酸、水杨酸

五、综合题

1. 化合物A和B的分子式都为$C_4H_6O_2$，都有水果香味，且与NaOH混合后都出现分层现象。共热后化合物A生成羧酸盐和乙醛，化合物B有甲醇生成，余液酸化处理后，进行蒸馏得到的馏分显酸性，还可以使溴水褪色。试写出化合物A和B的结构简式及相应的反应方程式。

2. 化合物A、B、C分子式均为$C_3H_6O_2$，化合物A与$NaHCO_3$作用放出CO_2气体，化合物B和C用$NaHCO_3$处理无CO_2气体放出，但在NaOH水溶液中加热可发生水解反应。化合物B的水解产物中可蒸出一种液体，该液体化合物能发生碘仿反应。化合物C的碱性水解产物蒸出的液体化合物不发生碘仿反应。写出化合物A、B、C的结构式。

3. 化合物A的分子式为$C_5H_6O_3$，它能与乙醇作用得到两个构造异构体B和C，化合物B和C分别与氯化亚砜作用后与乙醇反应，则两者生成同一化合物D。试推测化合物A、B、C、D的结构。

4. 化合物A的分子式为$C_9H_7ClO_2$，可与水发生反应生成化合物B($C_9H_8O_3$)；化合物B可溶于碳酸氢钠溶液，并能与苯肼反应生成固体化合物，但不与费林试剂反应；化合物B氧化可得到化合物C($C_8H_6O_4$)，化合物C脱水可得到酸酐($C_8H_4O_3$)。试推测化合物A、B、C的结构式，并写出相关反应方程式。

参考文献

[1] 大连理工大学有机化学教研室，高占先. 有机化学[M]. 3版. 北京：高等教育出版社，2018.
[2] 邢其毅，裴伟伟，徐瑞秋，等. 基础有机化学[M]. 4版. 北京：北京大学出版社，2017.
[3] 胡宏纹. 有机化学[M]. 4版. 北京：高等教育出版社，2013.
[4] 陆艳琦，郭梦金，孙兰风. 基础化学[M]. 武汉：华中科技大学出版社，2012.

（张川宝）

本章题库

第十三章

立体异构

学习目标

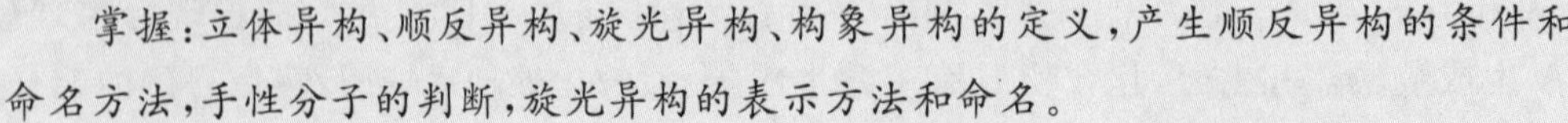
掌握：立体异构、顺反异构、旋光异构、构象异构的定义，产生顺反异构的条件和命名方法，手性分子的判断，旋光异构的表示方法和命名。

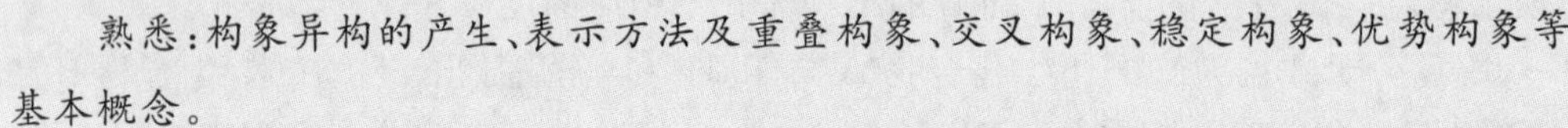
熟悉：构象异构的产生、表示方法及重叠构象、交叉构象、稳定构象、优势构象等基本概念。

了解：顺反异构体和旋光异构体在性质上的差异及在医药上的应用。

扫码
看 PPT

有机化合物普遍存在同分异构现象，这是构成有机化合物种类繁多、结构复杂的原因之一。分子的结构包括构造、构型和构象。分子的构造是指有机化合物分子中的原子或原子团相互连接的顺序和方式。分子的构型是指具有一定构造的分子中，原子在不同方向的连接所引起的原子或原子团在空间的排列方式。分子的构象是指具有一定构型的化合物分子，由于单键的旋转或扭曲所产生的原子或原子团在空间的排列方式。

分子组成相同，原子和原子间的连接方式不同而引起的异构现象称为构造异构。前面各章介绍的碳链异构、位置异构、官能团异构、互变异构，都属于构造异构。各种构造异构所形成的同分异构体之间，分子组成相同，但原子的连接方式不同。分子组成相同，由于原子或原子团在空间的排列方式不同而引起的异构现象称为立体异构。立体异构的分子中，原子与原子间的连接方式相同，只是空间排列方式不同，这是与构造异构不同之处。立体异构可分为构型异构和构象异构，构型异构又包括顺反异构和旋光异构。

同分异构的分类总结如下：

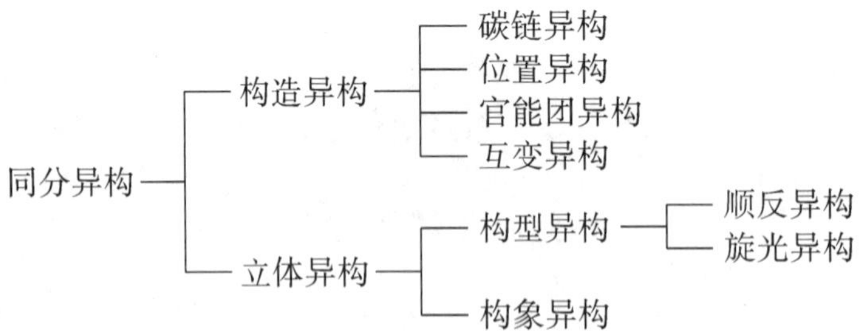

分子的立体结构与其性质关系密切，同种化合物的不同异构体在结构上存在一定的差异，生理作用可能不同。学习立体异构方面的有关知识，对今后学习药学方面的专业课程十分重要。

第一节 顺反异构

一、顺反异构

在含有双键的有机物分子中，由于双键是由一个 σ 键和一个 π 键组成的，双键的旋转必然破坏 π 键，因此双键的旋转受到限制。连在双键碳原子上的原子或原子团就会有不同的空间排列方式，即可以产生不同的构型。例如：2-丁烯有两种不同的构型，可分别表示为

$$\underset{H}{\overset{H_3C}{}}\!\!>C=C<\!\!\underset{H}{\overset{CH_3}{}} \qquad \underset{H}{\overset{H_3C}{}}\!\!>C=C<\!\!\underset{CH_3}{\overset{H}{}}$$

顺-2-丁烯（熔点：−139.4 ℃）　　反-2-丁烯（熔点：−105.4 ℃）

同理，脂环化合物中的环内碳原子，由于受环本身的限制，不能绕碳碳单键旋转，当有两个或两个以上的成环碳原子所连的基团不同时，就会有不同的空间排列方式。

例如：1,3-二甲基环戊烷的构型可表示为

（两个 CH_3 在环同侧）　　（一个 CH_3 在环上方，一个 CH_3 在环下方）

这种分子结构相同，只是由于双键或脂环旋转受阻而产生的原子或原子团在空间的排列方式不同引起的异构，称为顺反异构。顺反异构属于构型异构。

二、产生顺反异构的条件

分子中有限制旋转的因素，如碳碳双键或脂环，是产生顺反异构的必要条件。

1. 化合物中含有碳碳双键

在含有一个碳碳双键的化合物分子中，由于碳碳双键不能自由旋转，两个双键 C 原子所连接的四个原子或原子团在空间存在两种不同的排列方式，产生两种构型的物质，这两种构型的物质就是顺反异构体。例如丁烯二酸有两个顺反异构体。

$$\underset{HOOC}{\overset{H}{}}\!\!>C=C<\!\!\underset{H}{\overset{COOH}{}} \qquad \underset{H}{\overset{HOOC}{}}\!\!>C=C<\!\!\underset{H}{\overset{COOH}{}}$$

反-2-丁烯二酸（熔点：287 ℃）　　顺-2-丁烯二酸（熔点：130 ℃）

尽管顺-2-丁烯二酸和反-2-丁烯二酸的分子组成、构造完全相同，但是熔点却不同，所以它们是两种不同构型的物质。

并不是所有含有双键和脂环的有机化合物都能产生顺反异构体。如果在同一个双键 C 原子上连有两个相同的原子或基团，就不存在顺反异构现象。例如 2-甲基-2-丁烯的结构简式：

$$\underset{H_3C}{\overset{H_3C}{}}\!\!>C=C<\!\!\underset{H}{\overset{CH_3}{}}$$

可以看出，能产生顺反异构体的化合物，除分子中有碳碳双键外，每一个双键 C 原子上所连的两个基团不能相同。

由以上分析得出，a≠c 和 b≠d 是含有碳碳双键的化合物（$\underset{c}{\overset{a}{}}\!\!>C=C<\!\!\underset{d}{\overset{b}{}}$）产生顺反异构现象的充

分必要条件。

2. 化合物中含有脂环

脂环的存在，使得构成环的碳碳单键不能自由旋转。所以，当环上有两个碳原子各自连接两个不同的原子或原子团时，这两个原子或原子团在空间就有两种不同的取向，产生顺反异构现象。例如1,4-环己二酸存在两种顺反异构体。

顺-1,4-环己二酸
（熔点300 ℃，难溶于水）

反-1,4-环己二酸
（熔点161 ℃，易溶于水）

总之，产生顺反异构的条件有以下两个。

（1）分子中含有限制旋转的因素，如双键或脂环。

（2）每一个双键原子上必须连有不同的原子或原子团；脂环分子中要有两个或两个以上的成环原子上连有不同的原子或原子团。

根据产生顺反异构的条件，可以有效地判断有机化合物是否可以形成顺反异构体。

三、顺反异构的命名

（一）顺反命名法

顺反命名法是常用的表示顺反异构体构型的一种方法，其具体规定：比较双键原子或成环原子上所连基团，相同的基团在双键或环平面同侧的异构体称为顺式；相同的基团在双键或环平面异侧的异构体称为反式。例如：

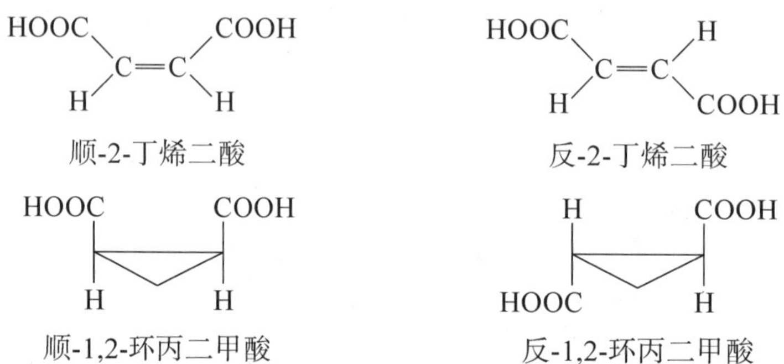
顺-2-丁烯二酸　　反-2-丁烯二酸

顺-1,2-环丙二甲酸　　反-1,2-环丙二甲酸

（二）*Z*、*E* 命名法

顺反命名法只适用于双键碳或脂环碳上至少有一对原子或原子团相同的情况，当双键碳或脂环碳上所连接的四个原子或原子团都不相同时，用顺反命名法命名就有困难。在国际上通常用 *Z*、*E* 命名法来命名。这里 *Z* 是德文 Zusammen，相同的意思；*E* 是 Entgegen，相反的意思。

命名时，首先按照“次序规则”确定双键（或脂环）碳上所连接的原子或基团的大小顺序，根据大、小原子或基团在双键（或脂环平面）两侧排列的不同来确定构型。若两个较大的原子或基团在双键（或脂环平面）同侧，称为 *Z* 型，在异侧则称为 *E* 型。在下列构型表示式中，若 a＞b、d＞e，则它们的构型如下：

*Z*型　　*E*型

次序规则的主要内容如下。

(1) 如果与双键碳直接相连的原子不相同，要按照原子序数的大小排列顺序，原子序数大的为大基团。

(2) 如果与双键碳原子直接相连的两个原子相同，那就比较与这两个原子直接相连的其他原子的原子序数的大小，以此类推，到能比出大小为止。

例如：

$$-OCH_3 > -OH > -N(CH_3)_2 > -NH-CH_3 > -NH_2$$

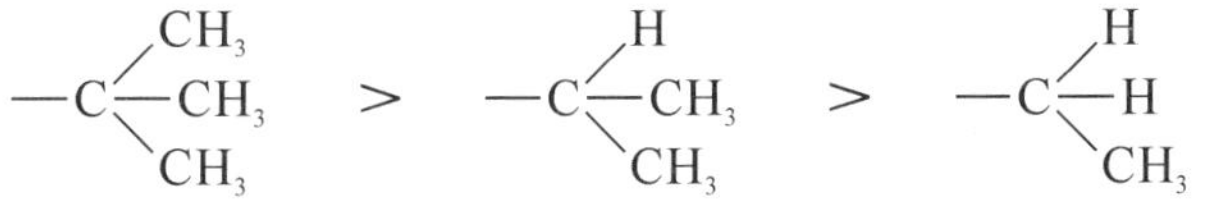

$$-C(CH_3)_3 > -CH(CH_3)_2 > -CH_2CH_3$$

C(C、C、C)　　C(C、C、H)　　C(C、H、H)

(3) 基团中有双键或三键时，可看作连有两个或三个相同原子。例如：

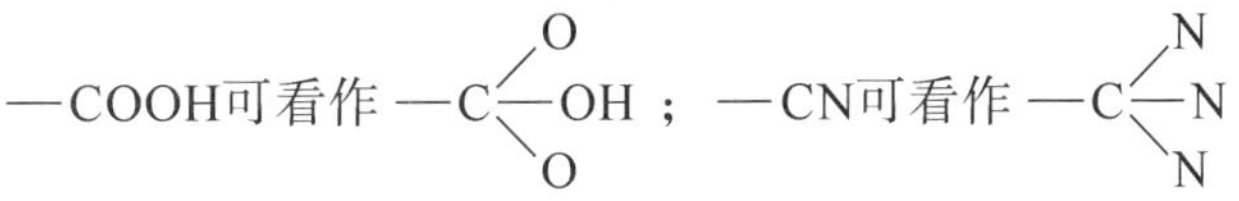

—COOH可看作 —C(O)(O)—OH；—CN可看作 —C(N)(N)—N

$$-NO_2 > -COOCH_3 > -COOH > -CHO$$

根据以上次序规则，下列化合物的命名如下。

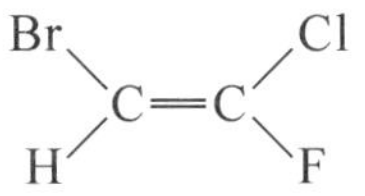

(Br)(H)C=C(Cl)(F)　　(—Br>—H，—Cl>—F)　　Z-1-氯-1-氟-2-溴乙烯

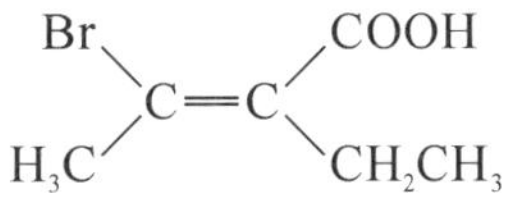

(Br)(H_3C)C=C(COOH)(CH_2CH_3)　　(—Br>—CH_3，—COOH>—CH_2CH_3)　　Z-3-溴-2-乙基-2-丁烯酸

Z、*E* 命名法只是顺反异构体的又一种构型表示形式，它和顺反命名法没有任何固定联系，只不过是在命名时使用的规则不同，因此，有些顺反异构体的用两种方法命名都可以。

四、顺反异构体的性质

顺反异构体在性质上表现出一定的差异。如表 13-1 所示。

表 13-1　顺反异构体的性质

顺反异构体	熔点/℃	沸点/℃
顺-1-氯丙烯	−135	33
反-1-氯丙烯	−99	37
顺-2-丁烯酸	15.5	169
反-2-丁烯酸	72	180

就物理性质而言，顺反异构体的熔点、沸点、溶解度、燃烧热等各不相同。一般来说，反式异构体的熔点、沸点高于顺式异构体，顺式异构体的溶解度、燃烧热高于反式异构体。顺反异构体的化学性质相似，但在与空间位置相关的性质上也表现出一定的差异。例如，顺-2-丁烯二酸加热到 140 ℃时即可脱水形成酸酐，而反-2-丁烯二酸则须加热到 275 ℃才脱水形成酸酐。

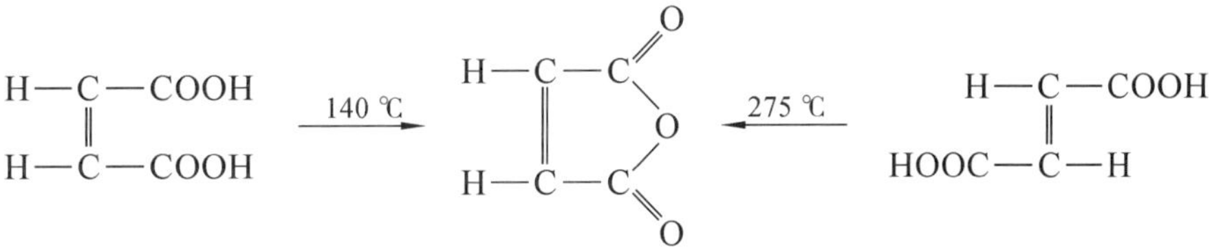

H—C—COOH ‖ H—C—COOH $\xrightarrow{140\ ℃}$ 顺-2-丁烯二酸酐（H—C—C(=O)—O—C(=O)—C—H 环）$\xleftarrow{275\ ℃}$ H—C—COOH ‖ HOOC—C—H

这是顺-2-丁烯二酸分子中两个羧基的空间位置较近，而反-2-丁烯二酸分子中两个羧基空间位置

较远的缘故。

顺反异构体在生物活性上也不一样，显示出分子构型对药理作用的影响。例如，雌激素合成代用品己烯雌酚，反式异构体的作用明显强于顺式异构体。

反式己烯雌酚　　　　顺式己烯雌酚

第二节　旋光异构

旋光异构是立体异构中重要的一种，自然界中特别是生物体内的很多物质，都存在旋光异构体。例如，葡萄糖、氨基酸等重要的营养物质。许多天然药物及合成药物也存在旋光异构体。各种旋光异构体的性质有一定的差异，在生物体内的作用也不相同。下面先介绍一些相关的基础知识。

一、偏振光和旋光性

光是一种电磁波，光波振动的方向与其前进的方向垂直，普通光或单色光的光波可在无数相互交错的平面内振动。若使单色光通过尼科尔棱镜，一部分光线就被阻挡不能通过，只有与棱镜的晶轴平行振动的光线才能通过。这种通过棱镜只在一个平面上振动的光称为平面偏振光，简称偏振光。由此可知，使单色光通过尼科尔棱镜，可以得到偏振光，如图 13-1 所示。

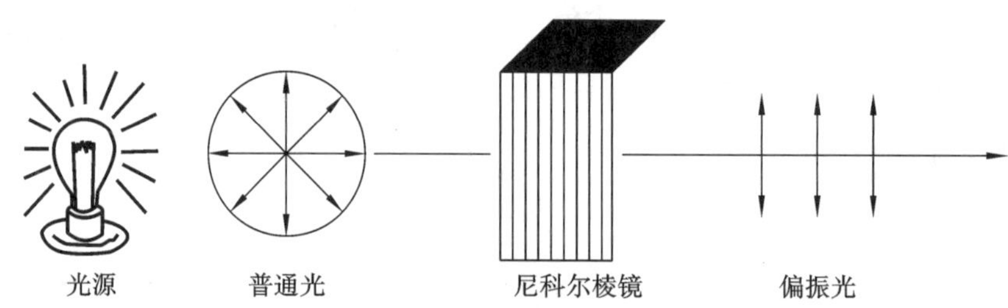

图 13-1　普通光与偏振光

自然界中存在的物质可以分为两类：一类对偏振光的振动平面不产生影响；另一类具有使偏振光的振动平面发生旋转的性质。当偏振光通过这些物质的晶体、液体、溶液时，偏振光的振动平面会发生旋转。这种使偏振光振动平面发生旋转的性质称为旋光性，又称光学活性。能使偏振光振动平面发生旋转的物质称为旋光性物质。

二、旋光度与比旋光度

（一）旋光度

旋光性物质使偏振光振动平面旋转的角度称为旋光度。旋光度既有大小，又有方向。从面对光线的入射方向观察，使偏振光振动平面顺时针方向旋转称为右旋，用“＋”表示；使偏振光振动平面逆时针方向旋转称为左旋，用“－”表示。

（二）旋光仪及其工作原理

旋光性物质的旋光度可用旋光仪测定，人们较早使用的旋光仪主要由光源、起偏镜（固定的尼科尔棱镜）、测定管、检偏镜（可旋转的尼科尔棱镜）、刻度盘、观察孔等组成，如图 13-2 所示。现在使用的旋光仪无刻度盘和观察孔，测定结果可直接在液晶显示窗中显示。

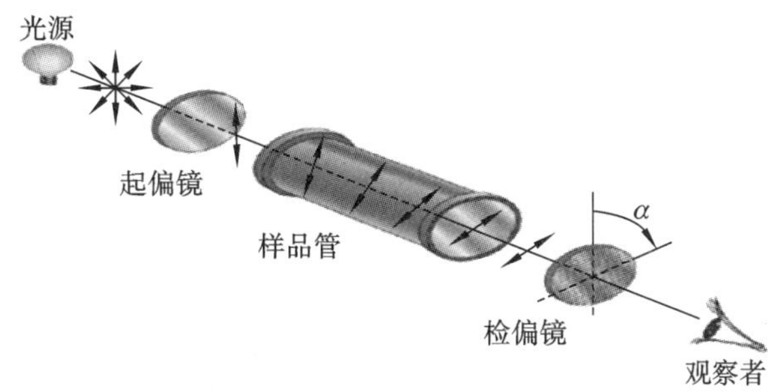

图 13-2 旋光仪结构示意图

测定时，从光源发出的单色光通过起偏镜可得到偏振光，使偏振光通过测定管，测定管中盛有待测物质的液体或溶液。如果测定管中的待测物质有旋光性，穿过测定管的偏振光的振动平面可发生旋转，旋转检偏镜使光线通过，人们可通过与检偏镜固定在一起的刻度盘读出偏振光的振动平面旋转的角度，从而测得待测物质的旋光度。如果测定管中的待测物质无旋光性，穿过测定管的偏振光不发生旋转。

（三）旋光度和比旋光度

旋光度用 α 表示。同一种旋光性物质在不同实验条件下测得的旋光度 α 值是不一样的。如果把这些影响因素加以固定，测得的旋光度值即为常数，它能反映该旋光性物质的本性，称为比旋光度，以 $[\alpha]_D^t$ 表示。旋光度与比旋光度之间有如下关系：

$$[\alpha]_D^t = \frac{\alpha}{C \times l} \tag{13-1}$$

式中：$[\alpha]_D^t$ 为比旋光度；α 为旋光度；C 为溶液浓度(g/mL)；l 为测定管长度(dm)；t 为测定时的温度，通常为 20 ℃；D 为旋光仪所用单色光的波长，通常是钠光(又称 D 线，589 nm)。

当 C 和 l 都等于 1 时，$[\alpha]_D^t=\alpha$。因此，物质的比旋光度就是浓度为 1 g/mL 的旋光性溶液，放在 1 dm 长的管中测得的旋光度。在一定温度、一定波长下测得的比旋光度，是旋光性物质的一个物理常数。例如，蔗糖的比旋光度$[\alpha]_D^{20}=+66.5°$，表示在 20 ℃条件下，光源为钠光源时所测得的蔗糖的比旋光度为右旋 66.5°。

比旋光度是旋光性物质的一种物理常数，每种旋光性物质的比旋光度是固定不变的。利用比旋光度和式(13-1)可以测定物质的浓度和鉴定物质的纯度。

【例 13-1】 今测得蔗糖溶液在 20 ℃及 2 dm 测定管中的旋光度为＋10.75°，求该蔗糖溶液的浓度。(20 ℃时蔗糖的比旋光度为＋66.5°)

解： 已知 $l=2$ dm，$\alpha=+10.75°$，$[\alpha]_D^{20}=+66.5°$

$$C=\frac{\alpha}{[\alpha]_D^{20}\cdot l}=\frac{10.75}{66.5\times 2}=0.08\ (\text{g/mL})$$

故该蔗糖溶液的浓度为 0.08 g/mL。

三、旋光性与分子结构的关系

（一）手性与物质的旋光性

有些物质有旋光性，有些物质没有旋光性，这主要与物质的分子结构有关。实验证明，乳酸、酒石酸分子有旋光性，研究发现，这些分子中都含有不对称碳原子。凡是连有四个不同的原子或原子团的碳原子称为不对称碳原子，也称为手性碳原子，用“*”标出。乳酸结构式为

```
          H
          |
H3C — *C — COOH
          |
          OH
```

在乳酸分子中，不对称碳原子上连有四个不同的基团，它们分别是—COOH、—CH_3、—OH、—H，将每个基团作为一个质点处理，它们的空间结构是正四面体型。其中 C* 位于正四面体的中心，四个基团位于正四面体的四个顶角，如图 13-3 所示。

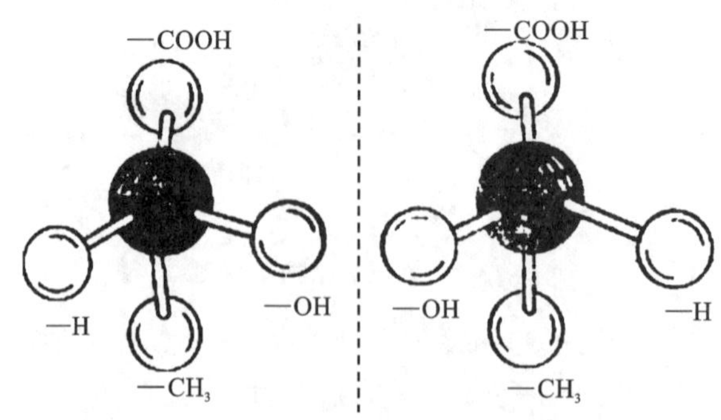

图 13-3 乳酸的镜面立体结构模型

假设在乳酸的两种空间构型中间有一面镜子，将其中一种构型看作物体，另一种构型就好像它的镜像。两种构型相似而不能完全重合，正如人的左、右手一样：左手和右手互为实物与镜像关系又不能完全重合。这种不能完全重合，具有实物与镜像关系的两种构型互为对映异构体，简称对映体。其中，一种构型是左旋体，另一种构型是右旋体。产生对映异构体的现象称为对映异构现象。物质的分子与其镜像不能重合的性质称为手性。具有手性的分子称为手性分子。凡是手性分子一定具有旋光性和对映异构现象。

一般来说，有机化合物分子具有手性的最普遍的因素就是分子中含有手性碳原子。但是，这个条件并不是分子具有手性的必要条件，有些分子并不含有手性碳原子，但却具有手性；而有些分子虽然具有手性碳原子，但却没有手性。因此，我们在判断分子是否具有手性时，还要考虑更加可靠的因素，那就是对称因素。

（二）手性与分子的对称性

一种物质分子与其镜像不能重合是手性分子的特征。分子是否具有手性，与分子的对称性有直接的关系。要判断分子有无手性，必须考察分子是否存在对称因素。这些对称因素主要有以下两种。

1. 对称面

一个假想的平面能把分子分割成两半，而这两半互为实物与镜像的关系，则此假想的平面就是分子的对称面。例如：2-丙醇分子，由于碳原子同时连有 2 个相同的基团(—CH_3)，所以分子中存在一个对称面，如图 13-4(a)所示。如果分子中所有的原子都处在某个平面上，这个平面也是该分子的对称面。比如反-1，2-二溴乙烯分子是平面结构，所有原子均处在同一平面上，这个平面就是该分子的对称面，如图 13-4(b)所示。

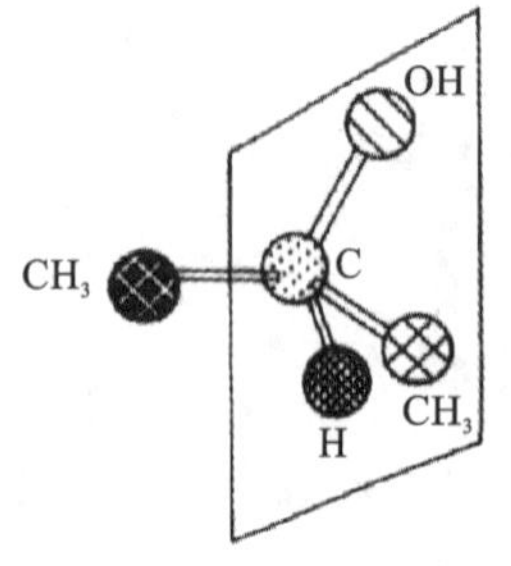

(a) 2-丙醇分子存在一个对称面

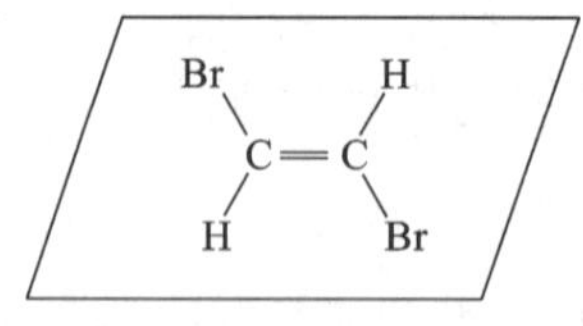

(b) 反-1，2-二溴乙烯分子的平面结构即其对称面

图 13-4 对称面

2. 对称中心

若通过分子中心的任何一条直线，在距分子中心等距离处都能找到对应点，则称此分子的中心为

对称中心。如：反-1,3-二氟-2,4-二氯环丁烷就有 1 个对称中心，如图 13-5 所示。

分子没有对称面、对称中心等对称因素是分子具有手性的充分必要条件。一般来说，只要分子不存在对称面或对称中心，就可以断定这个分子是手性分子，这个分子就具有旋光性和对映异构现象。而若分子存在对称面或对称中心，这个分子一定不是手性分子，也就没有旋光性和对映异构现象。

图 13-5　对称中心

四、旋光异构体的表示方法及其命名

（一）旋光异构体的表示方法

旋光异构是立体异构的一种，最好用立体图式表示旋光异构体，但是立体图式很不方便，旋光异构体常用的表示方法是费歇尔投影式。下面以乳酸为例来说明费歇尔投影式。

费歇尔投影式是由立体模型投影到平面上得到的。它的投影方法如下。

(1) 把含有手性碳原子的主链直立，编号最小的基团放在上端。

(2) 用十字交叉点代表手性碳原子。

(3) 手性碳原子的两个横键所连的原子或原子团，表示伸向纸平面的前方；两个竖键所连的原子或原子团，表示伸向纸平面的后方。

按照上面的规则，将乳酸的模型投影到纸平面，便得到相应的乳酸的费歇尔投影式，如图 13-6 所示。

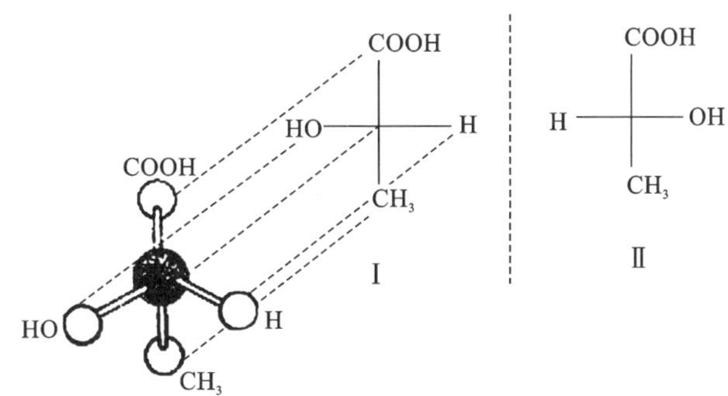

图 13-6　乳酸的费歇尔投影式

必须注意，投影式是用平面式代表立体结构的。为保持构型不变，投影式只能在纸平面上旋转 180°或 90°的偶数次，不能离开纸平面翻转。否则就改变了基团的前后关系，不能代表同一种构型。若将任意基团两两交换偶数次，得到的投影式与原投影式表示的是同一构型。

（二）D、L 命名法

该法是以甘油醛的构型为标准，人为规定右旋甘油醛为 D 型；左旋甘油醛为 L 型。其他旋光性化合物与甘油醛的构型做比较，凡是手性碳原子上所连接的羟基和右旋甘油醛一样处在费歇尔投影式右边的称为 D 型，在左边的称为 L 型。这种命名法主要是在糖类、氨基酸的构型中被应用。

CHO	CHO	COOH	COOH
H—┼—OH	HO—┼—H	H—┼—OH	HO—┼—H
CH_2OH	CH_2OH	CH_3	CH_3
D-(+)-甘油醛	L-(−)-甘油醛	D-(−)-乳酸	L-(+)-乳酸

必须指出的是，D、L 只表示旋光性化合物的构型，是人为规定的，并不表示旋光方向。旋光方向是旋光性化合物所特有的，是可以用旋光仪测出的物理常数，用(+)和(−)表示。旋光性化合物的构型表示与旋光方向之间没有固定的对应关系。比如，D 型甘油醛是右旋的，而 D 型乳酸是左旋的。可见 D 型化合物中有的是左旋体，有的是右旋体；L 型的化合物也如此。

在一对对映异构体中，若 D 型是右旋体，则 L 型一定是左旋体；反之亦然。

（三）*R*、*S* 命名法

对于不对称碳原子上不连羟基、氨基的化合物，使用 D、L 命名法就很不方便，有时甚至无法与甘油醛比较。对于含有多个不对称碳原子的化合物，选择的不对称碳原子不同，往往会得出不同的结果。因此近年来采用了另一种命名法，即 *R*、*S* 命名法。

首先按"次序规则"对不对称碳原子上相连的四个基团确定大小顺序，使 a＞b＞c＞d。最小的基团 d 在横键，a→b→c 为逆时针分布时，称为 *R* 型；a→b→c 为顺时针分布时，称为 *S* 型。最小的基团 d 在竖键，a→b→c 为顺时针分布时，称为 *R* 型；a→b→c 为逆时针分布时，称为 *S* 型。

(*S*)　　(*R*)

上述规律可概括为"小左右，顺 *S* 反 *R*；小上下，反 *S* 顺 *R*"。
例如：甘油醛的结构式为

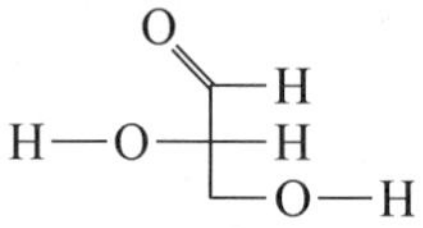

甘油醛分子中含有一个手性碳原子，它所连接的四个原子或原子团的次序： OH＞—CHO＞—CH_2OH＞—H。甘油醛对映异构体的构型为

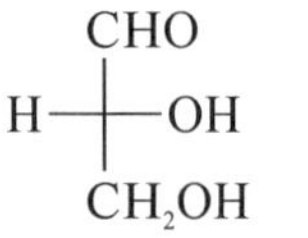

R-(+)-甘油醛
D-(+)-甘油醛

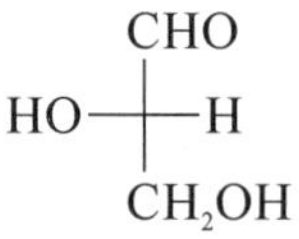

S-(−)-甘油醛
L-(−)-甘油醛

五、旋光异构的类型和数目

（一）含有一个手性碳原子的化合物

在有机化合物中，含有一个手性碳原子的分子，一定是手性分子，并具有旋光性和对映异构现象，例如乳酸和甘油醛。

凡是含有一个手性碳原子的化合物都有一对对映异构体，其中一个是左旋体，另一个是右旋体，两者旋光度相同，旋光方向相反。比如 D-乳酸能使偏振光的振动平面向左旋转，称为左旋乳酸，用(−)-乳酸表示。L-乳酸能使偏振光的振动平面向右旋转，称为右旋乳酸，用(+)-乳酸表示。将这两种异构体等量混合，由于它们的旋光角度相同，旋光方向相反，所以混合物是没有旋光性的，即等量的对映异构体的混合物无旋光性，称为外消旋体。常以(±)或(DL)表示外消旋体。通常人工合成或用乳酸杆菌使乳糖发酵制得的乳酸为外消旋乳酸。

（二）含有两个手性碳原子的化合物

1. 含有两个不同的手性碳原子

这类化合物中最典型的是 2,3,4-三羟基丁醛（丁醛糖）：

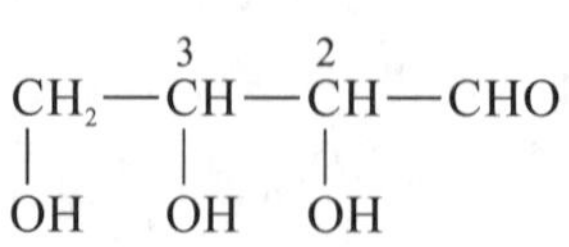

$$\underset{\text{OH}}{CH_2}-\overset{3}{\underset{\text{OH}}{CH}}-\overset{2}{\underset{\text{OH}}{CH}}-CHO$$

2,3,4-三羟基丁醛分子中有两个手性碳原子，2 号碳和 3 号碳；两个手性碳原子上所连基团不完

全相同，2 号碳上连的是—H、—OH、—CHO 和—CH(OH)—CH_2OH；3 号碳上连的是—H、—OH、—CH_2OH 和—CH(OH)—CHO。它可以形成四种旋光异构体，现用费歇尔投影式分别表示如下：

```
    CHO              CHO               CHO               CHO
     |                |                 |                 |
 H—C—OH         HO—C—H           HO—C—H            H—C—OH
     |                |                 |                 |
 H—C—OH         HO—C—H            H—C—OH          HO—C—H
     |                |                 |                 |
    CH2OH            CH2OH             CH2OH             CH2OH
```

D-(−)赤藓糖 (2*R*，3*R*) (Ⅰ)　　L-(+)赤藓糖 (2*S*，3*S*) (Ⅱ)　　D-(−)苏阿糖 (2*S*，3*R*) (Ⅲ)　　L-(+)苏阿糖 (2*R*，3*S*) (Ⅳ)

对于有多个不对称碳原子的旋光异构体，为方便起见，使用 D、L 命名法时，只看最后一个手性碳原子(3 号碳)的构型，并用最后一个手性碳原子的构型作为这种异构体的构型。

上述四个异构体中，(Ⅰ)和(Ⅱ)是对映异构体，(Ⅲ)和(Ⅳ)是对映异构体，而(Ⅰ)和(Ⅲ)、(Ⅰ)和(Ⅳ)、(Ⅱ)和(Ⅲ)、(Ⅱ)和(Ⅳ)之间不存在实物与镜像之间的关系。这种不具有实物与镜像关系的旋光异构体称为非对映异构体。非对映异构体之间旋光度不同，其他物理性质也不相同。在化学性质上，它们虽然有类似的反应，但反应速率、反应条件都不相同。在生理作用上也是不相同的。

在含有多个不对称碳原子的旋光异构体中，如果只有一个不对称碳原子的构型不同，称为差向异构体。如(Ⅰ)和(Ⅲ)为 C_2 差向异构体，(Ⅱ)和(Ⅲ)为 C_3 差向异构体。差向异构体是非对映异构体的一种，其特点与非对映异构体一样。

2. 含有两个相同的手性碳原子

这种类型的化合物中最典型的是酒石酸：

```
    1      2       3      4
HOOC—*CH—*CH—COOH
          |       |
          OH      OH
```

在酒石酸分子中 C_2 和 C_3 为手性碳原子，它们所连的基团完全相同，都是—H、—OH、—COOH、—CH(OH)COOH。酒石酸有三种旋光异构体，可用费歇尔投影式表示如下：

```
     COOH              COOH             COOH
      |                 |                |
 HO—C—H            H—C—OH          H—C—OH
      |                 |          -------+-------
  H—C—OH          HO—C—H           H—C—OH
      |                 |                |
     COOH              COOH             COOH
```

左旋酒石酸 (2*S*，3*S*) -(−)-酒石酸 (Ⅰ)　　右旋酒石酸 (2*R*，3*R*) -(+)-酒石酸 (Ⅱ)　　内消旋酒石酸 (2*R*，3*S*) -酒石酸 (Ⅲ)

在酒石酸的三种构型异构体中，(Ⅰ)和(Ⅱ)是一对对映异构体，(Ⅰ)与(Ⅲ)、(Ⅱ)与(Ⅲ)是非对映异构体。在构型(Ⅲ)中，C_2 和 C_3 上所连的原子和原子团是一样的，其旋光度是相同的，但它们分别是 *R* 型和 *S* 型，其旋光方向是相反的，因此，整个分子没有旋光性。如果假设一个平面，如虚线所示，可以将分子分为两个部分，这两个部分具有实物与镜像的关系，就好像是对映异构体之间的关系，这也说明了为什么酒石酸没有旋光性，这一平面是分子的对称面。这种由于分子内部的对称性而无旋光性的异构体称为内消旋体，用"i"或"meso"表示。meso-酒石酸称为内消旋酒石酸，它是分子中有不对称碳原子而无旋光性的一个典型例子。

内消旋体和外消旋体虽然都无旋光性，但两者之间却有本质的区别。

(1) 外消旋体是由等量的对映异构体组成的混合物，可以通过一定的方法分离成具有旋光性的左旋体和右旋体。

(2) 内消旋体是一个化合物，不能分离成具有旋光性的两个化合物。

3. 旋光异构体的数目

化合物分子中的不对称碳原子数目越多，形成的旋光异构体的数目越多。分子中含一个不对称碳原子的化合物能形成两种旋光异构体，分子中含两个不对称碳原子的化合物可以形成三种或四种旋光异构体，分子中含有三个不对称碳原子的化合物最多能形成八种旋光异构体。依此类推，凡含有 n 个手性碳原子的化合物，可能有的旋光异构体的数目 $\leqslant 2^n$ 个，可以组成 $\leqslant 2^{n-1}$ 组对映异构体。当手性碳原子不同时，取"="；当手性碳原子相同时，取"<"。例如：己醛糖分子中有 4 个手性碳原子，可以形成 16 个旋光异构体，组成 8 组对映异构体。

$$\underset{\displaystyle OH}{\underset{|}{CH_2}}-\underset{\displaystyle OH}{\underset{|}{\overset{*}{C}H}}-\underset{\displaystyle OH}{\underset{|}{\overset{*}{C}H}}-\underset{\displaystyle OH}{\underset{|}{\overset{*}{C}H}}-\underset{\displaystyle OH}{\underset{|}{\overset{*}{C}H}}-CHO$$

六、旋光异构体在医药上的重要意义

立体化学在生命科学的研究方面发挥着重要作用。在没有外部手性条件(如手性溶剂、手性试剂、手性催化剂等手性环境)的影响下，对映异构体具有完全相同的物理性质和化学性质，而仅仅是对平面偏振光的振动平面的旋转方向不同。生物体是一个手性环境，如酶和细胞表面受体是手性的，因此具有生物活性的药物的对映异构体，也是以手性的方式与受体部位相互作用的，一对对映异构体在人体内可能会有完全不同的作用，其作用效果也会截然不同。

手性药物的对映异构体在生物活性、药效上的差异主要表现为以下几方面。

(1) 两种对映异构体可产生不同类型的药理作用，都可以作为治疗药。如右旋丙氧芬是镇痛药，左旋丙氧芬却是止咳药。

(2) 其中一个对映异构体是生物受体的阻滞剂，因此会降低另一个对映异构体的活性。

(3) 一种对映异构体具有治疗作用，另一种对映异构体却产生副作用。如喷他佐辛(镇痛新)左旋体具有镇痛作用，而右旋体几乎无镇痛作用，并且可使患者产生紧张烦躁的情绪。

(4) 其中的一个对映异构体具有完全相反的(有时候是有毒的)活性。

知识链接

反应停

1957 年 10 月，一种新型药物沙利度胺风靡欧洲、非洲、澳大利亚和拉丁美洲。药品生产厂家宣称其是"没有任何副作用的抗妊娠反应药物"，人们把这种药物称为"反应停"，它被称为"孕妇的理想选择"。但很快，人们发现服用了反应停的孕妇生出的婴儿很多四肢残缺。虽然各国当即停止了反应停的销售，但这一事件最终导致全世界诞生约 1.2 万名畸形儿，俗称"海豹婴儿"。

后来的研究发现，沙利度胺实际上是由两个同分异构体组成的，二者就像我们的左、右手一样，俗称手性化合物。其右手化合物(R 构型)具有抑制妊娠反应活性，而左手化合物(S 构型)有致畸性，罪魁祸首就是它！而在当时，科学界尚不知道结构非常相似的两个化合物在生物体内有这么大的差异，即使知道它们的差异，由于检测手段的落后，也无法分辨哪个是左手化合物，哪个是右手化合物。

把一个非手性分子转化为一个手性分子通常生成外消旋体，因此市场上销售的大部分合成的手性药物是外消旋混合物。一般情况下，两个对映异构体都有一定的生物活性，或者其中一个是无活性的，所以拆分有时候是不必要的，而且外消旋体的大规模拆分成本相当昂贵，这会增加药物研发的费用。目前世界上一些医药管理部门鼓励制药公司生产单一对映异构体的药物制剂，以保证药物的生物活性更高，药物的专利寿命更长。至 2002 年，手性药物的全球销售量达到了前所未有的 1150 亿美金，2001 年的诺贝尔化学奖授予了三位在对映选择性催化方面做出突破贡献的研究者。

第三节 构 象 异 构

由于单键可以自由旋转，分子中的原子或基团在空间可以产生不同的排列方式，这种特定的排列方式称为构象。由单键旋转而产生的异构体称为构象异构体或旋转异构体。

一、乙烷的构象

在乙烷分子中，仅有碳碳单键和碳氢单键，乙烷不存在顺反异构和旋光异构。但当乙烷分子以碳碳 σ 键为轴进行旋转时，两个相邻碳上的其他键（在乙烷分子中，是 C—H 键）会交叉成一定的角度（φ），这个角度称为两面角，如图 13-7 所示。

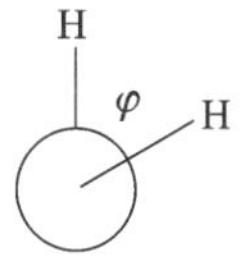

由于碳碳 σ 键可以自由旋转，每当 σ 键旋转一个角度，乙烷分子中的各原子就有一种不同的相对位置，即乙烷分子就产生一种新的空间排列方式。因此，单键旋转一周，可以产生无数个构象异构体。将两面角为 0 的构象称为重叠构象；将两面角为 60°的构象称为交叉构象；两面角在 0～60°之间的构象称为扭曲构象。重叠构象和交叉构象是乙烷的典型构象。

图 13-7 两面角

构象的表示方法一般有两种：透视式和纽曼投影式。透视式是从侧面来描绘分子的形象，比较直观，但不能准确地表示出各个键及原子之间的相对位置。纽曼投影式则在碳碳单键的延长线上观察，前面的碳原子（C_1）用 Y 表示，后面的碳原子（C_2）用 Y 表示。在重叠构象中 C_2 上的氢与 C_1 上的氢是重叠着的，应该看不到，但为了表示出来，稍微偏一个角度。

例如乙烷的交叉构象和重叠构象，如图 13-8 所示。

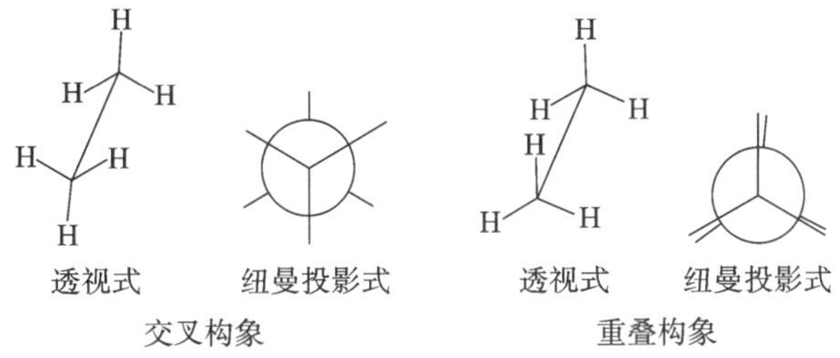

透视式　纽曼投影式　透视式　纽曼投影式

交叉构象　重叠构象

图 13-8 乙烷的两种构象

实际上，重叠构象、交叉构象及介于两者之间的多种构象都是同时存在的，并处于一种动态平衡中，但各种构象的相对数量不同。在重叠构象中，氢原子之间及碳氢键的电子对距离较近，相互排斥，最不稳定。交叉构象中，氢原子之间及碳氢键的电子对距离较远，相互间的排斥力最小，比较稳定，乙烷分子主要以交叉构象存在。换句话说，交叉构象是乙烷分子的优势构象。

二、丁烷的构象

丁烷可以看作乙烷的二甲基衍生物，情况较乙烷复杂。当围绕正丁烷的 C_2—C_3 旋转时，每旋转 60°，可以得到一种有代表性的构象，旋转 360°则复原。用纽曼投影式表示旋转过程如下：

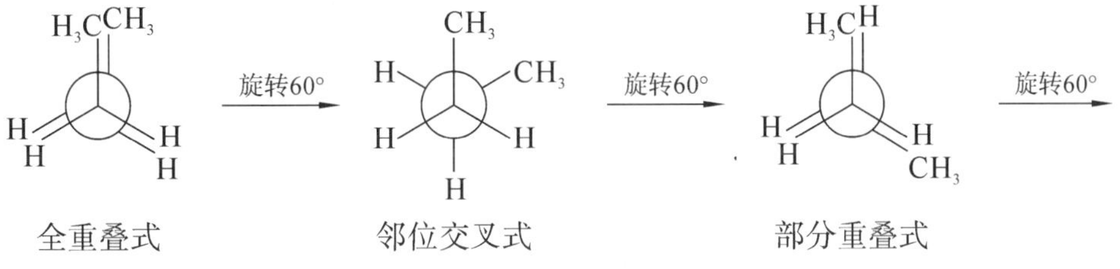

全重叠式 —旋转60°→ 邻位交叉式 —旋转60°→ 部分重叠式 —旋转60°→

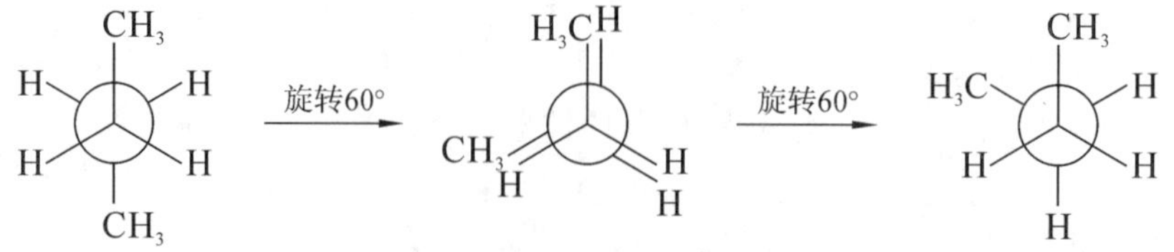

对位交叉式　　部分重叠式　　邻位交叉式

有典型意义的构象有四个，即全重叠式、邻位交叉式、部分重叠式、对位交叉式。其中全重叠式内能最高，最不稳定。对位交叉式内能最低，最稳定，这是因为两个较大的基团距离最远，相互之间的排斥力最小。在室温下，不能从平衡混合物中分离出某种构象异构体，丁烷主要以最稳定的优势构象——对位交叉式存在。但这并不是说其他几种构象不存在，只是所占比例不同。

三、环己烷的构象

环己烷是脂环烃中的重要代表物，作为基本单元广泛存在于自然界中。由于环上的碳原子都是单键碳，与链状化合物相似，每个碳原子上所连的四个基团构成一个正四面体，这样就使六个成环碳原子不可能在同一平面，根据环平面的不同，环己烷有两种典型构象：椅式和船式。用透视式表示如下：

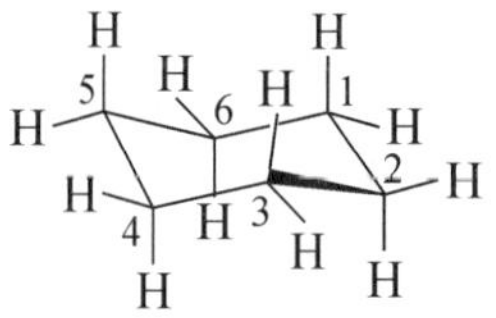

椅式 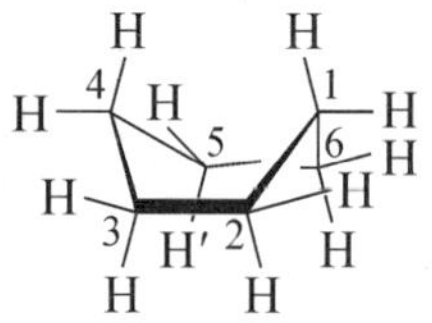　　船式

在椅式构象中，两个相邻的碳原子都处在交叉式的情况，而在船式构象中，$C_2—C_3$ 和 $C_5—C_6$ 是两个全重叠式，用纽曼投影式表示时，可看得更清楚一些。

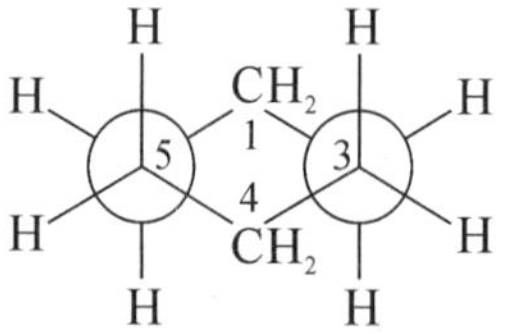

椅式 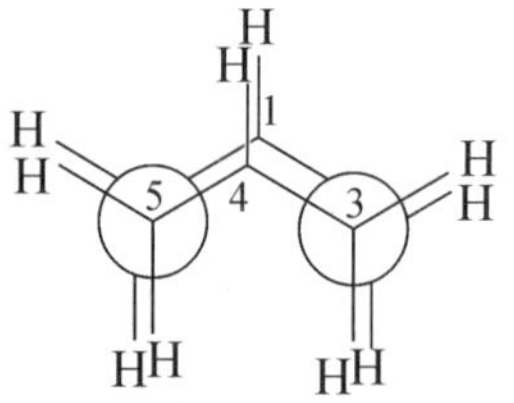　　船式

在环己烷的船式构象中，相邻的碳原子为全重叠式，稳定性较差。其椅式构象中，所有的键角都接近正四面体键角，所有相邻碳原子上的氢原子都处于交叉位置，原子间的排斥力小，因此，椅式构象为环己烷的优势构象。这些因素使得环己烷具有高度的稳定性。尽管通过 σ 键旋转时键角的扭动，两种构象可以相互转换并形成动态平衡体系，但在室温下，绝大多数的环己烷以椅式构象存在。

在环己烷的构象中，有 12 个碳氢键，由于所处的位置不同，可分为两种类型。一种是 6 个碳氢键与环己烷分子的对称轴平行，称为直键（竖键），用“a”表示，其中 3 个向上 3 个向下交替排列。另一种是 6 个碳氢键与对称轴形成 109°28′的夹角，称为平键（横键），用“e”表示，分布在环平面的四周。每个碳原子都有一个 a 键和一个 e 键，如图 13-9 所示。

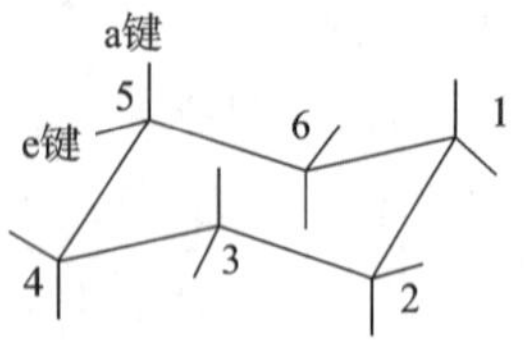

图 13-9　环己烷椅式构象中的 a 键和 e 键

环己烷上若连有其他的基团，较大的基团连在 e 键时，其构型较稳定。

思政案例

混表-油菜素内酯的发现

谢毓元，1924年4月17日出生于北京，先后就读于私立东吴大学（沪校）化工系、南京临时大学化学系、清华大学化学系，受多位名师指点。清华大学毕业后，他因成绩优秀而留校，曾任无机、有机分析助教。1951年，谢毓元进入中科院有机化学所药物研究室（中科院上海药物研究所前身，简称药物所）工作，从此跟瓶瓶罐罐的药物研究打了一辈子交道。

20世纪70年代末，美国发现油菜素内酯是一个很好的促进植物生长的调节剂。20世纪80年代初，日本进行了仿生合成。但目标化合物的结构比较复杂，合成成本高，后经研究发现，仿生合成不必合成油菜素内酯本身，只要合成它的立体异构体——表-油菜素内酯即可。谢毓元又发现日本人在合成表-油菜素内酯时，只取了24-表-油菜素内酯，另一个同属于油菜素内酯的立体异构体，也同样有效的副产品——3-表-油菜素内酯被丢弃。他认为如果不丢掉副产品而是把它们混在一起，每亩地大概只需要多花几角钱，农民是完全可以接受的。这就是后来的混表-油菜素内酯。年近七十的他，不顾年迈体弱，亲自赴外地联系农田实验，通过大量实验，肯定了“混表-油菜素内酯”比其他多种植物生长激素的效果更显著，喷洒过此物的作物的营养价值还有所提高。大量投产后商品名定为“天丰素”。

本章小结

立体异构是构造异构的一种类型，它的核心知识包括顺反异构、旋光异构、构象异构等基本概念和基本理论，其中产生顺反异构的条件和命名方法，手性分子的判断，旋光异构体的表示方法和命名是必须掌握的重点。

产生顺反异构的条件有两个：一是分子中含有限制旋转的因素，二是每一个双键原子上必须连有不同的原子或原子团；脂环分子中要有两个或两个以上的成环原子上连有不同的原子或原子团。顺反异构体有顺反命名法和 Z、E 命名法两种命名方法：顺反命名法是比较双键原子或成环原子上所连基团，相同的基团在双键或环平面同侧的异构体称为顺式，相同的基团在双键或环平面异侧的异构体称为反式。Z、E 命名法是根据大、小原子或基团在双键（或脂环平面）两侧排列的不同来确定构型的。若两个较大的原子或基团在双键（或脂环平面）同侧称为 Z 型，在异侧则称为 E 型。

旋光异构涉及的概念有旋光异构现象、偏振光、旋光性物质、手性碳原子、对映异构体、手性、手性分子、外消旋体和内消旋体等。分子没有对称面、对称中心等对称因素是分子具有手性的充分必要条件。凡是手性分子一定具有旋光性和对映异构现象。旋光异构体可以用费歇尔投影式表示。旋光异构体用D、L命名法和 R、S 命名法命名。需要根据手性碳原子的数目、手性分子等因素判断旋光异构体的数目，并对其进行命名。

构象异构体是由单键旋转而产生的异构体，它有特殊的意义，大家需要掌握有关结构。

能力检测

能力检测答案

一、名词解释

1. 旋光性　　2. 比旋光度　　3. 对映异构体

4. 非对映异构体　　5. 外消旋体　　6. 内消旋体

二、填空题

1. 有机化合物分子具有旋光性的根本原因是____________________。

2. 海洛因的比旋光度$[\alpha]_D^{20}$（甲醇）$=-166°$，这表示海洛因是一种具有__________活性的化合物；

其旋光方向是________。

3. 手性化合物的旋光方向与其构型________（有或没有）本质联系。

4. 分子若含有两个相同的手性碳原子，其立体异构体的数目为________个。

5. 一对对映异构体性质的最主要差别在于________________。

6. 在某一平面上振动的光称为________。

7. 测定化合物的旋光度用的仪器是________。

8. 一对对映异构体的等量混合物为________。它________旋光性，用符号________表示。

9. 内消旋体和外消旋体都不具有________性。

10. 物质的分子与其镜像不能重合的性质称为________。

11. 使偏振光的振动平面向左旋转的物质叫________，用符号________表示。

12. 使偏振光的振动平面向右旋转的物质叫________，用符号________表示。

三、下列化合物中哪些有旋光性？

1. COOH；H—C—OH；HO—C—H；H—C—OH；COOH

2. CHO；HO—C—H；H—C—OH；CH_2OH

3. NH_2；H—C—CH_3；CH_3

4. C_6H_5；H_3C—C—CH_3；H

四、用顺反命名法和 Z、E 命名法命名下列化合物。

1. 环己烷结构：H、Cl；Cl、H、H、H；H、H

2. H(CH$_3$)C=C(CH$_3$)Cl，即 $\mathrm{H(H_3C)C{=}C(CH_3)Cl}$

参考文献

[1] 彭秀丽，李炎武. 医用化学[M]. 武汉：华中科技大学出版社，2021.

[2] 陈瑛，蔡玉萍. 医用化学[M]. 武汉：华中科技大学出版社，2013.

[3] 陆艳琦. 基础化学[M]. 郑州：郑州大学出版社，2009.

（程　萍）

本章题库

第十四章

含氮有机化合物

学习目标

扫码
看 PPT

掌握：硝基化合物和胺的结构、分类、命名及化学性质。
熟悉：季铵盐和季铵碱的性质、用途及重氮化合物的化学性质。
了解：重氮化合物的制备及重要的偶氮化合物和酰胺化合物。

含氮有机化合物是指分子中含有氮元素的有机化合物。氨基酸以及临床上的许多药物都是含氮有机化合物，本章主要讨论硝基化合物、胺、重氮化合物、偶氮化合物以及酰胺。

第一节　硝基化合物

一、硝基化合物的结构和命名

（一）硝基化合物的结构

烃分子中的氢原子被硝基取代后所形成的化合物，称为硝基化合物，一元硝基化合物的通式为 R—NO_2。硝基化合物的官能团为硝基—NO_2。硝基化合物的结构一般如下：

$$R-N(=O)\rightarrow O \quad 或 \quad R-\overset{+}{N}(=O)-O^-$$

上述结构并未真实反映硝基的成键方式。现代物理学方法测定的结果表明，硝基中两个氮氧键的键长相等，这是因为硝基中氮原子为 sp^2 杂化，三个 sp^2 杂化轨道分别与两个氧原子和一个碳原子形成三个 σ 键，且处于同一平面内，未参与杂化的 p 轨道与两个氧原子的 p 轨道形成共轭体系，因此硝基的结构是对称的。在芳香硝基化合物中，硝基氮、氧上的 p 轨道与苯环上的 p 轨道一起形成一个大的共轭体系。硝基化合物的结构如图 14-1 所示。

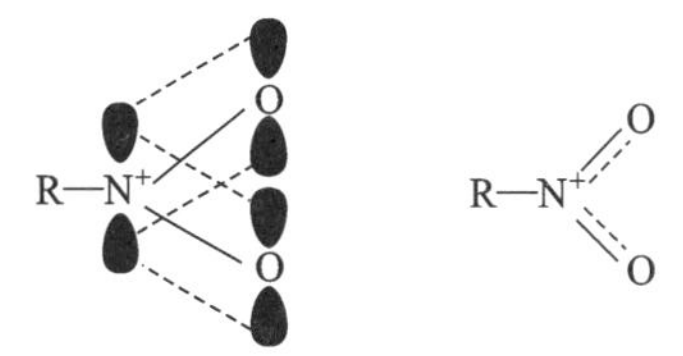

图 14-1　硝基化合物的结构

（二）硝基化合物的分类和命名

根据硝基相连的烃基不同，硝基化合物可分为脂肪族硝基化合物和芳香族硝基化合物；根据硝基数目的不同，硝基化合物又分为一元硝基化合物和多元硝基化合物。

硝基化合物的命名，与卤代烃相似。以烃为母体，将硝基作为取代基，称“硝基某烃”，例如：

$CH_3CH_2—NO_2$ $(CH_3)_2CHNO_2$ $CH_3CH_2CH(NO_2)CH_2CH_3$

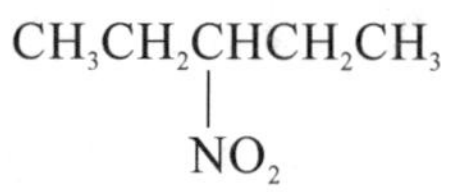

硝基乙烷 硝基异丙烷 3-硝基戊烷

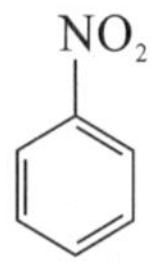

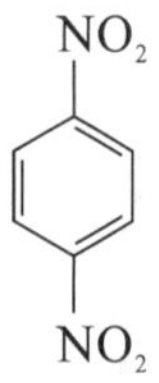

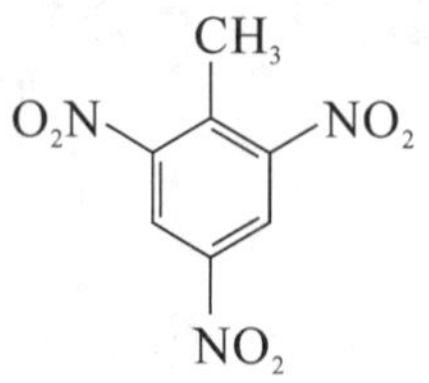

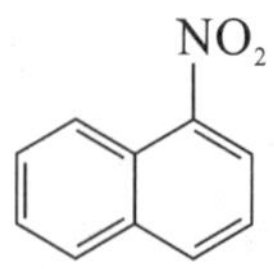

硝基苯 对-二硝基苯 2,4,6-三硝基甲苯 α-硝基萘

二、硝基化合物的性质

脂肪族硝基化合物是无色、具有香味的液体，芳香族硝基化合物多数为淡黄色固体，有苦杏仁味。硝基化合物不溶于水，易溶于有机溶剂。多硝基化合物受热易分解而发生爆炸，使用时要注意安全。大多数硝基化合物可引起肝肾和中枢神经及血液中毒，使用时应特别注意。

硝基化合物的性质取决于硝基，主要有以下性质。

（一）弱酸性

由于—NO_2 具有吸电子作用，脂肪族硝基化合物的 α-氢原子较活泼，可发生类似酮式-烯醇式互变异构，由于烯醇式羟基氢较活泼，呈现出弱酸性，又称为假酸式。

$$R—CH_2—N(=O)\rightarrow O \rightleftharpoons R—CH=N(—OH)\rightarrow O$$

硝基式 假酸式

例如：	CH_3NO_2	$CH_3CH_2NO_2$	$CH_3CH_2NO_2$
pK_a：	10.2	8.5	7.8

含有 α-氢原子的硝基化合物与 NaOH 溶液作用生成钠盐而溶于水。钠盐酸化后，又可重新生成硝基化合物。

$$RCH_2NO_2+NaOH \longrightarrow [RCHNO_2]^-Na^+ +H_2O$$
$$[RCHNO_2]^-Na^+ +HCl \longrightarrow RCH_2NO_2+NaCl$$

无 α-氢原子的硝基化合物则不溶于氢氧化钠溶液。利用此性质可判断及分离不同结构的硝基化合物。

含有 α-氢原子的伯硝基或仲硝基化合物，在碱性条件下能与醛或酮发生羟醛缩合反应，例如：

$$C_6H_5—CHO + CH_3NO_2 \xrightarrow[\triangle]{C_2H_5ONa} C_6H_5—CH=CHNO_2$$

（二）氧化性

在催化氢化或较强的还原剂作用下，芳香族硝基化合物被还原成相应的芳香胺，硝基（—NO_2）直接转化为氨基（—NH_2）。但是还原条件不同得到的还原产物不同，常用的还原剂是金属加酸，金属用铁、锌或锡，酸用盐酸、硫酸或醋酸等。

例如，在酸性介质中，硝基苯被还原生成苯胺。

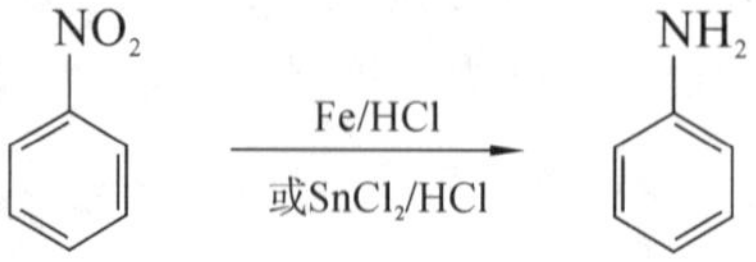

$$C_6H_5NO_2 \xrightarrow[\text{或}SnCl_2/HCl]{Fe/HCl} C_6H_5NH_2$$

苯胺

在中性介质中，硝基苯被还原生成羟基苯胺。

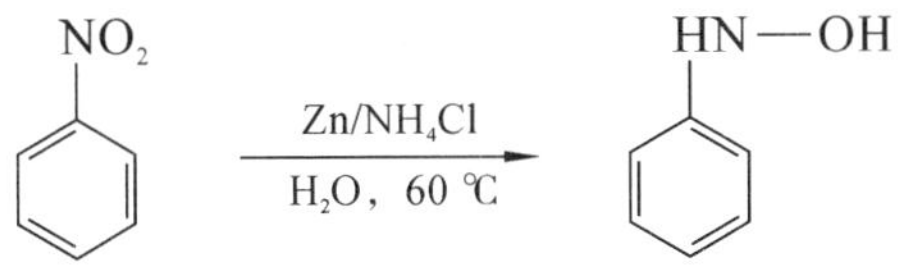

$$C_6H_5NO_2 \xrightarrow[H_2O，60\ ℃]{Zn/NH_4Cl} C_6H_5NH{-}OH$$

在碱性介质中，硝基苯被还原生成偶氮苯、氢化偶氮苯。氢化偶氮苯继续被还原生成苯胺。

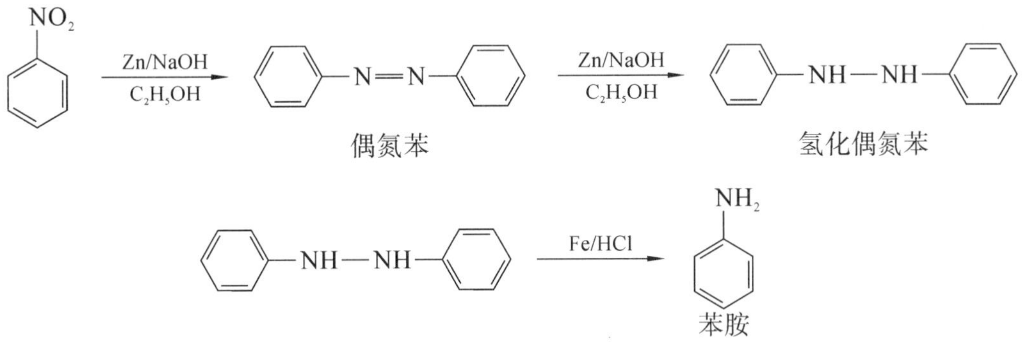

$$C_6H_5NO_2 \xrightarrow[C_2H_5OH]{Zn/NaOH} C_6H_5{-}N{=}N{-}C_6H_5 \xrightarrow[C_2H_5OH]{Zn/NaOH} C_6H_5{-}NH{-}NH{-}C_6H_5$$

偶氮苯　　　　氢化偶氮苯

$$C_6H_5{-}NH{-}NH{-}C_6H_5 \xrightarrow{Fe/HCl} C_6H_5NH_2$$

苯胺

硝基化合物用催化氢化法进行还原，生成相应的伯胺。例如：

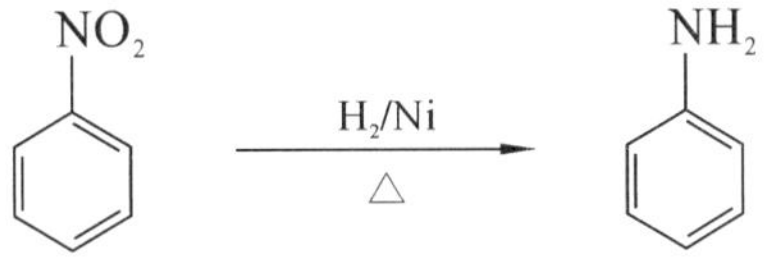

$$C_6H_5NO_2 \xrightarrow[\triangle]{H_2/Ni} C_6H_5NH_2$$

（三）硝基对芳环的影响

1. 取代反应

硝基是一个强吸电子基团，使苯环的电子云密度降低，尤其是硝基邻、对位上的电子云密度比间位降低得更加明显，它的邻、对位成了易受亲核试剂攻击的中心。而亲电取代主要发生在间位上，取代反应速率比苯慢。例如硝基苯的溴化、硝化、磺化都比苯困难得多，需要在较高的温度下才能发生。

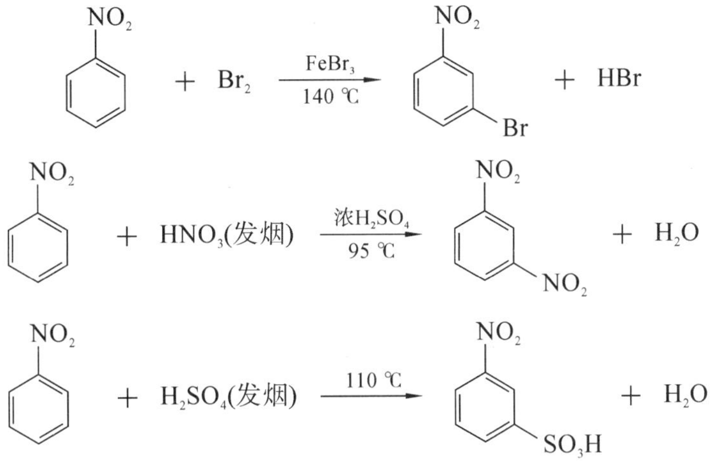

$$C_6H_5NO_2 + Br_2 \xrightarrow[140\ ℃]{FeBr_3} m\text{-}BrC_6H_4NO_2 + HBr$$

$$C_6H_5NO_2 + HNO_3(发烟) \xrightarrow[95\ ℃]{浓H_2SO_4} m\text{-}C_6H_4(NO_2)_2 + H_2O$$

$$C_6H_5NO_2 + H_2SO_4(发烟) \xrightarrow{110\ ℃} m\text{-}HO_3SC_6H_4NO_2 + H_2O$$

由于硝基的影响，硝基的邻、对位上容易发生亲核取代反应，芳环上的硝基越多，这种影响越大。例如，直接连接在芳环上的卤素较稳定，在通常情况下，即使将氯苯和氢氧化钠溶液一起煮沸几天也很难生成苯酚，必须在高温、高压下才能反应。

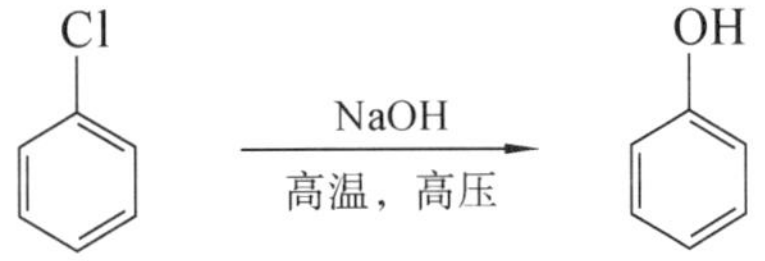

$$C_6H_5Cl \xrightarrow[高温，高压]{NaOH} C_6H_5OH$$

如在氯原子的邻或对位上引入硝基，则提高了氯原子的活性，使芳环亲核取代反应容易发生：

$$\text{4-ClC}_6\text{H}_4\text{NO}_2 \xrightarrow[130\ ℃]{Na_2CO_3溶液} \text{4-HOC}_6\text{H}_4\text{NO}_2$$

$$\text{2,4-(NO}_2)_2\text{C}_6\text{H}_3\text{Cl} \xrightarrow[100\ ℃]{Na_2CO_3溶液} \text{2,4-(NO}_2)_2\text{C}_6\text{H}_3\text{OH}$$

$$\text{2,4,6-(NO}_2)_3\text{C}_6\text{H}_2\text{Cl} \xrightarrow[温热]{Na_2CO_3溶液} \text{2,4,6-(NO}_2)_3\text{C}_6\text{H}_2\text{OH}$$

2. 硝基对酚、羧酸酸性的影响

硝基强吸电子效应能使酚的酸性增强，特别是邻、对位上的硝基，对酚羟基的酸性影响较大，并且苯环上硝基数目越多，影响越大。例如：

	苯酚	邻硝基苯酚	对硝基苯酚	间硝基苯酚	2,4-二硝基苯酚	2,4,6-三硝基苯酚
pK_a:	10.0	7.21	7.16	8.0	4.09	0.71

硝基对苯环上羧基酸性的影响与对酚的影响相似。例如：

	苯甲酸	邻硝基苯甲酸	对硝基苯甲酸	间硝基苯甲酸
pK_a:	4.17	2.21	3.40	3.46

三、医药中重要的芳香族硝基化合物

（一）硝基苯（$C_6H_5NO_2$）

硝基苯是有苦杏仁气味的淡黄色油状液体，熔点为 5.7 ℃，沸点为 210.8 ℃，其蒸气有毒。它不溶于水，而溶于多种有机溶剂，是合成解热镇痛药扑热息痛的原料。

（二）2，4，6-三硝基苯酚（$C_6H_3N_3O_7$）

2,4,6-三硝基苯酚俗称苦味酸，为黄色晶体，熔点为 122 ℃，温度大于 300 ℃时能发生爆炸。2,4,6-三硝基苯酚溶于热水、乙醇和乙醚。其结构式如下：

$$\text{2,4,6-(O}_2\text{N)}_3\text{C}_6\text{H}_2\text{OH}$$

2,4,6-三硝基苯酚是一种强酸，其酸性与无机酸相近，能与有机碱生成难溶性的苦味酸盐晶体，或形成稳定的复盐。2,4,6-三硝基苯酚有杀菌止痛功能，在医药上用来处理烧伤。它可凝固蛋白质，可作为蛋白质的沉淀剂。

（三）4-**硝基甲苯**（$C_7H_7NO_2$）

4-硝基甲苯是黄色斜方立面晶体，熔点为 51.7 ℃，沸点为 238.5 ℃。4-硝基甲苯易燃，不溶于水，易溶于乙醇、乙醚和苯。其结构式如下：

$H_3C-C_6H_4-NO_2$

4-硝基甲苯是合成局部麻醉药盐酸普鲁卡因的原料。

第二节　胺

胺可以看作氨分子中的氢原子被烃基取代后的衍生物。许多药物分子中含有氨基或取代氨基。

一、胺的结构、分类和命名

（一）胺的结构

胺的结构与氨相似，氮原子以三个 sp^3 杂化轨道与氢原子和碳原子形成三个 σ 键，键角约为 108°，氮原子上孤对电子占据一个 sp^3 杂化轨道，形成棱锥形结构，如图 14-2 所示。

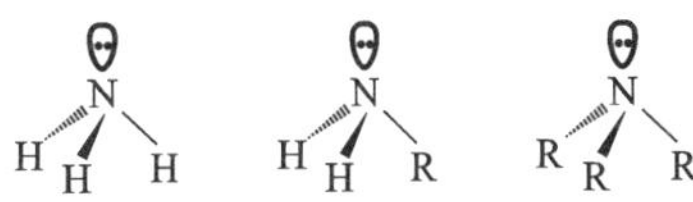

图 14-2　胺的结构

（二）胺的分类

（1）根据胺分子中氮原子所连烃基的种类不同，胺可分为脂肪胺和芳香胺。例如：

脂肪胺：

$CH_3CH_2NH_2$　　$C_6H_5-CH_2NH_2$

乙胺　　苯甲胺（苄胺）

芳香胺：氮原子直接与芳环相连。

$C_6H_5-NH_2$　　$C_6H_5-NHCH_3$

苯胺　　N-甲基苯胺

（2）根据氮原子所连烃基的数目不同，胺可分为伯胺、仲胺、叔胺。

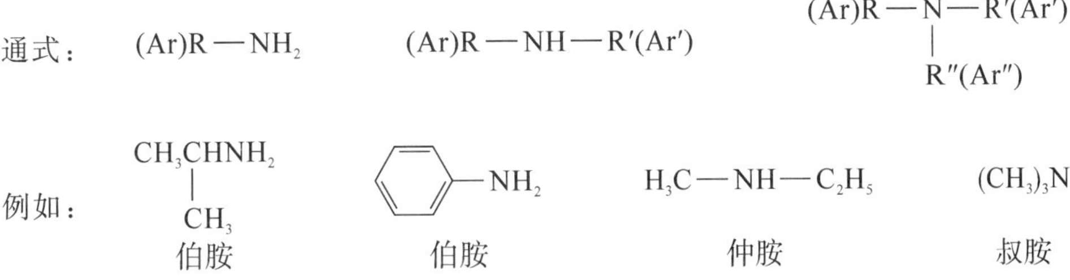

注意：伯胺、仲胺、叔胺与伯醇、仲醇、叔醇的分类是不同的。例如：

$(CH_3)_3C-OH$　　$(CH_3)_3C-NH_2$

叔丁醇（叔醇）　　叔丁胺（伯胺）

如果铵盐和氢氧化铵的四个氢分别被四个烃基取代，则称为季铵盐或季铵碱。

季铵盐：$[R_4N]^+X^-$　例如：氯化四甲铵$[(CH_3)_4N]^+Cl^-$

季铵碱：$[R_4N]^+OH^-$　例如：氢氧化四甲铵$[(CH_3)_4N]^+OH^-$

(3) 根据氨基的数目不同，胺可分为一元胺、二元胺和多元胺。例如：

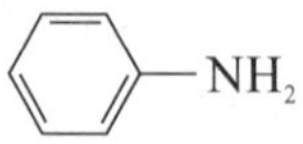

$C_6H_5-NH_2$　　$H_2N-CH_2-CH_2-NH_2$

一元胺　　二元胺

（三）胺的命名

1. 简单胺的命名

简单的胺用烃基后加胺字命名，若氮原子上连有相同烃基用数字“二”“三”表示相同烃基的数目；若烃基不同，则按基团由小到大顺序写出。例如：

$CH_3CH_2NH_2$　乙胺

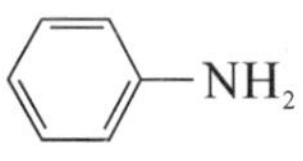

$C_6H_5-NH_2$　苯胺

$CH_3CH(CH_3)NH_2$　异丙胺

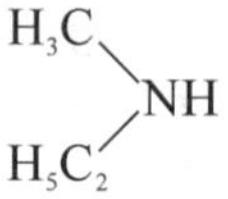

$(H_3C)(H_5C_2)NH$　甲乙胺

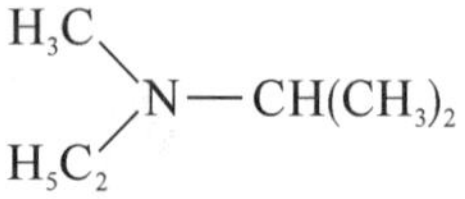

$(H_3C)(H_5C_2)N-CH(CH_3)_2$　甲乙异丙基胺

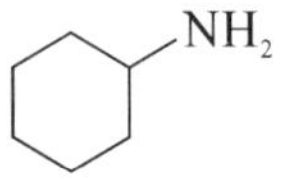

环己胺 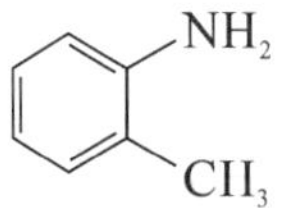　邻甲基苯胺 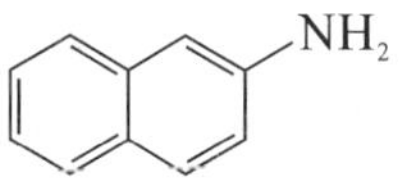　β-萘胺 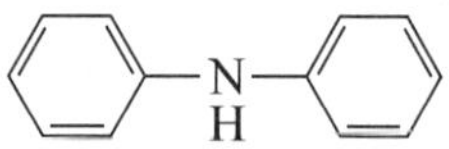　二苯胺

当芳香胺的氮原子上同时连脂肪烃基时，则以芳胺为母体，并在脂肪烃基名称前面冠以“N”字，以表示这个脂肪烃基连在氮原子上，而不是连在芳环上。例如：

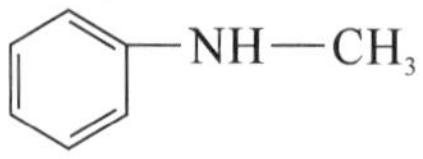

$C_6H_5-NH-CH_3$　N-甲基苯胺

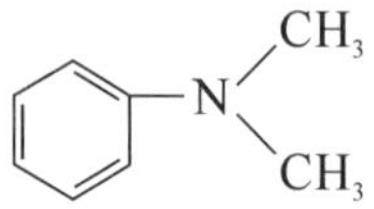

$C_6H_5-N(CH_3)_2$　N,N-二甲基苯胺

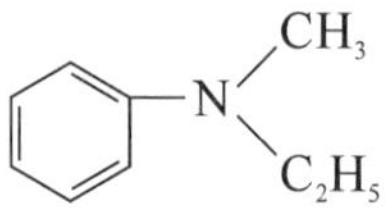

$C_6H_5-N(CH_3)(C_2H_5)$　N-甲基-N-乙基苯胺

2. 复杂胺的命名

对于复杂的胺，则以烃基为母体，氨基作为取代基来命名。例如：

$CH_3CH(NH_2)CH_2CH_2CH_3$　2-氨基戊烷

$CH_3CH(NH_2)CH_2CH(CH_3)CH_2CH_3$　2-氨基-4-甲基己烷

3. 多元胺的命名类似多元醇

例如：

$H_2NCH_2CH_2NH_2$　乙二胺

$CH_3CH(NH_2)CH_2CH(NH_2)CH_3$　2,4-戊二胺

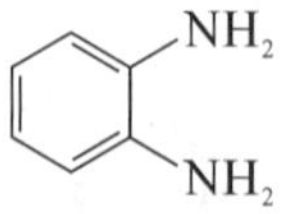

$C_6H_4(NH_2)_2$　邻苯二胺

二、胺的性质

（一）物理性质

胺与氨，除前者易燃烧外，性质相似。甲胺、二甲胺、三甲胺和乙胺等低级脂肪胺在室温下是气体，丙胺以上为易挥发的液体，十二胺以上为固体。低级胺的气味与氨相似，三甲胺具有鱼腥味。丁

二胺和戊二胺等二元胺有动物尸体腐败后的特殊气味。低级伯胺、仲胺、叔胺都有较好的水溶性。因为它们都能与水形成氢键，随着相对分子质量的增加，其水溶性迅速减小。

芳香胺是无色高沸点的液体或低熔点的固体，有难闻的气味，并有毒性。β-萘胺与联苯胺是引发恶性肿瘤的物质，使用时应注意安全。

（二）化学性质

胺与氨相似，它的化学性质主要取决于氮原子上的未共用电子对。

1. 碱性及成盐

胺与氨相似，胺在水溶液中呈碱性。是因为胺分子中氮原子上的孤对电子能接受质子，因此胺呈碱性，能与酸作用生成盐。

$$(Ar)R—NH_2 + H_2O \rightleftharpoons (Ar)R—NH_3^+ + OH^-$$

$$(Ar)R—NH_2 + HCl \longrightarrow (Ar)R—NH_2 \cdot HCl$$

铵盐一般是有一定熔点的结晶性固体，易溶于水，在制药过程中，常将含有氨基的难溶于水的药物，制成可溶性的铵盐。例如：将局部麻醉药普鲁卡因制成水溶性的盐酸盐，以供药用。

$$H_2N—C_6H_4—COCH_2CH_2N(C_2H_5)_2 \cdot HCl$$

（—CO— 为 C=O）

盐酸普鲁卡因

胺的碱性不强，一般只能与强酸作用生成铵盐，当铵盐遇强碱时又能游离出原来的胺。例如：

$$C_6H_5—NH_2 + HCl \longrightarrow C_6H_5—NH_2 \cdot HCl$$

$$C_6H_5—NH_2 \cdot HCl + NaOH \longrightarrow C_6H_5—NH_2 + NaCl + H_2O$$

$$C_6H_5—NH_2 + HCl \longrightarrow C_6H_5—NH_2 \cdot HCl$$

$$C_6H_5—NH_2 \cdot HCl + NaOH \longrightarrow C_6H_5—NH_2 + NaCl + H_2O$$

可用此性质鉴别、分离和提纯胺类化合物。

胺的碱性强弱受电子效应和空间效应两个方面因素的影响，即氨基氮原子上的电子云密度受所连烃基电子效应的影响，而氮原子所连烃基的数目决定氮原子周围空间位阻。综合两个方面的效应，胺的碱性强弱顺序：脂肪胺＞氨＞芳香胺。

对于脂肪胺，与氮原子相连的烷基是斥电子基，使氮原子的电子云密度增加，所以脂肪胺氮原子接受质子的能力比 NH_3 强，碱性比 NH_3 强。氮原子上所连的烷基越多，氮原子上的电子云密度越大，但当氮原子上连有三个烷基时，烷基占据的空间位置大，即空间位阻增大，质子难接近氮原子，此时空间位阻效应占主导地位，使得脂肪叔胺的碱性反而比脂肪伯胺和仲胺弱。综合两个方面的影响，脂肪胺碱性强弱的次序：仲胺＞伯胺＞叔胺＞氨。

例如：	二甲胺	＞	甲胺	＞	三甲胺	＞	氨
pK_b：	3.27		3.36		4.24		4.75

苯胺（$pK_b = 9.28$）的碱性比 NH_3 弱得多，是由于苯胺氮原子的孤对电子与苯环 p-π 共轭，使氮原子的电子云密度降低，氮原子接受质子能力降低。

2. 氧化反应

胺易被氧化，特别是芳胺，在空气中长期放置，则被空气氧化成黄、红、棕色的复杂氧化物。例如：

$$\text{C}_6\text{H}_5\text{NH}_2 \xrightarrow{[O]} \text{O=C}_6\text{H}_4\text{=O}$$

对苯醌

因此,在化学反应中,如果要氧化芳胺环上其他基团,必须先保护氨基,以免氨基被氧化。

3. 酰化反应

伯胺、仲胺与酰化剂(如酰卤、酸酐等)作用,氮原子上的氢被酰基取代生成酰胺,此反应称为酰化反应。例如:

$$C_6H_5\text{—}NH_2 + CH_3\overset{O}{\overset{\|}{C}}\text{—}Cl \longrightarrow C_6H_5\text{—}NH\overset{O}{\overset{\|}{C}}CH_3 + HCl$$

乙酰氯　　　乙酰苯胺

$$CH_3NH_2 + CH_3\overset{O}{\overset{\|}{C}}\text{—}O\text{—}\overset{O}{\overset{\|}{C}}CH_3 \longrightarrow CH_3NH\text{—}\overset{O}{\overset{\|}{C}}CH_3 + CH_3COOH$$

乙酸酐　　　N-甲基乙酰胺

叔胺的氮上因无氢原子,不能发生此反应。

酰化反应生成的酰胺大多是结晶性固体,比较稳定,在化学上常用于鉴别伯胺、仲胺以及保护活泼氨基在化学反应中不被氧化。酰胺毒性小,因此酰化反应在制药工业上意义重大。

伯胺、仲胺也可以和苯磺酰氯发生磺酰化反应(氨基上的氢原子被苯磺酰基取代)。例如:

$$C_6H_5\text{—}SO_2Cl + H_2N\text{—}R \longrightarrow C_6H_5\text{—}SO_2\text{—}NH\text{—}R + HCl$$

苯磺酰氯　　伯胺　　苯磺酰(伯)胺

$$C_6H_5\text{—}SO_2Cl + HN\begin{matrix}R\\R'\end{matrix} \longrightarrow C_6H_5\text{—}SO_2\text{—}N\begin{matrix}R\\R'\end{matrix} + HCl$$

苯磺酰氯　　仲胺　　苯磺酰(仲)胺

$$C_6H_5\text{—}SO_2\text{—}NH\text{—}R \underset{HCl}{\overset{NaOH}{\rightleftharpoons}} C_6H_5\text{—}SO_2\text{—}\underset{R}{\underset{|}{N}}Na$$

不溶于水的固体　　苯磺酰(伯)胺钠盐(溶于水)

伯胺反应产生的磺酰胺不溶于水,但溶于 NaOH 水溶液。仲胺反应产生的磺酰胺既不溶于水,也不溶于 NaOH 水溶液。叔胺不反应。利用这些性质来鉴别和分离伯胺、仲胺、叔胺,该法称为兴斯堡(Hinsberg)测试法。

4. 与亚硝酸的反应

胺与亚硝酸反应,不同的胺反应的现象和产物不同,可根据反应现象来鉴别伯胺、仲胺和叔胺。亚硝酸易分解,只能在反应过程中由亚硝酸钠与盐酸作用产生。

(1) 伯胺:脂肪伯胺与亚硝酸在常温下作用,定量放出氮气并生成醇、烯、卤代烃等化合物。根据生成氮气的量,可以定量分析脂肪伯胺。

$$RNH_2 \xrightarrow{NaNO_2+HCl} N_2\uparrow + \text{醇、烯、卤代烃}$$

芳香伯胺在低温及强酸性溶液中与亚硝酸反应,生成重氮盐,这类反应称为重氮化反应。例如:

$$C_6H_5NH_2 \xrightarrow[0\sim5\ ^\circ C]{NaNO_2,\ HCl} C_6H_5\overset{+}{N}\equiv NCl^- + NaCl + H_2O$$

氯化重氮苯

重氮盐可溶于水，低温下较稳定，温度升高时，重氮盐分解成酚和氮气。例如：

$$C_6H_5\overset{+}{N}\equiv NCl^- + H_2O \xrightarrow[\triangle]{H^+} C_6H_5OH + N_2\uparrow + HCl$$

一般干燥的重氮盐不稳定，易爆炸，故制备后直接在水溶液中应用。

（2）仲胺：脂肪仲胺或芳香仲胺与亚硝酸反应均生成 N-亚硝基胺，N-亚硝基胺为不溶于水的黄色油状液体或固体。例如：

$$(CH_3)_2NH + HNO_2 \longrightarrow (CH_3)_2N-NO + H_2O$$

N-亚硝基二甲胺（黄色油状液体）

$$C_6H_5NHCH_3 + HNO_2 \longrightarrow C_6H_5N(NO)CH_3 + H_2O$$

N-亚硝基-N-甲基苯胺（棕黄色）

（3）叔胺：脂肪叔胺因氮原子上无氢原子，只能与亚硝酸形成水溶性的亚硝酸盐。脂肪叔胺的亚硝酸盐与碱作用，可得到游离的脂肪叔胺。例如：

$$(CH_3)_3N + HNO_2 \longrightarrow [(CH_3)_3\overset{+}{N}H]NO_2^-$$

芳香叔胺由于氨基的活化作用使苯环上电子云密度增高，与亚硝酸反应时，苯环上的氢被亚硝基取代，生成氨基对位或邻位的亚硝基物。例如：

$$(H_3C)_2N-C_6H_5 + HNO_2 \longrightarrow (H_3C)_2N-C_6H_4-NO$$

对亚硝基-N,N-二甲基苯胺（绿色结晶）

亚硝基芳香叔胺在碱性溶液中呈翠绿色，在酸性溶液中由于互变成醌式盐而呈橘黄色。

$$(H_3C)_2N-C_6H_4-NO \underset{OH^-}{\overset{H^+}{\rightleftharpoons}} (H_3C)_2N=C_6H_4=NOH$$

（翠绿色）　　（橘黄色）

知识链接

N-亚硝基化合物——致癌物质

实验发现 N-亚硝基化合物能诱发各种组织器官的肿瘤，以肝、食管和胃为主要靶器官。食物中摄取的亚硝酸盐，在胃内与胺类物质反应极易形成 N-亚硝胺。N-亚硝基化合物在天然食物中的含量极微。目前发现含 N-亚硝基化合物较多的食品：烟熏鱼、腌制鱼、腊肉、火腿、腌酸菜等。食物中常见的 N-亚硝基化合物多有挥发性，加热煮沸时随水蒸气一起挥发，同时可加快分解使其失去致癌作用。一般煮沸 15～20 min，即可消除食物中绝大部分亚硝基化合物。同时少吃腌制食品、提高维生素 C 摄入量，可减少亚硝基化合物对人体的危害。

因此，利用以上与亚硝酸反应的不同现象和不同产物，可鉴别伯胺、仲胺、叔胺。

5. 芳环上的取代反应

氨基是很强的活化苯环的邻、对位定位基，所以芳胺的邻、对位易发生亲电取代反应。如：卤代反应、硝化反应、磺化反应。

(1) 卤代反应：苯胺与溴水作用，在室温下立即生成2,4,6-三溴苯胺白色沉淀。

$$C_6H_5NH_2 + Br_2 \xrightarrow[\text{室温}]{H_2O} \text{2,4,6-三溴苯胺}\downarrow + HBr$$

（白色）

此反应可用于苯胺的定性或定量分析。

氨基被酰基化后，对苯环的致活作用减弱了，可以得到溴代产物，再水解除去酰基，得一溴苯胺主产物。例如：

$$C_6H_5NH_2 \xrightarrow{(CH_3CO)_2O} C_6H_5NHCOCH_3 \xrightarrow{Br_2} p\text{-}BrC_6H_4NHCOCH_3 \xrightarrow[H_2O,\ \triangle]{H^+} p\text{-}BrC_6H_4NH_2$$

(2) 硝化反应：苯胺不能直接硝化，因为苯胺分子中的氨基易被氧化，应将氨基保护起来，再进行硝化。根据产物的不同要求，选择不同的保护方法。

如果要得到对硝基苯胺，一般先将氨基酰基化，而不改变定位效应，再硝化，最后水解除去酰基，得到对硝基苯胺。例如：

$$C_6H_5NH_2 \xrightarrow{(CH_3CO)_2O} C_6H_5NHCOCH_3 \xrightarrow[H_2SO_4]{HNO_3} p\text{-}O_2NC_6H_4NHCOCH_3 \xrightarrow[H^+\text{或}OH^-]{H_2O,\ \triangle} p\text{-}O_2NC_6H_4NH_2$$

如果要得到间硝基苯胺，应将氨基保护为间位定位基。通常将苯胺溶于浓硫酸中，形成苯胺硫酸盐，因铵根离子是间位定位基，取代反应发生在其间位，最后与碱液作用，游离出氨基，得到间硝基苯胺。例如：

$$C_6H_5NH_2 \xrightarrow{H_2SO_4} C_6H_5\overset{+}{N}H_3HSO_4^- \xrightarrow{HNO_3} m\text{-}O_2NC_6H_4\overset{+}{N}H_3HSO_4^- \xrightarrow{NaOH} m\text{-}O_2NC_6H_4NH_2$$

(3) 磺化反应：苯胺溶于浓硫酸中，首先生成苯胺硫酸盐，在高温下苯胺硫酸盐脱水并发生分子内重排，生成对氨基苯磺酸。例如：

$$C_6H_5NH_2 \xrightarrow{H_2SO_4} C_6H_5NH_2\cdot H_2SO_4 \xrightarrow[200\ ℃]{-H_2O} [C_6H_5NHSO_3H] \xrightarrow{\text{重排}} p\text{-}HO_3SC_6H_4NH_2$$

对氨基苯磺酸分子内同时存在碱性氨基和酸性磺酸基，可形成内盐。例如：

$$\text{p-}H_2N-C_6H_4-SO_3H \longrightarrow \text{p-}H_3\overset{+}{N}-C_6H_4-SO_3^-$$

三、季铵盐和季胺碱

（一）季铵盐

叔胺与卤代烷作用，生成季铵盐。例如：

$$R_3N + RX \longrightarrow [R_4\overset{+}{N}]X^-$$

季铵盐是白色晶体，为离子型化合物，能溶于水，不溶于非极性有机溶剂。季铵盐对热不稳定，加热后易分解成叔胺和卤代烃。

季铵盐与伯胺、仲胺、叔胺的盐不同，它与强碱作用时，不能使胺游离出来，而是得到含有季铵碱的平衡混合物。若用湿氧化银处理季铵盐，则生成季铵碱。例如：

$$[R_4\overset{+}{N}]X^- + Ag_2O + H_2O \longrightarrow [R_4\overset{+}{N}]OH^- + AgX\downarrow$$

季铵盐的用途广泛，具有长链的季铵盐有表面活性作用，常用作阳离子表面活性剂，具有去污、杀菌和抗静电能力。

（二）季铵碱

季铵碱因在水中可完全电离，因此是强碱，其碱性与氢氧化钠相当。季铵碱易溶于水，易吸收空气中的二氧化碳，易潮解。

季铵碱对热不稳定，当加热到 100 ℃以上时，季铵碱分解，生成叔胺。如：

$$(CH_3)_4\overset{+}{N}OH^- \xrightarrow{\triangle} (CH_3)_3N + CH_3OH$$

氢氧化四甲铵

季铵碱分子中有含 β-H 的烷基时，加热分解并发生消除反应，生成叔胺、烯烃和水。例如：

$$[H_3CH_2CH_2C-\overset{+}{N}(CH_3)_3]OH^- \xrightarrow{\triangle} (CH_3)_3N + CH_3CH{=}CH_2 + H_2O$$

氢氧化三甲丙铵

四、医药中常见的胺

（一）苯胺（$C_6H_5NH_2$）

苯胺存在于煤焦油中，是油状液体，沸点为 184 ℃，微溶于水，易溶于有机溶剂。苯胺有毒，应避免接触皮肤或吸入其蒸气。新蒸馏的苯胺无色，长期存放后因苯胺易被氧化成醌类、偶氮化合物等而变黄色、红色或棕色，所以久置的苯胺应在锌粉存在下蒸馏后使用。苯胺一般由硝基苯在铁和酸存在下还原制备，主要用于合成药物、染料、炸药等。

（二）胆碱（$[HOCH_2CH_2\overset{+}{N}(CH_3)_3]OH^-$）

胆碱是广泛分布于生物体内的一种季铵碱，因其最初是在胆汁中发现的，故名胆碱。其结构式为 $[HOCH_2CH_2\overset{+}{N}(CH_3)_3]OH^-$。胆碱是易吸湿的白色结晶，易溶于水和醇。通常以结合状态存在于生物体细胞中，胆碱是 α-卵磷脂的组成部分，能调节脂肪代谢。临床上用胆碱治疗肝炎、肝中毒等疾病。胆碱广泛存在于各种食物中，特别是肝脏、花生、蔬菜中含量较高。胆碱分子中羟基氢被乙酰基取代生成的酯，称为乙酰胆碱。乙酰胆碱结构式如下：

$$[CH_3COOCH_2CH_2-\overset{\overset{\displaystyle CH_3}{|}}{\underset{\underset{\displaystyle CH_3}{|}}{N}}-CH_3]^+OH^-$$

乙酰胆碱存在于相邻的神经细胞之间，是一种具有显著生理作用的神经传导物质。

（三）新洁尔灭

消毒用的新洁尔灭的化学名是溴化二甲基十二烷基苄基铵，它是一种季铵盐，为阳离子表面活性剂。其结构式如下：

$$\left[C_6H_5CH_2-\overset{\overset{\displaystyle CH_3}{|}}{\underset{\underset{\displaystyle CH_3}{|}}{N}}-C_{12}H_{25}\right]^+ Br^-$$

新洁尔灭常温下为微黄色黏稠液体，具有乳化脂肪和去除污渍的作用，能渗入细胞内部，引起细胞破裂或溶解，起到抑菌或杀菌作用，其0.1%的溶液，在临床上用于皮肤、黏膜、创面、器皿及术前的消毒。

（四）肾上腺素和去甲肾上腺素

肾上腺素和去甲肾上腺素是肾上腺髓质所分泌的两种激素，它们具有酚和胺的一般性质，日光、空气都会使它们氧化成红色，甚至棕色，因此宜避光、密闭保存于阴凉处。其结构式如下：

3,4-二羟基苯基-$CH(OH)CH_2NHCH_3$（HO—、OH 位于苯环上）

肾上腺素

3,4-二羟基苯基-$CH(OH)CH_2NH_2$（HO—、OH 位于苯环上）

去甲肾上腺素

它们的主要作用是收缩血管、升高血压、舒张支气管、加速心率、加强心肌收缩力等，临床上用作升压药、平喘药、抗心律失常药。

第三节　重氮化合物和偶氮化合物

重氮化合物和偶氮化合物分子中都含有—N═N—官能团。当—N═N—的一端连烃基，另一端与其他基团相连时，称为重氮化合物。当—N═N—的两边均与烃基相连时，称为偶氮化合物。重氮化合物和偶氮化合物中，以芳香族的较为重要，故只讨论芳香族重氮化合物和偶氮化合物。

一、重氮化合物

（一）重氮盐的命名

重氮盐的命名方法与盐的命名相似，先命名阴离子，然后命名重氮基。例如：

$C_6H_5-\overset{+}{N}\equiv NCl^-$

氯化重氮苯

$C_6H_5-\overset{+}{N}\equiv NHSO_4^-$

硫酸重氮苯

（二）重氮盐的生成

重氮化合物中最重要的是芳香重氮盐类。芳香重氮盐是由芳香伯胺在低温下及强酸性水溶液中与亚硝酸作用生成的，此反应称为重氮化反应。例如：

$$C_6H_5-NH_2 \xrightarrow[0\sim5\ ℃]{NaNO_2,\ HCl} C_6H_5-\overset{+}{N}\equiv NCl^- + NaCl + H_2O$$

重氮盐在水溶液中和低温时比较稳定，干燥的重氮盐在受热或震动时容易爆炸。故在实际应用中，不把重氮盐分离出来，而是直接使用重氮盐水溶液。

（三）重氮盐的性质

重氮盐的化学性质很活泼，可发生许多反应。重要的有取代反应和偶联反应。

1. 取代反应

重氮盐分子中的重氮基可被其他原子或原子团取代，同时放出氮气。例如：

$$C_6H_5-\overset{+}{N}\equiv NCl^- \xrightarrow[\triangle]{H_2O,\ H^+} C_6H_5-OH + N_2\uparrow$$

$$C_6H_5-\overset{+}{N}\equiv NCl^- \xrightarrow[\triangle]{Cu_2Cl_2,\ HCl} C_6H_5-Cl + N_2\uparrow$$

$$C_6H_5-\overset{+}{N}\equiv NCl^- \xrightarrow[\triangle]{Cu_2CN_2,\ KCN} C_6H_5-CN + N_2\uparrow$$

重氮盐的取代反应在芳香化合物的合成中具有重要意义，可以向芳环上引入一些难以引入的基团。

2. 偶联反应

重氮盐在低温下与酚或芳胺作用，生成偶氮化合物的反应，称为偶联反应。例如：

$$C_6H_5-\overset{+}{N}\equiv NCl^- + C_6H_5-OH \xrightarrow{弱碱性} C_6H_5-N=N-C_6H_4-OH + HCl$$

对羟基偶氮苯（橘黄色）

偶联反应是带正电荷的重氮基作为弱的亲电试剂，与活泼芳环发生的亲电取代反应。由于羟基或氨基对位的电子云密度较高而且空间位阻小，因此偶联一般发生在羟基或氨基的对位。

$$C_6H_5-\overset{+}{N}\equiv NCl^- + C_6H_5-N(CH_3)_2 \xrightarrow{弱酸性} C_6H_5-N=N-C_6H_4-N(CH_3)_2 + HCl$$

对二甲氨基偶氮苯（黄色）

若对位被取代基占据，则偶联反应发生在邻位，若邻、对位均被取代基占据，则不发生偶联反应。

偶联反应需要适宜的 pH 条件，与酚反应的适宜 pH 为 8～9，与芳胺反应的适宜 pH 为 5～7。

3. 还原反应

重氮盐在还原剂的作用下，重氮基被还原，生成苯肼。常用的还原剂有氯化亚锡、亚硫酸钠、亚硫酸氢钠、硫代硫酸钠等。实验室及工业制备苯肼就是采用这种方法。例如：

$$C_6H_5-\overset{+}{N}\equiv NCl^- \xrightarrow{SnCl_2,\ HCl} C_6H_5-NHNH_2\cdot HCl \xrightarrow{OH^-} C_6H_5-NHNH_2$$

盐酸苯肼　　　　苯肼

二、偶氮化合物

—N ═N—的两边都与烃基相连的化合物称为偶氮化合物。例如：

$H_3C—N═N—CH_3$ 偶氮甲烷

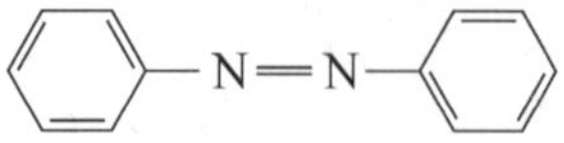

$C_6H_5—N═N—C_6H_5$ 偶氮苯

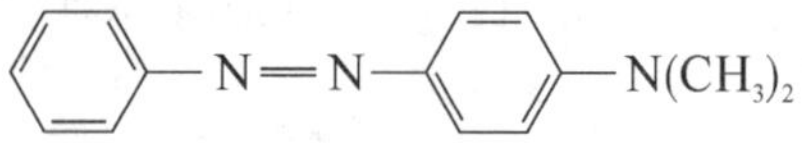

$C_6H_5—N═N—C_6H_4—N(CH_3)_2$ 对二甲氨基偶氮苯

芳香族偶氮化合物都具有颜色，可广泛用作染料，称为偶氮染料。偶氮染料是合成染料中品种最多的一种，颜色以黄、橙、红、蓝品种为多，一些染料可作为药品、食品的色素添加剂。例如：

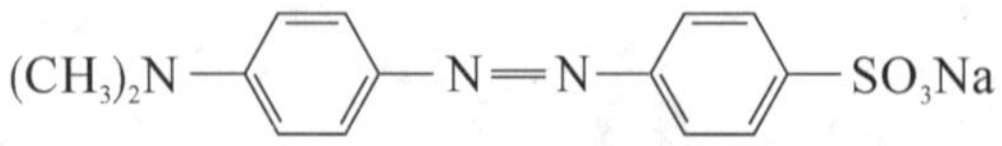

$(CH_3)_2N—C_6H_4—N═N—C_6H_4—SO_3Na$

甲基橙（酸碱指示剂）

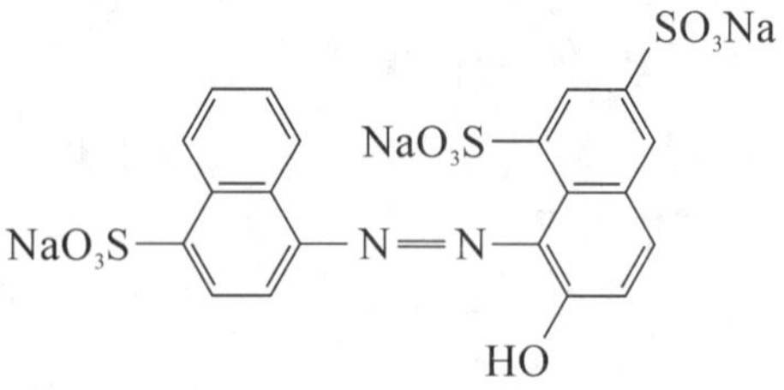

SO_3Na、NaO_3S、NaO_3S、$N═N$、HO

胭脂红（食用色素）

第四节　酰　　胺

一、酰胺的结构和命名

（一）酰胺的结构

酰胺可看作羧酸分子中羟基被氨基或烃氨基取代后的化合物，也可看作氨或胺分子中的氢被酰基取代后的化合物。其通式如下：

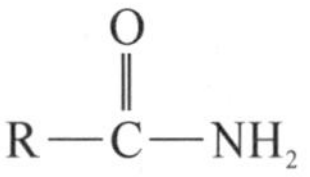

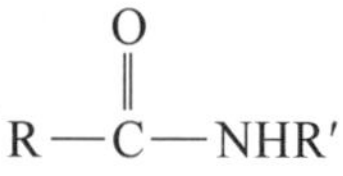

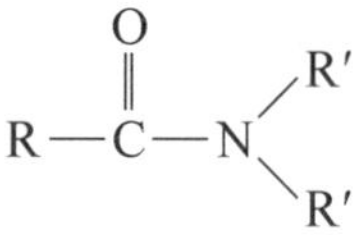

$$R—\overset{O}{\overset{\|}{C}}—NH_2 \qquad R—\overset{O}{\overset{\|}{C}}—NHR' \qquad R—\overset{O}{\overset{\|}{C}}—N\begin{matrix}R'\\R'\end{matrix}$$

（二）酰胺的命名

酰胺的命名是酰基名称后加“胺”字。当氨基上的氢原子被烃基取代时，可用“N”表示取代酰胺中烃基连在氮原子上。例如：

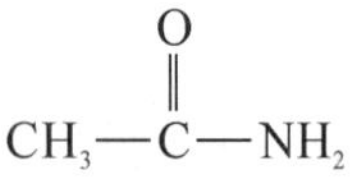

$CH_3—\overset{O}{\overset{\|}{C}}—NH_2$ 乙酰胺

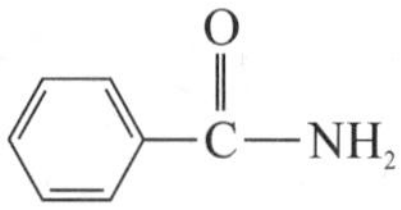

$C_6H_5—\overset{O}{\overset{\|}{C}}—NH_2$ 苯甲酰胺

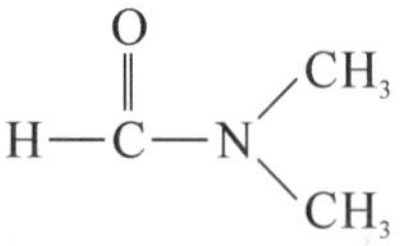

$H—\overset{O}{\overset{\|}{C}}—N(CH_3)_2$ N,N-二甲基甲酰胺

氮原子与两个酰基同时相连的酰胺称酰亚胺，例如：

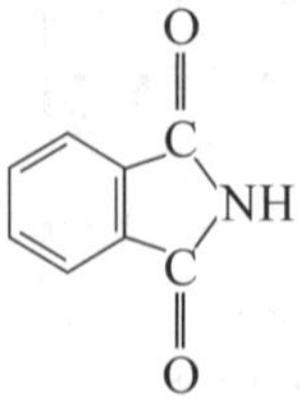

O、C、NH、C、O

邻苯二甲酰亚胺

二、酰胺的性质

（一）物理性质

除甲酰胺是液体外，其他酰胺多是固体。由于酰胺分子之间可以通过氮原子上的氢形成氢键，所

以酰胺的熔点和沸点均比相应的羧酸高。低级酰胺易溶于水，随着相对分子质量的增大，酰胺溶解度逐渐减小，其水溶液显中性。

（二）化学性质

酰胺具有羧酸衍生物的一般化学性质，如能发生水解、醇解、氨解反应等，此外还具有一些特殊性质。

1. 酸碱性

酰胺一般为中性物质，酰胺分子中氮原子的未共用电子对与羰基形成 p-π 共轭体系，使氮原子的电子云密度降低，减弱了氮原子接受质子的能力，因而酰基使氨的碱性减弱，酰胺呈中性。

$$R-\overset{\overset{O}{\|}}{C}-\ddot{N}H_2$$

酰亚胺呈弱酸性，能与强碱反应生成盐。氨分子中两个氢原子同时被酰基取代，由于受到两个酰基的影响，氮原子的电子云密度降低，氮氢键极性增大，氢原子有质子化倾向而显弱酸性。例如：

$$\text{邻苯二甲酰亚胺}\ (C_6H_4(CO)_2NH) + NaOH \longrightarrow C_6H_4(CO)_2N^-Na^+ + H_2O$$

丁二酰亚胺在低温碱性溶液中与溴作用，生成 N-溴代二酰亚胺。

$$(H_2C-CO)_2NH + Br_2 \xrightarrow[0\ ℃]{NaOH} (H_2C-CO)_2N-Br + H_2O$$

2. 水解

酰胺在酸或碱催化并加热条件下可发生水解反应。

$$R-\overset{\overset{O}{\|}}{C}-NH_2 + H_2O \xrightarrow[\triangle]{OH^-} R-\overset{\overset{O}{\|}}{C}-O^- + NH_3$$

$$R-\overset{\overset{O}{\|}}{C}-NH-R' + H_2O \xrightarrow[\triangle]{OH^-} R-\overset{\overset{O}{\|}}{C}-O^- + R'NH_2$$

此水解反应是通过亲核加成和消除反应完成的，总结果是羟基取代氨基。

3. 与亚硝酸反应

酰胺与亚硝酸反应，氨基被—OH 取代，生成羧酸，同时有氮气放出。反应定量进行，可用于酰胺的鉴定。

$$R-\overset{\overset{O}{\|}}{C}-NH_2 + HONO \longrightarrow R-\overset{\overset{O}{\|}}{C}-OH + N_2\uparrow + H_2O$$

4. 霍夫曼降解反应(Hofmann degradation reaction)

氮原子上未取代的酰胺在碱性溶液中与卤素反应，酰胺脱去羰基，生成少一个碳原子的伯胺，此反应称为霍夫曼降解反应。

$$R-\overset{O}{\overset{\|}{C}}-NH_2 + Br_2 + OH^- \longrightarrow RNH_2 + CO_3^{2-} + Br^- + H_2O$$

知识链接

乙酰苯胺和对乙酰氨基酚

乙酰苯胺是一种无色结晶，能溶于热水或乙醇。乙酰苯胺俗称退热冰，有退热镇痛作用，由于它易导致贫血，在临床应用上受到了限制。对乙酰氨基酚又名扑热息痛，结构式如下：

$$HO-C_6H_4-NHCOCH_3$$

对乙酰氨基酚味微苦，在热水或乙醇中易溶。它是一种优良的解热镇痛药，毒性和副作用比非那西汀和阿司匹林小。感冒用药复方氨酚烷胺片和百服宁的有效成分就是对乙酰氨基酚。

三、脲

脲是碳酸衍生物，碳酸分子中的两个—OH 分别被氨基取代的碳酸酰胺称为脲，结构式如下。

$$HO-\overset{O}{\overset{\|}{C}}-OH \qquad H_2N-\overset{O}{\overset{\|}{C}}-NH_2$$

脲存在于尿液中，俗称尿素，是哺乳动物体内蛋白质代谢的最终产物。成年人每天通过尿液排出的尿素约为 30 g。尿素是白色结晶，熔点约为 133 ℃，易溶于水和乙醇。尿素既可用作氮肥，还可用作有机合成的原料。尿素注射液可用于治疗急性青光眼和脑外伤引起的脑水肿。

脲分子中的两个氨基连在同一个羰基上，除具有酰胺的化学性质外，还有一些特殊的性质。

（一）水解

脲在酸、碱或尿素酶的催化下可发生水解反应，生成二氧化碳和氨。

$$H_2N-\overset{O}{\overset{\|}{C}}-NH_2 + H_2O \begin{cases} \xrightarrow{HCl} CO_2 + NH_4Cl \\ \xrightarrow{NaOH} Na_2CO_3 + NH_3\uparrow \\ \xrightarrow{\text{尿素酶}} CO_2 + NH_3\uparrow \end{cases}$$

（二）弱碱性

脲具有弱碱性，分子中的一个氨基与硝酸或草酸生成白色不溶性盐，此性质可用于从尿液中分离提取尿素。

$$H_2N-\overset{O}{\overset{\|}{C}}-NH_2 + HNO_3 \longrightarrow H_2N-\overset{O}{\overset{\|}{C}}-NH_2 \cdot HNO_3\downarrow$$

（三）与亚硝酸反应

脲与亚硝酸作用能定量放出氮气，根据产生的氮气体积，可以测定脲的含量。

$$H_2N-\overset{O}{\overset{\|}{C}}-NH_2 + HONO \longrightarrow CO_2\uparrow + N_2\uparrow + H_2O$$

（四）缩二脲的生成及缩二脲反应

将脲加热到稍高于它的熔点时，则两分子脲之间脱去一分子氨，生成缩二脲。

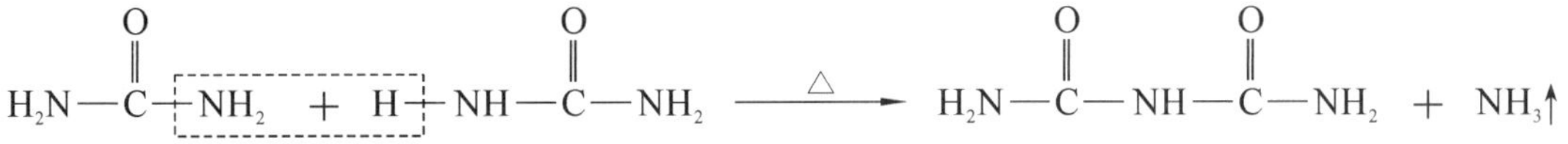

$$H_2N-\overset{O}{\overset{\|}{C}}-NH_2 + H-NH-\overset{O}{\overset{\|}{C}}-NH_2 \xrightarrow{\triangle} H_2N-\overset{O}{\overset{\|}{C}}-NH-\overset{O}{\overset{\|}{C}}-NH_2 + NH_3\uparrow$$

缩二脲

缩二脲为无色结晶，难溶于水，易溶于碱性溶液。缩二脲的碱性溶液中加入少量硫酸铜溶液，即显紫红色，此反应称为缩二脲反应。缩二脲反应可用于多肽、蛋白质的鉴别。

四、丙二酰脲

脲与丙二酸酯在乙醇钠催化下缩合，生成丙二酰脲。

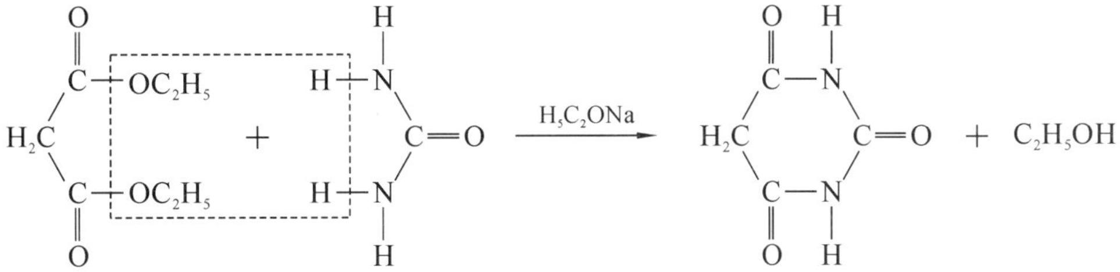

$$H_2C(COOC_2H_5)_2 + (H_2N)_2C{=}O \xrightarrow{H_5C_2ONa} \text{丙二酰脲} + C_2H_5OH$$

丙二酰脲分子中亚甲基上的氢原子和氮原子上的氢原子，由于同时受两个羰基的影响都很活泼，在水溶液中丙二酰脲存在着酮式-烯醇式互变异构。

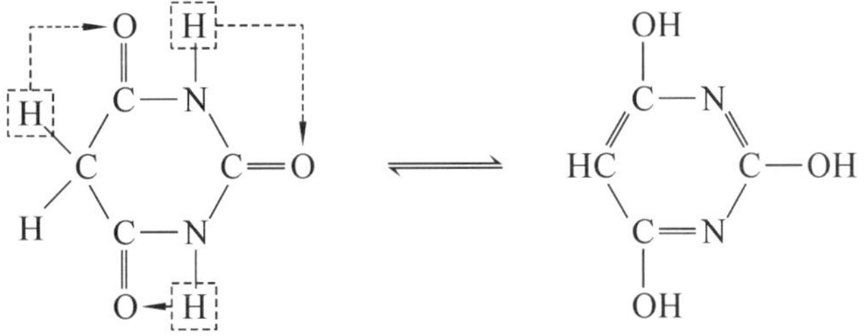

酮式 $\rightleftharpoons$ 烯醇式

烯醇式丙二酰脲有较强的酸性（pK_a＝3.98），所以丙二酰脲又称为巴比妥酸。

丙二酰脲分子中亚甲基上的两个氢原子被烃基取代的衍生物，是一类重要的镇静催眠药，总称为巴比妥类药物。烃基不同，镇静催眠作用的强弱、快慢、长短不同。巴比妥类药物有成瘾性。巴比妥类药物常制成钠盐水溶液，可供注射用。

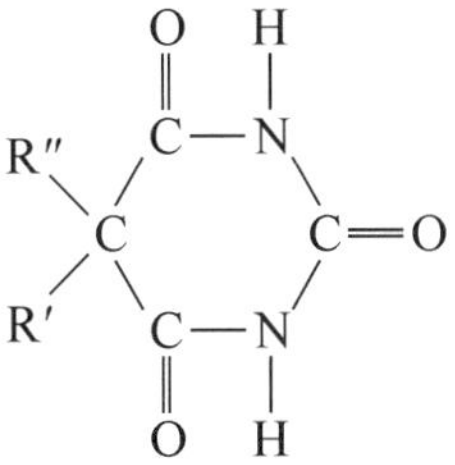

巴比妥：$R'=R''=C_2H_5$

苯巴比妥：$R'=C_2H_5$，$R''=C_6H_5$

异戊巴比妥：$R'=C_2H_5$，$R''=CH_2CH_2CH(CH_3)CH_3$

五、胍

胍可以看作脲分子中的氧原子被亚氨基取代后的衍生物，又称为亚氨基脲。其结构式如下：

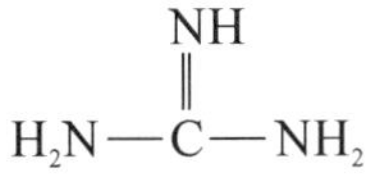

$$H_2N-\overset{NH}{\overset{\|}{C}}-NH_2$$

胍为无色结晶，熔点为 50 ℃，吸湿性强，易溶于水和乙醇。胍极易接受质子，是有机强碱，其碱性（pK_b＝0.52）与氢氧化钾相当，在空气中能吸收二氧化碳和水分生成碳酸盐，在碱性条件下不稳定，容易水解。

$$\underset{H_2N-C-NH_2}{\overset{NH}{\|}} + H_2O + CO_2 \longrightarrow \left[\underset{H_2N-C-NH_2}{\overset{NH}{\|}}\right]_2 \cdot H_2CO_3$$

胍分子中去掉氨基上的一个氢原子后剩下的基团称为胍基，去掉一个氨基后剩下的基团称为脒基。

$H_2N-C(=NH)-NH_2$	$H_2N-C(=NH)-NH-$	$H_2N-C(=NH)-$
胍	胍基	脒基

含有胍基或脒基的药物称为胍类药物，通常将此类药物制成盐类贮存和使用。例如广谱抗病毒药物吗啉胍，降糖药甲福明，降血压药物硫酸胍氯酚和胍乙啶等。

$(CH_3)_2N-C(=NH)-NH-C(=NH)-NH_2$　　甲福明

(吗啉环)$N-C(=NH)-NH-C(=NH)-NH_2 \cdot HCl$　　盐酸吗啉胍

(2,6-二氯苯基)$-O-CH_2-CH_2-HN-C(=NH)-NH_2 \cdot \frac{1}{2}H_2SO_4$　　硫酸胍氯酚

(八元氮杂环)$N-C_2H_4-NH-C(=NH)-NH_2$　　胍乙啶

六、磺胺类药物

对氨基苯磺酰胺简称磺胺，结构如下。

$$H_2N-C_6H_4-SO_2NH_2$$

它是磺胺类药物的母体，具有抑菌作用，但毒性较大而被其衍生物取代。磺胺类药物是一类具有对氨基苯磺酰胺结构药物的总称，有广谱抗菌性。对革兰阳性菌和革兰阴性菌均有良好的抗菌活性。其副作用大，目前大部分磺胺类药物已被淘汰。

磺胺及磺胺类药物是既有酸性又有碱性的两性化合物，所以能溶于酸性溶液和碱性溶液。磺胺类药物的 pK_a 在 6.5～7.0 时，抑菌作用最强。氨基与磺酰胺基必须处于对位，处于间位和邻位时无抑菌作用。当磺酰胺基的氮原子为单取代时抗菌作用增强，以杂环取代时抑菌效果较佳；芳香氨基上氢原子被取代后，其抗菌作用将降低或丧失。常见磺胺类药物结构式如下：

磺胺嘧啶：$H_2N-C_6H_4-SO_2NH-$(2-嘧啶基)

磺胺噻唑：$H_2N-C_6H_4-SO_2NH-$(2-噻唑基)

磺胺甲噁唑：$H_2N-C_6H_4-SO_2NH-$(5-甲基-3-异噁唑基)

思政案例

珍爱生命　远离毒品

苯丙胺类毒品，也称苯丙胺类兴奋剂，是对所有由苯丙胺转化而来的中枢神经兴奋剂的统称。

苯丙胺类毒品属于精神药物，一般分为传统型、减肥型和致幻型三种，三种毒品都会对人体的精神、脏器造成巨大的危害。苯丙胺类毒品能对心血管产生兴奋性作用，导致心肌细胞肥大、萎缩、变性、小血管内皮细胞损伤和小血管痉挛，从而导致急性心肌缺血、心肌病和心律失常，成为吸毒者突然死亡的原因。除对心脏的影响外，一次服用较大剂量的甲基苯丙胺等，可以导致吸毒者全身骨骼肌痉挛、肌溶解，出现恶性高热、死亡或对肾功能造成严重损害，这也是苯丙胺类兴奋剂常见的危害之一。苯丙胺类兴奋剂还可以对脑血管产生损害作用，从而导致脑出血。

毒品是恶魔，是无形的杀手。它不仅侵蚀我们的肉体、残害我们的身心，更使千万希望之花，千万和谐美满的家庭毁于一旦。作为当代青年，同学们应当正确认识毒品的危害性、提高拒毒意识，将毒品安全防范知识广泛渗透到社会各个领域，为创建和谐美好的社会贡献自己的力量。

本章小结

本章主要介绍硝基化合物、胺、重氮和偶氮化合物、酰胺及脲等物质的结构、性质及有关内容。其中硝基化合物的性质主要有弱酸性、氧化性，硝基影响酚和羧酸的酸性。胺根据烃基的不同可分为脂肪胺和芳香胺；按氮原子所连烃基数目不同，胺可分为伯胺、仲胺、叔胺。由于胺分子中氮原子上的孤对电子能接受质子，胺呈碱性，与酸作用生成盐。胺易被氧化，特别是芳胺，在空气中长期放置，则被空气氧化成黄、红、棕色的复杂氧化物，如果需要氧化芳胺环上其他基团，必须先保护氨基，以免被氧化。伯胺、仲胺氮原子上的氢被酰基取代生成酰胺，发生酰化反应。胺与亚硝酸反应，可根据反应现象来鉴别伯胺、仲胺和叔胺。氨基使苯环的电子云密度增加，芳胺上更容易发生卤代反应、硝化反应和磺化反应。

芳香族伯胺与亚硝酸在低温下反应生成重氮盐。重氮盐分子中的重氮基可被氢、羟基、卤素、氰基等取代，同时放出氮气。重氮盐与酚或芳胺在低温下作用，生成偶氮化合物。偶氮化合物大多有颜色。

羧酸分子中羟基被氨基或烃氨基取代后的化合物为酰胺。酰胺一般为中性物质，酰亚胺呈弱酸性，能与强碱反应生成盐。酰胺在酸或碱催化并加热的条件下可发生水解反应。酰胺与亚硝酸反应生成羧酸，同时放出氮气。氮原子上未取代的酰胺在碱性溶液中，与卤素反应，生成少一个碳原子的伯胺。

脲可视为碳酸分子中的两个—OH 分别被氨基所取代的衍生物。脲水解生成二氧化碳和氨，显弱碱性，与亚硝酸反应定量放出氮气，可以用缩二脲反应鉴别多肽和蛋白质。

能力检测

能力检测答案

一、选择题

1. 下列化合物不属于仲胺的是(　　)。

A. 甲乙胺　　B. N-甲基苯胺　　C. 苯胺　　D. 二甲胺

2. 下列各物质不能发生水解反应的是(　　)。

A. 尿素　　B. 乙酸乙酯　　C. 麦芽糖　　D. 苯胺

3. 下列属于生物碱的物质是(　　)。

A. 尼古丁　　B. 可拉明　　C. 雷米封　　D. 嘧啶

4. 下列不能发生酰化反应的是(　　)。

A. 叔丁胺　　B. 苯甲胺　　C. 乙丙胺　　D. 二甲乙胺

5. 关于尿素性质的叙述不正确的是(　　)。

A. 有弱碱性　　B. 溶于水

C. 能发生缩二脲反应　　D. 在一定条件下能水解

6. 常用的酰化剂是(　　)。

A. 乙酰氯　　B. 乙酸　　C. 乙酸钠　　D. 乙酸乙酯

7. 下列物质碱性由强到弱顺序排列的是(　　)。

A. 乙胺、苯胺、氨、乙酰胺　　B. 乙酰胺、氨、苯胺、乙胺

C. 甲胺、氨、苯胺、甲酰胺　　D. 苯胺、氨、乙酰胺、乙胺

8. 西咪替丁是临床上常用的抗溃疡药,它的结构中含有(　　)。

A. 吡啶　　B. 吡唑　　C. 呋喃　　D. 咪唑

9. 下列各组物质中不能发生反应的是(　　)。

A. 苯胺和盐酸　　B. 苯胺和溴水　　C. 苯胺和氢氧化钠　　D. 苯胺和乙酸酐

10. 将尿素加热超过其熔点时,两分子尿素缩合生成缩二脲。冷却后,加入碱性硫酸铜溶液呈现(　　)。

A. 紫色　　B. 砖红色　　C. 深蓝色　　D. 黄色

二、命名下列化合物

1. $CH_3—NH—CH_3$　　2. $CH_3—NH—CH_2CH_3$

3. CH_3CONH_2　　4. $CH_3CONHCH_3$

5. $C_6H_5—NH—CO—CH_3$　　6. $C_6H_5—CO—NH—CH_3$

7. $C_6H_5—NH_2$　　8. $(C_2H_5)_4N^+I^-$

三、用化学方法鉴别下列各组物质

1. 苯酚、苯胺、甲苯
2. 甲胺、二甲胺、三甲胺
3. 苯酚、苯胺、苯甲酸、甲苯

四、按碱性由强到弱顺序排列下列各组化合物

(1) NH_3、$C_6H_5—NH_2$、CH_3NH_2

(2) CH_3CONH_2、$H_2N—CO—NH_2$

(3) 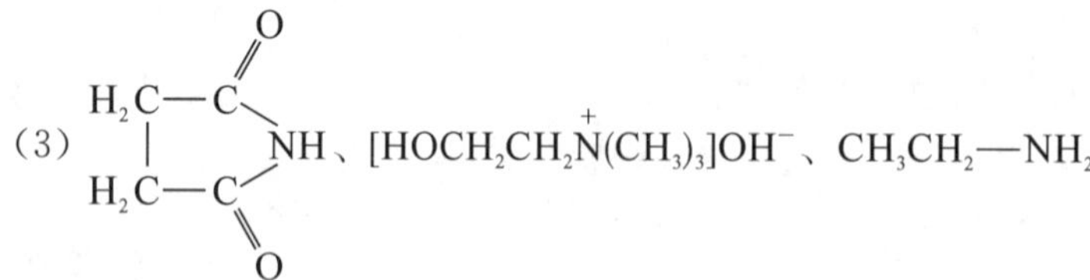

(4) 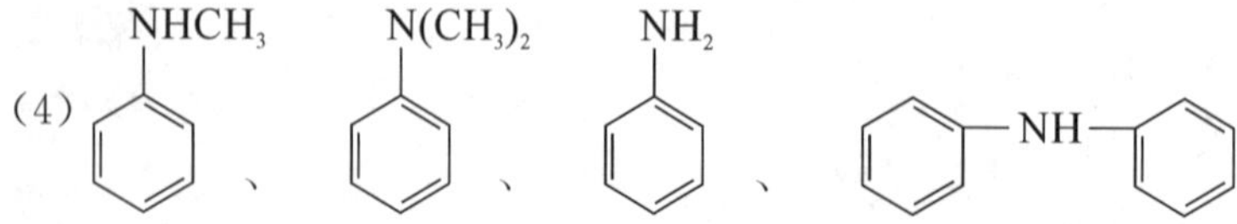

(5) CH_3CONH_2、C_2H_5ONa、CH_3NH_2、C_6H_5OH

参考文献

[1] 陈瑛,蔡玉萍.医用化学[M].武汉:华中科技大学出版社,2013.

[2] 陆艳琦.基础化学[M].郑州:郑州大学出版社,2009.

(王洪涛)

本章题库

第十五章

杂环化合物和生物碱

学习目标

掌握：杂环化合物的结构特点、分类及命名，生物碱的定义和一般性质。

熟悉：一些常见杂环化合物的名称，五元杂环化合物和六元杂环化合物的结构和性质。

了解：医药上几种重要的生物碱。

扫码看 PPT

杂环化合物和生物碱广泛存在于自然界中。已知的天然产物中，有机化合物杂环结构超过半数，许多天然活性物质都是杂环化合物，它们在生命过程中起着非常重要的作用。比如在生物体中起重要作用的酶，在细胞复制和物种遗传中起主要作用的核酸，植物进行光合作用所必需的叶绿素，动物输送氧气的血红素都是重要的杂环化合物。另外，人体必需的各种维生素大多是杂环化合物。在各种天然和合成药物中，杂环化合物占有举足轻重的地位。我国采用中草药治病已有数千年的历史，其中许多中草药的有效成分就是生物碱；由于许多生物碱是极有价值的药物，确定了生物碱的结构以后，可以根据它来合成许多类似的化合物，寻找新的更有效的药物。因此，研究生物碱在发展民族医学的工作中显得尤为重要。

本章将讨论杂环化合物和生物碱的基本结构及物理、化学性质，揭示它们在生命过程中的重要作用。

第一节　杂环化合物

一、杂环化合物的分类和命名

杂环化合物是指构成环的原子除碳原子以外还有其他原子的环状有机化合物。组成环的非碳原子叫杂原子，常见的杂原子有氧、硫、氮等。

（一）杂环化合物的分类

根据杂环母体中所含环的数目不同，将杂环化合物分为单杂环和稠杂环两大类。最常见的单杂环按环的大小不同分为五元杂环和六元杂环。稠杂环按环的稠合形式不同分为苯稠杂环和杂稠杂环。此外，还可按杂原子的种类和数目进行分类。常见杂环母核结构见表 15-1。

（二）杂环化合物的命名

杂环化合物的命名在我国有两种方法：一种译音命名法；另一种系统命名法。

1．译音命名法

根据 IUPAC 推荐的通用名，即按外文名称的译音来命名，并用带“口”旁的同音汉字来表示环状化合物的名称。常见杂环化合物母核名称见表 15-1。

表 15-1 常见的杂环化合物母核和名称

单杂环	五元杂环	呋喃 furan	噻吩 thiophene	吡咯 pyrrole	咪唑 imidazole	吡唑 pyrazole	噻唑 thiazole
	六元杂环	吡啶 pyridine	γ-吡喃 γ-pyran	α-吡喃 α-pyran	嘧啶 pyrimidine	哒嗪 pyridazine	吡嗪 pyrazine
稠杂环	苯稠杂环	吲哚 indole	苯并咪唑 benzimidazole	喹啉 quinoline	苯并呋喃 benzofuran		
	杂稠杂环	嘌呤 purine	吩噻嗪 phenothiazine				

2. 系统命名法

对连有取代基的杂环化合物进行命名时，是以杂环为母体，按一定规则给杂环进行编号，然后将取代基的位次、数目及名称写在杂环母环的名称前面。

(1) 当杂环上只有一个杂原子时，从杂原子开始顺着环用阿拉伯数字编号，并兼顾使取代基有较低的位次，也可从靠近杂原子的碳原子开始用希腊字母 α、β、γ 等编号。

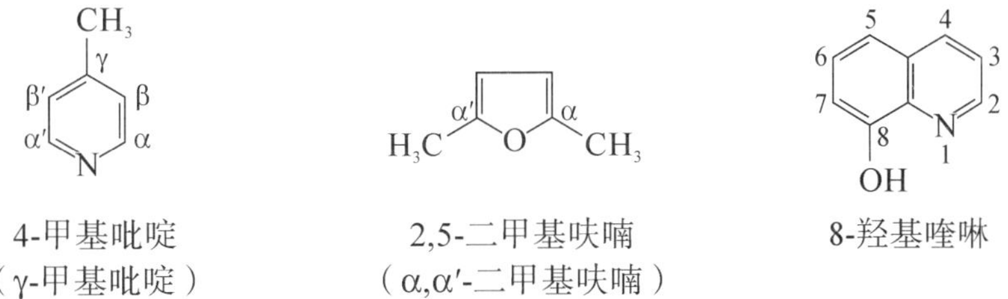

4-甲基吡啶（γ-甲基吡啶） 2,5-二甲基呋喃（α,α′-二甲基呋喃） 8-羟基喹啉

(2) 当杂环上含有两个或两个以上相同的杂原子时，从连有取代基(或氢原子)的那个杂原子开始编号，顺次定位；若杂环上有不同杂原子时，则按 O、S、N 的次序编号，尽可能使杂原子的编号之和最小。

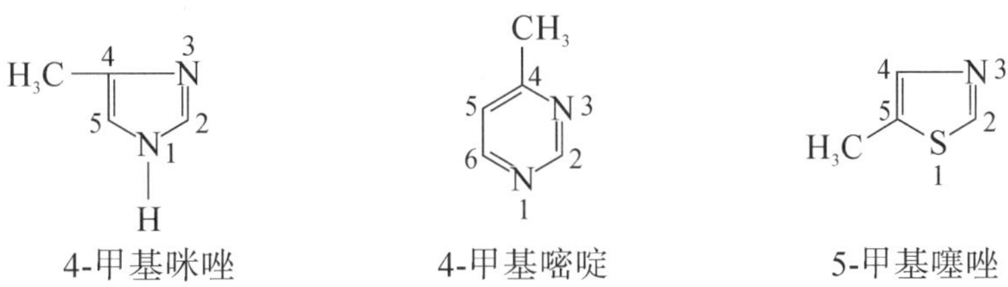

4-甲基咪唑 4-甲基嘧啶 5-甲基噻唑

(3) 连有取代基的杂环化合物命名时，也可将杂环作为取代基，以侧链为母体来命名。

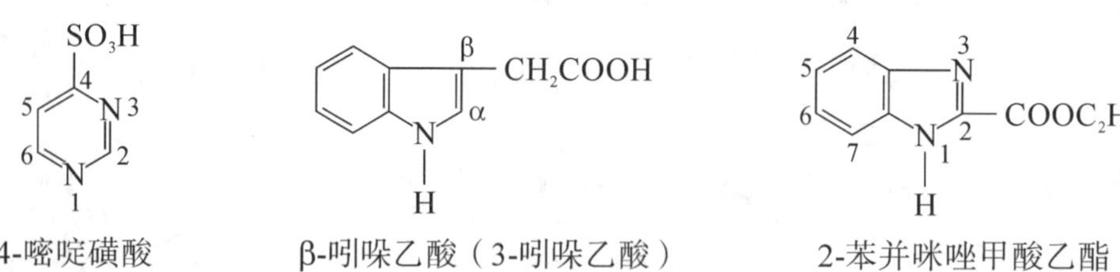

(4) 为区别杂环化合物的互变异构体，需标明杂环上与杂原子相连的氢原子所在的位置，并在名称前面加上标位的阿拉伯数字和大写“*H*”(斜体)。

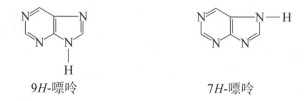

9*H*-嘌呤　　7*H*-嘌呤

二、五元杂环化合物——吡咯、呋喃和噻吩

(一) 吡咯、呋喃和噻吩分子结构及芳香性

吡咯、呋喃与噻吩结构相似，都是由一个杂原子和四个碳原子结合构成的化合物。吡咯、呋喃和噻吩的分子结构见图 15-1。

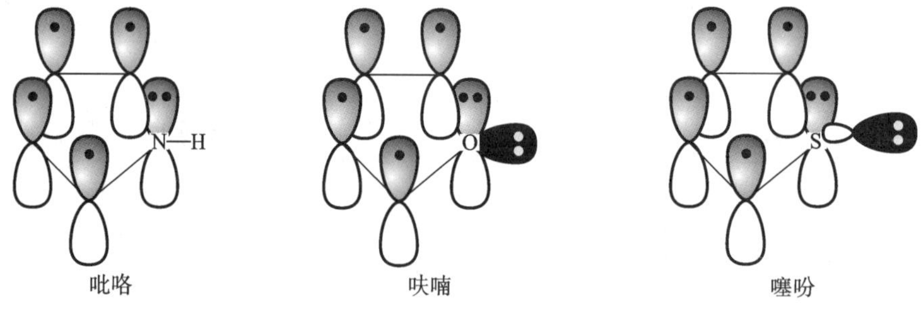

图 15-1　吡咯、呋喃和噻吩的分子结构示意图

吡咯、呋喃和噻吩都是平面型分子，碳原子和杂原子都是通过 sp^2 杂化轨道参与成键的，并以 σ 键牢固连接形成五元环状结构。每个原子都有一个未参与杂化的 p 轨道与环平面垂直，其中每个碳原子的 p 轨道中有 1 个电子，而杂原子的 p 轨道中有 2 个电子，这些 p 轨道相互从侧面重叠，形成环状闭合大 π 键的共轭体系，大 π 键的 π 电子有 6 个，符合 $4n+2$ 规则，因此这些杂环都具有芳香性。

吡咯、呋喃、噻吩组成的大 π 键不同于苯和吡啶。在其环状体系中，5 个 p 轨道共用 6 个电子，杂环上碳原子的电子云密度比苯环上碳原子的电子云密度高，所以这类杂环为多 π(富电子)芳杂环。多 π 芳杂环比苯更容易发生亲电取代反应，但是芳香稳定性不如苯环。

杂原子的电负性强弱顺序是氧＞氮＞硫，所以芳香性强弱顺序是噻吩＞吡咯＞呋喃。

(二) 吡咯、呋喃和噻吩的性质

1. 物理性质

吡咯、呋喃和噻吩分别存在于骨焦油、松木焦油和煤焦油中，都为无色液体。沸点分别为约 131 ℃，约 31 ℃和约 84 ℃，吡咯、呋喃和噻吩在水中溶解度都不大，但吡咯因氮原子上的氢还可与水形成氢键，故水溶性稍大。三者水溶性顺序：吡咯＞呋喃＞噻吩。它们都易溶于有机溶剂。

2. 化学性质

(1) 酸碱性：吡咯分子中虽然有仲胺结构，但并无碱性，这是因为吡咯分子中氮原子的一对电子参与了大 π 键的形成，不再具有给电子对的能力，故难以与质子结合。吡咯氮上的氢原子显示出弱酸性，其 $pK_a=17.5$，因此如在无水条件下，吡咯能与强碱如固体氢氧化钾共热成盐。生成的盐很不稳定，遇水易分解。

$$\text{吡咯(N-H)} + \text{KON（固）} \overset{\triangle}{\rightleftharpoons} \text{吡咯负离子}(N^-K^+) + H_2O$$

呋喃分子中的氧原子也因其未共用电子对参与了大 π 键的形成，而失去了醚的弱碱性，不易与无机强酸反应，噻吩中的硫原子也不能与质子结合。总之，呋喃和噻吩可以说既无酸性，也无碱性。

(2) 亲电取代反应：吡咯、呋喃和噻吩都是“富电子”的芳香杂环，因此容易发生亲电取代反应。由于 α-位取代时，生成的中间体正电荷离域程度高，能量低，比较稳定，而 β-位取代的中间体正电荷离域程度低，能量高，不稳定，所以它们的亲电取代产物以 α-位取代为主。另外杂原子的大小和电负性不同，对杂环的影响也不同，所以杂环化合物反应活性也不同。与苯比较，它们发生亲电取代反应的活性顺序：吡咯＞呋喃＞噻吩＞苯。

①卤代反应：在室温条件下，吡咯、呋喃和噻吩能与氯或溴发生激烈反应，得到多卤代物。当将反应物用溶剂稀释并在低温下进行反应时，可以得到一氯代物或一溴代物。碘化反应需要在催化剂存在下进行。

$$\text{吡咯} + Br_2 \xrightarrow[0\ ℃]{\text{乙醚}} \text{2,3,4,5-四溴吡咯} + HBr$$

2,3,4,5-四溴吡咯

$$\text{呋喃} + Br_2 \xrightarrow{0\ ℃} \text{α-溴呋喃} + HBr$$

α-溴呋喃

$$\text{噻吩} + Br_2 \xrightarrow[\text{室温}]{\text{醋酸}} \text{α-溴噻吩} + HBr$$

α-溴噻吩

②硝化反应：在强酸作用下，吡咯与呋喃很容易开环形成聚合物，因此不能像苯那样用一般的方法硝化。五元环的硝化，一般采用在低温条件下，与比较缓和的硝化剂硝酸乙酰酯(CH_3COONO_2)发生反应，主要生成 α-硝基化合物。

$$\text{吡咯} + CH_3COONO_2 \xrightarrow[5\ ℃]{\text{乙酸酐}} \text{α-硝基吡咯}(-NO_2) + CH_3COOH$$

α-硝基吡咯

$$\text{呋喃} + CH_3COONO_2 \xrightarrow[-30\sim-5\ ℃]{\text{吡啶}} \text{α-硝基呋喃}(-NO_2) + CH_3COOH$$

α-硝基呋喃

$$\text{噻吩} + CH_3COONO_2 \xrightarrow[0\ ℃]{\text{乙酸酐}} \text{α-硝基噻吩}(-NO_2) + CH_3COOH$$

α-硝基噻吩

③磺化反应：吡咯、呋喃和噻吩的磺化反应也需要在比较缓和的磺化剂作用下进行，通常用的磺化剂为吡啶三氧化硫。噻吩相对比较稳定，在室温下可直接用浓硫酸作磺化剂进行反应，生成可溶于水的 α-噻吩磺酸。

$$\text{N–H} + \overset{+}{\text{N}}-SO_3^- \xrightarrow[\text{室温}]{ClCH_2CH_2Cl} \text{N–H},\ -SO_3H\ (90\%) + \text{N}$$

$$\text{O} + \overset{+}{\text{N}}-SO_3^- \xrightarrow[\text{室温}]{ClCH_2CH_2Cl} \text{O},\ -SO_3H\ (41\%) + \text{N}$$

$$\text{S} + H_2SO_4(\text{浓}) \xrightarrow{\text{室温}} \text{S},\ -SO_3H\ (69\%\sim76\%) + H_2O$$

④傅-克酰基化反应：呋喃、噻吩的酰基化反应主要发生在 α-位，得到一元取代的酰基化产物，吡咯的酰基化反应容易进行，在路易斯酸催化下，得到酰基化产物。

$$\text{N–H} \xrightarrow[150\sim200\ ℃]{\text{乙酸酐}} \text{N–H},\ -COCH_3$$

$$\text{S} \xrightarrow[H_3PO_4]{\text{乙酸酐}} \text{S},\ -COCH_3$$

$$\text{O} \xrightarrow[\text{乙醚，}0\ ℃]{\text{乙酸酐，}BF_3} \text{O},\ -COCH_3$$

(3) 加氢反应：吡咯、呋喃和噻吩都很容易与氢气发生加成反应变成相应的饱和杂环，其中呋喃的反应活性较高，吡咯次之，噻吩活性最低。

$$\text{N–H} \xrightarrow{H_2,\ Pt} \text{N–H}$$

$$\text{O} \xrightarrow[50\ ℃]{H_2,\ Pt} \text{O}$$

$$\text{S} \xrightarrow{H_2,\ Pt} \text{S}$$

(4) 松木片反应：吡咯蒸气遇盐酸浸润过的松木片显红色，呋喃遇盐酸浸润过的松木片显绿色，该反应称为松木片反应，借此可鉴别吡咯、呋喃。噻吩在浓硫酸的存在下与靛红作用显蓝色。

三、六元杂环化合物——吡啶

六元杂环化合物是杂环类化合物最重要的部分，主要包括吡啶、嘧啶和呋喃等，它们的衍生物广泛存在于自然界，很多合成药物也含有吡啶环和嘧啶环。

（一）吡啶的结构

吡啶是含一个杂原子的六元杂环化合物，它的结构与苯相似，为一个平面结构。其结构式如下：

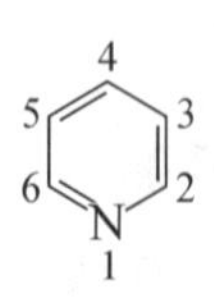

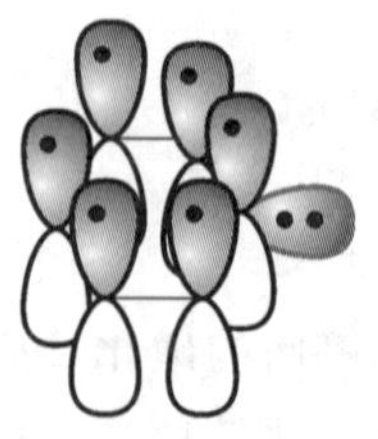

吡啶环上的碳原子和氮原子均以 sp^2 杂化轨道相互重叠形成 σ 键，构成一个平面六元环。每个原子上有一个 p 轨道垂直于环平面，每个 p 轨道中含有 1 个电子，这些 p 轨道相互平行并从侧面重叠形成一个具有 6 电子的闭合大 π 键的共轭体系，大 π 键的 π 电子数是 6，符合 $4n+2$ 规则，因此吡啶都具有一定的芳香性。但是芳香性比苯弱。氮原子上还有一个 sp^2 杂化轨道没有参与成键，被一对未共用电子对所占据，所以吡啶具有碱性。

吡啶环上的氮原子的电负性比碳大，使 π 电子云向氮原子偏移，氮原子周围电子云密度增大，其他原子周围电子云密度减小，使得其邻对位上的电子云密度比苯环小，间位则与苯环接近，环上碳原子的电子云密度远小于苯，因此像吡啶这类芳杂环又被称为缺 π 芳杂环。

（二）吡啶的性质

1. 物理性质

吡啶是具有特殊臭味的无色液体，沸点约为 115.3 ℃，相对密度为 0.983，是性能良好的溶剂和脱酸剂，广泛存在于煤焦油中。吡啶为极性分子，能与水以任何比例互溶，同时能溶解大多数极性及非极性的有机化合物，甚至可以溶解某些无机盐类。其衍生物广泛存在于自然界中，是许多天然药物、染料和生物碱的基本组成部分。

2. 化学性质

(1) 碱性和成盐：吡啶氮原子上的未共用电子对可接受质子而显碱性。吡啶的 pK_a 为 5.19，比氨(pK_a 9.24)和脂肪胺(pK_a 10～11)都弱。原因是吡啶中氮原子上的未共用电子对处于 sp^2 杂化轨道中，其 s 轨道成分较 sp^3 杂化轨道多，离原子核近，电子受核的束缚较强，给出电子的倾向较小，因而与质子结合较难，碱性较弱。但吡啶碱性比芳胺(如苯胺，pK_a 4.6)稍强。

吡啶与强酸可以形成稳定的盐，某些结晶型盐可以用于分离、鉴定及精制。吡啶不但可与强酸反应生成盐，还可以与路易斯酸成盐。

吡啶 + HCl ⟶ 氯化吡啶（$C_5H_5N^+$—H Cl^-）

氯化吡啶

(2) 亲电取代反应：吡啶是“缺 π”芳杂环，环上电子云密度比苯小，因此其亲电取代反应的活性也比苯低，与硝基苯相当。环上氮原子的钝化作用，使吡啶亲电取代反应的条件比较苛刻，且产率较低，取代基主要进入 3(β)-位。

吡啶 —(Br_2, 300 ℃)→ 3-溴吡啶

吡啶 —(发烟H_2SO_4, 250 ℃)→ 3-硝基吡啶

吡啶 —(KNO_3, H_2SO_4; HNO_3, 300 ℃)→ 3-吡啶磺酸

（3）亲核取代反应：由于吡啶环上氮原子的吸电子作用，环上碳原子的电子云密度减小，尤其2-位和4-位上的电子云密度更低，因而环上的亲核取代反应容易发生，主要发生在2-位和4-位上。

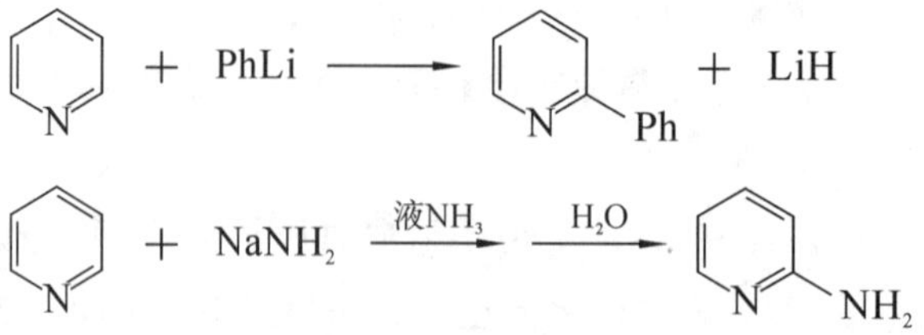

$$\text{吡啶} + \text{PhLi} \longrightarrow \text{2-苯基吡啶} + \text{LiH}$$

$$\text{吡啶} + NaNH_2 \xrightarrow{\text{液}NH_3} \xrightarrow{H_2O} \text{2-氨基吡啶}$$

吡啶与氨基钠反应生成2-氨基吡啶的反应称为齐齐巴宾（Chichibabin）反应，如果2-位已经被占据，则反应发生在4-位，得到4-氨基吡啶，但产率低。

（4）氧化还原反应：由于吡啶环上的电子云密度小，一般不易被氧化，尤其在酸性条件下，吡啶成盐后氮原子上带有正电荷，吸电子的诱导效应加强，使环上电子云密度更小，更易被氧化。当吡啶环带有侧链时，则发生侧链的氧化反应。

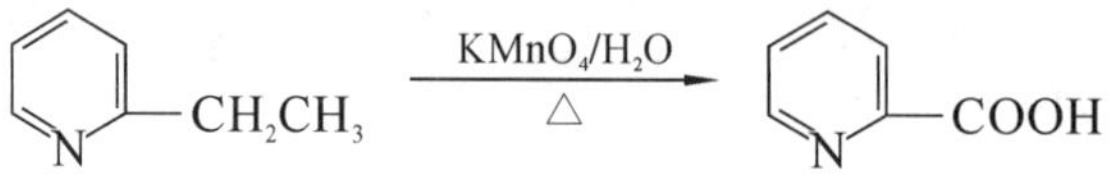

$$\text{2-}CH_2CH_3\text{-吡啶} \xrightarrow[\triangle]{KMnO_4/H_2O} \text{2-}COOH\text{-吡啶}$$

吡啶比苯容易被还原，在常温常压下就能与氢气发生反应，生成六氢吡啶（哌啶），具有仲胺的性质，碱性比吡啶强（pK_a 11.2），沸点为106 ℃。很多天然产物具有此环系，是常用的有机碱。

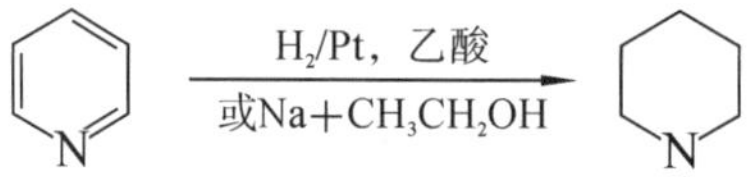

$$\text{吡啶} \xrightarrow[\text{或}Na+CH_3CH_2OH]{H_2/Pt,\ \text{乙酸}} \text{哌啶}$$

四、医学上常见的杂环化合物

1. 吡咯衍生物

吡咯的衍生物广泛存在于自然界中，如血红素、叶绿素、维生素 B_{12} 等都是吡咯的衍生物。

血红素（haem）是重要的吡咯衍生物，其分子结构中有一个基本骨架——卟吩环。卟吩环是由4个吡咯的α-碳原子通过4个次甲基（—CH＝）相连而成的共轭体系。金属离子在卟吩环的中间空穴处通过共价键及配位键与卟吩环形成配合物，当吡咯环的β-位连有取代基时，该环称为卟啉环。血红素是卟啉环与 Fe^{2+} 形成的配合物；叶绿素是卟啉环与 Mg^{2+} 形成的配合物，它们的结构式如下：

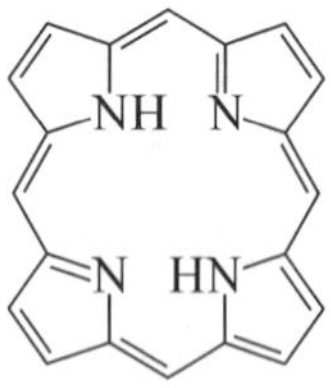

卟吩

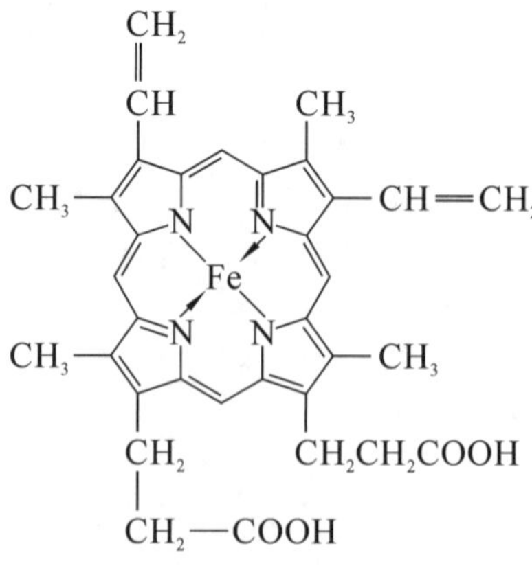

血红素

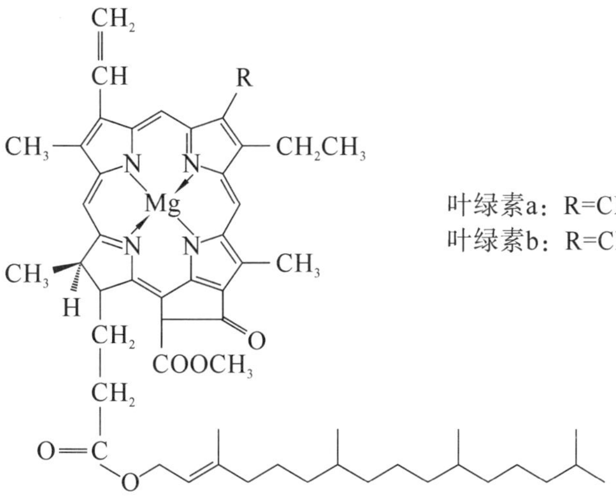

叶绿素a：R=CH_3
叶绿素b：R=CHO

叶绿素

血红素在体内与蛋白质结合形成血红蛋白，存在于红细胞中，是人和其他哺乳动物体内运输氧气的物质。叶绿素是植物进行光合作用不可缺少的物质。

2. 呋喃衍生物

呋喃的衍生物中较常见的是呋喃甲醛，呋喃甲醛又称糠醛。这是因为呋喃甲醛可从稻糠、玉米芯等农副产品中所含的多糖制得。纯净的糠醛为无色的液体，能溶于水、乙醇及乙醚。糠醛是不含 α-H 的醛，其化学性质与苯甲醛相似，能发生芳香醛的缩合反应，生成许多有用的化合物。因此，糠醛是有机合成的重要原料，它可以代替甲醛与苯酚缩合成酚醛树脂，也可用来合成药物、农药等。

糠醛脱去醛基可得呋喃：

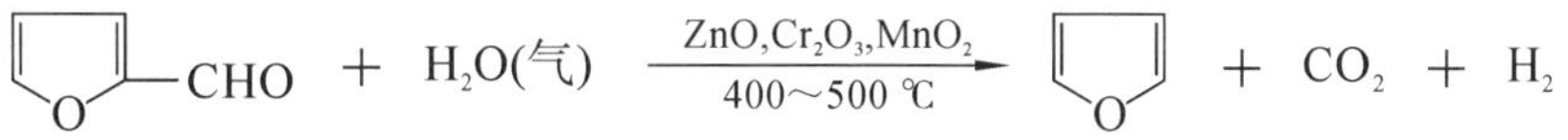

$$\text{C}_4\text{H}_3\text{O-CHO} + H_2O(\text{气}) \xrightarrow[400\sim500\ ℃]{ZnO,Cr_2O_3,MnO_2} \text{C}_4\text{H}_4\text{O} + CO_2 + H_2$$

呋喃的一些衍生物有抗菌作用，特别是 5-硝基呋喃具有较强的抗菌作用，且性质稳定，服用方便，但具有毒性。呋喃丙胺有抗日本血吸虫病的作用，对急性日本血吸虫病的退热作用明显。

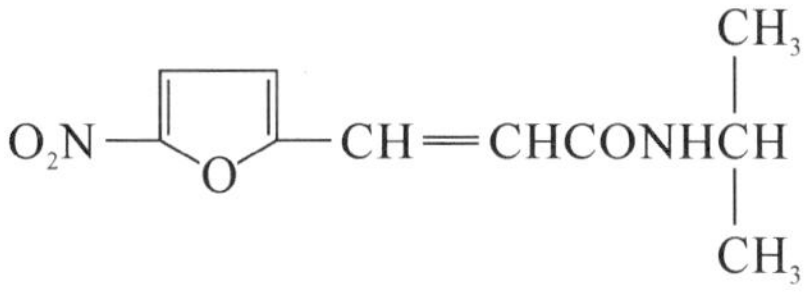

$$O_2N-\text{C}_4\text{H}_2\text{O}-CH{=}CHCONHCH(CH_3)_2$$

呋喃丙胺

3. 咪唑衍生物

许多重要的天然物质是咪唑的衍生物，其中较为重要的是组氨酸。组氨酸是蛋白质水解得到的 α-氨基酸之一，分子中有咪唑环的结构，在体内酶的作用下或加热到 300 ℃时，组氨酸脱羧生成组胺。

$$\text{(咪唑基)}-CH_2CH(NH_2)COOH \xrightarrow{\text{脱羧酶}} \text{(咪唑基)}-CH_2CH_2NH_2$$

组氨酸　　　　组胺

组胺有收缩血管的作用，人体的过敏反应与人体内组胺存量过多有关。临床用组胺的磷酸盐刺激胃酸分泌，诊断真性胃酸缺乏症。

许多药物是咪唑的衍生物，如对线虫、吸虫、绦虫及钩虫均有高度活性，对虫卵发育也有显著抑制作用的广谱驱虫药阿苯达唑（又称肠虫清），以及具有强大的抗厌氧菌作用，对滴虫、阿米巴原虫等感染有效的甲硝唑（又称灭滴灵）等。

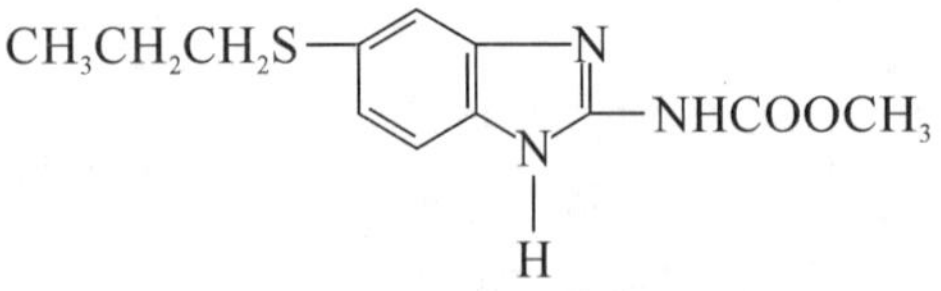

阿苯哒唑（肠虫清） 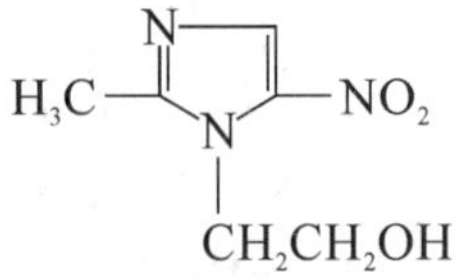　　甲硝唑（灭滴灵）

4. 吡啶衍生物

烟酸和维生素 B_6 是比较重要的吡啶衍生物。烟酸是B族维生素的一种，能扩张血管，促进细胞的新陈代谢，临床上主要用于维生素缺乏症的治疗。维生素 B_6 又名吡哆素，它包括吡哆醇、吡哆醛和吡哆胺三种物质，临床上常用于治疗各种原因引起的呕吐。

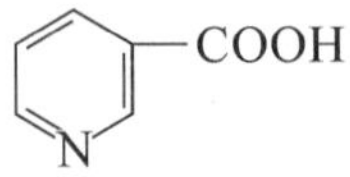

烟酸 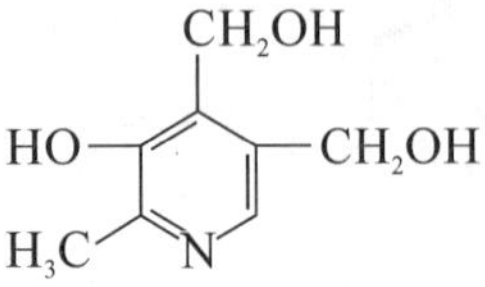　　吡哆醇 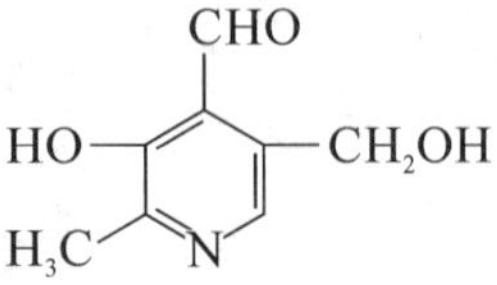　　吡哆醛 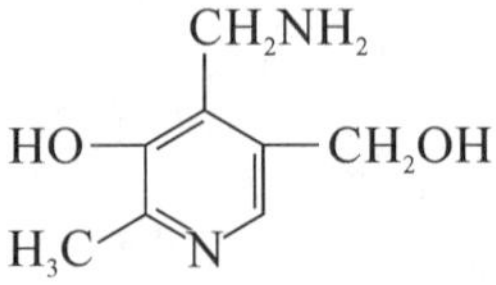　　吡哆胺

异烟肼是抗结核分枝杆菌药，用于肺结核、皮肤结核等。异烟肼发明于1952年，它的发明使结核病的治疗发生了根本性的变化。在后续几十年的使用历史中，虽然有患者所感染的结核分枝杆菌已产生了耐药性，但绝大多数医生仍认为它是治疗结核病的一个不可缺少的主药。

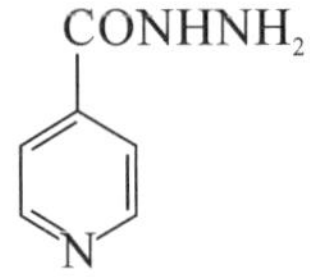

异烟肼

5. 嘧啶及其衍生物

嘧啶是含两个氮原子的六元杂环。它是无色晶体，熔点为20～22 ℃，沸点为123～124 ℃，易溶于水，具有弱碱性，可与强酸成盐，其碱性比吡啶弱。这是由于嘧啶分子中氮原子相当于一个硝基的吸电子效应，能使另一个氮原子上的电子云密度降低，结合质子的能力减弱，所以碱性降低。

嘧啶很少存在于自然界中，其衍生物在自然界中普遍存在。例如核酸和维生素 B_1 中都含有嘧啶环，组成核酸的重要碱基如胞嘧啶(cytosine，简写C)、尿嘧啶(uracil，简写U)、胸腺嘧啶(thymine，简写T)都是嘧啶的衍生物，它们都存在烯醇式和酮式的互变异构。

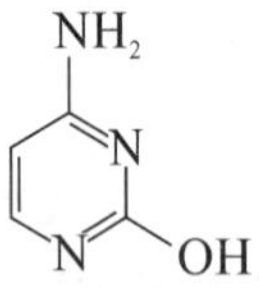

胞嘧啶 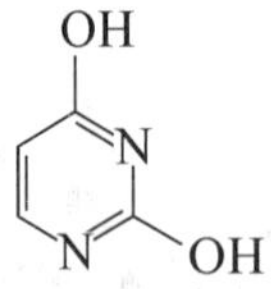　　尿嘧啶 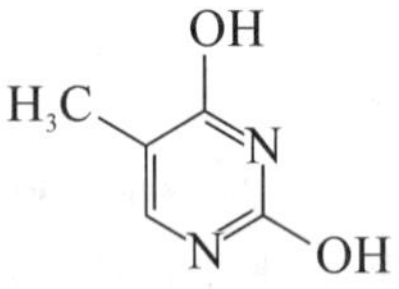　　胸腺嘧啶

6. 嘌呤及其衍生物

嘌呤可以看作一个嘧啶环和一个咪唑环稠合而成的稠杂环化合物。嘌呤也存在互变异构，但在生物体内以(Ⅱ)式存在

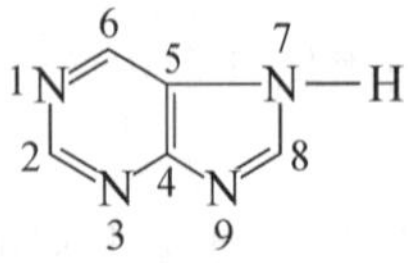

(Ⅰ)7*H*-嘌呤 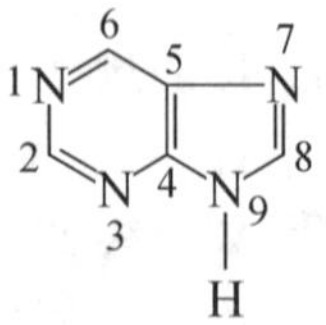　　(Ⅱ)9*H*-嘌呤

嘌呤为无色晶体，熔点为 216～217 ℃，易溶于水，能与酸或碱生成盐，但其水溶液呈中性。

嘌呤本身在自然界中尚未被发现，但它的氨基及羟基衍生物广泛存在于动、植物体中。存在于生物体内组成核酸的嘌呤碱基如腺嘌呤(adenine，简写 A)和鸟嘌呤(guanine，简写 G)，是嘌呤的重要衍生物。

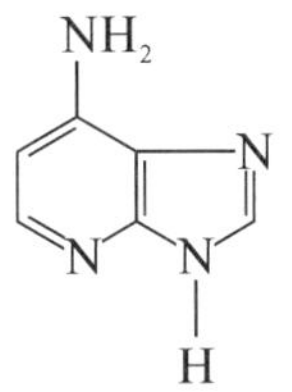

6-氨基嘌呤（腺嘌呤） 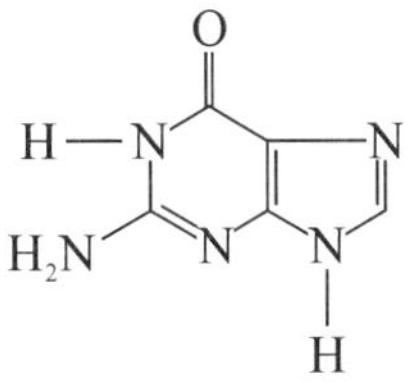　　2-氨基-6-羰基嘌呤（鸟嘌呤）

细胞分裂素是分子内含有嘌呤环的一类植物激素。它们常分布于植物的幼嫩组织中，例如，玉米素最早是从未成熟的玉米中得到的。细胞分裂素可用来促进植物发芽、生长和防衰保绿，以及延长蔬菜的储藏时间和防止果树生理性落果等。

第二节　生　物　碱

生物碱(alkaloid)是一类存在于生物体内并具有明显生物活性的含氮碱性有机物。由于生物碱主要是从植物中得到的，所以又称植物碱。

生物碱大多具有生物活性，往往是很多药用植物，包括许多中草药的有效成分。例如，阿片中的镇痛成分吗啡、止咳成分可待因，麻黄的抗哮喘成分黄麻碱、颠茄的解痉成分阿托品、长春花的抗癌成分长春新碱等，它们多数以与有机酸结合成盐的形式存在，少数以游离碱、酯或苷的形式存在。

生物碱的种类繁多，数目庞大，常根据化学结构分为有机胺类、吡咯衍生物类、吡啶衍生物类、喹啉衍生物类等；也可根据其来源进行分类，如石蒜生物碱、长春花生物碱等。

生物碱多根据其来源命名，如麻黄碱来源于麻黄、烟碱来源于烟草；也可以采用国际通用名称的译音，如烟碱又称为尼古丁(nicotine)。

一、生物碱的一般性质

生物碱的种类繁多，结构复杂，彼此间性质存在差异，但是大多数生物碱具有一些相似的性质。

（一）物理性质

生物碱大多数是无色或白色的晶体，只有少数在常温下为液体(如烟碱、毒蕈碱等)或有颜色，多数生物碱味苦。生物碱一般难溶于水，易溶于乙醇、乙醚、丙酮等有机溶剂。其盐类多数溶于水，不溶于有机溶剂。多数生物碱分子中含有手性碳原子，多数生物碱有旋光性，生物碱的左旋体常有很强的生物活性，自然界存在的生物碱一般是左旋体。

（二）化学性质

1. 碱性

生物碱分子中因氮原子上有未共用的电子对，有一定接受质子的能力而具有碱性，大多数生物碱能与酸反应生成易溶于水的生物碱盐。生物碱盐在遇强碱时游离出生物碱，利用这一性质可以提取和精制生物碱。临床上用的生物碱药物均制成其盐类(如硫酸阿托品、盐酸黄连素等)。

$$\text{生物碱} \underset{\text{NaOH}}{\overset{\text{HCl}}{\rightleftharpoons}} \text{生物碱盐}$$

（难溶于水）　　（可溶于水）

2. 沉淀反应

大多数生物碱或其盐的水溶液能与一些试剂生成难溶于水的盐或配合物而沉淀。这些能使生物碱发生沉淀反应的试剂称为生物碱沉淀剂。常用的生物碱沉淀剂多为重金属盐类、相对分子质量较大的复盐及一些酸性物质等。

(1) 碘化铋钾($KBiI_4$)试剂,遇生物碱生成红棕色沉淀。

(2) 苦味酸(2,4,6-三硝基苯酚)试剂,遇生物碱生成黄色沉淀。

(3) 鞣酸试剂,遇生物碱生成棕黄色沉淀。

(4) 磷钨酸($H_3PO_4 \cdot 12WO_3$)试剂,遇生物碱生成黄色沉淀。

根据生成沉淀的颜色可初步判断某些生物碱的存在,也可用于生物碱的分离和精制。

3. 显色反应

生物碱能与一些试剂发生颜色反应,并且因其结构不同而显示不同的颜色。这些能使生物碱发生颜色反应的试剂称为生物碱显色剂。常用的生物碱显色剂有浓硫酸、浓硝酸、甲醛-浓硫酸试剂、对二甲氨基苯甲醛的硫酸溶液、钒酸铵的浓硫酸溶液等。例如,吗啡遇甲醛的浓硫酸溶液显紫色,可待因遇甲醛的浓硫酸溶液显蓝色,莨菪碱遇钒酸铵的硫酸溶液呈红色。生物碱的显色反应可用于鉴别生物碱。

知识链接

生物碱分类

生物碱种类繁多,按母核的基本结构主要分为以下 12 类。

(1) 有机胺类:氮原子位于直链上,如麻黄碱、益母草碱、秋水仙碱等。

(2) 吡咯烷类:如古豆碱、千里光碱、野百合碱等。

(3) 吡啶类:如槟榔碱、半边莲碱、苦参碱等。

(4) 喹啉类:如奎宁、喜树碱等。

(5) 异喹啉类:如小檗碱、吗啡、粉防己碱、可待因、青藤碱等。

(6) 喹唑酮类:如常山碱等。

(7) 吲哚类:如利血平、长春碱、麦角新碱、士的宁等。

(8) 莨菪烷类:如莨菪碱、东莨菪碱、古柯碱等。

(9) 亚胺唑类:如毛果芸香碱等。

(10) 嘌呤类:如咖啡因、茶碱、香菇嘌呤、石房蛤毒素等。

(11) 甾体类:如茄碱、贝母碱、藜芦碱、澳洲茄碱等。

(12) 萜类:如猕猴桃碱、石斛碱、乌头碱、飞燕草碱、黄杨碱等。

二、医药上常见的生物碱

1. 烟碱

烟碱又叫尼古丁,主要以苹果酸盐及柠檬酸盐的形式存在于烟草中。其结构式如下:

N　N　CH_3

烟碱为无色油状液体,沸点为 246.1 ℃,有旋光性,天然的烟碱为左旋体。露置于空气中渐变为棕色,易溶于水、乙醇、氯仿。烟碱能被 $KMnO_4$ 氧化为烟酸,具有弱碱性,可与强酸作用成盐,与鞣酸、苦味酸等反应生成沉淀。

烟碱有剧毒,小剂量具有兴奋中枢神经、增高血压的作用,大剂量能抑制中枢神经,使心脏停搏,以致死亡。烟草制成的香烟中除了含烟碱等有毒物质外,在吸烟产生的烟雾中,还产生新的有害物质,可引起支气管炎、肺炎、肺水肿、肺癌等疾病。吸烟有害健康。烟碱不能作药用,但在农业上可作为杀虫剂。

2. 麻黄碱

麻黄是我国特有的一种中药，它含有多种生物碱，其中麻黄碱占 60%，其次为伪麻黄碱等。麻黄碱为无色晶体，熔点为 37～39 ℃，味苦，易溶于水、乙醇和氯仿。麻黄碱有兴奋交感神经、扩张支气管、升高血压的作用。麻黄碱临床上用于止咳、过敏性反应，鼻黏膜肿胀、低血压症和防治支气管哮喘等。

麻黄碱又称麻黄素，是旋光性物质，其分子中含有 2 个手性碳原子，有 2 对对映异构体，其中 1 对为麻黄碱，另 1 对为伪麻黄碱，但麻黄中只有左旋麻黄碱和右旋伪麻黄碱存在。

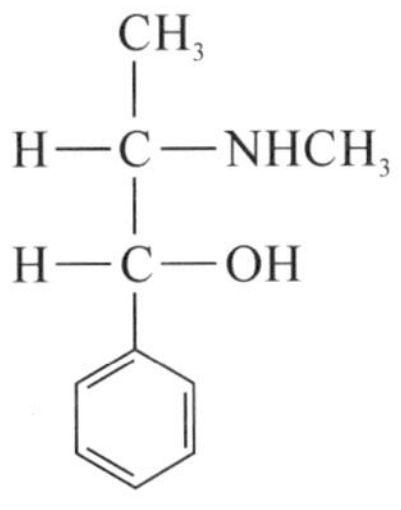

(－)-麻黄碱

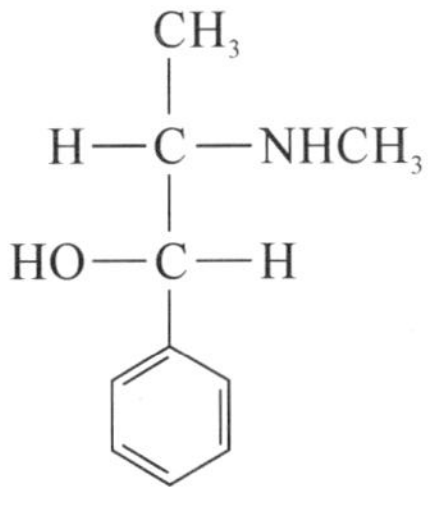

(＋)-伪麻黄碱

麻黄碱属于胺类生物碱，与一般生物碱的性质不完全相同，如有挥发性、在水和有机溶剂中均能溶解、与多种生物碱沉淀剂不易产生沉淀等。

3. 茶碱、可可碱和咖啡碱

它们均为黄嘌呤的 N-甲基衍生物。茶碱主要存在于茶叶中，咖啡碱主要存在于咖啡和茶叶中，可可碱主要存在于可可豆及茶叶中，它们都是带有苦味的物质，能溶于热水。

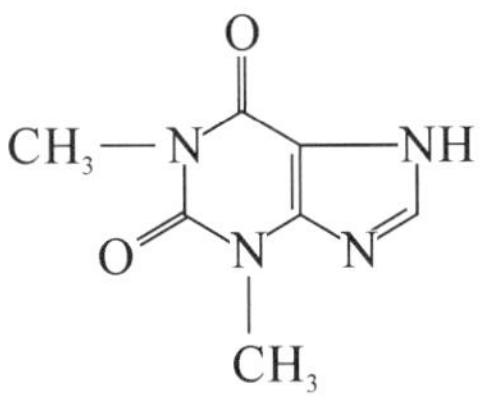

茶碱（1，3-二甲基黄嘌呤）　可可碱（3，7-二甲基黄嘌呤）　咖啡碱（1，3，7-三甲基黄嘌呤）

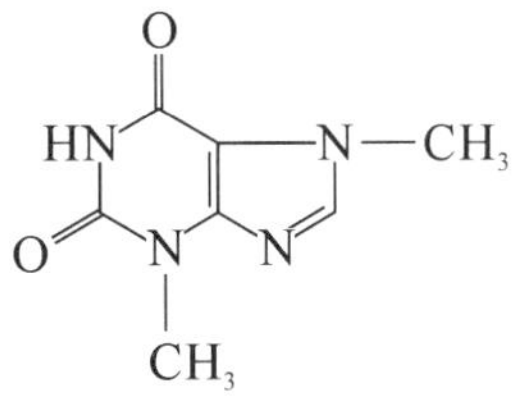

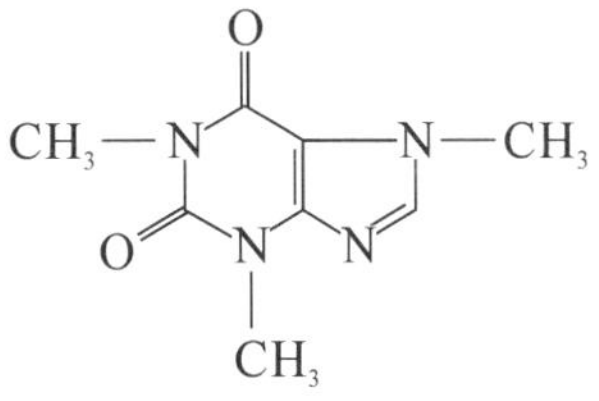

茶碱、可可碱和咖啡碱均具有兴奋中枢神经、兴奋心脏和利尿作用。

4. 小檗碱

小檗碱又名黄连素，是黄连、黄柏等中药的主要成分，是一种异喹啉生物碱。游离的小檗碱主要以季铵碱的形式存在，容易与酸作用形成盐。盐酸小檗碱结构式如下：

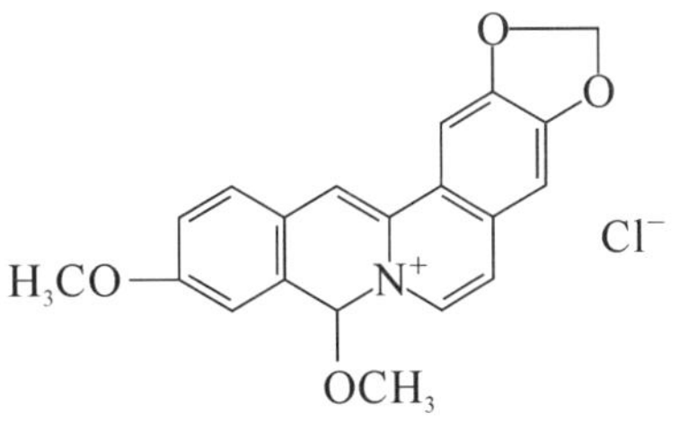

小檗碱为黄色晶体，熔点为 204～206 ℃，味极苦，能溶于水和乙醇。抗菌谱广，对多种革兰细菌有抑制作用，临床上常用于治疗细菌性痢疾和肠炎。此外，小檗碱还有温和的镇静、降压作用。

5. 莨菪碱

莨菪碱存在于莨菪、颠茄、曼陀罗、洋金花等茄科植物的叶中，是由莨菪醇和莨菪酸形成的酯。其结构式如下：

$N-CH_3$　C（H）$-O-\overset{O}{\overset{\|}{C}}-\underset{}{\overset{CH_2OH}{\overset{|}{CH}}}-C_6H_5$　或　CH_3 N O $\overset{O}{\overset{\|}{C}}-\overset{CH_2OH}{\overset{|}{CH}}-C_6H_5$

莨菪碱为左旋体，在碱性条件下或受热时容易消旋，消旋的莨菪碱即为阿托品，又称颠茄碱。阿托品为人工合成的化合物，为长柱状晶体，难溶于水。临床上使用的硫酸阿托品为白色晶体粉末，易溶于水，用于治疗肠、胃平滑肌痉挛和十二指肠溃疡，也可用作有机磷、锑中毒的解毒剂，在眼科用作散瞳剂。

思政案例

远离香烟，健康生活

我国是烟草生产和销售的第一大国，目前有3亿多烟民。如果每人每天吸3元的香烟，全国每天要烧掉9个亿，一年要烧掉3285个亿。香烟有如鸦片，正在侵蚀着人们的身体健康和经济财富，并将深深影响下一代。烟草中主要有毒物质为尼古丁（烟碱）、烟焦油等物质，它们是心血管疾病、癌症和肺气肿等非传染性疾病的重要诱因。

世界卫生组织的报告表明，二手烟对被动吸烟者的危害一点也不比主动吸烟者轻，特别是对少年儿童的危害尤其严重。故为了广大人民群众的身体健康，国务院颁布了关于公共场所严禁吸烟的规定，并且此规定于2004年6月1日已开始实行。

据统计，全球每年因吸烟或接触二手烟而死亡的人数近600万，为了家人和自己的健康，需要每个人行动起来，远离香烟，科学戒烟，加强锻炼，健康生活。

本章小结

本章重点介绍了杂环化合物的命名、分类和性质。杂环母环的名称通常采用音译法，即根据杂环化合物的英文名称进行音译，选用同音汉字，再加上“口”字旁组成杂环母环的音译名。当杂环上有取代基时，则应按有关规定将杂环母环编号后再命名。吡咯、呋喃和噻吩分子中，杂原子的未共用电子对参与形成共轭体系，它们都具有芳香性，水溶性均不大。吡咯、呋喃和噻吩都能发生卤代反应、硝化反应、磺化反应、酰基化反应等亲电取代反应；还能发生还原反应。吡啶分子中氮原子的未共用电子对，没有参加环的共轭，所以吡啶能与水混溶，其碱性比脂肪族胺和氨弱，比苯胺强，显碱性。吡啶能发生卤代反应、硝化反应、磺化反应等亲电取代反应，但亲电取代反应活性比苯低，当环上有烃基时能发生氧化反应。医学上常见的杂环化合物都是具有药物活性的重要化合物。

生物碱是存在于生物体内的一类具有明显生物活性且大多具有碱性的含氮有机化合物。生物碱一般不溶或难溶于水，能溶于乙醇、乙醚、丙酮、氯仿、苯等有机溶剂，显碱性，可以溶于稀酸溶液而生成盐类，可以通过沉淀反应及显色反应进行鉴别。

能力检测

能力检测答案

一、命名或写出结构式

（1）4-氯-2-噻吩甲酸　　（2）β-吡啶甲酰胺

（3）5-甲基-2,4-二羟基嘧啶　　（4）4-甲基喹啉

（5）3-羟基吲哚　　（6）异喹啉

(7) 吩噻嗪

(8) 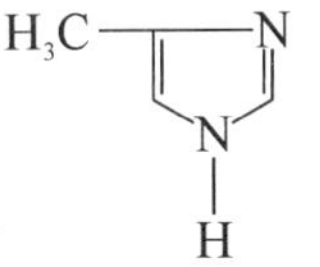 [structure: 4-methylimidazole, H_3C, N, N–H]

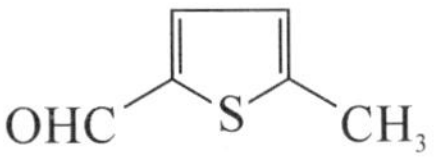

(9) [structure: OHC, S, CH_3]

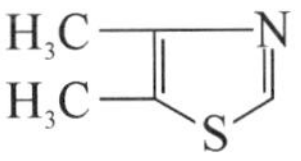

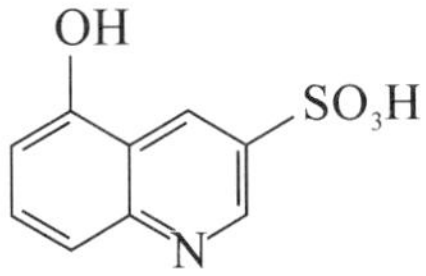

(10) [structure: H_3C, H_3C, N, S]

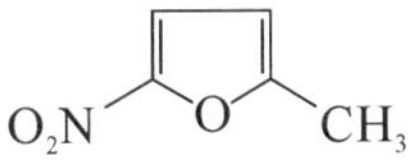

(11) [structure: OH, SO_3H, N]

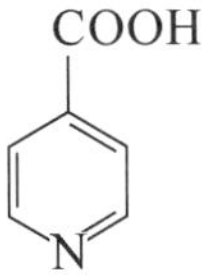

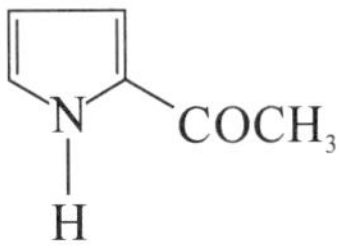

(12) [structure: O_2N, O, CH_3]

(13) [structure: COOH, N]

(14) [structure: N–H, $COCH_3$]

(15) [structure: OH, N, N, HO, N, N–H, OH]

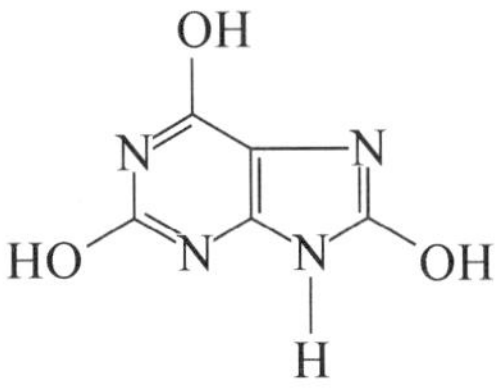

二、写出下列物质碱性强弱顺序，并解释原因

(1)  [structure: pyrrole, N–H]

(2) [structure: pyridine, N]

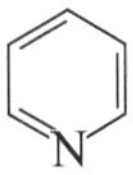

(3) $(CH_3)_2NH$

(4) 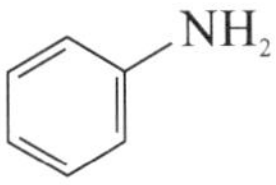 [structure: NH_2 on benzene ring]

(5) NH_3

三、完成下列反应方程式

(1) 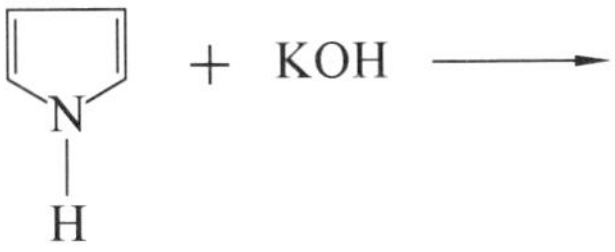 [pyrrole, N–H] + KOH $\longrightarrow$

(2) [thiophene, S] + Br_2 $\xrightarrow[\text{室温}]{\text{醋酸}}$

(3) [furan, O] + CH_3COONO_2 $\xrightarrow[-30\sim-5\ ℃]{\text{吡啶}}$

(4) [pyrrole, N–H] $\xrightarrow{H_2,Pt}$

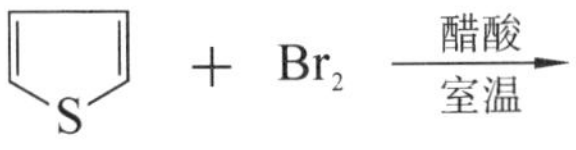

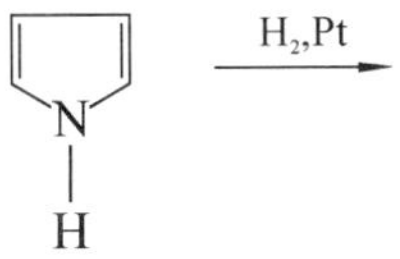

(5) 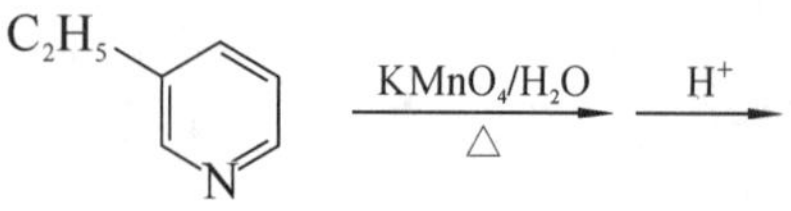 3-乙基吡啶（C_2H_5） $\xrightarrow[\triangle]{KMnO_4/H_2O}$ $\xrightarrow{H^+}$

(6) 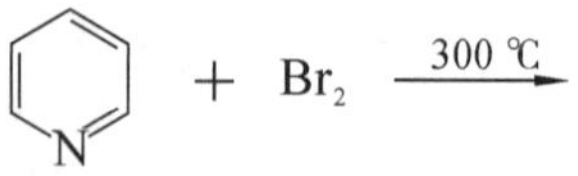 吡啶 + Br_2 $\xrightarrow{300\ ℃}$

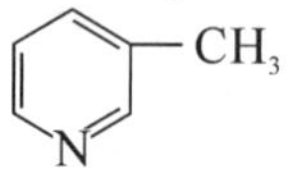

四、用化学方法区别下列各组化合物

(1) 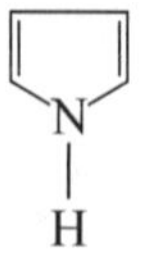 吡咯（N—H） 和 吡啶（N）

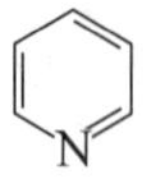

(2) 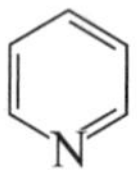 吡啶（N） 和 3-甲基吡啶（CH_3，N）

(3) 苯 和 噻吩（S）

(4)  呋喃（O） 和 呋喃甲醛（CHO，O）

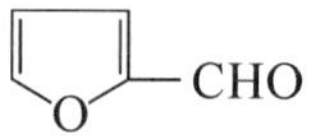

五、综合题

杂环化合物 A($C_5H_4O_2$)，经氧化后生成羧酸 B($C_5H_4O_3$)，羧酸 B 的钠盐与碱石灰作用，转变为 C(C_4H_4O)，C 与钠不起反应，也不具有醛和酮的性质。试推断 A、B、C 的结构式，并写出有关反应方程式。

参考文献

[1] 袁加程，陈玉峰. 基础化学[M]. 北京：化学工业出版社，2017.

[2] 陆艳琦，马建军，陈瑛. 基础化学[M]. 武汉：华中科技大学出版社，2017.

[3] 刘德秀，石慧. 药用基础化学[M]. 武汉：华中科技大学出版社，2015.

[4] 李省，张付利. 医用化学[M]. 郑州：郑州大学出版社，2018.

（邵慧丽）

本章题库

第十六章

萜类和甾族化合物

学习目标

掌握：萜类结构的异戊二烯规则、甾族化合物的骨架结构特点。
熟悉：萜类化合物和甾族化合物的主要化学性质。
了解：一些具有药物作用或生物活性的萜类、甾族化合物。

扫码
看 PPT

萜类化合物在自然界分布极其广泛，是许多植物香精油的主要成分，是数量庞大、结构千变万化、具有广泛生物活性的一类重要的天然药物化学成分。甾族化合物在动植物体内也较常见，对动植物的生命活动起着重要的作用。

第一节　萜类化合物

一、萜类化合物的结构、分类和命名

（一）结构

萜类是由甲戊二羟酸衍生出来的，基本碳架为异戊二烯$(C_5H_8)_n$首尾相连的聚合体及其衍生物，此结构规律称为“异戊二烯规则”。其基本骨架一般以 5 个碳单位为基本单位，少数也有例外。

$$HOOC-CH_2-\underset{OH}{\overset{CH_3}{C}}-CH_2-CH_2OH$$

甲戊二羟酸

$$H_2C=\underset{CH_3}{C}-CH=CH_2$$

异戊二烯

（二）分类和命名

根据分子中所含异戊二烯单位的数目，萜类化合物可分类如下（表 16-1）。

表 16-1　萜类化合物的分类与分布

类别	碳原子数	通式$(C_5H_8)_n$	存在
半萜(hemiterpenoids)	5	$n=1$	植物叶
单萜(monoterpenoids)	10	$n=2$	挥发油
倍半萜(sesquiterpenoids)	15	$n=3$	挥发油
二萜(diterpenoids)	20	$n=4$	树脂、叶绿素、苦味素

续表

类别	碳原子数	通式$(C_5H_8)_n$	存在
二倍半萜(sesterpenoids)	25	$n=5$	海绵、昆虫代谢物、植物病菌
三萜(triterpenoids)	30	$n=6$	皂苷、树脂、植物乳胶
四萜(tetraterpenoids)	40	$n=8$	胡萝卜素
多萜(polyterpenoids)	$7.5\times10^3\sim3\times10^5$	$n>8$	橡胶、硬橡胶

1. 单萜

单萜类化合物是由 2 个异戊二烯单位组成，含有 10 个碳原子的化合物及其衍生物，根据分子中 2 个异戊二烯相互连接的方式不同，单萜类化合物又可分为链状单萜、单环单萜及双环单萜三类。

(1) 链状单萜：链状单萜由 2 个异戊二烯分子首尾相连而成。很多链状单萜是香精油的主要成分，如月桂油中的月桂烯、橙花油中的橙花醇、玫瑰油中的香叶醇等。链状单萜的含氧衍生物较为重要，它们中许多是贵重的香料。

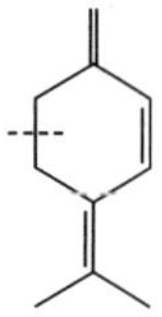

H CH_2OH CH_2OH H

月桂烯 (myrcene) 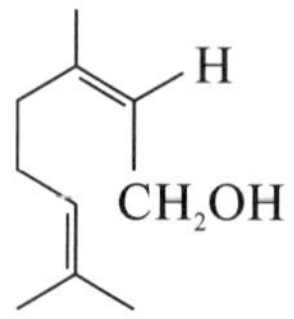　　橙花醇 (nerol) 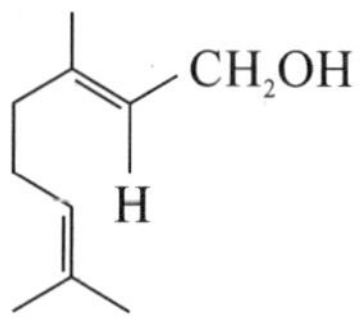　　香叶醇 (geraniol)

(2) 单环单萜：单环单萜是指 2 个异戊二烯之间形成一个环的单萜，如以下的饱和环烃称为萜烷，化学名称为 1-甲基-4-异丙基环己烷。萜烷的 C_3 羟基衍生物称为 3-萜醇。

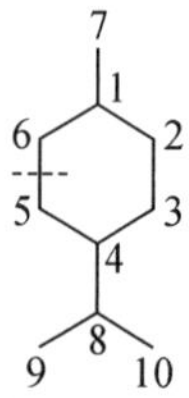

7 1 2 3 4 5 6 8 9 10　　OH

萜烷 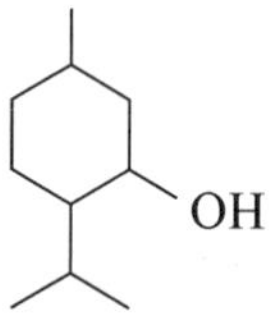　　3-萜醇

(3) 双环单萜：在萜烷的结构中，C_8 若分别与 C_1、C_2 或 C_3 相连时，则可形成桥环化合物，它们是莰烷、蒎烷或蒈烷。

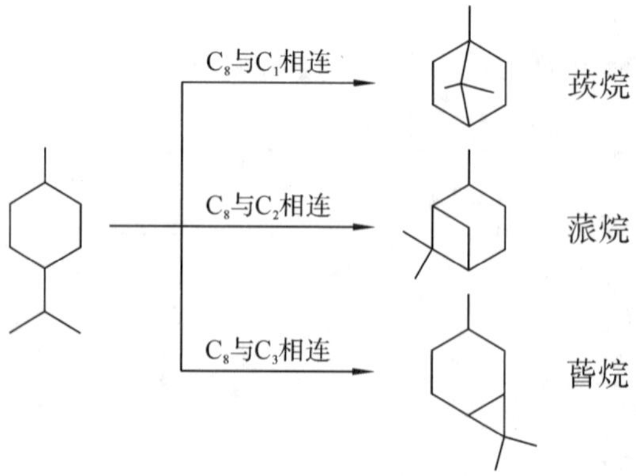

C_8与C_1相连　莰烷

C_8与C_2相连　蒎烷

C_8与C_3相连　蒈烷

在双环单萜中比较重要的是蒎烯、冰片和樟脑。

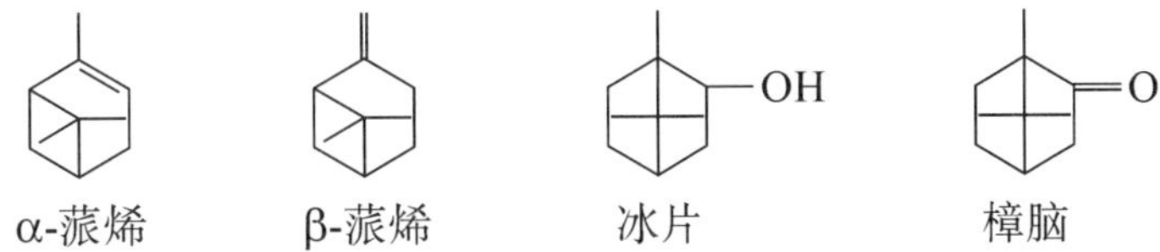

α-蒎烯　　β-蒎烯　　冰片　　樟脑

蒎烯是松节油的主要成分。松节油由从马尾松等树干的切口流出的松脂制得，经水蒸气蒸馏，馏出的是松节油，残留下的是松香。松节油含 α-蒎烯 60%以上，β-蒎烯 30%及其他萜。冰片是龙脑香科植物龙脑香的树脂和挥发油加工品提取获得的结晶，是近乎纯净的右旋龙脑，具有许多功效和作用，可用于治疗闭证神昏、目赤肿痛、喉痹口疮、疮疡肿痛、溃后不敛等。樟脑为樟科植物樟树的枝、干、叶及根部经提炼制得的颗粒状结晶，具有通关窍、利滞气、辟秽浊、杀虫止痒、消肿止痛的功效。

2. 倍半萜

倍半萜是含有三个异戊二烯单位的萜类化合物。如：

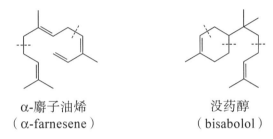

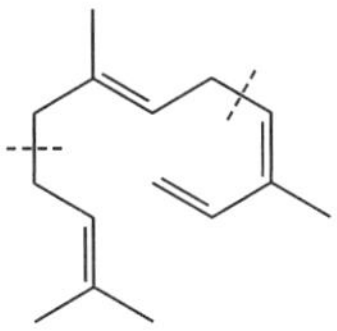

α-麝子油烯（α-farnesene）　　没药醇（bisabolol）

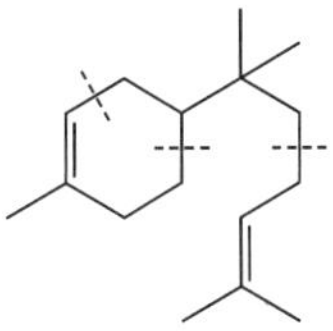

常见的倍半萜有法尼醇（金合欢醇）、保幼激素、脱落酸等。

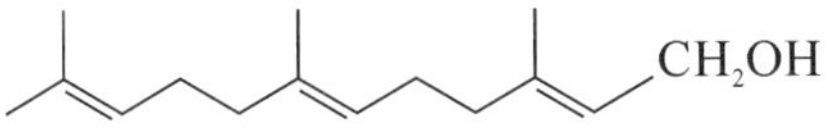

CH_2OH　　OH　COOH　O

法尼醇 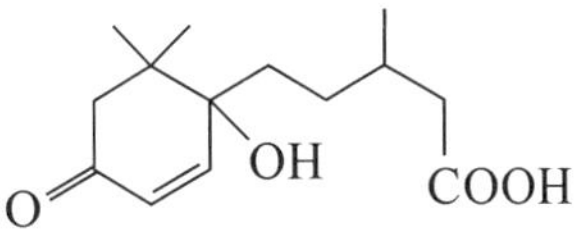　　脱落酸

R_1　R_2　O　O　OCH_3

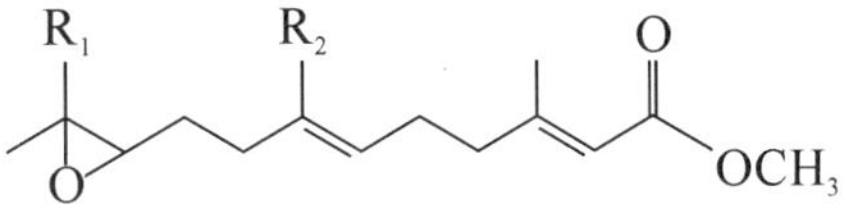

保幼激素（JH）JH_1：$R_1=R_2=C_2H_5$

JH_2：$R_1=C_2H_5,R_2=CH_3$

JH_3：$R_2=R_2=CH_3$

3. 二萜

二萜由 4 个异戊二烯单位构成，主要是二环和三环的二萜，直链和单环的二萜较少。在植物体内迄今未发现真正的直链二萜存在，但其部分饱和的醇是组成叶绿素的一部分，广泛分布于高等植物中，称为植物醇。单环二萜以维生素 A 为代表，它属于单环二萜醇。

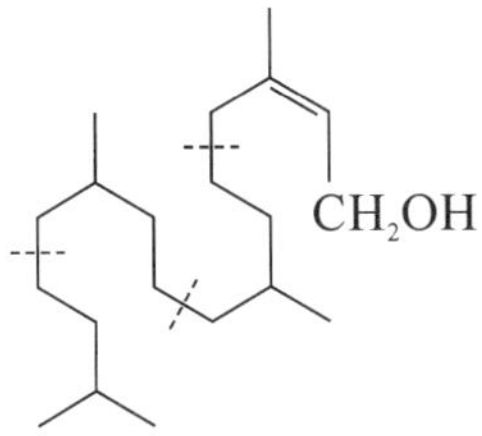

CH_2OH　　H　CH_3　H　CH_3　CH_2OH　H　H　H　H

植物醇（phytol）　　维生素A（vitamin A）

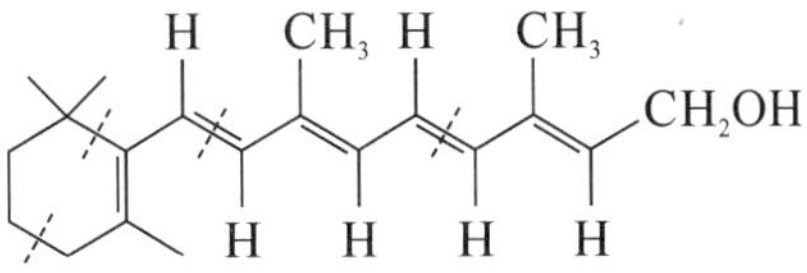

4. 三萜

三萜由 6 个单位的异戊二烯聚合而成，在中草药中分布广泛，可以游离状态存在，也可结合为酯类或苷类。

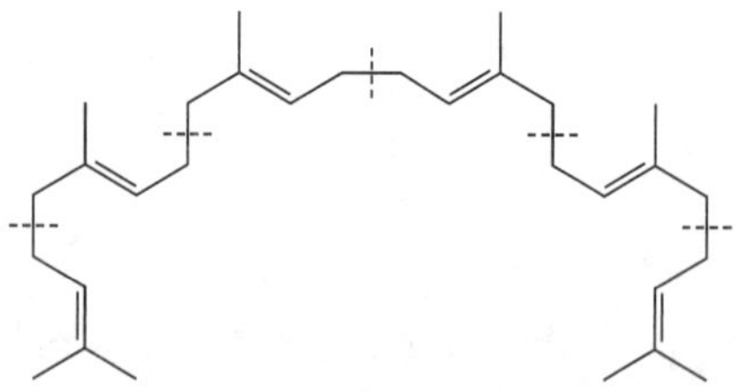

角鲨烯
（squalene）

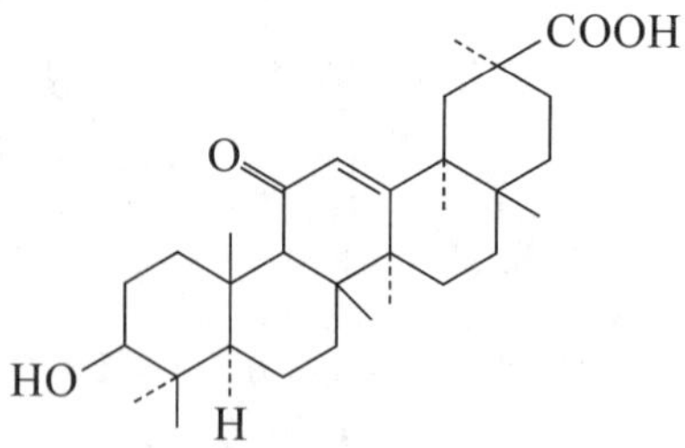

甘草次酸
（glycyrrhetinic acid）

5. 四萜

四萜及其衍生物在植物中分布广泛，大多结构复杂，其中研究比较详细的是胡萝卜烃类色素。

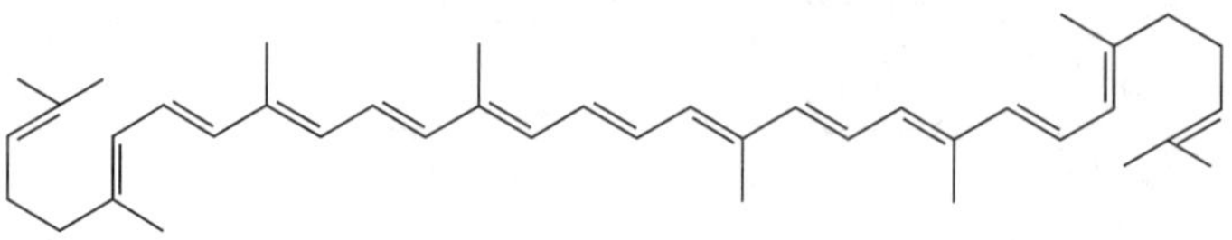

番茄红素
（lycopene）

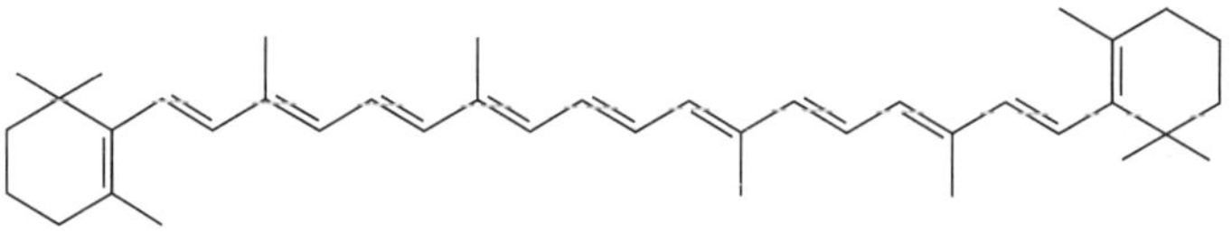

β-胡萝卜素
（β-carotene）

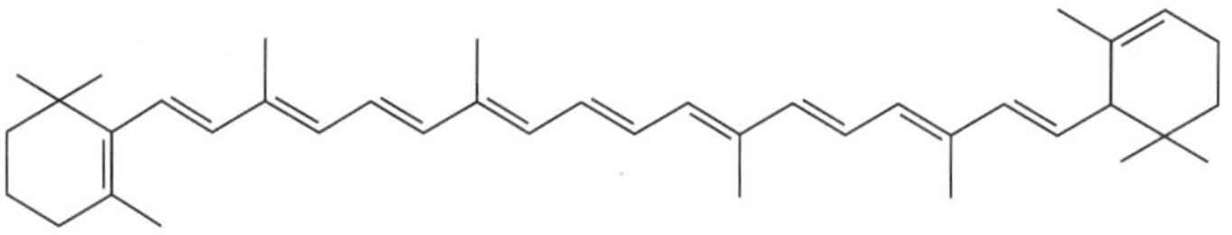

α-胡萝卜素
（α-carotene）

二、萜类的性质

（一）物理性质

萜类化合物一般具有亲脂性，难溶于水，易溶于有机溶剂及乙醇，萜类化合物和糖成苷时，则亲水性增加。萜类化合物能溶于热水，易溶于乙醇，难溶于有机溶剂。

萜类化合物多具有苦味，有的味极苦，所以萜类化合物又称苦味素。但有的萜类化合物具有强的甜味，如甜菊苷（二萜多糖苷）的甜味是蔗糖的300倍。

低相对分子质量的萜类化合物（如半萜、单萜、倍半萜类化合物）多为油状液体，有挥发性，且具有特殊香气，是挥发油的主要组成成分。

（二）化学性质

萜类化合物由于结构中含有双键、醛基、酮基、羧基等官能团，故可在化学反应中表现出其相应的化学性质。

1. 加成反应

分子结构中含有双键的萜类化合物，可与卤素、卤化氢等发生加成反应。

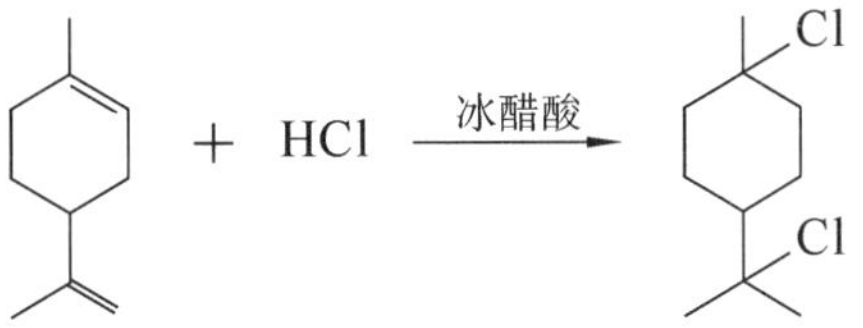

柠檬烯 + HCl —冰醋酸→ 柠檬二氢氯化合物

2. 氧化反应

不同的氧化剂，如臭氧、铬酐(三氧化铬)、高锰酸钾等，在不同的条件下可将萜类化合物中的各种基团氧化，生成不同的氧化产物。

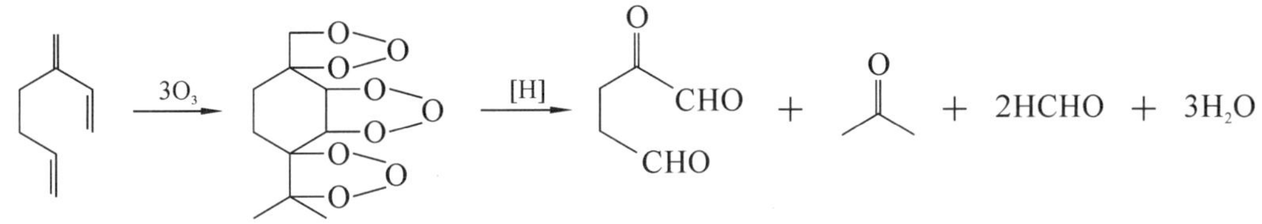

β-月桂烯 —$3O_3$→ —[H]→ α-羰基戊二醛 + 丙酮 + 2HCHO(甲醛) + $3H_2O$

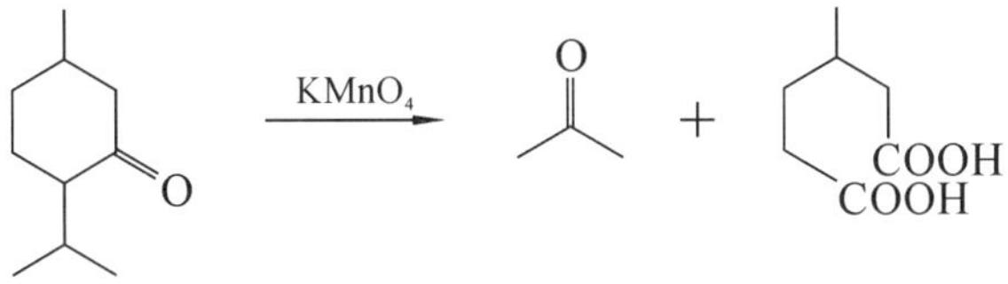

薄荷酮 —$KMnO_4$→ 丙酮 + α-甲基己二酸

3. 脱氢反应

萜类化合物的脱氢反应通常在惰性气体的保护下，用铂黑或钯作催化剂，将萜类与硫或硒共热(200～300 ℃)实现脱氢。

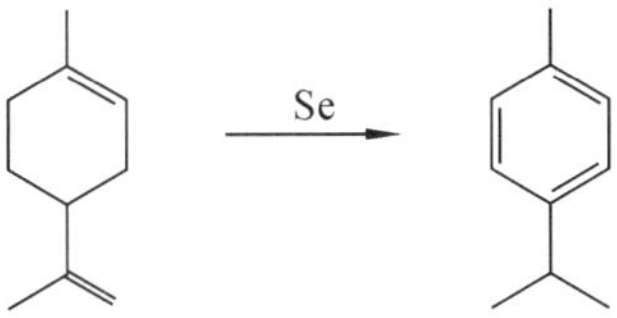

柠檬烯 —Se→ 对百里香素

三、医药中常见的萜类化合物

萜类化合物具有广泛的生物活性，它们有的直接用来治疗疾病，有的被用作合成药物的原料。如紫杉醇具有抗癌生物活性，银杏内酯在临床用于治疗心血管疾病，青蒿素用于抗疟等。医药中常见的萜类结构类型和实例见表 16-2。

表 16-2 医药中常见的萜类化合物

结构类型	活性成分	医药用途
链状单萜	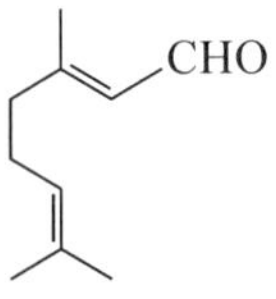 柠檬醛 (geranial)	具有止痛、驱蚊的功效

续表

结构类型	活性成分	医药用途
单环单萜	薄荷醇 (menthol)	具有局部止痛和消炎的功效，内服有安抚胃部及止吐解热的功效，医疗上用作清凉剂和祛风剂。清凉油、人丹等药品中均含有此成分
双环单萜	CH_3 OH 龙脑 (borneol)	俗称冰片，具有发汗、兴奋、镇痉、驱虫等作用。中医用作发汗祛痰药，并用于霍乱的治疗
环烯醚萜	HO O O HOH_2C O—glc 梓醇 (catalpol)	具有降血糖、利尿作用
倍半萜	CH_3 H H_3C O-O H H O CH_3 O 青蒿素 (artemisinin)	具有抗疟功效
	CH_2OH 维生素A (vitamin A)	是保持正常夜间视力的必需物质
二萜	O HO O H_3C CH_2 HO H_3C CH_2OH 穿心莲内酯 (andrographolide)	具有抗菌消炎的功效
	H_3CCOO O OH H H H O C C C O O OH OH OCOCH₃ CONH COO 紫杉醇 (paclitaxel)	具有抗白血病、抗肿瘤的功效

知识链接

青蒿素

2015年屠呦呦因发现青蒿素被授予诺贝尔生理学或医学奖。屠呦呦是抗疟有效单体青蒿素的重要发现者之一，这一成果挽救了数百万人的生命。如今在非洲，青蒿素广泛用于治疗疟疾，被誉为“东方神药”。

金鸡纳霜被发现后成为早期抗疟特效药，但长期使用会使疟原虫对昔日“王牌”药(氯喹)产生抗药性，疟疾卷土重来。为了研究出抗疟特效药，1967年，中国政府启动了“523任务”，意在集中全国科技力量联合研发抗疟新药。时任研究组组长的屠呦呦利用现代医学方法检验青蒿提取物的抗疟能力时，结果却不理想——青蒿提取物抗疟效果极不稳定，有一次实验，抑制率只有12%，对青蒿素的研究再遇瓶颈。后来据屠呦呦回忆，1971年下半年的一天，东晋葛洪《肘后备急方》中的几句话触发了她的灵感：“青蒿一握，以水二升渍，绞取汁，尽服之。”“绞汁”和中药常用的煎熬法不同，这是否为了避免青蒿的有效成分在高温下被破坏？屠呦呦开始改用沸点较低的乙醚提取青蒿，并终于从中药青蒿中获得具有100%疟原虫抑制率的提取物，取得中药青蒿抗疟研究的突破。后来又经去粗取精，于1972年11月8日得到抗疟单体——青蒿素。

近年来有不少国内外实验证实，青蒿素类药物对白血病、结肠癌、黑色素瘤、乳腺癌、卵巢癌、前列腺癌和肾癌细胞等具有明显的抑制和杀伤作用，具有显著的抗瘤活性，并且与其他抗肿瘤药物相比，青蒿素毒副作用较小。

思政案例

青蒿素——献给人类的礼物

屠呦呦受中国典籍《肘后备急方》启发，成功提取青蒿素。从青蒿素到双氢青蒿素、到青蒿琥酯，这背后是许多如屠呦呦一样的科学家们潜心奉献、默默付出的结果。屠呦呦老师在接受采访时说过，“我的团队继承了两弹一星团队对于国家使命的高度责任感，正是由于这种爱国精神，才有了奋斗与奉献，才有了团结与协作，才有了创新与发展，也才有了青蒿素联合疗法拯救了众多疟疾患者的生命”。

青蒿素的发现之路布满荆棘，但坚定的理想信念让青蒿素成为人类福祉。我们在现在的学习生活和将来的工作中也一定要坚定理想信念，强化使命担当，传承前辈们的奋斗精神，为实现中华民族伟大复兴做出自己应有的贡献。

第二节　甾族化合物

一、甾族化合物的结构、分类和命名

(一) 结构

甾族化合物也称类固醇化合物，是一类广泛存在于动植物组织中的重要天然化合物，包括植物甾醇、胆汁酸、C_{21}甾类、昆虫变态激素、强心苷、甾体皂苷、甾体生物碱、蟾毒配基等。尽管种类繁多，但这类化合物分子都具有一个环戊烷并多氢菲的甾体骨架。环上一般带有三个侧链，其通式如下：

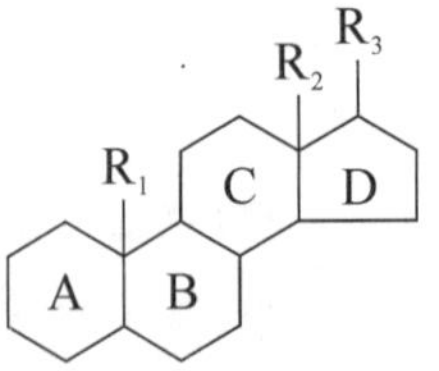

R_1、R_2 一般为甲基,称为角甲基,R_3 为氢原子或其他含有不同碳原子数的取代基。碳原子可按照固定顺序进行编号。

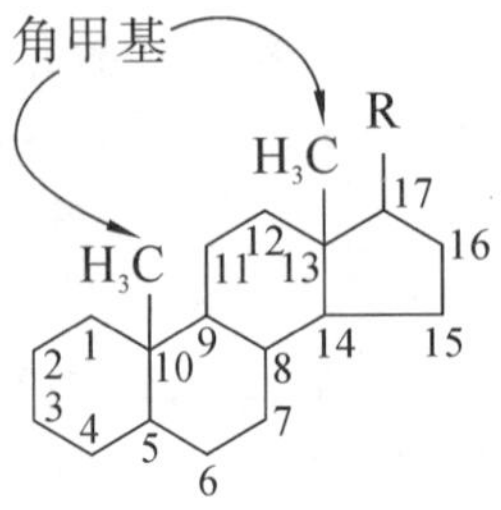

(二)分类和命名

1. 分类

根据存在形式和化学结构,甾族化合物可分为甾醇、胆汁酸、甾族激素、甾族生物碱等。

2. 命名

甾族化合物的命名相当复杂,通常用与其来源或生理作用有关的俗名。很多存在于自然界的甾族化合物有其各自的习惯命名。系统命名法:首先确定所选用的甾体母核,然后在其前后标明各取代基或功能基的名称、数量、位置与构型。根据所连的侧链不同,甾体母核的名称见表 16-3。

表 16-3 甾体母核名称

甾体母核名称	$-R_1$	$-R_2$	$-R_3$
甾烷	H	H	H
雌甾烷	H	CH_3	H
雄甾烷	CH_3	CH_3	H
孕甾烷	CH_3	CH_3	CH_2CH_3
胆烷	CH_3	CH_3	$H_3C-CH(-)-CH_2-CH_2-CH_3$
胆甾烷	CH_3	CH_3	$H_3C-CH(-)-CH_2-CH_2-CH_2-CH(CH_3)-CH_3$

母核含有碳碳双键时,将"烷"改为"烯""二烯"等,并标出双键的位置。官能团或取代基的名称及其所在位置与构型标示在母核名前,若用它们作为母体(如羰基、羧基等),则标示在母核之后。当 A 环为芳香环时,由于在 5 与 10 之间成双键,故标示成 1,3,5(10)。

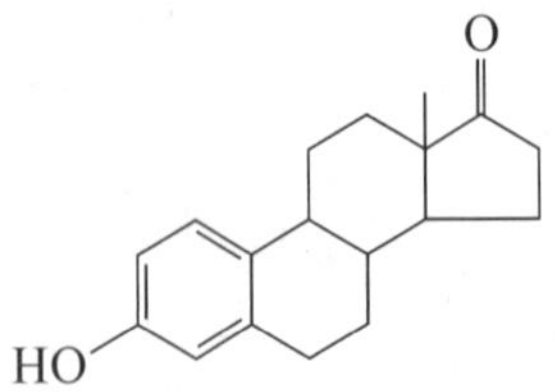

3β-羟基-1,3,5(10)-雌甾三烯-17-酮
雌酚酮

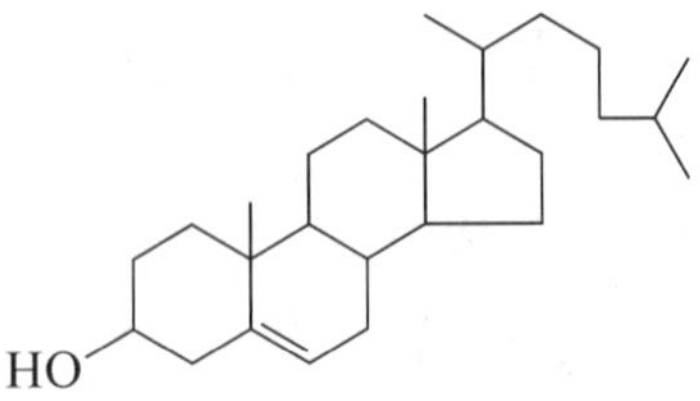

5-胆甾烯-3β-醇
胆固醇

甾族化合物也可根据其来源或生理作用命名。如植物甾醇、胆汁酸、C_{21}甾类、昆虫变态激素、强心苷、甾体皂苷等。

二、医药中常见的甾族化合物

（一）甾醇

甾醇又叫固醇，是广泛存在于生物体内的一种重要的天然活性物质，按其原料来源可分为动物性甾醇、植物性甾醇和菌类甾醇三大类。动物性甾醇以胆固醇为主，植物性甾醇主要为谷甾醇、豆甾醇和菜油甾醇等，而麦角甾醇则属于菌类甾醇。

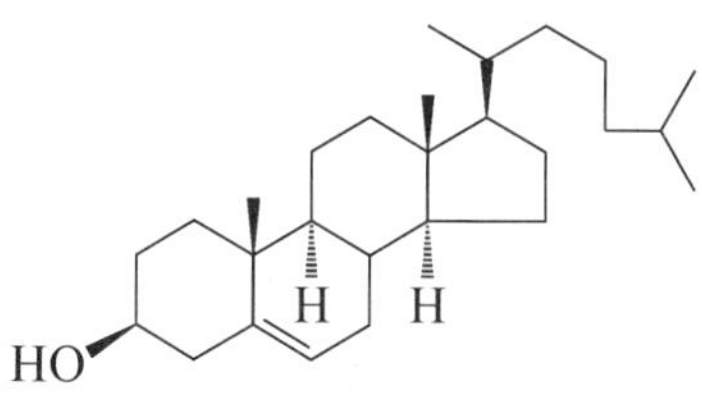

胆固醇
（cholesterol）

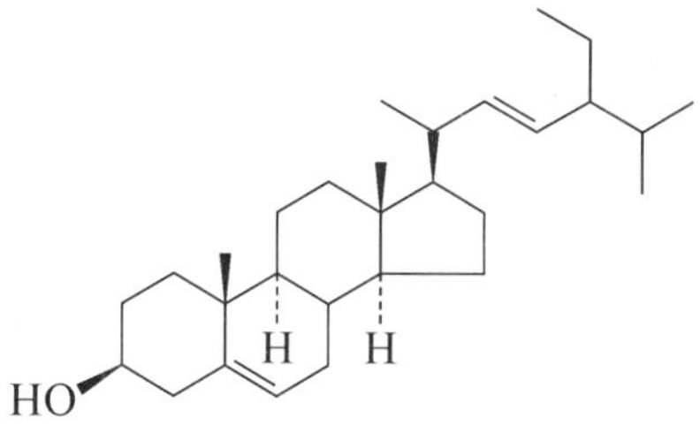

豆甾醇
（stigmasterol）

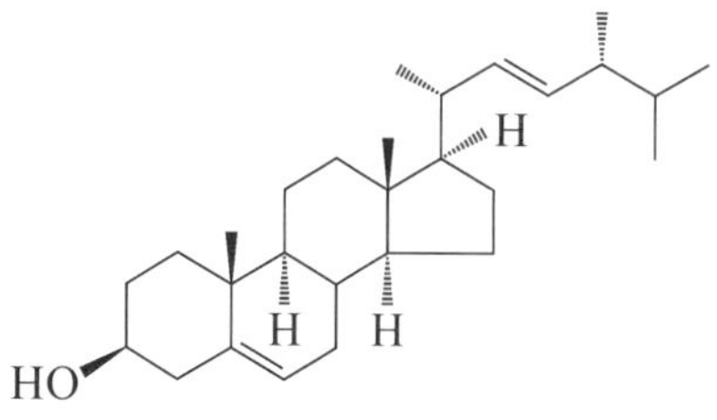

麦角甾醇
（ergosterol）

胆固醇在酶的催化下被氧化成7-脱氢胆甾醇，其B环中存在共轭双键。7-脱氢胆甾醇存在于皮肤组织中，经紫外线照射，B环开环转化成维生素D_3，所以多晒日光是获得维生素D_3最简易的方法。体内缺乏维生素D_3将不足以维持骨骼的正常生长而导致软骨病。

紫外线

7-脱氢胆甾醇

维生素D_3

在紫外线的照射下，麦角甾醇的B环破裂发生键的重排，生成维生素D_2。维生素D_2具有抗佝偻病的疗效。缺乏维生素D_2，儿童患佝偻病，成人患软骨症。

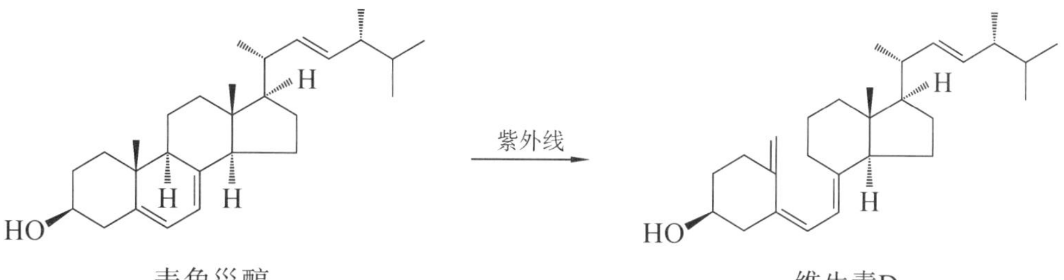

紫外线

麦角甾醇
（ergosterol）

维生素D_2
（vitamin D_2）

（二）胆汁酸

胆汁酸的种类很多，除人工合成的胆汁酸外，天然的胆汁酸就有20多种。天然胆汁酸在人体中以甘氨胆汁酸与牛磺胆汁酸这两种酸的钠盐（或钾盐）形式存在。这类胆酸盐为乳化剂，可以乳化脂肪，促进脂肪在小肠中的水解和吸收。临床应用的利胆药胆酸钠，即上述甘氨胆汁酸钠与牛磺胆汁酸钠的混合物，可用于因胆汁分泌不足所致的疾病。

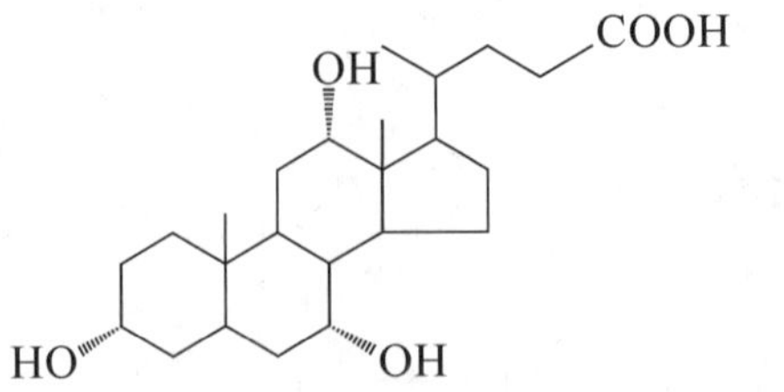

胆汁酸

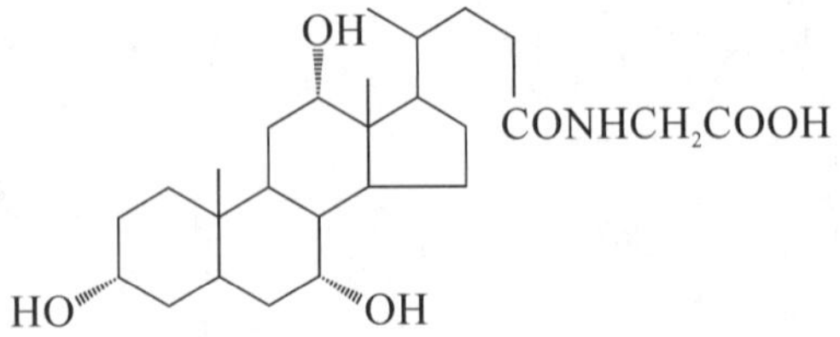

甘氨胆汁酸

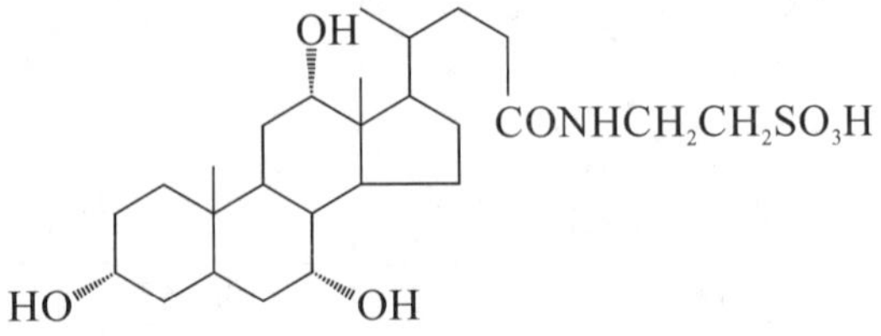

牛磺胆汁酸

（三）甾体激素

甾体激素包括性激素和肾上腺皮质激素，是一类促进性器官发育、维持生育、维持生命、保持正常生活的重要生物活性物质。它们通过血液传递，以很小的剂量在靶细胞上与受体结合而起作用，具有极高的专属性。

1. 性激素

性激素分为雄性激素和雌性激素两大类，在生理上各有特定的功能。如睾酮是睾丸分泌的一种雄性激素，有促进肌肉生长、声音变低沉等第二性征的作用；雌二醇为卵巢的分泌物，对雌性第二性征的发育起主要作用。

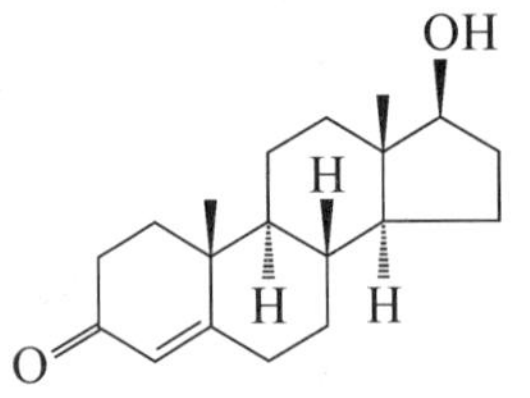

睾丸酮

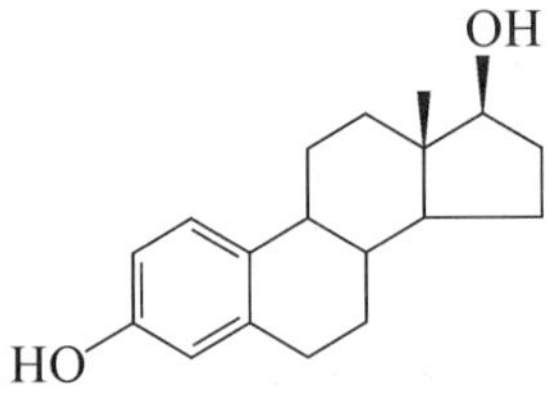

雌二醇

2. 肾上腺皮质激素

肾上腺皮质激素是哺乳动物肾上腺皮质分泌的一类激素，如皮质酮、可的松、醛固酮等。

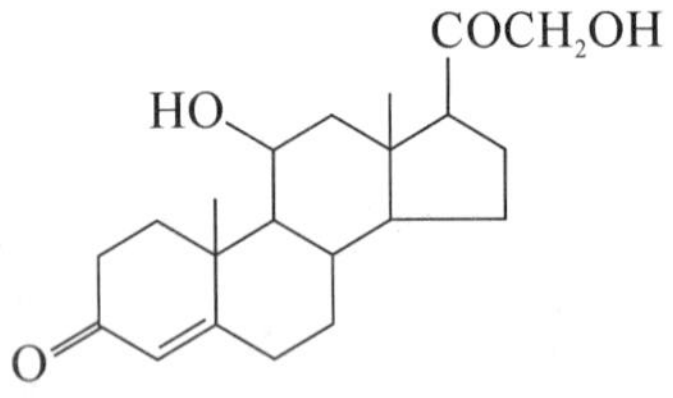

皮质酮

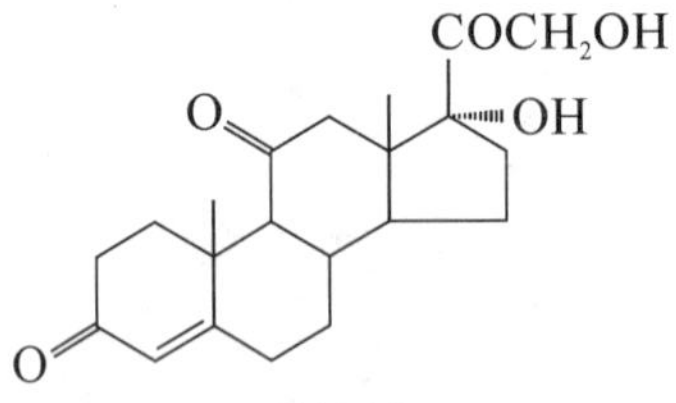

可的松

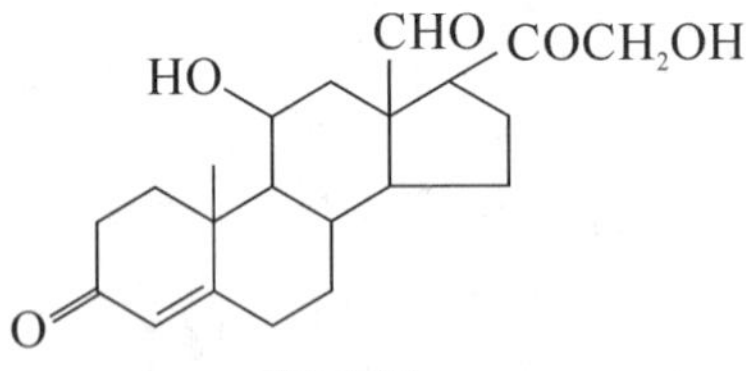

醛固酮

（四）强心苷和皂苷

1. 强心苷

强心苷(cardiac glycosides)是一类对心脏具有显著生物活性的甾族苷类化合物。强心苷可选择性作用于心脏，加强心肌收缩力，减慢心率，临床上主要用于治疗慢性心功能不全、心房扑动、阵发性心动过速等心脏疾病。

根据 C_{17} 上连接的不饱和内酯环不同，强心苷元可分成甲型强心苷元和乙型强心苷元。C_{17} 位连接五元的不饱和内酯环为甲型强心苷元，对应甲型强心苷，也称为强心甾烯型。C_{17} 位连接六元的不饱和内酯环为乙型强心苷元，对应乙型强心苷，也称为海葱甾二烯或蟾蜍甾二烯型。在已知天然强心苷中大多数为甲型强心苷。

甲型强心苷元　　乙型强心苷元

迄今发现的天然来源的强心苷多达数百种，但用于或曾用于临床的种类不超过 30 种，常用的有 6、7 种。临床上常用的有洋地黄毒苷、地高辛、毛花苷丙、毒毛花苷 K 等。

洋地黄毒苷　　地高辛　　蟾酥

2. 皂苷

皂苷(saponins)广泛存在于自然界，是一类结构较复杂的化合物。由于其水溶液振荡后能产生大量持久、似肥皂样的泡沫，故名皂苷。许多中药(如人参、三七、柴胡、黄芪、甘草、知母、桔梗等)的主要成分是皂苷。皂苷具有广泛的药理作用和生物活性，如抗菌消炎、抗肿瘤、抗病毒、免疫调节、降血脂、降血糖等。

按照皂苷元的化学结构不同，皂苷可分为甾体皂苷和三萜皂苷。下面分别介绍医药中常见的两种皂苷。

(1) 甾体皂苷：甾体皂苷是一类由螺甾烷类化合物与糖结合而成的苷类化合物。如来源于龙舌兰科植物剑麻(*Agave sisalana* Perr. ex Engelm.)的叶中的剑麻皂苷元，是合成甾体激素类药物的基本原料，具有祛风湿、止痛功效的薯蓣皂苷元主要来源于薯蓣科植物穿龙薯蓣(*Dioscorea nioopnica* Makino)的干燥根茎。

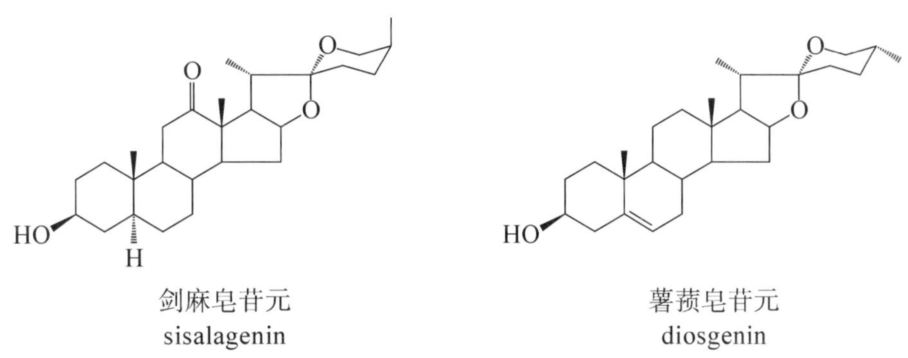

剑麻皂苷元 sisalagenin　　薯蓣皂苷元 diosgenin

(2) 三萜皂苷：三萜皂苷是由三萜皂苷元和糖组成的苷类化合物。三萜皂苷在植物界分布较甾体皂苷广泛，其结构也较复杂。医药中常见的三萜皂苷如表 16-4 所示。

表 16-4　医药中常见的三萜皂苷及其药理作用

名称	化学结构	药理作用
猪苓酸 A	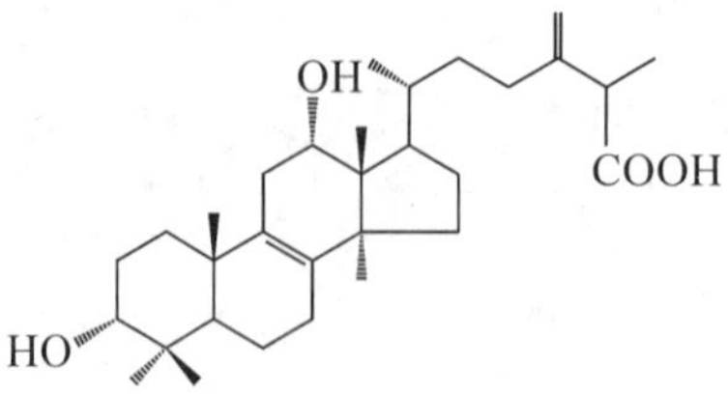	具有利尿、抗菌功效
齐墩果酸	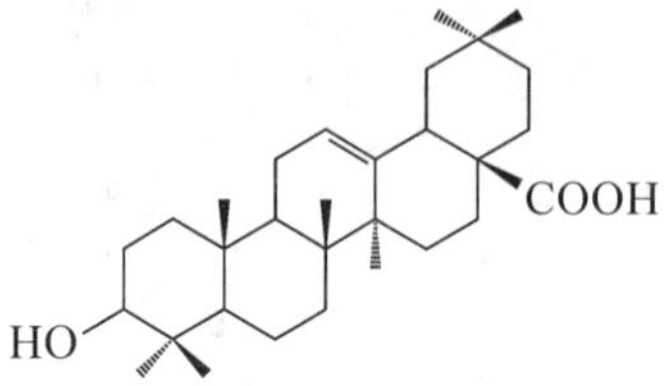	有降转氨酶作用，用于治疗急性黄疸型肝炎，对慢性肝炎也有一定疗效
乌苏酸	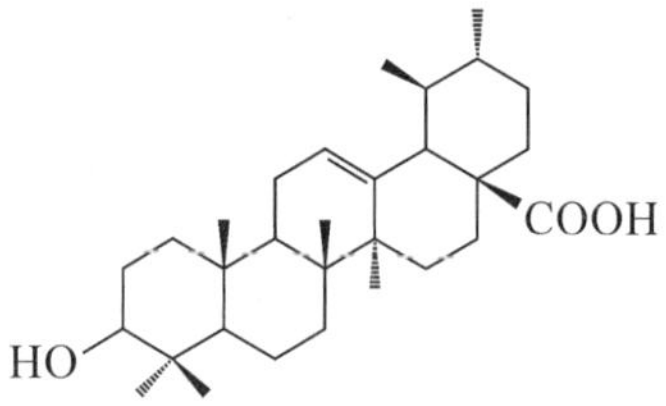	在体外有抑菌活性；能降低大鼠的正常体温，有安定作用
雪胆甲素	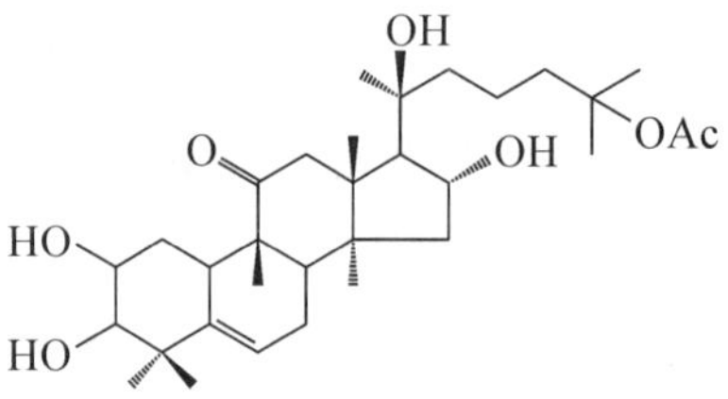	临床上用于急性痢疾、肺结核、慢性气管炎的治疗
20(S)-原人参二醇	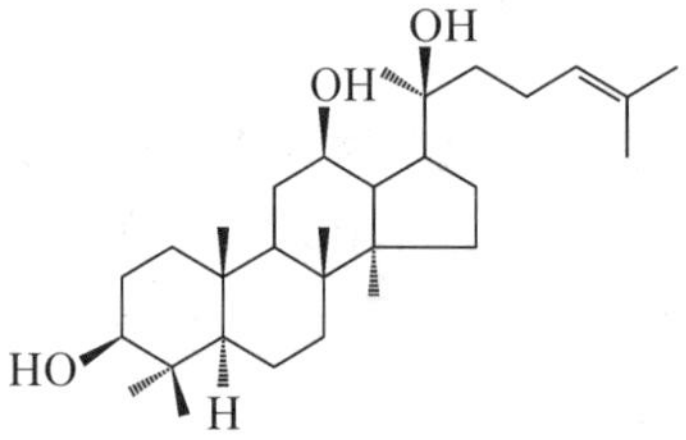	抗溶血作用
20(S)-原人参三醇	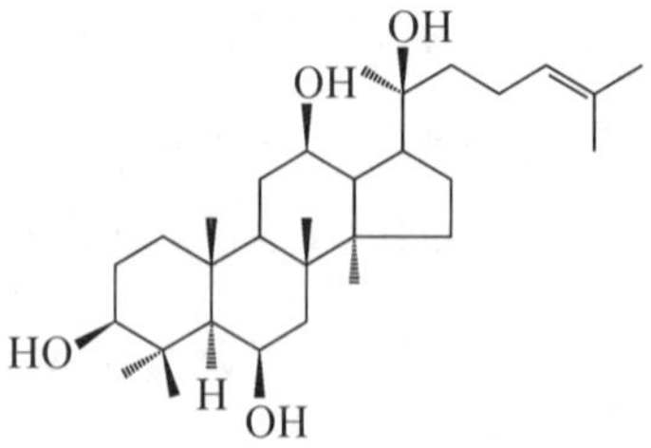	溶血作用

本章小结

本章中萜类和甾族化合物的结构和分类是重点内容。萜类化合物基本碳架为异戊二烯(C_5H_8)$_n$

首尾相连的聚合体及其衍生物，此结构规律称为“异戊二烯规则”，根据萜类化合物分子中所含异戊二烯单位的数目可将其划分为半萜、单萜、倍半萜、二萜等。甾族化合物是以环戊烷并多氢菲母核衍生的一类化合物的总称，基本母核为环戊烷并多氢菲，碳原子可按照固定顺序进行编号，环上在 C_{10}、C_{13} 和 C_{17} 位处一般带有三个侧链，其中 C_{10} 和 C_{13} 位两个侧链一般为甲基，称为角甲基，C_{17} 位为氢原子或其他含有不同碳原子数的取代基。根据环上三个侧链取代基的不同，甾族化合物可分为甾醇、胆汁酸、强心苷等。萜类化合物由于结构中含有双键、醛基、酮基、羧基等官能团，故可在化学反应中表现出相应的化学性质，如加成反应、氧化反应、脱氢反应等。医药中常见的萜类和甾族化合物主要是来源于动植物的天然产物，各自有不同的药理作用，比如青蒿素有抗疟作用，20(S)-原人参二醇有抗溶血作用等。

能力检测

能力检测答案

一、选择题

1. 萜类化合物由哪种物质衍生而成？（　　）

A. 甲戊二羟酸　　B. 异戊二烯　　C. 桂皮酸　　D. 苯丙氨酸

2. 倍半萜含有的碳原子数目为（　　）。

A. 10　　B. 15　　C. 20　　D. 25

3. 龙脑属于（　　）。

A. 单萜　　B. 开链单萜　　C. 二萜　　D. 环烯醚萜

4. 薄荷中的主要萜类成分是（　　）。

A. 樟脑　　B. 龙脑　　C. 薄荷醇　　D. 醋酸薄荷酯

5. 开链萜烯的分子组成符合下述哪项通式？（　　）

A. $(C_nH_n)_n$　　B. $(C_4H_8)_n$　　C. $(C_3H_6)_n$　　D. $(C_5H_8)_n$

6. 在甾醇的基本结构中第 3 位上的基团是（　　）。

A. 羧基　　B. 羰基　　C. 羟基　　D. 甲基

7. 在胆固醇的氯仿溶液中加入乙酸酐和浓硫酸，溶液颜色变化是（　　）。

A. 浅红—蓝紫—绿色　　B. 浅红—绿—蓝紫

C. 绿—浅红—深红　　D. 蓝紫—浅红—绿

8. 下列不含有甾体基本结构的是（　　）。

A. 麦角固醇　　B. 可的松　　C. 胆汁酸盐　　D. 维生素 D

9. 关于甾醇类叙述错误的是（　　）。

A. 该类物质只存在于人或动物体内

B. 甾醇又称固醇

C. 胆固醇在体内既可以游离态存在又可以酯的形式存在

D. 甾醇属磷脂类化合物

10. 青蒿素属于（　　）。

A. 单萜　　B. 倍半萜　　C. 二萜　　D. 二倍半萜

二、写出下列化合物的名称

1.

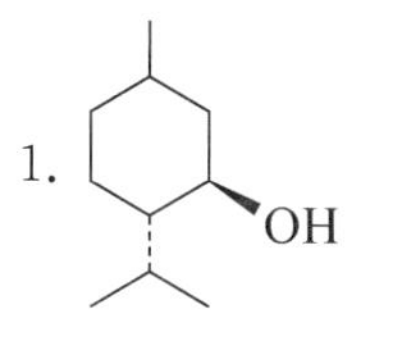

2.

参考文献

[1] 王志红，陈东林. 有机化学[M]. 4 版. 北京：人民卫生出版社，2018.

[2] 刘斌，卫月琴. 有机化学[M]. 3 版. 北京：人民卫生出版社，2018.

（岳李荣）

本章题库

第十七章

糖类和脂类

学习目标

扫码
看 PPT

掌握：糖类和脂类的结构及主要化学性质。
熟悉：醛糖、酮糖、还原糖与非还原糖等的常用化学鉴别方法。
了解：糖类和脂类的分类、命名及在医学上的意义。

糖类是一切生物体维持生命活动所需能量的主要来源。人体所需能量的 70%以上由糖类提供。糖类也是生物体内组织细胞的重要成分，是体内合成蛋白质、脂肪和核酸的基本原料。脂类物质广泛存在于生物体内，是生命运动不可缺少的物质。

本章将讨论糖类和脂类的基本结构、基本性质及它们在生命活动中所起的重要作用。

第一节 糖　　类

糖类又称碳水化合物，是自然界中分布最广的一类有机化合物。

在结构上，糖类可看作多羟基醛或多羟基酮及它们的脱水缩合产物。根据糖类水解情况不同，可将其分为单糖、低聚糖和多糖。单糖是指不能水解的糖，如葡萄糖、果糖、核糖等；低聚糖是指水解能生成 2～10 个单糖的糖，如蔗糖、麦芽糖等；完全水解后产生 10 个以上单糖的糖称为多糖，如淀粉、糖原、纤维素等。

一、单糖

从结构上看，单糖可分为多羟基醛和多羟基酮。其中多羟基醛称为醛糖，多羟基酮称为酮糖。单糖根据碳原子的数目可分为丙糖、丁糖、戊糖、己糖。最简单的醛糖是甘油醛，最简单的酮糖是 1,3-二羟基丙酮。在自然界中发现的单糖大多数是戊醛糖、己醛糖和己酮糖，其中比较重要的单糖是葡萄糖、果糖、核糖和脱氧核糖。

$$\begin{array}{c} CHO \\ | \\ H—C—OH \\ | \\ CH_2OH \end{array} \qquad\qquad \begin{array}{c} CH_2OH \\ | \\ C=O \\ | \\ CH_2OH \end{array}$$

甘油醛　　　　1,3-二羟基丙酮

（一）单糖的开链结构和构型

大多数单糖具有旋光性，都有对映异构体。这些对映异构体的费歇尔投影式常用 D、L 法标记，也可用 R、S 法标记。将单糖分子中编号最大的手性碳原子构型与 D-甘油醛比较，羟基在右侧的为 D 型，反之为 L 型。自然界中存在的醛糖多数为 D 型。

己醛糖和己酮糖的分子式都为 $C_6H_{12}O_6$。其中 D-(+)-葡萄糖、D-(+)-甘露糖、D-(+)-半乳糖是重要的己醛糖，D-(−)-果糖是重要的己酮糖，它们的费歇尔投影式如下：

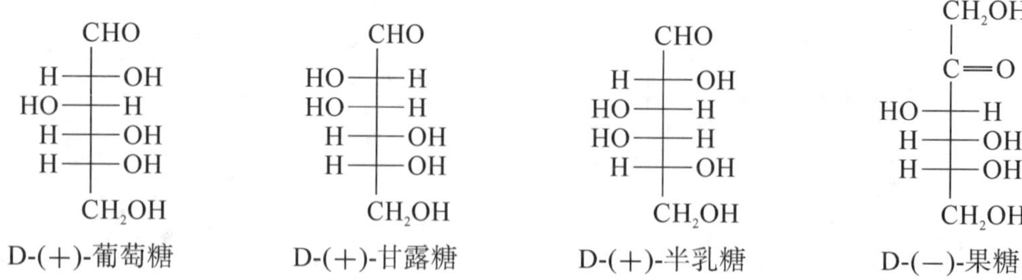

D-(+)-葡萄糖　D-(+)-甘露糖　D-(+)-半乳糖　D-(−)-果糖

用费歇尔投影式表示结构时，手性碳原子上的羟基可以用短横线表示，而氢可省略。例如 D-(+)-葡萄糖的开链结构可用下式表示：

CHO

CH_2OH

（二）单糖的环状结构和变旋光现象

在研究单糖的性质时，人们发现某些性质用开链结构无法解释。比如在乙醇中结晶得到的葡萄糖晶体，熔点为 146 ℃，比旋光度为 +112°；而在吡啶中结晶得到的葡萄糖晶体，熔点为 150 ℃，比旋光度为 +18.7°。将以上得到的结晶溶液放置一段时间，发现来源不同的葡萄糖结晶溶液的比旋光度会随时间的延长而改变，最终稳定在 +52.7°。这种比旋光度自行发生变化的现象，称为变旋光现象。

经研究发现，在一般情况下，单糖的结构是环状结构。这种结构是由在醛糖和酮糖分子中同时含有醇羟基和羰基，可以发生分子内加成，进而生成环状半缩醛（酮）所致。比如 D-(+)-葡萄糖是六元环状结构，它的这种环状结构可理解为葡萄糖开链结构中 C_5 上的羟基与 C_1 上的醛基进行加成，从而 C_5 上的羟基氧原子与 C_1 上的醛基碳原子相连，C_5 上的羟基氢原子加到醛基氧原子上，形成了半缩醛羟基（也叫苷羟基），最终形成六元环状半缩醛。

D-(+)-葡萄糖在由开链结构转变成环状结构时，原来没有手性的羰基碳原子变成了手性碳原子，新形成的苷羟基在空间上有两种取向，因此 D-(+)-葡萄糖有 α 型和 β 型两种异构体。其中苷羟基与 C_5 上的羟基在同侧的为 α 型，在异侧的为 β 型，这种仅顶端碳原子不同的异构体称为端基异构体。

苷羟基 HO　H　H　O　H　OH 苷羟基

CH_2OH　CH_2OH　CH_2OH

β-D-(+)-葡萄糖　D-(+)-葡萄糖　α-D-(+)-葡萄糖

单糖分子的环状结构常用哈沃斯（Haworth）投影式表示。在 D-(+)-葡萄糖的哈沃斯投影式中，苷羟基在环平面下方的为 α 型异构体，在环平面上方的为 β 型异构体。由于成环的原子除 5 个碳原子外，还有 1 个氧原子，该结构类似于吡喃，故又称吡喃糖。

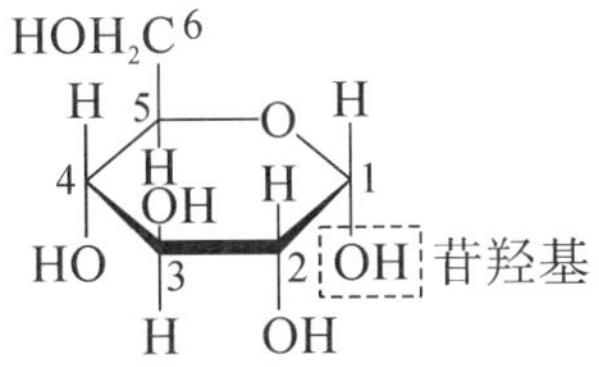

α-D-(+)-吡喃葡萄糖 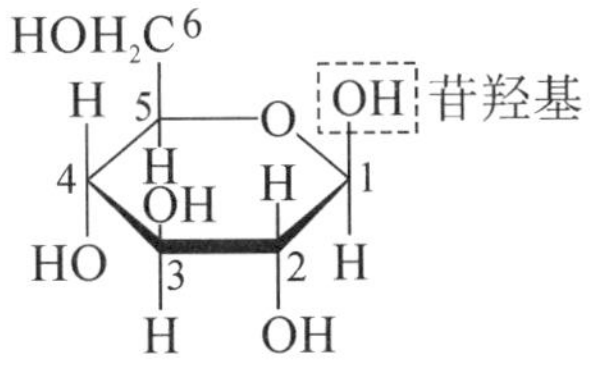　　β-D-(+)-吡喃葡萄糖

研究发现，从乙醇中结晶的葡萄糖就是 α-D-(+)-吡喃葡萄糖，从吡啶中结晶的葡萄糖就是 β-D-(+)-吡喃葡萄糖。它们的固态较稳定，有各自的熔点，但在水溶液中，二者可以通过开链结构相互转化，并最终达到动态平衡。平衡时混合溶液的比旋光度为 +52.7°，此即葡萄糖变旋光现象产生的根本原因。在平衡混合物的溶液中，α-D-(+)-吡喃葡萄糖的含量约为 36%，β-D-(+)-吡喃葡萄糖的含量约为 64%，开链结构的葡萄糖含量很低。

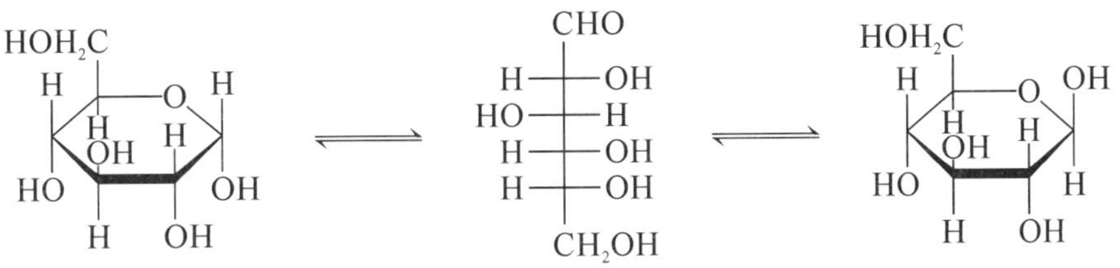

α-D-(+)-吡喃葡萄糖 36%　　开链D-(+)-葡萄糖 0.002%　　β-D-(+)-吡喃葡萄糖 64%

与葡萄糖相似，D-果糖也主要以环状结构存在。当 C_5 上的羟基与 C_2 上的酮基加成时，形成五元环的半缩酮结构，该五元环和呋喃相似，称为呋喃果糖；当 C_6 上的羟基与 C_2 上的酮基加成时，形成六元环的半缩酮结构，称为吡喃果糖。由于成环后，酮基碳变成手性碳，与其相连的半缩酮羟基（苷羟基）也有两种空间构型，所以果糖的每种环状结构都拥有各自的 α 型和 β 型两种异构体。在 D-果糖的溶液中，两种异构体也通过开链结构相互转化，同时，也可由一种环状结构通过开链结构转化成另一种环状结构，形成互变平衡体系。因此，果糖也存在变旋光现象，达到平衡时，其比旋光度为 −92°。通常将 D-葡萄糖称为右旋体，D-果糖称为左旋体。

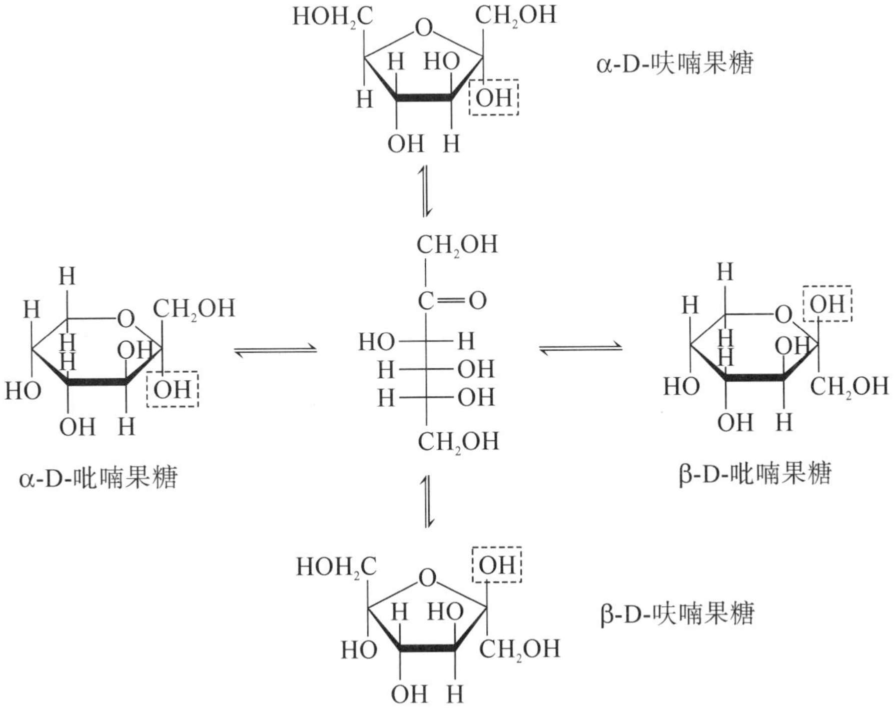

α-D-呋喃果糖

α-D-吡喃果糖　　β-D-吡喃果糖

β-D-呋喃果糖

（三）单糖的性质

单糖都是具有甜味的无色晶体，由于多个羟基的存在，其易溶于水，但难溶于乙醇。具有环状结构的单糖有变旋光现象。

单糖分子中含有羟基和羰基，具有一般醛、酮、醇的性质，由于羟基和羰基的相互影响，单糖又有一些特殊性质。

1. 差向异构化

在碱性条件下，D-葡萄糖、D-果糖和 D-甘露糖三者可通过烯醇式中间体相互转化，得到下面平衡体系。

$$
\begin{array}{c}
\text{H-C=O} \\
\text{H—C—OH} \\
\text{HO—C—H} \\
\text{H—C—OH} \\
\text{H—C—OH} \\
CH_2OH \\
\text{D-葡萄糖}
\end{array}
\rightleftharpoons
\begin{array}{c}
\text{H-C-OH} \\
\| \\
\text{C—OH} \\
\text{HO—C—H} \\
\text{H—C—OH} \\
\text{H—C—OH} \\
CH_2OH \\
\text{烯醇式}
\end{array}
\rightleftharpoons
\begin{array}{c}
\text{H-C=O} \\
\text{HO—C—H} \\
\text{HO—C—H} \\
\text{H—C—OH} \\
\text{H—C—OH} \\
CH_2OH \\
\text{D-甘露糖}
\end{array}
$$

$$
\text{烯醇式} \rightleftharpoons
\begin{array}{c}
CH_2OH \\
\text{C=O} \\
\text{HO—C—H} \\
\text{H—C—OH} \\
\text{H—C—OH} \\
CH_2OH \\
\text{D-果糖}
\end{array}
$$

在含有多个手性碳原子的分子中，只有一个相对应的手性碳的构型相反的异构体互称差向异构体。差向异构体在一定条件下相互转化的反应称为差向异构化。比如 D-葡萄糖和 D-甘露糖为差向异构体，二者在碱性条件下可发生差向异构化。D-葡萄糖和 D-甘露糖与 D-果糖的转化是醛糖与酮糖之间的转化。

2. 氧化反应

(1) 与弱氧化剂的反应：醛糖的开链结构具有醛基，能与托伦试剂发生银镜反应，与班氏试剂、费林试剂反应生成砖红色沉淀，表现出较强的还原性。酮糖(如 D-果糖)在碱性条件下，可以通过烯醇式中间体转化成醛糖，也具有较强还原性。

$$
\begin{array}{c}
CHO \\
\text{H—C—OH} \\
\text{HO—C—H} \\
\text{H—C—OH} \\
\text{H—C—OH} \\
CH_2OH \\
\text{D-葡萄糖}
\end{array}
\xrightarrow[\text{水浴加热}]{[Ag(NH_3)_2]^+OH^-}
\begin{array}{c}
COOH \\
\text{H—C—OH} \\
\text{HO—C—H} \\
\text{H—C—OH} \\
\text{H—C—OH} \\
CH_2OH \\
\text{D-葡萄糖酸}
\end{array}
+ Ag\downarrow
$$

$$
\begin{array}{c}
CHO \\
\text{H—C—OH} \\
\text{HO—C—H} \\
\text{H—C—OH} \\
\text{H—C—OH} \\
CH_2OH
\end{array}
+ Cu^{2+} \xrightarrow[\triangle]{OH^-}
\begin{array}{c}
COOH \\
\text{H—C—OH} \\
\text{HO—C—H} \\
\text{H—C—OH} \\
\text{H—C—OH} \\
CH_2OH
\end{array}
+ Cu_2O\downarrow
$$

凡能被弱氧化剂氧化的糖称为还原糖，反之则为非还原糖。单糖都是还原糖。

(2) 与溴水反应：溴水是弱氧化剂，可将醛糖氧化成相应的糖酸，而酮糖不易被其氧化，因此可利用溴水是否褪色来区别醛糖和酮糖。

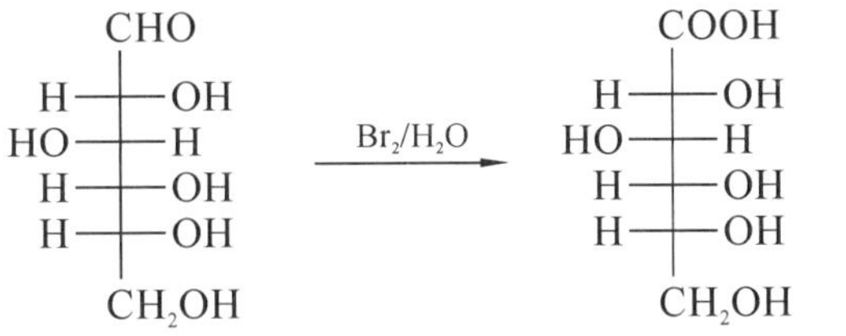

$$\text{D-葡萄糖 (CHO; H–OH, HO–H, H–OH, H–OH; CH}_2\text{OH)} \xrightarrow{Br_2/H_2O} \text{D-葡萄糖酸 (COOH; H–OH, HO–H, H–OH, H–OH; CH}_2\text{OH)}$$

D-葡萄糖　　D-葡萄糖酸

(3) 与稀硝酸反应：稀硝酸的氧化能力强于溴水，它不但能将醛基氧化成羧基，而且能将羟甲基氧化成羧基，生成糖二酸。稀硝酸也能氧化酮糖，使其碳链断裂生成小分子二元酸。

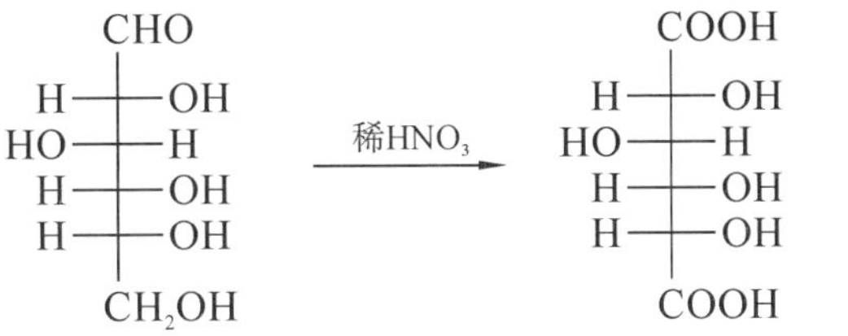

$$\text{D-葡萄糖 (CHO; H–OH, HO–H, H–OH, H–OH; CH}_2\text{OH)} \xrightarrow{\text{稀}HNO_3} \text{D-葡萄糖二酸 (COOH; H–OH, HO–H, H–OH, H–OH; COOH)}$$

D-葡萄糖　　D-葡萄糖二酸

3. 成脎反应

单糖与苯肼作用可以生成苯腙，如用过量苯肼与单糖反应，则会进一步生成糖脎。

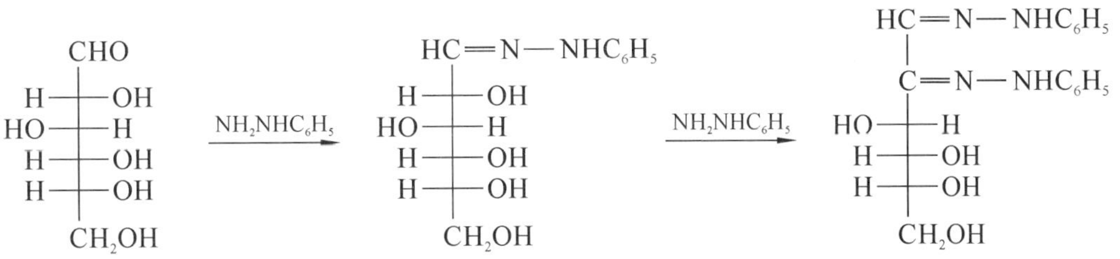

$$\text{CHO; H–OH, HO–H, H–OH, H–OH; CH}_2\text{OH} \xrightarrow{NH_2NHC_6H_5} \text{HC=N—NHC}_6\text{H}_5\text{; H–OH, HO–H, H–OH, H–OH; CH}_2\text{OH} \xrightarrow{NH_2NHC_6H_5} \text{HC=N—NHC}_6\text{H}_5\text{; C=N—NHC}_6\text{H}_5\text{; HO–H, H–OH, H–OH; CH}_2\text{OH}$$

葡萄糖脎

无论是醛糖还是酮糖，脎的生成只发生在 C_1 和 C_2 上，其他碳原子一般不发生反应。含碳原子数相同的 D 型单糖，只是 C_1 和 C_2 的羰基不同或构型不同，而其他原子的构型完全相同时，与苯肼反应都生成相同的糖脎，如葡萄糖脎、果糖脎及甘露糖脎相同。

糖脎不溶于水，是黄色晶体，不同的糖，其糖脎的晶形和熔点不同，即使生成相同的脎，其反应速率也不同。因此，可利用脎的晶形及成脎时间来帮助测定糖的构型和鉴别糖。

4. 成酯反应

单糖分子中含有多个羟基，其中包含一个苷羟基，它们能与酸发生酯化反应。如 D-葡萄糖在一定条件下可与磷酸作用生成葡萄糖-1-磷酸酯、葡萄糖-6-磷酸酯及葡萄糖-1,6-二磷酸酯。

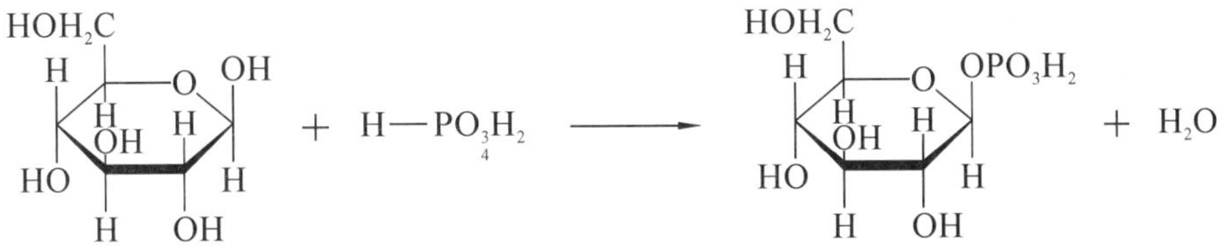

$$\beta\text{-D-吡喃葡萄糖} + H—PO_3H_2 \longrightarrow \beta\text{-D-吡喃葡萄糖-1-磷酸酯 (C}_1\text{–OPO}_3\text{H}_2\text{)} + H_2O$$

β-D-吡喃葡萄糖　　β-D-吡喃葡萄糖-1-磷酸酯

5. 成苷反应

单糖环状结构中的苷羟基比较活泼，容易与含有羟基的化合物(如醇、酚)发生缩合反应，脱去一分子水，生成糖苷，该反应称为成苷反应。例如，D-葡萄糖在干燥 HCl 作用下与甲醇作用生成 D-葡萄糖甲苷。

α-D-吡喃葡萄糖 + CH_3OH ⟶ α-D-吡喃葡萄糖甲苷 + H_2O

糖苷由糖和非糖两部分组成，糖的部分称为糖苷基，非糖部分称为配糖基。糖苷基和配糖基之间的键称为苷键，按原子种类的不同，苷键分为氧苷键、氮苷键、硫苷键等。如 α-D-吡喃葡萄糖甲苷分子中，葡萄糖是糖苷基，甲基是配糖基，二者通过氧苷键相连。

糖苷广泛分布于植物的根、茎、叶、花和果实中，多数为带色、无臭、味苦的结晶性粉末，有些有剧毒，能溶于水和乙醇，难溶于乙醚。单糖形成糖苷时，失去了苷羟基，不能互变为开链结构，因此糖苷没有还原性和变旋光现象，但在稀酸或酶的作用下可水解为原来的糖和非糖部分。

糖苷是许多中药的有效成分，具有一定的生物活性。比如苦杏仁中的苦杏仁苷有止咳作用，甘草中的甘草皂苷是甘草解毒的有效成分，毛地黄中的毛地黄毒苷有强心作用。

6. 颜色反应

(1) 莫利希(Molisch)反应：在糖的水溶液中加入 α-萘酚的乙醇溶液，然后沿试管壁慢慢加入浓硫酸，不要振摇试管，则在浓硫酸和糖溶液液面之间能形成一个紫色环，这个反应就称为莫利希反应。所有糖类物质都能发生此反应，而且反应灵敏，故可用此法鉴别糖类物质。

(2) 谢里瓦诺夫(Seliwanoff)反应：在浓盐酸存在下，酮糖脱水速率很快，脱水后生成的糠醛衍生物与间苯二酚缩合，很快出现鲜红色，而醛糖脱水速率很慢，要 2 min 后才出现微弱的红色。所以，谢里瓦诺夫反应可用于区分酮糖和醛糖。

(四) 几种重要的单糖

1. 葡萄糖

葡萄糖是自然界分布最广、最重要的己醛糖。葡萄糖为白色结晶性粉末，易溶于水，难溶于乙醇，甜度约为蔗糖的 70%，工业上多由淀粉水解制得。由于 D-葡萄糖水溶液有右旋光性，故 D-葡萄糖又名右旋糖。

葡萄糖是生物体内重要的供能物质，1 g 葡萄糖在体内完全氧化分解，可释放 16.75 kJ 热量。人体血液中的葡萄糖称为血糖。正常人血糖浓度为 3.9～6.1 mmol/L。低于正常浓度时，可导致低血糖症，过高可导致糖尿病。葡萄糖在体内不需要经过消化就可直接被吸收，是婴儿和体弱患者的良好补品。50 g/L 葡萄糖注射液是临床上常用的等渗溶液，有利尿、解毒作用，用于治疗水肿、低血糖症、心肌炎等。

2. 果糖

果糖是自然界中分布最广的己酮糖，它以游离的形式大量存在于水果的浆汁和蜂蜜中。它的甜度是蔗糖的 170%，是最甜的一种天然糖。纯净的 D-果糖是无色晶体，易溶于水，可溶于乙醇和乙醚，其水溶液的旋光性为左旋，因此又称左旋糖。

人体内的 D-果糖能与磷酸发生酯化反应生成 6-磷酸果糖酯和 1,6-二磷酸果糖酯，他们都是体内糖代谢的中间产物。

3. 核糖和 2-脱氧核糖

核糖和 2-脱氧核糖都是戊醛糖，它们的开链结构如下：

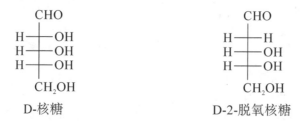

D-核糖　　　D-2-脱氧核糖

核糖和2-脱氧核糖是生物遗传大分子核糖核酸(RNA)和脱氧核糖核酸(DNA)的重要组分，在生命现象中发挥重要作用。核糖也是体内供能物质三磷酸腺苷(ATP)的主要成分。

4. 山梨糖和维生素C

山梨糖是己酮糖，其与果糖的区别仅在C_5手性碳上的羟基在左侧，所以又称L-山梨糖。山梨糖经氧化和内酯化反应，可生成维生素C。维生素C主要存在于新鲜蔬菜及水果等植物中，是白色结晶性粉末，无臭，味酸，遇光则颜色逐渐变黄，易溶于水和乙醇。它在体内参与糖代谢及氧化还原过程，人体缺乏它，会引起坏血病，维生素C可防治坏血病，增强人体的抵抗力，所以维生素C又名抗坏血酸。

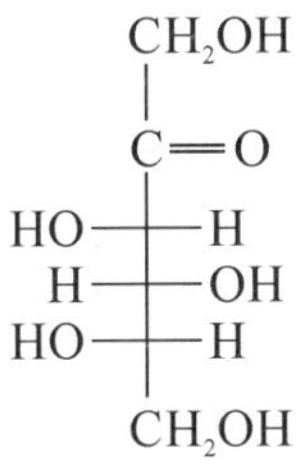

CH_2OH / $C{=}O$ / HO—H / H—OH / HO—H / CH_2OH

L-山梨糖

C=O / HO—C / HO—C / H— / HO—H / CH_2OH (O 环)

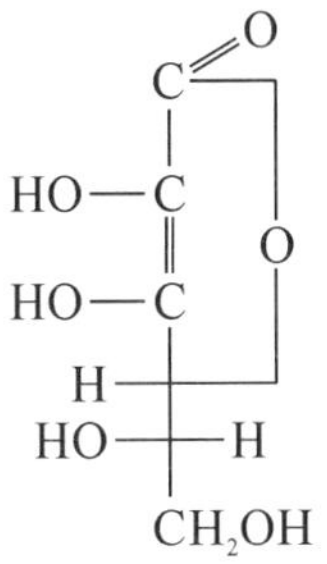

维生素C

二、二糖

二糖是最简单的低聚糖，它水解生成2分子单糖。在结构上，二糖可看作1分子单糖的苷羟基和另1分子单糖中的羟基(醇羟基或苷羟基)之间脱水缩合的产物。常见的二糖有蔗糖、麦芽糖、乳糖等，它们的分子式都是$C_{12}H_{22}O_{11}$，互为同分异构体。根据二糖中是否含有苷羟基，其可分为还原性二糖和非还原性二糖。

(一) 非还原性二糖——蔗糖

蔗糖是自然界分布最广的二糖，因其在甘蔗和甜菜中含量最高，故称蔗糖或甜菜糖。蔗糖是无色晶体，熔点约为186 ℃，易溶于水而难溶于乙醇，甜度低于果糖，是日常生活和医药上广泛应用的一种糖。

蔗糖分子是由1分子α-D-吡喃葡萄糖C_1上的苷羟基与1分子β-D-呋喃果糖C_2上的苷羟基之间脱去1分子水以α-1,2-苷键连接而形成的二糖。其结构式如下：

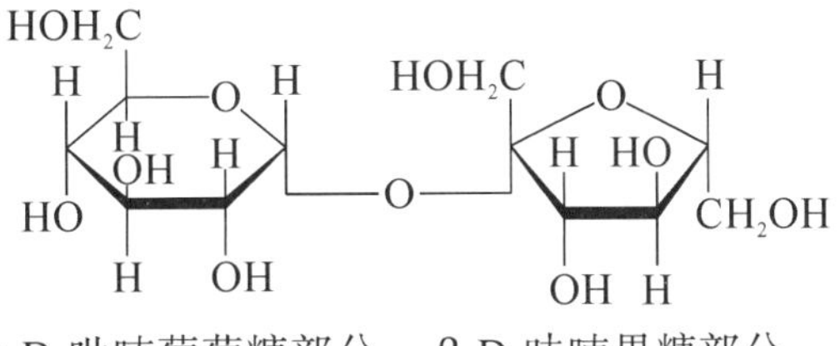

α-D-吡喃葡萄糖部分　β-D-呋喃果糖部分

蔗糖分子中无苷羟基，其水溶液无变旋光现象，无还原性，不能与托伦试剂、班氏试剂反应，是非还原性二糖。

蔗糖是右旋糖，其比旋光度为+66.7°。在酸或转化酶的作用下，蔗糖水解生成等量的D-葡萄糖和D-果糖，该混合溶液达到平衡时比旋光度为-19.7°，与水解前旋光方向相反，因此把蔗糖的水解过程称为转化，水解后的混合物称为转化糖。蜂蜜中大部分是转化糖。

$$\underset{\text{蔗糖}}{C_{12}H_{22}O_{11}} + H_2O \xrightarrow{H^+\text{或转化酶}} \underbrace{\underset{\text{D-葡萄糖}}{C_6H_{12}O_6} + \underset{\text{D-果糖}}{C_6H_{12}O_6}}_{\text{转化糖}}$$

（二）麦芽糖

麦芽糖是淀粉在 α-淀粉酶的催化下部分水解的产物。麦芽糖在大麦芽中含量很丰富，饴糖是麦芽糖的粗制品。在人体内，麦芽糖是淀粉类食物在消化过程中的一种中间产物。

麦芽糖是由 1 分子 α-D-吡喃葡萄糖 C_1 上的 α-苷羟基与 1 分子 D-吡喃葡萄糖 C_4 上的醇羟基脱去 1 分子水而形成的 α-葡萄糖苷，其间形成的苷键是 α-1，4 苷键。其结构式如下：

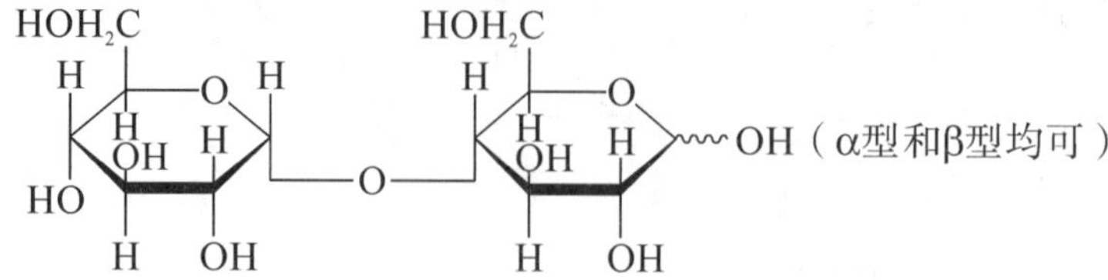

α-D-吡喃葡萄糖部分　D-吡喃葡萄糖部分

麦芽糖分子中仍有苷羟基，有还原性，能与托伦试剂、班氏试剂反应，是还原性二糖，其水溶液有变旋光现象，达到平衡时比旋光度为＋136°。麦芽糖在酸或酶的作用下水解生成 2 分子葡萄糖，其甜度为蔗糖的 40%，可用作营养剂和细菌培养基。

（三）乳糖

乳糖主要存在于哺乳动物的乳汁中，牛乳中含乳糖 4%～5%，人乳中含乳糖 5%～8%。乳糖是白色晶体，微甜，甜度只有蔗糖的 70%，水溶性小，没有吸湿性，在医药中常作为散剂、片剂的填充剂。

乳糖是由 1 分子 β-D-吡喃半乳糖 C_1 上的苷羟基与 1 分子 D 吡喃葡萄糖 C_4 上的醇羟基脱去 1 分子水而形成的 β-半乳糖苷，苷键是 β-1，4-苷键。其结构式如下：

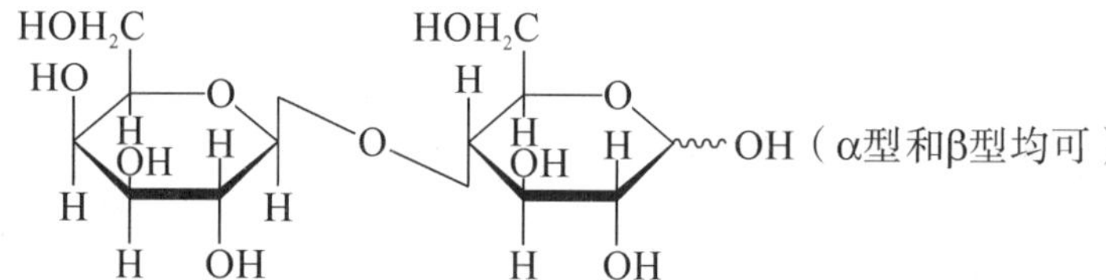

β-D-吡喃半乳糖部分　D-吡喃葡萄糖部分

乳糖分子仍有苷羟基，有还原性，能与托伦试剂、班氏试剂反应，是还原性二糖，其水溶液有变旋光现象。在酸或酶的作用下，乳糖水解生成 D-葡萄糖和 D-半乳糖，该混合溶液达到平衡时的比旋光度为＋53.5°。

三、多糖

多糖是由许多单糖分子通过分子间脱水以苷键连接而成的高分子聚合物，又称多聚糖。由同一种单糖组成的多糖称为均多糖，如淀粉、纤维素和糖原，它们都是由葡萄糖脱水缩合而成的多糖，分子式可用通式$(C_6H_{10}O_5)_n$ 表示。由不同的单糖及其衍生物组成的多糖称为杂多糖，如透明质酸、肝素等。

多糖一般为无定形粉末，没有甜味，无一定熔点，大多数不溶于水，少数能溶于水形成胶体溶液。多糖分子中虽然有苷羟基，但因为相对分子质量很大，所以它们没有还原性和变旋光现象。多糖也是糖苷，可以水解，在水解过程中，往往产生一系列的中间产物，最终完全水解得到单糖。

（一）淀粉

淀粉是植物经光合作用而形成的多糖，大量存在于植物的种子、块茎及根里，如稻米中含 75%～80%，小麦中含 60%～65%，玉米约含 65%，马铃薯约含 20%。根据结构的不同，淀粉分为直链淀粉和支链淀粉。天然淀粉中直链淀粉占 10%～30%，支链淀粉占 70%～90%。

1. 淀粉的结构

淀粉是由许多 α-D-葡萄糖分子脱水缩合而成的多糖。直链淀粉一般是由 250～300 个 D-葡萄糖

以 α-1,4-苷键相连而成的长链聚合物，支链很少。由于分子内氢键的作用，其结构并非直线形的，而是有规律地卷曲成螺旋状，每一圈螺旋有 6 个 α-D-葡萄糖单元，其结构如图 17-1 所示。

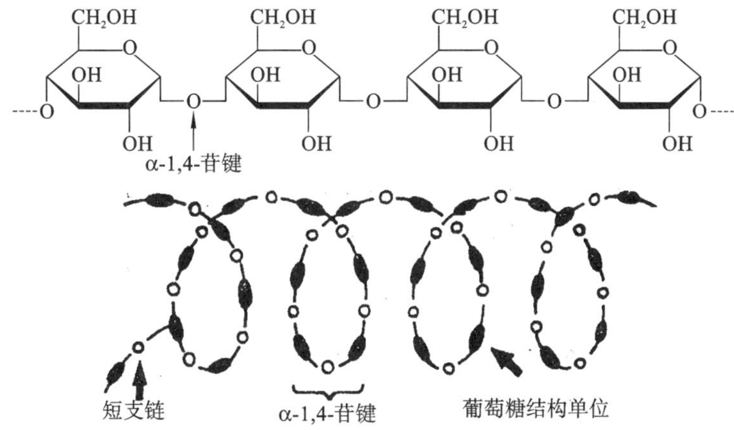

图 17-1　直链淀粉及其螺旋状结构示意图

支链淀粉一般是由 6000～40000 个 α-D-葡萄糖聚合而成，带有许多支链，其主链以 α-1,4-苷键连接，在分支点上则以 α-1,6-苷键连接。在支链淀粉分子的主链上，每隔 20～25 个 α-D-葡萄糖单元就有 1 个以 α-1,6-苷键连接分支，因此支链淀粉的结构比直链淀粉复杂。其结构如图 17-2 所示。

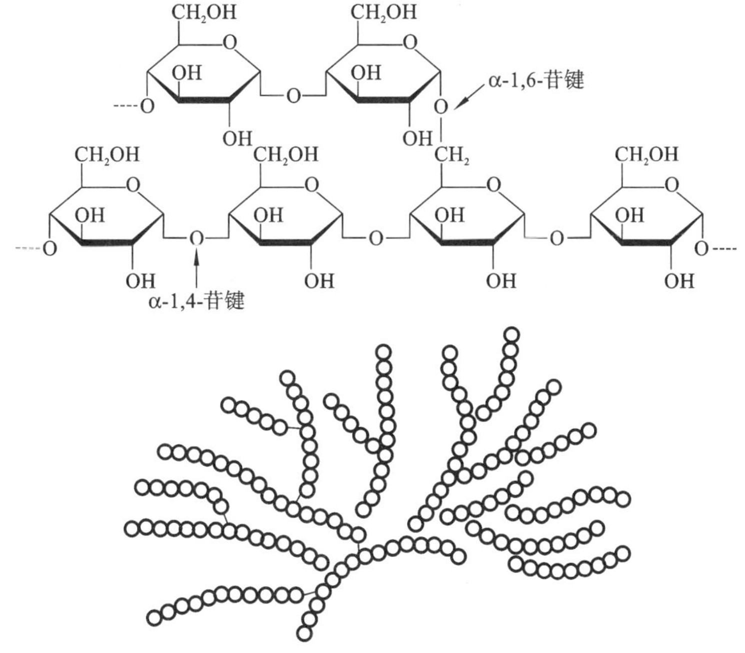

图 17-2　支链淀粉及其分支状结构示意图

2. 淀粉的性质

淀粉是白色无定形粉末，无味。直链淀粉不易溶于冷水，在热水中形成半透明胶体溶液；支链淀粉不溶于水，与热水作用则成糊状。

直链淀粉遇碘溶液呈蓝色，加热蓝色消失，冷却后又显蓝色；支链淀粉遇碘溶液呈紫红色。淀粉与碘作用现象明显，反应灵敏，往往用于淀粉和碘的定性检测。

淀粉在稀酸或酶的作用下水解，先生成糊精。糊精是相对分子质量比淀粉小的多糖，当其相对分子质量较大时遇碘显红色，称为红糊精，再继续水解变成无色糊精，无色糊精有还原性，最后水解为葡萄糖。淀粉水解过程可表示如下：

$$(C_6H_{10}O_5)_n \longrightarrow (C_6H_{10}O_5)_m \longrightarrow C_{12}H_{22}O_{11} \longrightarrow C_6H_{12}O_6$$

淀粉　　　　糊精　　　　麦芽糖　　　葡萄糖

（二）糖原

糖原是贮存于动物体内的一种多糖，又称动物淀粉。糖原在结构上与支链淀粉相似，D-葡萄糖之间以 α-1,4-苷键结合形成主链，主链和支链之间的连接点以 α-1,6-苷键结合。在糖原中，每隔 8～10 个葡萄糖单元就出现 α-1,6-苷键，糖原的分子比支链淀粉更大，分支更多，结构更复杂。其结构如图 17-3 所示。

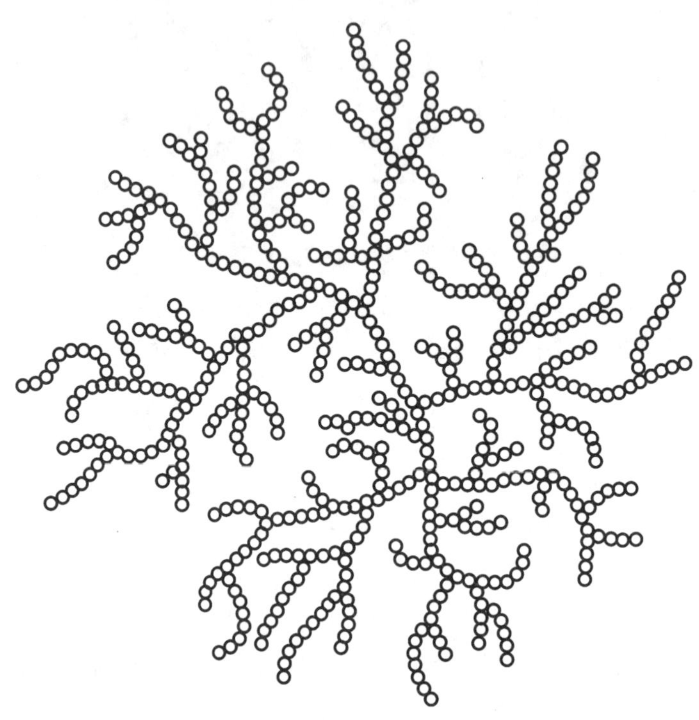

图 17-3　糖原结构示意图

糖原是无定形粉末，溶于热水，溶解后形成胶体溶液。糖原溶液遇碘呈紫红色。糖原水解的最终产物是 D-葡萄糖。糖原是机体活动所需能量的重要来源，主要存在于肝脏和肌肉中，因此有肝糖原和肌糖原之分。糖原能够调节机体血糖的含量，当血液中葡萄糖含量增高时，多余的葡萄糖就转变成糖原贮存于肝脏中；当血液中葡萄糖含量降低时，肝糖原就分解为葡萄糖进入血液中，以维持血液中葡萄糖的正常含量。

（三）纤维素

纤维素是植物细胞壁的主要成分，在自然界中含量非常丰富。棉花约含纤维素 98%，亚麻中约含 80%，木材中纤维素平均含量约为 50%，蔬菜中也含有丰富的纤维素。纤维素是由许多 β-D-葡萄糖分子通过 β-1,4-苷键结合而成的长直链分子，与直链淀粉相似，但排列更紧密，没有螺旋。纤维素分子的链和链之间借助分子间的氢键拧成绳索状的结构，这种结构具有一定的机械强度和韧性，在植物体内起支撑作用。其结构如图 17-4 所示。

纤维素是白色、无臭、无味的固体，不溶于水和一般的有机溶剂，无还原性和变旋光现象。纤维素比淀粉难水解，一般需要在高温、高压、浓硫酸的作用下进行，水解的最终产物是 D-葡萄糖。

在人体消化道内只有水解 α-1,4-苷键的淀粉水解酶，没有水解 β-1,4-苷键的酶，所以纤维素不能被消化，不能作为人的营养物质。但纤维素能够刺激胃肠道，促进消化液分泌，增加胃肠蠕动，缩短食物残渣在体内的停留时间，从而治疗便秘，预防直肠癌的发生。因此，纤维素是健康饮食不可缺少的一个重要组成部分。

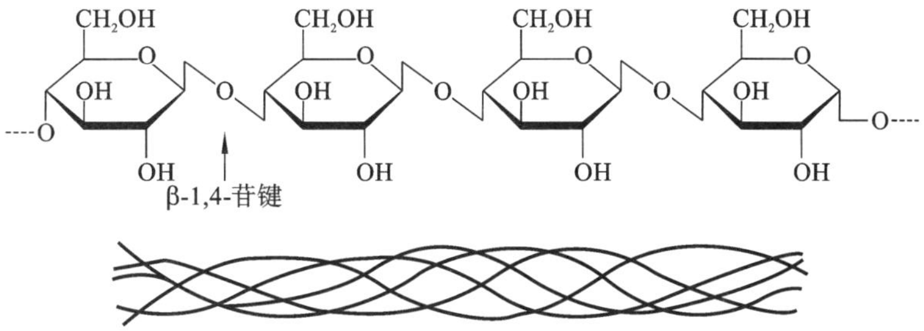

图 17-4 绳索状纤维素链示意图

（四）右旋糖苷

右旋糖苷是一种人工合成的D-葡萄糖聚合物，平均相对分子质量为40000～70000。平均相对分子质量为40000的右旋糖苷有降低血液黏稠度、改善微循环和抗坏血栓的作用；平均相对分子质量为70000的右旋糖苷是血浆的代用品，用于大量失血后或外伤休克时补充血容量，提高血液胶体渗透压。

右旋糖苷分子中，D-葡萄糖单元主要以α-1,6-苷键相连，同时还杂有α-1,3-苷键、α-1,4-苷键连接的分支，结构式如下：

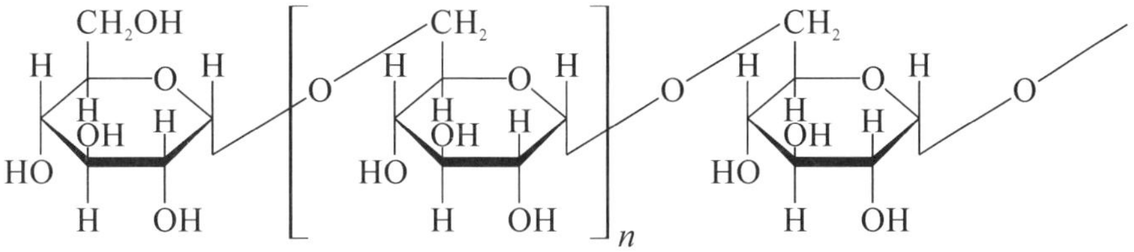

右旋糖苷

思政案例

胰岛素的发现——医药界的奇迹

胰岛素发现之前，糖尿病简直是噩梦般的存在，难以想象，糖尿病患者一直接受的是饥饿疗法，但这丝毫不能扭转病情，无数患者因此饿死。

胰岛素的发现经历了较长的时间。胰岛素的诞生是一个充满艰辛而又相当励志的传奇故事。在谈及胰岛素治疗糖尿病史时，班廷这位科学家是绕不开的话题。为纪念班廷的巨大贡献，世界卫生组织和国际糖尿病联盟将班廷教授的生日——11月14日定为“世界糖尿病日”。美国著名糖尿病学家Elliott Joslin曾写下这样一段话：“1897年，1个被诊断为糖尿病的10岁男孩的平均生存期是1.3年，30岁和50岁的糖尿病患者生存期分别是4.1年和8年。而到了1945年，10岁、30岁和50岁确诊糖尿病的患者却可继续生活45年、30.5年和15.9年。”

1965年9月17日，中国科学院生物化学研究所等单位经过6年多的艰苦工作，第一次用人工方法合成了具有生物活性的蛋白质——结晶牛胰岛素。

胰岛素的发现告诉我们，创新思维、积极努力、不畏艰难、坚持不懈对科学研究工作有重要意义。同时，我国科学家在合成人工胰岛素方面的重要贡献，尽管与诺贝尔奖失之交臂，但它证明了中国人的聪慧，增强了中华民族的自信心，证明了中国在科研领域可以与西方发达国家相竞争，即使在一穷二白的基础上也能做出世界一流的成果。

第二节 脂 类

脂类广泛存在于生物体内，它包括油脂和类脂。

油脂是油和脂肪的总称，通常将在常温下呈固态或半固态的油脂称为脂肪，比如猪油、牛油等；常温下呈液态的油脂称为油，比如豆油、花生油等。类脂是结构或性质与油脂相似的化合物，主要有磷脂、糖脂等。

脂类是生物体内能量的重要来源，也是生命活动不可缺少的物质。脂类是脂溶性维生素 A、维生素 D、维生素 E 和维生素 K 的良好溶剂，可以促进机体对维生素等脂溶性物质的吸收，分布在脏器周围的脂肪还具有保护内脏的作用。

一、油脂的组成、结构和命名

油脂是由 1 分子甘油与 3 分子高级脂肪酸发生酯化反应形成的酯，称为三酰甘油，医学上也称为甘油三酯，其结构通式如下：

$$
\begin{array}{l}
CH_2-O-\overset{\overset{\displaystyle O}{\|}}{C}-R_1 \\
| \\
CH-O-\overset{\overset{\displaystyle O}{\|}}{C}-R_2 \\
| \\
CH_2-O-\overset{\overset{\displaystyle O}{\|}}{C}-R_3
\end{array}
$$

其中 R_1、R_2、R_3 都相同的油脂称为单三酰甘油，不完全相同的油脂为混三酰甘油。自然界中存在的油脂大多数是混三酰甘油的混合物。

组成油脂的高级脂肪羧酸多是含偶数个碳原子的直链羧酸，碳原子数一般为 12～20，其中以 16 碳酸和 18 碳酸居多，包括饱和脂肪酸和不饱和脂肪酸。一般而言，饱和脂肪酸含量较高的油脂熔点较高，常温下呈固态；不饱和脂肪酸含量较高的油脂熔点较低，常温下呈液态。油脂中常见的脂肪酸见表 17-1。

表 17-1 油脂中常见的脂肪酸

类别	名称	结构简式
饱和脂肪酸	月桂酸（十二碳酸）	$CH_3(CH_2)_{10}COOH$
	肉豆蔻酸（十四碳酸）	$CH_3(CH_2)_{12}COOH$
	软脂酸（十六碳酸）	$CH_3(CH_2)_{14}COOH$
	硬脂酸（十八碳酸）	$CH_3(CH_2)_{16}COOH$
	花生酸（二十酸）	$CH_3(CH_2)_{18}COOH$
不饱和脂肪酸	棕榈油酸（9-十六碳烯酸）	$CH_3(CH_2)_5CH{=}CH(CH_2)_7COOH$
	油酸（9-十八碳烯酸）	$CH_3(CH_2)_7CH{=}CH(CH_2)_7COOH$
	亚油酸（9,12-十八碳二烯酸）	$CH_3(CH_2)_4(CH{=}CHCH_2)_2(CH_2)_6COOH$
	亚麻酸（9,12,15-十八碳三烯酸）	$CH_3(CH_2CH{=}CH)_3(CH_2)_7COOH$
	花生四烯酸（5,8,11,14-二十碳四烯酸）	$CH_3(CH_2)_4(CH{=}CHCH_2)_4(CH_2)_2COOH$

组成油脂的大多数脂肪酸在人体内能够合成，但亚油酸、亚麻酸、花生四烯酸等多双键不饱和脂肪酸在人体内不能合成，而营养上不可缺少，必须由食物供给，故称为营养必需脂肪酸。

单三酰甘油命名时，按照脂肪酸的名称称为三某脂酰甘油或三某脂酸甘油酯；混三酰甘油命名时，要用 α、β、α′分别标明脂肪酸的位次。例如：

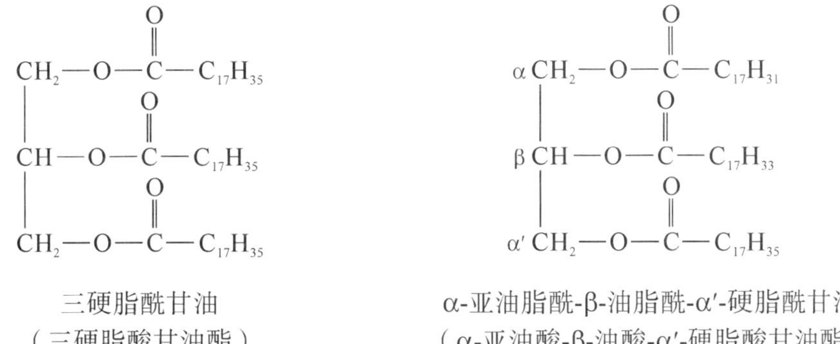

三硬脂酰甘油（三硬脂酸甘油酯）

α-亚油脂酰-β-油脂酰-α′-硬脂酰甘油（α-亚油酸-β-油酸-α′-硬脂酸甘油酯）

二、油脂的性质

（一）物理性质

纯净的油脂是无色、无味、无臭的中性化合物，但天然的油脂往往含有维生素和色素等物质而具有特殊的颜色和气味。油脂比水轻，不溶于水，易溶于石油醚、汽油、苯、氯仿、丙酮等有机溶剂。天然油脂是混三酰甘油的混合物，没有固定的熔点和沸点。

（二）化学性质

1. 油脂的水解

油脂在酸或酶的作用下可水解生成 1 分子甘油和 3 分子脂肪酸，在碱性条件下水解则生成高级脂肪羧酸盐，这种盐即是肥皂，故油脂在碱性条件下的水解反应称为皂化反应。如：

$$\begin{array}{l} CH_2-O-\overset{O}{\overset{\|}{C}}-C_{17}H_{31} \\ | \\ CH-O-\overset{O}{\overset{\|}{C}}-C_{17}H_{33} \\ | \\ CH_2-O-\overset{O}{\overset{\|}{C}}-C_{17}H_{35} \end{array} + NaOH \longrightarrow \begin{array}{l} CH_2-OH \\ | \\ CH-OH \\ | \\ CH_2-OH \end{array} + \begin{array}{l} C_{17}H_{31}COONa \\ \\ C_{17}H_{33}COONa \\ \\ C_{17}H_{35}COONa \end{array}$$

α-亚油酸-β-油酸-α′-硬脂酸甘油酯　　　　甘油　　　　高级脂肪酸钠

1 g 油脂完全皂化时所需氢氧化钾的毫克数称为皂化值，它是衡量油脂质量的指标之一。根据皂化值的大小，可判断油脂中三酰甘油的平均相对分子质量，也可以判断皂化时所需碱的用量。皂化值越大，油脂中三酰甘油的平均相对分子质量越小。一些常见油脂的皂化值见表 17-2。

表 17-2　一些常见油脂的皂化值和碘值

油脂名称	皂化值	碘值
大豆油	189～194	127～138
花生油	185～195	84～100
蓖麻油	176～187	81～90
猪油	195～208	46～66
牛油	190～200	30～48

肥皂又称高级脂肪酸皂，根据硬度不同，分为硬皂和软皂。高级脂肪酸的钠盐为硬皂，它是洗衣皂、香皂、药皂等的主要成分；高级脂肪酸的钾盐为软皂，是液体皂的主要成分，常用于医院，比如“来苏尔”就是煤酚与软皂按比例混合配成的消毒溶液。

2. 油脂的加成

含有不饱和高级脂肪酸的油脂，可以在不饱和键位置上与氢、卤素等发生加成反应，生成相应的加成产物。

(1) 加氢：含有不饱和高级脂肪酸的油脂催化加氢后，不饱和脂肪酸部分变成饱和脂肪酸部分，油脂由液态的油变成半固态或固态的脂肪，所以，油脂的加氢反应也叫油脂的硬化。

(2) 加碘：油脂中的不饱和高级脂肪酸的碳碳双键也可与碘发生加成反应，该反应常用来测定油脂的不饱和程度。100 g 油脂所能吸收的碘的克数称为碘值。碘值越大，表示油脂的不饱和程度越高；碘值越小，表示油脂的不饱和程度越低。一些常见油脂的碘值见表 17-2。

3. 油脂的酸败

油脂在空气中放置过久，逐渐发生变质，产生难闻的气味，这种现象称为酸败。酸败的原因是油脂受日光、热、空气中的氧、水或微生物的作用，发生了氧化、水解反应而生成具有臭味的低级醛、酮、羧酸等。酸败的油脂不仅口感差，而且有微毒，不宜食用，更不能药用。含油脂的食品、药物等在湿度、温度较高的环境中储存时很容易酸败，所以可用密闭容器避光、低温保存，也可加入维生素 E 等抗氧剂，来减缓油脂的酸败。

知识链接

食用油小常识

传统的花生油、大豆油、菜籽油和新型的橄榄油、山茶油、葵花籽油、核桃油、红花籽油都是可用于烹调的食用油，其主要成分都是甘油和脂肪酸两种物质。但不同的油脂所含的脂肪酸的营养价值却大不相同，其中营养价值最高的脂肪酸是单不饱和脂肪酸，即含有一个双键的脂肪酸，它能降低胆固醇及预防冠状动脉心脏病的发生。常见的单不饱和脂肪酸是油酸。比如橄榄油中含单不饱和脂肪酸 65.8%～84.9%，被视为营养价值最高的健康油。

油脂是人体热量的主要来源，但摄取过多的热量，会使体内胆固醇和油脂含量过高，导致动脉硬化；摄取过少，也会影响正常的生理功能。营养学界认为，膳食中摄取油脂的总量应占食物摄取总热量的 30%，其中饱和脂肪酸、单不饱和脂肪酸和多不饱和脂肪酸的比例以 3∶4∶3最为合适。

三、磷脂

磷脂是一类含磷酸二酯键结构的类脂化合物，广泛存在于动物的脑、神经细胞、肝脏等器官及植物的种子和胚芽中。磷脂可分为甘油磷脂和鞘磷脂（又叫神经磷脂）。

（一）甘油磷脂

甘油磷脂是磷脂酸的衍生物。磷脂酸是由 1 分子甘油、1 分子磷酸和 2 分子高级脂肪酸通过酯键结合而成的化合物，其结构通式如下：

$$
\begin{array}{c}
\qquad\qquad\qquad\qquad\qquad\quad O \\
\qquad\qquad\qquad\qquad\qquad\quad \| \\
\quad O \qquad\qquad CH_2-O-C-R_1 \\
\quad \| \qquad\qquad\quad | \qquad\qquad\qquad \\
R_2-C-O-C-H \qquad O \qquad \\
\qquad\qquad\qquad\quad | \qquad\quad\ \ \| \qquad \\
\qquad\qquad\qquad CH_2-O-P-OH \\
\qquad\qquad\qquad\qquad\qquad\quad | \qquad \\
\qquad\qquad\qquad\qquad\qquad\ OH \qquad
\end{array}
$$

磷脂酸

当磷酸基与胆碱、胆胺等分子中的醇羟基以磷酸酯键相结合时，则生成各种甘油磷脂，其中较常见的是卵磷脂和脑磷脂。

1. 卵磷脂

卵磷脂是磷脂酰胆碱的俗称，它是磷酸与胆碱通过酯键结合生成的化合物，大量存在于各种动物的组织和器官中，尤其在蛋黄、脑、肾上腺、红细胞中的含量较高。许多种植物（如大豆、向日葵）的种子中也含有卵磷脂。卵磷脂是白色蜡状物质，在空气中易被氧化而变成黄色或棕色，不溶于水及丙酮，易溶于乙醇、乙醚及氯仿，其水解产物为甘油、脂肪酸、磷酸和胆碱。

2. 脑磷脂

脑磷脂是磷脂酰胆胺的俗称，它是磷酸与胆胺通过酯键结合生成的化合物，主要存在于脑、神经组织和大豆中，通常与卵磷脂共存。脑磷脂能溶于乙醚，不溶于丙酮，难溶于冷乙醇，其水解产物为甘油、脂肪酸、磷酸和胆胺。通常利用它们在乙醇中的溶解性来区别脑磷脂和卵磷脂。

$$\begin{array}{l} CH_2-O-\overset{O}{\overset{\|}{C}}-R_1 \\ | \\ R_2-\overset{O}{\overset{\|}{C}}-O-CH \\ | \\ CH_2-O-\overset{O}{\overset{\|}{P}}(O^-)-O-CH_2CH_2\overset{+}{N}(CH_3)_3 \end{array}$$

卵磷脂

$$\begin{array}{l} CH_2-O-\overset{O}{\overset{\|}{C}}-R_1 \\ | \\ R_2-\overset{O}{\overset{\|}{C}}-O-CH \\ | \\ CH_2-O-\overset{O}{\overset{\|}{P}}(O^-)-O-CH_2CH_2\overset{+}{N}H_3 \end{array}$$

脑磷脂

（二）鞘磷脂

鞘磷脂不含甘油部分，它由鞘氨醇、脂肪酸、磷酸和胆碱组成。鞘氨醇与脂肪酸发生酰化反应生成神经酰胺，神经酰胺再与磷酸以酯键结合，磷酸又和胆碱通过酯化生成鞘磷脂，相关结构式表示如下：

$$CH_3(CH_2)_{12}-\overset{H}{C}=\underset{H}{C}-\underset{OH}{CH}-\underset{NH_2}{CH}-CH_2-OH$$

鞘氨醇

$$CH_3(CH_2)_{12}-\overset{H}{C}=\underset{H}{C}-\underset{OH}{CH}-\underset{NH\overset{O}{\overset{\|}{C}}R}{CH}-CH_2-OH$$

神经酰胺

$$CH_3(CH_2)_{12}-\overset{H}{C}=\underset{H}{C}-\underset{OH}{CH}-\underset{NH\overset{O}{\overset{\|}{C}}R}{CH}-CH_2-O-\underset{O^-}{\overset{O}{\overset{\|}{P}}}-O-CH_2CH_2\overset{+}{N}(CH_3)_3$$

鞘磷脂

鞘磷脂是白色晶体，在空气中不易被氧化，不溶于丙酮及乙醚，溶于热乙醇。鞘磷脂分子的两性离子部分表现出亲水性，鞘氨醇残基和脂肪酸长链部分表现出疏水性，因此，它是表面活性物质，具有乳化作用。鞘磷脂大量存在于脑和神经组织中，是细胞膜的重要组成成分。

本章小结

本章糖类和脂类的有关概念、结构及化学性质是重点内容。糖类涉及的概念有糖类、单糖、低聚糖、多糖、醛糖、酮糖、变旋光现象、端基异构体、差向异构体、差向异构化、还原糖、非还原糖等。涉及的结构有葡萄糖、果糖、核糖、脱氧核糖、蔗糖、麦芽糖、乳糖等的哈沃斯投影式，以及淀粉、纤维素、糖原的结构特点。单糖中葡萄糖、果糖、甘露糖、半乳糖互为同分异构体，二糖中蔗糖、乳糖、麦芽糖也互为同分异构体。这些糖都具有旋光性，其中葡萄糖称为右旋糖，果糖称为左旋糖。还原糖在结构上都存在苷羟基，都具有变旋光现象。所有单糖都是还原糖，二糖中蔗糖是非还原糖，麦芽糖、乳糖都是还原糖，多糖都不具有还原性。还原糖具有能与托伦试剂发生银镜反应，与班氏试剂、费林试剂反应生成砖红色沉淀的典型性质，借此可将还原糖与非还原糖区分开来。单糖中醛糖还能被溴水氧化，而酮糖不能，可利用溴水是否褪色来区分醛糖和酮糖。另外，单糖都能被稀硝酸氧化，与磷酸发生成酯反应，与苯肼发生成脎反应，与醇、酚等发生成苷反应，也能发生莫利希(Molisch)反应、谢里瓦诺夫(Seliwanoff)反应等颜色反应。这些特殊性质，使它们在人体内发挥重要作用。低聚糖、多糖都可认为是单糖分子间通过苷键连接而成的糖苷，都能发生水解反应，产物为葡萄糖、果糖等单糖。碘溶液遇直链淀粉呈蓝色，遇支链淀粉呈紫红色，碘溶液也可以使糖原呈紫红色，可以利用碘溶液判断淀粉的水解程度，及进行淀粉、糖原的定性鉴别。

脂类中重点的概念有油脂、皂化、油脂的硬化、皂化值、碘值、酸败等，重点的结构有油脂、脑磷脂、卵磷脂的结构，它们在结构上有共性和异性。油脂由 1 分子甘油与 3 分子高级脂肪酸结合而成，而脑磷脂、卵磷脂由 1 分子甘油、1 分子磷酸、1 分子胆胺或胆碱和 2 分子高级脂肪酸结合而成。它们都能发生水解。油脂具有皂化、氢化和碘化、酸败等性质。脂类对人体生命活动起重要作用。

能力检测

能力检测答案

一、选择题

1. 能发生银镜反应的物质是(　　)。

A. 果糖　　B. 蔗糖　　C. 淀粉　　D. 糖原

2. 下列不是还原糖的是(　　)。

A. 葡萄糖　　B. 果糖　　C. 蔗糖　　D. 麦芽糖

3. 下列属于糖类化合物的是(　　)。

A. 淀粉　　B. 蛋白质　　C. 尿素　　D. 肥皂

4. 下列说法错误的是(　　)。

A. 果糖和葡萄糖是同分异构体　　B. 葡萄糖具有还原性，果糖无还原性

C. 果糖和葡萄糖都是单糖　　D. 果糖是酮糖，葡萄糖是醛糖

5. 既能发生水解反应，又能发生银镜反应的物质是(　　)。

A. 蔗糖　　B. 葡萄糖甲苷　　C. 麦芽糖　　D. 乙酸乙酯

6. 下列属于还原糖的是(　　)。

A. 蔗糖　　B. 乳糖　　C. 糖原　　D. 淀粉

7. 可用班氏试剂和碘试剂鉴别的一组物质是(　　)。

A. 淀粉、纤维素、葡萄糖　　B. 葡萄糖、乳糖、麦芽糖

C. 蔗糖、淀粉、纤维素　　D. 淀粉、葡萄糖、果糖

8. 下列物质中，能使溴水褪色的是(　　)。

A. 乙酸　　B. 油酸　　C. 硬脂酸　　D. 软脂酸

9. 油脂酸败的原因主要是发生了(　　)。

A. 氢化反应　　B. 水解反应　　C. 氧化反应　　D. 水解，氧化反应

10. 下列物质中，卵磷脂水解能生成的物质是(　　)。

A. 胆碱　　B. 胆胺　　C. 硫酸　　D. 乙醇

二、简答题

1. 什么是营养必需脂肪酸？
2. 什么是皂化反应、皂化值？油脂皂化值的大小具有什么意义？
3. 什么是碘值？油脂碘值的大小具有什么意义？

4. 什么是酸值？油脂酸值的大小具有什么意义？

三、用化学方法鉴别下列物质

1. 葡萄糖、果糖、蔗糖和淀粉
2. 葡萄糖、乙醛和丙三醇
3. 葡萄糖、淀粉和甘油
4. 蔗糖、麦芽糖和淀粉

四、写出下列物质的结构简式

1. α-D-葡萄糖哈沃斯投影式
2. β-D-葡萄糖哈沃斯投影式
3. β-D-呋喃脱氧核糖哈沃斯投影式
4. α-D-呋喃脱氧核糖哈沃斯投影式
5. D-果糖的开链式

参考文献

[1] 章耀武. 药用基础化学[M]. 北京：人民军医出版社，2012.
[2] 彭秀丽，李炎武. 医用化学[M]. 武汉：华中科技大学出版社，2021.
[3] 傅春华，黄月君. 基础化学[M]. 北京：人民卫生出版社，2018.

（陆艳琦）

本章题库

第十八章

氨基酸、蛋白质和核酸

学习目标

掌握：氨基酸的结构、命名、性质和蛋白质的主要化学性质。

熟悉：蛋白质和核酸的结构。

了解：核酸的性质。

扫码
看 PPT

蛋白质和核酸是构成生命的基本物质，是参与生物体内各种生物变化最重要的组分。蛋白质存在于一切细胞中，是构成人体和动植物的基本材料，肌肉、毛发、皮肤、指甲、血清、血红蛋白、神经、激素、酶等都是由不同蛋白质组成的。蛋白质在有机体中承担不同的生理功能，它们供给肌体营养、输送氧气、防御疾病、控制代谢过程、负责机械运动等。核酸分子携带着遗传信息，在生物的个体发育、生长、繁殖和遗传变异等生命过程中起着极为重要的作用。蛋白质被酸、碱或蛋白酶催化水解，最终均产生氨基酸。要了解蛋白质的组成、结构和性质，必须先讨论氨基酸。

第一节　氨　基　酸

一、氨基酸的结构、分类和命名

（一）氨基酸的结构

氨基酸是羧酸分子中烃基上的氢原子被氨基取代所形成的化合物。氨基酸分子中同时含有氨基和羧基两种官能团，因此它是具有复合官能团的化合物。比如：

H_2NCH_2COOH
氨基乙酸（甘氨酸）

$CH_3—CH(NH_2)—COOH$
2-氨基丙酸（丙氨酸）

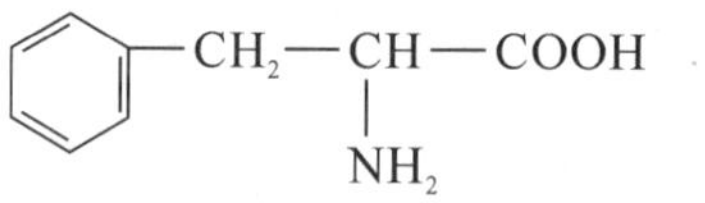

$C_6H_5—CH_2—CH(NH_2)—COOH$
2-氨基-3-苯基丙酸（苯丙氨酸）

氨基酸是组成蛋白质的基本单位。蛋白质在酸、碱或酶的作用下水解时，可逐步降解为较简单的分子，最终生成各种不同氨基酸的混合物。

由蛋白质水解得到的氨基酸约 20 种。各种蛋白质中所含的氨基酸的种类和数量均不相同。有些氨基酸在人体内不能合成或合成量不足，但又是人体所必需的，只有靠食物供给，这种氨基酸称为必需氨基酸(表 18-1 中注有 * 号的氨基酸)。

（二）氨基酸的分类

氨基酸可根据氨基和羧基的相对位置分为 α-氨基酸、β-氨基酸、γ-氨基酸等。其中 α-氨基酸在自然界分布广泛，尤为重要。

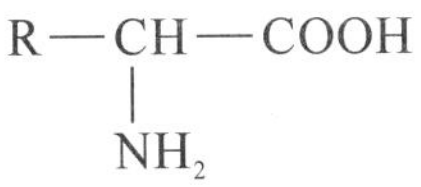

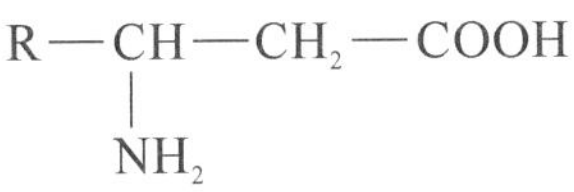

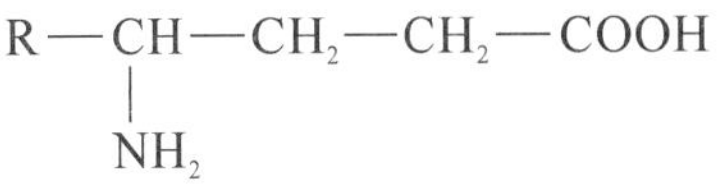

$$\underset{\displaystyle NH_2}{\underset{|}{R-CH}}-COOH \qquad \underset{\displaystyle NH_2}{\underset{|}{R-CH}}-CH_2-COOH \qquad \underset{\displaystyle NH_2}{\underset{|}{R-CH}}-CH_2-CH_2-COOH$$

α-氨基酸　　β-氨基酸　　γ-氨基酸

氨基酸根据烃基不同分为脂肪族氨基酸、芳香族氨基酸和杂环氨基酸。

根据分子中所含氨基与羧基的数目不同，氨基酸也可分为中性氨基酸（羧基和氨基数目相等）、酸性氨基酸（羧基数目大于氨基数目）、碱性氨基酸（氨基数目大于羧基数目）。

（三）氨基酸的命名

氨基酸的命名是以羧酸为母体，碳原子的位次可用阿拉伯数字表示，也可用希腊字母表示。氨基酸的命名除系统命名外，常用俗名，见表 18-1。

表 18-1　常见的 α-氨基酸

中英文名称	结构式	中文缩写符号	英文缩写符号	等电点
中性氨基酸				
甘氨酸　glycine （氨基乙酸）	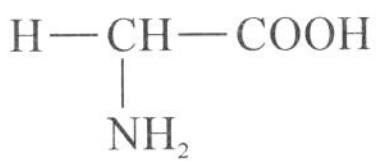 $H-\underset{\underset{\displaystyle NH_2}{\mid}}{CH}-COOH$	甘	Gly	5.97
丙氨酸　alanine （α-氨基丙酸）	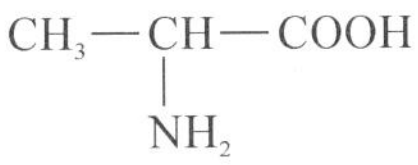 $CH_3-\underset{\underset{\displaystyle NH_2}{\mid}}{CH}-COOH$	丙	Ala	6.00
缬氨酸*　valine （α-氨基-β-甲基丁酸）	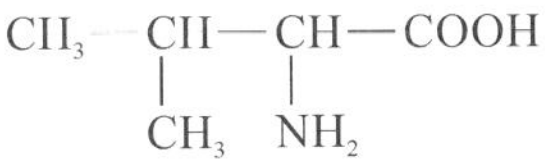 $CH_3-\underset{\underset{\displaystyle CH_3}{\mid}}{CH}-\underset{\underset{\displaystyle NH_2}{\mid}}{CH}-COOH$	缬	Val	5.96
异亮氨酸*　isoleucine （α-氨基-β-甲基戊酸）	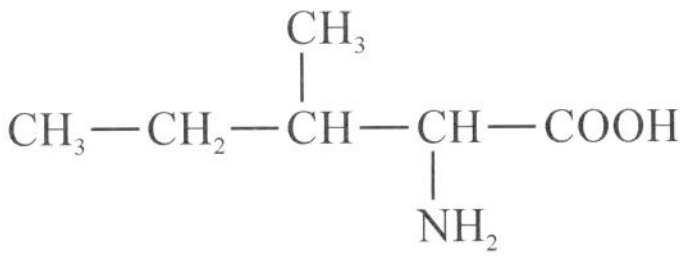 $CH_3-CH_2-\overset{\overset{\displaystyle CH_3}{\mid}}{CH}-\underset{\underset{\displaystyle NH_2}{\mid}}{CH}-COOH$	异亮	Ile	6.02
亮氨酸*　leucine （α-氨基-γ-甲基戊酸）	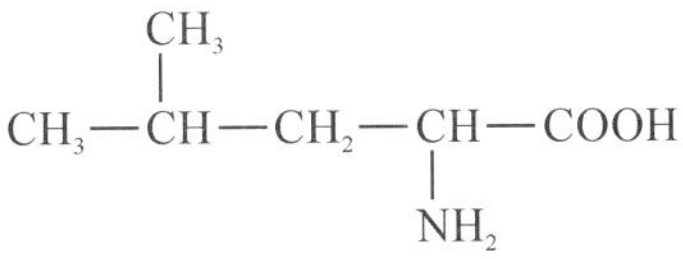 $CH_3-\overset{\overset{\displaystyle CH_3}{\mid}}{CH}-CH_2-\underset{\underset{\displaystyle NH_2}{\mid}}{CH}-COOH$	亮	Leu	5.98
苯丙氨酸*　phenylalanine （α-氨基-β-苯基丙酸）	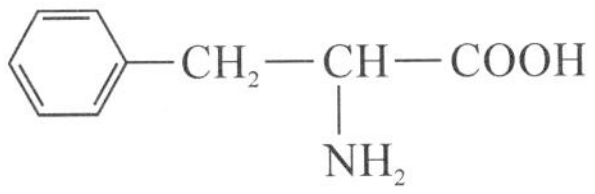 $C_6H_5-CH_2-\underset{\underset{\displaystyle NH_2}{\mid}}{CH}-COOH$	苯	Phe	5.46
蛋氨酸*　methionine （α-氨基-γ-甲硫基丁酸）	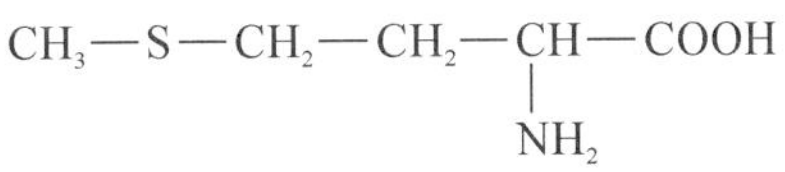 $CH_3-S-CH_2-CH_2-\underset{\underset{\displaystyle NH_2}{\mid}}{CH}-COOH$	蛋	Met	5.74
酸性氨基酸				

续表

中英文名称	结构式	中文缩写符号	英文缩写符号	等电点
天冬氨酸 aspartic acid (α-氨基丁二酸)	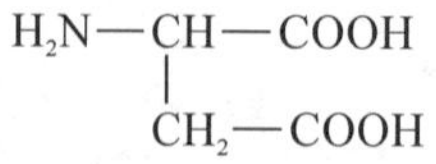 $H_2N—CH(CH_2—COOH)—COOH$	天	Asp	2.77
谷氨酸 glutamic acid (α-氨基戊二酸)	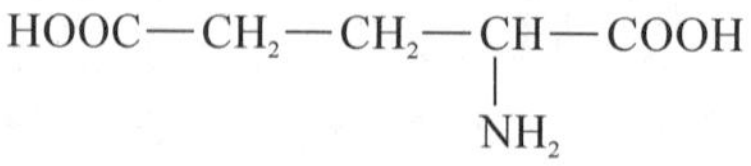 $HOOC—CH_2—CH_2—CH(NH_2)—COOH$	谷	Glu	3.22
碱性氨基酸				
精氨酸 arginine (α-氨基-δ-胍基戊酸)	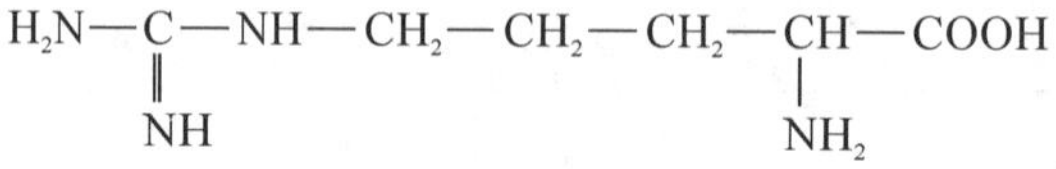 $H_2N—C(=NH)—NH—CH_2—CH_2—CH_2—CH(NH_2)—COOH$	精	Arg	10.76
赖氨酸* lysine (α,ε-二氨基己酸)	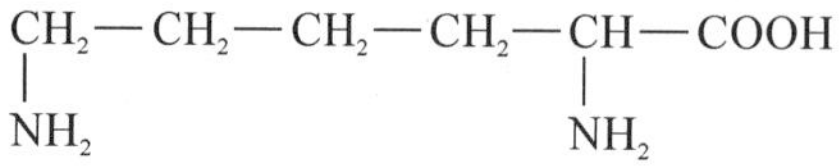 $CH_2(NH_2)—CH_2—CH_2—CH_2—CH(NH_2)—COOH$	赖	Lys	9.74

二、氨基酸的性质

(一)氨基酸的物理性质

α-氨基酸一般为无色晶体,熔点比相应的羧酸或胺要高,一般为 200～300 ℃(许多氨基酸在接近熔点时分解)。除甘氨酸外,其他的 α-氨基酸都有旋光性。大多数氨基酸易溶于水,而不溶于有机溶剂。

(二)氨基酸的化学性质

氨基酸分子中含有羧基和氨基,因而具有氨基和羧基的一些性质。此外,两种官能团之间的相互影响使得氨基酸具有某些特殊性质。

1. 氨基酸的两性和等电点

氨基酸分子中含有酸性的羧基和碱性的氨基,因此既具有酸的性质又具有碱的性质,是两性化合物。

氨基酸与强酸或强碱作用可生成盐:

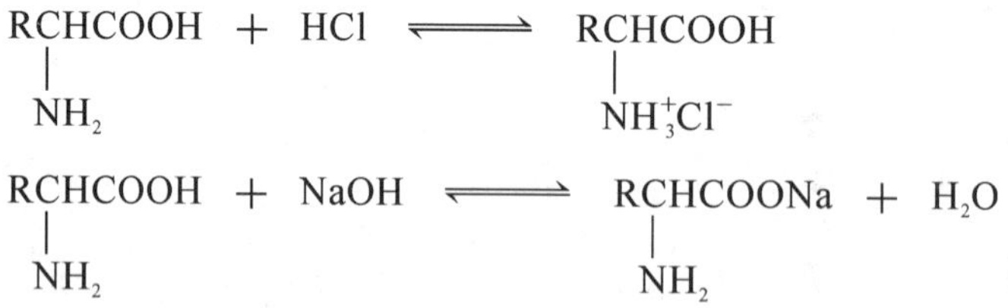

$$RCH(NH_2)COOH + HCl \rightleftharpoons RCH(NH_3^+Cl^-)COOH$$

$$RCH(NH_2)COOH + NaOH \rightleftharpoons RCH(NH_2)COONa + H_2O$$

氨基酸分子中的酸性羧基和碱性氨基也可相互作用而成盐:

$$RCH(NH_2)COOH \rightleftharpoons RCH(NH_3^+)COO^-$$

这种由分子内部的酸性基团和碱性基团作用所形成的盐,称为内盐(两性离子)。内盐中同时含有阳离子和阴离子,所以内盐又称为两性离子。氨基酸分子是两性离子,在酸性溶液中它的羧基阴离子可接受质子,发生碱式电离带正电荷;而在碱性溶液中铵根阳离子可给出质子,发生酸式电离带负电荷。两性离子加酸和加碱时引起的变化,可用下式表示:

$$
\begin{array}{ccccc}
 & & \underset{\displaystyle NH_2}{\underset{|}{RCHCOOH}} & & \\
 & & \Big\updownarrow & & \\
\underset{\displaystyle NH_2}{\underset{|}{RCHCOO^-}} & \underset{OH^-}{\overset{H^+}{\rightleftharpoons}} & \underset{\displaystyle NH_3^+}{\underset{|}{RCHCOO^-}} & \underset{OH^-}{\overset{H^+}{\rightleftharpoons}} & \underset{\displaystyle NH_3^+}{\underset{|}{RCHCOOH}}
\end{array}
$$

两性离子的静电荷为零而处于等电状态，在电场作用下不向任何一极移动，此时溶液的 pH 称为氨基酸的等电点，用 pI 表示。

应当指出，在等电点时，氨基酸的 pH 不等于 7。对于中性氨基酸，羧基电离度略大于氨基，因此需要加入适当的酸抑制羧基的电离，促使氨基电离，使氨基酸主要以两性离子的形式存在。所以中性氨基酸的等电点都小于 7，一般为 5～6.3。酸性氨基酸的羧基数目大于氨基数目，必须加入较多的酸才能达到其等电点，因此酸性氨基酸的等电点一般为 2.8～3.2。要使碱性氨基酸达到其等电点，必须加入适量碱，因此碱性氨基酸的等电点都大于 7，一般为 7.6～10.8。组成蛋白质的各种氨基酸的等电点见表 18-1。

氨基酸在等电点时溶解度最小，最容易从溶液中沉淀析出，因此可以通过调节溶液 pH 达到等电点来分离氨基酸混合物；也可以利用在同一 pH 的溶液中，各种氨基酸所带净电荷不同，它们在电场中移动的状况不同和对离子交换剂的吸附作用不同的特点，通过电泳法或离子交换层析法从混合物中分离各种氨基酸。

2. 成肽反应

α-氨基酸在适当的条件下加热，一个氨基酸的羧基和另一个氨基酸的氨基之间，可脱去一分子水缩合生成二肽。

$$
H_2N-\overset{\displaystyle R}{\overset{|}{CH}}-\overset{\displaystyle O}{\overset{\|}{C}}-OH + H-\overset{\displaystyle H}{\overset{|}{N}}-\overset{\displaystyle R}{\overset{|}{CH}}-COOH \xrightarrow[\triangle]{-H_2O} H_2N-\overset{\displaystyle R}{\overset{|}{CH}}-\overset{\displaystyle O}{\overset{\|}{C}}-\overset{\displaystyle H}{\overset{|}{N}}-\overset{\displaystyle R}{\overset{|}{CH}}-COOH
$$

二肽分子中的酰胺键(—CONH—)称为肽键，二肽分子两端的自由氨基和羧基还可以继续与其他氨基酸缩合成三肽、四肽以至多肽。多肽链中的每一个氨基酸单位称为氨基酸残基。多肽链一端具有未结合的氨基，称为 N 端，通常写在左边；另一端具有未结合的羧基，称为 C 端，写在右边。多种氨基酸按不同的排列顺序以肽键相互结合，可以形成许多不同的多肽链。

3. 与亚硝酸反应

氨基酸中的氨基属于伯氨基，因此它能与亚硝酸反应，定量放出氮气。

$$
\underset{\displaystyle NH_2}{\underset{|}{RCHCOOH}} + HNO_2 \longrightarrow \underset{\displaystyle OH}{\underset{|}{RCHCOOH}} + N_2\uparrow + H_2O
$$

4. 脱羧反应

氨基酸缓缓加热或在高沸点溶剂中回流，可以发生脱羧反应生成胺。生物体内的脱羧酶也能催化氨基酸的脱羧反应，这是蛋白质腐败发臭的主要原因。例如，赖氨酸脱羧生成 1,5-戊二胺(尸胺)。

$$
H_2NCH_2(CH_2)_3CH(NH_2)COOH \longrightarrow \underset{1,5\text{-戊二胺(尸胺)}}{H_2N(CH_2)_5NH_2}
$$

5. 与茚三酮反应

α-氨基酸与水合茚三酮的弱酸性溶液共热，一般认为先发生氧化脱氨、脱羧，生成氨和还原型茚三酮，产物再与水合茚三酮进一步反应，生成蓝紫色物质。这个反应非常灵敏，可用于氨基酸的定性及定量测定。

$$\text{水合茚三酮} + \underset{\substack{|\\ NH_2}}{RCHCOOH} \longrightarrow \text{(C=N—C 相连的两个茚二酮环)} + CO_2\uparrow + RCHO$$

凡是有游离氨基的氨基酸都能与水合茚三酮试剂发生显色反应，多肽和蛋白质也有此反应，脯氨酸和羟脯氨酸与水合茚三酮反应时，生成黄色化合物。

第二节　蛋　白　质

蛋白质是由多种 α-氨基酸组成的一类天然高分子化合物，是生命的物质基础，它在生命现象和生命过程中起着很重要的作用。例如，催化人体内各种化学反应的酶，对人体起免疫作用的抗体等，都是蛋白质。对蛋白质的研究可以帮助我们了解生命的本质。

一、蛋白质的组成和分类

（一）蛋白质的组成

蛋白质虽然种类繁多，且结构复杂，但其组成的元素种类并不多，主要由碳、氢、氧、氮、硫等元素组成。天然蛋白质元素含量：C 为 50%～55%，H 为 6.0%～7.3%，O 为 19%～24%，N 为 13%～19%，S 为 0～4%。少数蛋白质还含有磷、铁、碘、锰、锌等元素。

大多数蛋白质含氮量较接近，平均约为 16%。因此生物组织中每克氮相当于 6.25(即 100/16)g 的蛋白质，6.25 称为蛋白质系数。化学分析时，只要测出生物样品中的含氮量，即可计算出蛋白质的大致含量。

$$W_{\text{粗蛋白}} = W_{\text{氮}} \times 6.25$$

（二）蛋白质的分类

蛋白质种类繁多，大多数蛋白质结构尚未明确，故尚无适当的分类方法。一般根据蛋白质的组成或分子的形状分类。

(1) 根据蛋白质分子组成成分不同，蛋白质可分为单纯蛋白质和结合蛋白质两大类。

①单纯蛋白质：仅由氨基酸组成的蛋白质。根据其来源及理化性质，尤其是溶解度、盐析、热凝固等差别，又可分为清蛋白、球蛋白、谷蛋白、醇溶谷蛋白、精蛋白、组蛋白和硬蛋白七类。但是个别蛋白质也含有少量非蛋白质类物质。

②结合蛋白质：由单纯蛋白质和非蛋白质类物质组成。其非蛋白质部分称为辅基。结合蛋白质还可按辅基不同，分为脂蛋白(辅基为脂类)、血红蛋白(辅基为亚铁血红素)、糖蛋白(辅基为糖类)、核蛋白(辅基为核酸)等。

(2) 根据蛋白质分子形状，蛋白质可分为球状蛋白质和纤维状蛋白质两大类。

①球状蛋白质：形状近似球形或椭圆形，如血红蛋白、肌红蛋白、酶、免疫球蛋白等。球状蛋白质多属于功能蛋白质，有特异的生物活性。

②纤维状蛋白质：这类蛋白质分子的外形似纤维，如皮肤、结缔组织中的胶原蛋白，毛发、指甲中的角蛋白等。纤维状蛋白质多属于结构蛋白质，主要起支持作用，其更新较慢。

二、蛋白质的结构

组成蛋白质的氨基酸种类约有 20 种，但是蛋白质中的氨基酸数目很大，多达几千至几万个，蛋白质的分子结构一般可分为一级结构、二级结构、三级结构和四级结构。

1. 蛋白质的一级结构

蛋白质分子的多肽链中，α-氨基酸残基之间的严格排列顺序称为蛋白质的一级结构。其主要化学键是肽键，又称主键。有些蛋白质是一条多肽链，有些蛋白质则由两条或两条以上的多肽链构成。对于某一蛋白质，若结构顺序发生改变，则可引起疾病或死亡。例如，血红蛋白是由两条 α-肽链（各为 141 肽）和两条 β-肽链（各为 146 肽）共四条多肽链（共 574 肽）组成的。在 β-肽链中，N_6 为谷氨酸，若换为缬氨酸，则造成红细胞聚积，即由球状变成镰刀状，若得了这种病（镰状细胞贫血），患者不到 10 年就会死亡。

2. 蛋白质的空间结构

蛋白质除一级结构外，还有其他的空间结构，即蛋白质的二级结构、三级结构和四级结构。这些空间结构都和它的生理功能有着密切联系。大多数天然蛋白质分子的多肽链并不是以松散的线状结构存在的，而是靠多肽链上的氢键形成卷曲盘旋的构象，称为蛋白质的二级结构。这些线状的、螺旋状的分子可进一步折叠盘曲，形成更为复杂的空间构象，称为蛋白质的三级结构。这些组成蛋白质的多肽链很长，但由于反复卷曲、折叠，大多数蛋白质分子形成球形或椭圆形的空间结构。两个或两个以上具有三级结构的多肽链以一定的形式而聚合成的聚合体，构成了蛋白质的四级结构（图 18-1）。

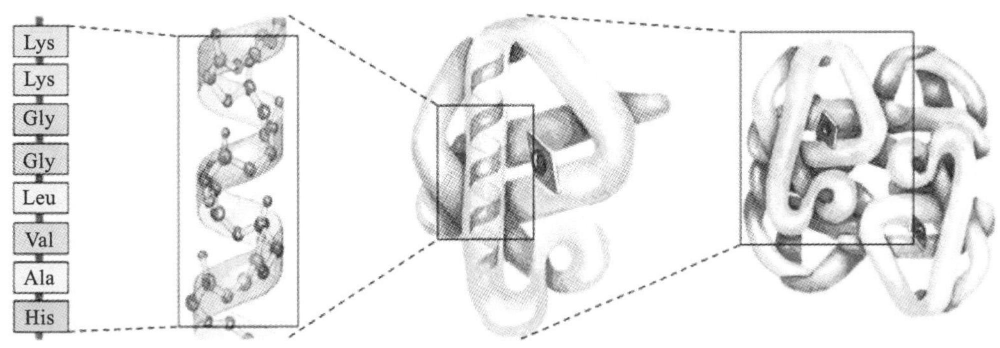

图 18-1 蛋白质的一、二、三、四级结构示意图

蛋白质分子中多肽链之所以会卷曲、折叠和聚合，因素很多，其中一个很重要的因素是副键的作用。重要的副键有氢键、盐键、疏水键和二硫键等。

思政案例

中国蛋白质组研究站在了全球制高点

20 世纪 90 年代，“人类基因组计划”吸引了全世界的目光。随着人类基因组测序的完成，科学家们发现基因组虽在基因活性和疾病相关性方面提供了根据，但大部分疾病不是由基因改变引起的；而且，基因的表达方式错综复杂、表达产物千差万别，同样的基因在不同条件、不同时期可能会起到完全不同的作用。

在人类基因组图谱完成之际，一批基因组学大家不约而同地向蛋白质组学发出呼唤：“用蛋白质组学解读基因组这部天书。”我国科学家率先提出“两谱、两图、三库和两出口”的人类蛋白质组计划总体研究策略，“两谱”指表达谱、修饰谱；“两图”指连锁图、定位图，“三库”指样本库、抗体库、数据库，“两出口”则指生理组、病理组。经过 10 余年的积累，由我国主导的蛋白质组学驱动精准医学研究已开始“领跑”国际蛋白质组学的发展。

三、蛋白质的性质

蛋白质是由氨基酸组成的高分子化合物。因此蛋白质的性质有些与氨基酸相似，如两性电离和等电点等，也有一些与氨基酸不同，如胶体性质、沉淀、变性等。

（一）蛋白质的两性和等电点

蛋白质是由氨基酸通过肽键而形成的高分子化合物。蛋白质多肽链的N-端有氨基，C-端有羧基，其侧链上也常含有碱性基团和酸性基团。因此，蛋白质与氨基酸相似，也具有两性性质和等电点。在酸性溶液中，蛋白质分子可以结合 H^+ 而带正电荷，以阳离子形式存在，而在碱性溶液中，蛋白质分子失去 H^+ 而带负电荷，以阴离子形式存在。蛋白质溶液在不同 pH 的溶液中，以不同的形式存在，其平衡体系如下：

$$\mathrm{P}\begin{matrix}\diagup \mathrm{COOH}\\ \diagdown \mathrm{NH_2}\end{matrix}$$

$$\Updownarrow$$

$$\mathrm{P}\begin{matrix}\diagup \mathrm{COO^-}\\ \diagdown \mathrm{NH_2}\end{matrix} \underset{OH^-}{\overset{H^+}{\rightleftharpoons}} \mathrm{P}\begin{matrix}\diagup \mathrm{COO^-}\\ \diagdown \mathrm{NH_3^+}\end{matrix} \underset{OH^-}{\overset{H^+}{\rightleftharpoons}} \mathrm{P}\begin{matrix}\diagup \mathrm{COOH}\\ \diagdown \mathrm{NH_3^+}\end{matrix}$$

调节溶液的 pH，使蛋白质分子以两性离子形式存在，其分子所带的正、负电荷相等，即成为净电荷为零的偶极离子，在电场中既不向正极移动，也不向负极移动，这时溶液的 pH 称为该蛋白质的等电点，用 pI 表示。一些常见蛋白质的等电点见表 18-2。

表 18-2　常见蛋白质的等电点(pI)

蛋白质名称	来源	等电点
白明胶	动物皮	4.8～4.85
乳球蛋白	牛乳	4.5～5.5
酪蛋白	牛乳	4.6
卵清蛋白	鸡卵	4.86～4.9
血清蛋白	马血	4.88
血清球蛋白	马血	5.4～5.5
胃蛋白酶	猪胃	2.75～3.0
胰蛋白酶	胰液	5.0～8.0

由表 18-2 中可以看出，大部分蛋白质的等电点小于 7，这是因为组成蛋白质的酸性氨基酸的数目多于碱性氨基酸的数目。一般蛋白质的溶液为酸性。人体内多数蛋白质的等电点为 5 左右，而体液的 pH 约为 7.4，所以体内的蛋白质以阴离子形式存在，并与 K^+、Na^+、Ca^{2+}、Mg^{2+} 等离子形成盐。

在等电点时，蛋白质的溶解度最小，最容易从溶液中沉淀析出。利用这一性质可以分离或提纯某些蛋白质。

不处于等电点的蛋白质分子，所带电荷的种类、数目和分子的大小各不相同，在电场作用下，它们向电极移动的方向和速率也不同，利用这种差别可用电泳法分离各种蛋白质。

（二）蛋白质的变性

蛋白质在某些物理因素（如加热、高压、振荡、干燥、紫外线、X 射线等）或化学因素（强酸、强碱、重金属盐、丙酮或乙醇等）的作用下，分子空间结构发生变化，其理化性质和生物活性也随之发生改变，这种作用称为蛋白质的变性。

蛋白质的变性可分为可逆变性和不可逆变性两种。变性后蛋白质分子结构改变不大，可以恢复原有性质，称为可逆变性；反之，称为不可逆变性。

变性蛋白质与天然蛋白质有明显的差异，主要表现在如下几个方面。

(1) 物理性质的改变：蛋白质变性后，多肽链松散伸展，导致黏度增大；侧链疏水基外露，导致溶解度降低而析出沉淀等。

(2) 化学性质的改变：蛋白质变性后结构松散，生物化学性质改变，易被酶水解；侧链上的某些基团外露，易发生化学反应。

(3) 生物活性的丧失：蛋白质变性后失去了原有的生物活性，例如，酶变性后失去了催化功能；激素变性后失去了相应的生理调节功能；血红蛋白变性后失去了输送氧的功能等。

蛋白质的变性已广泛应用于医学实践。例如：利用乙醇、加热、高压、紫外线等方式消毒灭菌；重金属盐中毒急救时，可先洗胃，然后让患者口服大量蛋清、牛奶或豆浆等，以减少机体对重金属盐的吸收。在制取和保存蛋白质制剂时，应选择低温、适宜的 pH 等条件，以免蛋白质变性。

(三) 蛋白质的沉淀反应

蛋白质属于高分子化合物，其分子大小为 1～100 nm，因此蛋白质溶液属于胶体分散系。蛋白质分子表面含有许多亲水基团(如氨基、羧基、羟基、肽键等)，能结合水分子形成牢固的水化膜。另外，蛋白质溶液不在等电点时，蛋白质分子带有同种电荷，它们相互排斥，难以聚集。因此水化膜的存在和带有同种电荷均可使蛋白质溶液稳定地存在。

如果破坏或消除稳定因素，蛋白质颗粒就会发生凝聚而从溶液中沉淀出来，称为蛋白质沉淀。沉淀蛋白质的方法有以下几种。

1. 盐析

在蛋白质溶液中加入大量电解质，蛋白质便会沉淀析出，这种作用称为盐析。盐的离子结合水的能力强于蛋白质，因此盐的离子破坏了蛋白质的水化膜，同时盐的离子能中和蛋白质所带的电荷，从而使蛋白质失去稳定因素而发生沉淀。

盐析所需盐的最小量称为盐析浓度。不同的蛋白质所需的盐析浓度是不同的。例如，球蛋白在 50%的硫酸铵溶液中可析出，而清蛋白在饱和硫酸铵溶液中才能析出。因此调节盐浓度，可使不同的蛋白质先后析出，这种方法称为分段盐析。在盐析时，把蛋白质溶液的 pH 调到等电点，则盐析效果更好。

盐析得到的蛋白质，性质并未发生改变，加水可重新溶解，仍能形成稳定的蛋白质溶液。

2. 加入脱水剂

甲醇、乙醇、丙酮等极性较大的有机溶剂，对水的亲和力较强，能破坏蛋白质的水化膜。在等电点时加入脱水剂，能使蛋白质沉淀。沉淀后若迅速将蛋白质与脱水剂分离，仍可保持蛋白质原来的性质。95%的乙醇吸水性强，与细菌接触时，细菌表面的蛋白质立即凝固，使乙醇不能继续扩散到其内部，细菌只是暂时丧失活性但并没有死亡。而 70%的乙醇可扩散到细菌内部，彻底杀灭细菌。在中草药有效成分的提取中，常常加入 70%以上的乙醇以沉淀蛋白质。

3. 加入重金属盐

蛋白质在 pH>pI 的溶液中带负电荷，因此可与 Hg、Cu、Pb、Ag 等重金属离子结合形成不溶性的蛋白质盐。

$$\mathrm{P}\begin{cases}\mathrm{COO^-}\\ \mathrm{NH_3^+}\end{cases} \xrightarrow{\mathrm{OH^-}} \mathrm{P}\begin{cases}\mathrm{COO^-}\\ \mathrm{NH_2}\end{cases} \xrightarrow{\mathrm{Ag^+}} \mathrm{P}\begin{cases}\mathrm{COOAg}\\ \mathrm{NH_2}\end{cases}\downarrow$$

急救铅、汞等重金属盐中毒时，服用牛乳或蛋清以解毒，也是根据此原理。

4. 加入生物碱沉淀剂

蛋白质在 pH<pI 的溶液中带正电荷，因此可与某些生物碱沉淀剂(如苦味酸、鞣酸、三氯乙酸、磷钨酸等)的酸根结合，生成不溶性的蛋白质盐。

$$\mathrm{P}\begin{cases}\mathrm{COO^-}\\ \mathrm{NH_3^+}\end{cases} \xrightarrow{\mathrm{H^+}} \mathrm{P}\begin{cases}\mathrm{COOH}\\ \mathrm{NH_3^+}\end{cases} \xrightarrow{\mathrm{Y^-}} \mathrm{P}\begin{cases}\mathrm{COOH}\\ \mathrm{NH_3^+Y^-}\end{cases}\downarrow$$

在临床检验和生化检验中，常用这些试剂除去血液中干扰测定的蛋白质。

（四）蛋白质的颜色反应

蛋白质分子中含有 α-氨基酸，故有茚三酮反应；蛋白质分子中含有许多肽键，因此可发生缩二脲反应。

1. 茚三酮反应

与氨基酸相似，蛋白质也可发生茚三酮反应，生成蓝紫色的化合物。此反应可定性、定量测定蛋白质。

2. 缩二脲反应

蛋白质分子中含有许多肽键，因此在强碱性溶液中，与硫酸铜溶液作用时，会显示红色到蓝紫色的变化。

3. 黄蛋白反应

某些含有苯环氨基酸残基的蛋白质，与浓硝酸作用显黄色，加碱后又变为橙色，这个反应称为黄蛋白反应。

4. 米伦反应

含有酪氨酸残基的蛋白质遇米伦试剂（硝酸汞和亚硝酸汞的硝酸溶液）即产生白色沉淀，加热后转变为红色。

第三节　核　　酸

核酸是存在于各种生物体内的生物大分子物质，是生物遗传和蛋白质合成的模板。在机体的生长、发育、遗传等生命现象中，核酸都起着决定性的作用。

一、核酸的分类

核酸分为两大类：含核糖者为核糖核酸（简称 RNA），含脱氧核糖者为脱氧核糖核酸（简称 DNA）。

DNA 主要存在于细胞核内的染色体中，有少量的 DNA 存在于核外的线粒体内。DNA 是生物的遗传物质基础。RNA 主要存在于细胞质中。RNA 在微粒体中含量最高，线粒体中含量较低，核内少量 RNA 集中于核仁中，RNA 参与体内蛋白质的合成。

二、核酸的结构

（一）核酸的基本组成

核酸彻底水解的最终产物是磷酸、戊糖、碱基，它们是组成核酸的基本成分。

核酸 $\xrightarrow{水解}$ 核苷酸 $\xrightarrow{水解}$ { 磷酸；核苷 $\xrightarrow{水解}$ { 戊糖；碱基 } }

1. 磷酸

核酸分子中的磷含量比较恒定，占 9%～10%，因此测定样品中磷的含量即可算出核酸含量。

2. 戊糖

组成核酸的戊糖有 D-(－)-核糖和 D-(－)-2-脱氧核糖。RNA 中含 D-(－)-核糖，DNA 中含 D-(－)-2-脱氧核糖。它们的结构式如下：

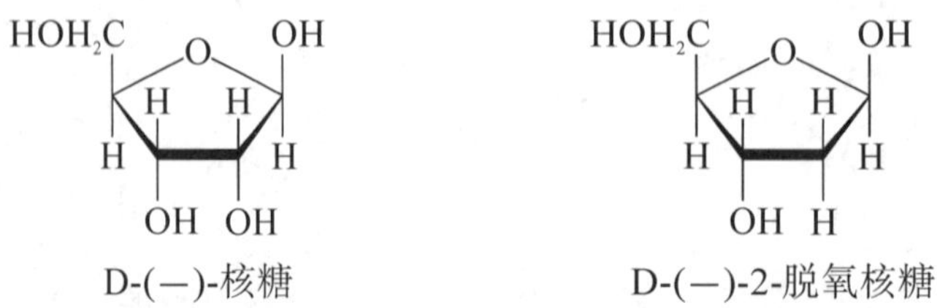

3. 碱基

核酸中的含氮碱称碱基，包括嘌呤碱和嘧啶碱两类。

嘌呤碱主要有腺嘌呤(A)和鸟嘌呤(G)，它们的结构式如下：

嘌呤　　腺嘌呤（6-氨基嘌呤）　　鸟嘌呤（2-氨基-6-氧嘌呤）

嘧啶碱主要有胞嘧啶(C)、尿嘧啶(U)和胸腺嘧啶(T)，它们的结构式如下：

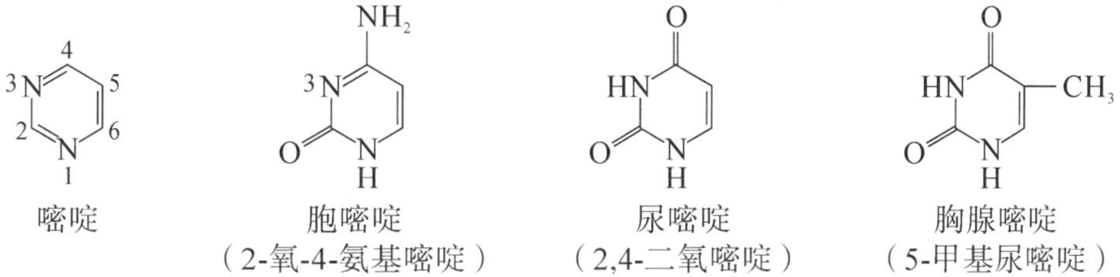

嘧啶　　胞嘧啶（2-氧-4-氨基嘧啶）　　尿嘧啶（2,4-二氧嘧啶）　　胸腺嘧啶（5-甲基尿嘧啶）

RNA 主要含有 A、G、C、U 四种碱基，DNA 主要含有 A、G、C、T 四种碱基。

（二）核酸的基本单位

戊糖与碱基通过糖苷键连接而成的化合物称为核苷。糖苷键由戊糖 β-羟基与嘌呤碱 N_9 或嘧啶碱 N_1 上的氢脱水缩合而成。核苷中的戊糖若为脱氧核糖，则核苷为脱氧核苷。

核苷与磷酸通过磷酸酯键连接，即为核苷酸。核苷酸分子中，磷酸主要结合在戊糖的 3′位和 5′位上。

由于 RNA 和 DNA 所含的嘌呤碱和嘧啶碱各有两种，所以各有四种相应的核苷酸，见表 18-3。

表 18-3 组成核酸的主要核苷酸

RNA	DNA
腺嘌呤核糖核苷酸(一磷酸腺苷,AMP)	腺嘌呤脱氧核糖核苷酸(一磷酸脱氧腺苷,dAMP)
鸟嘌呤核糖核苷酸(一磷酸鸟苷,GMP)	鸟嘌呤脱氧核糖核苷酸(一磷酸脱氧鸟苷,dGMP)
胞嘧啶核糖核苷酸(一磷酸胞苷,CMP)	胞嘧啶脱氧核糖核苷酸(一磷酸脱氧胞苷,dCMP)
尿嘧啶核糖核苷酸(一磷酸尿苷,UMP)	胸腺嘧啶脱氧核糖核苷酸(一磷酸脱氧胸苷,dTMP)

（三）核酸的空间结构

1. 核酸的一级结构

核酸的结构和蛋白质结构相似。无论是 DNA 还是 RNA，它们都有单核苷酸按一定的方式、数量和顺序组成的彼此很长的多核苷酸链结构。这种结构也称为核苷酸的一级结构，结构中均无支链。实验证明，形成核酸时，单核苷酸之间是以核糖或脱氧核糖的 3′位或 5′位羟基通过磷酸二酯键连接而成的。

2. DNA 的空间结构

1953 年沃森和克里克提出了 DNA 双螺旋结构。该结构是由两条多核苷酸链围绕一共同中轴以右手螺旋方式盘旋而成的双螺旋结构。两链以磷酸脱氧核糖为骨架，位于螺旋外侧；碱基位于螺旋内侧，碱基平面与中轴垂直(图 18-2)。

碱基配对规律：A 与 T 之间有三个氢键，G 与 C 之间有两个氢键。

3. RNA 的空间结构

RNA 通常以单链形式存在。但单链可以在某些节段回折形成局部的双螺旋区。局部形成碱基配对时，A 与 U、G 与 C 配对。回折处不能配对的碱基则形成空环排斥在外（图 18-3）。

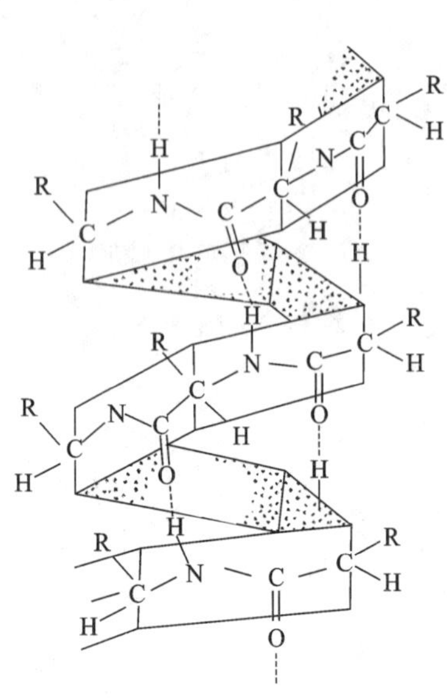

图 18-2　DNA 双螺旋结构

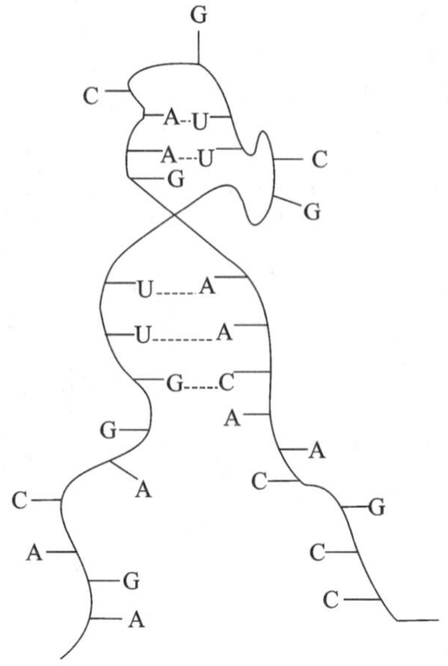

图 18-3　RNA 的二级结构

三、核酸的性质

（一）核酸的物理性质

RNA 和核苷酸都是白色粉末或结晶，DNA 是白色纤维状固体。DNA、RNA、核苷酸都是极性化合物，一般能溶于水，难溶于有机溶剂。

（二）核酸的化学性质

1. 酸碱性

DNA、RNA、核苷酸分子中既含有磷酸基，又含有碱基，所以它们是两性化合物。既能与金属离子成盐，又能与一些碱性化合物生成复合物。另外，核酸在不同 pH 的溶液中带有不同的电荷，因此也具有电泳现象。

2. DNA 的变性

核酸在一定条件下受到某些理化因素的影响，也会发生变性。如加热、酸、碱都会使核酸变性。DNA 变性是 DNA 二级结构被破坏而解体，其一级结构不被破坏。变性后的核酸表现为生物活性降低或丧失，黏度下降。

知识链接

人体蛋白质摄入量及其影响

中国营养学会推荐的膳食营养素摄入量：成年男、女轻体力活动者分别为 75 g/d 和 60 g/d，中体力活动者分别为 80 g/d 和 70 g/d，重体力活动者分别为 90 g/d 和 80 g/d。

蛋白质缺乏症：蛋白质缺乏在成人和儿童中都有发生，但处于生长阶段的儿童更为敏感。蛋白质缺乏的常见症状是代谢率下降，对疾病抵抗力减退，易患病，远期影响是器官的损害，常见的是儿童生长发育迟缓、体重下降、淡漠、易怒、贫血及水肿，并因为易感染而继发疾病。蛋白质的缺乏往往与能量的缺乏共同存在，即蛋白质-热能营养不良，分为两种：一种是热能摄入基本满足而蛋白质严重不足的营养性疾病，称加西卡病；另一种即为“消瘦”，指蛋白质和热能摄入均严重不足的营养性疾病。

蛋白质过量：蛋白质，尤其是动物蛋白质摄入过多，对人体同样有害。首先，过多动物蛋白质的摄入，就表明必然摄入了较多的动物脂肪和胆固醇。其次，蛋白质过多本身也会产生有害影响。正常情况下，人体不储存蛋白质，所以必须将过多的蛋白质脱氨分解，氮则由尿排出体外，这加重了代谢负担，而且，这一过程需要大量水分，从而加重肾脏的负荷，若肾功能不好，则危害更大。过多动物蛋白质的摄入，也造成含硫氨基酸摄入过多，这样可加速骨骼中钙质的丢失，易产生骨质疏松。

本章小结

本章内容主要包括氨基酸的结构、命名和性质，蛋白质和核酸的组成、结构和性质。重点为 α-氨基酸和蛋白质的结构特点和性质，难点为两性性质和等电点的概念及成肽反应方程式的书写。

氨基酸（或蛋白质）的两性是由于分子中既含有羧基又含有氨基，既能发生酸式解离又可发生碱式解离，也可形成分子内盐（即两性离子）。关于氨基酸的等电点，主要掌握以下三点。①概念：两性离子的静电荷为零，处于等电状态，在电场中不向任何一极移动，这时溶液的 pH 称为氨基酸的等电点（pI）。②特征：等电点时氨基酸分子几乎全部以两性离子形式存在，在电场中不向任何一极移动。在等电点时，氨基酸（或蛋白质）溶解度最小。③应用：可根据氨基酸（或蛋白质）的 pI，判断在不同 pH 溶液中时氨基酸（或蛋白质）的存在形式，也可通过改变溶液的 pH 来控制氨基酸的主要存在形式而进行分离或提纯。成肽反应是两个 α-氨基酸在适当的条件下加热时，一个氨基酸的氨基和另一个氨基酸的羧基之间，脱去一分子水缩合而生成二肽。多个氨基酸分子可缩合成多肽。氨基酸（或蛋白质）均可发生颜色反应，如茚三酮反应。蛋白质的特殊性质有蛋白质的变性和蛋白质的沉淀反应，其中能使蛋白质沉淀的因素有盐、脱水剂、重金属盐和生物碱沉淀剂。核酸的基本结构单位是核苷酸，核酸的结构有一级结构和二级结构，其性质包括酸碱性和 DNA 的变性。

能力检测

能力检测答案

一、选择题

1. 已知谷氨酸的等电点为 3.22，它在水中的主要存在形式为（　　）。
A. 阴离子　　B. 阳离子　　C. 两性离子　　D. 分子

2. 在组成蛋白质的氨基酸中，人体必需的氨基酸有（　　）。
A. 6 种　　B. 7 种　　C. 8 种　　D. 9 种

3. 中性氨基酸的 pI（　　）。
A. $=7$　　B. >7　　C. <7　　D. $\geqslant 7$

4. 在多肽链中，氨基酸相互连接的主键是（　　）。
A. 氢键　　B. 离子键　　C. 二硫键　　D. 肽键

5. 下列物质不能发生水解反应的是（　　）。
A. 丙氨酸　　B. 乳糖　　C. 乙酸乙酯　　D. 蛋白质

6. 临床利用蛋白质受热凝固的性质检验患者尿中的蛋白质，这属于蛋白质的（　　）。
A. 水解反应　　B. 变性作用　　C. 显色反应　　D. 盐析作用

7. 重金属盐中毒时，应急措施是立即服用大量（　　）。
A. 生理盐水　　B. 冷水　　C. 蛋清　　D. 食醋

8. 蛋白质在重金属盐作用下的变化称为(　　)。

A. 盐析　　B. 水解　　C. 变性　　D. 颜色变化

9. 下列关于变性蛋白质的叙述,错误的是(　　)。

A. 溶解度减小　　B. 凝固后不能重新溶解于水中

C. 不容易被消化　　D. 原有的生物活性消失

10. 下列化合物,能发生缩二脲反应的是(　　)。

A. 氨基酸　　B. 多肽　　C. 尿素　　D. 酰胺

二、名词解释

1. 氨基酸　　2. 氨基酸的等电点

3. 蛋白质的一级结构　　4. 蛋白质的变性

5. 蛋白质的盐析　　6. 蛋白质的等电点

三、简答题

1. 什么是蛋白质的等电点?简述在等电点时蛋白质的理化性质特点。

2. 蛋白质分子的主键是什么?有哪些副键?

3. 蛋白质的基本结构单位是什么?天然蛋白质的氨基酸具有的共同结构特点是什么?

4. 组成核酸的基本单位是什么?它们以什么方式组成核酸?

参考文献

[1] 赵佩瑾,郭梦金. 医用化学基础[M]. 北京:人民军医出版社,2010.

[2] 彭秀丽,李炎武. 医用化学[M]. 武汉:华中科技大学出版社,2021.

[3] 傅春华,黄月君. 基础化学[M]. 2版. 北京:人民卫生出版社,2013.

(彭秀丽)

本章题库

学生实训基础知识

化学是一门以实验为基础的自然学科。通过实验，我们可以亲眼看见大量生动、有趣的化学现象；可以亲自动手进行实验技能操作，从而有效验证和加深对所学知识的理解，检查教学目标的达成度。通过实验还可以培养和提高观察能力、动脑和动手能力，提高分析问题的能力，培养实事求是的科学态度和治学严谨、一丝不苟的工作作风。因此，化学实验是化学课中不可缺少的重要组成部分。我们必须重视化学实验。

一、实验室工作总则

（一）实验室工作规则

（1）实验前，必须认真预习有关实验内容，明确实验目的和要求，了解实验的基本原理、内容、方法以及注意事项，做到心中有数。

（2）实验过程中要听从教师的指导，严格按照操作规程和实验要求的步骤、方法进行。

（3）注意安全，严格遵守安全守则，如发生火灾、中毒等意外事故应立即报告教师予以处理。

（4）实验中应保持安静，自觉遵守纪律。思想要集中，操作要认真。应爱护公共财物和仪器设备，注意节约药品。

（5）实验时，要仔细观察发生的现象，并如实做好实验记录。

（6）实验完毕，废液倒入废液桶，所有废弃的固体和滤纸绝对不能丢入水槽，以免堵塞。仪器应洗刷干净，整理好实验用品和实验台，做到桌面、地面、水槽、仪器“四净”。

（7）根据实验原始记录，认真填写实验报告。

（二）使用试剂规则

（1）取试剂时，应仔细辨认标签，看清试剂名称与浓度，切勿拿错。

（2）试剂取出后，应立即盖好瓶盖，放回原处。实验室公用试剂，未经允许不得挪动位置。

（3）试剂应按规定量取用。若未规定用量，应注意节约。未用完的试剂不得放回原瓶内，应放回指定的容器中。

（4）取用固体试剂应使用干净药匙，用过的药匙必须擦净后方可再次使用。

（5）取用液体试剂应使用胶头滴管或吸量管（或移液管），胶头滴管应保持垂直，不可倒立，防止试剂接触乳胶头而被污染。

（三）实验室安全守则

（1）严禁在实验室内饮食或把食品、餐具带进实验室。

（2）绝不允许随意混合各种化学药品，以免发生意外事故。

（3）浓酸、浓碱等具有腐蚀性，切勿使其溅到皮肤或衣物上，更应注意保护眼睛。

（4）凡是做有毒的、有刺激性气体的实验，必须在通风橱内进行。

（5）使用毒性药品时，不得使其进入口内或接触伤口。易燃、易爆药品，必须远离明火，用后立即盖紧瓶塞。

（6）使用电器时，谨防触电。不要用湿手和湿物接触电源插头，使用后应立即切断电源。

(7) 实验室中所有药品不得随意散失、遗弃,不得携出室外。

(8) 实验完毕要关闭水管、窗户,切断电源,洗净双手,方可离开实验室。

(四) 事故的处理和急救

在实验过程中,如遇意外事故应立即采取适当措施并报告教师。

1. 火灾

一旦发生火灾,应保持沉着、冷静,并立即采取相应措施,以减小事故损失。首先应立即熄灭附近所有火源,切断电源,并移开附近的一切易燃物质。小火可用湿布或黄沙盖灭,火较大时应根据失火情况,采用不同的灭火器或报警。

2. 中毒

发生刺激性或有毒气体中毒时,将中毒者移至室外,解开衣领,使其呼吸新鲜空气。

误服有毒物质时,可先服催吐剂引起呕吐,也可用手指伸入喉部促使呕吐,以便尽早排除毒物。

3. 割伤

伤口内若有玻璃碎片,须先挑出,然后清洗伤口并做进一步处理。

4. 烫伤

若不慎被烫伤,立即用水冲洗,可在烫伤处用高锰酸钾溶液擦洗,再涂抹凡士林、烫伤膏等。

5. 试剂腐蚀

若强酸沾在皮肤上,应立即擦去酸滴,然后用水冲洗,再用 20 g/L 碳酸氢钠溶液冲洗;若强碱沾在皮肤上,立即用水、20 g/L 醋酸冲洗。若酸(或碱)溅入眼内,立即用大量清水冲洗,再用饱和碳酸氢钠(或硼酸)溶液冲洗,最后用水冲洗。

凡中毒者或受伤者较严重,临时处理后应立即请医生治疗。

二、基础化学实验常用仪器

化学实验的常用仪器如图实 1-1 所示。除试管、烧杯、烧瓶、锥形瓶和蒸发皿可用于加热外(直接加热或间接加热),其他仪器均不能用来加热。

除上述普通玻璃仪器外,实验室多数使用标准磨口组合仪器。这种仪器具有系列化、通用化、标准化的特点,可免于配塞子和钻孔等操作,还可避免反应物或产物被磨口塞污染。

三、化学实验基本操作

(一) 玻璃仪器的洗涤和干燥

玻璃仪器内任何污物,都会影响实验结果。所以每次实验前须检查仪器是否洁净,实验后要及时清洗、晾干。

1. 洗涤方法和洗净标准

洗涤方法,一般可按照冷却→倾去废物→用水冲洗→刷洗→用水冲洗的顺序进行。刷洗时,试管刷或烧瓶刷在盛水的试管或烧杯(或瓶)中转动或上下移动,如图实 1-2 所示,洗涤时不可用力过猛,以免戳破管底。若仪器内壁附有不溶于水的碱、碳酸盐等物质,可先用少量稀盐酸溶解,再用水冲洗。若附有油污,可用合适的刷子蘸少量去污粉刷洗,刷净后再用水冲洗;顽固性污垢,则用重铬酸钾洗液浸泡后(洗液倒回原瓶可重复使用,若变为绿色,则不能再用)刷洗。对一般实验来说,玻璃仪器洗涤后,若管壁能均匀地被水湿润而不沾附水珠,则已基本洗净。

2. 干燥方法

洗净的仪器可倒置在仪器架上晾干,急用的仪器,可放在烘箱内烘干。

(二) 固体试剂的取用

1. 颗粒状试剂

取用小颗粒或少量粉末状固体试剂可使用药匙,药匙的两端分别为大、小两匙。向试管里装颗粒

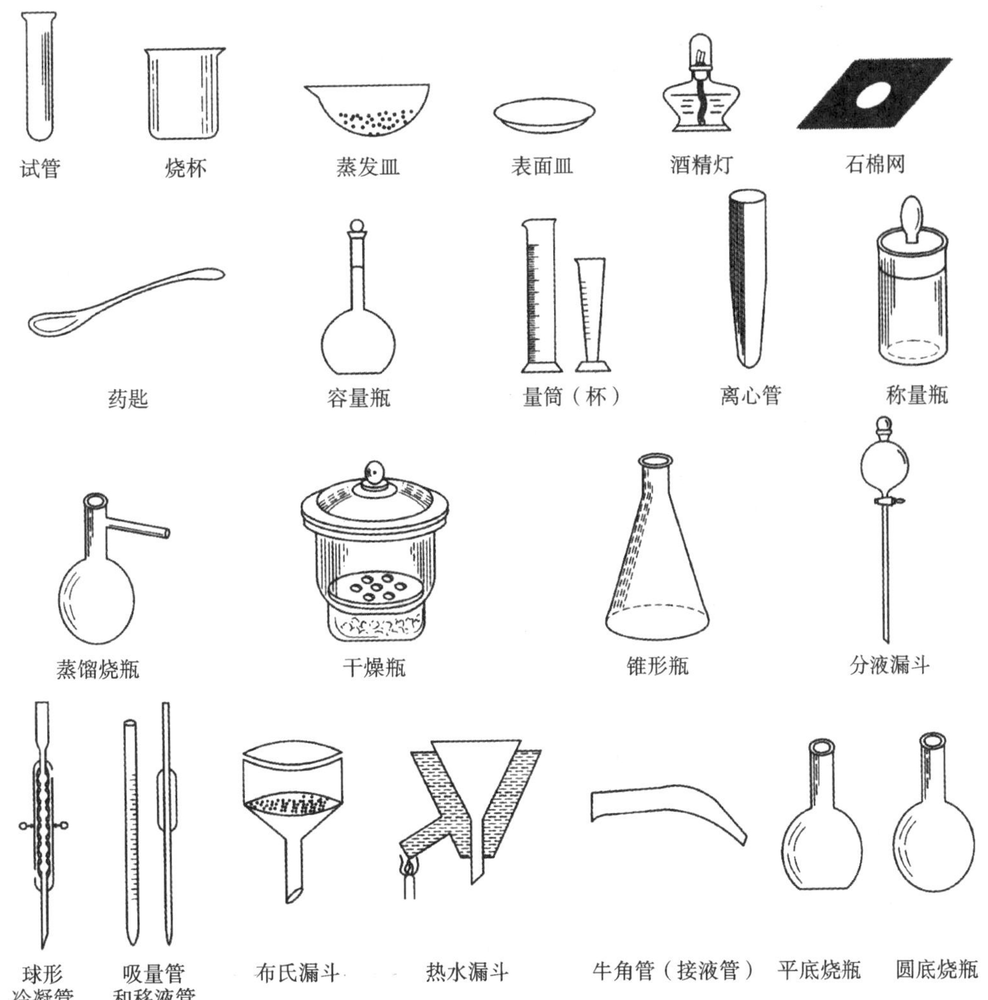

图实 1-1 常用化学仪器

状固体时，先将试管平放，将盛有试剂的药匙小心地送入试管底部，如图实 1-3 所示，然后翻转药匙并使试管直立，试剂即可全部落入底部。药匙用完后应立即用洁净的纸擦拭干净。

2. 粉末状试剂

取用粉末状固体试剂可用纸槽，为了避免试剂沾在管口或管壁上，或药匙大不能伸入试管中时，可把粉末平铺在用小的纸条折叠成的纸槽中，再将纸条平伸入试管中，如图实 1-4 所示。直立后轻轻抖动，试剂将顺势落到试管底部。

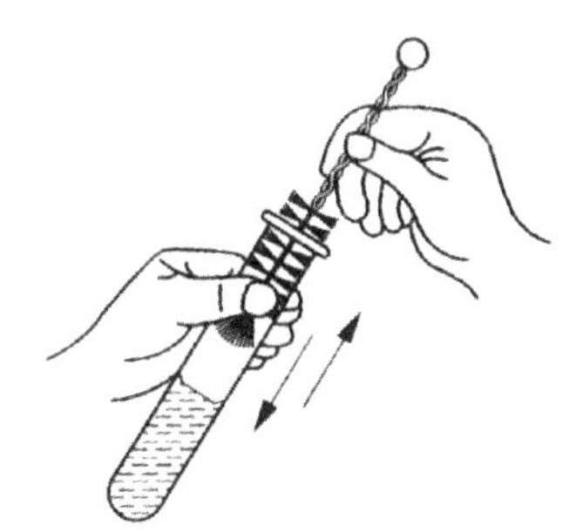

图实 1-2 试管的洗涤

图实 1-3 颗粒状固体试剂的取用

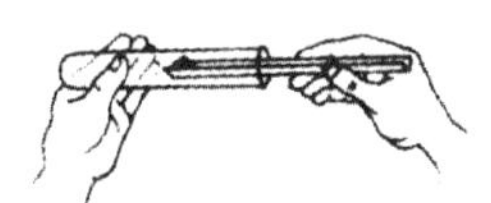

图实 1-4 粉末状固体试剂的取用

（三）液体试剂的取用

1. 倾注

取用液体试剂时，将试剂瓶的瓶塞打开，将瓶塞倒放在台面上。握住试剂瓶倾倒液体时，标签必须朝向手心，不致污染或腐蚀标签，如图实1-5所示。

2. 用胶头滴管取出液体

使用胶头滴管时，先用拇指和食指捏瘪乳胶头，赶出滴管中的空气，将滴管伸入液面以下，再轻轻放开手指，液体被吸入滴管。再将滴管垂直悬空逐滴滴入容器中。不能将滴管插入容器中，滴管尖嘴不得接触容器壁。

3. 用量筒量取液体

按量取液体体积的多少来选择量筒。量取液体时，量筒应放平稳，观察和读取液体时，视线应与量筒内液体的凹液面最低处相切，如图实1-6所示，到接近刻度时，改用胶头滴管边滴边观看。当凹液面最低处与所需刻度相切时，即停止滴加。

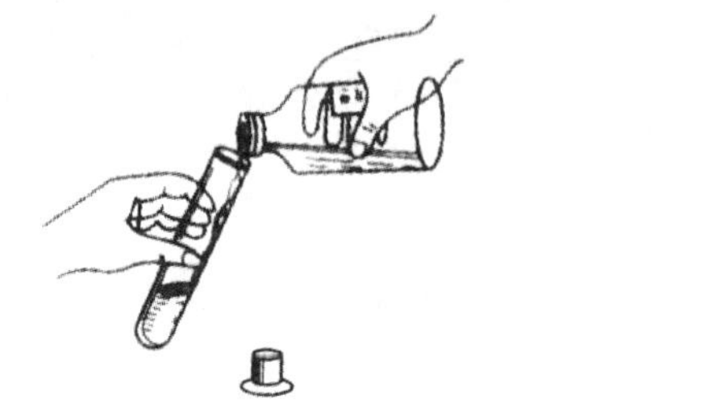

图实1-5　液体试剂的取用

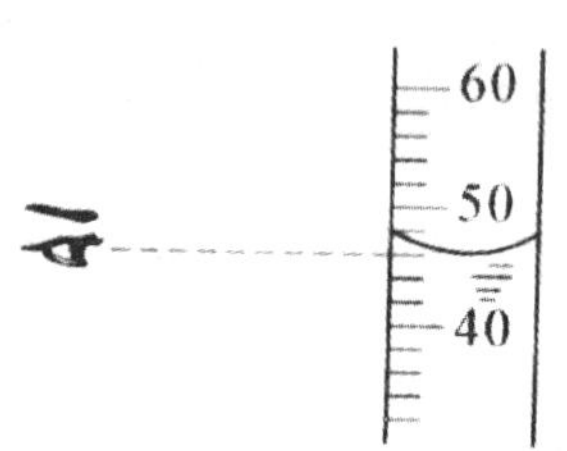

图实1-6　刻度的读取

（四）托盘天平的使用

托盘天平是化学实验中不可缺少的称量仪器(图实1-7)。

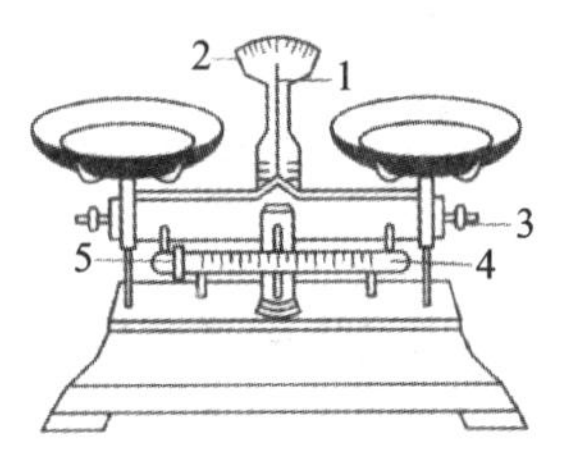

图实1-7　托盘天平

1—指针；2—标尺；3—平衡螺丝；4—游码标尺；5—游码

1. 托盘天平的准备

称量前把天平放平稳，游码移至游码标尺的零位。天平空载时，指针应停到标尺中间的位置或左右摆动的格数相等，如不平衡则可以调节平衡螺丝，直到指针停在零点或左右摆动格数相等，即可称量。

2. 称量

将被称物放在左盘，砝码放在右盘(用砝码专用镊子夹取砝码)，5 g以下使用游码。加砝码时，应按由大到小的顺序加入，然后拨动游码直到天平平衡点与零点重合。称量药品时，药品不能直接放在托盘上，应放在称量纸或表面皿上。称量完毕后，记录砝码的质量，把砝码定位放回砝码盒中，将游码退到刻度零位，取下托盘上的药品，注意保持托盘天平的清洁。实验结束时，将托盘取下，或将两盘叠放在一端，再收藏。

（五）几种量器的使用方法

1. 移液管和吸量管的使用方法

移液管和吸量管是用来准确移取一定体积液体的仪器。移液管为中间膨大的玻璃管，只有一个标线，只能移取管中所标定的体积的液体。吸量管有刻度，又称刻度吸管，可移取刻度范围内一定体积的液体。

(1) 使用前准备：使用前，依次用洗液、自来水、蒸馏水将移液管和吸量管洗至内壁不挂水珠，然后用少量被量取的液体洗2～3次。

(2) 吸取液体操作：吸取液体时，用右手拇指和中指拿住移液管或吸量管上端，将管的下端插入待吸液液面以下1 cm左右；左手拿洗耳球，挤压出球内空气后，再将洗耳球对准管的上口按紧，勿使漏气，然后缓慢放松左手，使溶液从管的下端徐徐上升（图实 1-8）；待液面超过移液管标线或吸量管刻度线时，迅速移去洗耳球，用右手食指紧按管口，并将管口下端提离液面。

（3）调整液面高度操作：调整液面高度时，左手拿起盛液体的容器，使容器稍倾斜，右手垂直拿住移液管或吸量管，并使管尖靠着容器内壁，稍稍转动移液管，使液面慢慢下降至与标线（或刻度线）相切时（注意：观察时，应使眼睛与标线或刻度线在同一水平线上），立即以食指按紧管的上口，使液体不再流出。

（4）放液操作：放液时，把移液管（或吸量管）迅速移至接收液体的另一容器中，使管的尖端靠着容器壁，容器稍倾斜，移液管保持垂直，松开食指，使溶液顺壁自由流下（图实 1-9）。待管内液面不再下降后，再等待 15 s，取出移液管（或吸量管）。管口尚存少量液体切勿吹出（管上若标有“吹”字，则最后一滴须吹出）。

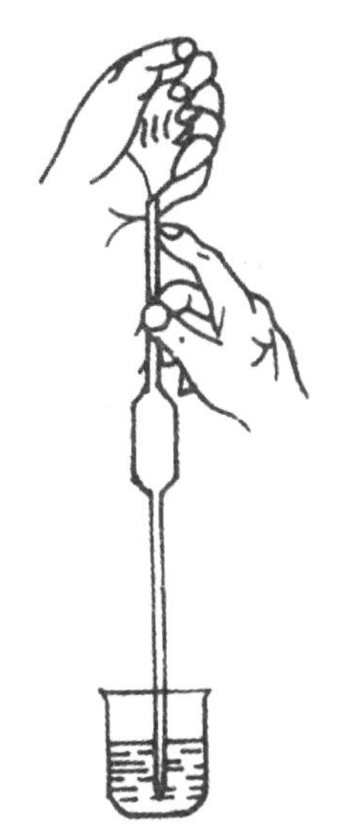

图实 1-8　移液管吸取液体

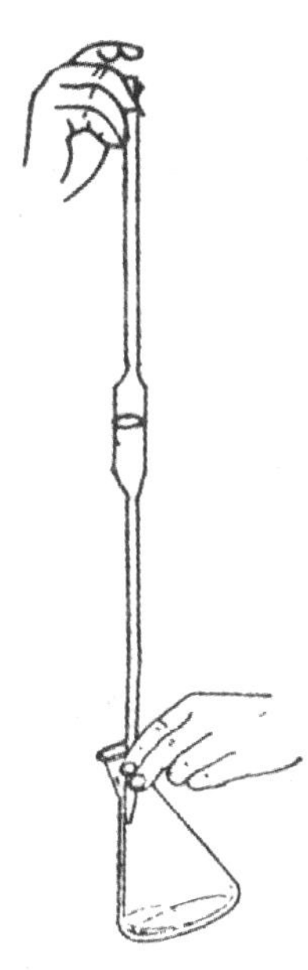

图实 1-9　放液操作

需要注意的是，使用吸量管时，通常是使液面从最高刻度降到另一刻度，使两刻度之间的体积恰好为所需体积。

2. 容量瓶的使用方法

容量瓶是细颈、梨形的平底玻璃瓶，瓶口配有磨口玻璃塞或塑料塞。容量瓶常用于准确配制一定体积浓度的溶液。容量瓶上标有温度、容积与标线，表示在所指温度下，液体的凹液面与容量瓶颈部标线相切时，溶液体积恰好与瓶上标注的体积相等。常用的容量瓶规格有 50 mL、100 mL、250 mL、1000 mL 等多种。

（1）检查漏水的方法：在使用前，应检查容量瓶是否漏水。检查方法：向瓶内注入适量水，盖好瓶塞，用右手食指摁住瓶塞，左手托住瓶底，把瓶倒立，观察瓶塞周围是否有水漏出。若不漏水，将瓶正立，瓶塞旋转 180°后塞紧，把瓶倒立，再检漏一次，经检查不漏水的容量瓶才能使用。

（2）配制溶液的方法：使用容量瓶配制溶液时，如果是固体药品，应将称好的药品先放在烧杯里用适量的蒸馏水溶解，然后在玻璃棒引流下，定量转移入容量瓶中（图实 1-10）。应特别注意的是，在溶解或稀释时若有明显的热量变化，必须待溶液温度与室温相当后才能从烧杯定量转移入容量瓶。加蒸馏水至刻度线。最后，盖好瓶塞，将容量瓶倒转摇动数次，使溶液混匀（图实 1-11）。

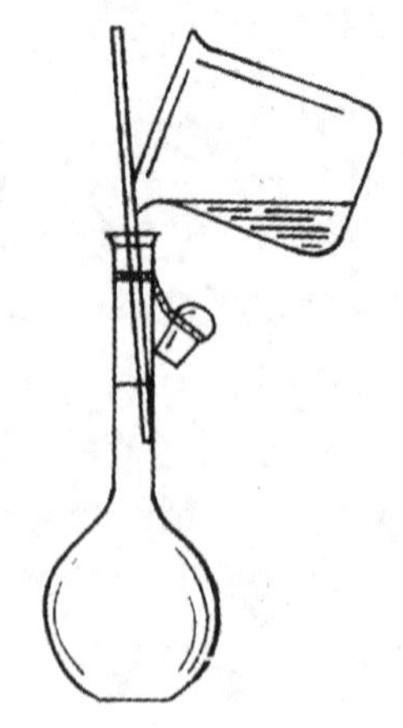

图实 1-10 向容量瓶中转移溶液

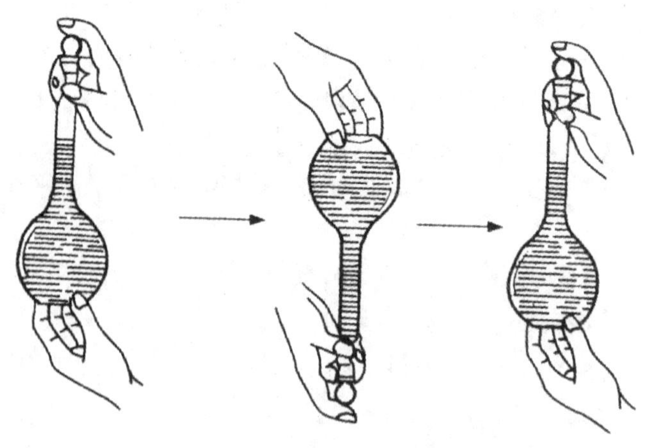

图实 1-11 将容量瓶中的溶液混合均匀

(陆艳琦)

实训二

溶液的配制与稀释

一、实训目的

(1) 熟悉一般溶液的配制方法和基本操作，弄清楚质量分数和物质的量浓度的关系。

(2) 会进行一定质量浓度、一定物质的量浓度溶液的配制；并能由固体试剂或者较浓准确浓度的溶液配制较稀准确浓度的溶液。

(3) 熟悉吸量管、移液管、容量瓶的使用方法。

二、实训原理

1. 溶液的配制

质量浓度：$\rho_B = \frac{m_B}{V}$；物质的量浓度：$c_B = \frac{n_B}{V}$。

2. 溶液的稀释

稀释是在溶液中加入溶剂，使溶液浓度变小的过程。稀释后溶液的体积增大，但溶质的量没有改变，即稀释前溶质的量等于稀释后溶质的量，稀释公式如下：

$$c_{B_1}V_1 = c_{B_2}V_2$$

$$\rho_{B_1}V_1 = \rho_{B_2}V_2$$

$$\varphi_{B_1}V_1 = \varphi_{B_2}V_2$$

稀释前后浓度单位必须相同，体积单位必须一致。

三、实训用品

1. 仪器

10 mL 吸量管、25 mL 移液管、50 mL 容量瓶、100 mL 容量瓶、10 mL 量筒、50 mL 量筒、50 mL 烧杯、托盘天平及砝码、玻璃棒、洗耳球、滴管、称量纸、药匙等。

2. 药品

NaCl 固体、浓硫酸、112 g/L 乳酸钠溶液、药用酒精(φ_B=0.95)。

四、实训内容和方法

(一) 溶液的配制

1. 一定质量浓度溶液的配制

用 NaCl 固体配制 9 g/L NaCl 溶液 100 mL。

(1) 计算配制 9 g/L NaCl 溶液 100 mL 需要 NaCl 的质量。

(2) 在托盘天平上称取所需质量的 NaCl 固体。

(3) 将所称得的 NaCl 固体放入 50 mL 小烧杯中，加少量蒸馏水，用玻璃棒搅拌使 NaCl 完全溶解。

(4) 将烧杯中的溶液沿玻璃棒转移到 100 mL 容量瓶中。用少量蒸馏水洗涤烧杯和玻璃棒 2～3 次，并将洗涤液转移到容量瓶中。继续向容量瓶中加入蒸馏水至近刻度线 1 cm 处，改用滴管滴加蒸馏水至凹液面最低处与刻度线相切。

(5) 盖好容量瓶塞，反复颠倒摇匀。

(6) 将配好的溶液倒入指定的容器中。

2. 一定物质的量浓度溶液的配制

用市售浓硫酸配制 3 mol/L 硫酸溶液 50 mL。

(1) 计算配制 50 mL 3 mol/L 硫酸溶液，需要密度为 1.84 kg/L、质量分数 $\omega_B=0.98$ 的浓硫酸的体积。

(2) 用干燥的 10 mL 量筒或量杯量取所需体积的浓硫酸。

(3) 取一只烧杯，盛蒸馏水约 20 mL，将浓硫酸缓缓倒入烧杯中，边倒边搅拌，待溶液冷却至室温。

(4) 将烧杯中已冷却的溶液在玻璃棒引流下倒入 50 mL 量筒中，用少量蒸馏水洗涤烧杯及玻璃棒 2～3 次，并将洗液倒入 50 mL 量筒中。

(5) 向上述量筒中加蒸馏水至离 50 mL 刻度线约 1 cm 处，改用胶头滴管加水至 50 mL 刻度处。

(6) 用玻璃棒将所得溶液搅拌均匀即可。

(7) 将所配得的 3 mol/L 硫酸溶液倒入指定回收瓶中。

（二）溶液的稀释

1. 将 112 g/L 的乳酸钠溶液稀释成 1/6 mol/L 乳酸钠溶液 50 mL

(1) 计算配制 1/6 mol/L 乳酸钠溶液 50 mL 需用 112 g/L 乳酸钠溶液的体积。

(2) 用 10 mL 吸量管吸取所需体积的 112 g/L 乳酸钠溶液(吸管要用待取液润洗 2～3 次)，并移至 50 mL 容量瓶中。

(3) 向容量瓶中加蒸馏水至离刻度线约 1 cm 处，改用胶头滴管滴加蒸馏水至容量瓶刻度线处。

(4) 盖好容量瓶塞，混匀。

(5) 将配好的溶液倒入指定的回收瓶中。

2. 用市售的 $\varphi_B=0.95$ 药用酒精配制 $\varphi_B=0.75$ 消毒酒精 50 mL

(1) 计算配制 50 mL $\varphi_B=0.75$ 消毒酒精所需 $\varphi_B=0.95$ 药用酒精的体积。

(2) 用量筒或量杯量取所需体积的 $\varphi_B=0.95$ 药用酒精。

(3) 向量筒中加蒸馏水至离 50 mL 刻度线约 1 cm 处，改用胶头滴管加蒸馏水至 50 mL 刻度处。

(4) 用干净玻璃棒搅拌混匀即可。

(5) 将配制好的溶液倒入指定的回收瓶中。

五、思考题

(1) 用容量瓶配制溶液时，是否需要把容量瓶干燥？是否要用被稀释的溶液洗 3 次？为什么？

(2) 怎样洗涤移液管？水洗后的移液管在使用前还要用吸取的溶液来洗涤吗？为什么？

（卢　鑫）

实训三

化学反应速率和化学平衡

一、实训目的

(1) 加深对浓度、温度和催化剂对化学反应速率的影响的理解。

(2) 练习恒温水浴加热的操作，掌握温度计、秒表的正确使用方法。

(3) 初步掌握数据处理和作图方法。

(4) 进一步培养严肃认真、一丝不苟的科学态度。

二、实训原理

在水溶液中，硫代硫酸钠($Na_2S_2O_3$)与硫酸反应的化学反应式如下：

$$Na_2S_2O_3 + H_2SO_4 = Na_2SO_4 + SO_2\uparrow + S\downarrow + H_2O$$

反应物的浓度和温度不同，反应速率不同，生成产物 S 的时间不同，则出现浑浊的时间也不同。催化剂能加快化学反应速率。

对于已达到平衡的可逆反应，增大反应物浓度或减小生成物浓度，化学平衡向正反应方向移动；增大生成物浓度或减小反应物浓度，化学平衡向逆反应方向移动。

对于已达到平衡的可逆反应，升高温度，平衡向吸热反应方向移动；降低温度，平衡向放热反应方向移动。

三、实训用品

1. 仪器

试管、试管夹、酒精灯(或水浴箱)、烧杯、玻璃棒、量筒、橡皮塞、温度计、铁架台、药匙、木条、秒表等。

2. 药品

3% $Na_2S_2O_3$ 溶液、H_2SO_4 溶液(1∶5)、3% H_2O_2 溶液、0.1 mol/L $FeCl_3$ 溶液、0.1 mol/L KSCN 溶液、NO_2 平衡球、MnO_2 粉末等。

四、实训内容和方法

1. 影响化学反应速率的因素

(1) 浓度对化学反应速率的影响。

取 3 支试管，分别编号①、②、③，并按表实 3-1 规定的量分别加入 3% $Na_2S_2O_3$ 溶液和蒸馏水，摇匀后，把试管放在一张有字的纸前，这时隔着试管可以清楚地看到字迹。然后加入 H_2SO_4 溶液，同时从加入第 1 滴 H_2SO_4 溶液时开始记录时间，到溶液出现浑浊使试管后面的字迹看不见时，停止计时。把记录的时间填入表实 3-1。

表实 3-1　浓度对化学反应速率的影响

编号	加 3% $Na_2S_2O_3$ 溶液/mL	加蒸馏水/mL	加 H_2SO_4 溶液(1∶5)/滴	出现浑浊所需时间/s
①	5	5	10	
②	7	3	10	
③	10	0	10	

解释3支试管出现浑浊所需时间不同的原因。由此可以得出什么结论？

（2）温度对化学反应速率的影响。

取2支试管，分别加入3% $Na_2S_2O_3$ 溶液5 mL，然后在室温条件下，向1支试管中加入5滴 H_2SO_4 溶液，记录从加入第1滴 H_2SO_4 溶液到出现浑浊所需的时间。再将另1支试管放入水浴中加热，使试管的温度高于室温20 ℃，再向这支试管中加入5滴 H_2SO_4 溶液，记录从加入第1滴 H_2SO_4 溶液到出现浑浊所需的时间。把记录的时间填入表实3-2。

表实3-2　温度对化学反应速率的影响

编号	加3% $Na_2S_2O_3$ 溶液/mL	加 H_2SO_4 溶液(1∶5)/滴	温度	出现浑浊所需时间/s
①	5	5	室温	
②	5	5	室温+20 ℃	

解释2支试管出现浑浊所需时间不同的原因。由此可以得出什么结论？

（3）催化剂对化学反应速率的影响。

取2支试管，各盛2 mL 3% H_2O_2 溶液，其中1支加入少量 MnO_2 粉末。观察生成气体的先后顺序，并用带火星的火柴杆在2支试管口检验所产生的气体。分析2支试管中 H_2O_2 分解速率不同的原因。写出 H_2O_2 分解的化学反应方程式。

2. 浓度和温度对化学平衡的影响

（1）浓度对化学平衡的影响。

在小烧杯中加入0.1 mol/L $FeCl_3$ 溶液和0.1 mol/L KSCN溶液各2～3滴，再加入10 mL蒸馏水，得浅红色混合液，然后把混合液平均分装在编号为①、②、③的3支试管中。

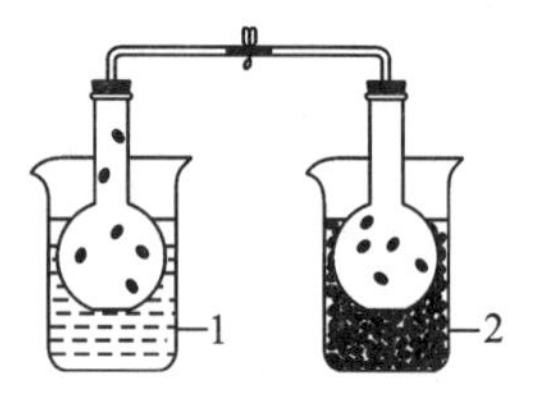

图实3-1　温度对化学平衡的影响

1—热水；2—冰水

在①号试管里滴加少量 $FeCl_3$ 溶液，在②号试管里滴加少量KSCN溶液，观察溶液颜色变化，并与③号试管进行比较，说明变化的原因。

（2）温度对化学平衡的影响。

如图实3-1所示，在2个用导管连通的烧瓶里，盛有已达到平衡状态的 NO_2 和 N_2O_4 的混合气体（即 NO_2 平衡球），用夹子夹住橡皮管，将1个烧瓶放入热水里，另1个烧瓶放入冷水或冰水中。数分钟后，观察2个烧瓶中混合气体的颜色变化，解释颜色变化的原因。

五、思考题

（1）影响化学反应速率的主要因素有哪些？在实验中，如果把盛有 $Na_2S_2O_3$ 溶液的试管浸入温度较高的水中，立即滴加 H_2SO_4 溶液并开始计时，这种做法妥当吗？为什么？

（2）影响化学平衡的因素有哪些？若向 $FeCl_3$ 和KSCN反应的平衡体系中加入催化剂，能否改变溶液的颜色？为什么？

（卢　鑫）

实训四

缓冲溶液的配制与性质

一、实训目的

(1) 掌握缓冲溶液的配制方法,加深对缓冲溶液性质的理解。

(2) 了解缓冲容量与总浓度、缓冲比之间的关系。

(3) 学会吸量管、pH 试纸的使用方法。

二、实训原理

能抵御外加少量酸、碱及稀释,而 pH 几乎保持不变的溶液称为缓冲溶液,缓冲溶液由共轭酸碱对组成,也称为缓冲对。其中的共轭酸为抗碱成分,共轭碱为抗酸成分。缓冲溶液的 pH 可由下式计算:

$$pH = pK_a + \lg \frac{c_{B^-}}{c_{HB}}$$

当共轭酸碱浓度相等时,也可利用下式进行计算:

$$pH = pK_a + \lg \frac{V_{B^-}}{V_{HB}}$$

计算所需弱酸和弱碱溶液的体积,混合后即得所需 pH 的缓冲溶液。

缓冲溶液的缓冲能力用缓冲容量来表示,总浓度越大,缓冲比越接近 1,缓冲容量就越大,缓冲能力也就越强。

三、实训用品

1. 仪器

试管、烧杯、玻璃棒、量筒、5 mL 吸量管、广泛 pH 试纸、精密 pH 试纸等。

2. 药品

0.1 mol/L HAc 溶液、0.1 mol/L NaAc 溶液、0.1 mol/L $NH_3 \cdot H_2O$ 溶液、0.1 mol/L NH_4Cl 溶液、0.1 mol/L NaH_2PO_4 溶液、0.1 mol/L Na_2HPO_4 溶液、0.1 mol/L HCl 溶液、0.1 mol/L NaOH 溶液、1 mol/L NaOH 溶液、1 mol/L HAc 溶液、1 mol/L NaAc 溶液、溴酚红指示剂等。

四、实训内容和方法

1. 缓冲溶液的配制

取 3 支大试管,编号甲、乙、丙,按表实 4-1 所示配制溶液,计算 pH。再用 pH 试纸测出溶液的 pH,填入表中。保留溶液,留作后面用。

表实 4-1 缓冲溶液的配制

缓冲溶液	各组分体积/mL	pH(理论值)	pH(实训值)
甲	0.1 mol/L HAc 5.00 mL		
	0.1 mol/L NaAc 5.00 mL		
乙	0.1 mol/L $NH_3 \cdot H_2O$ 5.00 mL		
	0.1 mol/L NH_4Cl 5.00 mL		

续表

缓冲溶液	各组分体积/mL	pH(理论值)	pH(实训值)
丙	0.1 mol/L NaH_2PO_4 5.00 mL 0.1 mol/L Na_2HPO_4 5.00 mL		

2. 缓冲作用

用上述配好的缓冲溶液分别按表实4-2、表实4-3、表实4-4加入试剂，用pH试纸测定pH，与试剂添加前进行比较，判断缓冲溶液的抗酸、抗碱和抗稀释作用。

(1) 抗酸作用。

表实4-2 缓冲溶液的抗酸作用

3 mL	加入	pH(实训值)	能否抗酸
甲			
乙	2滴		
丙	0.1 mol/L HCl		
蒸馏水			

(2) 抗碱作用。

表实4-3 缓冲溶液的抗碱作用

3 mL	加入	pH(实训值)	能否抗碱
甲			
乙	2滴		
丙	0.1 mol/L NaOH		
蒸馏水			

(3) 抗稀释作用。

表实4-4 缓冲溶液的抗稀释作用

1 mL	加入	pH(实训值)	能否抗稀释
甲			
乙			
丙	3 mL蒸馏水		
0.1 mol/L HCl			
0.1 mol/L NaOH			

3. 缓冲容量

按表实4-5、表实4-6用吸量管添加试剂，用精密pH试纸测定pH，加2滴溴酚红指示剂，然后在2支试管中分别滴加1 mol/L NaOH至溶液呈红色，记录并确定影响缓冲容量大小的因素。

(1) 缓冲容量与总浓度的关系。

按表实4-5所示，用吸量管添加试剂，用精密pH试纸测定pH，加2滴溴酚红指示剂，然后在2支试管中分别滴加1 mol/L NaOH至溶液呈红色，记录并确定缓冲容量与总浓度的关系。

表实 4-5　缓冲容量与总浓度的关系

序号	各组分体积	$c_{总}$	pH(实训值)	2 滴溴酚红	加 NaOH 滴数	结论
1	0.1 mol/L HAc　5.00 mL 0.1 mol/L NaAc　5.00 mL	0.1				
2	1 mol/L HAc　5.00 mL 1 mol/L NaAc　5.00 mL	1				

（2）缓冲容量与缓冲比的关系

按表实 4-6 所示，用吸量管添加试剂，用精密 pH 试纸测定 pH，加 2 滴溴酚红指示剂，然后在 2 支试管中分别加入 1.00 mL 1 mol/L NaOH，再用精密 pH 试纸测定 pH，记录并确定缓冲容量与缓冲比的关系。

表实 4-6　缓冲容量与缓冲比的关系

序号	各组分体积	$c_{酸}/c_{碱}$	pH(实训值)	加 NaOH 后 pH	结论
1	0.1 mol/L HAc　5.00 mL 0.1 mol/L NaAc　5.00 mL	1∶1			
2	1 mol/L HAc　1.00 mL 1 mol/L NaAc　9.00 mL	1∶9			

五、思考题

（1）利用 pH 试纸测定溶液 pH 时，应注意哪些事项？

（2）影响缓冲容量大小的因素有哪些？

（3）为什么在缓冲溶液中加入少量强酸或强碱，溶液的 pH 不会发生明显改变？

（王洪涛）

实训五

胶体溶液的制备和性质

一、实训目的

(1) 了解溶胶的制备、保护和聚沉的方法,以及胶体的性质。

(2) 观察电解质对溶胶的聚沉作用和高分子溶液对溶胶的保护作用。

二、实训原理

分散相粒子的直径在 1～100 nm 之间的分散系称为胶体分散系。溶胶的制备方法可分为两种,一种是分散法,用适当方法把较大的颗粒粉碎成胶粒大小而形成溶胶;另一种是凝聚法,使溶质分子或离子聚集成胶粒大小而形成溶胶。

实验室常用盐类水解法制备溶胶。例如,在煮沸的蒸馏水中逐滴加入 $FeCl_3$ 溶液,即可得到红棕色、透明 $Fe(OH)_3$ 溶胶,反应如下:

$$FeCl_3+3H_2O=\!=\!=Fe(OH)_3(\text{胶体})+3HCl$$

由于在这种条件下形成的很小的氢氧化铁胶粒分散在溶液中,因此它并不发生沉淀,得到的是红棕色、透明的氢氧化铁溶胶。

通常溶胶具有比较稳定的性质,可以在密闭条件下保存比较长的时间而不会产生沉淀,原因在于胶粒带电和溶剂化膜,胶粒带有相同的电荷,互相排斥,所以胶粒不容易聚集,这是胶体保持稳定的重要原因。溶胶可产生丁达尔效应。溶胶的丁达尔效应是由于胶体粒子使光线散射而产生的,溶液中的溶质粒子太小,没有这种现象。溶胶的稳定性是相对的,如果在溶胶中加入电解质,中和其电性和破坏水化膜,可使溶胶发生聚沉。

高分子化合物溶液中,溶质和溶剂有较强的亲和力,两者之间没有界面存在,属均相分散系。由于在高分子溶液中,分散相粒子已进入胶体范围(1～100 nm),因此,高分子化合物溶液也被列入胶体体系。它具有胶体体系的某些性质,如扩散速率小,分散相粒子不能透过半透膜等,但同时也具有自己的特征。在适当的条件下,高分子化合物溶液可以发生胶凝作用,生成凝胶。当把足量的高分子化合物溶液加入溶液中时,由于胶粒周围形成高分子保护层,溶胶的稳定性提高,不易发生聚沉。

三、实训用品

1. 仪器

100 mL 烧杯、100 mL 量筒、10 mL 量筒、聚光灯、铁架台、试管、试管夹、洗瓶、酒精灯、铁环、漏斗、滤纸等。

2. 药品

硫的无水乙醇饱和溶液、1 mol/L 三氯化铁溶液、2 mol/L 硫酸铜溶液、1 mol/L 氯化钠溶液、1 mol/L 硫酸钠溶液、1%明胶、1 mol/L 硝酸银溶液等。

四、实训内容和方法

1. 溶胶的制备

(1) 氢氧化铁溶胶的制备:在 100 mL 烧杯中加蒸馏水 50 mL,加热至沸,然后向沸水中逐滴加入 1 mol/L 三氯化铁溶液(约 3 mL),待溶液呈透明红棕色为止,停止加热,即得红棕色的氢氧化铁溶胶,制得的溶胶备用。

(2) 硫溶胶的制备:取一支试管,加入 2 mL 蒸馏水,逐滴加入含硫的无水乙醇饱和溶液 3～4 滴,并不断振荡，观察硫溶胶的生成。制得的溶胶备用。

2. 溶胶的光学性质(丁达尔效应)

把盛有 $CuSO_4$ 溶液和氢氧化铁溶胶、硫溶胶的烧杯置于暗处，分别用激光笔(或手电筒)照射烧杯中的液体，在与光束垂直的方向进行观察。

3. 电泳现象(示教)

将自制的氢氧化铁溶胶放入 U 形管中，在管的左右两边沿管壁小心滴入 2～3 mL 电解质溶液，使电解质和溶胶分成两层，并有明显的界面，两边分界面的高度要一致。然后在两边插入电极，通电后，可看到 U 形管的一边界面上升，另一边界面下降。

4. 溶胶的聚沉

(1) 加电解质使溶胶聚沉：取 2 支试管，各加入氢氧化铁溶胶 5 mL，第 1 支试管滴加 1 mol/L 硫酸钠溶液至浑浊，第 2 支试管滴加 1 mol/L 氯化钠溶液至浑浊，记下所用试剂的滴数，通过比较说明两种电解质对溶胶聚沉能力的大小，并加以解释。

(2) 带不同电荷的溶胶相互聚沉：将氢氧化铁溶胶 2 mL 和硫溶胶 2 mL 混在一起，振荡试管，观察现象并加以解释。

(3) 加热使溶胶聚沉：取 1 支试管，加入氢氧化铁溶胶 2 mL，在酒精灯上加热至沸，观察有何现象并解释。

5. 高分子化合物对溶胶的保护作用

取 2 支试管，分别加入 1%明胶溶液 1 mL 和蒸馏水 1 mL，各加入氯化钠溶液 5 滴，摇匀后各滴加硝酸银溶液 2 滴，振荡。观察 2 支试管中的现象并加以解释。

五、实训注意事项及说明

(1) 制备氢氧化铁胶体时一定要注意反应条件，如果条件控制不好，可能得到的是氢氧化铁沉淀。

(2) 电泳 U 形管须洗净，以免其他离子干扰。

(3) 向电泳仪中注入胶体时一定要缓缓加入，并保证胶体界面的清晰。

(4) 注意胶体所带的电荷，不要将电极插错。

六、思考题

(1) 为什么溶胶对电解质敏感，加入少量电解质就发生聚沉，而蛋白质溶液则需要加入大量的电解质才会聚沉？

(2) 如何证明明矾溶于水时生成了胶体溶液？

(陈　晨)

熔点的测定

一、实训目的

（1）理解熔点测定的原理。

（2）学会熔点测定的操作方法。

二、实训原理

晶体物质加热到一定温度时，即可从固态转变为液态，此时的温度就是该化合物的熔点。纯净化合物从开始熔化（始熔）至完全熔化（全熔）的温度变化范围叫熔点距，也叫熔点范围。

每种纯净的化合物晶体都有自己的熔点，且熔点距较小，一般为 0.5～1 ℃。当混入少量杂质时，固体物质的熔点降低，且熔点距增大。因此，通过熔点的测定，不仅可以鉴定化合物，或判断某种化合物是否纯净，还能够推断熔点相同的两种样品是否为同一种物质。

熔点测定的方法主要有毛细管测定法和熔点仪测定法。本实训采用毛细管测定法。

三、实训用品

1. 仪器

毛细管、酒精灯、石棉网、点滴板、玻璃棒、表面皿、玻璃管（约 60 cm）、小橡皮圈、铁架台、Thiele 管、胶塞、温度计、烧杯等。

2. 药品

液体石蜡、尿素、对二氯苯、水杨酸等。

四、实训内容和方法

1. 熔点管制备

取一根口径适当、管体圆而匀的洁净毛细管，将其一端放在酒精灯的外焰边来回转动烧至变红而封住，尽量封得薄而匀，放冷后，将封口端插入水中，检验是否漏水。

2. 样品的填装

将少许干燥待测样品放入干净的点滴板的孔穴中，用玻璃棒将药品充分研成细末，集成一堆。把毛细管的开口端插入样品堆中，使样品进入管内，然后将开口端向上竖立通过一根直立于表面皿（表面皿口向下倒放于实验台面）上的玻璃管（长约 60 cm），使其自由落下，重复几次，至样品柱高 2～3 mm 为止，擦净毛细管外的样品粉末。每个样品填装两根毛细管。

3. 测定熔点装置的安装

测定熔点的装置如图实 6-1 所示。将盛有浴液（本实验用液体石蜡）的 Thiele 管（提勒管，又称 b 形管或熔点测定管）固定在铁架台上，将装好样品的毛细管用小橡皮圈固定在温度计旁，再用带缺口胶塞塞入 Thiele 管的管口固定温度计，并使温度计的水银球恰在 Thiele 管两个侧管的中部。

4. 熔点的测定

（1）第一次测定：先用酒精灯的外焰预热整个测定管，然后加热 Thiele 管下侧管的末端。先快速加热，注意观察温度的上升和毛细管中样品的变化情况，记录样品熔化时的温度，此为粗测化合物的熔点。

（2）第二次测定：待浴液冷却至样品熔点 30 ℃以下时，换上另一根装有样品的新毛细管。开始控制温度每分钟升高 5～6 ℃，当温度离熔点约为 15 ℃时，应减缓加热速度，改用小火，每分钟升温 1～

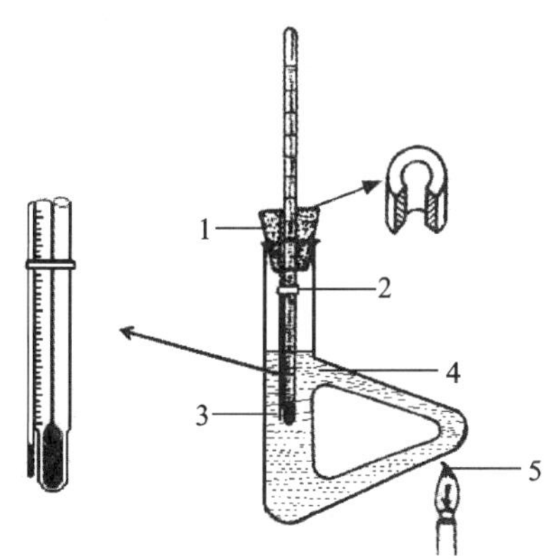

图实 6-1 Thiele 管熔点测定装置

1—带缺口胶塞；2—橡皮圈；3—毛细管；4—浴液；5—灯外焰

2 ℃。一般可在加热中途，试将热源移去，观察温度是否上升，如停止加热后温度亦停止上升，说明加热速度是比较合适的。当接近熔点时，加热速度要更慢，每分钟上升 0.2～0.4 ℃，加热的同时，要注意观察样品的变化情况，当样品相继出现发毛、收缩、塌陷时即为始熔，记录温度，澄清（完全透明）时即为全熔（图实 6-2），记录温度，停止加热。

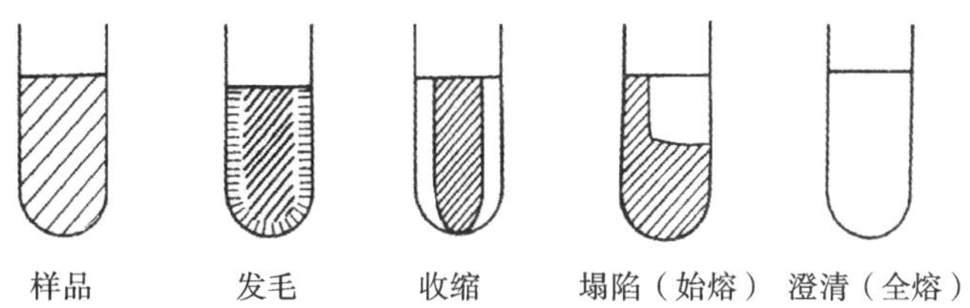

图实 6-2 毛细管内样品状态的变化过程

5. 测定结束

所有样品测定完毕后，待浴液冷却近室温时再取出温度计，先用纸擦去浴液，放冷后再用水冲洗，否则温度计会炸裂。将浴液倒入回收瓶。

五、实训注意事项及说明

(1) 测定易升华或易潮解的物质熔点时，应将毛细管两端都熔封完好。

(2) 被测样品应是干燥的，熔点在 135 ℃以上的样品可在 105 ℃以下干燥，熔点在 135 ℃以下或受热易分解的样品，可装在五氧化二磷干燥管中干燥 24 h；每次装待测样品都必须用新的毛细管。为防止样品潮解，研磨和装填样品要迅速；装入的样品要密实，受热才均匀，如果有空隙，不易传热，将影响测定结果。

(3) 样品熔点在 220 ℃以下时，可采用液体石蜡或浓硫酸为浴液。使用硫酸时应特别小心，防止灼伤皮肤。另外，也可用植物油、硫酸与硫酸钾的混合物、磷酸、甘油和硅油等为浴液。

(4) 用小橡皮圈固定毛细管时，要注意勿使小橡皮圈接触浴液，以免浴液被污染、小橡皮圈被浴液所溶胀。

(5) 本次实验可从表实 6-1 中选取两种化合物作为样品，一种样品标明名称作为已知物测定其熔点，另一种不标明名称的样品作为未知物，通过测定熔点来确定其名称。

表实 6-1 样品熔点对照表

样品名称	样品代号	熔点/℃	实测熔点/℃
对二氯苯	A	53.1	
尿素	B	132.7	
水杨酸	C	159	

六、思考题

(1) 什么是固体物质的熔点？测定熔点有何意义？

(2) 测定熔点时，若遇到下列情况，将产生什么结果？

①Thiele 管底部未完全封闭，上有一针孔；

②样品未完全干燥或含有杂质；

③样品装得不紧密；

④加热太快。

(3) 有两种白色粉末状晶体样品，所测熔点相同，如何证明二者是否为同一物质？

（陆艳琦）

醇和酚的化学性质

一、实训目的

(1) 验证醇和酚的主要化学性质。

(2) 学习鉴别醇和酚的方法。

二、实训原理

在结构上，醇可以看作脂肪烃、脂环烃或芳香烃侧链上的氢原子被羟基(—OH)取代生成的产物。通式是 R—OH，羟基是醇的官能团，决定着醇的主要化学性质。在醇的分子中 C—O 和 O—H 比较活泼，取代反应、脱水反应常发生在这两个部位。此外，与羟基邻近的 α-碳原子上的氢原子也比较活泼，常参与氧化反应或脱氢反应。

芳香烃分子中芳环上的氢原子被羟基取代后的化合物称为酚。通式是 Ar—OH，酚的官能团常称为酚羟基。由于酚羟基的氧原子与芳环形成 p-π 共轭体系，酚羟基很难被取代。另一方面，氧原子上的电子云向苯环偏移，导致 O—H 极性增大，有利于酚羟基中氢离子的解离，使苯酚显示弱酸性。

三、实训用品

1. 仪器

试管、试管架、试管夹、玻璃棒、烧杯、滴管、量筒、镊子、滤纸、小刀、酒精灯、火柴、蒸发皿、pH 试纸等。

2. 药品

无水乙醇、95%乙醇、正丁醇、仲丁醇、叔丁醇、金属钠、酚酞指示剂、1 mol/L 氢氧化钠溶液、0.2 mol/L 硫酸铜溶液、甘油、苯酚饱和溶液、饱和溴水、0.1 mol/L 碳酸钠溶液、0.1 mol/L 碳酸氢钠溶液、0.1 mol/L 高锰酸钾溶液、0.1 mol/L 三氯化铁溶液、6 mol/L 盐酸等。

四、实训内容和方法

1. 醇的性质

(1) 醇钠的生成及水解：在 2 支干燥的试管中，分别加入 1 mL 无水乙醇和 1 mL 正丁醇，再各加入一粒黄豆大小的金属钠，观察 2 支试管中反应速率有何差异。

用大拇指按住试管口片刻，再用点燃的火柴接近管口，观察现象。醇与钠作用后期，反应逐渐变慢，这时需用小火加热，使反应进行完全，直至钠粒完全消失。静置冷却，醇钠从溶液中析出，溶液变得黏稠(甚至凝固)。然后向试管中加入 5 mL 水，并滴入 2 滴酚酞指示剂，观察溶液颜色的变化。

试管中若还有残余钠粒，不能加水，否则金属钠遇水反应剧烈，会导致火灾。此外未反应完的钠粒不能倒入水槽(或废酸缸)中。

(2) 醇的氧化：取 3 支试管，均加入 0.1 mol/L 高锰酸钾溶液 1 mL、6 mol/L 盐酸 1 mL，再向试管中分别加入正丁醇、仲丁醇和叔丁醇各 3～4 滴，振摇、微热试管，观察现象并对比结果，解释原因。

(3) 甘油铜的生成：取 2 支试管均加入 0.2 mol/L 硫酸铜溶液 1 mL 和 1 mol/L 氢氧化钠溶液 1 mL，生成浅蓝色沉淀。再在其中 1 支试管中加入 15 滴甘油，另 1 支试管中加入 15 滴 95%乙醇，振摇试管，比较 2 支试管中颜色变化，观察沉淀是否消失。

2. 酚的性质

(1) 苯酚的溶解性和弱酸性：将 0.3 g 苯酚放在试管中，加入 3 mL 水，振荡试管后观察是否溶解。

用玻璃棒蘸1滴溶液，用广泛pH试纸检验酸碱性。加热试管可见苯酚全部溶解。将溶液分装在2支试管中，冷却后2支试管均出现浑浊。向其中1支试管加入几滴1 mol/L氢氧化钠溶液，观察现象。再加入6 mol/L盐酸，又有何变化？在另1支试管中加入0.1 mol/L碳酸氢钠溶液，观察浑浊是否溶解。解释原因。

(2) 苯酚的氧化：取1支试管，加入苯酚饱和溶液3 mL，加0.1 mol/L碳酸钠溶液0.5 mL及0.1 mol/L高锰酸钾溶液1 mL，振荡，观察现象。

(3) 苯酚与溴水作用：取1支试管，加入苯酚饱和溶液5滴和蒸馏水2 mL，逐滴滴入饱和溴水，观察现象。写出化学反应方程式。

(4) 苯酚与三氯化铁作用：取2支试管，在1支试管中加入苯酚饱和溶液1 mL，另1支试管中加入95%乙醇1 mL，然后各滴入0.1 mol/L三氯化铁溶液1～2滴，比较2支试管中的现象有何不同并加以说明。

五、思考题

(1) 醇和酚在分子结构和化学性质上有何异同？

(2) 为什么苯酚能溶于氢氧化钠而不溶于碳酸氢钠？

（陈银霞）

实训八

醛和酮的化学性质

一、实训目的

(1) 进一步理解并掌握醛和酮的化学性质。

(2) 学习鉴别醛和酮的方法。

二、实训原理

醛、酮分子中都含有羰基,因而化学性质相似。醛、酮都能与2,4-二硝基苯肼发生反应,生成黄色、橙色或橙红色的沉淀,该现象可用于醛、酮的鉴定。醛、甲基酮(除苯乙酮外)、8个碳以下的环酮能与饱和亚硫酸氢钠溶液作用,析出白色晶体。该晶体与酸或碱共热又可得到原来的醛、酮,因此可用于分离、提纯醛和甲基酮。凡具有 $CH_3—\overset{\overset{\large O}{\|}}{C}—$ 结构的醛、酮或氧化后能生成这种结构的醇(被次碘酸钠氧化),如 $\underset{\underset{\large OH}{|}}{CH_3—CH—R}$,都能发生碘仿反应,生成淡黄色具有特殊气味的碘仿($CHI_3\downarrow$),碘仿反应可用于鉴别含 $CH_3—\overset{\overset{\large O}{\|}}{C}—$ 结构的化合物。

醛、酮化学性质也有差异,醛易被氧化为羧酸。不仅能被强氧化剂(如铬酸试剂)氧化,使溶液变为蓝绿色(Cr^{3+}的颜色),而且也能被弱氧化剂(如托伦(Tollen)试剂、费林(Fehling)试剂)所氧化,前者析出银镜,后者得到红色氧化亚铜沉淀。酮则不易被氧化,无上述反应。醛都能与托伦试剂发生反应,但只有脂肪醛能与费林试剂反应。以上两种弱氧化剂可用于醛、酮的鉴别。而费林试剂还可用于鉴别脂肪醛和芳香醛。醛还能与希夫(Schiff)试剂作用显紫红色,酮则不显色,此现象也可用于鉴别醛、酮。甲醛和希夫试剂作用呈特殊的紫红色,比较稳定,加浓硫酸亦不褪色,且色调变深(带蓝色),故可用于鉴别甲醛和其他醛(但某些酮和不饱和化合物以及易吸附 SO_2 的物质,也能使希夫试剂复原,而重显桃红色)。

三、实训用品

1. 仪器

试管、水浴锅等。

2. 药品

饱和亚硫酸氢钠溶液、正丁醛、苯甲醛、丙酮、苯乙酮、2,4-二硝基苯肼、甲醛、乙醛、环己酮、碘-碘化钾溶液、乙醇、正丁醇、希夫试剂、浓硫酸、2%硝酸银溶液、10%氨水、费林试剂等。

四、实训内容和方法

1. 亲核加成反应

(1) 与亚硫酸氢钠加成:取4支干燥试管,各加入2 mL新配制的饱和亚硫酸氢钠溶液,然后分别滴加8~10滴正丁醛、苯甲醛、丙酮、苯乙酮,用力振荡,使混合均匀,将试管置于冰水浴中冷却,观察有无沉淀析出。记录沉淀析出所需的时间。

(2) 与2,4-二硝基苯肼的加成:取5支试管,各加入2 mL 2,4-二硝基苯肼试剂,再分别加入2~3滴甲醛、乙醛、丙酮、环己酮和苯甲醛,摇匀后静置。观察有无晶体析出,并注意晶体的颜色,若无晶体析出，可在温水中微热再观察。写出化学反应方程式。

2. 碘仿反应

取 5 支试管，分别加入 1 mL 碘-碘化钾溶液，并分别加入 5 滴 40％乙醛水溶液、丙酮、乙醇、正丁醇、苯乙酮。然后滴加 10％ NaOH 溶液，振荡试管，直到碘的颜色接近消失，反应的混合物呈微黄色。观察现象，若无沉淀，则放在 50～60 ℃水浴中微热几分钟，冷却后观察现象，比较各试管所得结果。

3. 与希夫试剂反应

在 4 支试管中各加入 1～2 mL 希夫试剂，再分别加入甲醛、40％乙醛水溶液、丙酮、苯甲醛 2～3 滴，振摇，放置数分钟，观察颜色的变化，并对比 4 支试管的结果。在显色的试管中，边摇边滴加浓硫酸，观察和记录反应现象并解释。

4. 与托伦试剂反应

在洁净的试管中，加入 2 mL 2％硝酸银溶液，再滴加 10％氨水，边加边摇直至沉淀刚好溶解，即得到澄清的硝酸银氨溶液，即托伦试剂。

另取 4 支洁净的试管，把上述硝酸银氨溶液分成 4 份，试管中分别加入甲醛、乙醛、丙酮、苯甲醛 2 滴(不要摇动)，静置几分钟，观察有何变化，若无变化，将试管置于 50～60 ℃水浴中温热几分钟，观察是否有银镜生成。

5. 与费林试剂反应

将费林试剂 A 液和费林试剂 B 液各 4 mL 加入大试管中，混合均匀，然后平均分装到 4 支小试管中，分别加入 10 滴甲醛、乙醛、苯甲醛、丙酮，摇匀，置于沸水浴中，加热 3～5 min，观察颜色变化及有无红色沉淀析出。

五、实训说明

(1) 银镜反应所需的试管必须十分清洁。可用热的铬酸洗液或硝酸洗涤，再用蒸馏水冲洗干净。如果试管不清洁或反应速率太快，就不能生成银镜，而是生成黑色的银沉淀。

(2) 费林试剂 A 液为硫酸铜溶液，费林试剂 B 液为酒石酸钾钠的氢氧化钠溶液。使用时将两者等体积混合。酒石酸钾钠与硫酸铜形成配合物，可避免产生氢氧化铜沉淀，从而使醛与铜离子能够平稳地进行反应。但是酒石酸钾钠和硫酸铜形成的配合物不稳定，所以两种溶液要分别配制，实验时再将二者混合。

六、思考题

(1) 醛、酮与亚硫酸氢钠的加成反应中，为什么一定要使用饱和亚硫酸氢钠溶液，而且必须新配制？

(2) 配制碘溶液时为什么要加入碘化钾？

(陈银霞)

羧酸和取代羧酸的化学性质

一、实训目的

(1) 验证羧酸和取代羧酸的主要化学性质。

(2) 学会草酸脱羧和酯化反应的实验操作。

(3) 掌握羧酸及取代羧酸的鉴别方法。

二、实训原理

羧酸均有酸性，与碱作用生成羧酸盐。羧酸是弱酸，酸性比盐酸、硫酸等无机酸弱，但比碳酸和一般的酚类要强。可以与 Na_2CO_3 或 $NaHCO_3$ 反应放出 CO_2；羧酸能与醇在强酸催化下发生酯化反应，生成有香味的酯。在适当的条件下，羧酸可以发生脱羧反应，放出 CO_2，多元酸更易发生脱羧反应。甲酸分子中既含羧基又含醛基，具有还原性，可被高锰酸钾或托伦试剂氧化。

羧酸分子中烃基上的氢原子被其他原子或基团取代所生成的化合物称为取代羧酸；羟基、羰基为吸电子基团，它的吸电子诱导效应使羧基上氧氢键的极性增强，羟基酸、羰基酸的酸性比相应的羧酸强。

三、实训用品

1. 仪器

胶头滴管、试管(大、小)、药匙、烧杯(100 mL、250 mL)、酒精灯、火柴、带塞导管、铁架台、铁夹、锥形瓶(50 mL)、温度计、量筒、石棉网、石蕊试纸、玻璃棒等。

2. 药品

甲酸、醋酸、草酸、苯甲酸、0.03 mol/L $KMnO_4$ 溶液、3 mol/L H_2SO_4 溶液、2.5 mol/L NaOH 溶液、无水碳酸钠、乳酸、酒石酸、水杨酸、托伦试剂、澄清石灰水、甲醇、浓硫酸、乙酰水杨酸、0.1 mol/L 三氯化铁溶液、2 mol/L 氨水、广泛 pH 试纸等。

四、实训内容和方法

(一) 羧酸的酸性

1. 与酸碱指示剂作用

取 3 支试管，分别加入甲酸、醋酸各 5 滴和草酸少许，再各加入 1 mL 蒸馏水，振荡。用广泛 pH 试纸测其近似 pH。记录并解释 3 种酸的酸性强弱顺序。

2. 与碱反应

取 1 支试管，加入少许苯甲酸晶体和 1 mL 蒸馏水，振荡，观察溶解情况。然后向试管中滴加 2.5 mol/L NaOH 溶液，边滴边振荡，观察现象，解释并写出化学反应方程式。

3. 与碳酸盐反应

取 1 支试管，加入少量无水碳酸钠，再滴加醋酸数滴。记录现象并写出化学反应方程式。

(二) 取代羧酸的酸性

1. 取代羧酸酸性比较

取 2 支试管，编号，分别加入乳酸 2 滴、酒石酸少许，然后各加 1 mL 蒸馏水，振荡，观察现象。向 1 号试管中滴入 2.5 mol/L NaOH 溶液数滴，振荡，观察现象；向 2 号试管中滴入饱和 $NaHCO_3$ 溶液 1

mL，振荡，观察现象。解释以上现象并写出化学反应方程式。

2. 甲酸和草酸的还原性

(1) 取 2 支试管，分别加入 0.5 mL 甲酸、草酸，再各加入 0.5 mL 0.03 mol/L $KMnO_4$ 溶液和 0.5 mL 3 mol/L H_2SO_4 溶液，摇匀后加热至沸，观察并解释现象。

(2) 在 1 支洁净的试管中，加入 5 滴 0.1 mol/L $AgNO_3$ 溶液，然后逐滴滴入 2 mol/L 氨水，边滴边振荡，至沉淀恰好消失为止，即为托伦试剂。另取 1 支洁净的试管，加入 5 滴甲酸，然后用 2.5 mol/L的 NaOH 溶液中和至碱性，再加入 10 滴新配制的托伦试剂，摇匀，放入 50～60 ℃的水浴中加热数分钟，观察并解释现象。

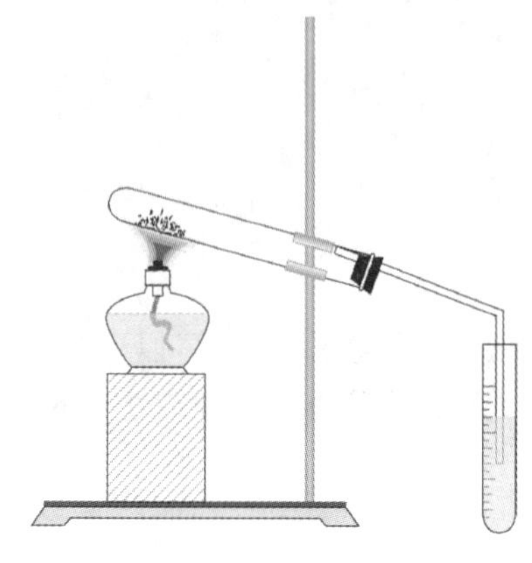

图实 9-1　草酸脱羧实验装置

3. 脱羧反应

在 1 支干燥的大试管中放入约 3 g 草酸晶体，用带有导气管的塞子塞紧，试管口略向下倾斜固定在铁架台上，将导气管出口插入盛有约 3 mL 澄清石灰水的试管中，小心加热大试管(图实 9-1)，仔细观察石灰水的变化，解释现象并写出化学反应方程式。停止加热时，应先移去盛有石灰水的试管，然后移去火源。

4. 酯化反应

在干燥的小锥形瓶中，溶解 0.5 g 水杨酸于 5 mL 甲醇中，加入 10 滴浓硫酸，摇匀后在水浴中温热 5 min，然后将锥形瓶中的混合物倒入盛有 10 mL 水的小烧杯中，再充分振荡，过几分钟后注意观察产物的外观，并闻气味。记录、解释发生的现象并写出化学反应方程式。

5. 水杨酸和乙酰水杨酸与三氯化铁的反应

取 2 支试管，编号，分别加入 0.1 mol/L 三氯化铁溶液 1～2 滴，各加水 1 mL。然后，向 1 号试管中加入少许水杨酸晶体，向 2 号试管中加入少许乙酰水杨酸晶体，振荡。最后加热 2 号试管。注意观察 2 支试管有何现象，并解释发生的现象。

五、思考题

(1) 从结构上分析甲酸为何能发生银镜反应。

(2) 设计实验方案验证醋酸的酸性比碳酸强，而苯酚的酸性比碳酸弱。

(3) 酯化反应时，加入浓硫酸的作用是什么？

(张川宝)

实训十

乙酰水杨酸的制备

一、实训目的

(1) 学习乙酰水杨酸的制备原理与方法。

(2) 了解一些药物研制开发的过程,培养科学的思想方法。

二、实训原理

乙酰水杨酸,又称水杨酸乙酸酯,即医药上的"阿司匹林"(aspirin)。这是一种应用最早、最广和最普通的解热镇痛药和抗风湿药。它与"非那西丁"(phenacetin)、"咖啡因"(caffeine)一起组成的"复方阿司匹林"(APC)也是使用最广泛的复方解热镇痛药。

在浓硫酸催化下,水杨酸(邻羟基苯甲酸)与乙酸酐反应,水杨酸分子中的羟基被乙酰化,生成乙酰水杨酸:

$$o\text{-}HOC_6H_4COOH + (CH_3CO)_2O \xrightarrow{H^+} o\text{-}CH_3COOC_6H_4COOH + CH_3COOH$$

从反应类型上讲,上述反应属于酚酯的制备,但是其中的乙酸酐却不能用乙酰氯代替,原因在于水杨酸分子中的羟基容易与乙酰氯起反应。

由于水杨酸分子中既有羧基又有羟基,因此在反应条件下也会发生分子间的缩合反应,生成少量高聚物:

$$n\ o\text{-}HOC_6H_4COOH \xrightarrow{H^+} H\text{-}[O\text{-}C_6H_4\text{-}CH(=O)]_n + (n-1)H_2O$$

可以利用乙酰水杨酸能与碳酸氢钠反应生成水溶性的钠盐,而高聚物却不能溶于碳酸氢钠溶液的这种性质差异除去高聚物。

最可能存在于最后所得产物中的杂质是水杨酸,它的存在也许是由于乙酰化反应不完全,也许是产物在分离步骤中发生水解而生成。无论如何,它能随乙酰水杨酸与碳酸氢钠反应生成水溶性的钠盐,酸化时再一起结晶析出而混入最终产品中。但一般情况下,即使水杨酸存在,也会由于它的相对含量小,在各分离步骤中或最后的重结晶过程中被除去。是否存在残余的水杨酸,可以用三氯化铁溶液检验,观察是否形成深紫色配合物。

三、实训用品

1. 仪器

锥形瓶(100 mL)、温度计等。

2. 药品

水杨酸、乙酸酐(新蒸)、浓硫酸、饱和碳酸氢钠、三氯化铁溶液(1%)、浓盐酸。

四、实训内容和方法

向 100 mL 锥形瓶中加入 2 g(0.0145 mol)水杨酸、5 mL(5.4 g,0.053 mol)乙酸酐,摇动锥形瓶并加入 5 滴浓硫酸,继续摇动至水杨酸全部溶解后,在 88～90 ℃水浴中加热约 10 min(需不时摇动),静置,冷却至室温,即会有乙酰水杨酸晶体析出。若无晶体析出,可用冰水冷却或用玻璃棒摩擦瓶壁促进晶体析出。当晶体开始析出时,加入 50 mL 水,继续用冰水浴冷却直至析出完全。抽滤收集析出的晶体,用少量冷水洗涤,尽量将溶剂抽干。于空气中晾干后称量,得粗产物约 2 g。

将粗产物转移到 250 mL 烧杯中,边搅拌边加入约 25 mL 饱和碳酸氢钠溶液,加完后继续搅拌,至无二氧化碳气泡产生为止(需几分钟时间)。pH 合格后抽滤、洗涤,除去聚合的副产物。将滤液慢慢倒入盛有用 5 mL 浓盐酸和 10 mL 水配成的溶液的烧杯中,搅拌均匀,此时溶液为强酸性,析出乙酰水杨酸晶体。用冰水浴冷却,使晶体析出完全后,抽滤,收集晶体,并用洁净的空心塞挤压,尽量抽去母液,再用冷水洗涤 2～3 次,尽量抽去水分。将晶体取出,干燥后约得产品 1.8 g,计算产率。取几粒晶体于盛有约 2 mL 1%三氯化铁溶液的试管中,振荡,观察有无颜色反应。为了得到纯度更高的产品,可用苯重结晶。纯乙酰水杨酸为白色晶体。

五、实训注意事项及说明

(1) 由于分子内氢键的作用,水杨酸与乙酸酐直接反应需在 150～160 ℃才能生成乙酰水杨酸。加入酸的目的主要是破坏氢键,使反应在较低的温度(90 ℃)下就可以进行,而且可以大大减少副产物,因此实验中要注意控制好温度。仪器要全部干燥,药品也要经干燥处理。乙酸酐必须是新蒸的,收集 139～140 ℃的馏分,否则产率很低。

(2) 水浴加热温度不宜过高,时间不宜过长,否则副产物可能增多。

(3) 为了检验产品中是否还有水杨酸,利用水杨酸属于酚类物质,可与三氯化铁发生颜色反应的特点,将几粒晶体加入盛有 3 mL 水的试管中,加入 1～2 滴 1% 三氯化铁溶液,观察有无颜色反应(紫色)。

(4) 乙酰水杨酸受热后易分解,分解温度为 126～135 ℃,因此重结晶时不宜长时间加热,控制水温,产品应自然晾干。

六、思考题

(1) 在浓硫酸的催化下,水杨酸与乙酸酐反应生成乙酰水杨酸的机理是什么?高聚物副产物是如何形成的?

(2) 为什么在乙酰水杨酸晶体开始析出时要加入 50 mL 水?

(3) 反应中有哪些副产物?该如何除去它们?

(程　萍)

实训十一

葡萄糖溶液比旋光度的测定

一、实训目的

(1) 掌握旋光仪的使用方法。

(2) 了解手性化合物的旋光性及其测定的原理、方法和意义。

二、实训原理

1. 定义

(1) 旋光性:手性化合物使平面偏振光偏振面旋转的性质。

(2) 旋光性物质:具有旋光性的物质称为旋光性物质,或称为光学活性物质。

(3) 旋光度(α):偏振面被旋转的角度。

(4) 右旋体和左旋体:若手性化合物能使偏振面右旋(顺时针),则称为右旋体,用(+)表示;而其对映异构体必使偏振面左旋(逆时针)相等角度,称为左旋体,用(−)表示。

(5) 比旋光度:手性化合物旋光度与溶液浓度、溶剂、测定温度、光源波长、测定管长度有关。因此旋光仪测定的旋光度 α 并非特征物理常数,同一化合物测得的旋光度就有不同的值。因此为了比较不同物质的旋光性能,通常用比旋光度$[\alpha]_{\lambda}^{t}$ 来表示物质的旋光性,比旋光度是物质特有的物理常数。

手性化合物的旋光度可用旋光仪来测定。实验室常用目测或自动旋光仪。旋光度的测定可以用来判断手性化合物的纯度及其含量。

2. 旋光仪基本原理

从钠光源发出的光,通过一个固定的尼科尔棱镜——起偏镜变成平面偏振光。平面偏振光通过装有旋光性物质的盛液管时,偏振光的振动平面会向左或向右旋转一定的角度。只有将检偏镜向左或向右旋转同样的角度才能使偏振光通过到达目镜。向左或向右旋转的角度可以从旋光仪刻度盘上读出,即为该物质的旋光度。

三、实训用品

1. 仪器

旋光仪。

2. 药品

0.50 g/mL 的葡萄糖溶液。

四、实训内容和方法

1. 待测溶液的配制

准确量取 0.50 g/mL 的葡萄糖溶液 10.00 mL,倒入 100 mL 容量瓶中,定容,配成待测溶液。

2. 旋光仪的零点校正

旋光仪接通电源,钠光灯发光稳定(约 5 min)后,将装满蒸馏水的测定管放入旋光仪中,校正目镜的焦距,使视野清晰。旋转手轮,调整检偏镜刻度盘,使视场中三分视场的明暗程度一致,读取刻度盘上所示的刻度值。

反复操作 2 次,取其平均值作为零点(零点偏差值)。

3. 装待测溶液

用水洗净测定管后,用少量待测溶液润洗 2~3 次,注入待测溶液,并使管口液面呈凸面。将护片玻璃沿管口边缘平推盖好(以免管内留存气泡),装上橡皮填圈,拧紧螺帽至不漏水(太紧会使玻片产生应力,影响测量)。用软布擦净测定管,备用(如有气泡,应赶至管颈突出处)。

4. 旋光度的测定

换盛有待测溶液的测定管,按上述方法测其旋光度,重复 2 次,取其平均值。

实验完毕,洗净测定管,再用蒸馏水洗净,擦干存放。注意镜片应用软绒布揩擦,勿用手触摸。

5. 计算比旋光度

根据实验测得的旋光度计算葡萄糖的比旋光度。

五、思考题

(1) 测定化合物的旋光度有何意义?

(2) 旋光度 α 与比旋光度$[\alpha]_{\lambda}^{t}$ 有何不同?

(程　萍)

实训十二

胺和酰胺的化学性质

一、实训目的

(1) 加深对胺类化合物性质的认识，进一步体会结构与性质的关系。

(2) 学会胺类化合物的鉴别方法。

二、实训原理

胺类化合物呈弱碱性，能与无机酸反应成盐，芳香伯胺在低温的酸性溶液中与亚硝酸发生重氮化反应，生成重氮盐，重氮盐能与酚或芳香胺发生偶联反应。芳香仲胺和叔胺与亚硝酸反应的现象不同，可以用亚硝酸鉴别伯胺、仲胺和叔胺。

将尿素加热到稍高于它的熔点时，两尿素分子之间脱去一分子氨，生成缩二脲。

$$H_2N-\overset{O}{\overset{\|}{C}}-NH_2 + H-NH-\overset{O}{\overset{\|}{C}}-NH_2 \xrightarrow{\triangle} H_2N-\overset{O}{\overset{\|}{C}}-NH-\overset{O}{\overset{\|}{C}}-NH_2 + NH_3\uparrow$$

缩二脲在碱性溶液中与硫酸铜溶液作用显紫红色，此反应称为缩二脲反应。缩二脲反应可用于多肽、蛋白质的鉴别。

三、实训用品

1. 仪器

试管、试管夹、酒精灯、温度计、烧杯、水浴锅、点滴板等。

2. 药品

pH 试纸、碘化钾淀粉试纸、红色石蕊试纸、浓盐酸、饱和溴水、稀盐酸、重铬酸钾溶液、亚硝酸钠、乙酸酐、苯胺、N-甲基苯胺和 N,N-二甲基苯胺、尿素、β-萘酚、5% NaOH 溶液、1% $CuSO_4$ 溶液等。

四、实训内容和方法

1. 胺的碱性

(1) 用干净的玻璃棒蘸取甲胺和苯胺溶液，分别滴在湿润的 pH 试纸上，比较它们的碱性强弱，记录并解释现象。

(2) 取 1 支试管，加入 3 滴苯胺和 1 mL 水，振荡，观察苯胺是否完全溶解；然后加入浓盐酸 2～3 滴，振荡。记录并解释发生的现象。

2. 胺的酰化反应

取 1 支干燥试管，加入苯胺 10 滴，逐滴加入乙酸酐 10 滴，边滴加边振荡，并将试管放入冰水浴中冷却。然后加入 5 mL 水，振荡。记录并解释发生的现象。

3. 胺与亚硝酸的反应

取 3 支大试管，编号，分别加入苯胺、N-甲基苯胺和 N,N-二甲基苯胺 5 滴，然后各加入 1 mL 浓盐酸和 2 mL 水。另取 1 支试管，加入 1 g 亚硝酸钠晶体和 5 mL 水，振荡使其溶解得亚硝酸钠溶液。将以上 4 支试管放在冰水浴中冷却到 0 ℃。

向 1 号试管中滴加亚硝酸钠溶液，不断振荡，直到取出的反应液刚刚能使碘化钾淀粉试纸变成蓝色，停止加亚硝酸钠。向试管中加数滴 β-萘酚 NaOH 溶液，观察是否析出橙红色沉淀。

向 2 号试管中滴加亚硝酸钠溶液，直到有黄色固体或黄色油状物析出，加碱至呈碱性，观察是否变色。

向 3 号试管中滴加亚硝酸钠溶液，至有黄色固体生成，加碱至碱性，固体变绿色。

记录并解释上述一系列现象。

4. 苯胺的特性

(1) 与溴水反应：在 1 支试管中，加入 1 滴苯胺和 2～3 mL 水，振荡后逐滴加入饱和溴水 2～3 滴，观察现象。记录并解释发生的现象，写出反应方程式。

(2) 氧化反应：取苯胺水溶液 2 滴于点滴板的凹穴中，加稀盐酸和重铬酸钾溶液各 2 滴。记录并解释发生的现象。

5. 尿素的特殊性质

(1) 缩二脲的制取：取 1 支干燥试管，加入约 0.2 g 固体尿素，小心地在酒精灯火焰上加热至熔化，随即有氨气放出(闻其气味或用润湿的红色石蕊试纸检查)，继续加热至试管内的物质逐渐凝固，即生成缩二脲。放冷留用。

(2) 缩二脲反应：于上述试管中，加入 3 mL 热水和 5% NaOH 溶液 10 滴，使固体溶解，然后加入 3 滴 1% $CuSO_4$ 溶液，振荡，观察颜色变化，记录并解释发生的现象。

五、思考题

(1) 如何鉴别伯胺、仲胺和叔胺？

(2) 蛋白质是否能发生缩二脲反应？为什么？

(王洪涛)

糖类的化学性质

一、实训目的

(1) 熟悉糖类的还原性、水解反应等主要化学性质。

(2) 学会还原糖和非还原糖的鉴别。

(3) 进一步培养严肃认真、一丝不苟的科学态度。

二、实训原理

糖类是多羟基醛、多羟基酮和它们的脱水缩合产物。单糖包括葡萄糖、果糖、核糖和脱氧核糖等，由于它们的结构上均含有苷羟基，所以都具有还原性和变旋光现象，能与班氏试剂反应生成砖红色 Cu_2O 沉淀，与银氨试剂发生银镜反应。二糖中除蔗糖是非还原糖外，麦芽糖、乳糖因含有苷羟基而具有还原性和变旋光现象。多糖不具有还原性。二糖和淀粉、糖原、纤维素等多糖均能发生水解反应，水解的最终产物是还原性单糖，所以水解液具有还原性。

淀粉与碘液作用呈蓝色，当淀粉水解时，分子由大逐渐变小，遇碘液由蓝色向紫色、红色变化，当淀粉水解成麦芽糖、葡萄糖时，遇碘液则不显色，因此可用碘液来检验淀粉的水解程度。

糖在浓硫酸存在下，与 α-萘酚反应显紫色，此颜色反应称为莫利希(Molisch)反应，常用于糖类化合物的鉴别。

三、实训用品

1. 仪器

试管、试管夹、酒精灯(或水浴箱)、烧杯、玻璃棒、白色点滴板、红色石蕊试纸、10 mL 量筒等。

2. 药品

100 g/L 葡萄糖溶液、20 g/L 果糖溶液、20 g/L 蔗糖溶液、50 g/L 淀粉溶液、托伦(Tollen)试剂(2 mol/L 氨水、10 g/L 硝酸银溶液)、班氏(Benedict)试剂、莫利希(Molisch)试剂、100 g/L 氢氧化钠溶液、浓硫酸、碘试液等。

四、实训内容和方法

1. 单糖的还原性

(1) 与托伦试剂反应(银镜反应)：取 4 支洁净的试管，编号。各加托伦试剂 2 mL，再分别加入葡萄糖、果糖、蔗糖、淀粉溶液各 1 mL，将试管放入 60～70 ℃的水浴中加热数分钟。观察现象，并解释原因。

(2) 与班氏试剂反应：取试管 4 支，编号后各加班氏试剂 1 mL，再分别加入葡萄糖、果糖、蔗糖、淀粉溶液各 1 mL，摇匀，然后用小火加热数分钟。观察有何现象产生，解释原因。

2. 糖的颜色反应

(1) 与莫利希试剂反应：取试管 4 支，编号，分别加入葡萄糖、果糖、蔗糖、淀粉溶液各 1 mL，再各滴加 2 滴莫利希试剂，摇匀。将试管倾斜 45°角，沿管壁慢慢加入浓硫酸 1 mL，使硫酸和糖溶液有明显的分层，观察两层界面的颜色变化。数分钟若无颜色变化出现，可在水浴中温热后再观察颜色变化(注意不要摇动试管)，解释原因。

(2) 淀粉与碘的反应：在点滴板的凹穴中滴入淀粉溶液 2 滴，滴入碘试液 1 滴，观察有何现象发生。

3. 蔗糖和淀粉的水解

(1) 蔗糖的水解:取试管1支,加入蔗糖溶液4 mL、浓硫酸2滴,摇匀,加热数分钟,使蔗糖水解。放冷,用氢氧化钠中和至弱碱性,加入班氏试剂1 mL,摇匀,继续加热,观察有何变化,解释原因。

(2) 淀粉的水解:取试管1支,加入淀粉溶液4 mL、浓硫酸2滴,摇匀,放在沸水浴中加热3~5 min后,每隔1~2 min用玻璃棒蘸取溶液1滴,放入滴有碘试液的点滴板凹穴中进行观察,直至不再呈现颜色时停止加热。取出2 mL,用氢氧化钠中和至弱碱性,加入班氏试剂1 mL,摇匀,继续加热,观察有何现象,解释原因。

五、思考题

(1) 如何鉴别糖类化合物?如何鉴别某糖是还原糖还是非还原糖,是醛糖还是酮糖?

(2) 在糖的还原性实训中,蔗糖与班氏试剂和托伦试剂长时间加热后,也会发生反应,为什么?

(3) 怎样证明淀粉已完全水解?

(陆艳琦)

实训十四

氨基酸和蛋白质的化学性质

一、实训目的

(1) 学会蛋白质的分段盐析操作。

(2) 验证氨基酸和蛋白质的主要化学性质。

二、实训原理

蛋白质是由许多 α-氨基酸通过肽键结合而成的高分子化合物,其结构上有许多游离的氨基和羧基,因此也和氨基酸一样,是两性化合物。

蛋白质水溶液是高分子溶液,因此具有稳定性的特点。蛋白质之所以可以稳定存在是因为以下两个主要因素:①蛋白质溶液中存在带同种电荷的粒子。②蛋白质颗粒表面存在水化膜。如果破坏或消除保持其稳定的因素,蛋白质就会沉淀下来。使蛋白质沉淀的方法有盐析。盐析时沉淀不同的蛋白质所需的盐的浓度是不同的。例如球蛋白在 50% 的硫酸铵溶液中即可析出,而清蛋白在饱和硫酸铵溶液中才能析出。因此调节盐的浓度,可使不同的蛋白质先后析出,这种方法称为分段盐析。

在蛋白质溶液中加入重金属盐、某些酸类和生物碱沉淀剂等,可使蛋白质发生沉淀。

氨基酸和蛋白质能发生多种颜色反应,与水合茚三酮反应,呈蓝紫色;含有苯环的氨基酸和蛋白质能与浓硝酸反应,呈黄色,又称黄蛋白反应;因蛋白质结构中含有多个肽键,因此在蛋白质碱性溶液中加入硫酸铜,呈紫红色而发生缩二脲反应。

三、实训用品

1. 仪器

试管、试管架、试管夹、酒精灯、水浴箱、烧杯、玻璃棒等。

2. 药品

鸡蛋清溶液、茚三酮试剂、米伦试剂、蛋白质氯化钠溶液、醋酸、饱和鞣酸溶液、饱和苦味酸溶液、饱和硫酸铵溶液、浓硝酸、药用酒精($\varphi=0.95$)、2.5 mol/L NaOH 溶液、5 mol/L NaOH 溶液、0.03 mol/L $CuSO_4$ 溶液、0.02 mol/L $Pb(Ac)_2$ 溶液、0.3 mol/L $AgNO_3$ 溶液、0.1% 甘氨酸溶液、1% 色氨酸溶液、1% 酪氨酸溶液等。

四、实训内容和方法

1. 蛋白质的盐析操作

取试管 1 支,加入蛋白质氯化钠溶液和饱和硫酸铵溶液各 2 mL,振荡后静置 5 min。观察是否析出沉淀,说明原因。取上述浑浊液 1 mL 于另 1 支试管中,加 3 mL 水振荡,观察析出的沉淀是否重新溶解,说明原因。

2. 蛋白质的变性

(1) 乙醇对蛋白质的作用:取试管 1 支,加入鸡蛋清溶液 1 mL,沿试管壁加药用酒精($\varphi=0.95$)20 滴,观察两液面处有何现象产生,说明原因。

(2) 重金属盐对蛋白质的作用:取试管 3 支,编号,各加入鸡蛋清溶液 1 mL,然后分别加入 0.3 mol/L $AgNO_3$ 溶液、0.02 mol/L $Pb(Ac)_2$ 溶液、0.03 mol/L $CuSO_4$ 溶液各 5 滴,观察现象,说明原因。再向上述 3 支试管中各加入蒸馏水 3 mL,振荡,观察沉淀是否溶解,说明原因。

(3) 生物沉淀剂对蛋白质的作用:取试管 2 支,各加入鸡蛋清溶液 1 mL,再各加醋酸 2 滴,使溶液酸化。第 1 支试管中加入 2 滴饱和鞣酸溶液，第 2 支试管中加入 2 滴饱和苦味酸溶液。如无沉淀，再加少许试剂，观察并解释发生的变化。

3. 氨基酸和蛋白质的颜色反应

(1) 茚三酮反应：取试管 2 支，分别加入 1% 甘氨酸和蛋白质氯化钠溶液 1 mL，然后各加入茚三酮试剂 2～3 滴，在沸水浴中加热 10～15 min，观察并解释发生的变化。

(2) 黄蛋白反应：取试管 3 支，分别加入 1% 色氨酸、1% 酪氨酸和蛋白质氯化钠溶液 1 mL，然后加入 6～8 滴浓硝酸，放在沸水浴中加热，观察现象。放冷，然后滴加 5 mol/L NaOH 溶液到碱性，观察并解释发生的变化。

(3) 缩二脲反应：取试管 1 支，加入蛋白质氯化钠溶液 1 mL，再加入 2.5 mol/L NaOH 溶液 1 mL 和 0.03 mol/L $CuSO_4$ 溶液 3 滴，观察并解释发生的变化。

(4) 米伦反应：取试管 1 支，加入蛋白质氯化钠溶液 1 mL，然后加入米伦试剂 3 滴，放在沸水浴中加热，观察现象并解释发生的变化。

五、实训注意事项及说明

(1) 黄蛋白反应是含芳环的氨基酸，如 α-氨基苯丙酸、酪氨酸和色氨酸，以及含有这些氨基酸残基的蛋白质所特有的颜色反应。

(2) 缩二脲反应是所有多肽、蛋白质共有的颜色反应，因为这类分子中含有多个肽键，所生成的紫色物质是含铜的配合物。

(3) 蛋白质氯化钠溶液的配制：将鸡蛋或鸭蛋的蛋清以 10 倍体积的生理盐水稀释，混匀。

(4) 蛋白质常以其可溶性的钠盐、钾盐的形式存在，遇到重金属离子，就转变成蛋白质的重金属盐而沉淀，同时引起蛋白质变性，在生化分析上常用重金属盐除去溶液中的蛋白质，用某些重金属离子(如铜离子和铅离子)沉淀蛋白质时，不可过量，否则过量的铜离子和铅离子将被吸附在沉淀上而使沉淀溶解。

(5) 用生物碱沉淀试剂能沉淀蛋白质，是因为生物碱和蛋白质都有类似的含氮基团，这类反应在弱酸性环境中容易进行，这时蛋白质以阳离子形式与试剂的阴离子发生反应，生成不溶性复盐。

六、思考题

(1) 蛋白质有哪些颜色反应和沉淀反应？它们对蛋白质的分离与鉴别有什么意义？

(2) 蛋白质可进行黄蛋白反应、缩二脲反应，说明其组成中含有哪些结构？

(3) 同一种浓度的盐溶液能否使各种蛋白质都发生盐析？分段盐析对蛋白质的分离纯化有什么意义？

(程　萍)

标准电极电位表（298.15 K，水溶液）

电极反应				$E^\ominus$/V
氧化态	电子数		还原态	
Li^+	+e	═	Li	−3.045
K^+	+e	═	K	−2.924
Ba^{2+}	+2e	═	Ba	−2.905
Ca^{2+}	+2e	═	Ca	−2.866
Na^+	+e	═	Na	−2.714
Mg^{2+}	+e	═	Mg	−2.363
Al^{3+}	+3e	═	Al	−1.663
ZnO_2+2H_2O	+2e	═	$Zn+4OH^-$	−1.216
SO_4+H_2O	+2e	═	$SO_3^{2-}+2OH^-$	−0.93
$2H_2O$	+2e	═	H_2+2OH^-	−0.828
Zn^{2+}	+2e	═	Zn	−0.763
Cr^{3+}	+3e	═	Cr	−0.744
$SO_3^{2-}+3H_2O$	+4e	═	$S_2O_3^{2-}+6OH^-$	−0.58
$2CO_2+2H^+$	+2e	═	$H_2C_2O_4$	−0.49
Fe^{2+}	+2e	═	Fe	−0.440
Cr^{3+}	+e	═	Cr^{2+}	−0.407
Cd^{2+}	+2e	═	Cd	−0.403
Cu_2O+H_2O	+2e	═	$2Cu+2OH^-$	−0.36
AgI	+e	═	$Ag+I^-$	−0.152
Sn^{2+}	+2e	═	Sn	−0.136
Pb^{2+}	+2e	═	Pb	−0.126
$CrO_4^{2-}+4H_2O$	+3e	═	$Cr(OH)_3+5OH^-$	−0.13
Fe^{3+}	+3e	═	Fe	−0.037
$2H^+$	+2e	═	H_2	0.0000
$NO_3^-+H_2O$	+2e	═	$NO_2^-+2OH^-$	0.01
AgBr	+e	═	$Ag+Br^-$	0.071
Sn^{4+}	+2e	═	Sn^{2+}	0.151
Cu^{2+}	+e	═	Cu^+	0.153
$S_4O_6^{2-}$	+2e	═	$2S_2O_3^{2-}$	0.17
$S+2H^+$	+2e	═	H_2S	0.17
$SO_4^{2-}+4H^+$	+2e	═	$H_2SO_3+H_2O$	0.17

续表

电极反应				$E^{\ominus}/V$
氧化态	电子数		还原态	
$AgCl$	$+e$	═	$Ag+Cl^-$	0.222
$IO_3^-+3H_2O$	$+6e$	═	I^-+6OH^-	0.25
Hg_2Cl_2	$+2e$	═	$2Hg+2Cl^-$	0.268
Cu^{2+}	$+2e$	═	Cu	0.340
$[Fe(CN)_6]^{3-}$	$+e$	═	$[Fe(CN)_6]^{4-}$	0.356
O_2+2H_2O	$+4e$	═	$4OH^-$	0.401
$2BrO^-+2H_2O$	$+2e$	═	Br_2+4OH^-	0.45
Cu^+	$+e$	═	Cu	0.520
I_2	$+2e$	═	$2I^-$	0.536
I_3^-	$+2e$	═	$3I^-$	0.545
MnO_4^-	$+e$	═	MnO_4^{2-}	0.564
$IO_3^-+2H_2O$	$+4e$	═	IO^-+2OH^-	0.56
$MnO_4^-+2H_2O$	$+3e$	═	MnO_2+4OH^-	0.60
$BrO_3^-+3H_2O$	$+6e$	═	Br^-+6OH^-	0.61
$ClO_3^-+3H_2O$	$+6e$	═	Cl^-+6OH^-	0.63
O_2+2H^+	$+2e$	═	H_2O_2	0.682
Fe^{3+}	$+e$	═	Fe^{2+}	0.771
Hg_2^{2+}	$+2e$	═	$2Hg$	0.788
Ag^+	$+e$	═	Ag	0.799
$2Hg^{2+}$	$+2e$	═	Hg_2^{2+}	0.920
$NO_3^-+4H^+$	$+3e$	═	$NO+2H_2O$	0.957
$HIO+H^+$	$+2e$	═	I^-+H_2O	0.99
HNO_2+H^+	$+e$	═	$NO+H_2O$	1.00
Br_2	$+2e$	═	$2Br^-$	1.065
$IO_3^-+6H^+$	$+6e$	═	I^-+3H_2O	1.085
$2IO_3^-+12H^+$	$+10e$	═	I_2+6H_2O	1.19
O_2+4H^+	$+4e$	═	$2H_2O$	1.228
MnO_2+4H^+	$+2e$	═	$Mn^{2+}+2H_2O$	1.228
$Cr_2O_7^{2-}+14H^+$	$+6e$	═	$2Cr^{3+}+7H_2O$	1.333
$HBrO+H^+$	$+2e$	═	Br^-+H_2O	1.34
Cl_2	$+2e$	═	$2Cl^-$	1.358
$2ClO_4^-+16H^+$	$+14e$	═	Cl_2+8H_2O	1.39
$BrO_3^-+6H^+$	$+6e$	═	Br^-+3H_2O	1.44
PbO_2+4H^+	$+2e$	═	$Pb^{2+}+2H_2O$	1.449
$ClO_3^-+6H^+$	$+6e$	═	Cl^-+3H_2O	1.451
$2HIO+2H^+$	$+2e$	═	I_2+2H_2O	1.45
$2ClO_3^-+12H^+$	$+10e$	═	Cl_2+6H_2O	1.470

续表

电极反应				$E^{\ominus}/V$
氧化态	电子数		还原态	
$HClO+H^{+}$	$+2e$	══	$Cl^{-}+H_2O$	1.494
$MnO_4^{-}+8H^{+}$	$+5e$	══	$Mn^{2+}+4H_2O$	1.507
$2BrO_3^{-}+12H^{+}$	$+10e$	══	Br_2+6H_2O	1.52
$2HBrO+2H^{+}$	$+2e$	══	Br_2+2H_2O	1.59
Ce^{4+}	$+e$	══	Ce^{3+}	1.61
$2HClO+2H^{+}$	$+2e$	══	Cl_2+2H_2O	1.630
$MnO_4^{-}+4H^{+}$	$+3e$	══	MnO_2+2H_2O	1.692
Pb^{4+}	$+2e$	══	Pb^{2+}	1.694
$H_2O_2+2H^{+}$	$+2e$	══	$2H_2O$	1.776
$S_2O_8^{2-}$	$+2e$	══	$2SO_4^{2-}$	2.01
O_3+2H^{+}	$+2e$	══	O_2+H_2O	2.07
F_2	$+2e$	══	$2F^{-}$	2.87

(邹春阳)